# Betriebliche Gesundheitspolitik

Zweite, vollständig überarbeitete Auflage

Bernhard Badura • Uta Walter • Thomas Hehlmann

# Betriebliche Gesundheitspolitik

Der Weg zur gesunden Organisation

Zweite, vollständig überarbeitete Auflage

Mit Beiträgen von:
Egmont Baumann, Rolf Baumanns, Andreas Blume,
Wolfgang Bödeker, Torsten Bökenheide,
Bernhard Borgetto, Christina Budde, Elke Driller,
Michael Drupp, Antje Ducki, Ernst Rudolf Fissler,
Ulrike Geiling, Sabine Gregersen, Wolfgang Greiner,
Hans Martin Hasselhorn, Bettina Hesse, Gero Hesse,
Anke Höhne, Christoph Kowalski, Regina Krause,
Eleftheria Lehmann, Jürgen Lempert-Horstkotte,
Eckhard Münch, Anika Nitzsche, Holger Pfaff,
Roland Portuné, Petra Rixgens, Robert Schleicher,
Ernst Peter Schnabel, Kai Seiler, Joachim Stork,
Jürgen Tempel, Max Ueberle, Ulla Vogt,
Olaf von dem Knesebeck

Prof. (em.) Dr. Bernhard Badura
Universität Bielefeld
Universitätsstr. 25
33615 Bielefeld
Deutschland
bernhard.badura@uni-bielefeld.de

Dr. Uta Walter
Zentrum für wissenschaftliche Weiterbildung
an der Universität Bielefeld e. V.
Universitätsstr. 25
33615 Bielefeld
Deutschland
uta.walter@uni-bielefeld.de

Thomas Hehlmann
Universität Bremen
Fachbereich Human- und
Gesundheitswissenschaften
Grazer Str. 4
28359 Bremen
Deutschland
thehlman@uni-bremen.de

ISBN 978-3-642-04336-9      e-ISBN 978-3-642-04337-6
DOI 10.1007/978-3-642-04337-6
Springer Heidelberg Dordrecht London New York

Die Deutsche Nationalbibliothek verzeichnet diese Publikation in der Deutschen Nationalbibliografie; detaillierte bibliografische Daten sind im Internet über http://dnb.d-nb.de abrufbar.

© Springer-Verlag Berlin Heidelberg 2010
Dieses Werk ist urheberrechtlich geschützt. Die dadurch begründeten Rechte, insbesondere die der Übersetzung, des Nachdrucks, des Vortrags, der Entnahme von Abbildungen und Tabellen, der Funksendung, der Mikroverfilmung oder der Vervielfältigung auf anderen Wegen und der Speicherung in Datenverarbeitungsanlagen, bleiben, auch bei nur auszugsweiser Verwertung, vorbehalten. Eine Vervielfältigung dieses Werkes oder von Teilen dieses Werkes ist auch im Einzelfall nur in den Grenzen der gesetzlichen Bestimmungen des Urheberrechtsgesetzes der Bundesrepublik Deutschland vom 9. September 1965 in der jeweils geltenden Fassung zulässig. Sie ist grundsätzlich vergütungspflichtig. Zuwiderhandlungen unterliegen den Strafbestimmungen des Urheberrechtsgesetzes.
Die Wiedergabe von Gebrauchsnamen, Handelsnamen, Warenbezeichnungen usw. in diesem Werk berechtigt auch ohne besondere Kennzeichnung nicht zu der Annahme, dass solche Namen im Sinne der Warenzeichen- und Markenschutz-Gesetzgebung als frei zu betrachten wären und daher von jedermann benutzt werden dürften.

*Einbandentwurf*: WMXDesign GmbH, Heidelberg

Gedruckt auf säurefreiem Papier

Springer ist Teil der Fachverlagsgruppe Springer Science+Business Media (www.springer.com)

# Vorwort zur zweiten Auflage

Auch diese zweite Auflage dient zuallererst der Orientierung und Unterstützung von Unternehmensführungen und Gesundheitsexperten: bei der Bereitstellung von Rahmenbedingungen betrieblicher Gesundheitspolitik, bei der Setzung von Prioritäten und bei der Definition, Durchführung und Bewertung von Projekten im Betrieblichen Gesundheitsmanagement. Darüber hinaus wenden wir uns mit dieser Neuauflage an eine breitere Öffentlichkeit, die sich über den aktuellen Stand des Wissens, über Gesellschaft und Gesundheit und insbesondere über Arbeitswelt und Gesundheit informieren möchte.

Auf den ersten Blick unterscheidet sich diese zweite Auflage deutlich von der im Jahr 2003 erschienenen Erstauflage. Gleichwohl handelt es sich nicht um ein komplett neues Werk, sondern um das Ergebnis unserer Bemühungen, neuen Erkenntnissen aus der Wissenschaft und Entwicklungen in der Praxis der Unternehmensführung gerecht zu werden. Nichts geändert hat sich dabei an unseren zentralen Absichten, Annahmen und Konzepten:

- Ergänzung und Weiterentwicklung einer pathogenetischen, d.h. auf Gefährdungen, Risiken und Kosten orientierten betrieblichen Gesundheitspolitik um eine salutogenetische Perspektive, die den Schwerpunkt auf Gesundheitspotentiale, sowie auf Chancen und Nutzen stiftende Elemente mitarbeiterorientierten Handelns legt.
- Ergänzung und Weiterentwicklung einer auf Individuen und Krankheitsbilder ausgerichteten Betrachtungsweise um Ziele, die die gesamte Organisation in den Blick nehmen, insbesondere die Aspekte Führung, Unternehmenskultur und soziale Beziehungen.
- Konzentration auf das psychische Befinden als der für die persönliche Lebensqualität aber auch für das Leistungsvermögen kooperativer Systeme entscheidenden Größe mit erheblichen Auswirkungen auf die physische Gesundheit.

Geblieben ist es bei der zentralen Rolle des Sozialkapitals sowohl was die Evidenzbasierung betrieblicher Gesundheitspolitik betrifft als auch ihre praktische Realisierung.

Neu hingegen ist die Einbeziehung neurobiologischer Erkenntnisse zur naturwissenschaftlichen Untermauerung der Sozialkapitaltheorie, die Idee des Menschen als kooperationsbedürftigem Kooperationsvirtuosen und schließlich die Idee einer kundenorientierten Produktionsgemeinschaft als Alternativen zur angelsächsischen Auffassung vom Menschen als rationalem Egoisten und vom Unternehmen als bloßer Geldmaschine.

Wir gehen davon aus, dass zur Bewältigung der Weltwirtschaftskrise nicht nur eine bessere Regulierung einzelner Märkte und Produkte nötig sein wird, sondern auch ein Umdenken in der Unternehmensführung: Mitarbeiter sind zuallererst Wertschöpfer, keine bloßen Kostenfaktoren. Das Humanvermögen ist der wichtigste Vermögenswert eines Unternehmens. Es besteht aus Bildung, Wissen und speziellen Erfahrungen und Fertigkeiten. Es besteht aber auch aus dem psychischen Befinden und der körperlichen Fitness der Mitarbeiterinnen und Mitarbeiter als Voraussetzung hoher Leistungsfähigkeit und Leistungsbereitschaft. Nicht nur materielle Anreize und Vorgaben aus der Hierarchie mobilisieren das Humanvermögen, sondern die Binde- und Orientierungskraft der Unternehmenskultur, sinnstiftende Aufgaben, vertrauensvolle Zusammenarbeit im Team sowie eine kontinuierlich verbesserte fachliche und soziale Kompetenz.

Betriebliche Gesundheitspolitik dient der mitarbeiterorientierten Unternehmensführung: der Formulierung von Visionen und Strategien sowie der Festlegung von Rahmenbedingungen und Zuständigkeiten. Das operative Geschehen liegt in der Verantwortung des Betrieblichen Gesundheitsmanagements. Hier müssen Daten zur Bedarfsfestlegung und Zielfindung bereitgestellt und es müssen Projekte geplant, durchgeführt und bewertet werden. Wie jedes andere verantwortungsvolle, professionelle Handeln sollte auch das Betriebliche Gesundheitsmanagement wissenschaftlich begründet und an klaren Standards orientiert sein. Die dafür fachlich Verantwortlichen müssen für ihre anspruchsvollen Tätigkeiten ausreichend gut qualifiziert werden, wozu auch dieses Lehrbuch einen Beitrag leisten soll.

Die Weiterentwicklung der ersten Auflage ist das Ergebnis eines regen Austausches mit zahlreichen Expertinnen und Experten aus den Sozial- und Naturwissenschaften und der Unternehmenspraxis. Ihnen allen sei an dieser Stelle gedankt. Unser ganz besonderer Dank gilt dem Land Nordrhein-Westfalen, der Hans-Böckler-Stiftung und der Bertelsmann Stiftung für die langjährige Unterstützung unserer Arbeit. Ausdrücklich bedanken möchten wir uns darüber hinaus bei allen Koautorinnen und -autoren dieser zweiten Auflage.

Bedanken möchten wir uns schließlich bei Karin Lüders für ihre fachkompetente Unterstützung bei der Korrektur der einzelnen Texte sowie bei Sven Lükermann für seine Hilfe bei der Erstellung des Manuskripts.

Bielefeld, im September 2009

Bernhard Badura

Uta Walter

Thomas Hehlmann

# Inhalt

Einleitung: Wozu betriebliche Gesundheitspolitik? .................................................. 1

**1 Herausforderungen betrieblicher Gesundheitspolitik** .................................. 9
    Wandel im Krankheitspanorama .................................................................... 11
    Strukturwandel der Wirtschaft ...................................................................... 16
    Unternehmensführung ................................................................................. 18
    Demografischer Wandel ............................................................................... 20
    Reformbedarf an der Schnittstelle zwischen Wirtschaft und Staat ................. 24
    Zusammenfassung und Empfehlungen ......................................................... 26

**2 Die Vision der gesunden Organisation** ......................................................... 31
    Gesundheit, Krankheit, Gesundheitsmanagement ........................................ 32
    Pathogenese ................................................................................................. 35
    Salutogenese ................................................................................................ 36
    Soziale Beziehungen ..................................................................................... 37
    Kultur ........................................................................................................... 38

**3 Problemstellungen, Ziele und Interventionsformen** ..................................... 41
    Arbeit macht krank ...................................................................................... 42
    Arbeit erhält gesund ..................................................................................... 44
    Organisationspathologien ............................................................................ 48
    Gesunde Führung ........................................................................................ 51

**4 Wissenschaftliche Grundlagen betrieblicher Gesundheitspolitik** ............... 59
    Sozialwissenschaftliche Grundlagen ............................................................ 61
    Neurobiologische Grundlagen ..................................................................... 77
    Verhaltenswissenschaftliche Grundlagen ..................................................... 91
    Arbeitsrechtliche und arbeitswissenschaftliche Grundlagen ......................... 105
    Grundlagen angewandter Arbeitsmedizin ................................................... 133

**5 Standards des Betrieblichen Gesundheitsmanagements** ............................. 147
    Betriebspolitische Voraussetzungen ............................................................ 148
    Strukturelle Rahmenbedingungen ............................................................... 151

Durchführung der Kernprozesse ............................................................. 155

**6 Praxisbeispiele** ........................................................................................ **163**
Erfolg durch Investitionen in das Sozialkapital – Ein Fallbeispiel ............... 165
Betriebliche Gesundheitsförderung in einem Sozial-
und Gesundheitsunternehmen ...................................................................... 181
Betriebliche Gesundheitsförderung in einer Stadtverwaltung ...................... 193

**7 Kernkompetenzen im Betrieblichen Gesundheitsmanagement** ............. **203**
**Organisationsdiagnostik und Controlling** ................................................. 203
Mitarbeiterbefragung ..................................................................................... 205
Gefährdungsbeurteilung ................................................................................ 213
Arbeitsbewältigungsindex ............................................................................. 223
Arbeitsunfähigkeitsanalysen ......................................................................... 239
Gesundheitszirkel, Workshops und Arbeitssituationsanalysen ..................... 247
Kennzahlenentwicklung ................................................................................ 253
Betriebliche Gesundheitsberichterstattung ................................................... 263
**Managementkompetenzen** ......................................................................... 271
Integration von BGM .................................................................................... 273
Projektmanagement ....................................................................................... 289
Konfliktmanagement ..................................................................................... 303
Interne Kommunikation ................................................................................ 313
Anerkennender Erfahrungsaustausch ........................................................... 325

**8 Zentrale Handlungsfelder** ...................................................................... **337**
Soziale Beziehungen und Gesundheit ........................................................... 339
Bildung und Gesundheit ................................................................................ 351
Stress, Arbeitsgestaltung und Gesundheit .................................................... 361
Work-Life-Balance ....................................................................................... 377
Organisationskrankheit Burnout ................................................................... 389
Suchtproblem Alkohol im Betrieb ................................................................ 401
Absentismus, Präsentismus und Produktivität ............................................. 411

**9 Beiträge überbetrieblicher Experten** ................................................... **427**
Der Beitrag der Krankenkassen .................................................................... 429
Der Beitrag der Unfallversicherung am Beispiel der
Berufsgenossenschaft für Gesundheitsdienst und Wohlfahrtspflege ........... 437
Der Beitrag der gesetzlichen Rentenversicherung ....................................... 447
Staatliche Impulse, Konzepte und Fördermaßnahmen ................................. 457

# Einleitung: Wozu betriebliche Gesundheitspolitik?

Organisationen sind kooperative Systeme, die ebenso wie technische Systeme laufend gepflegt werden müssen, wenn sie dauerhaft hohe Leistung erbringen sollen. Bildung, Wissen und Gesundheit der Mitarbeiterinnen und Mitarbeiter sind eine zentrale Voraussetzung für den nachhaltigen Organisationserfolg. Zu ihrer Mobilisierung ist, neben Zielvorgaben, Technik und Anreizen, auch soziales Vermögen erforderlich.

> Die betriebliche Gesundheitspolitik definiert Prioritäten zum Schutz und zur Förderung von Gesundheit und Sicherheit der Mitarbeiter. Sie formuliert das dabei zur Anwendung kommende Verständnis von Gesundheit und legt die angenommenen Wirkungsketten fest. Als Teil der Unternehmenspolitik muss sie den Unternehmenszielen ebenso dienen wie dem Wohlbefinden und der Leistungsfähigkeit der Mitarbeiter.

Eine wachsende Zahl von Unternehmen erkennt in betrieblicher Gesundheitspolitik ein modernes Instrument mitarbeiterorientierter Führung, das dazu beiträgt

- Wohlbefinden und Gesundheit ihrer Mitarbeiterinnen und Mitarbeiter zu fördern
- die Betriebsergebnisse zu verbessern und
- die Kosten der sozialen Sicherung zu dämpfen.

Innovationskraft und Wettbewerbsfähigkeit von Unternehmen, Verwaltungen und Dienstleistungsorganisationen hängen von Motivation und Leistungsfähigkeit ihrer Beschäftigten ab, deren Denken und Handeln maßgeblich von ihrem Wohlbefinden und ihrer Gesundheit beeinflusst wird. Wir plädieren dafür, das Arbeitsverhalten als Ausdruck des ganzen Menschen zu betrachten. Arbeit ist mehr als der Einsatz physischer Kräfte oder kognitiver Fähigkeiten. Basisemotionen wie Angst oder Freude, Hilflosigkeit oder Wut werden durch unsere alltäglichen Erlebnisse in Arbeit, Familie, Freizeit ausgelöst und wirken ihrerseits zurück auf unser Arbeits- und Sozialverhalten. Wie Menschen ihre

Arbeit und ihr Unternehmen erleben, was sie dabei denken und fühlen und das daraus resultierende Handeln bedingen einander wechselseitig.

Der menschlichen Arbeit kommt in der Wissens- und Dienstleistungsgesellschaft eine noch größere Bedeutung für die Wertschöpfung zu als in der Vergangenheit und damit auch dem Bedürfnis der Beschäftigten nach sinnvoller Betätigung, vertrauensvoller Zusammenarbeit und seelischem Wohlbefinden.

Warum investieren Unternehmen in die Gesundheit ihrer Mitarbeiter? Was erhoffen sie sich dadurch für ihre Wettbewerbsfähigkeit und ihre Betriebsergebnisse? Eine vom World Economic Forum bei großen multinationalen Firmen durchgeführte Befragung kam jüngst zu folgenden Ergebnissen: Unternehmen erwarten sich davon mehr Produktivität, höhere Attraktivität als Arbeitgeber und eine Steigerung ihres öffentlichen Ansehens. Unternehmensführungen wird empfohlen, den Gesundheitszustand ihrer Mitarbeiter zu beobachten, Gesundheit zum Unternehmensziel zu machen und verstärkt persönliche Verantwortung für das Gelingen entsprechender Programme zu übernehmen (World Economic Forum 2007). Eine Expertenkommission der Bertelsmann Stiftung und der Hans-Böckler-Stiftung kam hierzulande zu sehr ähnlichen Befunden und Empfehlungen (Bertelsmann Stiftung & Hans-Böckler-Stiftung 2004).

**Abbildung 1:** Aufgabenfelder betrieblicher Gesundheitspolitik (eigene Darstellung)

Die betriebliche Gesundheitspolitik begann mit der Vermeidung von Arbeitsunfällen und Berufskrankheiten. Tödliche Unfälle nehmen seit Jahren ständig ab, weil durch den Strukturwandel der Wirtschaft gefährliche Arbeitsplätze wegrationalisiert wurden und weil die Arbeitsschutzmaßnahmen ein hohes Niveau erreicht haben. Unfälle und Berufskrankheiten stehen selbst in Güter produzierenden Unternehmen längst nicht mehr im Zentrum betrieblicher Gesundheitspolitik. In weiten Teilen der Dienstleistungserbringung haben sie ohnehin nur eine geringe Rolle gespielt (siehe Abb. 1).

Gegenwärtig gelten Vermeidung und Reduzierung von Absentismus als wichtigste Aufgabe betrieblicher Gesundheitspolitik. Fehlzeiten sind seit über einem Jahrzehnt rückläufig. Ihre Erfassung bleibt für die Unternehmen gleichwohl bedeutsam, weil sie helfen, Problemzonen zu entdecken. Im Rahmen des Reportings haben sie jedoch einen begrenzten Wert, weil sie rückwärtsgewandt sind, nichts über die zugrunde liegenden Ursachen aussagen und auch nichts über verdeckte Produktivitätsverluste bedingt durch psychische und körperliche Beeinträchtigungen.

**Tabelle 1:** Kosten durch chronische Krankheiten (Quelle: Baase 2007)

| Chronische Krankheit | Durchschnittliche Kosten (in US-Dollar) durch | | | |
|---|---|---|---|---|
| | medizinische Behandlung | Fehlzeiten | eingeschränkte Arbeitsfähigkeit | insgesamt |
| Allergie | 1.442 | 377 | 5.129 | 6.947 |
| Arthritis | 2.623 | 441 | 6.095 | 9.127 |
| Asthma | 1.782 | 383 | 5.661 | 7.870 |
| Rücken-/Nackenbeschwerden | 2.249 | 839 | 6.879 | 9.975 |
| Atemwegserkrankungen | 2.274 | 2.446 | 7663 | 12.384 |
| Depressionen | 2.017 | 1.525 | 15.322 | 18.864 |
| Diabetes | 3.663 | 514 | 5.414 | 962 |
| Herz-Kreislauf-Erkrankungen | 2.531 | 613 | 6.207 | 9.359 |
| Migräne/chronische Kopfschmerzen | 689 | 945 | 6.603 | 9.232 |
| Magen-Darm-Beschwerden | 2.585 | 800 | 679 | 10.188 |

„Präsentismus" ist der Kontrastbegriff zum „Absentismus". Präsentismus wird definiert als Produktivitätseinbußen bedingt durch eingeschränkte Arbeitsfähigkeit wegen psychischer oder physischer Beeinträchtigungen, aus Sorge um den Arbeitsplatz oder wegen konfligierender Ansprüche aus Beruf und Privatleben. Zukünftig werden Kennzahlen zum Präsentismus immer wichtiger. Damit kommt es zu einer abermaligen Veränderung betriebspolitischer Prioritäten. Die Aufmerksamkeit richtet sich nunmehr auf diejenigen, die zur Arbeit erscheinen, und nicht mehr nur auf die kleine Minderheit derer, die fehlen.

In einer viel zitierten, aber leider unveröffentlichten Studie der amerikanischen Bank One werden die Produktivitätsverluste bedingt durch Präsentismus auf 84 % und die Produktivitätsverluste bedingt durch Absentismus auf 16 % der betrieblichen Krankheitskosten geschätzt (Hemp 2004). Baase kommt in ihrer gut dokumentierten Studie an 12.397 Beschäftigten der Firma Dow Chemical zu dem Ergebnis, dass dem Unternehmen durch krankheitsbedingte Beeinträchtigungen jährlich pro Beschäftigtem 661 $ bedingt durch Fehlzeiten, 2.278 $ bedingt durch medizinische Behandlungen und 6.771 $ bedingt durch eingeschränkte Arbeitsfähigkeit an Kosten entstehen (Baase 2007) (siehe Tab. 1). Nicht nur chronische Krankheiten können sich negativ auf die geleistete Arbeit auswirken, auch akute Beeinträchtigungen durch Kopfschmerzen, Schlaflosigkeit, Rückenschmerzen oder Erschöpfung.

Untersuchungen zum Präsentismus tragen dazu bei, die bisherige Dominanz der Kennzahl „Fehlzeiten" im Gesundheitsreporting zu relativieren und das betriebliche Berichtswesen um Kennzahlen über den Gesundheitszustand der Anwesenden zu erweitern. Bei der Wiedereingliederung chronisch Kranker kann Arbeit gesundheitsförderlich wirken, auch wenn die Betroffenen ihre volle Leistungsfähigkeit noch nicht wiedererlangt haben. Eine rein ökonomische Betrachtung der Präsentismusproblematik greift daher zu kurz.

Durch wirksame Bekämpfung der Ursachen von Unfällen, Gesundheitsrisiken und Fehlzeiten werden Unternehmen zwar risikoarm. Sie wirken dadurch aber nicht notwendigerweise positiv auf Wohlbefinden, Kreativität, Unternehmensbindung und Innovationsbereitschaft ihrer Mitglieder. Genau hier liegt unseres Erachtens der größte Nutzen betrieblicher Gesundheitspolitik. Durch Investitionen in das Sozialkapital eines Unternehmens, durch Vertrauen und Wertschätzung, durch Verbesserungen im Klima und in der Kultur lassen sich beträchtliche Verbesserungen im Wohlbefinden und in den Betriebsergebnissen erzielen (Badura et al 2008, Baumanns 2009). Auch für den Erhalt der Beschäftigungsfähigkeit und die Vermeidung von Kosten der Sozialversicherung sind diese Investitionen von erheblicher Bedeutung.

**Kapital**
„In unserer geldzentrierten Wirtschaft ist das Kapital, im klassischen Sinne, nichts weiter als ein Instrument, um menschliche Tätigkeit und Unternehmergeist anzuregen. Doch es ist nicht das einzige Instrument, denn die Mobilisierung von Humankapital, das für die Produktion so entscheidend ist, hängt auch von vielen anderen Faktoren ab. Die meisten von ihnen sind „weicher" Natur [...]. Den Wohlstand der Nationen zu mehren heißt auch, diese weichen Faktoren fruchtbar zu machen. Leider gewinnt man den Eindruck, dass unsere moderne Gesellschaft dieses Ziel nur in wenigen Fällen erreicht und unsere Wirtschaft daher deutlich unterhalb ihres Leistungsoptimums bleibt." (Giarini & Liedtke 1998 S. 27 f.)

**Humankapital**
Als Humankapital wird im Folgenden das Humanvermögen einer Organisation verstanden: Bildung, Qualifizierung und Spezialwissen ihrer Mitglieder, auch ihre soziale Kompetenz sowie die zu ihrer Aktivierung notwendige seelische und körperliche Gesundheit.

**Sozialkapital**
Der Begriff Sozialkapital dient der Identifizierung von Qualitätsmerkmalen des sozialen Systems einer Organisation, die dazu geeignet sind, ihre Leistungsfähigkeit ebenso wie die Gesundheit ihrer Mitglieder vorherzusagen. Im engeren Sinne wird darunter das soziale Vermögen einer Organisation verstanden, d.h. Umfang und Qualität der internen Vernetzung, der Vorrat gemeinsamer Überzeugungen, Werte und Regeln sowie die Qualität der Menschenführung.

Investitionen in das Sozialkapital sind Investitionen in die „weichen Faktoren" eines Unternehmens, die nach der hier vertretenen Auffassung sowohl den Unternehmenszielen als auch der Gesundheit der Mitglieder dienen.
  In einem vielbeachteten Buch eines ehemals leitenden Managers des Shell-Konzerns – einem der weltweit größten Wirtschaftsunternehmen – heißt es:

> „Als Produzenten materiellen Wohlstandes waren Unternehmen ungeheuer erfolgreich. Wenn man sie jedoch im Licht ihrer Möglichkeiten betrachtet, sind die meisten Unternehmen absolute Versager – oder bestenfalls Dilettanten, die ihr Potential nicht ausschöpfen. Sie stehen auf einer primitiven Stufe der Evolution; sie entwickeln und nutzen nur einen Bruchteil ihrer Möglichkeiten. Der beste Beweis ist ihre hohe Sterblichkeit:" (de Geus 1998 S. 17)

Wir sind überzeugt davon, dass Investitionen in das Sozialkapital von Unternehmen in Form eines systematisch betriebenen Gesundheitsmanagements einen wichtigen Beitrag leisten zur besseren Nutzung ihrer Möglichkeiten, zur Steigerung ihrer Wettbewerbsfähigkeit und zur Verhinderung von Leistungsschwächen und Insolvenz. Investitionen in das Sozialkapital sind kein Ersatz für einen durchdachten Geschäftsplan oder eine treffsichere Marketingstrategie, sehr wohl aber eine notwendige Ergänzung. Sie:

- fördern Gesundheit durch eine mitarbeiterorientierte Gestaltung von Kultur, Klima und Führung
- bewirken sinkende Prozess- und Koordinierungskosten durch hohes gegenseitiges Vertrauen, durch gute Zusammenarbeit, schnellen Informationsfluss und Wissensaustausch
- bewirken sinkende Fehlzeiten und Fluktuation durch hohe Identifikation mit Arbeit und Organisation, was Qualifizierungskosten spart, Betriebsstörungen vermeidet, Fehlerraten reduziert und die Entwicklung stabiler Kundenbeziehungen erleichtert.

Zur Entwicklung und Durchsetzung betrieblicher Gesundheitspolitik bedarf es dreier unterschiedlicher Funktionen: Machtpromotoren, die sich mit ihren Zielen identifizieren und für deren Erreichung sorgen, Fachpromotoren, die durch ihre Expertise ihre Bedarfsgerechtigkeit, Qualität und Effizienz kontrollieren und schließlich Projektleiter und Prozessbegleiter, die für die operative Umsetzung einzelner Projekte verantwortlich sind (Reindl et al 2008).

## Literatur

Baase CM (2007) Auswirkungen chronischer Krankheiten auf Arbeitsproduktivität und Absentismus und daraus resultierende Kosten für die Betriebe. In: Badura B, Schellschmidt H, Vetter C (Hrsg) Fehlzeiten-Report 2006. Chronische Krankheiten. Betriebliche Strategien zur Gesundheitsförderung, Prävention und Wiedereingliederung. Springer, Heidelberg, S 45–62

Badura B, Greiner W, Rixgens P, Ueberle M, Behr M (2008) Sozialkapital – Grundlagen von Gesundheit und Unternehmenserfolg. Springer, Berlin, Heidelberg,
Baumanns R (2009) Unternehmenserfolg durch betriebliches Gesundheitsmanagement. Nutzen für Unternehmer und Mitarbeiter. Eine Evaluation. Ibidem, Stuttgart
Bertelsmann Stiftung, Hans-Böckler-Stiftung (2004) (Hrsg) Zukunftsfähige betriebliche Gesundheitspolitik. Bertelsmann, Gütersloh
Geus de A (1998) Jenseits der Ökonomie. Warum sterben Unternehmen und wie können sie überleben? Klett-Cotta, Stuttgart
Giarini O, Liedtke PM (1998) Wie wir arbeiten werden. Der neue Bericht an den Club of Rome. Hoffmann und Campe, Hamburg
Hemp P (2004) Presenteeism: At work – but out of it. Harvard Business Review, vol 82, no 10, Oct 2004:49–58
Reindl J, Quoika M, Meyer A, Martolock B (2008) Fit für den demografischen Wandel. Unternehmen mit regionalen Netzwerken unterstützen. Bertelsmann, Gütersloh
World Economic Forum (2007) Working towards wellness: Accelerating the prevention of chronic disease. World Economic Forum, Geneva

# 1 Herausforderungen betrieblicher Gesundheitspolitik

Der Ökonom Joseph Schumpeter hat in den 40er Jahren des vergangen Jahrhunderts die Entwicklung des modernen Kapitalismus als Prozess der „schöpferischen Zerstörung" beschrieben. Der Soziologe Ralf Dahrendorf konnte am Ende dieses Jahrhunderts dem Schöpfertum unternehmerischen Handelns viel abgewinnen, beurteilte seine gesellschaftlichen Konsequenzen allerdings deutlich zurückhaltender, wenn er schreibt: „die soziale Entwurzelung der Bevölkerung wird zur Bedingung von Effizienz und Wettbewerbsfähigkeit" (Dahrendorf 1995 S. 10). Im Folgenden soll dieses Argument wieder aufgegriffen werden mit der These: Soziale Entwurzelung beeinträchtigt sowohl die Gesundheit Einzelner als auch die Funktionsfähigkeit ganzer Unternehmen und Gesellschaften. Die soziobiologische Anpassungsfähigkeit des Menschen ist limitiert. Und es besteht die Gefahr, dass sein Schöpfertum versiegt, der lang anhaltende, kontinuierliche Zugewinn an Lebenserwartung ausbleibt und, zumindest für Teile der Bevölkerung, wieder ein Verlust an Lebensjahren eintritt. Im internationalen Vergleich schneidet Deutschland bei diesem wichtigen Indikator ohnehin nicht allzu gut ab – trotz hochaufwendiger Systeme sozialer Sicherung (Tab. 1).

Gesundheit und Gesellschaft hängen enger zusammen, als wir bisher angenommen haben. Auf der einen Seite legen biologische Erkenntnisse nahe, dass die Kulturentwicklung materiell vorgeprägt ist. Kropotkins Behauptung von der gegenseitigen Hilfe als evolutionärem Vorteil des Menschen erlebt eine Renaissance mit der These, dass es einen „starken Einfluss von Gruppenselektion auf die genetische und kulturelle Evolution des Menschen" gibt. Gemeinsames Handeln „half unseren Vorfahren, sich zu verbreiten und andere Menschenarten zu verdrängen" (Wilson & Wilson 2009 S. 41). Auf der anderen Seite sprechen neue sozial- und gesundheitswissenschaftliche Erkenntnisse für die Revision eines stark verbreiteten individualisierten Gesundheitsverständnisses. Dass Menschen heute in Japan, Italien und Schweden oder der Schweiz im Durchschnitt über 80 Jahre alt werden, in Ländern wie Angola oder Sambia aber nur etwas mehr als halb so lange leben, lässt sich weder mit ihren Genen noch mit ihrem Gesundheitsverhalten erklären, sondern zuallererst mit den gesellschaftlichen Verhältnissen.

**Tabelle 1:** Länder mit höchster Lebenserwartung (LE) links und Länder mit der niedrigsten Lebenserwartung rechts für die Geburtsjahrgänge Jahr 2005-2010 unterschieden nach Männern (LE m) und Frauen (LE w) (Quelle: United Nations 2009)

| Rang | Land | LE m | LE w | Rang | Land | LE m | LE w |
|---|---|---|---|---|---|---|---|
| 1. | Japan | 79 | 86 | 175. | Eritrea | 57 | 62 |
| 2. | Hong Kong (China) | 79 | 85 | 176. | Liberia | 57 | 59 |
| 3. | Island | 80 | 83 | 177. | Sudan | 56 | 60 |
| 4. | Schweiz | 79 | 84 | 178. | Guinea | 56 | 60 |
| 5. | Australien | 79 | 84 | 179. | Elfenbeinküste | 56 | 59 |
| 6. | Frankreich | 78 | 85 | 180. | Mauretanien | 55 | 59 |
| 7. | Italien | 78 | 84 | 181. | Ghana | 56 | 57 |
| 8. | Gibraltar | 79 | 83 | 182. | Nauru | 55 | 57 |
| 9. | Schweden | 79 | 83 | 183. | Gambia | 54 | 57 |
| 10. | Spanien | 78 | 84 | 184. | Senegal | 54 | 57 |
| 11. | San Marino | 77 | 84 | 185. | Tansania | 55 | 56 |
| 12. | Macao (China) | 79 | 83 | 186. | Djibouti | 54 | 57 |
| 13. | Israel | 79 | 83 | 187. | Äthiopien | 54 | 56 |
| 14. | Kanada | 78 | 83 | 188. | Botswana | 55 | 55 |
| 15. | Norwegen | 78 | 83 | 189. | Kenia | 54 | 55 |
| 16. | Singapur | 78 | 83 | 190. | Kongo | 53 | 55 |
| 17. | Neuseeland | 78 | 82 | 191. | Burkina Faso | 52 | 54 |
| 18. | Niederlande | 78 | 82 | 192. | Malawi | 52 | 54 |
| 19. | Irland | 78 | 82 | 193. | Uganda | 52 | 53 |
| 20. | Österreich | 77 | 83 | 194. | Südafrika | 50 | 53 |
| 21. | Deutschland | 77 | 82 | 195. | Niger | 50 | 52 |
| 22. | Zypern | 77 | 82 | 196. | Kamerun | 50 | 52 |
| 23. | Belgien | 77 | 83 | 197. | Burundi | 49 | 52 |
| 24. | Malta | 78 | 81 | 198. | Äquatorial Guinea | 49 | 51 |
| 25. | Finnland | 76 | 83 | 199. | Ruanda | 48 | 52 |
| 26. | Luxemburg | 77 | 82 | 200. | Somalia | 48 | 51 |
| 27. | Martinique | 77 | 82 | 201. | Chad | 47 | 50 |
| 28. | Großbritannien | 77 | 82 | 202. | Mali | 48 | 49 |
| 29. | Republik Korea | 76 | 83 | 203. | Nigeria | 47 | 48 |
| 30. | Griechenland | 77 | 81 | 204. | Mozambique | 47 | 49 |
| 31. | USA | 77 | 81 | 205. | Guinea-Bissau | 46 | 49 |
| 32. | Guadeloupe | 76 | 82 | 206. | Demo. Rep. Kongo | 46 | 49 |
| 33. | Kanalinseln | 77 | 81 | 207. | Sierra Leone | 46 | 49 |
| 34. | Virgin Islands (USA) | 76 | 82 | 208. | Zentr. Afr. Republik | 45 | 48 |
| 35. | Costa Rica | 76 | 81 | 209. | Angola | 45 | 49 |
| 36. | Kuba | 77 | 81 | 210. | Swaziland | 46 | 45 |
| 37. | Puerto Rico | 75 | 83 | 211. | Lesotho | 44 | 46 |
| 38. | Portugal | 75 | 82 | 212. | Sambia | 45 | 46 |
| 39. | Chile | 76 | 82 | 213. | Simbabwe | 43 | 44 |
| 40. | Dänemark | 76 | 81 | 214. | Afghanistan | 44 | 44 |

Wirtschaftliche, politische und soziale Entwicklungen können sich gegenseitig fördern, aber auch behindern. Gemeinsinn, Solidarität und moralisches Bewusstsein bilden den Kern sozialen Zusammenhalts. Sie lassen sich weder staatlich anordnen noch am Markt erwerben. Sie entwickeln sich vielmehr als biologisch vorgeprägte kulturelle Bedingung von Staat und Wirtschaft in der Zivilgesellschaft von frühster Kindheit an per Vorbild und Sozialisation. Gemeinsinn, Solidarität und moralisches Bewusstsein sind akut bedroht durch ein regelloses Streben nach Effizienz und wirtschaftlichem Erfolg, das nur Wenigen nützt, Sozialkapital vernichtet und damit letztlich die eigenen Handlungsgrundlagen in Frage stellt. Das individualistische Menschenbild der Ökonomie übersieht seine soziale Natur und damit die Bedeutung sozialer Netzwerke und sinnstiftender Kultur für die seelische und körperliche Leistungsfähigkeit (Badura 2010).

## Wandel im Krankheitspanorama

Eines der bedeutendsten, gleichwohl aber weitgehend unbeachteten Ereignisse in der Geschichte der Menschheit ist die mit Industrialisierung, Verstädterung und Modernisierung eingetretene dramatische Lebensverlängerung (Abb. 1). Innerhalb von wenigen Generationen hat die Lebenserwartung in Westeuropa und den USA, später insbesondere auch in Japan, einen gewaltigen Sprung gemacht und sich verdoppelt. Davon profitiert haben alle Bevölkerungsteile in den besagten Regionen – einige allerdings mehr als andere.

Eine wesentliche Rolle spielte der Rückgang der Säuglingssterblichkeit. Frauen haben stärker profitiert als Männer, auch die Angehörigen der höheren Schichten. Zu Beginn der Industrialisierung und Verstädterung waren Infektionskrankheiten die häufigste Todesursache. An ihre Stelle traten später chronische Erkrankungen (McKeown 1982). Durch Verbesserung in der Krankenversorgung allein lässt sich diese Entwicklung nicht erklären. Hauptverantwortlich dafür waren vielmehr der Ausbau des Bildungswesens, verbesserte Wohn- und Arbeitsbedingungen, die Entwicklung von Zivilgesellschaft und Demokratie sowie ein Mehr an Sicherheit und Vertrauen bedingt durch sozialstaatliche Leistungen (Sagan 1992).

Für die Analyse der Zusammenhänge zwischen Arbeit und Gesundheit sehr viel aussagekräftiger als Mortalitätsstatistiken sind Daten über das Erkrankungsgeschehen. Und hier spricht einiges dafür, dass wir es mit einem neuerlichen Wandel zu tun haben: Einer Abnahme chronischer körperlicher Erkrankungen steht eine vermutlich sogar deutliche Zunahme psychischer Störungen gegenüber (Abb. 2). Diese These muss aber, solange noch keine verlässlichen Befunde aus epidemiologischen Langzeitstudien vorliegen, mit einem Vorbehalt versehen werden. Die Arbeitsunfähigkeitsstatistik der Krankenkassen ist eine wertvolle Datengrundlage. Sie kann allerdings eine wissenschaftlich fundierte Morbiditätsstatistik nicht ersetzen.

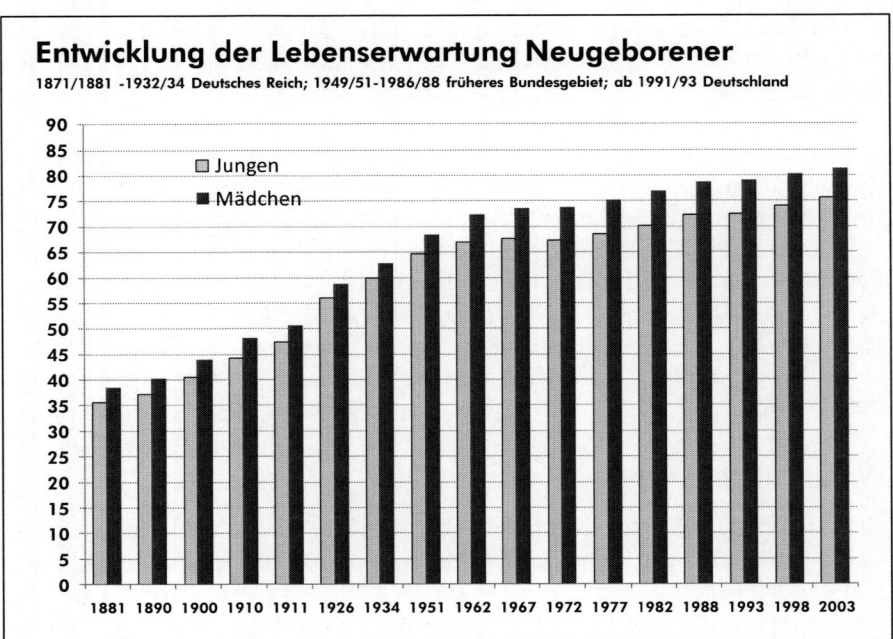

**Abbildung 1:** Anstieg der Lebenserwartung in Deutschland seit 1881 (Quelle: Statistisches Bundesamt)

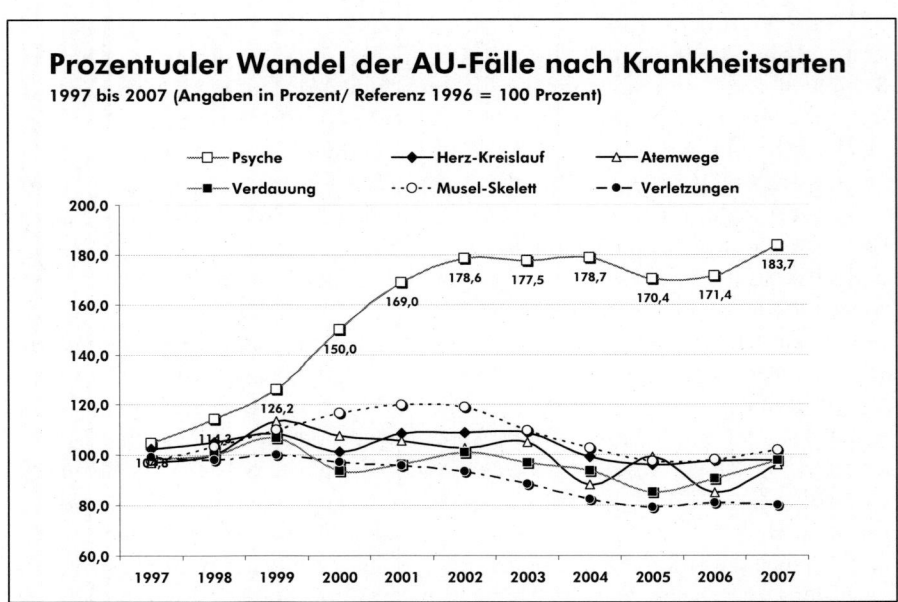

**Abbildung 2:** Prozentualer Wandel der AU-Fälle nach Krankheitsarten in den Jahren 1997 bis 2007; Index: 1996 = 100 Prozent (Heyde et al 2008 S. 233)

**Tabelle 2:** Kennzahlen der Arbeitsunfähigkeit. AOK-Mitglieder nach Berufsgruppen mit den meisten und wenigsten AU-Tagen im Jahr 2008 (Auswertung des WidO 2009)

| Berufsbezeichnung | Fälle je Mitglied | Tage je Mitglied |
|---|---|---|
| *Berufe mit den meisten AU-Tagen* | | |
| Straßenreiniger, Abfallbeseitiger | 2,0 | 28,33 |
| Halbzeugputzer und sonstige Formgießerberufe | 2,0 | 25,41 |
| Waldarbeiter, Waldnutzer | 1,8 | 24,82 |
| Blechpresser, -zieher, -stanzer | 1,8 | 24,36 |
| Helfer in der Krankenpflege | 1,6 | 24,22 |
| Sonstige Papierverarbeiter | 1,7 | 24,11 |
| Gerüstbauer | 1,7 | 23,81 |
| Bauhilfsarbeiter | 1,6 | 23,52 |
| Gummihersteller, -verarbeiter | 1,6 | 23,33 |
| Elektrogeräte-, Elektroteilemontierer | 1,8 | 23,03 |
| Fleisch-, Wurstwarenhersteller | 1,8 | 22,66 |
| Straßenbauer | 1,7 | 22,65 |
| Keramiker | 1,6 | 22,36 |
| Wäscher, Plätter | 1,6 | 22,28 |
| Mehl-, Nährmittelhersteller | 1,7 | 22,26 |
| Schweißer, Brennschneider | 1,8 | 22,22 |
| Sonstige Montierer | 1,7 | 22,08 |
| Betonbauer | 1,5 | 21,97 |
| Transportgeräteführer | 1,7 | 21,92 |
| Polsterer, Matratzenhersteller | 1,6 | 21,62 |
| *Berufe mit den wenigsten AU-Tagen* | | |
| Floristen | 1,3 | 11,53 |
| Groß- und Einzelhandelskaufleute, Einkäufer | 1,5 | 11,04 |
| Maschinenbautechniker | 1,1 | 10,92 |
| Bankfachleute | 1,3 | 10,51 |
| Techniker des Elektrofaches | 1,2 | 10,47 |
| Fremdenverkehrsfachleute | 1,3 | 10,40 |
| Buchhalter | 1,0 | 9,91 |
| Unternehmer, Geschäftsführer, Geschäftsbereichleiter | 0,8 | 9,85 |
| Technische Zeichner | 1,4 | 9,48 |
| Leitende u. administrativ entscheidende Verwaltungsfachleute | 0,9 | 9,17 |
| Apothekenhelferinnen | 1,2 | 8,75 |
| Unternehmensberater, Organisatoren | 1 | 8,73 |
| Datenverarbeitungsfachleute | 1,1 | 8,56 |
| Sprechstundenhelfer | 1,3 | 8,38 |
| Sonstige Ingenieure | 0,8 | 7,83 |
| Diätassistentinnen, Pharmazeutisch-technische Assistenten | 1,0 | 7,58 |
| Wirtschaftsprüfer, Steuerberater | 1,2 | 7,31 |
| Wirtschafts- und Sozialwissenschaftler, a.n.g., Statistiker | 0,9 | 7,14 |
| Ärzte | 0,7 | 6,72 |
| Hochschullehrer, Dozenten an höheren Fachschulen | 0,5 | 4,72 |

Fehlzeiten variieren über alle Krankheitsarten hinweg neben Alter und Geschlecht insbesondere mit Bildungsgrad, Berufsstatus und Einkommen (Tab. 2). Dieser Varianz liegen auch Unterschiede in der Gestaltung von Arbeit und Organisation zugrunde (Walter & Münch 2009).

Von psychischen Erkrankungen (insbesondere Angststörungen, Depressionen, Alkoholismus) besonders betroffen sind Arbeitslose – was auf die genuin salutogene Wirkung von Arbeit verweist. Bei denen, die Arbeit haben, sind Telefonistinnen, Beschäftigte im Verkehrswesen, im Gesundheits-, Bildungs- und Sozialwesen dem stärksten Risiko ausgesetzt (Abb. 3 und 4).

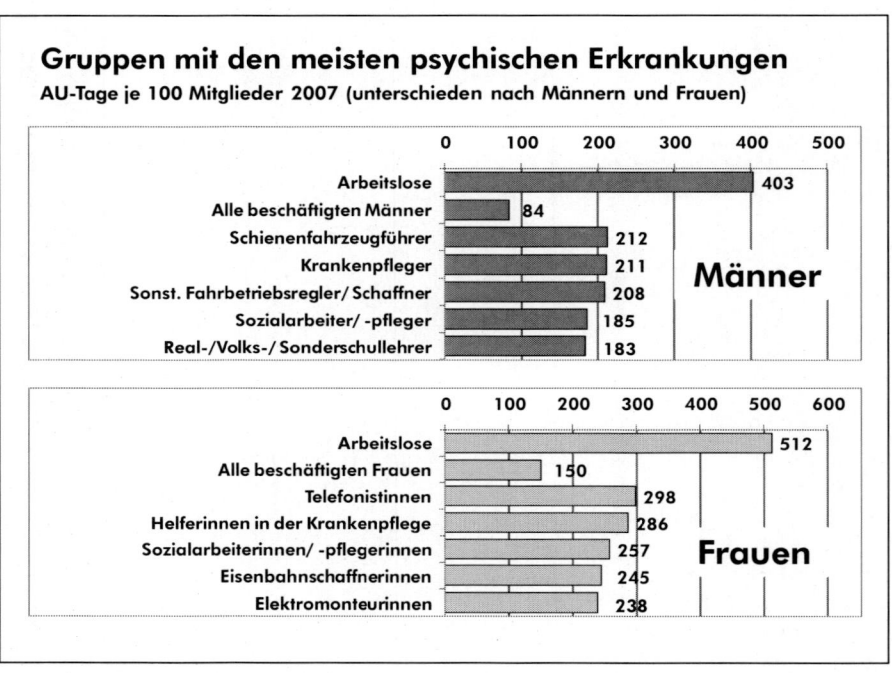

**Abbildung 3:** Gruppen mit den meisten psychischen Erkrankungen. AU-Tage je 100 Mitglieder 2007 (Männern und Frauen) (Quelle: BKK Faktenspiegel 2008)

Die aktuelle Kontroverse darüber, ob die Inzidenz psychischer Krankheiten zunimmt oder nicht, lenkt von dem schon jetzt hier klar erkennbaren Handlungsbedarf ab. Richtig ist, dass die Anzahl der Frühberentungen bedingt durch psychische Schäden seit Jahren etwa gleich bleibt. Das kann aber auch mit der Praxis der Begutachtungen durch die Rentenversicherung zusammenhängen. Richtig ist ferner, dass ein prozentualer Anstieg psychischer Erkrankungen in der AU-Statistik nicht gleichgesetzt werden darf mit einem Anstieg ihrer Inzidenz. Ziemlich sicher ist schließlich, dass mit einem Anstieg der Arbeitslosigkeit und einer sich weitenden Schere zwischen Arm und Reich ein weiterer Anstieg psychischer Beeinträchtigungen einhergehen wird.

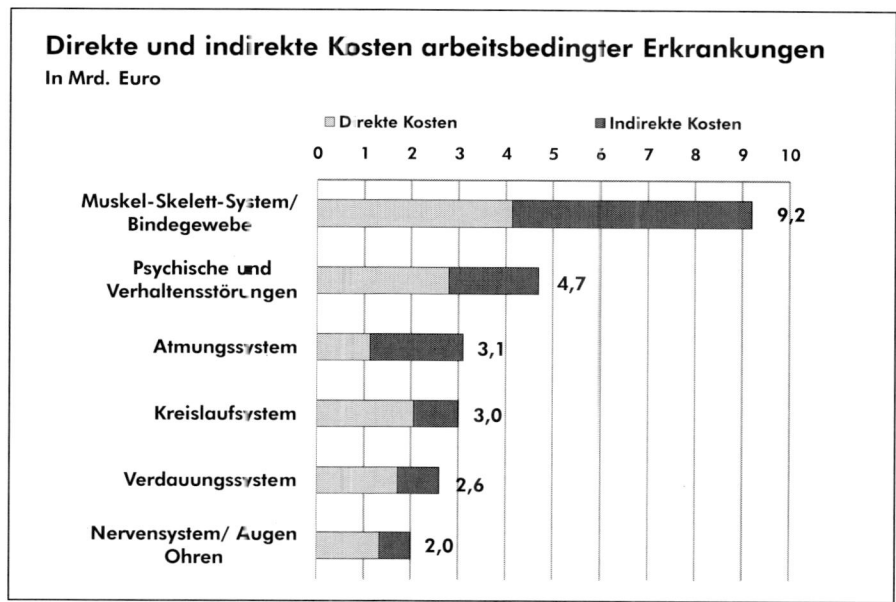

**Abbildung 4:** Direkte und indirekte Kosten arbeitsbedingter Erkrankungen. Direkte Kosten: Kosten bei der Sozialversicherung( z.B: Krankenkassen). Indirekte Kosten: Volkswirtschaftlicher Schaden (z.B: Produktionsausfall) (Quelle: BKK Faktenspiegel 2008)

Die im Verlauf von Industrialisierung und Modernisierung stattgefundenen gesellschaftlichen Veränderungen haben dazu beigetragen, dass sich die materiellen Lebens- und Arbeitsbedingungen verbesserten. Jenseits eines bestimmten Niveaus scheinen allerdings z.B. weitere Zuwächse im Einkommen keinen positiven Einfluss auf das psychische Befinden auszuüben. Stattdessen werden immaterielle Einflüsse immer wichtiger.

Bekämpfung psychosozialer Risiken und Förderung des psychischen Wohlbefindens müssen an der Mensch-Mensch-Schnittstelle ansetzen: am Vertrauen und an gegenseitiger Anerkennung (soziale Netzwerke), an den Überzeugungen, Werten und Regeln (Kultur) sowie an der Sinnhaftigkeit einer Aufgabe und am Stolz auf das Geleistete.

Wirtschaftliche Hochleistungsgesellschaften leben von der Kreativität, von der Leistungsfähigkeit und Leistungsbereitschaft ihrer Bevölkerung. Dafür ist ein hohes psychisches Wohlbefinden von grundlegender Bedeutung. In Hochleistungsberufen, z.B. bei Ärzten, Lehrern, Führungskräften und Piloten, können schon leichtere Befindensstörungen bedingt z.B. durch chronische Schlaflosigkeit wegen beruflicher oder privater Sorgen zu erheblichen Qualitätseinbußen ihrer Arbeitsleistung und zu schwerwiegenden Fehlern beitragen.

Mit dem zunehmenden Wissen über das menschliche Motivationssystem, über die biologischen Voraussetzungen von Empathie und sozialer Kompetenz sowie über die Wechselwirkungen zwischen sozialen, psychischen und biologischen Vorgängen kommt dem psychischen Befinden und seinen Rückwirkungen auf kognitive Prozesse, auf Arbeitsmotivation, Kooperation und körperliche Gesundheit eine hohe Bedeutung zu. Denk- und Emotionsarbeit werden immer wichtiger. Der Kopf ist das für Arbeit, Wohlbefinden und Gesundheit wichtigste Organ. Allein deshalb gewinnt das psychische Befinden für Leistungsfähigkeit und Arbeitsqualität eine immer größere Bedeutung – und damit auch für die betriebliche Gesundheitspolitik. Eine mögliche Gefahr sehen wir darin, dass einem sinkenden Wohlbefinden in den Betrieben mit Medikamenten und nicht mit ursachenorientierten Maßnahmen eines professionellen Gesundheitsmanagements begegnet wird und die Präsentismus-Problematik die Medikalisierung betrieblicher Probleme fördert.

**Strukturwandel der Wirtschaft**

Wie in anderen hochentwickelten Gesellschaften gehen auch hierzulande mit der anhaltenden Wanderung der Beschäftigten aus der Güterproduktion in den Dienstleistungssektor eine Dematerialisierung der Arbeit sowie – damit eng verknüpft – eine zunehmende Bedeutung von Lernen, Wissen und Kooperation einher: „Geistige" und „zwischenmenschliche" Arbeit wird für große Teile der Wirtschaft immer wichtiger (Abb. 5 und 6). Wegen der Unübersichtlichkeit dieser Entwicklung und des Mangels sozialepidemiologischer Langzeitstudien lassen sich die Auswirkungen auf Gesundheit und Wohlbefinden bisher kaum verlässlich beurteilen.

Zahlreiche Hinweise sprechen dafür, dass mit den psychischen Belastungen auch die psychischen Beeinträchtigungen zunehmen (z.B. Berufsverband der deutschen Psychologinnen und Psychologen 2008). Im Bereich personenbezogener Dienstleistungen, z. B. bei Lehrern, Pflegekräften, beim Verkehrspersonal und der Polizei, liegen die Probleme insbesondere im Umgang mit Kunden, Bürgern, Patienten, Schülern, Klienten und Pflegebedürftigen sowie im zunehmenden Kosten- und Zeitdruck. In der IT-Branche liegen die Probleme insbesondere in hohen kognitiven und zwischenmenschlichen Anforderungen. In der Industrie trägt insbesondere die starke Ausdünnung der Belegschaften, tragen permanente Restrukturierungen sowie die Angst vor Arbeitsplatzverlust dazu bei, dass die Anforderungen an die arbeitenden Menschen wachsen und ihr Sozialvermögen schmilzt. Unsere Fähigkeit zur Bewältigung dieser Problemstellungen hat mit ihrer zunehmenden Bedeutung nicht Schritt gehalten. Dies, in Verbindung auch mit dem großen Einfluss seelischen und körperlichen Befindens auf die Leistungsfähigkeit der Wirtschaft und in Verbindung mit den hohen Kosten der Krankenversorgung, legt nahe, der Gesundheit der Erwerbsbevölkerung zukünftig mehr Aufmerksamkeit zu widmen, als dies bisher der Fall ist. Insbesondere geistige und zwischenmenschliche Arbeit leidet bei einem Mangel an Wohlbefinden ihrer Erbringer und gewinnt durch deren hohes Wohlbefinden an Qualität und Effizienz.

Strukturwandel der Wirtschaft    17

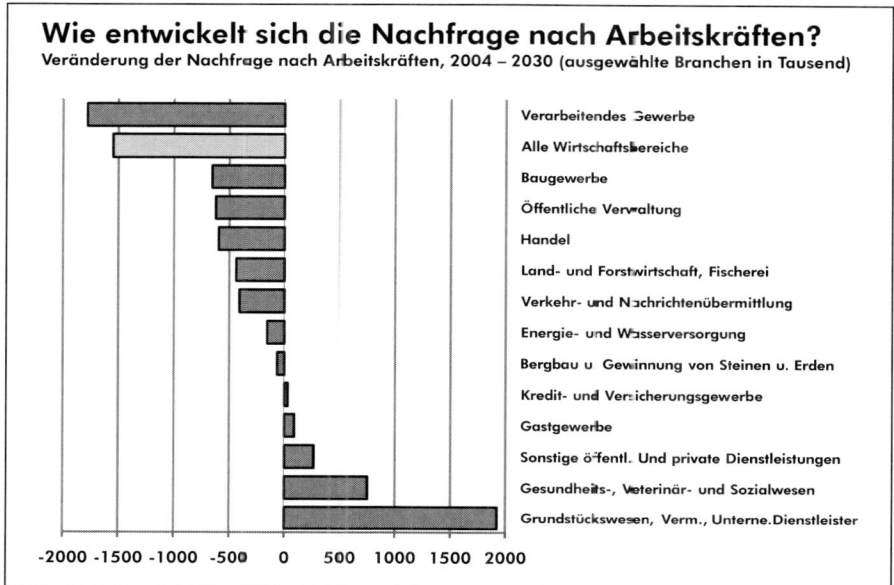

**Abbildung 5:** Wie entwickelt sich die Nachfrage nach Arbeitskräften. Veränderung der Nachfrage nach Arbeitskräften, 2004–2030, in ausgewählten Branchen, in 1000 (Quelle: Mikrozensus, Prognos 2008)

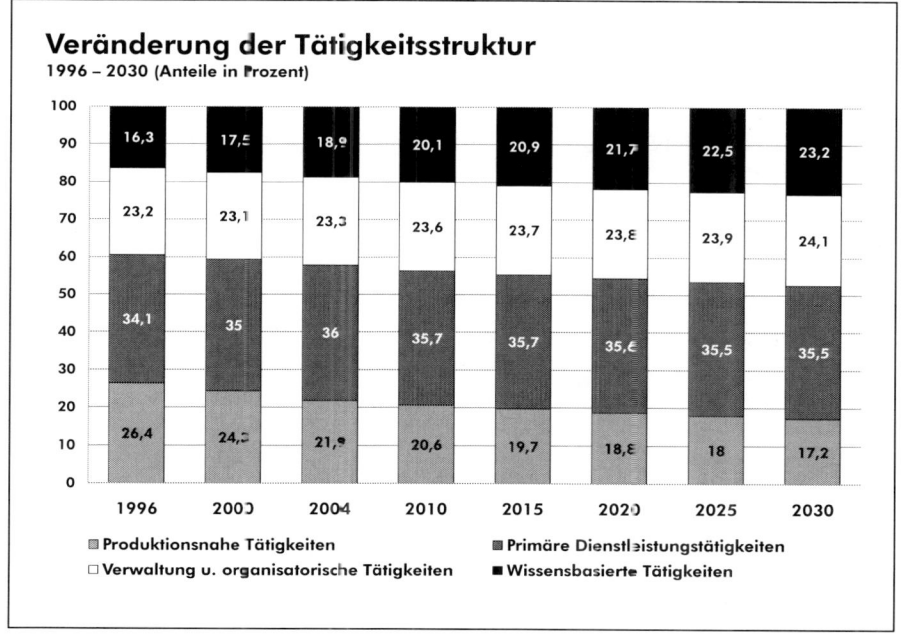

**Abbildung 6:** Veränderung der Tätigkeitsstruktur, 1996–2030, Anteil in Prozent (Quelle Mikrozensus, Prognos 2008)

## Unternehmensführung

Die Betrachtung einzelner Wirtschaftssektoren, Berufsgruppen oder Tätigkeitsbereiche reicht zur Beurteilung der Zusammenhänge von Arbeit und Gesundheit nicht aus. Wie Arbeit gestaltet und Mitarbeiter qualifiziert und geführt werden und wie sich das auf ihre Gesundheit auswirkt, was mit anderen Worten als „gute" und was als „weniger gute" Arbeit zu bewerten ist, erfordert eine sehr viel genauere Betrachtung. Den gegenwärtig wohl besten Überblick über die hier zu berücksichtigenden Zusammenhänge liefert die Studie von O'Toole und Lawler: „The New American Workplace". O'Toole und Lawler unterscheiden drei Typen von Unternehmen, mit Blick auf ihre Größe, ihre Marktpositionierung, ihre Geschäftsmodelle und ihre Mitarbeiterorientierung.

Der Erfolg des ersten Unternehmenstypus beruht allein darauf, dass Waren und Dienstleistungen billiger als beim Wettbewerber angeboten werden. Als Beispiele verweisen O'Toole und Lawler auf große Drogerie-, Lebensmittel- und Fastfoodketten. Ihre Angestellten erhalten möglichst niedrige Löhne und werden so wenig wie möglich qualifiziert. Ihre Arbeit ist entsprechend einfach auszuführen und leicht erlernbar. Die Arbeitsumgebung mag sauber und sicher sein, die Arbeit selbst aber ist so eintönig und einfach wie am Beginn der Industrialisierung.

Der zweite von ihnen identifizierte Unternehmenstyp sind global operierende Großunternehmen, die ein hohes Maß an Arbeitssicherheit bieten und hohe Einkommen – für ihre Topangestellten und ihre technischen Experten. Ihren einfachen Angestellten und Arbeitern bieten sie dagegen deutlich weniger davon. Ihre Geschäftsfelder sind Informationstechnik, Telekommunikation sowie hochwertige Produkte in den Bereichen Pharmazie, Biomedizin und Finanzdienstleistungen. Auch die Automobilindustrie und der Anlagenbau müssten hier angeführt werden. Permanente Restrukturierung ist die Regel ebenso wie häufiges Outsourcing und die Verlagerung von Arbeitsplätzen in Billiglohnländer.

Ihren dritten Unternehmenstyp nennen sie „Hochleistungsunternehmen" (high involvement company). Sie finden sich in allen Bereichen der Wirtschaft und zeichnen sich aus durch ihre zugleich kunden- und mitarbeiterorientierte Führung. Sie zeichnen sich ferner aus durch herausfordernde Arbeit, Mitarbeiterbeteiligung und geringe Fluktuation. Hochleistungsunternehmen widmen sich im starken Maße der Personalentwicklung, und sie besetzen Führungspositionen vornehmlich mit Führungskräften aus den eigenen Reihen. Die Arbeitsbedingungen sind wegen flacher Hierarchien „relativ egalitär". Die Mitglieder verstehen sich als Teil einer Produktionsgemeinschaft („Community") und sind am Gewinn beteiligt. In diesen Unternehmen finden Unternehmensbindung und Loyalität eine hohe Würdigung – nicht nur gute Ergebnisse (O'Toole & Lawler 2006 S. 11). Im stark mittelständisch und durch Familienbesitz geprägten deutschen Maschinenbau dürften sich zahlreiche Beispiele für diesen Typus finden lassen.

Die wichtigste Schlussfolgerung von O'Toole und Lawler lautet: Auch im Zeitalter der Globalisierung können Unternehmensführungen wählen, wie sie mit Herausforderungen umgehen. Sie können Mitarbeiter als Kostenfaktoren betrachten, mit anderen Worten als notwendiges Übel. Sie können sie aber auch als zentrale Quelle wirtschaftlichen Erfolgs wertschätzen. Davon, wie diese Entscheidung ausfällt, hängen z.B. der Umfang qualifizierender Maßnahmen, der Grad an Mitarbeiterbeteiligung, Fairness und Gerechtigkeit, Transparenz von Entscheidungen und die Förderung von Wohlbefinden und Gesundheit ab. Hochleistungsunternehmen sind wettbewerbsfähiger, nicht nur weil sie dem Bedürfnis ihrer Mitarbeiter nach Sicherheit und gutem Einkommen gerecht werden, sondern auch weil sie ihre sozialen Bedürfnisse nach Sinnstiftung und Gemeinschaft befriedigen. Worauf genau kommt es dabei an? Worauf legen Beschäftigte den größten Wert? Fragt man Deutsche oder Amerikaner, dann sind sie sich in diesem Punkt – trotz aller sonst bestehenden Unterschiede in Einkommen, Kultur und Rahmenbedingungen – ziemlich einig: Es ist die Qualität der Arbeitsbeziehungen.

> „Auch wenn die Bindungen an Kollegen und Vorgesetzte längst nicht so tief und dauerhaft sind, wie die Bindungen an Freunde und Klassenkameraden, so sind sie gleichwohl von enormer Bedeutung, weil sie die Qualität unseres täglichen Lebens auf sehr direkte Weise beeinflussen." (O'Toole & Lawler 2006 S. 133)
>
> „Die Befriedigung immaterieller Bedürfnisse nach Anerkennung, Kontrolle und Zugehörigkeit sind für Arbeitsklima und Arbeitsergebnis wichtiger als physische Bedingungen." (ebenda S. 47)

Abbildung 7 enthält Ergebnisse einer repräsentativen Untersuchung zu der Frage, was am meisten zur Gesundheit beiträgt. Neben persönlicher Fitness ist dies vor allem anderen die Qualität des persönlichen sozialen Netzwerkes.

Mit dem Wandel der Arbeitswelt geht auch ein Wandel arbeitsbedingter Risiken und Gesundheitspotenziale einher. Die traditionellen Risiken an der Mensch-Maschine-Schnittstelle gelten als mittlerweile gut beherrschbar, treten aber quantitativ immer mehr zurück. Stattdessen entstanden neue Risiken an der Mensch-Mensch-Schnittstelle, ergibt sich ein erhöhter Anpassungszwang an die zunehmende Komplexität der Arbeit und ist eine starke Beschleunigung der Arbeitsprozesse zu beobachten bei einer weiter zunehmenden Unsicherheit der Beschäftigungsverhältnisse. Für die betriebliche Personal- und Gesundheitspolitik ergeben sich daraus drei zentrale Herausforderungen:

Die zunehmende Komplexität der Arbeit erfordert ein Mehr an Kooperation und Selbstorganisation. Damit erhöhen sich für Personalabteilungen, Betriebs- und Personalräte, Gesundheitsexperten, Führungskräfte und für die Mitarbeiterinnen und Mitarbeiter die Anforderungen im Bereich der fachlichen, insbesondere aber der sozialen Kompetenz und Teamfähigkeit, für die sie bisher meist nicht ausreichend qualifiziert werden. Zweitens verliert Motivation durch finanzielle Anreize und durch Anordnung aus der Hierarchie an Bedeutung für die Unternehmenssteuerung. Intrinsische Motivation, Identifikation mit der Arbeit und den Unternehmenszielen, mit gemeinsamen Überzeugungen, Werten und Regeln werden dadurch immer wichtiger. Drittens werden Führungskräfte des mittleren Managements zu einer Risikogruppe, weil sie oft schwer miteinander zu vereinbarenden Zielen und hohen Anforderungen an Unterstützung ihrer Mitarbeiter genügen müssen. Damit das Thema Gesundheit nicht als zusätzliche Bürde, sondern als lohnenswerte Herausforderung gesehen wird, sollten ihnen Programme zur Förderung ihrer eigenen Gesundheit angeboten werden.

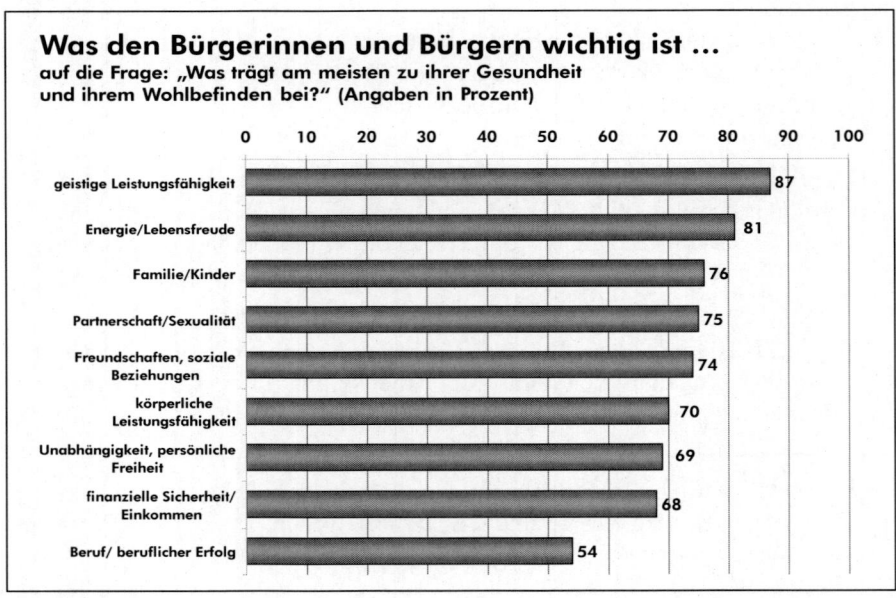

**Abbildung 7:** Was den Bürgerinnen und Bürgern wichtig ist, auf die Frage: Was trägt am meisten zu Ihrer Gesundheit und Ihrem Wohlbefinden bei? (Quelle: DAK Gesundheitsreport 2008)

## Demografischer Wandel

Der demografische Wandel ist in Deutschland, wie auch in zahlreichen anderen hochentwickelten Gesellschaften, in vollem Gange. Die Bevölkerung altert und schrumpft, bedingt durch eine geringe Geburtenrate einerseits und einen nahezu 150 Jahre lang beobachtbaren Anstieg der Lebenserwartung andererseits. Die gesellschaftliche Entwicklung ist hierzulande, trotz schwerer Rückschläge in der ersten Hälfte des 20. Jahrhunderts, von einer gesundheitsförderlichen Grundtendenz bestimmt. Zugleich signalisiert die geringe Geburtenrate aber, dass der Kinderwunsch nachlässt oder sich mit den Arbeits- und Lebensbedingungen hierzulande offenbar immer weniger vereinbaren lässt. Vergleicht man die Lebenserwartung in Deutschland mit der Lebenserwartung weltweit, und insbesondere innerhalb der Gruppe hochentwickelter Gesellschaften, muss zudem gefragt werden, warum wir trotz vergleichsweise sehr hoher Aufwendungen für Prävention und insbesondere Krankenversorgung in der Lebenserwartung unserer Bevölkerung nicht besonders gut dastehen (vgl. Tab. 4).

Die Alterung der Bevölkerung bewirkt auch eine Alterung der Erwerbstätigen. Zu erwarten ist, dass bis zum Jahre 2020 die 50- bis 63-Jährigen die 35- bis 49-Jährigen als stärkste Gruppe der Erwerbsbevölkerung ablösen.

**Tabelle 3:** Anteil der jeweiligen Altersgruppe an der Erwerbsbevölkerung (20–64 Jahre) in Prozent. Spätestens im Jahre 2020 werden in vielen Unternehmen die über 50-Jährigen die stärkste Altersgruppe bilden. (Quelle: Riechenhagen 2008)

|  | 2000 | 2010 | 2020 |
|---|---|---|---|
| 50–64 Jahre | 30 % | 32 % | 39 % |
| 35–49 Jahre | 38 % | 37 % | 31 % |
| 20–34 Jahre | 32 % | 30 % | 30 % |

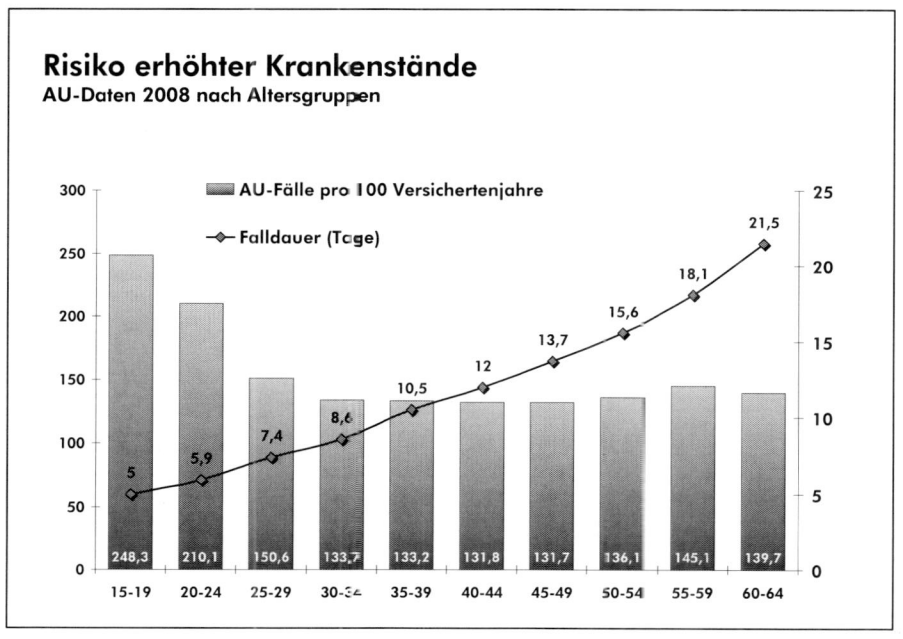

**Abbildung 8:** Risiko erhöhter Krankenstände (Heyde & Schmidt 2009, S. 288)

In den Unternehmen hat das erhebliche Konsequenzen: für die Personalbeschaffung, für die Qualifizierung und die Gesundheitspolitik. Das Angebot junger Nachwuchskräfte sinkt, und der Wettbewerb um die besten Berufsanfänger nimmt zu. Zugleich erhöht sich der Bedarf danach, durch Investitionen in Qualifizierung und Gesundheit dem durch die Alterung drohenden Anstieg von Fehlzeiten und krankheitsbedingter Einschränkung der Leistungsfähigkeit entgegenzuwirken (siehe Abb. 8).

Mit Blick z.B. auf die Ergebnisse einer Altersstrukturanalyse der DekaBank lassen sich die steigenden Kosten altersbedingter Arbeitsausfälle recht gut vorhersagen (Abb. 9) – es sei denn es gelingt, durch ein professionelles Betriebliches Gesundheitsmanagement die Arbeits- und Organisationsqualität zu verbessern und die Beschäftigten zu einem gesundheitsbewussteren Verhalten zu befähigen.

Anfälligkeit für vorzeitigen Verschleiß der psychischen und physischen Leistungsfähigkeit variiert erheblich, zum einen mit Bildung und Qualifikation der Mitarbeiterinnen und Mitarbeiter, zum anderen mit den Arbeits- und Organisationsbedingungen und der Branchenzugehörigkeit. Die Grundlagenforschung zeigt dabei sehr deutlich, dass Altern keinesfalls einseitig mit Verlust der Arbeits- bzw. Beschäftigungsfähigkeit gleichgesetzt werden darf, sondern auch mit einem Gewinn an Berufserfahrung, Qualitätsbewusstsein und sozialen Fertigkeiten einhergeht (vgl. Abb. 10).

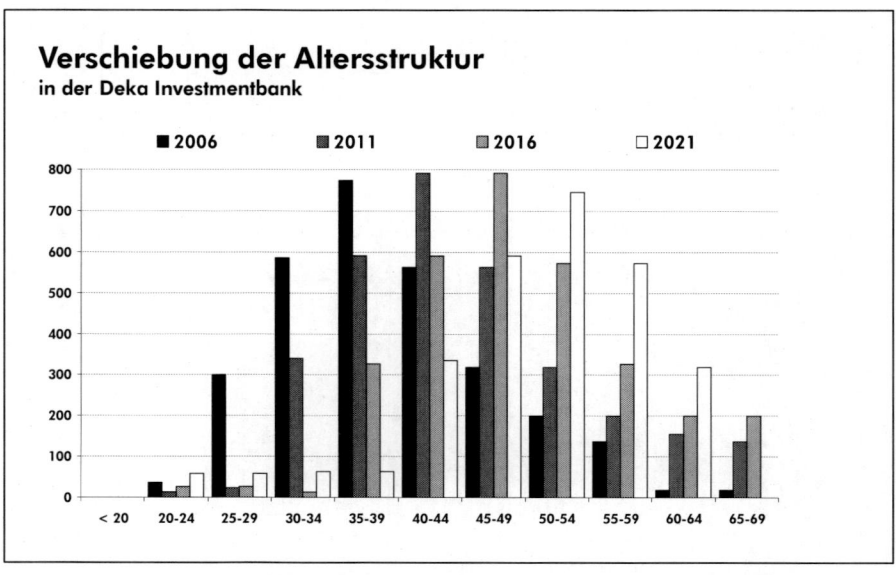

**Abbildung 9:** Verschiebung der Altersstruktur in der Deka Investmentbank (Quelle: Lambeck 2009)

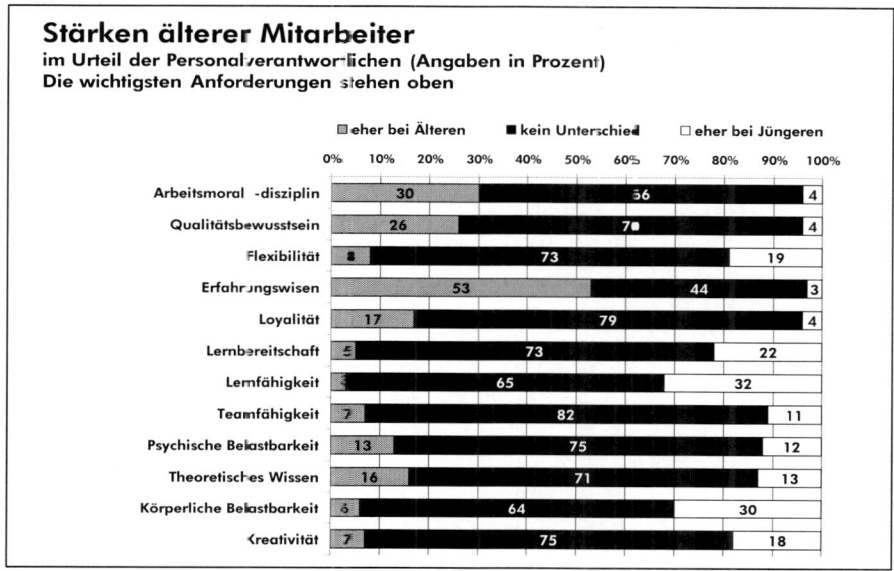

**Abbildung 10:** Stärken älterer Mitarbeiter (Quelle: Brussig 2005)

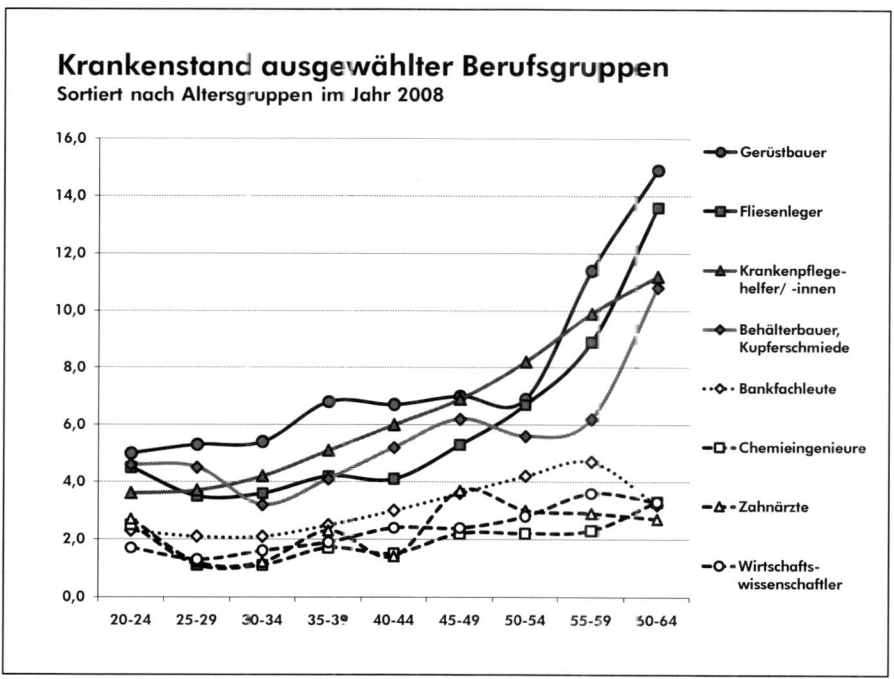

**Abbildung 11:** Krankenstand nach Alter und ausgewählten Berufsgruppen, AOK-Mitglieder 2007 (Auswertung des WidO 2009)

Die nicht endende Flut an Gutachten, Erkenntnissen und Vorschlägen zum Thema demografischer Wandel ersetzt keinesfalls die intensive Auseinandersetzung mit der spezifischen Situation im eigenen Unternehmen, den gesundheitlichen Risiken und Potenzialen. Die Einrichtung eines systematisch vorgehenden und nachhaltig wirksamen Betrieblichen Gesundheitsmanagements, das für eine kontinuierliche Verbesserung der Arbeits- und Organisationsbedingungen sorgt, ist der Königsweg zum Erhalt und zur Förderung von Leistungsfähigkeit und Leistungsbereitschaft der Mitarbeiterinnen und Mitarbeiter. Besonderes Augenmerk verdient dabei die Vereinbarkeit von Arbeit und Privatleben als einem wichtigen Element der gesellschaftlichen Verantwortung der Unternehmen.

Zahlreiche Experten vermuten, dass zur Verhütung volkswirtschaftlicher Schäden des demografischen Wandels eine Heraufsetzung des Rentenalters unvermeidlich ist. Insbesondere mit Blick auf Erwerbstätige mit geringem Bildungsniveau und auf Arbeitsbedingungen, die zu einem vorzeitigen Verschleiß des physischen und psychischen Leistungsvermögens führen, sollte die Erhöhung des Rentenalters durch gezielte Bemühungen zur gesundheitlichen Sanierung der Unternehmen unterstützt werden (vgl. Abb. 11).

## Reformbedarf an der Schnittstelle zwischen Wirtschaft und Staat

Eine für die gesellschaftliche Entwicklung grundlegende Innovation war die Übernahme der Verantwortung für die sozialen Kosten der Industrialisierung durch den Staat. Die daraus entstandene Arbeitsteilung, bei der der Staat zuständig ist für die Folgen einer weitgehend ungezügelten Marktwirtschaft, hat sich zur Bewältigung der Herausforderungen eines globalisierten Wettbewerbs als wenig geeignet erwiesen. Wenn der Staat und damit seine Bürgerinnen und Bürger Letztverantwortung für die Wirtschaft übernehmen, wie in der aktuellen Wirtschaftskrise auch hierzulande geschehen, dann sollte umgekehrt die Wirtschaft mehr Verantwortung für Gesundheit und Wohlbefinden ihrer Beschäftigten übernehmen. Mit anderen Worten, die Externalisierung sozialer Kosten wirtschaftlichen Handelns sollte ein Stück weit rückgängig gemacht werden, mit Hilfe einer vorausschauenden betrieblichen Gesundheitspolitik. Weil dadurch die Leistungsfähigkeit und Leistungsbereitschaft der Mitarbeiter und damit ihre Wettbewerbsfähigkeit gestärkt wird, liegt dies auch im ureigenen Interesse der Unternehmen.

Erforderlich dafür ist, zwischen investiven, das Humanvermögen stärkenden Gesundheitsleistungen einerseits und der Krankenversorgung dienenden Leistungen andererseits zu unterscheiden. Investive Gesundheitsleistungen dienen der Vermeidung von Versorgungskosten. Sie tragen also nicht nur zum Erhalt und zur Förderung von Humanvermögen und damit zum Erhalt der Wettbewerbsfähigkeit der Wirtschaft bei, sondern dienen zugleich auch der

Kostendämpfung in der Krankenversorgung und der Vermeidung krankheitsbedingter Frühberentung.

In den USA übernehmen die Unternehmen weitgehend die Kosten für Pensionen und Krankenversorgung, was ihre internationale Wettbewerbsfähigkeit erheblich beeinträchtigt. Die Idee der sozialen Marktwirtschaft hat sich als die vermutlich intelligentere Lösung erwiesen. Woran es allerdings hierzulande weitgehend mangelt, sind Anreize für Unternehmen, mehr Selbstverantwortung für die Förderung der Gesundheit und den Erhalt der Beschäftigungsfähigkeit ihrer Mitarbeiter zu übernehmen.

In Sachen betrieblicher Gesundheitspolitik besteht auch Reformbedarf auf Seiten des Staates. Deutschland verwendet nach den USA, der Schweiz und Frankreich gegenwärtig den größten Anteil am Bruttoinlandsprodukt für sein Gesundheitswesen (siehe Tab. 4). Darin enthalten ist nach neuesten Berechnungen der Bundesregierung die stattliche Summe von 9,3 Mrd. Euro für Prävention und Gesundheitsschutz (siehe Tab. 5). Finanziert werden damit die Ausgaben der öffentlichen Haushalte für Überwachung und Aufsicht, für die Aidsberatung, zahnprophylaktische Leistungen, Schutzimpfungen, die Früherkennung von Krankheiten, Förderung von Selbsthilfeeinrichtungen sowie für ärztliche Begutachtungen und Koordination (Gesundheitsberichterstattung des Bundes 2009 S. 19). Über Bedarfsgerechtigkeit, Effizienz und Qualität dieser Leistungen macht der Bericht keine Angaben. Ebenso wenig ist ihm zu entnehmen, wem genau diese Leistungen zugutekommen.

**Tabelle 4:** Anteil der Gesundheitsausgaben 2006 im internationalen Vergleich (Quelle: OECD, Health Data 2008 nach Gesundheitsberichterstattung des Bundes 2009 S. 27)

| Länder | Anteil am BIP in Prozent | Ausgaben je Einwohner in US $ KKP* |
|---|---|---|
| Japan | 8,1 | 2 578 |
| Vereinigtes Königreich | 8,4 | 2 760 |
| Italien | 9,0 | 2 614 |
| Dänemark | 9,5 | 3 362 |
| Deutschland | 10,6 | 3 371 |
| Frankreich | 11,0 | 3 449 |
| Schweiz | 11,3 | 4 311 |
| USA | 15,3 | 6 714 |

* KKP: Kaufkraftparitäten sind Umrechnungskurse, die die Unterschiede in den Preisniveaus zwischen den einzelnen Ländern beseitigen.

**Tabelle 5:** Gesundheitsausgaben nach Leistungsarten( nach RKI S. 17)

| Leistungsarten | 1995 | 2000 | 2005 | 2006 |
|---|---|---|---|---|
| | | in Mrd. Euro | | |
| Prävention/ Gesundheitsschutz | 7,5 | 7,5 | 8,9 | 9,3 |
| ärztliche Leistungen | 51,7 | 57,5 | 64,4 | 66,4 |
| Pflegerische/ therapeutische Leistungen | 43,7 | 52,3 | 57,5 | 58,8 |
| Unterkunft/ Verpflegung | 16,0 | 16,5 | 17,7 | 18,5 |
| Waren | 47,8 | 55,7 | 64,5 | 65,8 |
| davon | | | | |
|    Arzneimittel | 26,4 | 31,6 | 39,4 | 39,6 |
|    Hilfsmittel | 8,8 | 10,4 | 10,5 | 10,9 |
|    Zahnersatz (nur Materialien und Laborkosten) | 5,5 | 5,4 | 5,1 | 5,5 |
|    sonstiger medizinischer Bedarf | 7,2 | 8,2 | 9,5 | 9,8 |
| Transporte | 2,8 | 3,4 | 4,0 | 4,0 |
| Verwaltungsleistungen | 9,9 | 11,3 | 13,1 | 13,1 |
| Investitionen | 7,2 | 8,3 | 9,2 | 9,0 |
| gesamt | 186,5 | 212,4 | 239,3 | 245,0 |

„Die Ausgaben der gesetzlichen Krankenversicherung für betriebliche Gesundheitsförderung lagen im Jahr 2007 […] bei 32,2 Millionen Euro, was einen Durchschnittsbetrag von 0,45 EUR je Versicherten bzw. Versicherter entspricht." (Drupp 2009 S. 14). Insgesamt geben die GKV-Kassen mittlerweile 339 Millionen jährlich für Gesundheitsförderung und Prävention aus. Die entsprechenden Ausgaben der Deutschen Gesetzlichen Unfallversicherung liegen noch deutlich darüber. Wie viel von diesen erheblichen Beträgen wo in der Wirtschaft ankommt, ist nur ansatzweise für die GKV-Aufwendungen bekannt. Über den durch die vielen für Prävention und Gesundheitsschutz ausgegebenen Milliarden erzielten Gewinn an Gesundheit wissen wir nichts. Hier besteht auch auf Seiten des Staates akuter Handlungsbedarf, gehört alles auf den Prüfstand: die Ziele, die Strukturen und die Prozesse!

## Zusammenfassung und Empfehlungen

Die moderne Arbeitswelt wird immer unübersichtlicher. Wo welcher Handlungsbedarf besteht und warum, hängt von zahlreichen, sich immer rascher verändernden Bedingungen ab. Deshalb sollten das Berichtswesen in den Unternehmen und die bundesweite Berichterstattung über die Verteilung von Risiken und Potenzialen verbessert werden.

Daten aus deutschen, aber auch US-amerikanischen Studien zeigen, dass mit der Globalisierung in den davon betroffenen Sektoren der Wirtschaft das

Belastungsniveau erheblich gestiegen ist. Immer mehr Arbeit muss von immer weniger älter werdenden Beschäftigten bewältigt werden. Die Arbeit wird komplexer, und sie wird verantwortungsvoller. Der Termindruck nimmt zu. Das Wissen veraltet immer schneller und die Notwendigkeit zur operativen und strategischen Vernetzung erfordert immer mehr Kraft von den Mitarbeitern. Zugleich erhöht sich mit dem Arbeitsdruck und den Mobilitätszwängen auch das Risiko zunehmender Unvereinbarkeit von Arbeit und Privatleben.

Die Abflachung der Hierarchien erhöht die Anforderungen zur Selbstorganisation und den Bedarf an sozialer Kompetenz. Der ständige vom Weltmarkt ausgehende Druck zur Anpassung durch Veränderung und die starke Ausrichtung an den Erwartungen der Eigentümer und Kunden machen die Arbeitswelt insgesamt immer unsicherer und die persönliche Zukunftsplanung immer schwieriger.

Der Zwang zur flexiblen Anpassung verbunden mit permanenten strukturellen und arbeitsprozessbezogenen Neuerungen, der häufige Verkauf von Unternehmen, Unternehmensfusionen und -auflösungen erschweren die Entwicklung einer mitarbeiterorientierten Unternehmenskultur. Sie führen zu mehr Unsicherheit und Ungewissheit, zum Verlust und zum erzwungenen Neuaufbau sozialer Netzwerke.

Das Sozialkapital schmilzt. Zugleich erhöht sich der Zwang zur selbstorganisierten Kooperation sowie zur permanenten persönlichen Weiterentwicklung. Für die Unternehmen entsteht daraus das Risiko sich verbreitender Organisationspathologien, zunehmenden gesundheitlichen Verschleißes, insbesondere verbreiteter psychischer Überforderung und einem dadurch bedingten Leistungsabfall. Wo dies tatsächlich geschieht und wer davon betroffen ist, lässt sich wegen der Unübersichtlichkeit der modernen Arbeitswelt und der Komplexität der Wirkfaktoren immer schwerer vorhersagen. Daraus ergibt sich die Notwendigkeit zum Aufbau eines Betrieblichen Gesundheitsmanagements.

Zusammenfassend lassen sich folgende Empfehlungen ableiten:
1. Arbeitgeber, Betriebs- und Personalräte in den Unternehmen, Verwaltungen und Dienstleistungseinrichtungen sollten sich verstärkt für die Gesundheit der Beschäftigten einsetzen.
2. Das Reporting an Vorstände sollte um Kennzahlen zum Gesundheitszustand der Mitarbeiter erweitert werden und es sollte ein systematisches und nachhaltiges Gesundheitsmanagement etabliert werden.
3. Die finanziellen Anreize für Betriebliches Gesundheitsmanagement im Steuersystem sollten weiter ausgebaut werden, auch die Bonusprogramme der Krankenkassen.

4. Die Kreditvergabe durch Banken sollte auch davon abhängig gemacht werden, wie es um das Human- und Sozialvermögen eines Unternehmens bestellt ist als den wichtigsten Quellen zukünftigen Erfolgs.
5. Zur Qualitätsbewertung des Betrieblichen Gesundheitsmanagements sollten wissenschaftlich fundierte Standards verwendet werden und die Qualifikation von Führungskräften, Betriebsräten und Experten zum Thema sollte verbessert werden.
6. Das Krankheitspanorama erfordert neue Versorgungsformen, denen der Gesetzgeber durch Programme zum Diseasemanagement und durch neue Formen integrierter Versorgung gerecht zu werden versucht. Auch Unternehmen sollten zur Wiedereingliederung Erkrankter bei der Planung und Durchführung dieser Programme mitwirken und dabei intensiv mit den Vertragsärzten, Kliniken und Selbsthilfegruppen in ihrem regionalen Umfeld zusammenarbeiten.
7. Es besteht erheblicher Forschungsbedarf zum Thema gesunde Organisation und bei der Entwicklung wirksamer Interventionen zur Vermeidung und Bewältigung psychischer Störungen.
8. Ein Präventionsgesetz sollte für Transparenz und Bedarfsgerechtigkeit der aufgewendeten Mittel sorgen. Die unkoordinierte Vielzahl der Zuständigen und der eklatante Mangel an Dokumentation und Qualitätssicherung sind nicht mehr zu verantworten (Bertelsmann Stiftung und Hans Böckler Stiftung 2004). Einer Überversorgung mit Geld steht eine Unterversorgung mit guten Ergebnissen gegenüber.
9. Der Prozess der „schöpferischen Zerstörung" nimmt weiter seinen Lauf, sollte zukünftig aber, auch was seine Auswirkungen auf Sozialkapital und Gesundheit betrifft, genauer beobachtet und besser kontrolliert werden. Dazu bedarf es einer engen Zusammenarbeit der Tarifparteien und einer stärkeren Wahrnehmung gesellschaftlicher Verantwortung durch die Wirtschaft.

## Literatur

Badura B (2010) Wege aus der Krise. In: Badura B, Schröder H, Klose, Macco K (Hrsg) Fehlzeiten-Report 2009. Arbeit und Psyche: Belastungen reduzieren – Wohlbefinden fördern, Springer, Berlin, Heidelberg, S 3–12
Badura B, Schröder H, Vetter C (2009) (Hrsg) Fehlzeiten-Report 2008. Betriebliches Gesundheitsmanagement: Kosten und Nutzen. Springer, Berlin, Heidelberg
Bertelsmann Stiftung, Hans-Böckler-Stiftung (2004) (Hrsg) Zukunftsfähige betriebliche Gesundheitspolitik. Bertelsmann, Gütersloh
Berufsverband deutscher Psychologinnen und Psychologen (2008) Psychische Gesundheit am Arbeitsplatz in Deutschland. Psychologie Gesellschaft Gesundheit, BDP, Berlin

BKK Faktenspiegel (2008) Schwerpunktthema Krankenstand, Ausgabe 10/2008, BKK Bundesverband, Essen

Brussig M (2005) Die Nachfrageseite des „Arbeitsmarktes": Betriebe und die Beschäftigung Älterer im Lichte des IAB-Betriebspanels 2002. Hans-Böckler-Stiftung und Institut Arbeit und Technik, Düsseldorf, Gelsenkirchen

Dahrendorf R (1995) Economic Opportunity, Civil Society, and Political Liberty. United Nations Research Institute for Social Development, Geneva

DAK Gesundheitsreport 2009 (2009) Analyse der Arbeitsunfähigkeitsdaten. Schwerpunktthema Doping am Arbeitsplatz. DAK Forschung, Hamburg, IGES Institut, Berlin

DAK Gesundheitsreport 2008 (2008). Analyse der Arbeitsunfähigkeitsdaten. Schwerpunktthema Mann und Gesundheit. DAK Forschung, Hamburg, IGES Institut, Berlin

Destatis (2006) Generationen-Sterbetafel für Deutschland. Modellrechnungen für die Geburtenjahrgänge 1871–2004. Statistisches Bundesamt, Wiesbaden

Drupp M (2009) Betriebliches Gesundheitsmanagement: Finanzierung, Bonussysteme und steuerliche Förderung. In: Landesvereinigung für Gesundheit und Akademie für Sozialmedizin Niedersachsen e.V. (Hrsg): Impulse. Newletter zur Gesundheitsförderung, S 14–15

Heyde K, Macco K, Vetter C (2009) Krankheitsbedingte Fehlzeiten in der deutschen Wirtschaft im Jahr 2008. In: Badura B, Schröder H, Vetter C (Hrsg) Fehlzeiten-Report 2008. Betriebliches Gesundheitsmanagement: Kosten und Nutzen. Springer, Berlin, Heidelberg, S. 275 – 436

Macco K, Schmidt J (2010) Krankheitsbedingte Fehlzeiten in der deutschen Wirtschaft im Jahr 2009. In: Badura B, Schröder H, Klose J, Macco K (Hrsg) Fehlzeiten-Report 2009. Arbeit und Psyche: Belastungen reduzieren - Wohlbefinden fördern. Springer, Berlin, Heidelberg, S. 275-424

Lambeck M (2009) Lebenszyklusorientierte Personalarbeit der DekaBank. In: Wollert A, Knauth P (2009) (Hrsg) Digitale Fachbibliothek Human Resource Management. Neue Formen betrieblicher Arbeitsorganisation und Mitarbeiterführung. Symposium Publishing, Düsseldorf

Macco K, Schmidt J (2010) Krankheitsbedingte Fehlzeiten in der deutschen Wirtschaft im Jahr 2009. In: Badura B, Schröder H, Klose J, Macco K (Hrsg) Fehlzeiten-Report 2009. Arbeit und Psyche: Belastungen reduzieren - Wohlbefinden fördern. Springer, Berlin, Heidelberg, S. 275 – 424

Mc Keown T (1982) Die Bedeutung der Medizin. Suhrkamp, Frankfurt a.M.

Prognos (2008) Arbeitslandschaft 2030. Projektion von Arbeitskräfteangebot und -nachfrage nach Tätigkeiten und Qualifikationsniveaus. Prognos AG, vbw – Vereinigung der Bayerischen Wirtschaft e.V., München

O'Toole J, Lawler E (2006) The new american workplace. Palgrave Macmillan, New York

Richenhagen G (2007) Demografischer Wandel in der Arbeitswelt – Stand und Perspektiven in Deutschland im Jahre 2008. Zentrum für Lern- und Wissensmanagement der RWTH Aachen (Hrsg) Präventiver Arbeits- und Gesundheitsschutz, Aachen S. 17 – 29

Robert Koch Institut (RKI) (Hrsg) (2009) Gesundheitsberichterstattung des Bundes. Heft 45: Ausgaben und Finanzierung des Gesundheitswesens. Berlin

Sagan LA (1992) Die Gesundheit der Nationen. Rowohlt, Rheinbek bei Hamburg

United Nations, Department of Economic and Social Affairs, Population Division (2009) World population prospects: The 2008 revision. CD-ROM Edition; supplemented by official national statistics published in United Nations Demographic Yearbook 2006, available from the United Nations Statistics Division website, http://unstats.un.org/unsd/demographic/products/dyb/default.htm (accessed June 2009);and data compiled by the Secretariat of the Pacific Community (SPC) Statistics and Demography Programme, available from the SPCwebsite, http://www.spc.int/sdp/ (accessed June 2009).

Walter U, Münch M (2009) Die Bedeutung von Fehlzeitenstatistiken für die Unternehmensdiagnostik. In: Badura B, Schröder H, Vetter C (Hrsg) Fehlzeiten-Report 2008. Betriebliches Gesundheitsmanagement: Kosten und Nutzen. Springer, Berlin, Heidelberg, S 139–154

Wissenschaftliches Institut der AOK (WidO) (2009) Datensatz vom 03.09.2009

Wilson DS, Wilson EO (2009) Evolution – Gruppe oder Individuum? Spektrum der Wissenschaft 1:32–41

## 2 Die Vision einer gesunden Organisation

Situation und Zukunftsperspektiven betrieblicher Gesundheitspolitik sind hierzulande neuerlich durch eine Expertenkommission zweier Stiftungen diskutiert worden (Bertelsmann Stiftung und Hans-Böckler-Stiftung 2004). Dieser Expertenkommission gehörten namhafte Vertreter von Unternehmen und Gewerkschaften, aus Politik und Ministerien, der Sozialversicherungsträger und der Wissenschaft an. Die dort zugrunde gelegten Konzepte und Ziele, die dort ausgesprochenen Empfehlungen, der dort gefundene Konsens über betriebliche Voraussetzungen, wissenschaftliche Grundlagen und Qualitätsstandards bilden die Richtschnur für dieses Lehrbuch.

**Vision**
„Die Vision betrieblicher Gesundheitspolitik ist gesunde Arbeit in gesunden Organisationen. Gesunde Organisationen fördern beides: Wohlbefinden und Produktivität ihrer Mitglieder. Die Kommission sieht die gesundheitsrelevanten Problemstellungen in den Unternehmen, Verwaltungen und Dienstleistungsorganisationen nicht mehr allein an der Mensch-Maschine-Schnittstelle, sondern insbesondere an der Mensch-Mensch-Schnittstelle: in der Qualität der Menschenführung, in der Qualität der Unternehmenskultur sowie in der Qualität der zwischenmenschlichen Beziehungen." (Bertelsmann Stiftung & Hans-Böckler-Stiftung 2004 S. 21)

**Leitbild**
„Gesundheitliche Probleme müssen an ihrer Quelle bekämpft werden. Der Arbeitswelt kommt dabei – auch wegen ihrer Rückwirkung auf Privatleben und Freizeitverhalten – eine herausragende Bedeutung zu. Das Hauptgewicht sollte bei der Verhütung gesundheitlicher Probleme liegen und nicht bei ihrer nachgehenden Bewältigung. Gesundheitsförderung

> und Prävention müssen als Führungsaufgabe wahrgenommen und nicht nur von nachgeordneten Fachabteilungen bearbeitet werden. Betriebliche Gesundheitspolitik muss unter Einbeziehung der Betroffenen praktiziert und nicht nur „Top-down" verordnet werden. Und sie muss in ihrer Ausgestaltung vielfältig sein, d.h. den unterschiedlichen Bedürfnissen einzelner Branchen und Betriebsgrößen entsprechen. Betriebe, die so verfahren, fördern die Gesundheit ihrer Mitarbeiter und verbessern ihre Wettbewerbsfähigkeit. Sie tragen zudem zur Vermeidung von Sozialversicherungsfällen (Unfälle, Behandlung, Berentung, Arbeitslosigkeit) bei, d.h. zur finanziellen Stabilisierung der sozialen Sicherungssysteme, was ihnen selbst wiederum in Form begrenzter Lohnnebenkosten zugute kommt." (Bertelsmann Stiftung & Hans Böckler Stiftung 2004 S. 21)

## Gesundheit, Krankheit, Gesundheitsmanagement

Gesundheit ist immer zugleich Voraussetzung und auch Ergebnis der Wechselwirkungen zwischen Person, Verhalten und Umwelt. Im Kern geht es um eine salutogene Situationsbewältigung oder besser: um das Verständnis und die Erschließung salutogener Potenziale in der Person, in ihrem Verhalten und in ihrer Umwelt. Gesundheit ist eine Kompetenz zur aktiven Lebensbewältigung. Gesundheit ist etwas, was erlernt werden kann, d.h. wozu Menschen befähigt werden können.

> **Gesundheit:**
> Gesundheit ist eine Fähigkeit zur Problemlösung und Gefühlsregulierung, durch die ein positives seelisches und körperliches Befinden – insbesondere ein positives Selbstwertgefühl – und ein unterstützendes Netzwerk sozialer Beziehungen erhalten oder wieder hergestellt wird.

Diese Neufassung des Gesundheitsbegriffs verweist auf eine Fähigkeit, die für die produktive Auseinandersetzung mit einer ungewissen, als Herausforderung oder Bedrohung empfundenen Umwelt immer wichtiger wird. Problemlösung beinhaltet die Antonovsky'sche Trias: die persönlichen Fähigkeiten zur Sinngebung, zum Verstehen und Beeinflussen der eigenen Lebens- und Arbeitsbedingungen, m.a.W. Motivation, Kognition und Verhalten. Gefühlsregulierung beinhaltet die „Geist" und „Körper" verbindenden Emotionen Angst, Wut, Hilflosigkeit, Freude und Stolz – um nur die wichtigsten zu nennen. Die menschliche Fähigkeit zur – salutogenen oder pathogenen – Gefühlsregulie rung (das heißt u.a. Selbstbeobachtung, Vermeidung oder Toleranz unerwünschter sowie Herbeiführung erwünschter Emotionen) ist ein für die Verknüpfung sozialer und somatischer Prozesse unverzichtbares Element jeder Gesundheitstheorie. Mit diesem neuen Gesundheitsverständnis eng verbunden ist auch ein neues Verständnis von Krankheit.

> **Krankheit:**
> Krankheit beinhaltet mehr als nur körperliche Fehlfunktion oder Schädigung. Auch beschädigte Identität oder länger anhaltende Angst- oder Hilflosigkeitsgefühle müssen wegen ihrer negativen Auswirkungen auf Denken, Motivation und Verhalten, aber auch auf das Immun- und Herz-Kreislauf-System als Krankheitssymptome begriffen werden.

Arbeitsverhalten begreifen wir als einen Prozess der Problemlösung und Gefühlsregulierung. Wahrnehmung, Kognition, Emotion, Motivation und Verhalten eines Menschen sind geprägt durch persönliche Voraussetzungen und situative Einflüsse. Situative Einflüsse lassen sich verändern z.B. durch Arbeits- und Organisationsgestaltung, persönliche Voraussetzungen durch Bildung, Qualifikation und Beratung, im besonderen Fall auch durch Coaching und Psychotherapie.

> **Betriebliches Gesundheitsmanagement:**
> Unter Betrieblichem Gesundheitsmanagement verstehen wir die Entwicklung betrieblicher Strukturen und Prozesse, die die gesundheitsförderliche Gestaltung von Arbeit und Organisation und die Befähigung zum gesundheitsfördernden Verhalten der Mitarbeiterinnen und Mitarbeiter zum Ziel haben.

Bezogen auf die Arbeitswelt gehen wir von einem Primat der Umwelt gegenüber Person und Verhalten aus. In komplexen Organisationen folgt mit abnehmenden Handlungsspielräumen das Verhalten den Strukturen und Prozessen, wie sie durch die Aufbau- und Ablauforganisation vorgegeben werden. In einer gesunden Organisation sind Strukturen und Prozesse so angelegt, dass sie die Gesundheit der Mitarbeiter fördern.

Für die Konzeption dieses Buches und die hier entwickelten Handlungsempfehlungen ist zweierlei von grundlegender Bedeutung:

- die Schwerpunktverlagerung von der pathogenetischen zur salutogenetischen Sichtweise

- die Schwerpunktverlagerung von Personen, ihren Arbeitsbedingungen und -inhalten zur Organisation als kooperatives System.

Dem liegt die Annahme zugrunde, dass Menschen soziale Wesen sind, die in ihrem Denken, Fühlen und Handeln maßgeblich beeinflusst werden durch Sozialisation und Umwelt; im Kontext der Arbeitswelt bedeutet das: durch die betriebliche Personal- und Gesundheitspolitik, durch die gelebte Unternehmenskultur, durch die wirtschaftliche Situation eines Unternehmens und durch die sozialen Beziehungen am Arbeitsplatz und zwischen Unternehmensführung und Belegschaft.

Wie weit Menschen auf ihre Umwelt Einfluss zu nehmen vermögen, hängt von ihren Handlungsspielräumen, Fähigkeiten und Beteiligungsmöglichkeiten ab. Organisationsbedingungen können gesundheitsförderliche oder krankmachende Auswirkungen haben. Wir gehen – gestützt auf entsprechende organisations- und gesundheitswissenschaftliche Erkenntnisse – davon aus, dass insbesondere gegenseitige Unterstützung, gemeinsame Überzeugungen, Werte und Verhaltensregeln, Partizipation und eine von gegenseitigem Respekt und Vertrauen geprägte Unternehmenskultur positive Auswirkungen auf die Mitarbeiter haben. Damit rücken das Verstehen und das Gestalten kooperativer Systeme ins Zentrum Betrieblichen Gesundheitsmanagements.

Gesundheit wird für viele Menschen erst durch ihren Verlust zum Thema: als vom Alltagsgeschehen weitgehend unabhängiger körperlicher Schaden. Das hier vertretene Gesundheitsverständnis ist ein anderes. Gesundheit wird als Produkt des Alltags gesehen, als Ergebnis von Wechselwirkungen zwischen äußeren Einflüssen und psychischen und biologischen Vorgängen im Menschen. Sie wird gefördert und gefährdet durch das, was Menschen erleben, welche Herausforderungen sie suchen und wie sie damit umgehen: bei der Arbeit und im Privatleben. Gegenwärtig ist es besonders populär, die persönliche Verantwortung zu betonen und die gesellschaftliche Verantwortung zu vernachlässigen. Gesundheit gilt vielen als Privatsache.

Die Erkenntnisse der Sozial- und Gesundheitswissenschaften der letzten Jahrzehnte legen eine Revision dieses individualisierten Gesundheitsverständnisses nahe. Dass Menschen heute in Japan, Italien, Schweden oder der Schweiz im Durchschnitt über 80 Jahre alt werden, in Ländern wie Mosambik, Lesotho und Botswana aber nur weniger als halb so lange leben, lässt die These, Gesundheit sei Privatsache, ebenso wenig überzeugend erscheinen wie die Tatsache, dass hierzulande Straßenreiniger und Gleisbauer, Kranführer und Schweißer für chronische Krankheiten sehr viel anfälliger sind als Führungskräfte und Akademiker. Gesundheit und Gesellschaft hängen enger miteinander zusammen, als wir bisher angenommen haben: Gesundheit wird davon beeinflusst, was Menschen in ihrem Alltag widerfährt. Zugleich wirkt Gesundheit in Form von psychischem Befinden und körperlicher Leistungsfähigkeit in diesen Alltag zurück, als neben Bildung wichtigste Voraussetzung zu seiner Bewältigung.

Die Weltgesundheitsorganisation (WHO) plädierte bereits Ende der 40er Jahre für eine Definition von Gesundheit als körperliches, seelisches und soziales Wohlbefinden. Im Jahr 1986 formulierte sie in Ottawa auf einer viel beachteten internationalen Konferenz Grundsätze und Ziele zur Förderung der Gesundheit und zur Schaffung bzw. Erhaltung gesunder Umwelten.

---

**Ottawa-Charta der WHO (1986)**

„Gesundheitsförderung zielt auf einen Prozess, allen Menschen ein höheres Maß an Selbstbestimmung über ihre Gesundheit zu ermöglichen und sie damit zur Stärkung ihrer Gesundheit zu befähigen. Um ein umfassendes körperliches, seelisches und soziales Wohlbefinden zu erlangen, ist es notwendig, dass sowohl Einzelne als auch Gruppen ihre Bedürfnisse befriedigen, ihre Wünsche und Hoffnungen verwirklichen sowie ihre Umwelt meistern bzw. verändern können. In diesem Sinne ist die Gesundheit als ein wesentlicher Bestandteil des alltäglichen Lebens zu verstehen und nicht als vorrangiges Lebensziel. Gesundheit steht für ein positives Konzept, das in gleicher Weise die Bedeutung sozialer und individueller Ressourcen für die Gesundheit ebenso wie die körperlichen Fähigkeiten betont. Die Verantwortung für Gesundheitsförderung liegt deshalb nicht nur im Gesundheitssektor, sondern in allen Bereichen der Politik und zielt über die Entwicklung gesünderer Lebensweisen hinaus auf die Förderung von umfassendem Wohlbefinden."

---

In der Ottawa-Charta ist weiter zu lesen, dass politische, ökonomische, soziale und kulturelle Faktoren entweder der Gesundheit zuträglich sein oder sie schädigen können. Menschen können ihre Gesundheitspotenziale nur dann entfalten – heißt es dort –, wenn sie die Bedingungen, die ihre Gesundheit beeinflussen, auch mitgestalten können. Die sich verändernden familiären, Arbeits- und Freizeitbedingungen haben einen entscheidenden Einfluss auf die Gesundheit. Die Art und Weise, wie in einer Gesellschaft Arbeit, Familie und Freizeit organisiert sind, sollte eine Quelle für Gesundheit und nicht für Krankheit sein.

## Pathogenese

Im Zentrum der Biomedizin stehen die Erforschung und Kontrolle pathogener Vorgänge im menschlichen Organismus. Als Ursache für pathogene Vorgänge werden genetische Defekte oder den Organismus schädigende biologische, chemische oder physikalische Umwelteinflüsse angesehen. Die klinische Forschung folgt diesem Ansatz. Das ist ein Grund, warum die klinische Medizin mit Krankheit sehr viel, mit Gesundheit jedoch eher wenig anfangen kann.

Davon unterscheidet sich der Ansatz der Verhaltensmedizin. Als Antwort auf ein gewandeltes Krankheitspanorama stehen hier überwiegend selbstschädigende Verhaltensweisen im Vordergrund. Bewegungsmangel, falsche Ernährung, Alkoholsucht und Zigarettenkonsum gelten diesem Ansatz zufolge als Hauptursachen vermeidbarer chronischer Erkrankungen und vorzeitigen Todes. Verhaltensmedizin und Gesundheitspsychologie, die sich diesem Denken verschrieben haben, sehen den Menschen nicht mehr nur als naturwissenschaftlichen Gesetzen folgende Maschine, sondern als vernunftbegabtes, in seinem Verhalten jedoch fehlgeleitetes bzw. unangepasstes Wesen.

In der Verhaltensmedizin geht es allerdings nicht nur um die Verhütung oder Veränderung pathogener, sondern auch um die Förderung salutogener Verhaltensweisen. Als Beispiele dafür sei auf Anstrengungen zur gesunden Ernährung und regelmäßigen körperlichen Bewegung verwiesen. Gegenstand von Forschung und Intervention sind das selbstverantwortlich handelnde Individuum und seine Möglichkeiten zur Verhaltensmodifikation. Charakteristisch für den Ansatz der Verhaltensmedizin ist die personenbezogene Vorgehensweise. Interventionen richten sich auf die Person und ihr Verhalten, nicht aber auf die Lebens- und Arbeitsbedingungen. Hierin liegt ein wichtiger Unterschied zur Betrachtungsweise der Gesundheitswissenschaften, die der salutogenetischen Perspektive verpflichtet sind und dabei zuallererst an den Lebens- und Arbeitsbedingungen („settings") ansetzen.

**Salutogenese**

Im Vordergrund der modernen Gesundheitswissenschaften steht heute ein Gesundheitspotenziale erforschender und auf ihre Förderung bedachter Ansatz. Zentral ist hier die Frage nach den Ursachen guter Gesundheit. Dem seelischen Befinden kommt dabei eine besondere Bedeutung zu, weil menschliche Grundemotionen wie Freude, Aggressivität, Angst und Hilflosigkeit eine Brückenfunktion haben zwischen den lange Zeit als streng voneinander getrennt erachteten gesellschaftlichen Erfahrungen des Menschen und seinen biochemischen Prozessen. „Geist" und „Körper" hängen auf das Engste zusammen: Denken, Fühlen und biochemische Prozesse verlaufen zugleich parallel und hochvernetzt. Was uns im Alltag durch Arbeit, Familie und Freizeit widerfährt, auf welche Situationen wir treffen, wie wir mit ihnen handelnd umgehen und auch die wahrgenommenen Konsequenzen unseres Handelns (Erfolg – Misserfolg, Belohnung – Bestrafung, Zuwendung durch andere – Ablehnung) – all dies hat immer zugleich psychische (kognitive, emotionale, motivationale) und körperliche (biochemische) Folgen.

Wir gehen davon aus, dass bestimmte Lebensbedingungen oder Ereignisse nur dann krankheitsauslösende Folgen haben, wenn sie von der betroffenen

Person als Bedrohung, Kränkung oder Verlust bewertet werden. Das Ausmaß ihrer negativen Folgen wird mitbestimmt von salutogenen Potenzialen, die helfen, Bedrohungen, Kränkungen oder Verlusterfahrungen zu verhüten oder schädigungsfrei zu bewältigen. Salutogene Potenziale helfen Chancen zu realisieren, Risiken und Belastungen zu vermeiden, Beanspruchungen zu mildern und eingetretene Schädigungen bzw. Krankheiten zu überwinden.

Salutogene Potenziale sozialer Systeme treten nach bisher vorliegenden Erkenntnissen insbesondere in dreierlei Form auf:

1. als vertrauensvolle Bindungen an einzelne Menschen, an soziale Gruppen oder Kollektive
2. als positiv bzw. hilfreich empfundene Rückmeldungen aus dem sozialen Umfeld in Form von Zuwendung, Information, Anerkennung oder praktischer Unterstützung
3. als gemeinsame Überzeugungen, Werte und Regeln, die Berechenbarkeit und Steuerbarkeit sozialer Systeme ermöglichen und die zwischenmenschliche Kooperation erleichtern.

Zusammengenommen bilden sie Grundelemente auch des betrieblichen Sozialkapitals, das seinerseits für eine effiziente und salutogene Verknüpfung von Sach- und Humankapital unverzichtbar ist, in seiner zugleich ergebnis- und mitarbeiterorientierten Bedeutung jedoch noch allzu häufig unterschätzt wird.

## Soziale Beziehungen

Wir begreifen den Menschen als ein deutendes, fühlendes und planendes Wesen, dessen Befinden zuallererst von der Verfügbarkeit sinnstiftender Tätigkeiten, von der Aufmerksamkeit, Zuneigung und Anerkennung durch Mitmenschen sowie von der Versteh- und Beeinflussbarkeit seiner Lebensumstände abhängt.

Befähigung durch ausreichende Bildung, angemessene fachliche und soziale Kompetenz gelten als persönliche Gesundheitspotenziale ebenso wie ein positives Selbstwertgefühl, Selbstvertrauen und eine optimistische Grundhaltung. Neben Familie und Arbeitswelt sind auch Medien und Bildungswesen wichtige Sozialisationsinstanzen, die zur Stabilisierung und Entwicklung dieser persönlichen Gesundheitspotenziale beitragen oder aber zu ihrer Destabilisierung und Deformation.

Als soziale Gesundheitspotenziale gelten vor allem die bindenden Kräfte sozialer Beziehungen und sinnstiftender Überzeugungen und Werte wegen ihres Einflusses auf Kognition, Emotion, Motivation und Verhalten. Der gesundheitsförderliche Einfluss unterstützender sozialer Beziehungen darf als einer der epidemiologisch am besten belegten Zusammenhänge gelten. Belastende soziale Beziehungen (z.B. Mobbing am Arbeitsplatz) können hingegen für die Gesundheit äußerst destruktive Folgen haben.

„Starke" (partnerschaftliche, verwandtschaftliche oder freundschaftliche) Bindungen sind wesentlich für die persönliche Gefühlsregulierung, insbesondere in Situationen hoher psychischer Beanspruchungen zur Bewältigung der damit verbundenen Angst- oder Hilflosigkeitsgefühle. „Schwache" Bindungen in Arbeitswelt und Gemeinde sind bedeutsam für die Bewältigung von Herausforderungen (Situationseinschätzung, Handlungsplanung, Situationsbewältigung) und können dadurch ebenso salutogene Funktionen erfüllen. Die Adjektive „stark" und „schwach" beziehen sich auf den Grad der emotionalen Bindung.

Auf uns alleingestellt, d.h. ohne nennenswerte Hilfe oder emotionale Unterstützung aus unserer sozialen Umwelt, kann es leicht zu einer Überforderung und, sofern es sich um einen chronischen Zustand handelt, zu einer seelischen und körperlichen Schädigung kommen. Je weniger sozial integriert und je höher belastet Menschen sind, umso anfälliger sind sie für Angst- und Hilflosigkeitsgefühle und deren pathogene Konsequenzen z.B. für das Herz-Kreislauf- und das Immunsystem. Als chronisch belastend empfundene Beziehungen in Familie und Arbeitswelt gelten als hochgefährliche Stressoren.

**Kultur**

Als soziale Wesen sind Menschen stets zugleich auch Pläne schmiedende und zielorientiert handelnde Akteure – in der Entwicklung und Pflege sozialer Beziehungen ebenso wie in der Bearbeitung von Aufgaben und Projekten zur Verfolgung ausgewählter Ziele. Ziele, Aufgaben und Projekte können dabei als mehr oder weniger sinnvoll empfunden werden. Und die Umstände der Zielverfolgung und Aufgabenerledigung können als mehr oder weniger verstehbar, miteinander vereinbar, berechenbar und beeinflussbar erlebt werden.

Über Jahrtausende hinweg, während seiner Existenz als Jäger und Sammler und später als Mitglied einer Nomaden- oder einer Agrargesellschaft, haben religiöse Überzeugungen, Werte und Verhaltensregeln das Bedürfnis des Menschen nach Sinnstiftung, Versteh- und Berechenbarkeit und nach Beeinflussbarkeit seiner Lebensumstände befriedigt. Für die Bewältigung alltäglicher Aufgaben und Pflichten spielen diese heute – wenn überhaupt – eine meist ganz untergeordnete Rolle bzw. werden nur noch in ihrer säkularisierten Form als ein gewisser Grundstock gemeinsamer Überzeugungen, Werte und Regeln wahrgenommen. Die sinn- und beziehungsstiftende Funktion der Religion wird heute weithin durch die Zivilgesellschaft wahrgenommen, z.B. durch die besondere Kultur einer Familie, durch freiwillige Vereinigungen, durch die spezifische Kultur eines Unternehmens, einer Region oder eines ganzen Kulturkreises.

Unverändert gilt auch heute die ursprünglich vom Soziologen Antonovsky angestoßene und unter Gesundheitswissenschaftlern stark verbreitete Auffassung, dass die Sinnhaftigkeit des eigenen Handelns und die Versteh- und

Beeinflussbarkeit der Lebens- und Arbeitsbedingungen wesentlich sind für eine salutogene Lebensführung. Soziale Systeme unterscheiden sich allerdings erheblich darin, welche Stabilität und Qualität und welchen Umfang sozialer Beziehungen sie ermöglichen. Und sie unterscheiden sich auch erheblich darin, wie weit sie es ihren Mitgliedern ermöglichen, subjektiv sinnvoll zu handeln, d.h. sich mit ihren Werten, Zielen und Verhaltensregeln zu identifizieren. Schließlich unterscheiden sich soziale Systeme auch beträchtlich darin, wie weit sie es ihren Mitgliedern ermöglichen, Ereignisse, Abläufe und Entscheidungen zu verstehen und vorherzusehen, sie zu beeinflussen oder sie zumindest zu akzeptieren. Gerechtigkeit und Fairness spielen dabei eine Rolle, aber auch die Formen der Konfliktregulierung sowie Transparenz und Partizipation.

Gemeinsame Überzeugungen, Werte und Regeln erleichtern es den Mitgliedern eines sozialen Systems, z.B. eines Unternehmens, sich mit den Zielen und Plänen ihrer Organisation zu identifizieren, erleichtern ihre Versteh- und Berechenbarkeit und sind essenzielle Voraussetzungen konfliktarmer, produktiver Zusammenarbeit. Kooperation ist ihrerseits eine wichtige Bedingung für das Entstehen gemeinsamer Überzeugungen, Werte und Regeln.

Menschen brauchen Menschen – und begegnen sich gleichwohl oft mit Ängsten oder Misstrauen. Gemeinsame Überzeugungen, Werte und Regeln sind wesentlich für Entstehung und Erhalt einer Vertrauenskultur, für ausgeprägten Teamgeist und den ungehinderten Fluss von Informationen. Sie verhindern Lernblockaden einer Organisation und erleichtern die flexible Anpassung an eine sich immer rascher verändernde Umwelt.

## Literatur

Bertelsmann Stiftung, Hans-Böckler-Stiftung (2004) (Hrsg) Zukunftsfähige betriebliche Gesundheitspolitik. Bertelsmann, Gütersloh

Weltgesundheitsorganisation (WHO) (1986): Ottawa-Charta zur Gesundheitsförderung. Internationale Konferenz zur Gesundheitsförderung, Ottawa, Ontario, Kanada, 17.-21.11.1986.

# 3 Problemstellungen, Ziele und Interventionsformen

In der betrieblichen Gesundheitspolitik gibt es nicht den „one best way". Welche Prioritäten gesetzt und welche Vorgehensweisen im konkreten Fall gewählt werden, hängt von den Unternehmenszielen und der Unternehmenssituation ab. Entscheidend sind zudem die Ergebnisse der Unternehmensdiagnostik. Als Drittes schließlich spielt die Qualifikation der betrieblichen Gesundheitsexperten, auch die der externen Berater und Prozessbegleiter, eine nicht zu unterschätzende Rolle: „Ein Bäcker verkauft nun einmal Brötchen und keine Schnitzel." Ähnlich steht es auch mit den betrieblichen Gesundheitsexperten. Mediziner, Psychologen, Betriebswirte, Soziologen, Sicherheitsingenieure oder auch Gesundheitswissenschaftler bringen in die innerbetrieblichen Entscheidungsprozesse ihre eigenen Wissensbestände und bevorzugten Vorgehensweisen ein, woraus produktive Diskussionen, aber auch Dauerkonflikte und Handlungsblockaden entstehen können. Deshalb ist der von uns gemachte Vorschlag eines Betrieblichen Gesundheitsmanagements in erster Linie verfahrens- bzw. prozessorientiert, getrieben von den Unternehmenszielen und dem betrieblichen Berichtswesen. Dabei entscheidend ist die Orientierung an den aus dem Qualitätsmanagement bekannten Standards insbesondere am Deming-Zyklus – in der von uns leicht abgewandelten Form mit den Prozessen Diagnostik, Planung, Intervention, Evaluation (vgl. dazu Kapitel 5).

---

Die Gesundheit der Erwerbsbevölkerung wird bedingt durch persönliche Voraussetzungen, z.B. Alter, Geschlecht und Bildung, durch die Arbeits- und Organisationsbedingungen, z.B. Sinnhaftigkeit der Aufgabe, Qualität der Führung, Qualität der zwischenmenschlichen Beziehungen, und durch die Vereinbarkeit von Arbeit und Privatleben. Mit dem Wandel der Arbeitswelt verändern sich auch Problemstellungen, Ziele und Interventionsformen betrieblicher Gesundheitspolitik.

## Arbeit macht krank

Mit Blick auf die Geschichte der betrieblichen Gesundheitspolitik und auf die Grundlagenforschung der zurückliegenden Jahrzehnte lassen sich zwei Konzepte und Anwendungsbereiche unterscheiden (siehe Abb. 1). Zum einen handelt es sich dabei um das Konzept der Risikoprävention und zum anderen um das der Förderung von Gesundheitspotenzialen. Anwendung finden sie sowohl auf Organisationen: ihre Strukturen und Prozesse wie auch auf Personen: ihre biologischen, psychischen und sozialen Voraussetzungen und ihre Verhaltensweisen.

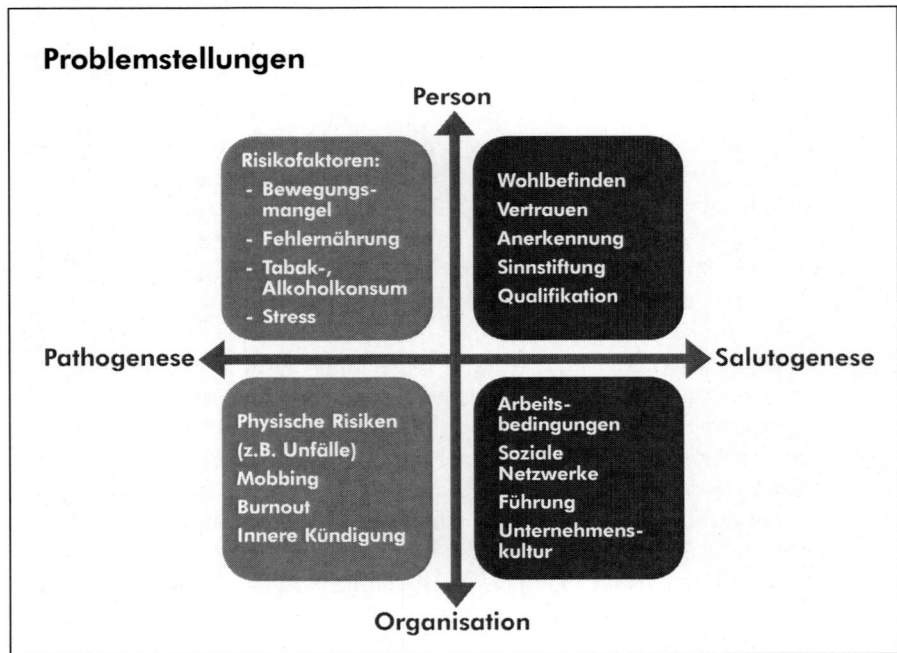

**Abbildung 1**: Problemstellungen

In der Tradition des Arbeitsschutzes, wie er sich innerhalb der zurückliegenden hundertfünfzig Jahre hierzulande entwickelt hat – angefangen mit dem preußischen Landrecht über die Einführung der gesetzlichen Unfallversicherung bis hin zur neusten EU-konformen Gesetzgebung aus der Mitte der 90er Jahre –, liegt der Schwerpunkt der Regulierung und Intervention bei der Identifikation und Bekämpfung potenziell unfallträchtiger bzw. die Gesundheit schädigender Einflüsse. Besondere Beachtung finden dabei die physische, chemische oder biologische Arbeitsumwelt und die eingesetzten Arbeitsmittel. Die Arbeitswissenschaft konzentriert sich in erster Linie auf Risiken aus der technischen Umwelt und erst in zweiter Linie auf Risiken in der Organisation oder Person. Bei der Arbeitsmedizin liegt der Schwerpunkt in erster Linie bei der Identifikation von Risiken in der Person (siehe den Beitrag von Stork in diesem Band). Auch die Arbeits- und Organisationspsychologie befasste sich mit ihrem Kernthema „Stress" lange Jahre ausschließlich mit krank machenden Arbeitsbedingungen (siehe den Beitrag von Hasselhorn und Portuné in diesem Band). Diese risikoorientierte Problemstellung hatte, historisch betrachtet, gute Gründe. Aktuell hat sie vor allem durch die „Präsentismus"-Diskussion wieder neuen Auftrieb erhalten (siehe dazu die Beiträge von Stork sowie von Fissler, Krause in diesem Band).

Anlass für die Entwicklung des Arbeitsschutzes waren die Arbeitsbedingungen zu Beginn der Industrialisierung und die sich daraus ergebenden Unfälle insbesondere im Bergbau und in der Eisen- und Stahlindustrie. Hier lag auch der Beginn der staatlichen Regulierungsaktivitäten: zunächst der staatlichen Gewerbeaufsicht und später der gesetzlichen Unfallversicherung. Im Zentrum stand der Schutz von Kindern und Müttern vor körperlichen Schäden sowie der Industriearbeiter vor Unfällen und Berufskrankheiten. Mit der Verbreitung tayloristischer Formen der Arbeitsorganisation und taktgebundener Arbeit traten neben Arbeitswissenschaftlern und Arbeitsmedizinern zunehmend auch Sozialwissenschaftler auf den Plan, die Kritik übten an der durch diese Form der Arbeitsgestaltung bewirkten Dequalifizierung, an abnehmenden Handlungsspielräumen und der dadurch bewirkten abnehmenden Motivation. Die Arbeitsstressforschung hat neben den Arbeitswissenschaften über viele Jahre eine dominierende Rolle gespielt bei der Evidenzbasierung und Arbeitsgestaltung. Selbst ihre Protagonisten müssen allerdings heute einräumen, dass ihre praktischen Erfolge als eher gering einzustufen sind (siehe Hasselhorn & Portuné in diesem Band).

Zeitlich in etwa parallel zur Entwicklung der Arbeitswissenschaft und der Stressforschung konnten Sozialmediziner und Epidemiologen Belege dafür vorlegen, dass spezifische Verhaltensrisiken wie übermäßiger Alkohol- und Tabakkonsum, Fehlernährung und Bewegungsmangel, Bluthochdruck und überhöhter Blutfettspiegel etc. bei der Verursachung verbreiteter chronischer Erkrankungen mitwirken (vgl. dazu den Beitrag von Hehlmann in diesem Band). Dass bei der Verursachung und Verbreitung von Krankheiten auch soziale Faktoren von erheblicher Bedeutung sind, wurde schon im 19. Jahrhundert vermutet. Epidemiologisch zweifelsfrei belegt wurde der Einfluss von sozialer Ungleichheit, von Stress und sozialer Integration aber erst in der zweiten Hälfte des 20. Jahrhunderts. Dies bildet seitdem eine zentrale Problemstellung der modernen Gesundheitswissenschaften.

Getrieben war und ist die Beschäftigung von Arbeitsmedizinern und Arbeitswissenschaftlern, z.T. auch der Arbeitspsychologen in erster Linie von pathogenetischen Problemstellungen. Die Arbeitswelt wird unter der Perspektive möglicher Risiken betrachtet – zunächst für den menschlichen Körper und seine physische Leistungskraft, mittlerweile auch für die menschliche Psyche und ihre Leistungsfähigkeit. Dass mit dem Beginn der Industrialisierung die

Lebenserwartung durchweg zugenommen hat und auch in entwickelten Industrieregionen wie der EU, Japan, den USA weiter ansteigt, zwingt jedoch zu dem Schluss, dass in der sozialen Umwelt des Menschen und damit auch in der Arbeitswelt nicht nur Risiken, sondern gesundheitsförderliche Kräfte wirken. Bildung, Kultur und zwischenmenschliche Beziehungen spielen dabei eine wesentliche Rolle.

Mit zunehmendem Alter steigt das Risiko, chronisch zu erkranken. In einer alternden Gesellschaft wird deshalb die Früherkennung chronischer Krankheiten, werden Rehabilitation und die betriebliche Wiedereingliederung Erkrankter immer wichtiger. Die risiko- und personenorientierte Perspektive bleibt damit bedeutsam.

## Arbeit erhält gesund

Aus salutogenetischer Perspektive konzentriert sich die Aufmerksamkeit betrieblicher Gesundheitsexperten auf gesundheitsförderliche Potenziale in der Arbeitsorganisation, in den Arbeitsbedingungen und der Person. Dabei wird unterstellt, dass Investitionen in Gesundheitspotenziale, insbesondere in das betriebliche Sozial- und Humanvermögen, in einer hochindustrialisierten Dienstleistungswirtschaft die größte Wirksamkeit und Nachhaltigkeit versprechen.

Wissenschaftliche Anstöße zur Ergänzung einer pathogenetischen, risikoorientierten durch eine salutogenetische, potenzialorientierte Denk- und Handlungsweise entstammen der soziologischen Gesundheitsforschung. Zu nennen ist hier insbesondere Aaron Antonovsky, der auch den Begriff der „Salutogenese" geprägt hat. Antonovsky operiert mit dem Gedanken eines „Urvertrauens", das in der allerfrühesten Kindheit entsteht und – so seine Vorstellung – zu einem Denken, Fühlen und Handeln prägenden „Kohärenzempfinden" wird, das sich ausdrückt in der Grundeinstellung, die Welt sei „vorhersehbar", „kontrollierbar" und „sinnerfüllt". So ausgestattete Menschen werden mit den Widrigkeiten des Lebens besser fertig als solche, für die die Welt als eher wenig vorhersehbar und kontrollierbar oder als sinnlos erscheint.

Antonovsky war seiner akademischen Herkunft nach Soziologe. Die Frage nach den Bedingungen einer gesunden Gesellschaft war für ihn gleichwohl von nur sekundärer Bedeutung. Im Zentrum seines Interesses stand auch nicht eine wie immer begriffene Konzeption von Gesundheit, sondern eine sozialpsychologische Problemstellung. Das Kohärenzempfinden (sense of coherence) ist für Antonovsky eine „stabile, andauende und allgemeine Orientierung, die eine Person über die gesamte Lebensspanne hinweg prägt" (Antonovsky 1987 S. 182). Es ist im Menschen sehr früh festgelegt und nicht mehr durch präventive Bemühungen veränderbar. Weitere Forschungsarbeiten sind erforderlich zur Analyse „der konkreten sozialen Strukturen … die ein starkes Kohärenzempfinden fördern" (Antonovsky 1987 S. 227).

Unterstellt man, dass die Sinnhaftigkeit, Verstehbarkeit und Kontrollierbarkeit der Arbeit in einem Unternehmen objektive Ursachen haben; unterstellt man ferner, dass die Gedanken, Gefühle und Motive eines Menschen durch Vorbilder, Sozialisation, Kultur und Kooperation geprägt werden, dann haben wir es – entgegen der Überzeugung von Antonovsky – hier sehr wohl mit gestaltbaren Größen zu tun.

Wichtige Vorüberlegungen zur salutogenetischen Perspektive hatte bereits Viktor Frankl angestellt – ein nach dem Zweiten Weltkrieg international bekannt gewordener Psychoanalytiker. Für das seelische Wohlbefinden eines Menschen sei entscheidend „einzig und allein die Frage, ob eine Tätigkeit im Menschen ... das Gefühl erweckt, für etwas da zu sein – für etwas oder für jemanden" (Frankl 1992 S. 57). „Was der Mensch wirklich will ist letzten Endes nicht das Glücklichsein an sich, sondern einen Grund zum Glücklichsein." (Frankl 1992 S. 15).

Für Antonovsky, Frankl, für die Gesundheitswissenschaften und neuerdings auch für die Gesundheitspsychologie und Neurobiologie rückt der ganze Mensch, rücken Kognition, Emotion und Motivation und ihre Konsequenzen für Biologie und Verhalten in das Zentrum der Betrachtung. Neben der Frage: Was macht krank? wird die Frage: Was erhält gesund? immer wichtiger. Gesundheit wird verstanden als psychisches Wohlbefinden, das in erster Linie von den Erfahrungen abhängt, die Menschen mit anderen Menschen machen, und dies über ihre gesamte Lebensspanne hinweg. Sicherheit, Vertrauen und Sinnstiftung sind dabei in der Literatur immer wiederkehrende Begriffe zur Charakterisierung gesundheitsförderlicher Lebens- und Arbeitsbedingungen (z.B. auch Seligman 2003). Heute wissen wir, dass das Wohlbefinden keineswegs eine nur „subjektive Empfindung", sondern ein objektiv messbarer Zustand ist. Subjektive Empfindungen finden ihre Entsprechungen in einer verstärkten Aktivität bestimmter Gehirnregionen: dem Motivationssystem, das die biologische Grundlage menschlicher Zielstrebung bildet (vgl. dazu Hüther & Fischer 2009 und den Beitrag von Walter in diesem Band). Menschen sind auf Kooperation angewiesen. Streben nach Anerkennung durch seinesgleichen bildet den zentralen Motivator (Insel 2003). Weitere Erkenntnisse der Neuroforschung, z.B. die Entdeckung der Spiegelneuronen, unterstützen die hier vertretene Auffassung vom Menschen als einem sozialen Wesen (Rizzolatti & Sinigaglia 2008).

Der Einfluss sozialer Beziehungen auf Gesundheit und Krankheit ist auch sozialepidemiologisch abgesichert. Chronische Konflikte mit Menschen, mit denen man kooperieren muss, machen krank, ebenso wie der Verlust hochgeschätzter Menschen und Netzwerke. Als unterstützend bzw. emotional befriedigend empfundene Beziehungen fördern die Gesundheit. Das gilt für alle Lebensbereiche, auch für die Beziehungen zu Kollegen, Vorgesetzten oder Untergebenen (Pfaff 1989, Badura et al 2008).

Die gestellte Aufgabe hat einen wesentlichen Einfluss darauf, wie gesunderhaltend oder riskant Arbeit ist. Die Stressforschung hat Grundlagen für die

Gestaltung risikoarmer Arbeit gelegt (Selye 1994, Lazarus 1991, Karasek 1979, Badura & Pfaff 1989, Siegrist 1996). O'Toole & Lawler schreiben dazu, die globalisierte Hightechwirtschaft habe das Stressniveau „in den meisten Sektoren der Privatwirtschaft" und „auf allen Ebenen", „für beide Geschlechter" nachweisbar erhöht. Das wirksamste Mittel dagegen seien gesundheitsförderliche „Arbeitsgestaltung" und „eine unterstützende Arbeitsumwelt" (O'Toole & Lawler 2006 S. 103 f.).

> Risikoarmut von Arbeit ist eine Sache. Arbeits- und Organisationsbedingungen, die einen stimulierenden, Innovationsbereitschaft, Kreativität und Wohlbefinden fördernden Einfluss ausüben, eine andere. Eine gesundheitsorientierte Arbeits- und Organisationsgestaltung zielt auf Letzteres ab, weil dadurch ein Beitrag auch zur Vermeidung von Unfallrisiken und Arbeitsstress geleistet wird.

Ziel einer gesundheitsorientierten Gestaltung von Arbeits- und Organisationsbedingungen ist längst nicht mehr nur die Bekämpfung von Absentismus. Ziel ist auch nicht nur die Bekämpfung krankheitsbedingter Produktivitätsverluste (Präsentismus), sondern Förderung von Wohlbefinden und physischer Fitness durch Investitionen in Sozial- und Humankapital und in das betriebliche Berichtswesen.

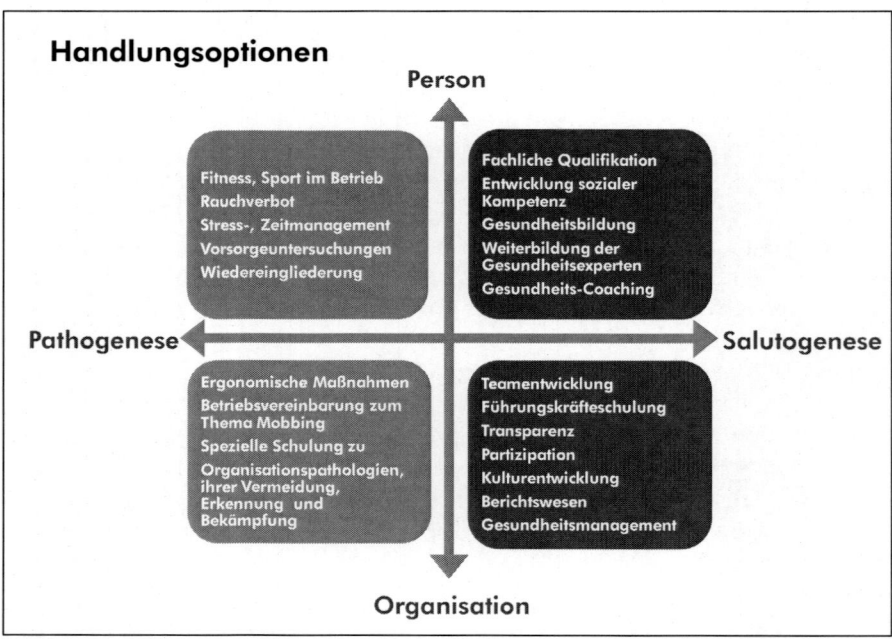

**Abbildung 2:** Handlungsoptionen

Für eine gesundheitsförderliche Arbeitsgestaltung relevant sind insbesondere die Kriterien Sinnhaftigkeit der Aufgabe, Klarheit der Ziele, Vermeidung chronischer Über- oder Unterforderung, angemessene Handlungsspielräume, anerkennende Rückmeldungen. Zu einer unterstützenden Arbeitsumgebung gehören unterstützende soziale Netzwerke, eine fördernde Führung, Partizipation, Transparenz, mitarbeiterorientierte Kultur und ein am Leitbild der kundenorientierten Produktionsgemeinschaft orientiertes Management. Abbildung 2 versteht sich als Ergänzung zu Abbildung 1 und enthält Hinweise auf konkrete Handlungsoptionen.

Im Betrieblichen Gesundheitsmanagement wird die gesamte Organisation zum Gegenstand der Analyse und Intervention. Diagnose von Organisationen und Interventionen in Organisationen setzen völlig andere Kompetenzen und Erfahrungen voraus als Diagnose und Therapie einzelner Personen. Für die Anhänger „verhaltensorientierter" Vorgehensweisen setzt dies klare Grenzen ihrer Möglichkeiten. Über hier bestehende „Gräben" hinweghelfen kann nur der gemeinsame Blick auf Daten und Ziele eines Unternehmens und die strenge Beachtung des Deming-Zyklus (vgl. dazu Kapitel 5).

Organisationen geben die Möglichkeit zu erfahren, was es heißt, gebraucht zu werden, zu erfahren, dass die „Arbeit in der Gemeinschaft" eine „tiefe Sinnquelle" sein kann (Senge 1998). Häufig sind Organisationen aber selbst krank mit entsprechend negativen Folgewirkungen für ihre Mitglieder.

Die heute in den Unternehmen am weitesten verbreiteten Maßnahmen zur Gesundheitsförderung beinhalten personenbezogene Interventionen: zur Vermeidung riskanten Verhaltens oder zur Förderung einer gesunden Lebensführung. Da in der Arbeitswelt in der Regel das Verhalten den Verhältnissen folgt insbesondere dort, wo Bildungsgrad und Handlungsspielräume am geringsten, der Bedarf an Interventionen aber am größten ist, haben sie u.E. eine nachrangige Bedeutung – auch wegen ihrer geringen Nachhaltigkeit. Auch den im Folgenden aufgeführten Feststellungen international maßgeblicher Organisationen lässt sich eine klare Präferenz für arbeits- und organisationsbezogene Interventionsansätze entnehmen.

---

**International Labour Office (ILO)**

„In den industrialisierten Wirtschaften wandelt sich das Panorama arbeitsbedingter Erkrankungen. Es treten weniger Unfälle auf. Dafür nehmen Beschwerden zu, die auf Stress und Überarbeitung zurückzuführen sind." (ILO 2003 S. 8)

**EU-Kommission**

„[...] geht vom globalen Konzept des Wohlbefindens bei der Arbeit aus, wobei sie die Veränderungen in der Arbeitswelt und das Auftreten neuer, insbesondere psychosozialer, Risiken berücksichtigt, und zielt auf eine Verbesserung der Qualität der Arbeit ab, wofür eine gesunde und sichere Arbeitsumgebung eine unverzichtbare Voraussetzung darstellt." (EU Kommission (2002) 118 vom 11.03.2002)

**National Institute for Occupational Safety and Health (NIOSH)**
in den USA definiert eine Organisation als gesund ...

„[...] deren Kultur, Klima und Prozesse Bedingungen schaffen, die die Gesundheit und Sicherheit der Mitarbeiter ebenso fördern wie ihre Effizienz." (Lowe 2003)

## Organisationspathologien

Die Vision der „gesunden Organisation" unterstellt, dass nicht nur Individuen, sondern auch Unternehmen gesund oder krank sein können. Zu hohe Renditeerwartungen der Eigentümer können z.B. negative Auswirkungen haben. Entscheidungen der Unternehmensführung können sich positiv auswirken. Ob ein extern auf eine Organisation ausgeübter Druck zur Herausforderung oder Überforderung wird, hängt zuallererst von Entscheidungen des Topmanagements ab, auch davon, wieweit kranke Mitarbeiter problemlos durch gesunde ersetzt werden können. Das weiter unten etwas ausführlicher dargestellte Sozialkapitalkonzept geht davon aus, dass ein ausgeprägtes Wir-Gefühl bei hoher Akzeptanz der Ziele gesundheitsförderliche Konsequenzen hat. Damit wird umgekehrt unterstellt, dass ein unterentwickeltes oder nicht vorhandenes Wir-Gefühl bei unklaren Zielen ein hohes Maß an vermeidbaren internen Konflikten, an Abstimmungsbedarf und damit vermeidbare Mehrbeanspruchungen erzeugt, was weder der Produktivität einer Organisation noch der Gesundheit ihrer Mitarbeiter zuträglich sein dürfte. Darauf verweist vor allem die Präsentismusdebatte. Ausgebrannte Individuen sind unter diesen Umständen nur Symptomträger einer ausgebrannten Organisation. In der ersten Auflage des Lehrbuches haben wir dafür den Begriff der „Organisationspathologie" geprägt.

Organisationspathologien sind anhaltende Mängel im kooperativen System einer Organisation. Sie dürften immer dort zu vermuten sein, wo Fehlzeiten, Fluktuation oder psychosomatische Beeinträchtigungen, wo Mobbing, Burnout oder innere Kündigung stark verbreitet sind. Die unter betrieblichen Gesundheitsexperten immer noch vorhandene Neigung zur Individualisierung struktureller Probleme hat die Möglichkeit, dass nicht nur Individuen, sondern auch ganze Abteilungen oder Unternehmen „erkranken", eher ausgeblendet. Aufgrund eigener Forschungsarbeiten gehen wir davon aus, dass Organisationspathologien insbesondere durch folgende Bedingungen verursacht werden:

- Mängel in der Führung, z.B. Entscheidungsschwäche
- konfliktbeladene horizontale Beziehungen im Team, z.B. wegen unklarer Ziele
- Mängel in der Unternehmenskultur, z.B. keine gemeinsamen Werte (Söldnermentalität)
- mangelhaft definierte Arbeitsaufgaben, z.B. chronische Überforderung durch zu hoch gesteckte Ziele
- Mängel in der Qualifikation, z.B. mangelhafte soziale Kompetenz und daraus resultierende Konflikte mit Untergebenen, Gleichgestellten oder Vorgesetzten. (Badura 2007, Badura et al 2008, Walter & Münch 2008, Rixgens 2010)

Erste Hinweise für strukturell verursachte Personenschäden finden sich schon bei Morgan („How Organisations Use and Exploit Their Employees", Morgan 1997 S. 307 ff.). Auch Senge stellt in diese Richtung gehende Überlegungen an, wenn er schreibt: „Die meisten großen, scheinbar erfolgreichen Unternehmen befinden sich in einer äußerst schlechten gesundheitlichen Verfassung und haben daher genauso wie kränkelnde Menschen eine niedrige Lebenserwartung." Ihre Mitglieder „erleben die schlechte Verfassung ihrer Firma als Stress bei der Arbeit und endlose Rangeleien um Macht und Kontrolle"(Senge 1998 S. 7). Ähnlich äußert sich de Geus, wenn er behauptet: „Die meisten Organisationen sind absolute Versager – oder bestenfalls Dilettanten, die ihr Potential nicht ausschöpfen." (de Geus 1998 S. 19). Andere sprechen neuerdings von „ausgebrannten Organisationen" (siehe Kasten).

---

**Symptome „ausgebrannter Organisationen"**

**Alarmierende Selbstdiagnose:** Führungskräfte haben das Gefühl, dass ihre Mitarbeiter dem Unternehmen den Rücken kehren. Einige stehen kurz vor dem Burnout, andere sind bereits akut betroffen, wieder andere scheinen sich in die innere Kündigung zurückgezogen zu haben.

---

**Kommunikationsprobleme:** Es hakt an Frequenz und Qualität in der Kommunikation. Entweder gibt es zu viel davon, ein Meeting jagt das andere. Oder es gibt zu wenig davon: Die Türen sind verschlossen, es findet kein Austausch statt.

**Informationsdefizite:** Die Mitarbeiter im Unternehmen fühlen sich nicht ausreichend oder falsch informiert. Sie wissen nicht, was im Unternehmen vor sich geht, welche Geschäftsstrategien verfolgt werden, an welchen Projekten andere Abteilungen arbeiten.

**Zunehmende Konflikte:** Die Umgangsgangsformen im Unternehmen sind nicht mehr von Respekt geprägt, Kollegen werten sich gegenseitig ab, belächeln die Arbeit des anderen, auch wenn er viel geleistet hat. Das Desinteresse aneinander nimmt zu. Eine „Mir-doch-egal-Haltung" greift um sich.

**Sinnhorizonte verengen sich:** Das Gefühl der Sinnlosigkeit wächst im Unternehmen. Auch wenn es noch Ziele gibt, glaubt kaum noch einer ernsthaft daran, dass sie sinnvoll oder überhaupt zu erreichen sind. Zu überzogen, zu olympisch sind die Vorgaben. Typisch: Einziges Erfolgsmerkmal sind die Finanzen. Die Ziele sind nur aufs Geld fixiert. Immer mehr Mitarbeiter fragen sich: Für was arbeiten wir hier eigentlich?

**Klimawandel:** Das Betriebsklima wird depressiver. Es gibt nichts, wofür man sich ins Zeug legen möchte, auf was man sich freut, stolz ist. Die Menschen im Unternehmen gehen sich aus dem Weg, reduzieren den Kontakt.

**Hoher Krankenstand:** Die Zahl der Mitarbeiter, die sich krank melden, geht über das normale Maß hinaus. Nicht nur die leistungsschwachen Leute schmeißen den Löffel hin, sondern auch die Leistungsträger. Wenn in einer Abteilung im Schnitt zehn Prozent mehr Mitarbeiter als in anderen Abteilungen fehlen, stellt sich die Frage nach den Ursachen.

**Abschottung:** Die Mitarbeiter wenden den Blick nach innen. Oder ihr Blick verengt sich auf bestimmte Aspekte in der Firma. Besonders auffällig in Veränderungsprozessen: Die Menschen diskutieren stundenlang auf den Fluren. Wer wird mein Chef, wie wird sich mein Arbeitsplatz verändern, wie wird es überhaupt weitergehen? Die Arbeit, der Kontakt zu Geschäftspartnern und Kunden ist zweitrangig. Anrufer werden unablässig weiterverbunden, in Warteschleifen geparkt, niemand will zuständig sein. Oder es geht nie jemand ans Telefon.

> **Unberechenbarkeit:** Die Mitarbeiter wissen nicht, was als Nächstes im Unternehmen geschieht. Sie sind permanent in Sorge. Sie rechnen damit, dass Freitagabend noch ein Anruf kommt: Unser Unternehmen ist verkauft. Sie haben Angst, die nächste Woche nicht zu überstehen oder von heute auf morgen in einer anderen Abteilung zu landen.
>
> Quelle: Dilk & Littger (2008) Das ausgebrannte Unternehmen. Organisationales Burnout. managerSeminare 125, 8/08:18–24

## Gesunde Führung

Gestaltung der Rahmenbedingungen und Festlegung von Zielen betrieblicher Gesundheitspolitik fallen in die Verantwortung der obersten Führungsebene eines Unternehmens sowie der obersten Repräsentanten seiner Mitglieder: der Betriebs- bzw. Personalräte. Die Kooperation beider Betriebsparteien ist von grundlegender Bedeutung für die Formulierung und Implementierung betrieblicher Gesundheitspolitik und ihren nachhaltigen Erfolg. Dafür mitentscheidend sind ferner Kompetenzen, Qualifikationen und die Qualität der Kooperation der betrieblichen Gesundheitsexperten. Ein weiterer, für Erfolg oder Misserfolg bedeutsamer Faktor ist die frühzeitige Einbeziehung der Mitarbeiterinnen und Mitarbeiter, insbesondere wenn sie unmittelbar von den geplanten Interventionen betroffen sind und der Erfolg von ihrer aktiven Mitarbeit abhängt.

Das Thema Gesundheit stößt immer noch in zahlreichen Unternehmen auf z.T. erhebliche Vorbehalte oder Unkenntnis. Selbst dort, wo sich die Betriebsparteien und Experten darauf einigen, mehr für Wohlbefinden und Gesundheit der Mitarbeiter zu tun, mangelt es zumeist an einem gemeinsamen Verständnis von Gesundheit, von Zielen und vom Nutzen betrieblicher Gesundheitspolitik. Das Ergebnis ist leider allzu häufig eine Verzettelung in zahlreiche voneinander unabhängige Einzelaktionen ohne abgestimmte Zielverfolgung. Auch ein Mangel an Ressourcen und die wirtschaftliche Situation mögen dabei eine Rolle spielen – sei es als vorgeschobene oder tatsächliche Begründung für Inaktivität. Wie eine eben fertiggestellte Studie zur Situation betrieblicher Gesundheitspolitik in der Kernverwaltung nahelegt, scheint Ressourcenmangel nicht der Hauptgrund dafür zu sein, dass wenig oder nichts nachhaltig Wirksames passiert, sondern vielmehr:

- das Nichtvorhandensein längerfristiger Ziele bzw. die Nichteinbeziehung der Gesundheitsexperten in ihre Verfolgung

- die geringe Priorität des Themas Gesundheit, dessen hohe Bedeutung für die Mitarbeitermotivation, die Servicequalität und die Verwaltungseffizienz offensichtlich noch nicht ausreichend erkannt wird
- die oft unzureichende Qualifikation der Gesundheitsexperten in Sachen wissensbasiertes Gesundheitsmanagement und ihr geringer Einfluss
- die Nichtberücksichtigung expliziter Standards zur Orientierung und Legitimation im Betrieblichen Gesundheitsmanagement; und daraus resultierend
- das unterentwickelte Bewusstsein für die Bedeutung valider Daten zur Bedarfsermittlung, Zielfindung und Projektevaluation
- die nicht vorhandene oder unzureichende Unterstützung der betrieblichen Gesundheitspolitik durch den Personalrat (Badura & Steinke 2009 S. 58).

Diese Ergebnisse treffen in ähnlicher Weise auch auf die Situation in zahlreichen Unternehmen zu. Zur Beseitigung derartiger Entwicklungshemmnisse sind zuallererst das Topmanagement gefragt und die zuständigen Gesundheitsexperten, wobei Letztere allerdings mangels ausreichender Befugnisse (oder wegen interner Meinungsverschiedenheiten) damit oft überfordert sind.

Für die Gesundheit der Mitarbeiterinnen und Mitarbeiter besondere Verantwortung tragen ihre jeweiligen direkten Vorgesetzten. Dass Führungskräfte Einfluss auf das Fehlzeitengeschehen und damit auf die Kosten eines Unternehmens nehmen, ist im Grundsatz ebenso wenig bestritten wie das Gegenteil davon: Führungskräfte können beflügelnd wirken auf das Wohlbefinden und damit auf die Motivation und Arbeitsleistung ihrer Mitarbeiter und so zur Steigerung von Qualität und Produktivität beitragen. Flache Hierarchien und Teamarbeit erfordern einen neuen Führungstypus, der sich weniger als Vorgesetzter denn als Moderator oder Hilfesteller und Unterstützer seiner Mitarbeiter versteht.

In jedem Fall ist die Beziehung zwischen Führungskräften und Beschäftigten von besonderer Gesundheitsrelevanz, weil auf das Engste verbunden mit wahrgenommener Anerkennung oder Ablehnung, Belohnung oder Bestrafung, Förderung oder Zurücksetzung. Führungskräfte erzeugen durch ihr Verhalten bewusst oder unbewusst positive oder negative Emotionen: Wut oder Freude, Angst oder Hilflosigkeit, Zuversicht oder Hoffnungslosigkeit. Sie tragen durch ihre Entscheidungen bei zur Qualität der Beziehungen unter ihren Mitarbeitern, d.h., sie sind mitverantwortlich dafür, ob ein Klima der gegenseitigen Unterstützung und des Vertrauens entsteht oder ein Klima des Misstrauens und gegenseitiger Rivalität, ob sich so etwas wie „Gemeinsinn", d.h. Identifikation mit dem Team und der Organisation, entwickelt und erhalten bleibt oder jeder nur seinen individuellen Karrierezielen folgt. All dies hat etwas mit der Einteilung der Arbeitszeit von Führungskräften zu tun: für Sach- oder Personalfragen. Es hat auch etwas damit zu tun, wie Führungskräfte mit ihrer eigenen Gesundheit umgehen, und es hat schließlich etwas damit zu tun, wie gut oder schlecht sie für dieses Thema qualifiziert sind. Führungskräfte haben

Vorbildfunktionen – ob sie es wollen oder nicht – auch in Sachen Gesundheit und gesundheitsbewusstes Verhalten.

Geführt werden kann durch Erzeugung von Angst, durch Anreize oder auch durch Gestaltung von Arbeit, durch Qualifikation und durch Organisationsentwicklung. Wieweit Führungskräfte Wohlbefinden und Gesundheit ihrer Mitarbeiterinnen und Mitarbeiter aktiv fördern oder missachten, wird auch davon abhängen, ob und wieweit ihr eigenes Verhalten an entsprechenden Zielvorgaben gemessen wird oder ob es nur darum geht, dass bestimmte Mengen- oder Kostenziele erreicht werden.

### *Vertrauen bilden*

Vertrauen ist die Grundvoraussetzung für die Entwicklung von Bindung an Personen und Organisationen. Vertrauen muss erarbeitet, Vertrauensbildung kann erleichtert werden. Vertrauen lässt sich jedoch weder erkaufen noch erzwingen. Vertrauensbildung zwischen Menschen wird sich kaum gänzlich rational ergründen lassen. Dafür spielen hier unbewusste Vorgänge und Emotionen eine zu große Rolle – allerdings auch durchaus nachvollziehbare Zusammenhänge wie das Ausmaß an Gegenseitigkeit und gelebter Solidarität. Vertrauen in Organisationen lässt sich sehr wohl rational begründen. Transparenz und Nachvollziehbarkeit von Entscheidungen spielen hierbei eine große Rolle ebenso wie Übereinstimmung zwischen dem, was seitens der Führung öffentlich kommuniziert wird, und dem, was tatsächlich getan wird.

### *Soziale Vernetzung fördern*

Informelle Beziehungen zwischen Beschäftigten galten in Zeiten der wissenschaftlichen Betriebsführung als potenziell subversiv, zutiefst saß das Misstrauen zwischen Arbeit und Kapital in der Frühphase der Industrialisierung. In der Wissens- und Dienstleistungsgesellschaft gilt Netzwerkbildung als hochproduktiv und unter bestimmten Bedingungen auch als salutogen, insbesondere wo soziale Beziehungen als subjektiv hilfreich angesehen und nicht erzwungen werden. Am zwanglosesten und damit am leichtesten akzeptiert ergibt sich soziale Vernetzung um ein gemeinsam interessierendes Problem, um eine gemeinsame Aufgabe, um ein gemeinsames Projekt oder bei gemeinsamen Anliegen oder Interessen, bei gemeinsam gemachten Erfahrungen und schließlich bei informellen Zusammenkünften anlässlich von Feiern oder gemeinsamer sportlicher oder kultureller Betätigung.

### *Identifikationsmöglichkeiten schaffen*

Das Bedürfnis nach Identifikation mit der Arbeit, mit bestimmten Menschen, mit einem Ziel oder einer ganzen Organisation mag von Mensch zu Mensch variieren, vorhanden ist es aber meist und eine wesentliche Voraussetzung anhaltend motivierten Arbeitens. Klare Zielvorgaben, gelebte Vertrauenskultur ebenso wie anspruchsvolle Tätigkeiten und Anerkennung für geleistete Arbeit sind dafür wichtig. Wo nur gerügt, aber selten gelobt wird, wo die Hierarchie und nicht die Problemlösung im Vordergrund steht, wo es immer nur um die kurzfristige Realisierung monetärer Ziele geht, wird sich Identifikation kaum einstellen, Motivation auf Dauer versiegen, die Gesundheit darunter leiden. Verbreitete Depressivität gilt heute als eine Hauptursache von Unproduktivität, Fehlzeiten und ineffizienter Nutzung des Gesundheitswesens.

### *Mitarbeiterorientierte Unternehmenskultur pflegen*

Mitarbeiterorientierte Unternehmenskultur ist der Gegenbegriff zu Misstrauens-, Unterdrückungs- und Ausbeutungskultur. Sie realisiert sich im Grad der Kooperation zwischen Management und Betriebs- bzw. Personalrat, in der Partizipation der Beschäftigten an Unternehmensentscheidungen, in der Verfolgung gemeinsamer Ziele und Werte und dem dadurch erwirtschafteten Mehrwert an Kunden- und Mitarbeiterorientierung sowie am Wohlbefinden der Belegschaft über alle Hierarchieebenen hinweg. Der Begriff „Kultur" im hier verstandenen Sinne stammt aus der Ethnologie und Soziologie. Damit bezeichnet man historisch gewachsene Gemeinsamkeiten im Denken, Fühlen und Verhalten etwa einer Dorf-, Religions- oder eben auch einer Produktionsgemeinschaft, z.B. gemeinsame Symbole, Rituale, Überzeugungen, Werte, Regeln. Diese erleichtern im günstigen Falle einer Vertrauenskultur soziale Integration z.B. durch gemeinsame Basisziele, durch eine gemeinsame Sprache und als verbindlich erachtete Regeln. Im ungünstigen Falle einer Misstrauenskultur kommt es zu unproduktiven Konflikten, zu unproduktiven Investitionen in Kontroll- und Konsensbildung, zu permanentem Abstimmungsbedarf und einem ausgeprägten Egoismus einzelner Unternehmensteile. Heute besteht in der Literatur zum Thema eine wachsende Übereinstimmung dahingehend, dass ein Grundstock zeitlos gültiger Werte und Regeln eine zentrale Voraussetzung für beides bildet: anhaltende Prosperität von Organisationen und hohe Mitarbeiterloyalität und -gesundheit. Eine Vertrauenskultur ist schnell zerstört, lässt sich aber nur langsam zurückgewinnen. Kulturentwicklung als laufende Anstrengung zur Pflege und Förderung gemeinsamer Überzeugungen, Werte und Regeln ist daher eine zentrale Aufgabe auch des Betrieblichen Gesundheitsmanagements. Der Begriff „mitarbeiterorientiert" macht zugleich deutlich, dass Beteiligung der Mitarbeiter an unternehmenspolitischen Entscheidungen und auch am wirtschaftlichen Erfolg eine konstitutive Größen ist für Entwicklung und Erhalt einer Bindungen stiftenden und kollektive Orientierung gebenden Unternehmenskultur.

### *Work-Life-Balance erhalten*

Vereinbarkeit von Arbeit und Familie scheint heute insbesondere für hochqualifizierte und hochmobile Mitarbeiter immer schwerer herstellbar. Die Alterung der Gesellschaft legt nahe, es insbesondere Frauen zu erleichtern, Kindererziehung und Berufstätigkeit als miteinander zu vereinbarende Aufgabe anzusehen. Die Frauenerwerbsquote Deutschlands liegt im europäischen Durchschnitt, sie kann also durchaus noch erhöht werden. Auf der anderen

Seite sind wir hierzulande z.B. sehr schlecht mit Kindergartenplätzen ausgestattet; und Jugendliche, die mittags bereits aus der Schule kommen, wollen versorgt sein. Zugleich werden mittelfristig Arbeitskräfte immer knapper. Arbeit und Familie sind zwar getrennte Lebensbereiche. Private Probleme beeinträchtigen gleichwohl die Arbeitsproduktivität. Ebenso kann arbeitsbedingte Über- oder Unterforderung familiäre Beziehungen belasten.

### Mitarbeiter befragen, Führungskräfte schulen, Teams entwickeln

In erfolgreichen Unternehmen gehören Mitarbeiterbefragungen schon länger zur Routine. Allseits akzeptiert und zugleich salutogen wirkt dieses Instrument dort, wo es als Investition in das Sozialkapital verstanden wird und nicht als Kontroll- oder Rationalisierungsinstrument. Organisationsmängel müssen so schnell wie möglich erkannt und beseitigt werden. Wesentliche Voraussetzung dafür sind eine datengestützte Diagnostik und eine entsprechend datengestützte Evaluation der durchgeführten Interventionen. Gehört Mitarbeiterorientierung zu den Grundlagen der Beurteilung von Führungskräften, dann müssen entsprechend valide Daten bereitgestellt werden. Um das Ausmaß der Mitarbeiterorientierung der einzelnen Führungskräfte zu überprüfen, gibt es mehrere Möglichkeiten: eine sorgfältige Analyse von Fehlzeiten, eine sorgfältige Analyse der Fluktuationsursachen und eben auch eine Analyse von Daten aus der Mitarbeiterbefragung. Einer der bei Betriebsbefragungen am häufigsten angegebenen Qualitätsmängel bezieht sich auf die Beziehungen zum direkten Vorgesetzten und im Team. Führungskräfteschulungen und Teamentwicklungen werden daher zu Standardmaßnahmen im Betrieblichen Gesundheitsmanagement.

### Den persönlichen Dialog mit den Mitarbeitern suchen

Kommunikation ist das Bindeglied, das Organisationen zusammenhält. Über die Mitarbeiterbefragung hinaus sollte der persönliche Dialog mit dem Mitarbeiter gesucht werden. Bei einer schriftlichen Mitarbeiterbefragung können sich die Beschäftigten nur im engen Rahmen der Antwortmöglichkeiten zu einer Frage bewegen. Das direkte Gespräch mit den Betroffenen, die als Experten in ihrer Gesundheit befragt werden, bietet die Möglichkeit, mehrere Facetten eines Problems zu erfassen und zusätzlich Lösungswege im Ansatz zu diskutieren. Für das Betriebliche Gesundheitsmanagement haben daher Verfahren der Datengewinnung, die auf den direkten Dialog mit den Betroffenen setzen, eine hohe Priorität (Experteninterview, Gesundheitszirkel, Fokusgruppen, Mitarbeitergespräche). Neben dem Gewinn an Informationen ist das Gespräch mit den Mitarbeitern aber vor allem auch ein Akt der Wertschätzung ihrer Person und der Anerkennung ihrer Leistungen. Durch Kommunikation werden vertrauensvolle Beziehungen aufgebaut, geklärt, stabilisiert und gepflegt. Für viele Führungskräfte – aber auch für die Beschäftigten – ist es oft sehr schwer einsehbar, dass sie für das, was sie tagtäglich tun – mit Mitmenschen kommunizieren –, qualifiziert werden müssen. Im Rahmen des Betrieblichen Gesundheitsmanagements ist die Qualifikation von Vorgesetzten für den Dialog mit den Beschäftigten unerlässlich. Kompetenz in Sachen Kommunikation ist zudem auch gefragt, wenn es um das interne und externe Marketing des Betrieblichen Gesundheitsmanagements geht.

*Qualifizieren*

Um die Bedeutung von Sozialkapital und Betrieblichem Gesundheitsmanagement für die Zukunftsfähigkeit der Unternehmen in das Bewusstsein von Führungskräften und Experten zu rücken, sind entsprechend qualifizierende Maßnahmen erforderlich. Der Umgang mit sozialen Konflikten, mit negativen Gefühlen von Mitarbeitern und der pflegliche Umgang mit ihrer Gesundheit wollen ebenso gelernt sein wie die Kommunikation zwischen Vorgesetzten und Mitarbeitern. Gesundheit ist laut Weltgesundheitsorganisation gleichbedeutend mit sozialem, psychischem und körperlichem Wohlbefinden. Diese Definition wurde mittlerweile durch die Erkenntnisse der Gesundheitswissenschaften theoretisch fundiert und weiterentwickelt als lehr- und lernbare Fähigkeit eines Menschen zur salutogenen Situationsbewältigung inner- und außerhalb der Arbeit. Es gilt bei Führungskräften, Beschäftigten und Experten Verständnis für Gesundheit zu wecken: Soziale, psychische und biologische Prozesse beeinflussen sich wechselseitig. Das heute zur Verfügung stehende Wissen ist in der Praxis der Betriebe häufig noch nicht angekommen. Der sich daraus ergebende mögliche Zugewinn an Gesundheit und Produktivität bleibt den Unternehmen deshalb oft verschlossen. Die kontinuierliche Weiterbildung insbesondere der Gesundheitsexperten in Sachen Betriebliches Gesundheitsmanagement und der leitenden Führungskräfte in Sachen betriebliche Gesundheitspolitik wird zu einer Daueraufgabe.

**Literatur**

Antonovsky A (1987) Unraveling the mystery of health: How people manage stress and stay well. Jossey-Bass, San Francisco

Badura B (2007) Grundlagen präventiver Gesundheitspolitik – Das Sozialkapital von Organisationen. In: Kirch W, Badura B (Hrsg) Prävention. Beiträge des Nationalen Präventionskongresses. Dresden, 24. – 27.10.2007. Springer, Heidelberg, S 3–34

Badura B, Steinke M (2009) Betriebliche Gesundheitspolitik in der Kernverwaltung von Kommunen. Eine explorative Fallstudie zur aktuellen Situation. Hans-Böckler-Stiftung, Düsseldorf

Badura B, Schröder H, Vetter C (2009) (Hrsg) Fehlzeitenreport 2008. Betriebliches Gesundheitsmanagement: Kosten und Nutzen. Springer, Berlin, Heidelberg

Badura B, Greiner W, Rixgens P, Ueberle M, Behr M (2008) Sozialkapital – Grundlagen von Gesundheit und Unternehmenserfolg. Springer Verlag, Berlin, Heidelberg

Badura B, Pfaff H (1989) Stress, ein Modernisierungsrisiko? Mikro- und Makroaspekte soziologischer Belastungsforschung im Übergang zur postindustriellen Zivilisation. Kölner Zeitschrift für Soziologie und Sozialpsychologie, 41 Jg., 4:644–668

De Geus A (1998) Jenseits der Ökonomie. Die Verantwortung der Unternehmen. Klett-Cotta, Stuttgart

Dilk A, Littger H (2008) Das ausgebrannte Unternehmen. Organisationales Burnout. managerSeminare 25, 8/08: 8–24

Frankl VE (1992) Psychotherapie für den Alltag. Herder, Freiburg

Hüther J, Fischer G (2009) Biologische Grundlagen des psychischen Wohlbefindens. In: Badura B, Schröder H, Klose J, Macco K (Hrsg) Fehlzeiten-Report 2009. Arbeit und Psyche: Belastungen reduzieren – Wohlbefinden fördern. Springer, Heidelberg, S. 23 – 30

International Labour Office (2003): Safety in numbers. Pinters for a golbal safety culture at work. Geneva

Insel TR (2003) Is social attachment an addictive disorder? Physiology and Behavior 79:351–357

Karasek R, Theorell T (1990) Healthy work stress productivity and the reconstruction of working life. Basic Books. New York

Kommission der Europäischen Union (2002): Anpassung an den Wandel von Arbeitswelt und Gesellschaft. Eine neue Strategie für Sicherheit und Gesundheit am Arbeitsplatz. Brüssel, 11.03.2002

Lazarus RS (1991) Emotion und adaptation. Oxford University Press, New York,

Lowe, G. (2003): Building healthy organizations takes more than simple putting in a wellness programm. In: Canadian HR Reporter. Toronto

Morgan G (1997) Images of organization. Thousand Oaks, California

O'Toole J, Lawler E (2006) The new american workplace. Palgrave Macmillan, New York

Pfaff H (1989) Stressbewältigung und soziale Unterstützung. Zur sozialen Regulierung individuellen Wohlbefindens. Weinheim, Juventa

Rixgens P (2010) Messung von Sozialkapital im Betrieb durch den „Bielefelder Sozialkapital-Index" (BISI). In: Badura B, Schröder H, Klose J, Macco K (Hrsg) Fehlzeiten-Report 2009. Arbeit und Psyche: Belastungen reduzieren – Wohlbefinden fördern. Springer, Berlin, Heidelberg, S 263– 271

Rizzolatti G, Sinigaglia C (2008) Empathie und Spiegelneuronen. Die biologische Basis des Mitgefühls Suhrkamp, Frankfurt a. M.

Seligmann MEP (2005) Der Glücks-Faktor. Warum Optimisten länger leben. Lübbe, Bergisch Gladbach

Selye, H (1984) Stress – mein Leben. Fischer, Frankfurt a. M.

Senge M (1998) Vorwort. In: Geus A de (1998) Jenseits der Ökonomie. Die Verantwortung der Unternehmen. Klett-Cotta, Stuttgart, S 7–13

Siegrist J (1996) Soziale Krisen und Gesundheit: eine Theorie der Gesundheitsförderung am Beispiel von Herz-Kreislauf-Risiken im Erwerbsleben. Hogrefe, Göttingen

Walter U, Münch E (2009) Die Bedeutung von Fehlzeitenstatistiken für die Unternehmensdiagnostik. In: Badura B, Schröder H, Vetter C (Hrsg) Fehlzeiten-Report 2008. Betriebliches Gesundheitsmanagement: Kosten und Nutzen. Springer, Berlin, Heidelberg, S 139–154

# 4 Wissenschaftliche Grundlagen betrieblicher Gesundheitspolitik

Mit dem Wandel im Krankheitspanorama, dem Strukturwandel der Wirtschaft und der Alterung der Gesellschaft wandelten sich die Herausforderungen betrieblicher Gesundheitspolitik und entwickelten sich neue Ziele und Interventionsformen. Wissenschaftliche Erkenntnisse aus mehreren Disziplinen haben dabei als Wegbereiter und Impulsgeber gewirkt und zur Entstehung und Verbreitung eines systematischen und nachhaltig wirkenden Betrieblichen Gesundheitsmanagements beigetragen.

Arbeitsmediziner und Arbeitswissenschaftler waren Pioniere in der Entwicklung des Arbeitsschutzes. Später hinzugekommen sind die Verhaltensmedizin, Gesundheitspsychologie und die Sozialepidemiologie. Orientiert am Sozialkapitalansatz tragen schließlich auch organisationsbezogene Forschungen zur Evidenzbasierung des Betrieblichen Gesundheitsmanagements bei. Mit der zunehmenden Bedeutung geistiger und zwischenmenschlicher Arbeit und der wachsenden Aufmerksamkeit für Probleme an der Mensch-Mensch-Schnittstelle richtet sich das Interesse der Forschung auf das soziale System eines Unternehmens, seine Strukturen und Prozesse.

In unserer hochentwickelten Wirtschaft mit einem immer noch vergleichsweise umfangreichen produzierenden Sektor sind zahlreiche Disziplinen mit ihrem spezifischen Wissen und ihren spezifischen Interventionen wichtig zur Bewältigung alter und neuer Aufgaben betrieblicher Gesundheitspolitik. Beginnen wollen wir mit sozialwissenschaftlichen und neurobiologischen Grundlagen, weil mit dem Konzept der Kooperation ein sowohl sozial- wie auch naturwissenschaftlich fundiertes Menschenbild im Entstehen begriffen ist und mit dem Konzept der kundenorientierten Produktionsgemeinschaft sich ein neues Leitbild mitarbeiterorientierter Unternehmensführung abzeichnet.

Wenn es – wie im Folgenden unterstellt – zutrifft, dass die hohe Abhängigkeit von und die hohe Fähigkeit zur Kooperation ein, vielleicht das entscheidende Merkmal von Homo sapiens bildet, dann müsste umgekehrt auch ein Mangel an Kooperation oder Kooperation, die als besonders konfliktbeladen und belastend empfunden wird, sich entsprechend störend nicht nur auf Arbeitsabläufe, sondern auch auf das psychische und physische Befinden auswirken. Genau dafür sprechen zahlreiche Befunde sozialepidemiologischer

Forschung. Der der Soziologie, der Politikwissenschaft und der Ökonomie entstammende Sozialkapitalansatz greift diese Erkenntnisse auf und befasst sich mit Identifikation, Bewertung und Gestaltung kooperationsrelevanter Merkmale des sozialen Systems einer Organisation.

Jüngste Erkenntnisse der Neurobiologie unterstützen die These vom Menschen als kooperationsbedürftigem Kooperationsvirtuosen. Damit erhält der Sozialkapitalansatz neben seiner sozialwissenschaftlichen auch eine naturwissenschaftliche Begründung und es eröffnet sich ein gemeinsames Betätigungsfeld, weil soziale, psychische und biologische Prozesse – davon müssen wir heute ausgehen – stark miteinander verwoben sind.

Sozial- und naturwissenschaftliche Forschungen unterstreichen die zentrale Bedeutung gelingender Kooperation. Sie belegen ferner die Bedeutung von Emotionen wie Freude, Zuversicht, Selbstwertgefühl oder Angst, Wut und Hilflosigkeit für die individuelle Leistungsfähigkeit und Leistungsbereitschaft. Und sie belegen schließlich das Bedürfnis des Menschen nach Identifikation und Mitgestaltungsmöglichkeiten. Wir empfehlen die Erleichterung und Förderung der objektiven und subjektiven Bedingungen zwischenmenschlicher Kooperation durch:

- gemeinsame Überzeugungen, Werte und Regeln, die Sinn und Vertrauen stiften und ein Gefühl der inneren Verbundenheit mit den Teammitgliedern, der Abteilung und der gesamten Organisation erzeugen
- Anlässe, Raum und Zeit für zwischenmenschliche Vernetzung
- Entwicklung und kontinuierliche Pflege sozialer Kompetenz auf allen Organisationsebenen.

# Sozialwissenschaftliche Grundlagen

Bernhard Badura

Universität Bielefeld
Postfach 10 01 31
33501 Bielefeld

Die Weltwirtschaftskrise verlangt nach einer Regulierung der Finanzmärkte. Und sie wirft Fragen nach Korrekturbedarf in der Unternehmensführung auf. Wenn Unternehmen mehr sind als Geldmaschinen ihrer Anteilseigner, wenn sie nicht nur der Sicherung der Eigenkapitalrendite, des Umsatzes, von Marktanteilen oder der Börsenkapitalisierung dienen sollen, welche anderen Zwecke und Ergebnisindikatoren gilt es dann zukünftig stärker zu beachten? Im Folgenden wird der Vorschlag aufgegriffen, Unternehmen nicht als Geldmaschinen zu begreifen, sondern als kundenorientierte Produktionsgemeinschaften, in denen die Mitarbeiterinnen und Mitarbeiter nicht als „Erweiterung des Anlagevermögens" oder „Kostenfaktoren" gesehen werden, sondern als „Schlüssel" für den wirtschaftlichen Erfolg. Bildung und Gesundheit sind zentrale Elemente des Humanvermögens einer Organisation. Sie hängen auf das Engste miteinander zusammen als Voraussetzung hoher Leistungsfähigkeit und Leistungsbereitschaft, hoher Qualität und Effizienz. Die hier vertretene These lautet: Unternehmen, die als kundenorientierte Produktionsgemeinschaften geführt werden, sind wirtschaftlich erfolgreicher und zugleich gesundheitsförderlicher für ihre Mitglieder.

Diese These liegt im Konflikt mit zwei Elementen der angelsächsischen Kultur: der Idee der „natürlichen Auslese" von Charles Darwin und der Idee der „unsichtbaren Hand" des Marktes von Adam Smith: Alles wird gut, wenn wir uns auf unsere egoistischen Instinkte und den Markt verlassen. Die folgenden Überlegungen basieren auf einem Gedanken, den Peter Kropotkin bereits zu Beginn des 20. Jahrhunderts gegen die Darwinisten seiner Zeit formuliert hat: „dass gegenseitige Hilfe ein wichtiges progressives Element der Evolution darstellt" (Kropotkin 1975 S. 7). Bezug genommen wird u.a. auch auf Forschungsergebnisse aus der Fakultät für Gesundheitswissenschaften der Universität Bielefeld, auf die im zweiten Teil dieses Kapitels eingegangen wird.

Das Leitbild der Produktionsgemeinschaft definiert Unternehmen als Institutionen, in denen Menschen zusammenarbeiten, um gemeinsam etwas zu leisten, zu dem sie alleine nicht in der Lage wären. Zielerreichung im Kollektiv hängt nicht nur von der eingesetzten Technik und von dem Wissen und der Qualifikation einzelner Mitglieder ab, sondern insbesondere von Qualität und Umfang ihrer Kooperation. Der hier gemachte Vorschlag lautet, die Qualität kooperativer Systeme an Gemeinsinn und Solidarität erzeugenden Merkmalen festzumachen:

- dem vertrauensvollen Umgang der Mitglieder untereinander
- der gegenseitigen Wertschätzung
- dem Vorrat gemeinsamer Überzeugungen, Werte und Regeln.

Sie bilden das soziale Vermögen einer Organisation als der neben finanziellen Anreizen wichtigsten Bedingung für die Förderung und Mobilisierung ihres Humanvermögens.

## Bedingungen von moralischem Bewusstsein, Gemeinsinn und Solidarität

Die aktuelle Krise deckt erhebliche Schwächen der Zivilgesellschaft in den Ursprungsländern auf, wo Finanzakteure sich allein ihrem Eigennutz verpflichtet fühlen und Gesellschaft immer öfter als bloße Ansammlung unverbundener Individuen gesehen wird. Solidarität, Gemeinsinn und moralisches Bewusstsein sind in dieser Welt Inbegriffe einer vormodernen, weil nicht gewinn-, sondern werteorientierten Gesinnung, deren Restbestände es so schnell wie möglich zu beseitigen galt: „Märkte sind amoralisch." (Soros 2002). Mittlerweile hat sich nicht das „alte", sondern das „neue" Denken als katastrophale Fehlentwicklung erwiesen, weil auch Wirtschaft nicht ohne Wertebindung, vertrauensvolle Zusammenarbeit und Gemeinsinn funktionieren kann. Moralisches Bewusstsein, Gemeinsinn und Solidarität lassen sich weder „top-down" vom Staat anordnen noch am Markt erwerben. Sie entwickeln sich vielmehr als immaterielle Voraussetzungen von Staat und Wirtschaft in der Zivilgesellschaft, „bottom-up" von frühester Kindheit an per Vorbild und Sozialisation. Und sie bedürfen später im Bildungssystem und in der Arbeitswelt der ständigen Belebung und Bestätigung durch Personen, die als wichtig oder vorbildhaft erachtet werden.

Auch wenn Gedanken, Gefühle und Motive eines Menschen als etwas zutiefst Persönliches, ja Intimes erlebt werden, unterliegen sie lebenslanger gesellschaftlicher Regulation: durch das moralische Bewusstsein und durch Kooperation mit Verwandten, Freunden, Kollegen, Vorgesetzten etc. Nicht einzelne Individuen sind die elementaren Bausteine von Gesellschaft, sondern soziale Netzwerke und gemeinsame Überzeugungen, Werte und Regeln. Homo sapiens ist in erster Linie ein zwischenmenschlicher Maximierer kollektiven Nutzens und erst in zweiter Linie rationaler Egoist. Menschen brauchen Menschen: zur Entwicklung und Stärkung von Gemeinsinn und moralischem Bewusstsein, zum Erlernen von Problemlösung und Gefühlsregulierung, zum Erhalt und zur Förderung seelischer und körperlicher Gesundheit, als Grundlage von Bildung, Arbeit und Erfolg. Die Frage nach den Bedingungen von Solidarität, Gemeinsinn und moralischem Bewusstsein ist auf das Engste verbunden mit der Frage nach dem spezifisch Menschlichen am Menschen. Was aber ist das zentrale Alleinstellungsmerkmal des Homo sapiens im Vergleich zu seinen Vorläufern und Konkurrenten im Verlauf der Evolution?

Über Jahrhunderte galt das cartesianische „cogito, ergo sum" als überzeugende Antwort. Es sind seine hochentwickelten kognitiven Fähigkeiten, so wurde angenommen, die die Überlegenheit des Menschen ausmachen. Neueste Ergebnisse u.a. der Neuroforschung und der Primatologie machen hingegen deutlich, dass sich der Mensch von anderen Hominiden und Primaten vor allem durch ein besonders ausgeprägtes Bedürfnis nach Kooperation, aber zugleich auch durch eine besonders ausgeprägte Fähigkeit dazu unterscheidet (siehe dazu den folgenden Beitrag von Walter). Soziale Isolation und misslingende Kooperation machen krank. Soziale Integration und gelungene Kooperation erhalten gesund. Soziale und emotionale Kompetenz verdienen neben kognitiver Kompetenz mehr Aufmerksamkeit, weil hohe Kooperationsfähigkeit eine zentrale Voraussetzung ist für den Erfolg in Wirtschaft und Privatleben und weil sie positive Auswirkungen auf die Gesundheit hat (Damasio 1994, Bauer 2008).

Kooperation ist lebensnotwendig, bei divergierenden Werten und Interessen aber auch konflikt- und problembeladen. Besonders intensiv auseinandergesetzt hat sich damit in den zurückliegenden Jahrzehnten ein Zweig der Wirtschaftswissenschaften, die Spieltheorie. Spieltheoretiker sprechen vom „Dilemma" der Kooperation, weil Kooperation fehlschlagen kann oder weil sie verweigert wird, wenn es für einen Akteur vorteilhafter erscheint, so zu verfahren. Anders als zum Beispiel in Robert Axelrods „Die Evolution der Kooperation" (Axelrod 2005) wird im Folgenden die These vertreten, dass Kooperation keineswegs nur gesucht und eingegangen wird, wenn sie im rationalen Interesse eines Individuums ist, sondern tieferliegende Wurzeln in Biologie und Kultur hat: „die Evolution hat den Menschen das Bedürfnis eingepflanzt dazuzugehören und sich akzeptiert zu fühlen" – so der Primatologe Frans de Waal. Bleibt dieses Bedürfnis unbefriedigt, schädigt das ihre seelische Gesundheit und auf Dauer auch ihren Organismus. „Wir sind bis ins Mark sozial" (de Waal 2006 S. 301). Schwinden Vertrauen, gegenseitiger Respekt und Gemeinsamkeiten im Denken, Fühlen und Handeln, werden Gruppen und Organisationen nur noch durch Zwang und Geld zusammengehalten, entwickeln sie sich zu Risikofaktoren für ihre Mitglieder. Es häufen sich Missverständnisse, Beziehungskonflikte und Fehler. Es sinkt die Fähigkeit zum Umgang mit Herausforderungen. Es sinkt ihre Lern- und Leistungsfähigkeit. Es leiden Gesundheit und Loyalität. Genau dies glauben Experten gegenwärtig in der Arbeitswelt hochentwickelter Gesellschaften beobachten zu können (z.B. O'Toole & Lawler 2006), weil Unternehmen immer häufiger wie Geldmaschinen und immer seltener wie Produktionsgemeinschaften geführt werden.

## Standesregeln als Quellen des Sozialvermögens

Mit der abnehmenden Bedeutung von Familie, Verwandtschaft, Nachbarschaft und Religion und der zunehmenden Bedeutung von Bildung, Wissen und Berufstätigkeit werden Bildungssysteme und Arbeitsleben immer wichtiger für die Entwicklung und Pflege des Sozialvermögens einer Gesellschaft. Die Idee des Unternehmens als Produktionsgemeinschaft bezweckt eine Aufwertung der Mitarbeiterinnen und Mitarbeiter und eine stärkere Beachtung ihrer Arbeits- und Organisationsbedingungen. Sie verweist insbesondere auf die große Bedeutung gemeinsamer Überzeugungen, Werte und Regeln für die Leistungsfähigkeit der Unternehmen und auf ihre Abhängigkeit von Zivilgesellschaft und Bildungssystem. Sie verweist zugleich auf den notwendigen Eigenbeitrag der Unternehmen zur Pflege und Förderung zivilgesellschaftlicher Voraussetzungen im Interesse ihrer eigenen Handlungsfähigkeit, aber auch mit Blick auf ihre Mitverantwortung für die Gesellschaft. Die Idee des Unternehmens als Produktionsgemeinschaft verweist schließlich auf die Notwendigkeit verstärkter Selbstregulierung „systemrelevanter" Berufe und Professionen, damit der Wissensgesellschaft nicht die Werte ausgehen. Produktionsgemeinschaften entstehen durch gemeinsame Überzeugungen, Werte und Regeln, die von ihren Führungskräften beispielhaft vorgelebt werden müssen.

Ein Job wird erledigt wegen des damit verbundenen materiellen Nutzens. Ein Beruf wird gesucht und ausgeübt auch aus immateriellen Gründen: aus „innerer Überzeugung", z.B. wegen der Sinnhaftigkeit der Aufgabe, aus Solidarität gegenüber Kollegen oder aus Pflichterfüllung gegenüber dem großen Ganzen (Unternehmen, Land etc.), aber auch wegen der mit der Arbeit und ihren Ergebnissen verbundenen sozialen Kontakte und positiven Emotionen (z.B. Wir-Gefühl, Stolz). Die Arbeitsmotivation eines Menschen wird maßgeblich davon mitbestimmt, welches Ansehen der eigene Beruf oder die eigene Profession in der Öffentlichkeit genießt. Dieses Ansehen hängt nicht in erster Linie vom erzielten Einkommen ab, sondern davon, wie weit die Ausübung eines Berufes oder einer Profession an fundiertem Wissen und klaren ethischen Standards orientiert ist und dadurch ein Dienst an der Gemeinschaft geleistet wird. Erwartete Konformität mit verbreiteten Moralvorstellungen spielt für das Vertrauen gegenüber den einzelnen Angehörigen eines Berufes oder einer Profession eine erhebliche Rolle, was wiederum die Angehörigen dieser Berufe zur effizienten und qualitätsbewussten Berufsausübung motivieren kann. Ein Bildungs- oder Gesundheitswesen, dessen Vertreter kein Vertrauen bei den zu Bildenden bzw. den zu Versorgenden genießen, leidet zwangsläufig an Qualität und Effizienz. Ein Wirtschaftssystem, das amoralische Spitzenkräfte hervorbringt, legt damit die Axt an die Wurzel seines nachhaltigen Erfolgs mit verheerenden Auswirkungen auf die Zivilgesellschaft.

Aktuelle Bedeutung erhält die Unterscheidung von Job und Beruf durch das krisenverursachende Verhalten insbesondere US-amerikanischer Manager. Ärzte und Lehrer üben „systemrelevante" Berufe aus – aber eben auch Manager, nicht nur Finanzdienstleister. Die beiden Harvard-Betriebswirtschaftler Khurana und Nohria plädieren für eine Professionalisierung des Managements. Und die beginnt aus ihrer Sicht bereits während der universitären Ausbildung (Khurana & Nohria 2009).

> „Standesregeln und die sie unterstützenden Institutionen können auch zum Entstehen eines stillschweigenden sozialen Vertrags unter den Mitgliedern einer Profession beitragen. Sie bestimmen über die Aufnahme in die Gruppe; sie schaffen und nähren damit eine gegenseitige Verpflichtung, die die Mitglieder untereinander und gegenüber der Profession verspüren. Diese Bande prägen das soziale Kapital eines Berufsstandes, ein Kapital, das unter dessen Mitgliedern sowie zwischen Profession und Gesellschaft Vertrauen schafft und die Transaktionskosten drastisch reduziert." (Khurana & Nohria 2009)

## Kultur stiftet soziale Beziehungen, Sinn und Vertrauen

Eine positive Wirkung gemeinsamer Überzeugungen, Werte und Regeln auf die Kooperation in Gruppen und den Zusammenhalt ganzer Gesellschaften wurde in der Soziologie bereits früh vermutet. Emile Durkheim verdanken wir richtungweisende Überlegungen zur gemeinschaftsstabilisierenden Funktion religiöser Überzeugungen, Werte und Regeln (Durkheim 1912, 1984). In den frühen Beiträgen zur Organisationsgestaltung bei Frederick W. Taylor und Max Weber spielten diese immateriellen Einflüsse noch keine Rolle. Die Betonung lag hier auf Arbeitsteilung, auf hierarchischer Koordination, auf materiellen Anreizen und auf durch strikte Regeln gesteuertem Arbeitshandeln (Morgan 1997 S. 11 ff.). Für die Gestaltung von Arbeit und Organisation sind sie auch heute von grundlegender Bedeutung, werden aber immer häufiger ergänzt, korrigiert oder auch substituiert durch immaterielle Anreize und Bedingungen sowie durch neue Formen der Selbstorganisation. Das kultursoziologische Interesse von Durkheim und Weber galt makrosoziologischen Fragestellungen, wie den Beziehungen zwischen Religion und Wissenschaft und den wirtschaftliches Handeln prägenden Einflüssen religiöser Werthaltungen. Die Kultur einzelner Unternehmen wurde explizit erst seit den späten 60er Jahren des vergangenen Jahrhunderts Gegenstand der Organisationsanalyse.

Am Beginn der empirischen Unternehmensforschung stand zunächst jedoch die Entdeckung des „Sozialen", in Form von zwischenmenschlichen Beziehungen und horizontaler (informeller) Koordination in den Hawthorne-Experimenten, wie sie von Roethlisberger & Dickson dokumentiert (Roethlisberger & Dickson 1939) und in der Folge als Human-Relations-Ansatz bekannt wurden. Nicht nur Maschinen und Führung sind wichtig für das Betriebsergebnis, sondern auch Motivation und Zufriedenheit der Arbeiter. Zufriedenheit und Motivation der Arbeiter und in der Folge Qualität und Produktivität hängen – so Roethlisberger und Dickson – maßgeblich ab vom Verhalten des Vorgesetzten, von der Qualität sozialer Beziehungen untereinander und der Bezahlung.

Weitere Beiträge zur Entwicklung der Idee des Unternehmens als Produktionsgemeinschaft wurden in der Auseinandersetzung mit den Ursachen japanischer Exporterfolge in den 60er und 70er Jahren des vergangenen Jahrhunderts geleistet. Insbesondere die Arbeiten von Deming sowie von Peters und Waterman verhalfen der Idee zum Durchbruch, dass immaterielle Produktionsfaktoren einen bis dahin in westlichen Gesellschaften ignorierten bzw. stark unterschätzten Beitrag zum Unternehmenserfolg leisten. Nicht die Beseitigung überflüssiger Tätigkeiten, versteckter Pausen sowie strikte Kontrollen bilden den „Königsweg" zu mehr Produktivität – wie Taylor vorgeschlagen hatte –, sondern die (Wieder-)Entdeckung des Menschen als wertschöpfenden Mitarbeiter. Produktive (und gesundheitsförderliche) Gestaltung von Arbeit und Organisation muss sich an den psychischen und sozialen Bedürfnissen des Menschen orientieren, muss mit ihnen und nicht gegen sie erfolgen. Kooperation, nicht Konkurrenz bewirkt Höchstleistungen. Nicht Kontrolle, sondern Förderung der Mitarbeiter und ihrer Kooperation wird zur zentralen Aufgabe der Führungskräfte (Deming 1982).

Zeitgleich mit der Arbeit von Deming („Out of the Crisis") erschien das Buch von Peters und Waterman „In Search of Excellence" (Peters & Waterman 1982). Entscheidend für den Unternehmenserfolg seien soziale Beziehungen, Führungsstil, Wissen, Qualifikation und Kundenorientierung, so heißt es dort. Menschen wollen Teil eines Ganzen in einer Gemeinschaft sein, aber auch aus ihr hervorragen. Sie setzen sich über jede vertragliche Verpflichtung hinaus für ihre Arbeitsziele ein, wenn sie von ihrer Sinnhaftigkeit überzeugt sind und glauben, ihr eigenes Geschick beeinflussen zu können. Führungsverhalten, Entstehung von Gemeinsinn und Solidarität, Erzeugung von Wissen und hohe Motivation werden – so ihre zentrale These – maßgeblich geprägt durch etwas, was man weder sehen noch anfassen, weder anordnen noch kaufen kann: durch die Kultur eines Unternehmens.

Die das menschliche Denken, Fühlen und Verhalten gestaltende Kraft von Kultur gehört zu den bedeutsamsten und zugleich schwer empirisch zu erfassenden Problemstellungen soziologischer Forschung. In Form gemeinsamer Überzeugungen, Werte und Regeln hilft die Kultur des Menschen, seine psychischen Prozesse und sein Verhalten zu organisieren. Gemeinsame Gedanken, Gefühle, Motive, Regeln und Handlungen erfüllen sinn- und beziehungsstiftende Funktionen. Sie fördern Kohäsion und Kohärenz und bilden das vielleicht wichtigste „Bindemittel" und den wichtigsten „Treibstoff" sozialer Systeme. Sie helfen Menschen, einander zu verstehen, zu vertrauen und gemeinsam Ziele zu folgen, m.a.W. subjektiv befriedigend und objektiv erfolgreich zu kooperieren. Kultur ist ein kollektives Phänomen, das seinen Sitz „in den Köpfen und Herzen" der Menschen hat (Badura et al 2008 S. 14 ff.).

In jüngster Zeit ist die Idee des Unternehmens als einer kundenorientierten Produktionsgemeinschaft vor allem von de Geus, von Pfeffer sowie von Cohen und Prusak weiterentwickelt worden. De Geus beschäftigt sich mit der Lebenserwartung von Unternehmen. Seine Frage lautet: Was unterscheidet Unternehmen bzw. Organisationen mit hoher im Vergleich zu denen mit niedriger Lebenserwartung? Sein Ergebnis lautet: Unternehmen sterben vorzeitig, weil „Führungskräfte" vergessen, „… dass das eigentliche Wesen ihrer Organisation in der menschlichen Gemeinschaft liegt" (de Geus 1998 S. 20). Zur Überwindung lebensbedrohlicher Lernschwächen von Organisationen empfiehlt er die Pflege der Unternehmenskultur und die Förderung von Möglichkeiten und Fähigkeiten zur Selbstorganisation und zur Beteiligung der Mitarbeiterinnen und Mitarbeiter. Er empfiehlt ferner die Überwindung von „Revierverhalten" sowie eine Dezentralisierung der Machtverteilung in Unternehmen (de Geus 1998 S. 209 ff.). Macht beschränkt die Lernfähigkeit einer Organisation. Wenn Menschen hochmotiviert an der Umsetzung von Entscheidungen arbeiten sollen, sollte man sie an der Entscheidungsfindung beteiligen. „Schwarmbildung", d.h. Vernetzung der Organisationsmitglieder, erleichtert die Findung und Verbreitung neuer Ideen (de Geus 1998 S. 214 ff.).

Pfeffer vertritt die These, dass sich in den zurückliegenden Jahrzehnten, bedingt durch den verschärften Wettbewerb und eine immer stärker finanzmarktgetriebene Führung, die Beziehungen zwischen Unternehmen, Mitarbeitern und umgebender Gesellschaft grundlegend verändert haben. Vor die Wahl gestellt, Arbeit für Geld zu kaufen oder Mitverantwortung für Mitarbeiter und Gesellschaft zu übernehmen, würden immer mehr Unternehmen den ersten Weg einschlagen, Sozialleistungen streichen und der „shareholder first"-Maxime folgen. Das gesellschaftliche Klima insgesamt habe sich gewandelt, angestoßen durch die Politik, flankiert von einer neoklassischen Wirtschaftstheorie und unterstützt durch die führenden „Business Schools" der USA. Pfeffer macht dies fest an den drei Stichworten „methodischer Individualismus", „Eigeninteresse" und „marktorientierte Austauschprozesse" (Pfeffer 2006 S. 9). Der damit angesprochene kulturelle Wandel sei nicht zu unterschätzen: „culture matters". Er sei tiefgreifend und weitreichend, betreffe Grundüberzeugungen über menschliches Verhalten, zwischenmenschliche Beziehungen und Leitbilder erfolgreicher Unternehmensführung. Er habe zu einem Vertrauensschwund bei den Mitarbeiterinnen und Mitarbeitern beigetragen und bedrohe die Wettbewerbsfähigkeit der US-amerikanischen Wirtschaft.

> Das auch in deutschen Unternehmen verbreitete Misstrauen gegenüber Initiativen der Unternehmensführung – auch gegenüber Mitarbeiterbefragungen und Preisgabe persönlicher Daten z.B. zum Zwecke der Verhütung chronischer Krankheiten oder der Wiedereingliederung Erkrankter – hat hier seine nachvollziehbaren Ursachen. Angst vor Verlust der Arbeit und Misstrauen gegenüber dem Unternehmen sind Bedingungen, unter denen Mitarbeiter nicht bereit sind, Informationen über ihren Gesundheitszustand offenzulegen.

Orientiert sich die Unternehmensbindung eines Mitarbeiters nur an der Höhe seines Einkommens, steigen das Risiko, hochqualifizierte Mitarbeiter an die besser bezahlende Konkurrenz zu verlieren, und der Druck, selbst immer höhere Gehälter aufwenden zu müssen. Weitere Kosten entstünden ferner durch Neueinstellungen, zusätzliche Aufwendungen zum Erhalt der Kundenbindung und durch erhöhte Kosten für Koordination und Kontrolle. Dabei würden Menschen heute mehr noch als bereits in der Vergangenheit durch ihre Arbeit geprägt, weil sie immer mehr Zeit damit verbringen und weil Arbeit von zentraler Bedeutung ist für ihr seelisches Gleichgewicht und ihren sozialen Status.

Für Söldner ist die Arbeit ein Job. Für Mitarbeiterinnen und Mitarbeiter ist sie immer auch ein Beitrag zum großen Ganzen. Um einer sich verbreitenden Söldnermentalität und den damit verbundenen Risiken entgegenzuwirken, plädiert Pfeffer für ein neues Unternehmensleitbild: die „Produktionsgemeinschaft". Darunter versteht er eine mitarbeiterorientierte Unternehmenskultur, die Betonung immaterieller Anreize sowie Arbeit, die Sinn spendet, das Gemeinschaftsbedürfnis der Mitarbeiter befriedigt und dadurch die Entfaltung und Mobilisierung ihrer Leistungspotenziale fördert.

Cohen und Prusak beschäftigen sich explizit mit dem Sozialkapital von Organisationen als Gegengewicht zu einer, wie sie glauben, weit verbreiteten Auffassung, Organisationen würden nur aus Individuen bestehen, deren Bindung an ihr Unternehmen sich erschöpft in Bezahlung und vertraglich vereinbarten Gegenleistungen. Sie wenden sich gegen eine Arbeitswelt, die nur aus „Ich-AGs", „Projekten" und dem Internet besteht. Sie sind, wie sie schreiben, „zutiefst misstrauisch" gegenüber der gängigen Vorstellung, „Menschen, Prozesse und Technologie" seien die wichtigste Quelle des Organisationserfolgs (Cohen & Prusak 2001 S. 9). Stattdessen rücken sie zwischenmenschliche Beziehungen in das Zentrum ihrer Betrachtung, weil ohne sie „zweckorientierte Kooperation" als das Wesentliche jeder Organisation nicht stattfinden kann. Dementsprechend betonen sie die „kollektive Natur nahezu aller Arbeit" und sehen im „Vertrauen" die Essenz von Sozialkapital (ebd. S. 7). Zugleich verweisen sie aber auch auf mögliche Risiken exklusiver sozialer Netzwerke oder unerschütterlicher Überzeugungen wie Realitätsverlust, Innovationsfeindlichkeit und die Neigung zum Sektierertum. Das gegenwärtig weitaus größere Risiko sehen sie allerdings in der Sozialkapitalvernichtung durch permanente Restrukturierung und „Downsizing", durch Zukäufe und Fusionen sowie durch Virtualisierung von Arbeit, d.h. durch ihre Loslösung von Raum und Zeit und der damit verbundenen sozialen Entwurzelung. Als sie 2001 ihr Buch veröffentlichten, konnten sie noch nicht die sozialen und kulturellen Ursachen der Finanz- und Wirtschaftskrise vor Augen haben, sondern bezogen sich auf die ihr vorausgegangenen sozialen und kulturellen Folgen moderner Informationstechnologien und globalisierter Mobilitätszwänge (Cohen & Prusak 2001 S. 18).

Woran es mit Blick auf den aktuellen Stand der Organisationsforschung mangelt, sind Versuche, zentrale Elemente der Produktionsgemeinschaft zu operationalisieren, sowie empirische Befunde über den Zusammenhang zwischen ihnen, der Gesundheit der Mitarbeiter und dem Betriebsergebnis. Darauf soll im Weiteren eingegangen werden.

## Thesenhafte Zusammenfassung

### 1. Die Wiederentdeckung des Menschen
Technik und Geld sind Kulturprodukte, d.h. Ergebnisse von Bildung, Wissenschaft und wirtschaftlichem Handeln. Die eigentliche Quelle der Erzeugung von Gütern, Dienstleistungen und Reichtum ist der Mensch: seine Leistungsfähigkeit und Leistungsbereitschaft. Das Humanvermögen bzw. Humankapital umfasst moralisches Bewusstsein, Gemeinsinn, Solidarität, Bildung, Wissen, spezielle kognitive und soziale Fertigkeiten und die zu ihrer Mobilisierung notwendige seelische und körperliche Gesundheit. Das hervorstechende Merkmal des Menschen ist seine Fähigkeit zur Kooperation.

### 2. Die Wiederentdeckung des Sozialen
Leistungsfähigkeit und Leistungsbereitschaft des Menschen sind Folge und Voraussetzung menschengerechter Kooperation. Nicht Individuen, sondern horizontal, d.h. „von Gleich zu Gleich", nach dem Prinzip der Gegenseitigkeit selbstorganisierte Netzwerke bilden die Grundelemente von Gesellschaft. Familien, Gruppen, Organisationen, Unternehmen sind in erster Linie bzw. immer auch kooperative Systeme, die permanent gepflegt und gefördert werden müssen, wenn sie gesundheitsförderlich und leistungsfähig bleiben sollen. Zentrale Ziele dieser „Pflegetätigkeit" sind Glaubwürdigkeit, Fairness und Gerechtigkeit, Vertrauen, Sinn, Wertschätzung, gemeinsame Überzeugungen, Werte, Regeln, Transparenz und Beteiligung.

### 3. Die Wiederentdeckung von Kultur
Herstellung von Vertrauen, gegenseitiger Wertschätzung oder gemeinsame Sinnstiftung geschieht in zwischenmenschlichen Prozessen. Sie sind für die

Leistungsfähigkeit sozialer Systeme von ebenso elementarer Bedeutung wie für die Gesundheit ihrer Mitglieder. Zwischenmenschliche Prozesse erfordern ihrerseits einen Vorrat gemeinsamer (kollektiver) Überzeugungen, Werte und Regeln zur Verständigung und gegenseitigen Berechenbarkeit, m.a.W. Kultur. Kultur befähigt zur Problemlösung, zur Gefühlsregulierung, zur Selbstbestätigung und zur Entwicklung von moralischem Bewusstsein einzelner Menschen und im Kollektiv. Folgen zwischenmenschliche Prozesse einem gemeinsamen Ziel, beginnt die Kooperation. Soziale Netzwerke und Kultur bilden das soziale Vermögen bzw. das Sozialkapital von Organisationen. Sie sind die zivilgesellschaftlichen Voraussetzungen guter Gesundheit und wirtschaftlichen Erfolgs.

## Messung des Sozialkapitals und seiner Auswirkungen auf Gesundheit und Betriebsergebnis

Wirtschaftsunternehmen sind stets beides: Geldmaschinen und Produktionsgemeinschaften – allerdings in sehr unterschiedlichem Ausmaß das Eine oder das Andere. Sie lassen sich – so die hier vertretene Auffassung – einem Kontinuum zuordnen zwischen Shareholdervalue-Orientierung auf der einen und Mitarbeiterorientierung auf der anderen Seite. Zur genauen Lokalisierung einzelner Unternehmen auf diesem Kontinuum und zur Prognose ihrer nachhaltigen Wettbewerbsfähigkeit und Gesundheitsförderlichkeit scheint eine Quantifizierung kooperationsrelevanter Elemente eines Unternehmens zwingend geboten. Der aus der Soziologie und der Politikwissenschaft stammende Sozialkapitalansatz enthält einen Vorschlag, wie sich die Voraussetzungen von Kooperation, Gesundheit und wirtschaftlichem Erfolg bestimmen, quantifizieren und fördern lassen.

Im Zentrum des Sozialkapitalansatzes steht das Konzept der Kooperation, verstanden als zweckorientierte Interaktion (z.B. Putnam et al 1993, Fukuyama 1999). Menschen sind auf Kooperation angewiesen: zur Problemlösung, zur Gefühlsregulierung und zur Selbstbestätigung. Kooperation wird in der Arbeitswelt gesucht wegen der damit verbundenen Chancen: z.B. zum Lernen, zum Gelderwerb und zur Sinnstiftung. Kooperation birgt aber auch Probleme: Eingegangene Verpflichtungen können unterbleiben oder zu überfordernden Zwängen, Chancen zu unkalkulierbaren Risiken mutieren. Kooperation kann um ihrer selbst willen gesucht werden. Sie kann zur Bewältigung von Herausforderungen zwingend geboten sein. Sie kann als konfliktbeladen oder aber als unterstützend und in sich befriedigend erlebt werden. Was auch immer sonst noch Organisationen auszeichnen mag, sie sind per definitionem kooperative Systeme, die ebenso wie technische Systeme laufend gepflegt werden müssen, wenn ihre Mitglieder dauerhaft hohe Leistung erbringen sollen.

Das Humanvermögen der einzelnen Mitglieder bildet die zentrale Voraussetzung für den Organisationserfolg. Zu seiner Mobilisierung ist neben Zielvorgaben, Technik und Anreizen auch soziales Vermögen erforderlich. Kooperatives und an gemeinsamen Zielen orientiertes Handeln erfordert soziale Vernetzung der Organisationsmitglieder und vertrauensvolle Zusammenarbeit auf der Grundlage gemeinsamer Überzeugungen, Werte und Regeln, mit anderen Worten: Sozialkapital.

Das Sozialkapital einer Organisation besteht – so unser Vorschlag – aus der Qualität, dem Umfang und der Reichweite zwischenmenschlicher Beziehungen (soziale Netzwerke), aus dem Vorrat gemeinsamer Überzeugungen, Werte und Regeln (Kultur) sowie aus der Qualität zielorientierter Koordination (Führung). Es trägt dazu bei, dass die Mitglieder einer Organisation einander vertrauen und ihre Arbeit als sinnhaft, verständlich und beeinflussbar erleben. Es erleichtert die Zusammenarbeit, fördert das Gefühl der inneren Verbundenheit untereinander und mit der Organisation als Ganzes und erhöht die Attraktivität eines Unternehmens für Arbeitssuchende. Sozialkapital „treibt" Humankapital, fördert Lernen, Gesundheit und Produktivität (Abb. 1). Führung allein durch Anordnung und materielle Anreize birgt dagegen erhebliche Risiken, für die Beschäftigten, die Unternehmen und die sozialen Sicherungssysteme: wegen der dabei zu erwartenden hohen Kontroll- und Entscheidungskosten, des dabei zu erwartenden gesundheitlichen Verschleißes und der dadurch mitbedingten Kosten für Arbeitslosigkeit, Krankenversorgung und Frühberentung.

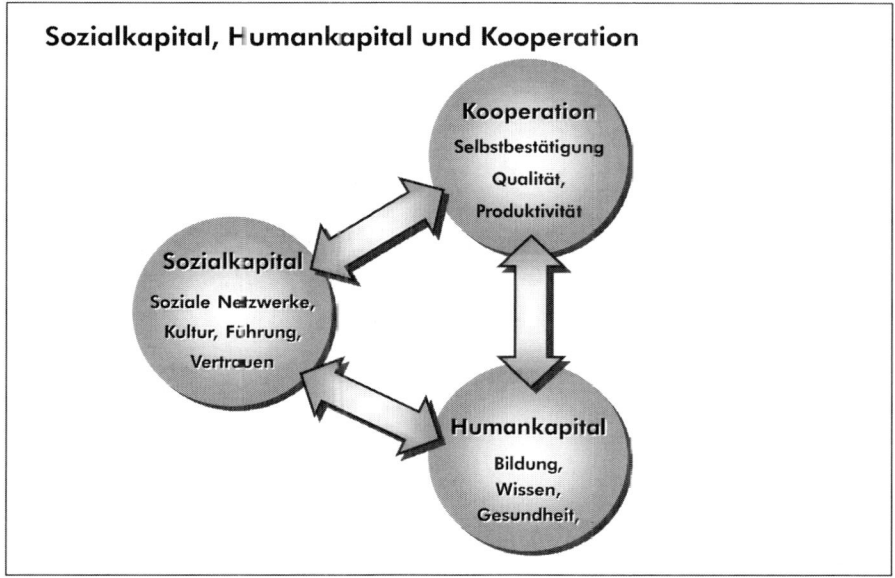

**Abbildung 1** Reziproke Wechselwirkungen zwischen Sozialkapital, Humankapital und Kooperation

Diesen Thesen ist eine interdisziplinäre Forschergruppe an der Fakultät für Gesundheitswissenschaften an der Universität Bielefeld nachgegangen. Beteiligt an dem Vorhaben waren Wolfgang Greiner, Petra Rixgens, Max Ueberle, Martina Behr und der Autor. Das Vorhaben wurde gefördert durch die Europäische Union und das Land Nordrhein-Westfalen (Badura et al 2008). Untersucht wurden vier produzierende Unternehmen und ein Finanzdienstleister.

Als Datengrundlage dienten eine Mitarbeiterbefragung von insgesamt 5.000 Beschäftigten (Rücklauf 45 %) sowie Indikatoren für Produktivität und Effizienz der beteiligten Unternehmen auf Abteilungsebene. Durch die Verknüpfung beider Datenmengen konnten klare Zusammenhänge zwischen dem Sozialkapital, dem Unternehmenserfolg und der Gesundheit der Mitarbeiterinnen und Mitarbeiter nachgewiesen werden. Die Untersuchungsergebnisse belegen, dass immaterielle Faktoren, entgegen der bisher häufig vorherrschenden Auffassung, sehr wohl messbar und tatsächlich von großer Bedeutung sind für die Gesundheit und Einsatzbereitschaft der Mitarbeiter.

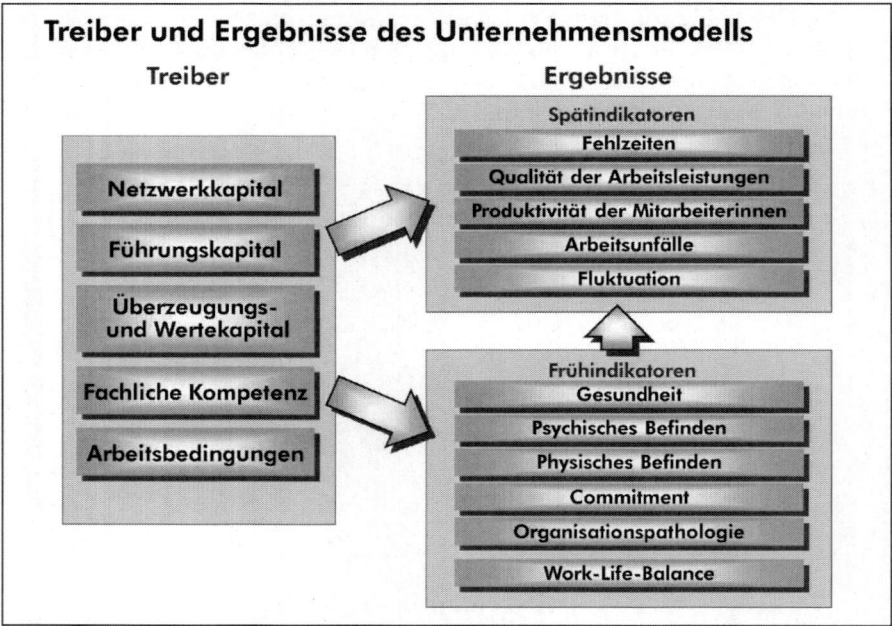

**Abbildung 2** Das Unternehmensmodell der Studie: Treiber und Ergebnisse

Das der Untersuchung zugrundeliegende Unternehmensmodell gliedert sich in Treiber und Ergebnisse. Die Treiber liegen in Unternehmen in unterschiedlicher Ausprägung vor und haben entsprechend Einfluss auf die Früh- und Spätindikatoren. Zu den Treibern gehören, neben den drei Sozialkapitalkomponenten des Netzwerk-, Führungs- und Wertekapitals, die Arbeitsbedingungen sowie die Qualifikation der Beschäftigten. Zu den Frühindikatoren zählen das psychische und physische Befinden der Beschäftigten, ihr Commitment, Organisationspathologien wie Mobbing und innere Kündigung sowie die Work-Life-Balance. Spätindikatoren sind Fehlzeiten, Arbeitsunfälle, Fluktuation und weitere Indikatoren aus der Betriebswirtschaft (siehe Abb. 2).

Immaterielle Arbeitsbedingungen wie die Sinnhaftigkeit und die Klarheit der Aufgabenstellung, Partizipationsmöglichkeiten und Handlungsspielraum korrelieren besonders hoch mit dem Commitment der Mitarbeiter, ihrem Selbstwertgefühl, ihrem Wohlbefinden und ihrem subjektiven Qualitätsbewusstsein. Das Netzwerkkapital, z.B. Vertrauen innerhalb des Teams, Zusammengehörigkeitsgefühl und gegenseitige Unterstützung, korrelieren besonders hoch mit Organisationspathologien wie innerer Kündigung und Mobbing sowie mit der Work-Life-Balance und mit dem subjektiven Qualitätsbewusstsein hinsichtlich der produzierten Güter oder erbrachten Dienstleistungen, mit psychosomatischen Befinden und dem Selbstwertgefühl. Das Führungskapital, zum Beispiel die Güte der Kommunikation des direkten Vorgesetzten, seine Fairness und Gerechtigkeit und das in ihn gesetzte Vertrauen, korreliert hoch mit allen bereits genannten Frühindikatoren sowie dem Spätindikator Qualitätsbewusstsein. Das Überzeugungs- und Wertekapital, z.B. das Gemeinschaftsgefühl, die erfahrene Wertschätzung der Mitarbeiter durch das Top-Management, das Vorhandensein gemeinsamer Überzeugungen und Werte und das Vertrauen in die Geschäftsführung, korreliert hoch mit depressiver Verstimmung, psychosomatischen Symptomen und dem Wohlbefinden (Tab. 1).

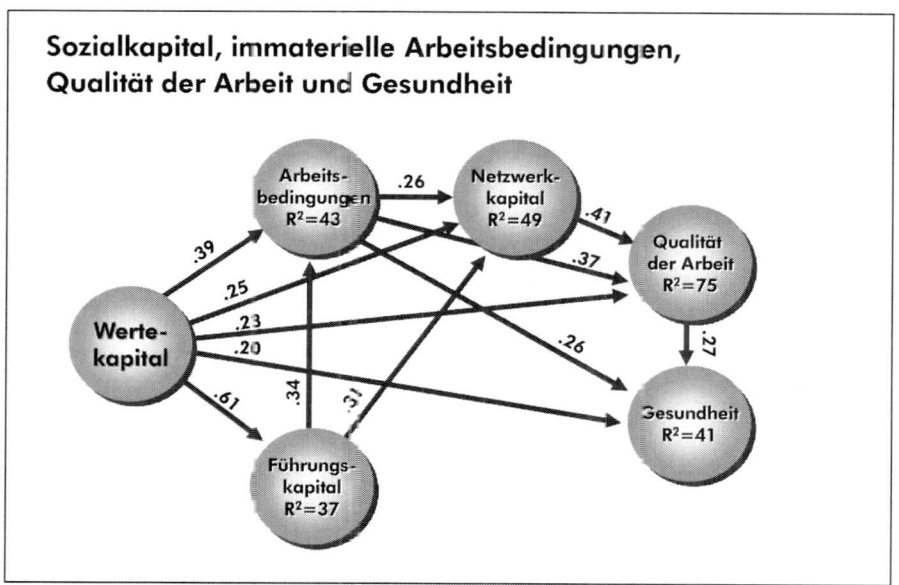

**Abbildung 3** Zusammenhang von Sozialkapital, immateriellen Arbeitsbedingungen und Qualität der Arbeit und Gesundheit (n = 2.287; RMSEA: .058; RFI: .936; CFI: .951)

**Tabelle 1:** Korrelationsmatrix der verschiedenen Faktoren des Unternehmensmodells (nach Badura et al 2008)

| | Krankheitsbeschwerden | Körperliche Gesundheit | Depressiver Verstimmung | Wohlbefinden | Selbstwertgefühl | Fehlzeiten | Subjektive Arbeitsbelastung | Qualitätsbewusstsein | Qualität der Arbeit | Mobbing | Innere Kündigung | Work-Life-Ballance | Commitment |
|---|---|---|---|---|---|---|---|---|---|---|---|---|---|
| Partizipationsmöglichkeiten | -,299 | ,226 | -,312 | ,337 | ,206 | -,136 | ,326 | ,339 | ,243 | -,383 | -,281 | ,202 | ,380 |
| Fachliche Überforderung | ,261 | ,187 | ,289 | -,350 | -,313 | ,031 | -,283 | -,228 | -,219 | ,197 | ,159 | -,310 | -,168 |
| Zeitliche Überforderung | ,300 | -,210 | ,298 | -,258 | -,082 | ,006 | -,247 | -,135 | -,147 | ,139 | -,069 | -,499 | -,127 |
| Klarheit der Aufgabe | -,178 | ,123 | -,243 | ,299 | ,342 | -,019 | ,210 | ,437 | ,232 | -,239 | -,108 | ,256 | ,229 |
| Handlungsspielraum | -,208 | ,153 | -,226 | ,269 | ,250 | -,114 | ,226 | ,239 | ,175 | -,242 | -,269 | ,153 | ,281 |
| Sinnhaftigkeit d. Aufgabe | -,273 | ,226 | -,322 | ,402 | ,414 | -,091 | ,319 | ,465 | ,301 | -,264 | -,277 | ,209 | ,503 |
| Zufriedenheit mit den Rahmenbedingungen | -,382 | ,288 | -,320 | ,310 | ,128 | -,093 | ,353 | ,326 | ,339 | -,323 | -,125 | ,297 | ,402 |
| Ausmaß an Zusammengehörigkeit | -,307 | ,223 | -,326 | ,377 | ,265 | -,129 | ,363 | ,535 | ,300 | -,593 | -,279 | ,260 | ,403 |
| Güte der Kommunkation im Team | -,233 | ,246 | -,269 | ,300 | ,250 | -,104 | ,295 | ,398 | ,256 | -,442 | -,149 | ,200 | ,280 |
| Sozialer Fit der Gruppenmitglieder | -,289 | ,243 | -,313 | ,360 | ,247 | -,117 | ,337 | ,508 | ,291 | -,568 | -,244 | ,284 | ,378 |
| Soziale Unterstützung im Team | -,242 | ,215 | -,274 | ,308 | ,236 | -,070 | ,292 | ,534 | ,290 | -,465 | -,184 | ,214 | ,346 |
| Vertrauen innerhalb des Teams | -,216 | ,168 | -,242 | ,300 | ,244 | -,070 | ,267 | ,510 | ,243 | -,455 | -,232 | ,179 | ,337 |
| Ausmaß an Mitarbeiterorientierung | -,247 | ,221 | -,275 | ,283 | ,242 | -,097 | ,306 | ,445 | ,237 | -,505 | -,222 | ,256 | ,384 |
| Ausmaß der sozialen Kontrolle | -,022 | ,062 | -,057 | ,035 | ,096 | ,024 | ,049 | ,248 | ,062 | -,040 | ,080 | ,028 | ,089 |
| Güte der Kommunikation | -,196 | ,187 | -,221 | ,240 | ,209 | -,049 | ,270 | ,410 | ,228 | -,501 | -,224 | ,250 | ,325 |
| Akzeptanz des Vorgesetzten | -,216 | ,193 | -,239 | ,250 | ,229 | -,084 | ,277 | ,432 | ,252 | -,478 | -,190 | ,221 | ,334 |
| Vertrauen in den Vorgesetzten | -,249 | ,191 | -,278 | ,282 | ,226 | -,068 | ,304 | ,430 | ,239 | -,477 | -,181 | ,259 | ,322 |
| Fairness und Gerechtigkeit | -,245 | ,207 | -,271 | ,275 | ,186 | -,081 | ,288 | ,380 | ,235 | -,520 | -,186 | ,245 | ,323 |
| Ausmaß der Machtorientierung | ,189 | -,152 | ,211 | -,218 | -,143 | ,097 | -,259 | -,249 | -,141 | ,504 | ,294 | -,223 | -,268 |
| Gemeinsame Normen und Werte | -,299 | ,265 | -,324 | ,345 | ,280 | -,108 | ,314 | ,464 | ,346 | -,337 | -,152 | ,216 | ,598 |
| Gelebte Unternehmenskultur | -,304 | ,232 | -,326 | ,351 | ,155 | -,096 | ,345 | ,359 | ,302 | -,326 | -,138 | ,278 | ,520 |
| Konfliktkultur | -,344 | ,278 | -,365 | ,382 | ,180 | -,117 | ,360 | ,357 | ,322 | -,442 | -,116 | ,296 | ,513 |
| Gemeinschaftsgefühl | -,296 | ,273 | -,334 | ,369 | ,192 | -,134 | ,324 | ,440 | ,332 | -,347 | -,116 | ,203 | ,637 |
| Gerechtigkeit | -,361 | ,295 | -,381 | ,409 | ,185 | -,119 | ,393 | ,371 | ,337 | -,448 | -,127 | ,310 | ,530 |
| Wertschätzung der Mitarbeiter | -,329 | ,288 | -,343 | ,389 | ,247 | -,111 | ,348 | ,400 | ,334 | -,373 | -,126 | ,255 | ,586 |
| Vertrauen in die Geschäftsführung | -,276 | ,220 | -,293 | ,305 | ,270 | -,081 | ,292 | ,342 | ,264 | -,252 | -,096 | ,244 | ,483 |

Die eingesetzten multivariaten Auswertungsverfahren zeigen, dass der stärkste Einfluss unter den von uns erhobenen Treibern vom Überzeugungs- und Wertekapital ausgeht, gefolgt von den immateriellen Arbeitsbedingungen und dem Führungs- und Netzwerkkapital. Neben der Qualifikation der Befragten korreliert auch ihr Alter mit der Höhe des Sozialkapitals und der Gesundheit. Führungskräfte beurteilen die Gesundheit der Mitarbeiterinnen und Mitarbeiter deutlich besser als diese selbst (Abb. 3) (Badura et al 2008).

Die Zusammenhangsanalysen zwischen Sozialkapital (erfasst durch Mitarbeiterbefragung) und den Spätindikatoren (erfasst durch Routinedaten der Unternehmen) ergeben u.a. folgende Ergebnisse: Immaterielle Arbeitsbedingungen – hier insbesondere Partizipation, Handlungsspielraum und die Sinnhaftigkeit der Aufgabe – wirken sich deutlich aus auf die Fehlzeiten. Die Führungsqualität des direkten Vorgesetzten wirkt sich deutlich aus auf die Erreichung vorgegebener Ziele, die Qualität der Arbeitsergebnisse und auf Produktivitätszuwächse. Das Netzwerkkapital wirkt sich besonders aus auf Krankenstand, freiwillige Fluktuation und die Anzahl der Arbeitsunfälle.

Die Studie bestätigt die These vom Sozialkapital als einer bisher stark unterschätzten, treibenden Kraft für den Unternehmenserfolg. Unternehmenskultur, soziale Netzwerke und Führungsqualitäten lassen sich sehr wohl quantitativ erfassen und bewerten. Sozialkapital ist eine zentrale Bedingung zugleich gesundheitsförderlicher und profitabler Kooperation. Eine im Nachgang zur hier kurz skizzieren Untersuchung durchgeführte Interventionsstudie in einem der beteiligten Unternehmen belegt, dass Investitionen in das Sozialkapital eine Produktivitätssteigerung von dem Vielfachen der eingesetzten Mittel bewirken können (Baumanns 2009; siehe dazu auch den Beitrag von Baumanns und Münch in diesem Band).

Seit Abschluss dieser Studie wurden drei weitere Unternehmen mit dem Befragungsinstrument diagnostiziert. Mit diesem erweiterten Datensatz (n = 3.200) wurde der Bielefelder Sozialkapitalindex entwickelt. Dafür wurde die Itemzahl drastisch reduziert und der neue Index auf seine Konsistenz, Reliabilität und Validität getestet (Rixgens 2010).

## Literatur

Axelrod RM (2005) Die Evolution der Kooperation. 6. Aufl. Oldenbourg, München
Badura B, Schröder H, Klose J, Macco K (2010) (Hrsg) Fehlzeiten-Report 2009. Arbeit und Psyche: Belastungen reduzieren – Wohlbefinden fördern, Springer Verlag, Berlin, Heidelberg
Badura B, Greiner W, Rixgens P, Ueberle M, Behr M (2008) Sozialkapital – Grundlagen von Gesundheit und Unternehmenserfolg. Springer Verlag, Berlin
Bauer J (2006) Prinzip Menschlichkeit. Hoffmann und Campe, Hamburg

Baumanns R (2009) Unternehmenserfolg durch betriebliches Gesundheitsmanagement, Nutzen für Unternehmer und Mitarbeiter. Eine Evaluation. Ibidem, Stuttgart
Cohen D, Prusak L (2001) In good company: How social capital makes organizations work. Harvard Business School Press, Boston, Mass.
Damasio A (1994) Descartes' Irrtum – Fühlen, Denken und das menschliche Gehirn. DTV, München
De Geus A (1998) Jenseits der Ökonomie. Die Verantwortung der Unternehmen. Klett-Cotta, Stuttgart
De Waal F (2005) Der Affe in uns. Warum wir sind, wie wir sind. Carl Hanser Verlag, München
Deming WE (1982) Out of the crisis. Massachusetts Institute of Technology, Massachusetts
Durkheim É (1984) (urspr. 1912) Die elementaren Formen des religiösen Lebens. Frankfurt/M., Suhrkamp
Fukuyama F (1999) The great disruption: Human nature and the reconstitution of social order. Free Press, New York
Khurana R, Nohria N (2009) Die Neuerfindung des Managers. In: Harvard Businessmanager, Heft 01, Jahrgang: 2009
Kropotkin P (1975) Gegenseitige Hilfe in der Tier- und Menschenwelt. Ullstein, Frankfurt
Morgan G (1997) Images of organization. Thousand Oaks, California
O'Toole J, Lawler E (2006) The new american workplace. Palgrave Macmillan, New York
Peters TJ, Waterman RH (1982) Auf der Suche nach Spitzenleistungen. Was man von bestgeführten US-Unternehmen lernen kann. Verlag moderne Industrie, Landsberg
Pfeffer J (2006) Working alone: Whatever happened to the idea of organizations as communities. In: Lawler E, O'Toole J. American at work. Palgrave Macmillan, New York, pp 3–21
Putnam RD, Leonardi R, Nanetti RY (1993) Making democracy work: Civic traditions in modern Italy. Princeton University Press, Princeton
Rixgens P (2010) Messung von Sozialkapital im Betrieb durch den „Bielefelder Sozialkapital-Index" (BISI). In: Badura B, Schröder H, Klose J, Macco K (Hrsg) Fehlzeiten-Report 2009. Arbeit und Psyche: Belastungen reduzieren – Wohlbefinden fördern. Springer, Berlin, Heidelberg, S 263–271
Roethlisberger FJ, Dickson WJ (1966) (urspr. 1939) Management and the worker, [1939]. Harvard University Press, Cambridge/Mass.
Soros G (2002) Perfekter Feind. Der Spiegel, Ausgabe März 2002, S 108

# Neurobiologische Grundlagen

Uta Walter

Zentrum für wissenschaftliche Weiterbildung an der Universität Bielefeld e.V.
Betriebliches Gesundheitsmanagement
Postfach 10 01 31
33501 Bielefeld

Der Mensch ist ein Beziehungswesen – diese ursprünglich aus den Sozialwissenschaften stammende These wird inzwischen durch die moderne Biologie auf eindrucksvolle Art und Weise gestützt. Insbesondere Erkenntnisse aus der Neuroforschung erhärten die Sichtweise, dass das menschliche Gehirn nach gelingender Kooperation und sozialer Resonanz und dem dadurch erzeugten Wohlbefinden strebt.

Denken, Fühlen und Handeln des Menschen sind aufs Engste miteinander verknüpft und besitzen eine materielle, neurobiologische Grundlage. Das menschliche Gehirn ist jedoch kein starres, unveränderliches Gebilde, sondern zeitlebens lern- und entwicklungsfähig. Erfahrungen aus der sozialen Umwelt und ihre psychische Verarbeitung prägen von Geburt an bis ins hohe Alter unsere Einstellungen und Verhaltensweisen und sind bedeutsam für die Veränderung und Neugestaltung neuronaler Verschaltungsmuster. Erst aus dem wechselseitigen Zusammenspiel von Biologie und sozialer Umwelt wird das Zustandekommen menschlichen Verhaltens erklärbar.

Im folgenden Kapitel werden, unter Rückgriff auf den aktuellen Forschungsstand, einige zentrale neurobiologische Befunde im Überblick vorgestellt, die die enge Kopplung biologischer, psychischer und sozialer Systeme deutlich machen. Im Fokus stehen das Motivationssystem und seine physiologischen Wirkungsmechanismen, das Spiegelneuronensystem sowie die neuronale Plastizität des Gehirns. Um die jeweiligen Bezüge herzustellen, wird eine gewisse Vereinfachung in der Darstellung in Kauf genommen. Der Schlussteil des Textes verweist auf Konsequenzen der biologischen Erkenntnisse für die betriebliche Gesundheitspolitik.

## Eine neue Sichtweise: Das Gehirn als soziales Organ

Lange Zeit wurde das menschliche Gehirn in erster Linie als ein Denkorgan betrachtet. Komplexe Denkprozesse galten als die herausragende Fähigkeit, die uns Menschen vom übrigen Tierreich abhebt. Erkenntnisse der modernen Hirnforschung machen jedoch deutlich, dass unser Gehirn offenbar auch oder sogar im Besonderen als ein Organ mit psychosozialen Kompetenzen betrachtet werden muss (Hüther 2005).

Mit der Sozioneurologie hat sich in den letzen 10 bis 15 Jahren ein neues, rasch anwachsendes Forschungsfeld entwickelt, das sich mit den neuronalen Strukturen und Mechanismen von sozialem Verhalten befasst (z.B. Ferguson et al 2002, Insel & Young 2000, Winslow & Insel 2004). Der US-Amerikaner Thomas Insel, einer der führenden Vertreter dieses noch jungen Gebietes, prägte zusammen mit seinem Kollegen Russel Fernald den Begriff des „social brain" und machte deutlich, dass Wahrnehmung und Verarbeitung von Informationen aus der sozialen Umwelt und das daraus resultierende Verhalten eine neurobiologische Grundlage besitzen (Insel & Fernald 2004).

Namhafte Wissenschaftler anderer Fachrichtungen unterstützen heute die Theorie vom sozialen Gehirn. So vertritt der amerikanische Psychologe und Anthropologe Michael Tomasello die These, dass die enormen Denkleistungen des Homo sapiens nicht in erster Linie durch seine genetische Ausstattung möglich wurden, sondern vor allem dadurch, dass mehrere Individuen miteinander in direkten Kontakt traten und ihre Gedanken und Gefühle wechselseitig austauschten. In der sozialen Vernetzung der Gehirne und in der damit einhergehenden Fähigkeit, das Innenleben des Anderen verstehen, bewerten und nachempfinden zu können sowie mit ihm gemeinsame Ziele und Absichten zu verfolgen, sieht Tomasello einen entscheidenden Schritt in der Menschwerdung und eine zentrale Eigenschaft, die den Menschen selbst von seinen nächsten Verwandten, den Menschenaffen, unterscheidet (Tomasello 2002, Tomasello et al 2005).

Evolutionsbiologen gehen davon aus, dass bei der Evolution des Menschen bereits in einer relativ frühen Phase das Individuum und der Selektionsvorteil des Einzelnen in den Hintergrund traten und im Unterschied zu anderen Primaten ein vernetzter Verstand und gemeinschaftliches Handeln auf Gruppenebene eine überlebensrelevante Rolle spielten (Wilson & Wilson 2009). Gemeinsinn und gegenseitige Unterstützung dienten dem Gruppenwohl und verschafften im Kampf ums Dasein deutliche Vorteile.

Was genau sind die neuronalen Strukturen und Mechanismen, die uns motivieren, Beziehungen mit Anderen zu suchen, und die dazu beitragen, eingegangene Bindungen erfolgreich zu gestalten? Darauf soll im Folgenden, mit Blick auf ausgewählte Aspekte, näher eingegangen werden.

## Die Abhängigkeit von sozialen Beziehungen: Das Motivationssystem

Wichtige Erkenntnisse dazu, dass die Suche nach Anerkennung und gelingenden sozialen Beziehungen eine natürliche Triebfeder menschlichen Handelns darstellt, lieferten die Entdeckung des Motivationssystems und die Aufschlüsselung der neurophysiologischen Wirkungsmechanismen. In seinem Buch

„Prinzip Menschlichkeit. Warum wir von Natur aus kooperieren" fasst der Mediziner und Psychotherapeut Joachim Bauer den Forschungsstand zu diesem Thema zusammen (Bauer 2006).

Der Kern des Motivationssystems ist im Mittelhirn gelegen und von dort über Nervenbahnen mit anderen Hirnregionen verbunden, insbesondere mit den sog. Emotionszentren. Zu den wesentlichen neuronalen Komponenten des Motivationssystems zählen die Area tegmentalis ventralis (VTA) und der Nucleus accumbens. Die Nervenfasern der VTA sind über Synapsen mit dem Nucleus accumbens verbunden (ebd. S. 27 ff.).

Entscheidenden Einfluss auf die Entschlüsselung des Motivationssystems (auch als Belohnungs- oder Erwartungssystem bezeichnet) hatten in neuerer Zeit die Suchtforschung und Erkenntnisse über die verhaltensverstärkenden Effekte von Suchtdrogen (ebd. S. 31 ff.). Die meisten psychoaktiven Substanzen wirken auf das Motivations-/Belohnungssystem und führen direkt oder indirekt zu einer stärkeren Dopaminfreisetzung aus dem Nucleus accumbens (Pritzel et al 2003 S. 481). Es sei an dieser Stelle darauf hingewiesen, dass die Wirkmechanismen von Suchtdrogen äußerst komplex und substanzspezifisch sind und hier nicht im Detail beleuchtet werden können. So kommt es z. B. durch Drogenkonsum neben der Sofortwirkung auf das dopaminerge System auch zu Wirkungen auf das körpereigene Opiatsystem: Nikotin, Alkohol und Kokain wirken auf die Dopaminachse. Heroin und Opium wirken über Opiatrezeptoren auf das körpereigene Opiatsystem (Bauer 2006 S. 32).

Die Ausschüttung von Dopamin ruft im Individuum positive Empfindungen hervor: Entspannung, abnehmende Angstgefühle und ein allgemeines Wohlbefinden. Zudem werden die Konzentration und Handlungsbereitschaft erhöht. Lässt die Wirkung der Droge nach, entsteht der sog. Suchtdruck (auch als „Craving" bezeichnet), d.h. ein äußerst stark motiviertes Verlangen, dass lediglich auf ein Ziel ausgerichtet ist: die erneute Einnahme der Droge und die Erwartung auf die sich dadurch einstellenden Belohnungs- und Wohlbefindenseffekte (ebd. S. 32). „Suchtdrogen sind also nur deshalb Suchtdrogen, weil sie auf die körpereigenen Motivationssysteme wirken, weil sie diese ersatzbefriedigen und damit quasi korrumpieren." (ebd. S. 32).

---

Dopamin ist ein zu den biogenen Aminen zählender Neurotransmitter. Neben seinen über die Motivationsachse erzeugten Wohlbefindenseffekten beeinflusst Dopamin über eine weitere neuronale Achse auch die muskuläre Bewegungsfähigkeit (Bauer 2006 S. 29). Zudem steht Dopamin im Zusammenhang mit psychiatrischen und neurologischen Erkrankungen (z.B. Schizophrenie, Parkinson) (Pritzel et al 2003 S. 503 ff.).

---

Aus neurobiologischer Sicht zielt das Motivationssystem jedoch nicht auf den Konsum bzw. die Abhängigkeit von Drogen, sondern in erster Linie auf soziale Beziehungen mit anderen Individuen und das dadurch erzeugte Wohlbefinden. Bahnbrechend waren in diesem Zusammenhang die Forschungsergebnisse des bereits erwähnten Forschers Thomas Insel. In seinem 2003 in Psychology & Behavior erschienenen Artikel „Is social attachment an addictive disorder" machte Insel auf der Grundlage des damaligen Forschungsstandes deutlich, dass die beim Drogenkonsum feuernden neuronalen Strukturen dieselben sind, die durch starke soziale Stimuli, wie Sexualpartnerschaft oder die Mutter-Kind-Beziehung, aktiviert werden. Insel zeigte weiterhin, dass bei der Regulation dieser Prozesse auf neurophysiologischer Ebene die Botenstoffe Dopamin und Oxytocin eine maßgebliche Rolle spielen (Insel 2003).

> Oxytocin ist ein im Hypothalamus gebildetes Neuropeptid, dessen Bedeutung in Forschung und Medizin zunächst nur in der Steuerung verschiedener physiologischer Prozesse gesehen wurde: So induziert Oxytocin in weiblichen Säugetieren das Einschießen der Milch in die Brustdrüse und reguliert zusammen mit Prolactin den Milchfluss. Oxytocin spielt auch für die Kontraktionen der Gebärmutter beim Geburtsvorgang eine wichtige Rolle. Oxytocin-Rezeptoren finden sich an verschieden Stellen im Körper, z.B. im Uterus, in der Niere und an verschiedenen Stellen im Gehirn (Numan & Insel 2003 S. 194 ff.).

Oxytocin, auch als Wohlfühl- oder Bindungshormon bezeichnet, besitzt – wie inzwischen in zahlreichen Studien nachgewiesen wurde – bei Säugetieren eine Schlüsselfunktion bei der Steuerung von Sozialverhalten und Gefühlen, wie z.B. Paarbindung, elterliche Fürsorge, soziales Gedächtnis sowie Angst- und Stressreaktionen (z.B. Carter 1998, Ferguson et al 2002, Insel & Young 2001, Lim & Young 2006, Windle et al 2006, Young & Wang 2004). Aufschluss über die Bedeutung von Oxytocin als Bindungshormon brachten vor allem Insels Experimente mit nordamerikanischen Wühlmäusen: Präriewühlmäuse gehen nach der Paarung dauerhafte Partnerschaften ein und ziehen den Nachwuchs gemeinsam auf. Die artverwandten Bergwühlmäuse sind hingegen Einzelgänger, die nach der Paarung nicht bei ihrem Sexualpartner bleiben und kein Bindungsverhalten an den Partner und den Nachwuchs zeigen. Das Ergebnis der neurobiologischen Untersuchungen war, dass den Bergwühlmäusen im Unterschied zu den Präriewühlmäusen im Nucleus accumbens Rezeptoren d.h. Andockstellen für Oxytocin fehlen und das Hormon somit seine Wirkung dort nicht entfalten kann (Insel 2003).

Aktuellere Untersuchungen machen deutlich, dass Oxytocin auch beim Menschen eine steuernde Funktion für Sozialverhalten, Gefühle und Wohlbefinden besitzt. So konnten Forschergruppen aus der Schweiz nachweisen, dass Oxytocin Einfluss auf die Deutung und Bewertung der sozialen Umwelt nimmt: In ihren Studien brachten Probanden nach der intranasalen Verabreichung von Oxytocin fremden Menschen ein deutlich größeres Vertrauen entgegen, als dies in der Kontrollgruppe der Fall war. Selbst mehrfacher Vertrauensbruch konnte ihre Zuversicht und ihr Vertrauen in Andere nicht schmälern (Baumgartner et al 2008, Kosfeld et al 2005). Andere Studien zeigen, dass Oxytocin auch bei der Fähigkeit, den seelischen Zustand eines anderen Individuums zu deuten und das eigene Verhalten darauf hin anzupassen, eine wichtige Rolle spielt (Domes et al 2006). Schließlich ist Oxytocin offenbar auch in der Lage, über steuernde Funktionen in der Amygdala Angstreaktionen zu reduzieren (Kirsch et al 2005), den Blutdruck zu reduzieren und körperliche und psychische Entspannung hervorzurufen (Bauer 2006 S. 50 ff.).

Aufgrund der vielfältigen Wohlbefindenseffekte von Oxytocin streben Menschen, so die Schlussfolgerung, bewusst oder unbewusst danach, dass es zur Ausschüttung dieser Substanz kommt (Bauer 2006 S. 46 f.). Oxytocin bildet dabei zusammen mit Dopamin ein eng aufeinander abgestimmtes System. Während Dopamin offenbar eher für eine Basismotivation sorgt und für motiviertes Verhalten insgesamt eine zentrale Rolle spielt, ist Oxytocin als weiterer Botenstoff unerlässlich, wenn es darum geht, feste Bindungen einzugehen und motiviertes Verhalten gegenüber Individuen zu verstärken, mit denen bereits positive soziale Erfahrungen gemacht wurden (ebd.).

Die Aussicht auf positive soziale Beziehungen und Zuwendung lässt das Motivationssystem anspringen. Zum umgekehrten Effekt kommt es offenbar, wenn diese Aussicht nicht besteht: Sozialer Entzug hemmt die Motivationssysteme und aktiviert die biologische Stressachse. Dauerhafte soziale Isolation führt dazu – wie im Tierversuch mit Nagetieren nachgewiesen wurde –, dass im Nucleus accumbens Gene abgeschaltet werden und ein gesteigertes Angstverhalten sowie ein gestörtes Sexualverhalten erkennbar werden (Barrot et al 2005). Aus einer dauerhaften Deaktivierung der Motivationssysteme sowie einer Aktivierung der Stressachse können, wie die Stressforschung umfangreich belegt hat, wiederum erhebliche gesundheitliche Störungen resultieren.

Zusammenfassend ist festzuhalten, dass der Mensch mit dem Motivationssystem offenbar ein neuronales Substrat besitzt, das ihn, vermittelt über verschiedene chemische Botenstoffe und deren Effekte, zu einem von Natur aus sozialen Wesen macht, das nach Kooperation und Zuwendung strebt.

## Soziale Beziehungen erfolgreich gestalten: Das Spiegelneuronensystem

Wie die vorangegangenen Ausführungen deutlich gemacht haben, wird das Motivationssystem des Menschen offenbar durch nichts mehr aktiviert als durch die Aussicht auf soziale Gemeinschaft, Anerkennung und Zuwendung sowie das dadurch erzeugte Wohlbefinden. Dass soziale Beziehungen im Alltag aber tatsächlich gelingen und ein gedeihliches Zusammenleben mit unseren Mitmenschen (in der Familie, in der Partnerschaft oder im Berufsleben) möglich wird, setzt die Fähigkeit voraus, unser Gegenüber zu verstehen, seine

Gemütslage, seine Gesten und Handlungen intuitiv richtig einzuordnen und darauf entsprechend zu reagieren. Neuere wissenschaftliche Erkenntnisse belegen, dass das spontane, unbewusste Verstehen anderer Menschen und die dadurch erzeugte soziale Resonanz bzw. soziale Verbundenheit ebenfalls eine biologische Grundlage besitzen: das sogenannte Spiegelneuronensystem (Rizzolatti & Sinigaglia 2008, Bauer 2005, Zaboura 2009).

Mitte der 90er Jahre machten die italienischen Physiologen Giacomo Rizzolatti und Vittorio Gallese an der Universität Parma eine in der Fachwelt Aufsehen erregende Entdeckung: Bei ihren motorischen Experimenten mit Makaken stellten sie überraschenderweise fest, dass es in bestimmten Gehirnarealen der Affen (im prämotorischen Cortex, Areal F5) handlungssteuernde Neuronen gab, die immer dann entluden, wenn ein Affe selbst eine ganz spezifische, motorische Handlung ausführte (z.B. Futter ergreifen), die aber auch dann feuerten, wenn ein Affe lediglich einen anderen Affen oder den Experimentator bei dieser Handlung beobachtete (Rizzolatti et al 1996, Gallese et al 1996). Aufgrund der Fähigkeit dieser Zellen, eine visuelle Information unmittelbar mit dem eigenen motorischen Repertoire abzugleichen, gewissermaßen zu simulieren bzw. zu „spiegeln", wurden diese Nervenzellen Spiegelneurone (engl.: mirror neurons) genannt.

In weitergehenden Experimenten konnte gezeigt werden, dass die Spiegelneurone selbst dann feuerten, wenn der Affe nur einen Teil der Handlung beobachtete und die Schlussphase (z.B. das tatsächliche Ergreifen des Objekts) der Beobachtung des Affen entzogen wurde (Umilta et al 2001). Der Affe war also offenbar in der Lage, den fehlenden Teil der Handlung auch ohne einen visuellen Reiz zu integrieren und den Gesamtablauf der Handlung vorauszusehen. Aus diesen und anderen Versuchen wurde abgeleitet, dass es ein motorisches Grundwissen bzw. eine innere motorische Repräsentation geben muss, die es dem Affen erlaubt, die Bedeutung einer beobachteten Handlung intuitiv zu verstehen (Rizzolatti & Sinigaglia 2008).

Auch der Mensch besitzt ein Spiegelneuronensystem, das jedoch ausgedehnter und komplexer zu sein scheint als beim Affen. So kann das menschliche Spiegelneuronensystem beispielsweise nicht nur transitive (auf ein Zielobjekt ausgerichtete) motorische Handlungen kodieren, sondern auch intransitive (nicht direkt auf ein Zielobjekt ausgerichtete) Akte. Das Spiegelneuronensystem des Menschen wird zudem auch aktiviert, wenn eine Handlung nur simuliert wird (Rizzolatti & Sinigaglia 2008). Aber ebenso wie beim Affen erfolgen diese Vorgänge intuitiv und unbewusst und erfordern weder Sprache noch einen kognitiven Prozess. Sobald ein Mensch ein anderes Individuum bei der Ausführung einer Handlung beobachtet, wird diese spontan mit dem eigenen Handlungsrepertoire abgeglichen und nimmt für den Beobachter eine unmittelbare Bedeutung an. Auf diese Art und Weise entsteht ein gemeinsamer, überindividueller Handlungsraum.

> Im menschlichen Gehirn befinden sich Spiegelneurone im frontalen Cortex (F5), im parietalen Cortex (PF) und im superioren temporalen Cortex (STS). Die Spiegelneurone sind dabei in einen komplexeren neuronalen Kreislauf eingebettet, der es ermöglicht, optische Informationen aus der Umwelt aufzubereiten und zu interpretieren (vgl. Bauer 2005).

Resultierend daraus, dass Spiegelneuronen motorische Handlungen kodieren, wird ihnen auch eine wichtige Rolle bei der Nachahmung und beim Lernen zugeschrieben. Evolutionsgeschichtlich werden sie zudem mit der Entwicklung des Sprachvermögens, der vielleicht wichtigsten Voraussetzung für die Kulturentwicklung des Menschen, in Zusammenhang gebracht (Rizzolatti & Sinigaglia 2008).

Für das soziale Miteinander von entscheidender Bedeutung ist aber, dass das Spiegelneuronensystem nicht nur ermöglicht, die Bedeutung motorischer Handlungen anderer Menschen zu verstehen, sondern auch den emotionalen Zustand unseres Gegenübers spontan und ohne Nachdenken zu erfassen und nachzuempfinden: Der Spiegelmechanismus liefert eine notwendige Voraussetzung für Empathie und Mitgefühl, die wiederum einen wichtigen Teil unserer zwischenmenschlichen Kompetenz ausmachen (ebd.). Die Fähigkeit zu emotionaler Resonanz und Empathie setzt allerdings voraus, dass Menschen in früher Kindheit in ihrer sozialen Umwelt eigene positive Erfahrungen gemacht haben. Resonanz und Mitgefühl müssen mit anderen Worten eingeübt werden (Bauer 2005). Soziale Isolation bzw. Ausschluss aus dem sozialen Spiegelungs- und Resonanzraum können nicht nur schädigende Auswirkungen auf die Psyche haben, sondern auch biologische Effekte nach sich ziehen, z.B. massive körperliche Schmerz- und Stressreaktionen hervorrufen und im Extremfall sogar zum Tode führen (ebd. S. 107 ff.).

Zusammengefasst lässt sich festhalten, dass das menschliche Gehirn mit dem Spiegelneuronensystem offenbar eine weitere biologische Struktur bereitstellt, durch die soziales Miteinander und soziale Gemeinschaft möglich werden. „Die Klärung der Natur und der Reichweite des Spiegelneuronenmechanismus scheint eine einheitliche Basis zu bieten, von der wir aus beginnen können, jene zerebralen Prozesse zu erkunden, die für die bunte Palette der Verhaltensweisen verantwortlich sind, welche unsere individuelle Existenz prägt und in der das Netz unserer interindividuellen und sozialen Beziehungen Gestalt annimmt." (Rizzolatti & Sinigaglia 2008 S. 192)

## Neuronale Plastizität (soziale Umwelt als Stimulus)

Die Fähigkeit, Gedanken, Gefühle und Handlungen unseres Gegenübers intuitiv deuten und bewerten zu können, stellt eine wichtige Voraussetzung für Sozialverhalten und die Entstehung und Pflege sozialer Beziehungen dar. Eine für das Individuum und die Gruppe nutzbringende soziale Gemeinschaft erfordert jedoch noch weitaus mehr. Sie setzt voraus, dass erworbenes Wissen und Erfahrungen mit anderen Gruppenmitgliedern ausgetauscht bzw. an die Nachkommen weitergegeben werden und der Einzelne von den Erfahrungen und Fähigkeiten der anderen lernt. Hierfür hält unser Gehirn eine weitere beeindruckende Fähigkeit bereit. Die Rede ist von der lebenslangen Wandelbarkeit des Gehirns, in der Fachsprache als neuronale Plastizität bezeichnet.

Bis in die neueste Zeit hinein vertraten Neurobiologen, aber auch Psychologen und Mediziner nahezu einhellig die Meinung, dass das Gehirn bereits in einem relativ frühen Stadium der individuellen Entwicklung eine endgültige, unveränderliche Struktur erreiche und Umweltreize im erwachsenen Gehirn keine modifizierenden Effekte hervorrufen könnten. Die Auffassung eines starren, nicht mehr formbaren adulten Gehirns geht dabei vor allem auch auf die Forschungsarbeiten des spanischen Hirnforschers und Nobelpreisträgers Ramón y Cajal zurück, der postulierte, in einem erwachsenen Gehirn könne nichts mehr regenerieren oder gar neu entstehen (vgl. Kempermann 2002). Neuere wissenschaftliche Erkenntnisse haben diese Auffassung jedoch zu Fall gebracht und belegen, dass auch das Gehirn eines erwachsenen Menschen noch in hohem Maße strukturell formbar ist. Neuronale Verschaltungen und Netzwerke können offenbar zeitlebens an neue Anforderungen und Reize aus der Umwelt angepasst, d.h. gelockert bzw. um- und neugestaltet werden (Hüther 2005).

Die lebenslange Plastizität des Gehirns geht einher mit einer lebenslangen Lernfähigkeit – vorausgesetzt, das Gehirn erhält stimulierende Reize aus der Umwelt: in Form geistiger Herausforderungen, sozialer Kontakte und körperlicher Aktivität. Fehlen entsprechende Anreize, bleiben die vorhandenen Potenziale ungenutzt bzw. können nicht voll ausgeschöpft werden (ebd.).

Im Kontext der lebenslangen neuronalen Plastizität wird in den letzten Jahren ein weiteres Phänomen erforscht und diskutiert: die adulte Neurogenese, d.h. die Entstehung neuer, funktionstüchtiger Nervenzellen aus neuronalen Vorläuferzellen im Gehirn von Erwachsenen (Kempermann 2002, 2006). Noch Mitte der 80er Jahre argumentierte Pasko Rakic, namhafter Hirnforscher an der Yale University, dass im Primatengehirn aus Stabilitätsgründen kein Platz für neue Nervenzellen sei (Rakic 1985). Studien, die bereits in den Jahren zuvor adulte Neurogenese bei Nagetieren nachgewiesen hatten (Altman 1962, Kaplan & Hinds 1977, Messier et al 1958), stießen in der Fachwelt zunächst auf wenig Gehör. Erst die Erkenntnisse von Fernando Nottebohm und Mitarbeitern, die bei Kanarienvögeln in Abhängigkeit vom Liederlernen eine massive Neubildung von Nervenzellen feststellten, führten offenbar zu einem stärkeren Interesse an den Befunden (Burd & Nottebohm 1985). Zahlreiche weitere publizierte Studien konnten das Dogma des unveränderbaren Gehirns schließlich zu Fall bringen (Gross 2000). Mitte der 90er Jahre des letzten Jahrhunderts gelang schließlich auch beim Menschen der Nachweis, dass sich in bestimmten Hirnarealen (Hippocampus und olfaktorisches System) bis ins hohe Alter hinein neue Nervenzellen entwickeln können (Eriksson et al 1998, Murell et al 1996).

Inzwischen belegt ein gut dokumentierter Forschungsstand, dass die Neurogenese neben genetischen Determinanten maßgeblich von Reizen aus der Umwelt beeinflusst wird (Kempermann 2002). So konnte in Experimenten mit Mäusen gezeigt werden, dass die Neurogenese in einer abwechslungsreichen Umgebung, die den Tieren verbesserte Möglichkeiten zu körperlicher Aktivität und zur sozialen Interaktion bot, deutlich stimuliert wurde, und zwar auch in älteren Tieren (Kempermann et al 1997, 1998). Aus den Experimenten wurde auch geschlussfolgert, dass eine Kombination aus neuen Nervenzellen, Synapsen und Dendriten und ggf. weiteren, noch unbekannten Faktoren funktionelle Vorteile mit sich bringt, z.B. in Form verbesserter Lernleistungen (Kempermann 2002).

Von der Neurogenese sind in den letzten Jahren zudem wichtige Impulse für die Entstehung verschiedener neuropsychiatrischer Erkrankungen wie z.B. Alzheimer, Schizophrenie, Depressivität und Suchterkrankungen sowie für mögliche Therapieansätze ausgegangen (Thome & Eisch 2005). Eingehend wurde in diesem Kontext auch die Bedeutung von akutem und chronischem Stress für die Neurogenese untersucht, da Stress als ein relevanter Auslöser von psychischen Störungen erachtet wird. In Tierversuchen konnte gezeigt werden, dass akuter psychosozialer Stress die Neurogenese drastisch reduziert (Gould et al 1997) und chronischer Stress nicht nur zu einem Anstieg von Stresshormonen im Blutplasma führt, sondern ebenfalls negative Auswirkungen auf die Neurogenese hat (Czeh et al 2002). Aufgrund dieser und weiterer Befunde gehen Forscher heute davon aus, dass Stress u.a. über eine beeinträchtigte Neurogenese massiv auf die neuronale Plastizität Einfluss nimmt und darüber zu einer Manifestation psychiatrischer Störungen beitragen kann (Thome & Eisch 2005).

Festzuhalten ist, dass die Forschung zur neuronalen Plastizität des menschlichen Gehirns und ihrer funktionellen und pathophysiologischen Bedeutung insgesamt noch am Anfang steht. Gleichwohl werden die Veränderbarkeit neuronaler Verschaltungen und die Neurogenese bereits heute als wichtige Mechanismen betrachtet, über die die (soziale) Umwelt das Gehirn ein Leben lang formen und prägen kann, und die es dem Menschen ermöglichen, auf die Herausforderungen einer sich ständig verändernden sozialen Umwelt angemessen zu reagieren.

## Konsequenzen für die betriebliche Gesundheitspolitik

Die Erkenntnisse der modernen Neuroforschung haben deutliche Konsequenzen für die betriebliche Personal- und Gesundheitspolitik: Unternehmen sind soziale Systeme, die auf gelingende Kooperation ihrer Mitglieder angewiesen sind. Zielerreichung setzt einen Vorrat an gemeinsamen Überzeugungen, Werten und Regeln voraus, einen vertrauensvollen Umgang miteinander sowie gegenseitige Unterstützung und Wertschätzung. Das soziale Vermögen einer Organisation – so die These – treibt das Humanvermögen und leistet einen wichtigen Beitrag zu verbesserter Gesundheit und gesteigertem Unternehmenserfolg (s. Beiträge von Badura in diesem Band).

Die hier dargestellten Befunde untermauern diese These nachdrücklich und machen Investitionen in das Sozialkapital zu einer unternehmerischen Pflichtaufgabe: Menschen folgen einem natürlichen Trieb, wenn sie im Privat- und Arbeitsleben nach gelingenden sozialen Beziehungen streben, weil offenbar nichts das Motivationssystem stärker anspringen lässt als die Aussicht auf Bindung, Anerkennung und Zuwendung. Die dabei ausgeschütteten chemischen Botenstoffe haben unmittelbare Gesundheitsrelevanz: Dopamin beeinflusst Konzentration und geistige Energie, Oxytocin und die endogenen Opiate reduzieren Stress und Angst. Chronisch belastende soziale Beziehungen – zwischen Kollegen im Team oder zwischen Mitarbeitern und ihren Vorgesetzten – können hingegen zum Absturz der Motivationssysteme mit negativen gesundheitlichen Folgen führen (Bauer 2006 S. 50 ff.). So sollen beispielsweise zwischenmenschliche Konflikte die Interleukin-6-Werte ansteigen lassen, die Wundheilung verzögern und das Risiko von Herzattacken erhöhen (ebd.).

Gemeinschaftliches, zielorientiertes Handeln in Unternehmen erfordert soziale Vernetzung, und Einfühlungsvermögen. Gute Führungskräfte, so der Psychologe Daniel Goleman, zeichnen sich dadurch aus, dass sie über ein hohes Maß an sozialer Intelligenz verfügen, ein gutes Gespür für ihre Mitarbeiter besitzen und intuitiv verstehen, was in ihnen vorgeht. Das Spiegelneuronensystem ist insofern für Unternehmen von Bedeutung, als gute Führungskräfte aus neurobiologischer Sicht in der Lage sind, die Spiegelneurone ihrer Mitarbeiter stärker zu aktivieren als Führungskräfte, die nicht über entsprechende soziale Kompetenzen verfügen (Goleman & Boyatzis 2009). Bei Mitarbeitern, deren Arbeitssituation geprägt ist von permanentem Druck, chronischer Anspannung, Stress und Angst, besteht Gefahr, dass die Aktivität ihrer Spiegelneurone deutlich reduziert wird und die Fähigkeit, sich einzufühlen und andere zu verstehen, abnimmt. Verminderte Spiegelneuronenaktivität kann darüber hinaus die Lernfähigkeit drastisch reduzieren (Bauer 2005 S. 34 f.).

Neuronale Plastizität bedeutet, dass das menschliche Gehirn bis ins hohe Alter lern- und entwicklungsfähig ist, vorausgesetzt es wird mit geistigen, sozialen und körperlichen Herausforderungen konfrontiert. Diese neurobiologische Erkenntnis schließlich besitzt insbesondere vor dem Hintergrund der demografischen Entwicklung und der Alterung der Belegschaften eine erhebliche Relevanz für Unternehmen: Um die vorhandenen Potenziale der Mitarbeiter voll zu mobilisieren und zu nutzen, sollten Programme zur Stärkung kognitiver, emotionaler und sozialer Kompetenz sowie zur Förderung körperlicher Aktivitäten zum festen Bestandteil von Personalentwicklung und Betrieblichem Gesundheitsmanagement werden.

## Fazit

Was macht den Mensch zum Menschen? Über diese Frage streiten verschiedene Wissenschaftsdisziplinen seit langem aufs Heftigste. Naturwissenschaftler und Ökonomen vertreten dabei die These, der Mensch sei ein von seiner Biologie determinierter, rational handelnder Egoist, stets bedacht auf die Maximierung seines individuellen Nutzens. Sozialwissenschaftler hingegen sehen im Menschen in erster Linie ein soziales Wesen, dessen Denken, Fühlen und Handeln nicht durch seine Gene bestimmt wird, sondern durch Kultur und Sozialisation.

Mit den modernen Biowissenschaften gelingt nun in gewisser Weise ein „Brückenschlag" zwischen den Disziplinen, indem neurobiologische Befunde den Schluss nahelegen, dass es tatsächlich eine menschliche Natur gibt, die uns jedoch vor allem in Richtung Kooperation und gelingender sozialer Beziehungen treibt, oder wie es der Soziologe Francis Fukuyama treffend formuliert hat, „[…], daß es ein menschlicher Trieb ist, Sozialkapital zu schaffen" (Fukuyama 2002 S. 208).

Im Gehirn verankerte Strukturen und Mechanismen befähigen den Mensch offenbar von Geburt an, mit anderen zu kooperieren und soziale Bindungen einzugehen. In wie weit diese Kompetenz allerdings im Laufe des Lebens erfolgreich entwickelt wird, hängt von den individuellen Erfahrungen ab – in der Familie, im Freundeskreis und in der Arbeitswelt, ihrer psychischen Verarbeitung und wiederum den Rückwirkungen auf die Biologie. Soziale, psychische und biologische Systeme weisen eine enge Kopplung auf und beeinflussen sich wechselseitig. Da Menschen heute einen großen Teil ihres Lebens bei der Arbeit verbringen, haben die vorgestellten Forschungsergebnisse erhebliche Relevanz für die betriebliche Gesundheitspolitik.

## Literatur

Altman J (1962) Are new neurons formed in the brains of adult mammals? Science 135:1127–1128

Barrot M, Wallace DL, Bolaños CA, Graham DL, Perrotti LI, Neve RL, Chambliss H, Yin JC, Nestler EJ (2005) Regulation of anxiety and initiation of sexual behavior by CREB in the nucleus accumbens. PNAS 102:8357–8362

Bauer J (2005) Warum ich fühle, was du fühlst. Intuitive Kommunikation und das Geheimnis der Spiegelneurone. Hoffmann und Campe, Hamburg

Bauer J (2006) Prinzip Menschlichkeit. Warum wir von Natur aus kooperieren. Hoffmann und Campe, Hamburg

Baumgartner T, Heinrichs M, Vonlanthen A, Fischbacher U, Fehr E (2008) Oxytocin shapes the neural circuitry of trust and trust adaption in humans. Neuron 58:639–650

Bayram N, Zaboura N (2006) Sichern Spiegelneurone die Intersubjektivität. In: Reichertz J, Zaboura N (Hrsg) Akteur Gehirn – oder das vermeintliche Ende des handelnden Objekts. VS Verlag für Sozialwissenschaften, Wiesbaden, S 173–187

Burd GD, Nottebohm F (1985) Ultrastructural characterization of synaptic terminals formed in newly generated neurons in a song control nucleus of the adult canary forebrain. J Comp Neurol 240:143–152

Carter CS (1998) Neuroendocrine perspectives on social attachment and love. Psychoneuroendocrinology 23:779–818

Cross CG (2000) Neurogenesis in the adult brain: death of a dogma. Nat Rev Neurosci 1:67–73

Czeh B, Welt T, Fischer AK, Erhardt A, Schmitt W, Muller MB, Toschi N, Fuchs E, Keck ME (2002) Chronic psychosocial stress and concomitant repetitive transcranial magnetic stimulation: effects on stress hormone levels and adult hippocampal neurogenesis. Biol Psychiatry 52:1057–1065

Domes G, Heinrichs M, Michel A, Berger C, Herpertz SC (2006) Oxytocin improves «mind-reading» in humans. Biological Psychiatry 61:731–733

Eriksson PS, Perfilieva E, Bjork-Eriksson T, Alborn AM, Nordborg C, Peterson DA, Gage FH (1998) Neurogenesis in the adult human hippocampus. Nat Med 4:1313–1317

Ferguson JN, Young LJ, Insel TR (2002) The neuroendocrine basis of social recognition. Front Neuroendrocrinol 23:200–224

Fukuyama F (2002) Der große Aufbruch. Wie unsere Gesellschaft eine neue Ordnung erfindet. DTV, München

Gallese V, Fadiga L, Fogassi L, Rizzolatti G (1996) Action recognition in the premotor cortex. Brain 119:593–609

Goleman D, Boyatzis R (2009) Soziale Intelligenz – Warum Führung Einfühlung bedeutet. Harvard Business Manager1/09: 35–44

Gould E, Mc Ewen BS, Tanapat P, Galea LAM, Fuchs E (1997) Neurogenesis in the dentate gyrus of the adult tree shrew is regulated by psychosocial stress and NMDA receptor activation. J Neurosci 17:2492–2498

Gross CG (2000) Neurogenesis in the adult brain: death of a dogma. Nat Rev Neurosci 1:67–73

Hüther G (2005) Bedienungsanleitung für ein menschliches Gehirn. Vandenhoeck & Ruprecht, Göttingen

Insel TR (2003) Is social attachment an addictive disorder. Physiology & Behavior 79: 351–357

Insel TR, Fernald RD (2004) How the brain processes information: Searching for the social brain. Annual Reviews of Neuroscience 27:697–722

Insel TR, Young LJ (2000) Neuropeptides and the evolution of social behaviour. Current Oppinion in Neurobiology 10:784–789

Insel TR, Young LJ (2001) The neurobiology of attachment. Nat Rev Neurosci 2:129–136

Kaplan MS, Hinds JW (1977) Neurogenesis in the adult rat: electron microscopic analysis of light radioautographs. Science 197:1092–1094

Kempermann G (2002) Aktivitätsabhängige Regulation von Neurogenese im erwachsenen Hippocampus. Habilitationsschrift zur Erlangung der Lehrbefähigung für das Fach experimentelle Neurologie an der medizinischen Fakultät Charité der Humboldt-Universität zu Berlin

Kempermann G (2006) Adult neurogenesis. Oxford University Press, New York
Kempermann G, Kuhn HG, Gage FH (1997) More hippocampal neurons in adult mice living in an enriched environment. Nature 386:493–495
Kempermann G, Kuhn HG, Gage FH (1998) Experience-induced neurogenesis in the senescent dentate gyrus. Journal of Neuroscience 18:3206–3212
Kirsch P, Esslinger C, Chen Q, Mier D, Lis S, Siddhanti S, Gruppe H, Mattay VS, Gallhofer B, Meyer-Lindenberg A (2005) Oxytocin modulates neural circuitry for social cognition and fear in humans. The Journal of Neuroscience 7, 25 (49):11489–11493
Kosfeld M, Heinrichs M, Zak PJ, Fischbacher U, Fehr E (2005) Oxytocin increases trust in humans. Nature 435:673–676
Lim MM, Young LJ (2006) Neuropeptidergic regulation of affilative behaviour and social bonding in animals. Horm Behav 50:506–517
Markowitsch HJ (2006) Gene, Meme, „freier Wille": Persönlichkeit als Produkt von Nervensystem und Umwelt. In: Reichertz J, Zaboura N (Hrsg) Akteur Gehirn – oder das vermeintliche Ende des handelnden Objekts. VS Verlag für Sozialwissenschaften, Wiesbaden, S 31–44
Messier B, Leblond CP, Smart IH (1958) Presence of DNA synthesis and mitosis in the brain of young adult mice. Exp Cell Res 14:224–226
Murell W, Bushell GR, Livesey J (1996) Neurogenesis in adult human. Neuroreport 7:1189–1194
Numan M, Insel TR (2003) The neurobiology of parental behaviour. Springer, New York
Pritzel M, Brand M, Markowitsch HJ (2003) Gehirn und Verhalten. Ein Grundkurs der physiologischen Psychologie. Spektrum Akademischer Verlag, Heidelberg
Rakic P (1985) Limits of neurogenesis in primates. Science 227:1054–1056
Rizzolatti G, Craighero C (2004) The mirror neuron system. Annual Reviews of Neuroscience 27:169–192
Rizzolatti G, Sinigaglia C (2008) Empathie und Spiegelneurone. Die biologische Basis des Mitgefühls. Suhrkamp, Frankfurt am Main
Rizzolatti G, Fadiga L, Gallese V, Fogassi L (1996) Premotor cortex and the recognition of motor actions. Cognitive Brain Research 3:131–141
Thome J, Eisch AJ (2005) Neuroneogenese. Relevanz für Pathophysiologie und Pharmakotherapie psychiatrischer Erkrankungen. Der Nervenarzt 76:11–19
Tomasello M (2002) Die kulturelle Entwicklung des menschlichen Denkens. Suhrkamp, Frankfurt am Main
Tomasello M, Carpenter M, Call J, Behne T, Moll H (2005) Understanding and sharing intentions: The origins of cultural cognition. Behavioral and Brain Sciences 28:5, Cambridge University Press
Umilta MA, Kohler E, Gallese V, Fogassi L, Fadiga L, Keysers C, Rizzolatti G (2001) I know what you are doing: a neurophysiological study. Neuron:91–101
Wilson DS, Wilson EO (2009) Evolution – Gruppe oder Individuum? Spektrum der Wissenschaft 1:32–41
Windle RJ, Gamble LE, Kershaw YM, Wood SA, Lightman SL, Ingram CD (2006) Gonadal steroid modulation of stress-induced hypothalamo-pituitary-adrenal activity and anxiety behavior: Role of central oxytocin. Endocrinology 14 (5):2423–2431

Winslow JT, Insel TR (2004) Neuroendocrine basis of social recognition. Current Opinion of Neurobiology 2:248–253
Young LJ, Wang Z (2004) The neurobiology of pair bonding. Nat Neurosci 7:1048–1054
Zaboura N (2009) Das empathische Gehirn. Spiegelneurone als Grundlage menschlicher Kommunikation. VS Verlag für Sozialwissenschaften, Wiesbaden

# Verhaltenswissenschaftliche Grundlagen

Thomas Hehlmann

Universität Bremen
Fachbereich Human und Gesundheitswissenschaften
Grazer Str. 4
28359 Bremen


Es besteht ein breiter wissenschaftlicher Konsens darüber, dass Verhaltensweisen die Gesundheit durchaus nachhaltig negativ beeinflussen können, Verhaltensweisen, wie das Rauchen, übermäßiger Fett- und Kalorienkonsum oder auch riskantes Fahrverhalten im Straßenverkehr. Seit mehr als fünf Jahrzehnten arbeiten Wissenschaftlerinnen und Wissenschaftler an umfassenden theoretischen Modellen, die nicht nur den Zusammenhang zwischen individuellem Verhalten auf der einen und der Entwicklung von Krankheit und Gesundheit auf der anderen Seite erklären sollen. Sie versuchen auch – abgeleitet aus ihren theoretischen Annahmen – Maßnahmen zu erproben, die auf langfristige Verhaltensänderung abzielen. So unterschiedlich die wissenschaftlichen Disziplinen sind, die sich mit der Änderung menschlicher Verhaltensweisen beschäftigen, so unterschiedlich sind auch die Maßnahmen, die sie zur Änderung riskanter Verhaltensweisen vorschlagen.

Biomedizinische Ansätze z.B. haben zwar dazu beigetragen, dass eine Reihe von biologischen, verhaltensbedingten und umweltbedingten Risikofaktoren identifiziert werden konnten. Doch die Maßnahmen, die von Verhaltensmedizinern speziell zur Änderung des riskanten Verhaltens favorisiert wurden, orientierten sich stark an der Vermittlung von medizinischem Wissen und dem Einüben und Trainieren von erwünschten Verhaltensweisen. Dahinter verbarg sich die Annahme, dass allein das Auftreten eines lebensbedrohlichen Ereignisses (z.B. eines Herzinfarktes) für einen Menschen ausreichen müsste, um nach Ermahnung und Appell zu der rationalen Erkenntnis zu kommen, von nun an gesundheitsförderndes Verhalten in den Alltag zu integrieren.

Den Verhaltenswissenschaften – hier vor allem der Gesundheitspsychologie – ist es zu verdanken, dass zumindest geklärt werden konnte, warum sich der verhaltensmedizinische Ansatz in der Praxis oft als ineffektiv erwies (von Troschke 1998). Menschen treffen offensichtlich selbst nach der Erfahrung lebensbedrohlicher Situationen nicht immer rationale Entscheidungen in Bezug auf eben jene riskanten Verhaltensweisen, die diese bedrohlichen Situationen mit hervorgerufen haben. Schwarzer (2004) geht davon aus, dass für ein umfassendes Verständnis zur Änderung schwieriger Verhaltensweisen theoretische Modelle nötig sind, die vor allem personenbezogene Einflussgrößen für die Beschreibung ihrer Wirkmechanismen mit berücksichtigen. Aus gesundheitspsychologischer Sicht gilt es dabei, vor der Entwicklung eines Konzepts zur Verhaltensänderung ganz bestimmte individuelle Merkmale wie z.B. die Selbstwirksamkeitserwartung, individuelle Einstellungen und Motive zu kennen, um eine gezielte Intervention zu planen.

Neben dem biomedizinischen und dem verhaltenswissenschaftlichen Ansatz betont der soziologische Ansatz, dass menschliches Verhalten nicht losgelöst von der sozialen Situation betrachtet werden kann, in der sich das Verhalten ereignet. Auch geht der soziologische Ansatz davon aus, dass Verhalten sich durch soziale Beziehungen zu anderen Menschen erst entwickelt hat und daher nicht losgelöst von Lebensbedingungen, sozialen Normen und kollektiven Verhaltenserwartungen betrachtet werden kann. Der soziologische Ansatz betont aber nicht nur die soziale Bedingtheit derjenigen Verhaltensweisen, die die Risikofaktorenforschung bereits identifizieren konnte, sondern geht noch einen wesentlichen Schritt darüber hinaus: Soziales Verhalten selbst in Form von sozialer Unterstützung bzw. dem Aufbau und der Pflege von sozialen Beziehungen wird als eine wesentliche Bedingung für das Entstehen und Vergehen von Krankheit und Gesundheit angesehen.

Der Blick auf die Entwicklung der Risikofaktorenforschung im folgenden Abschnitt– hier speziell der Risikofaktoren für Herz-Kreislauf-Erkrankungen – soll verdeutlichen, wie trotz vorhandener Evidenz gut belegten Risikofaktoren von Seiten des Medizinsystems keine Interventionen folgten und anderen Risikofaktoren kaum Beachtung geschenkt wurde.

## Herz-Kreislauf-Erkrankungen: Die Suche nach Risikofaktoren

Waren es zu Beginn des vorherigen Jahrhunderts noch überwiegend Infektionskrankheiten, an denen die Menschen starben, so zeichnete sich in allen Ländern, die heute als sogenannte entwickelte Industrienationen bezeichnet werden, in weniger als 50 Jahren eine Veränderung ab, bei der Herz-Kreislauf- und Krebserkrankungen überwiegend das Krankheits- und Sterblichkeitsgeschehen bestimmten. Heute sterben in den Industrienationen ungefähr die Hälfte aller Menschen an den Folgen einer Erkrankung des Herz-Kreislauf-Systems und etwas weniger als ein Viertel aller Menschen an den Folgen einer Krebserkrankung. Diese starken Veränderungen im Krankheits- und Sterblichkeitsgeschehen veranlassten die amerikanische Regierung im Jahr 1948, die Einwohner der Kleinstadt Framingham in eine Kohortenstudie aufzunehmen, die Klarheit über jene Risikofaktoren schaffen sollte, die für die tödlichen Folgen der Erkrankungen des Herz-Kreislauf-Systems verantwortlich waren.

Die Beobachtungen über mehrere Jahrzehnte hinweg führten zu den Ergebnissen, die heute unter den sogenannten biomedizinischen und verhaltensbedingten Risikofaktoren (siehe Tab. 1) zusammengefasst werden. Erstaunlich ist, dass die wichtigsten biomedizinischen (erhöhte Cholesterinwerte, Bluthochdruck), aber auch verhaltensbedingten Risikofaktoren (Rauchen, körperliche Inaktivität) bereits vor 1970 gut belegt waren. Mit der Suche nach weiteren Risikofaktoren befassten sich u.a. auch die Harvard-Alumni-Health-Studie (1962), die Whitehall-Studie (1967), die PROCAM-Studie (1979), die MONICA-Studie (1983) oder die Women's-Health-Studie (1993). Sie alle bestätigten und präzisierten größtenteils die Ergebnisse der Framingham-Studie, fanden aber auch weitere Risikofaktoren (s.u.).

Der Suche nach den Risikofaktoren folgten sogenannte Interventionsstudien, die darauf abzielten, einige der damals bekannten Risikofaktoren durch Maßnahmen der Verhaltensänderung zu reduzieren. Bei Vergleichen der Interventionsgruppe mit einer Kontrollgruppe, die an diesen Maßnahmen zur Verhaltensänderung nicht teilnahm, konnten sowohl Aussagen über die Reduktion der untersuchten Risikofaktoren gemacht werden als auch Aussagen über langfristige Auswirkungen auf das Krankheits- und Sterblichkeitsgeschehen. Hier sind beispielhaft zu nennen die Nord-Karelien-Studie (1972), Lifestyle-Heart-Studie (1977), das Minnesota-Heart-Health-Programm (1980) oder die Deutsche Herz-Kreislauf-Präventionsstudie DHP (1984).

**Tabelle 1** Biomedizinische, verhaltensbedingte und umweltbedingte Risikofaktoren kardiovaskulärer Erkrankungen

| | | |
|---|---|---|
| Biomedizinische Risikofaktoren | 1. | Alter und Geschlecht |
| | 2. | Familiäre (genetische) Disposition |
| | 3. | Erhöhte Cholesterinwerte |
| | 4. | Bluthochdruck |
| | 5. | Diabetes mellitus |
| | 6. | Übergewicht |
| Verhaltensbedingte Risikofaktoren | 7. | Bewegungsmangel |
| | 8. | Fehlernährung |
| | 9. | Rauchen |
| Umweltbedingte Risikofaktoren | 10. | Soziale Isolation |
| | 11. | Belastende Arbeits- bzw. Familiensituationen |
| | 12. | Geringe Bildungsmöglichkeiten |
| | 13. | Geringes Einkommen |
| | 14. | Geringer sozialer Status |

Die beeindruckendsten Ergebnisse lieferte die Nord-Karelien-Studie, bei der zuerst nur eine Region Finnlands und später alle Einwohner Finnlands durch umfangreiche Kampagnen z.B. dazu aufgefordert wurden, die Ernährungsgewohnheiten hin zu einer cholesterinärmeren Ernährung umzustellen und das Rauchen aufzugeben. Im Zusammenhang mit dieser Studie wurden aber auch die Nahrungsmittelindustrie, die Schulen und der Staat als Gesetzgeber mit einbezogen. Die Erfolge waren u.a. eine Senkung der Mortalitätsrate für die koronare Herzerkrankung bei Männern zwischen 1969 und 1995 um 73 % in Nord-Karelien und 65 % finnlandweit (Puska et al 1998).

Trotz der überwältigenden Ergebnisse der Nord-Karelien-Studie blieben vergleichbare landesweite, primärpräventive Kampagnen zur Reduktion von Risikofaktoren für Herz-Kreislauf-Erkrankungen in anderen westlichen Industrienationen aus. Lediglich in der Sekundär-, aber vor allem in der Tertiärprävention fanden die aus den Studien gewonnenen Ergebnisse Einzug. So sind in der kardiologischen Rehabilitation z.B. Programme zur Änderung des Ernährungsverhaltens, zur Rauschabstinenz und zur Aufnahme der körperlichen Aktivität neben anderen Maßnahmen heute fester Bestandteil des Therapieprogramms.

Gerade das mangelnde politische Interesse an landesweiten Kampagnen, aber auch das sehr einseitige, durch das Medizinsystem vorgeschlagene Interventionsgeschehen führte in den achtziger Jahren zu einem erheblichen Widerstand in den Reihen der Public-Health-Expertinnen und -Experten. Die von der WHO 1986 geforderte stärkere Einbindung von sozialen und politischen Dimensionen von Gesundheit war u.a. auch eine Reaktion auf die einseitige Entwicklung der Risikofaktorenforschung für Herz-Kreislauf-Erkrankungen, denn bereits in den achtziger Jahren war offensichtlich, dass das vom Medizinsystem favorisierte biomedizinische Risikofaktorenmodell damals gar nicht alle in Tabelle 1 aufgeführten Faktoren berücksichtigte und dementsprechend das Interventionsgeschehen stark auf die vom System favorisierten biomedizinischen Faktoren abgestellt war.

Die folgenden Aussagen beschreiben – offensichtlich unabhängig von der Erkrankung (Canadian Breast Cancer Initiative 2001) – generelle Merkmale medizinischer Risikofaktorenforschung:

- gut belegte, etablierte Risikofaktoren sind oft nicht modifizierbare Risikofaktoren, berühren den Bereich der medizinischen Forschung und Intervention und erklären zudem nicht einmal die Hälfte aller Erkrankungsfälle.
- modifizierbare Schutzfaktoren hingegen sind wissenschaftlich weniger gut akzeptiert, zudem oft gekoppelt an lebensstilbedingte Verhaltensweisen und sie berühren Forschungs- und Interventionsbereiche außerhalb des Medizinsystems.
- die Erforschung psychosozialer Risikofaktoren und deren Prävention spielt auch heute noch eine eher randständige Rolle.

Um die Entwicklung der aufkommenden Kritik an der medizinischen Risikofaktorenforschung besser nachvollziehen zu können, sollen im Folgenden zwei Risikofaktoren etwas näher betrachtet werden. Zum einen zeigten die Ergebnisse der Whitehall-Studie nicht nur, dass die koronare Herzerkrankung ungleichmäßig in der Bevölkerung verteilt ist und einem sogenannten Schichtgradienten folgt (Marmot et al 1984, Marmot & Wilkinson 2006). Die Studie belegte auch sehr eindrucksvoll, dass psychosoziale Risikofaktoren mit in das

Risikofaktorenmodel integriert werden mussten. Auf der anderen Seite verdichteten sich die Hinweise darauf, dass der vom Medizinsystem als Risikofaktor identifizierte Aspekt des Bewegungsmangels, sobald er als Schutzfaktor „körperliche Aktivität" in das Präventionsgeschehen eingeführt wurde, ein Ausmaß an Effektivität erreichte, das durch keine andere Intervention erzielt werden konnte. Zudem konnte nachgewiesen werden, dass sich eine Zunahme an körperlicher Aktivität positiv auf die Risikofaktoren Diabetes mellitus, Bluthochdruck und Blutfettwerte auswirkte, bei denen traditionell vom Medizinsystem eine medikamentöse Intervention vorgesehen war (s.u.). Auf die beiden Aspekte Schichtgradient und körperliche Aktivität soll im Folgenden etwas näher eingegangen werden.

### Die Schichtabhängigkeit der koronaren Herzkrankheit

Seit Beginn des letzten Jahrhunderts konnten Studien immer wieder belegen, dass das Krankheits- und Sterblichkeitsgeschehen – mit nur wenigen Ausnahmen – nicht gleichmäßig in der Bevölkerung verteilt ist, sondern einem sozialen Gradienten folgt (Mosse & Tugendreich 1913). Sozialer oder auch Schichtgradient bedeutet, dass ein geringes Einkommen, eine niedrige berufliche Position oder eine geringe Bildung die Wahrscheinlichkeit des Auftretens der Erkrankung bzw. eines frühzeitigen Todes erhöht.

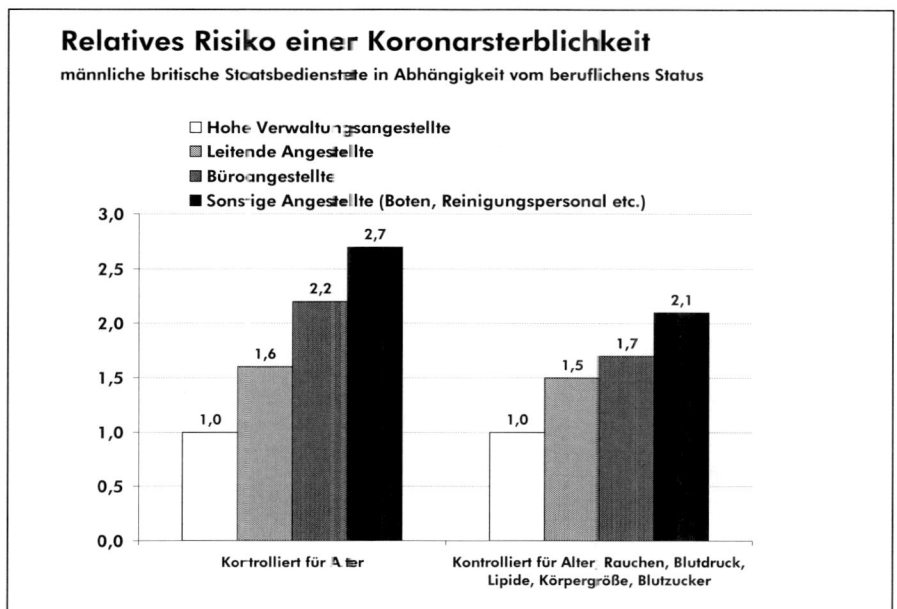

**Abbildung 1** Relatives Risiko für Koronarsterblichkeit bei männlichen britischen Staatsbediensteten in Abhängigkeit vom beruflichen Status (Marmot et al 1984 S. 1005)

In der Whitehall-Studie gelang es Marmot et al. (1984), erstmals diesen Zusammenhang auch auf den Beschäftigungsstatus von mehr als 18.000 britischen Staatsbediensteten zu übertragen. So zeigt die Abbildung 1, dass „sonstige Angestellte" im Vergleich zu höheren Verwaltungsangestellten ein um 2,7-fach höheres Risiko haben, an einer koronaren Herzerkrankung zu sterben. Das etwas vorschnelle Urteil, der gezeigte Zusammenhang lasse sich mit einem schichtabhängigen, individuellen Risikoverhalten (Rauchstatus, Blutfettwerte und Körpergewicht) begründen, kann mit der rechten Grafik in Abbildung 1 zurückgewiesen werden. Auch nach einer Kontrolle für Alter, Rauchstatus, Blutdruck, Lipide, Körpergröße und Blutzucker bleibt der Zusammenhang bestehen. Marmot et al vermuten, dass biografische Aspekte der frühen Kindheit u.U. eine Erklärung für den gefundenen stabilen Unterschied sein könnten. Für die arbeitsweltliche Ausrichtung von Interventionsmaßnahmen sind aber zwei weitere Ergebnisse der Whitehall-Studie von besonderer Bedeutung: Je geringer der Beschäftigungsstatus ist, je geringer war die Kontrolle über Arbeitsaufgabe und das Arbeitsergebnis. Auch das Ausmaß an sozialer Unterstützung, das die Mitarbeiter erfahren haben, nahm mit dem Beschäftigungsstatus ab (Marmot et al 1991).

Da die gefundenen Zusammenhänge in den folgenden Jahren durch weitere Studien eindrucksvoll bestätigt wurden, muss rückblickend sehr kritisch gefragt werden, warum sowohl die betriebliche als auch die individuelle Gesundheitsförderung bislang auf die gefundenen Ergebnisse nicht reagiert hat.

### *Körperliche Aktivität – Der unterschätzte Schutzfaktor*

Eine ganz andere „Forschungskarriere" hat der Schutzfaktor körperliche Aktivität hinter sich. So zeigte sich bereits sehr früh ein Zusammenhang zwischen dem Ausmaß an körperlicher Aktivität und dem Auftreten einer koronaren Herzerkrankung. In der oben aufgeführten Harvard-Alumni-Health-Studie wurden von 1962 an mehr als 15.000 männliche Harvardabsolventen der Immatrikulationsjahrgänge 1916–1950 über 10 Jahre beobachtet. Die Anzahl der während dieser Zeit aufgetretenen Herzinfarkte, ob mit tödlichem Ausgang oder nicht, stand offenbar in einem inversen Verhältnis zum wöchentlichen Kilokalorienverbrauch durch körperliche Aktivität (Paffenbarger et al 1978). Abbildung 2 macht deutlich, dass offenbar ein sogenannter L-förmiger Zusammenhang zwischen der körperlichen Aktivität und dem Herzinfarktrisiko besteht. Für einen Kilokalorienverbrauch von mehr als 500 kcal pro Woche nimmt die Wahrscheinlichkeit eines Herzinfarkts kontinuierlich ab und hat bei einem Verbrauch von 2.000 bis 3.000 kcal pro Woche ihren geringsten Wert (s. Abb. 2). Durch körperliche Aktivität verbrauchte Kilokalorien von mehr als 4.800 kcal pro Woche können die Wahrscheinlichkeit eines Herzinfarkts nicht weiter verringern. Damit bestätigten Paffenbarger et al. einen Zusammenhang, der zuvor von Morris et al. bei britischen Busfahrern gefunden wurde (Morris et al 1953). Beim Vergleich der Herzinfarktrate der Londoner Busfahrer mit der Herzinfarktrate der im Bus umherlaufenden Schaffner zeigte sich, dass die Rate der Busfahrer um 50 Prozent über der der Schaffner lag.

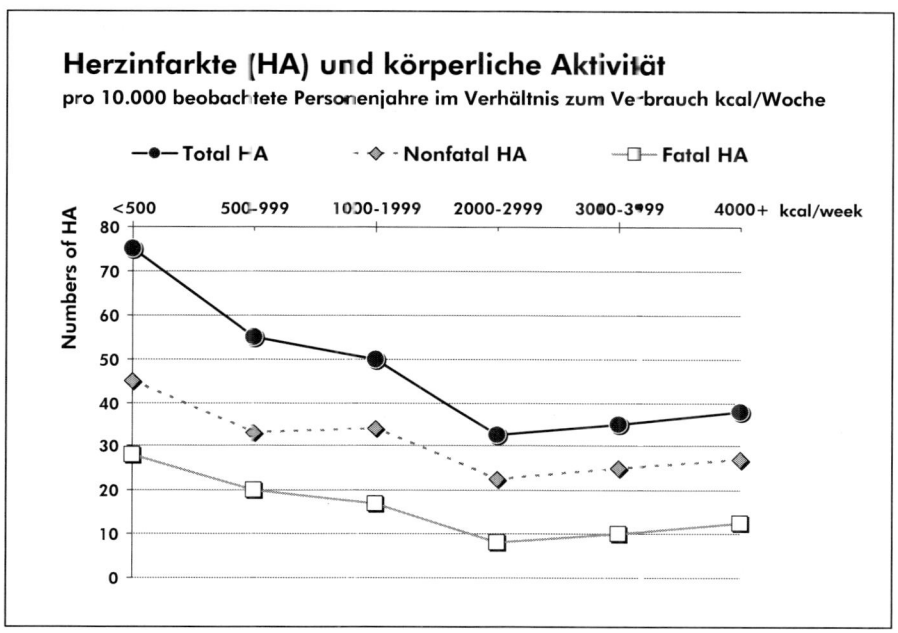

**Abbildung 2** Herzinfarkte (HA) und körperliche Aktivität pro 10.000 beobachtete Personenjahre im Verhältnis zum Kilokalorienverbrauch pro Woche (nach Paffenbarger et al 1978 S. 166)

In den folgenden Jahren konnte der positive Einfluss der körperlichen Aktivität auch für eine Verbesserung der Überlebenschancen nach einem Herzinfarkt nachgewiesen werden. Zudem konnte gezeigt werden, dass sich nicht nur für die Erkrankungen des Herz-Kreislauf-Systems, sondern auch für eine Reihe von weiteren Erkrankungen ein deutlicher Zusammenhang zwischen der Wahrscheinlichkeit des Auftretens dieser Erkrankung und dem Ausmaß an körperlicher Aktivität bestand. Woll und Bös (2004) haben die Ergebnisse in einer Übersicht zusammengetragen und dazu nicht nur die Anzahl der Studien, sondern auch die Evidenzstufe der Studien mitgeliefert (siehe Tab. 2). Die hohe Qualität der Studien zum Zusammenhang von körperlicher Aktivität und den Erkrankungen Hypertonie, Adipositas, Fettstoffwechselstörung und Diabetes mellitus Typ II unterstreicht noch einmal die immense Bedeutung, die dem Schutzfaktor körperliche Aktivität für die Prävention und Rehabilitation von Herz-Kreislauf-Erkrankungen zukommt.

Aber auch für die Erkrankung Brustkrebs konnten Holmes et al. einen Zusammenhang zwischen der Brustkrebsmortalität und körperlicher Aktivität zeigen. Dabei sank die Rezidivrate genau in dem Maße, in dem die Frauen körperlich aktiver waren. Und auch in dieser Untersuchung konnte der größte Schutzeffekt bei einer körperlichen Aktivität von ca. 2.000 Kilokalorien erreicht werden (Holmes et al 2006). Das entspricht etwa einer leichten bis moderaten sportlichen Aktivität von ca. vier Stunden pro Woche bzw. einer moderaten bis ambitionierten sportlichen Aktivität von ca. 2 Stunden pro Woche.

Ein ähnlicher Zusammenhang – wenn auch nicht ganz so gut belegt – kann für den Einfluss der körperlichen Aktivität auf Parameter der psychischen Gesundheit gezeigt werden. Ergebnisse der Alameda-County-Studie belegten bereits in den neunziger Jahren, dass unter den Studienteilnehmern, die zu Beginn der Studie keine Depression aufwiesen, das Ausmaß an körperlicher Aktivität signifikant mit der Entwicklung einer Depression in Zusammenhang stand (Camacho et al 1991). Woll & Bös stellen in ihrer Arbeit eine Übersicht von Arent et al (2001) dar, die die Evidenz des Zusammenhangs von körperlich-sportlicher Aktivität und ausgewählten Variablen psychischer Gesundheit beschreibt (Arent et al 2001 zitiert bei Woll & Bös 2004 S. 7) Demnach kann von einem konsistenten und gut belegten Zusammenhang zwischen körperlicher Aktivität und einer Reduktion von Angst und Depressivität und einem Anstieg an positiver Stimmung ausgegangen werden.

**Tabelle 2** Studienergebnisse zum Zusammenhang zwischen sportlicher Aktivität und ausgewählten chronischen Erkrankungen (nach Woll & Bös 2004)

| Erkrankungen | Anzahl der Studien | Evidenzstufe | Trend* |
|---|---|---|---|
| Alle Mortalitätsursachen | > 10 | 2b, 4 | ↓↓ |
| Koronararterien | > 10 | 2b, 4 | ↓↓↓ |
| Hypertonie | 5–10 | 1a | ↓↓ |
| Adipositas | > 10 | 1a, 1b, 2a, 2b | ↓↓ |
| Fettstoffwechselstörung | > 10 | 1a, 1b | ↓↓↓ |
| Apoplexie | 5–10 | 3b, 4, 3b | ↓ |
| Dickdarmkrebs | > 10 | 2b, 3b | ↓↓ |
| Rektumkrebs | > 10 | 2b, 3b | → |
| Magenkrebs | < 5 | 2b, 3b | → |
| Brustkrebs | > 10 | 2b, 3b | ↓↓ |
| Prostatakrebs | > 10 | 2b, 3b | ↓ |
| Lungenkrebs | 5–10 | 2b, 3b | → |
| Nicht insulinabhängiger Diabetes | 5–10 | 1b, 2b | ↓↓ |
| Osteoporose | > 10 | 1a, 1b | ↓ |
| Funktionelle Leistungsfähigkeit | > 10 | 2b | ↓↓ |

\* → = kein Unterschied in der Erkrankungsrate zwischen den Aktivitätskategorien
↓ = einige Beweise für eine reduzierte Erkrankungsrate zwischen den Aktivitätskategorien
↓↓ = sichere Beweise für eine reduzierte Erkrankungsrate zwischen den Aktivitätskategorien. Kontrolle möglicher Störfaktoren. Gute Methoden. Einige Beweise für biologische Mechanismen.
↓↓↓ = stichhaltige Beweise für eine reduzierte Erkrankungsrate zwischen den Aktivitätskategorien. Gute Kontrolle möglicher Störfaktoren. Ausgezeichnete Methoden. Umfangreiche Beweise für biologische Mechanismen. Beziehung wird als ursächlich angesehen.

Gerade der Zusammenhang von körperlicher Aktivität und psychischer Gesundheit macht deutlich, dass regelmäßige körperliche Aktivität mehr ist als ein bloßer Schutzfaktor, der vor Erkrankungen schützt. Körperliche Aktivität fördert psychische und körperliche Gesundheit und wird damit zu einer der bedeutsamsten Ressourcen für die Gestaltung sozialer Beziehungen.

Den gefundenen Ergebnissen steht allerdings die sehr ernüchternde Erkenntnis gegenüber, dass weniger als 12 Prozent der Frauen in Deutschland und nur etwa 20 Prozent der Männer mehr als zwei Stunden pro Woche körperlich aktiv sind (WIAD 1998). Zudem ergab die Befragung des Bundes-Gesundheitssurveys 1998, dass weniger als zehn Prozent der älteren Menschen der minimalen Empfehlung von zwei Stunden körperlicher Aktivität überhaupt nachkommen (RKI 2006).

Dennoch deuten sich zumindest innerhalb der medizinischen Versorgung Ansätze eines Wandels an. So berichten Baumann & Schüle (2008), dass körperliche Aktivität zunehmend in das klinische Therapieprogramm der Behandlung von Krebserkrankungen integriert wird. Sowohl bei Knochenmarkstransplantationen als auch bei Brustkrebs zeigen erste Studien, dass vor allem die therapiebedingte Müdigkeit durch moderate körperliche Aktivität positiv beeinflusst werden konnte. Und im Bereich der Kardiologie wagten Hambrecht et al (2004) einen sehr beeindruckenden Versuch, in dem sie Patienten mit einer koronaren Herzerkrankung nach erfolgter Koronarangiographie in zwei Gruppen einteilten. Während die eine Gruppe eine perkutane koronare Intervention (PCI) erhielt, d.h. eine Herzkatheteruntersuchung mit anschließender Aufdehnung des verengten Koronargefäßes, wurde die andere Gruppe mit einem zwölf Monate dauernden moderaten Ausdauertraining versorgt. In der Trainingsgruppe ereigneten sich nicht nur signifikant weniger ischämische Ereignisse, auch die Kosten für diese Intervention waren nur halb so hoch wie die der perkutanen koronaren Intervention (PCI).

## Entwicklung persönlicher Gesundheitspotenziale

Der Versuch, riskante Verhaltensweisen, für die man plausible biologische Wirkmechanismen kannte, durch das Einüben eines gesundheitsfördernden Verhaltens einfach zu ersetzen, hat sich letztendlich als relativ unwirksam erwiesen. Menschliches Verhalten lässt sich grundsätzlich nicht isoliert betrachten, da es stets eingebunden ist in einen sozialen Kontext, mit dem es in einer dynamischen Wechselwirkung steht. Riskante Verhaltensweisen sind also eingebettet in die gesamte psychosoziale Situation eines Menschen. Sie sind sowohl das Ergebnis der subjektiven Wahrnehmung und Verarbeitung der sozialen Umwelt und zugleich immer auch der Versuch, auf die soziale Umwelt Einfluss zu nehmen. Wiederkehrende Verhaltensweisen (Lebensstile) eines Menschen haben ihren Ursprung in seiner Sozialisation, d.h. dem soziokulturellen Umfeld, in dem er aufgewachsen ist. In ihrer konkreten Ausführung sind sie andererseits stets situationsabhängig, d.h. abhängig von gegebenen Handlungszwängen bzw. -spielräumen.

Wie in Abbildung 3 gezeigt, kann Essen und Trinken z.B. im Rahmen von Arbeit, Familie oder Freizeit in unterschiedlichen sozialen Kontexten stattfinden, in denen unterschiedliche soziale Interaktionen ablaufen. Hier Essen und Trinken auf Begriffe wie „Nahrungsaufnahme" oder „Fett- und Kalorienzufuhr" zu reduzieren, wäre äußerst kurzsichtig, da Essen und Trinken in unserem Kulturkreis sehr eng mit der Gestaltung von sozialen Beziehungen verknüpft sind. Dasselbe gilt für das Verhalten Rauchen oder körperliche Aktivität.

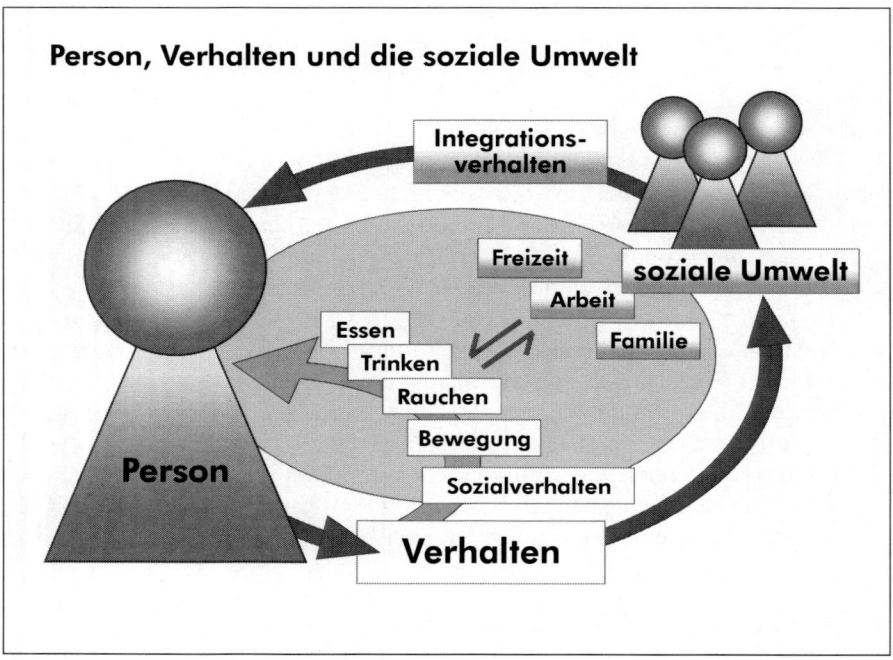

**Abbildung 3** Die Person, ihr Verhalten und die soziale Umwelt

Wie verhält es sich nun aber mit dem in Abbildung 3 ebenfalls dargestellten „Sozialverhalten"? Menschen sind als soziale Wesen zur Befriedigung grundlegender emotionaler Bedürfnisse auf Zuwendung, Anerkennung und Unterstützung durch ihren Partner, ihre Freunde, Arbeitskollegen, Eltern oder Kinder angewiesen. Eben weil wir angewiesen sind auf ein solches Netzwerk stabiler und positiv erlebter sozialer Beziehungen, auf vertrauensvollen Umgang mit anderen und auf die Identifikation mit gemeinsamen Werten, Zielen und Regeln, sind die dazu erforderlichen Fähigkeiten und Fertigkeiten von herausragender gesundheitlicher Bedeutung.

Soziale Kompetenz ist hier gefragt, weil sie soziale Gesundheitspotenziale in Form positiv erlebter sozialer Beziehungen und hilfreicher Interaktionen entwickeln und pflegen hilft. Unter sozialer Kompetenz können sowohl kommunikative Fähigkeiten verstanden werden, aber auch die Bereitschaft, Hilfe zu geben und Hilfeleistungen anderer zu akzeptieren. Interessanterweise mangelt es in der gesamten gesundheitswissenschaftlichen Forschung derzeit an Konzepten, die genau diese Fähigkeiten herausbilden.

## Konsequenzen für die betriebliche Gesundheitsförderung

Der Grundgedanke der WHO war es, mit dem Settingansatz Verhaltensänderungen dort zu inszenieren, wo Menschen mit unterschiedlichem sozioökonomischen Status zusammenkommen, sei es im Betrieb, in der Schule oder in einem bestimmten Stadtteil, um die sozial bedingte gesundheitliche Ungleichheit nicht noch zu vergrößern. Wie oben bereits beschrieben hat die Erfahrung gezeigt, dass die allgemeine Gesundheitsförderung auch heute noch überwiegend von Frauen der mittleren und gehobenen Bildungsschicht in Anspruch genommen wird (Kirschner et al 1995, Altgelt 2000, Bauer 2004).

Was das Setting Betrieb betrifft, fordert der Sachverständigenrat zur Begutachtung der Entwicklung im Gesundheitswesen dazu auf (SVR 2005), sehr genau hinzuschauen, ob es sich nur um Maßnahmen der allgemeinen Gesundheitsförderung in einem betrieblichen Setting handelt oder ob es sich tatsächlich um eine Setting-Entwicklung durch Gesundheitsförderung handelt. Im letzteren Fall müssten sich nachhaltige Veränderungen in den Strukturen und Prozessen der Organisation nachweisen lassen.

Was die allgemeine Gesundheitsförderung mit ihren klassischen Programmen zur Verhaltensänderung betrifft, so hat sie nach wie vor ihren Platz im Kontext des betrieblichen Gesundheitsmanagements (s Kapitel 3: Problemstellungen, Ziele und Interventionsformen). Sie deckt aber nur eine der vier Handlungsoptionsfelder ab, die für das betriebliche Gesundheitsmanagement von essenzieller Bedeutung sind. Handelt es sich bei der allgemeinen personenbezogenen Gesundheitsförderung hingegen um Maßnahmen zur Entwicklung von sozialer Kompetenzen, so findet sich diese Maßnahme entsprechend in dem rechten oberen Handlungsoptionsfeld wieder (siehe dazu Abb. 2 Seite 46 in diesem Band).

Dementsprechend müssen Maßnahmen zur Förderung der körperlichen Aktivität – so hochwirksam auch ihre oben beschriebenen biologischen Schutzfunktionen sind – im betrieblichen Kontext als eher unspezifische Maßnahmen bezeichnet werden, wenn sie allein auf die Reduktion von medizinischen Risikofaktoren abzielen. Organisiertes sportliches Handeln ist aber in erster Linie ein hochkomplexes soziales Handeln zur Förderung und Entwicklung sozialer Kompetenzen und zur Gestaltung sozialer Netzwerke. Dementsprechend könnte man den organisierten Breitensport in Deutschland zu Recht als einen der bedeutsamsten Produzenten sozialen Kapitals bezeichnen. Diese spezielle Eigenschaft des sportlichen Handels gilt es für das betriebliche Gesundheitsmanagement nutzbar zu machen. In diesem Sinne kann Betriebssport z.B. durchaus auch als ein „Wegbereiter" zur Entwicklung sozialer Kompetenzen und Netzwerke genutzt werden. Speziell in der Atmosphäre während und nach einer gemeinsamen sportlichen Aktivität können kommunikative Prozesse entstehen, die so „im Sitzen" oft nicht zustande gekommen wären. Werden diese kommunikativen Prozesse genutzt, um eine Setting-Entwicklung durch Gesundheitsförderung (s.o.) voranzutreiben, beginnt eine Organisation damit ihr soziales Kapital zu vermehren.

**Literatur**

Altgelt T (2000) Kursprogramme können gesundheitliche Chancengleichheit nicht herstellen. Prävention 23 (3):73–76

Arent SW, Rogers TJ, Landers DM (2001) The effect of physical activity on selected mental health variables: determining causations. Sportwissenschaft 31, S 239–254

Bauer U (2004) Das Präventionsdilemma. Potenziale schulischer Kompetenzförderung im Spiegel sozialer Polarisierung. VS-Verlag, Wiesbaden

Bauer U, Bittlingmeyer UH (2006) Zielgruppenspezifische Gesundheitsförderung. In: Hurrelmann K, Laaser U, Razum (Hrsg) Handbuch Gesundheitswissenschaften, 4. vollständig überarbeitete Ausgabe, Juventa, Weinheim, S 781–818

Baumann FT, Schüle K (2008) Bewegungstherapie und Sport bei Krebs. Leitfaden für die Praxis. Deutscher Ärzte-Verlag, Köln

Camacho CT, Roberts RE, Lazarus NB, Kaplan GA, Cohen RD (1991) Physical activity and depression: Evidence from the Alameda county study. American Journal of Epidemiology 134(2): 220–231

Canadian Breast Cancer Initiative (2001) Review of lifestyle and environmental risk factors for breast cancer - summary report. Quebec.

Faltermaier T (1994) Gesundheitsbewußtsein und Gesundheitshandeln: Über den Umgang mit Gesundheit im Alltag. Beltz, Weinheim

Faltermeier T, Kühnlein I, Burda-Viering M (1998) Subjektive Gesundheitstheorien: Inhalt, Dynamik und ihre Bedeutung für das Gesundheitshandeln im Alltag. Zeitschrift für Gesundheitswissenschaften:309–326

Hambrecht R, Walther C, Möbius-Winkler S, Gielen S, Linke A, Conradi K, Erbs S, Kluge R, Kendziorra K, Sabri O, Sick P, Schuler G (2004) Percutaneous Coronary Angioplasty compared with exercise training in patients with coronary artery disease. A randomized trial. Circulation 109:1371–1378

Holmes MD, Chen WY, Feskanich D, Kroenke CH, Colditz GA (2005) Physical activity and survival after breast cancer diagnosis. JAMA 293 (20): 2479-2486.

Hurrelmann K, Laaser U (1998) Gesundheitsförderung und Krankheitsprävention. In: Hurrelmann K, Laaser U (Hrsg) Handbuch Gesundheitswissenschaften, Neuausgabe, Juventa, Weinheim, S 395–424

Keller S, Nigg C (2007) Gesundheitsverhaltenstheorien und Public Health. In: Lengerke T v (Hrsg) Public Health-Psychologie: Individuum und Bevölkerung zwischen Verhältnissen und Verhalten. Juventa, Weinheim, S 59–73

Kirschner W, Radoschewski M, Kirschner R (1995) § 20 SGB V Gesundheitsförderung, Krankheitsverhütung. Untersuchung zur Umsetzung durch die Krankenkassen. Asgard-Verlag, St. Augustin

Köhler E, Held K (1996) Anschlußheilbehandlung nach Myokardinfarkt bzw. nach Herzoperation – Überlegungen zur verbesserten Integration zwischen akutmedizinsicher, rehabilitativer und ambulanter Behandlung. Herz/Kreislauf 28:54–57

Leppin A (2002) Verhaltenswissenschaftliche Grundlagen. In: Kolip P (Hrsg) Gesundheitswissenschaften. Eine Einführung. Juventa, Weinheim, S 79–98

Marmot MG, Shipley MJ, Rose G (1984) Inequalities in death – specific explanations of a general pattern? Lancet 1 (8384):1003–6

Marmot MG, Smith GD, Stansfield S, Patel C, North F, Head J, White I, Brunner E, Feeney A (1991) Health inequalities among British civil servants: the Whitehall II study. Lancet 337:1387–93

Marmot MG, Wilkinson RG (2005) Social determinants of health, (2nd), Oxford University Press, Oxford.

Morris JN, Heady JA, Raffle PAB, Parks JW (1953) Coronary heart disease and physical activity of work. Lancet ii: 1053–1057, 1111–1120

Mosse M, Tugendreich G (1913) Krankheit und soziale Lage. J.F. Lehmanns Verlag, München

Nutbeam D, Harris E (2001) Theorien und Modelle der Gesundheitsförderung. Eine Einführung für Praktiker zur Veränderung des Gesundheitsverhaltens von Individuen und Gemeinschaften. Verlag für Gesundheitsförderung, Gamburg

Paffenbarger RS, Wing AL, Hyde RT (1978) Physical activity as an index of heart attack risk in college alumni. American Journal of Epidemiology 108 (3):161–175

Puska P, Vartiainen E, Tuomilehto J, Salomaa V, Nissinen A (1998) Changes in premature deaths in Finland: successful long-term prevention of cardiovascular diseases. Bulletin of the World Health Organization 76 (4):419–425

Robert-Koch-Institut (RKI) (2006) Heft 26: Körperliche Aktivität. Berlin

Schwarzer R (2004) Psychologie des Gesundheitsverhaltens, 3. überarbeitete Auflage, Hogrefe, Göttingen

Sachverständigenrat zur Begutachtung der entwicklung im Gesundheitswesen (SVR) (2005) Koordination und Qualität im Gesundheitswesen. Berlin

Troschke J v (1998) Gesundheits- und Krankheitsverhalten. In: Hurrelmann K, Laaser U (Hrsg) Handbuch Gesundheitswissenschaften. Neuausgabe. Juventa, Weinheim, S 371–394

Waller H (2002) Gesundheitswissenschaften: Eine Einführung in Grundlagen und Praxis von Public Health. Kohlhammer, Stuttgart

Wissenschaftliches Institut der Ärzte Deutschlands (WIAD) (1998) WIAD-Studie: Sport und Gesundheit. Frankfurt am Main

Woll A, Bös K (2004) Wirkungen von Gesundheitssport. Bewegungstherapie und Gesundheitssport 20, S 1–10

Wright MT (2006) Auf dem Weg zur einer theoriegeleiteten, evidenzbasierten, qualitätsgesicherten Primärprävention in Settings. In: Gerlinger T, Lenhardt U, Simon M (Hrsg) Jahrbuch für kritische Medizin Band 43. Prävention. Argument-Verlag, Hamburg

# Arbeitsrechtliche und arbeitswissenschaftliche Grundlagen

Andreas Blume

BIT e.V. Bochum
Wissenschaftliche Leitung
Unterstr. 51
44892 Bochum

## Relevanz des Themas

Es steht außer Zweifel, dass ein betriebliches Gesundheitsmanagement nur dann erfolgreich sein kann, wenn das Management und die Arbeitnehmervertretung gemeinsam von seinem Nutzen überzeugt sind und es deshalb kontinuierlich weiterentwickeln bzw. den jeweiligen Bedingungen anpassen.

Von daher würde sich eigentlich die Frage nach einer gesetzlichen Verpflichtung zur Organisation, inhaltlichen Ausgestaltung und Zielorientierung einer integrierten betrieblichen Gesundheitspolitik erübrigen. Alles wäre freiwillig, weil einer rationalen Überzeugung folgend die nachweislich betriebswirtschaftlichen Ziele – da arbeits- und leistungsfördernd – mit humaner Arbeits- und Organisationsgestaltung zur Deckung gebracht werden. Oder anders herum betrachtet, wer kein BGM entwickelt und betreibt, läuft Gefahr, wesentliche Produktivitätspotenziale zu vernachlässigen und Human- und Sozialressourcen zu vergeuden.

Die betriebliche Welt könnte also so einfach sein und so ganz nebenbei auch den gesetzlichen Verpflichtungen zum Arbeits- und Gesundheitsschutz nachkommen sowie ganz freiwillig den neuesten Stand der arbeitswissenschaftlichen Erkenntnisse bzw. der „menschengerechten Arbeit" bei der Gestaltung von Arbeits- und Leistungsbedingungen berücksichtigen.

Spannenderweise ist jedoch die Welt nicht so klar und eindeutig „gestrickt", auch kann manageriales Handeln in Organisationen nur selten rational im Sinne der Verfolgung rein betriebswirtschaftlicher Kausalitäten vollzogen werden, denn die internen und externen Kontextbedingungen von Entscheidungen und Strategien sind immer kontingent, d.h. von Unsicherheiten, widerstreitenden Interessen und Rahmenbedingungen, (komplex) bestimmt.

Dies gilt auch für den Sinn und Wert von BGM im konkreten Strategieportfolio einer Unternehmensleitung: Es gibt ggf. andere Prioritäten, funktionale Alternativen, ggf. andere Ansichten und Interessenslagen, Betrachtungszeiträume, Konzernvorgaben etc.

Es gibt also auch andere Szenarien einer Organisations- bzw. Unternehmensentwicklung, die ohne BGM auskommen oder den Arbeitsschutz nur marginal betreiben und dabei – oder gar dadurch? – betriebswirtschaftlich gut aufgestellt sind – wie nachhaltig auch immer.

Die bislang vorliegenden Untersuchungen zur Verbreitung von BGM zeigen diesbezüglich ein ebenso heterogenes Bild, wie der Begriff BGM in ihnen unterschiedlich Verwendung findet. Unsere Untersuchung mit einer nach Branchen und Größen geschichteten Stichprobe von über 500 Unternehmen in NRW aus dem Jahre 2003 zeigt, dass die Mehrzahl der Unternehmen immer noch nur das „gesetzliche Minimum" im klassischen Arbeitsschutz umsetzen und entsprechend weit von einem integrierten BGM entfernt sind (Blume et al 2003).

Da nun aber auch dieses „gesetzliche Minimum" an die Umsetzung des „Standes der Technik" und der „gesicherten arbeitswissenschaftlichen Erkenntnisse" gebunden ist, ist es für eine Schmiede, ein Hotel, ein Callcenter oder eine Bank über die Kenntnisse der Gesetzespflichten hinaus ebenso wichtig zu wissen, wie Arbeit „schädigungslos" bzw. „menschengerecht" gestaltet werden kann.

Entsprechend versucht dieser Buchbeitrag, eine Verbindung zwischen gesetzlichen Verpflichtungen zum betrieblichen Gesundheitsmanagement und den sogenannten „arbeitswissenschaftlichen Erkenntnissen" herzustellen. Dabei handelt es sich hier weder um einen Gesetzeskommentar noch um einen arbeitswissenschaftlichen Grundlagenartikel, sondern um eine Orientierung für die Frage, was rechtlich gesehen im BGM „Pflicht" und was „Kür" ist. Dies wiederum ist – wie noch zu zeigen sein wird – aufs Engste mit den Erkenntnissen der Arbeits- und Gesundheitswissenschaften verbunden.

Um dieses Ziel zu erreichen, werden zunächst kurz die rechtlichen Rahmenbedingungen des BGM und einige gesundheitsbezogene Grundfragen der Arbeitswissenschaften skizziert. Im Folgenden geht es dann um die Pflichten des Arbeitgebers im Arbeits- und Gesundheitsschutz und die „neuen" Gestaltungsspielräume, die das EU-induzierte Arbeitsschutzgesetz eröffnet. Dabei wird auf allgemeiner Ebene bereits die Frage nach „Pflicht" und „Kür" beantwortet.

Da nun aber Gesundheitsschutz und Gesundheitsförderung von der konkreten Ermittlung der Gefährdungen und Gesundheitsbedingungen, der Maßnahmenentwicklung und -umsetzung sowie der Wirkungsevaluation leben, ist es entscheidend für die Organisation von BGM, welche Aufgaben dem Arbeitgeber pflichtgemäß zufallen und wie er sie ggf. zu erledigen hat (s. Abschnitt „Zu den Grundpflichten des Arbeitgebers". Auch hier spielen die Arbeitswissenschaften bei der Ermittlung bzw. Evaluation, vor allem aber bei der Beurteilung von Gefahren und der Maßnahmenentwicklung eine auch rechtlich entscheidende Rolle. Dies wird im Abschnitt „Was ist zu tun? Aufgaben und Verfahrenspflichten" mit einigen Beispielen darzustellen versucht. Im Abschnitt „Wie ist die Organisation aus rechtlicher Sicht zu gestalten?" wird abschließend der Frage nachgegangen, welche Auswirkungen all dies auf die Organisation des Unternehmens im Allgemeinen und auf ein BGM im Besonderen hat. Dabei zeigen sich aus rechtlicher Sicht erstaunliche Vorgaben, die aber betriebsindividuell auszugestalten sind und viele Freiheitsgrade für eine BGM-Gestaltung eröffnen, wenn „Pflicht" und „Kür" zielgerichtet und synergetisch zusammenwirken.

## Zu einigen Grundfragen der Arbeitswissenschaften

Die so einfache vom Gesetz als „Arbeitswissenschaften" titulierte Wissensbasis ist keineswegs so homogen, wie der Begriff es vermuten lässt. Zunächst sind da die unterschiedlichsten Disziplinen – die Ingenieurwissenschaften, die Psychologie, die Pädagogik, die Medizin, die Biologie, Neurowissenschaft und Chemie, die Organisationswissenschaften (Soziologie, Ökonomie, Psychologie) etc. –, die mit ihren unterschiedlichen Grundlagen, Schulen und Konzepten bzw. Fragestellungen jeweils eine eigene und für sich komplexe Wissensbasis darstellen. Weiterhin sind es die unzähligen Fragestellungen und Gegenstände, die von den Arbeitswissenschaften bearbeitet werden und sich so nicht nur für den Laien einer Übersichtlichkeit und Homogenität versperrend in den Weg stellen.

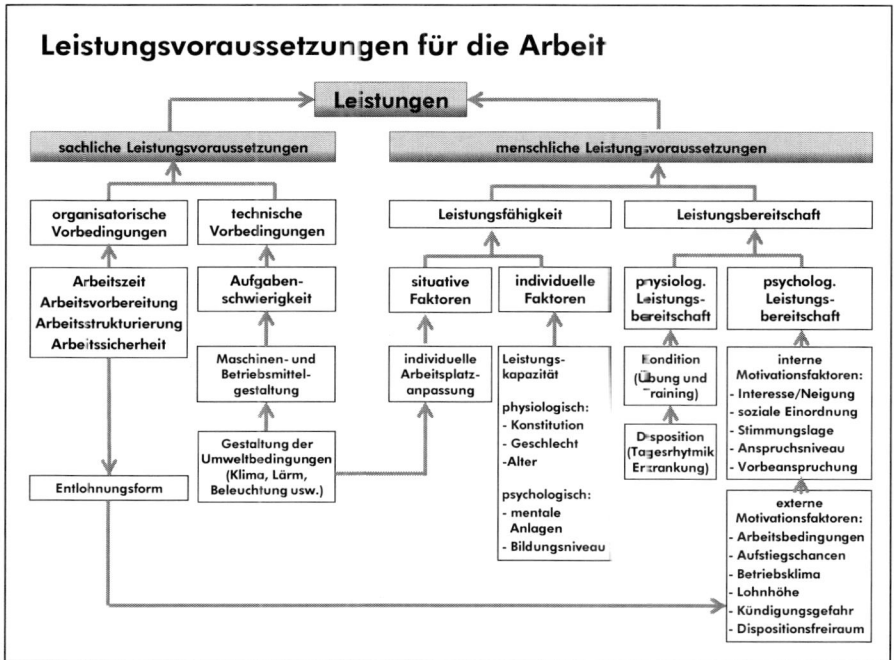

**Abbildung 1** Leistungsvoraussetzungen

Die Dokumentationsbände der bislang 55 Jahrestagungen der deutschen „Gesellschaft für Arbeitswissenschaft" lassen erahnen, woran überall parallel gearbeitet wird. Kurz: Es existiert (noch) keine einheitliche Arbeitswissenschaft, weder im Sinne einer übergreifenden Theoriebildung noch im Sinne einer generell fachübergreifenden, also interdisziplinären Forschung und Gegenstandsdefinition, allenthalben multi- und interdisziplinäre Ansätze und Forschungslinien.

Und doch gibt es allenthalben ein gemeinsames Thema, das sich in allen Disziplinen der Ergonomie („Ergo – nomos" Regeln der Arbeit, Jastrzebowski 1857) mehr oder minder konstitutiv auffinden lässt: Leistung und Gesundheit.

Wenn also sowohl die Frage nach fördernden und hemmenden Bedingungen von Leistung (Organisation, Arbeitsmittel, persönliche Konstitution ..., siehe exemplarisch Abb. 1) als auch die „Natur des Menschen" die Arbeitswissenschaft bewegt, so gehört die „Gesundheit" desselben ebenfalls dazu.

Andernfalls wäre Arbeit als per se pathogen zu bezeichnen und ihre Wissenschaft nur darauf gerichtet, ein Leistungsoptimum bei möglichst geringen Kollateralschäden (Verschleiß, Überforderungen, Unfälle, Vergiftungen etc.) zu erzielen. Diese Perspektive dominiert in der Tat auch heute noch die Arbeit der „Ergonomen" selbst in Gewand der „menschengerechten Gestaltung von Arbeit", die ja als Pflichtvorgabe vom Arbeitsschutzgesetz gesetzt wird.

Die schon fast in Vergessenheit geratene „Normalleistung" des REFA-Verbandes bringt dieses Format trefflich auf den Punkt:

„Sie [die Normalleistung] kann erfahrungsgemäß von jedem in erforderlichem Maße geeigneten, geübten und voll eingearbeiteten Arbeiter auf die Dauer und im Mittel der Schichtzeit erbracht werden, sofern er die für persönliche Bedürfnisse und gegebenenfalls auch für Erholung vorgegebenen Zeiten einhält und die freie Entfaltung seiner Fähigkeiten nicht behindert wird." (REFA Verband 1978)

Was da nachhaltig nicht zur „Schädigung" des Arbeiters führen soll, sind einzuhaltende Richt- und Grenzwerte, die sowohl die Muskelbelastung, die Exposition von Lärm, Hitze, Vibration, Stoffen etc., aber auch Stress oder Monotonie berücksichtigen. Diese Grenzwerte gelten jedoch nur so lange als „gesichertes Wissen", bis neuere Studien die Verantwortlichen eines Besseren belehren. So galt beispielsweise noch vor zwei Jahren 85 dB (A) als Grenzwert für die potenzielle Schädigung des Gehörs und als Auslöseschwelle von geeigneten Lärmminderungsmaßnahmen (z.B. Gehörschutz, Kapselung der Lärmquelle etc.). Seit 2007 gelten nunmehr laut Lärm- und Vibrationsverordnung europaweit 80 dB (A).

Gesicherte arbeitswissenschaftliche Erkenntnisse sind also „die weitgehend übereinstimmenden Meinungen von Fachleuten" – also in erster Linie von Wissenschaftlern, Normungsgremien, Berufsgenossenschaften zum Zeitpunkt X – darüber, „auf welche Art und Weise arbeitsschutzrelevante Aspekte mit angemessenen und in der Praxis bewährten Mitteln realisierbar sind" (vgl. Kollmer 2009 S. 112 ff.). Doch ist diese am Spannungsfeld zwischen Leistung und Gesundheit und an der pathogenen bzw. schutzbezogenen Perspektive orientierte Arbeitswissenschaft nicht die einzige. Auch eine salutogene und ressourcenbezogene Forschung und Theoriebildung gibt es schon seit den Anfängen der Arbeitswissenschaft:

> „Unter Arbeit soll keine geteilte oder einseitige verstanden werden, wie wir sie heute für gewöhnlich kennen (in ihr nur die physische sehen), sondern eine vollständige und vielseitige Arbeit; dies ist gleichzeitig eine physische, ästhetische, rationelle und moralische Arbeit, es ist Arbeiten, Spielen, denken, Hingeben in einem." (Jastrzebowski 1857)

Diese eher romantisch anmutende Zielsetzung der „Ergonomie" konterkariert auf treffliche Weise den zweckrationalen Pragmatismus der arbeitswissenschaftlichen Forschung und Praxis, die sich im weitesten Sinne aus der „wissenschaftlichen" Betriebsführung von F.W. Taylor entwickelt hat. Die folgende Abbildung (Abb. 2) zeigt diesen bis heute andauernden „Streit der Prinzipien" anhand einiger typischer Fragestellungen bzw. programmatischer Formate auf.

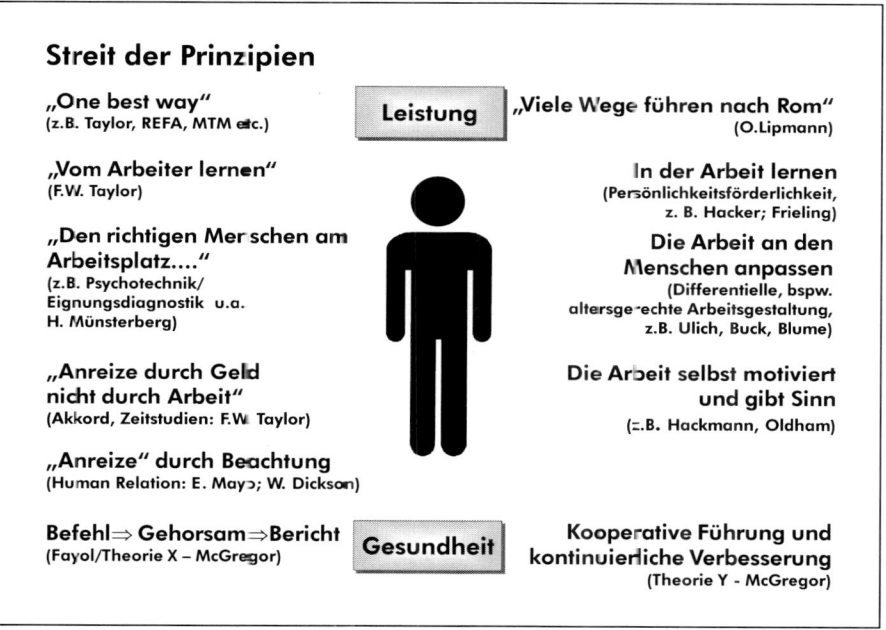

Abbildung 2 Streit der Prinzipien

In der betrieblichen Praxis haben nun aber beide Fragerichtungen – „wie kann man Schädigungen des Menschen vermeiden" und „was ist gesundheitsförderlich" – jenseits aller Werturteile ihre pragmatische Berechtigung. So ist z.B. eine Eignungsdiagnostik für „Leitwarte-Tätigkeit" in (Kern-) Kraftwerken sicherlich genauso sinnvoll und wichtig wie eine belastungsmindernde „Arbeitsgestaltung" dieser Tätigkeit (z.B. Monotonie, Vigilanz, Schichtarbeit) und eine personenförderliche „Laufbahngestaltung" bis zum Rentenalter, weil die Anforderungen an diesem Arbeitsplatz i.d.R. nicht bis 67 erfüllt werden können. Alle drei Maßnahmen dienen sowohl der nachhaltigen Leistungserbringung als auch den betreffenden Menschen. Entsprechend gibt es in einem Punkt einen breiten Konsens unter den Arbeitswissenschaftlern: Nachhaltig gute Leistungen können nur gesunde Mitarbeiter erbringen.

Dass diese „gesicherte" Erkenntnis mit den betriebswirtschaftlichen oder den Arbeitsmarktverhältnissen in Einklang zu bringen ist, wird zwar allenthalben bejaht und, sofern die Entwicklung industrieller und dienstleistungsbezogener Arbeit von der Arbeitswissenschaft beratend begleitet wird, empirisch nachgewiesen, doch in der betrieblichen Praxis bricht sich Anspruch, Erkenntnis und Wirklichkeit häufig zu Lasten aller.

## Allgemeiner Rechtsrahmen des BGM

Wenn man die Frage nach Pflicht und Kür bei der Organisation und Zielsetzung der betrieblichen Gesundheitspolitik stellt, steht der Laie ebenso wie der Fachkundige vor einem Wust von Gesetzen und Rechtsquellen sowie diversen internen und externen Akteuren. Die folgende Abbildung 3 soll diese Vielfalt, ohne dabei den Anspruch auf Vollständigkeit erheben zu wollen, mit Hilfe einer groben Strukturierung etwas lichten helfen.

Diese Situation resultiert im Wesentlichen aus der deutschen Unfall- und Arbeitsschutztradition mit ihrem dualen System der Überwachung und Beratung (Berufsgenossenschaft/Staat) und der noch nicht abgeschlossenen Harmonisierung mit dem EU-getriebenen „Arbeits- und Gesundheitsschutz". Letzerer stellt – wie noch zu zeigen sein wird – einen für deutsche Verhältnisse anderen Rechtstypus dar und strebt eine Harmonisierung des Schutzniveaus in der europäischen Union an. Entsprechend ist es auch für die deutsche BGM Ausgestaltung spannend, die Entwicklungen in anderen europäischen Staaten zu beobachten, da für sie, zumindest was die EU-induzierten Gesetze und Verordnungen angeht, die gleichen „Organisationsverpflichtungen" gelten (vgl. u.a. dazu Veröffentlichungen der ILO und der EU-OSHA).

Dieser rechtlichen Vielfalt steht eine ebenso zunächst verwirrende Vielfalt an gesundheitsbezogenen Aufgaben und BGM-relevanten Handlungsfeldern gegenüber (vgl. Abb. 4). Schließlich lässt sich keineswegs – was zu hoffen ein berechtigtes Anliegen wäre – keine schlichte 1:1-Beziehung von Gesetzen und Verordnungen zu einzelnen Aufgaben herstellen.

Kurz: Aus juristischer Sicht ist es eher kompliziert, nicht nur im Besonderen, die Frage nach „Pflicht" und „Kür" zu beantworten. Dieser Beitrag versucht deshalb über den Weg einer Darstellung und Erörterung der grundlegenden Rechtskonstruktionen und Herangehensweisen, den Blick und das Interesse für eine weitergehende Beschäftigung zu schärfen.

Arbeitsrechtliche und arbeitswissenschaftliche Grundlagen 111

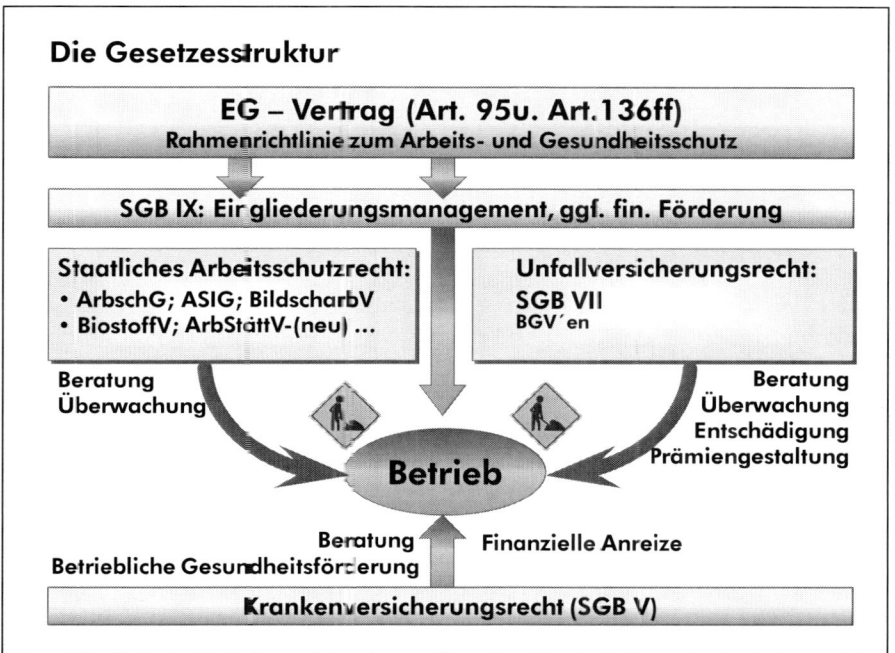

**Abbildung 3** Gesetzesstruktur

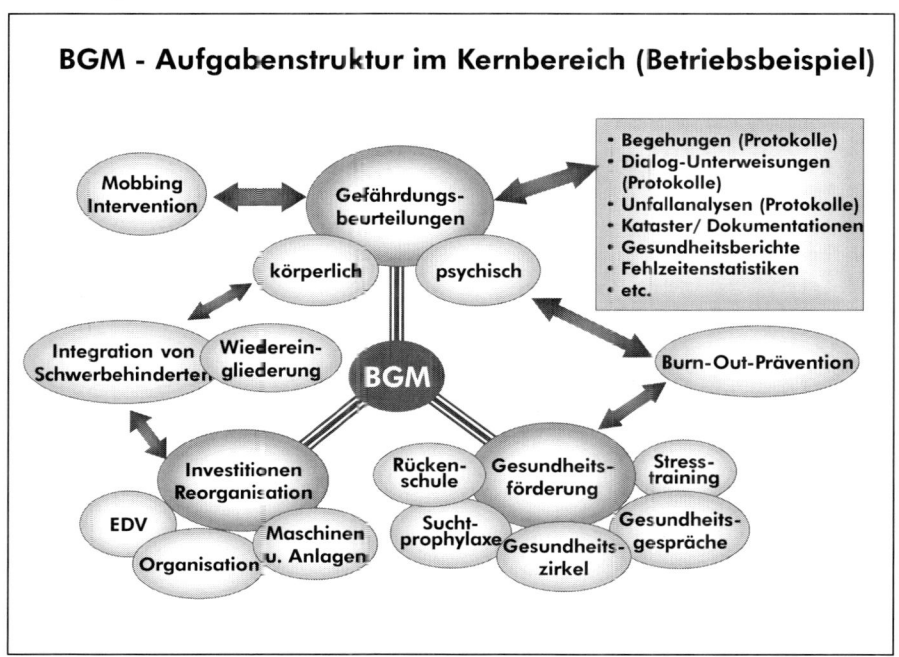

**Abbildung 4** BGM-Aufgabenstruktur im Kernbereich

Daher wird im Folgenden, unter Berücksichtigung der Vorgaben und Traditionen aus dem Arbeitssicherheitsgesetz (ASiG 1972), die übergreifende Rechtslage aus dem Arbeitsschutzgesetz (ArbSchG 1996) in den Vordergrund gestellt.

## Zu den Grundpflichten des Arbeitgebers oder die Last der „neuen Freiheit"

Vor 1996 schien die Welt des betrieblichen Gesundheitsschutzes noch recht einfach strukturiert zu sein: Jeder Arbeitgeber hatte sich im Kern an das Arbeitssicherheitsgesetz (ASiG von 1972), u.a. die Arbeitsstättenverordnung nebst Arbeitsstättenrichtlinien und die Unfallverhütungsvorschriften der jeweiligen Berufsgenossenschaft (BG), zu halten. Diese waren i.d.R. recht eindeutig formuliert und gaben, mit technischen Daten (z.B. Grenzwerten und Ausstattungsvorgaben) versehen, dem Arbeitgeber relativ wenig Gestaltungsspielraum. Entsprechend häufig war der Vorwurf zu vernehmen, die Vorschriften seinen allzu bürokratisch. Wenn nun ein Unternehmen beispielsweise durch viele meldepflichtige Unfälle oder im Rahmen einer (eher seltenen) Überprüfung durch die BG oder staatliche Stelle negativ auffiel, drohten ihm höhere BG-Beiträge, verbindliche Auflagen und ggf. Bußgelder.

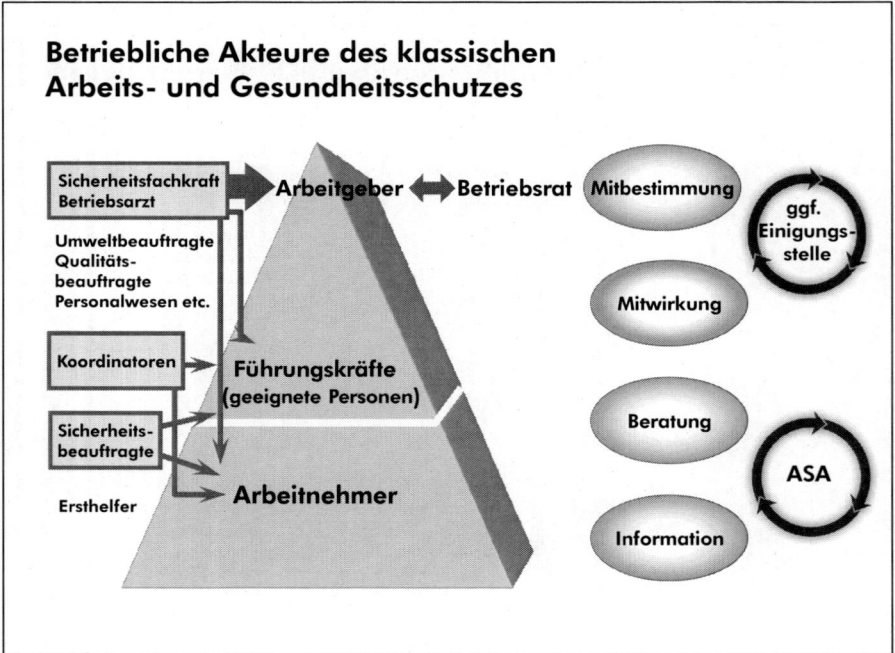

**Abbildung 5** Betriebliche Akteure des klassischen Arbeits- und Gesundheitsschutzes

Der Arbeitgeber hatte für diese Pflichten in Abhängigkeit von der Größe und Risikohaftigkeit des Betriebes eine „Fachkraft für Arbeitssicherheit" und betriebsärztlichen Sachverstand v.a. in der Funktion eines Beraters zu beschäftigen sowie nebenamtliche „Sicherheitsbeauftragte, Ersthelfer" etc. ausbilden zu lassen und zur Unterstützung des Linienmanagements zur Verfügung zu stellen. Abbildung 5 zeigt diese klassische Akteurshierarchie in Verbindung mit der Mitwirkungsstruktur der Arbeitnehmervertretungen. Wenn der Arbeitgeber darüber hinaus – mit oder ohne Unterstützung der Krankenkassen – etwas für die Gesundheit der Mitarbeiter tun wollte (z.B. Rücken- und Ernährungsschule, Betriebssport etc.), war und ist das eine freiwillige Sozialleistung.

Von daher erklärt sich weitgehend auch die BGM-bedeutsame Teilung der betrieblichen Gesundheitswelt in „Arbeitsschutz" und „Gesundheitsförderung", wobei dem Arbeitsschutz – schon damals verkürzt – die Unfallverhütung und die Mensch-Maschine-Schnittstelle, also das Technische, zugewiesen wurde, und die freiwillige Förderung einer „gesunden Lebensweise", zunehmend betriebsärztlich betrieben, unter dem Label Gesundheitsmanagement firmierte (Bertelsmann 2000, Maifert & Kesting 2004, Forst 2007). Auch heute ist diese Weltsicht noch stark verbreitet, entspricht aber keineswegs mehr der Rechtslage seit der Verabschiedung des „Arbeitsschutzgesetzes" 1996, das die überfällige nationale Umsetzung einer EU-Richtlinie aus dem Jahre 1989 vollzog.

Dieses Gesetz war für an eindeutige, z.T. auch deshalb für den Einzelfall unsinnige Vorschriften (z.B. Damentoilette in einem kleinen Männerbetrieb) gewohnte Deutsche tatsächlich vom Inhalt und vom Rechtstypus her neu und fungiert in der gesundheitsbezogenen Rechtsstruktur quasi als „Grundgesetz".

Dieses Gesetz stellte plötzlich die betrieblichen Besonderheiten sowie entsprechende Gestaltungsräume in den Raum und orientierte „nur" noch über generelle Ziele und Verfahrensvorgaben. Der Arbeitgeber kann also das vorgegebene Ziel auf verschiedenen Wegen und mit unterschiedlichen Mitteln – also für ihn sinnvoll und machbar – zu erreichen versuchen.

Die Nutzung dieser „neuen Freiheit" auf der Suche nach „angemessenen" und „erforderlichen" Maßnahmen zur Sicherung und Verbesserung der Sicherheit/Gesundheit der Beschäftigten (vgl. § 1 (1) ArbSchG) ist aber an eine Wirksamkeitsprüfung und Nachweisverpflichtung nebst entsprechender Dokumentation gebunden (vgl. dazu §§ 3 (1) und 6 (1) ArbSchG). Damit dieser auf Prävention ausgerichtete (zyklische) Verbesserungsprozess auch funktionieren kann, muss man dafür eine „geeignete Organisation und die erforderlichen Mittel bereitstellen", dabei „erforderlichenfalls" die „Führungsstrukturen beachten" und die Beschäftigten ihren „Mitwirkungspflichten" nachkommen lassen (§ 3 (2) 1. u. 2. ArbSchG [vgl. Faber 2004, insbes. der Überblick S. 27 ff.]). So weit in Kürze die grundlegenden Verpflichtungen des Arbeitgebers über geeignete und erforderliche Maßnahmen und eine entsprechende betriebliche Organisation, „Unfälle" und „arbeitsbedingte Gesundheitsgefahren" zu vermeiden sowie die Arbeit „menschengerecht" zu gestalten (§ 2 (1) ArbSchG). Die folgende Übersicht fasst diese Entwicklung noch einmal tabellarisch zusammen.

### Aufgabenkern des Gesundheitsmanagements: „Pflicht" und „Kür"

|  | Schutz | Prävention | Förderung |
|---|---|---|---|
|  | Gefahren<br>– ermitteln<br>– abwenden | Gefährdungen<br>– ermitteln<br>– abwenden<br>menschengerechte Gestaltung von Arbeit | gesunde Lebensführung<br>– beeinflussen<br>– unterstützen |
| bis 1996 | erforderlich | freiwillig | freiwillig |
| seit 1996 | erforderlich | erforderlich | freiwillig |
|  | Stand der Technik | Stand der Technik/ DIN/ ISO Normen gesicherte Arbeitswissenschaftliche Erkenntnisse | Stand der (Arbeits-) Medizin, (Arbeits-) Hygiene, Psychologie.. |
|  | Maßnahmen: zwingend/sofort<br><br>Kosten: allein der Arbeitgeber | Maßnahmen: verbindlich planen und umsetzen<br>Kosten: allein der Arbeitgeber | freiwillig bzw. im Konsens planen<br>Mitzahlung der Arbeitnehmer |

**Abbildung 6** Aufgabenkern des Gesundheitsmanagements: „Pflicht" und „Kür"

## Was ist zu tun? Aufgaben und Verfahrenspflichten

Wenn man sich den „Organisationsverpflichtungen" im Arbeits- und Gesundheitsschutz verständig nähern möchte, ist es sinnvoll, sich zunächst darüber klar zu werden, was aus der Sicht des Arbeitsschutzgesetzes vom Arbeitgeber getan werden muss. Neben der Vermeidung von „Unfällen" und „arbeitsbedingten Gesundheitsgefahren", also den vermeintlichen Aufgaben des klassischen Arbeitsschutzes, fällt hier dem Leser des Arbeitsschutzgesetzes die Forderung nach einer „menschengerechten Gestaltung der Arbeit" ins Auge (§ 2 (1)). Oberflächlich betrachtet ließe sich hier eine leere Worthülse oder allenfalls eine moralisch-ethische Referenz an das Grundgesetz Art. 2 Abs. 2 vermuten.

Doch jenseits dieser Vermutungen hat schon F.W. Taylor im Zuge seiner Arbeitsstudien versucht, Arbeitsmittel menschengerecht und damit auch leistungsoptimal zu gestalten, und hatte somit programmatisch die „wissenschaftliche Betriebsführung" an die Möglichkeiten und Bedingungen der menschlichen Physis und Psyche gebunden. Entsprechend ist es nicht nur aus Taylors

Tradition heraus in den Arbeitswissenschaften weitgehend Konsens, dass Arbeit ausführbar und schädigungsfrei sein sollte.

Ausführbar ist eine Arbeit dann, wenn sie den physischen und psychischen Möglichkeiten des Menschen prinzipiell sowie im speziellen Fall (z.B. behinderte, leistungsgewandelte Mitarbeiter) entspricht. Daraus haben sich anthropometrische, psychophysische und technische Gestaltungsanforderungen für Arbeitsmittel, Greifräume, Möblierung, Lastenhandhabung etc. entwickelt, die in Normen und Verordnungen ihren vorgabewirksamen Niederschlag finden.

Schädigungsfreiheit ist dann gegeben, wenn Arbeitnehmer weder durch Technik (z.B. mechanisch oder elektrisch), durch Schadstoffe und Strahlungen, seien sie biologischer, chemischer oder physikalischer Natur (etwa Asbest, Radioaktivität, Holzstaub), noch durch die Arbeitsorganisation (z.B. Nachtschicht, zu große Expositionszeiten an Hitzearbeitsplätzen etc.) in einem kausalen Sinne nicht geschädigt werden. Der Katalog von Berufskrankheiten, das reale Unfallgeschehen und die entsprechenden Erkrankungen bilden hier nur die eine Seite der Medaille. Die andere Seite wird von den „gesicherten arbeitswissenschaftlichen Erkenntnissen" und der Orientierung am „Stand der Technik" gebildet. Diese finden ihren Niederschlag in DIN-EN-ISO-Normen, Katalogen (z.B. zu den maximalen Arbeitsplatzkonzentrationswerten – MAK), Lastenrechnern zur Ermittlung schädigender körperlicher Belastungen, technischen Regeln sowie den ehemals rechtsverbindlichen Unfallverhütungsvorschriften der Berufsgenossenschaften.

Dieses Anforderungs- und Wissensterrain ist klassischerweise im Aufgabenkatalog des Arbeits- und Unfallschutzes verankert und markiert für manche Entscheider zugleich die „Pflichtengrenze" des Arbeitsschutzgesetzes. Doch genauso wenig, wie hier die Maßnahmen- und Gestaltungsverpflichtung des Arbeitgebers aufhört, kann er die Last der Umsetzung dieser Vorgaben einfach an die Fachkraft für Arbeitssicherheit oder den Betriebsarzt delegieren (vgl. zu deren, primär beratenden, Aufgaben §§ 3 und 6 ASiG). Wenn also die Ausführbarkeit und Schädigungslosigkeit noch keine menschengerechte Arbeit ausmachen, muss die Arbeitswissenschaft noch weitere Kriterien liefern:

Arbeit sollte beeinträchtigungsfrei sein. Arbeit und ihre Umwelt sind demnach so zu gestalten, dass im „Mittel der Schicht und auf Dauer" eine „Normalleistung" (REFA/MTM) erreichbar ist und dass dabei keine Gefährdungen und Beeinträchtigungen des „Wohlbefindens" auftreten (vgl. u.a. Ulrich 2005 S. 146). Dieses Kriterium verweist zum einen auf angemessene Dauerleistungsfähigkeiten des Menschen, seien sie körperlich oder psychisch belastend, und verweist damit auch auf die Kriterien der Ausführbarkeit und Schädigungslosigkeit. Zum anderen wird hier vor allem der Bereich der psychischen und psychophysischen Belastungen betont, die sowohl das Feld der Störungen und Erschwerungen als auch Monotonie, Überforderungen, schlechte Arbeitsmittel und Informationsverfügbarkeit, fehlende Unterstützung und Weiterbildung etc. umfassen. Aber auch die Konzentration beeinträchtigende Geräusche und Lärm, zu warme Büros, „schlechte Luft", also physikalische

Faktoren, die nicht unmittelbar schädigen, also unterhalb der unmittelbaren Schädigungsgrenze liegen, können die Arbeit und damit die Gesundheit der Arbeitenden massiv beeinträchtigen bzw. die Gesundheit gefährden.

Im Gegensatz zu dem Kriterium der Schädigungslosigkeit ist die Welt der Beeinträchtigungsfreiheit nicht linear und monokausal. Dies gilt sowohl für die Auswirkungsdimension „Leistung" als auch für die gesundheitlichen Folgen: Ein abgeschnittener Finger ist eben eine eindeutigere Schädigung als etwa Überforderungserscheinungen durch eine „herabgesetzte Wachsamkeit" infolge von Dauerbeobachtungsarbeit in einer Leitwarte oder Scanner-Station, mit entsprechenden Fehlerraten und damit einhergehender Ermüdung, die unter Umständen zu unzumutbaren Erholungszeiten führt, die aber wiederum ebenso durch eine ungesunde Lebensweise (z.B. häufige „Nachtschichten" in der örtlichen Diskothek) bedingt sein könnten. Multikausalität und nur partielle Bedingtheit durch die Arbeit stehen hier für die Gefährdungsbeurteilung und Maßnahmenfindung, somit für die Entscheider auf der Tagesordnung.

Aus rechtlicher Sicht sind jedoch diese Unsicherheiten ( z.B. arbeits- oder freizeitbedingt) recht einfach aufzulösen, denn wenn man den Begriff „arbeitsbedingt" konsequent anwendet, zeigt sich, dass beispielsweise nicht der Stress, den der Mitarbeiter möglicherweise aus dem außerbetrieblichen Umfeld „mitbringt", in den Verantwortlichkeitsbereich des Arbeitsgebers fällt (hier greifen ggf. seine freiwilligen Maßnahmen der Sozialberatung oder Gesundheitsförderung), sondern allein die Stressfaktoren, die das Arbeitssystem selbst hervorbringt (z.B. Zeitdruck, Gruppenklima, Störungen). Nur diese vom Arbeitgeber zu verantwortenden Bedingungen sind möglichst abzubauen, um so die arbeitgeberseitig (mit-)bedingten Stressfolgen (z.B. Bluthochdruck) zu verringern.

Ebenso sind die „sozialen Beziehungen" gemäß DIN EN ISO 10075, also das Verhalten der Mitarbeiter untereinander und das Führungsgeschehen, unter Umständen eine Quelle von Beeinträchtigungen. Beispielsweise sind die Folgen unzureichender Aufgabenklarheit, fehlender Unterstützung, Konfliktregelung und Fairness häufige Ursachen von Sättigungserscheinungen, inneren Kündigungen, psychologisch relevantem Dauerstress mit entsprechenden Krankheitspotenzialen und Leistungseinbußen.

Doch spätestens hier wird bei moderner Lesart der „Mängelblick", den die gesetzliche Primärorientierung auf die Gefahrenabwehr mit sich bringt, auch arbeitswissenschaftlich zu eng. Denn Führung und soziale Beziehungen sind im positiven Fall „Ressourcen". Den Salutogeneseforschern (u.a. Antonovsky) sowie der WHO-Gesundheitsdefinition folgend, kann „menschengerechte Arbeit" sich nicht darin erschöpfen, Gefahren abzubauen und Gefährdungen zu mindern. Entsprechend gibt es vor allem aus der Arbeitspsychologie heraus ein viertes arbeitswissenschaftliches Kriterium: die Lern- und Persönlichkeitsförderlichkeit von Arbeit.

Unter dieser Überschrift versammeln sich diejenigen Gestaltungsansprüche an menschengerechte Arbeit, die in „prospektiver Arbeitsgestaltung" (Ulich et al. 2005) Aufgabenvielfalt, Handlungsspielräume, Lernerfordernisse, Abwechslungsreichtum etc. realisieren sollen. Aber auch die Beteiligung der Mitarbeiter bei Planungen und Maßnahmen sowie kooperationsfördernde Arbeitsstrukturen sind nachweislich in der Lage, Fehlbelastungen zu puffern, d.h. über die subjektive Bewertung verbesserter „Erträglichkeit" hinaus, auch Fehl-Beanspruchungen und ihre Folgen für gewisse Zeit zu kompensieren. Gleichwohl sind ihr Fehlen bzw. bestimmte Defizit-Konstellationen durchaus gesundheitsgefährdend. Beispielsweise führt ein ungünstiges Verhältnis von Handlungsspielraum, der Höhe von Arbeitsanforderung und fehlender Unterstützung zu einer „dangerous Work" (Van der Doef & Maes 1999) mit einem relevant erhöhten Herzinfarktrisiko (Theorell & Karasek 1996).

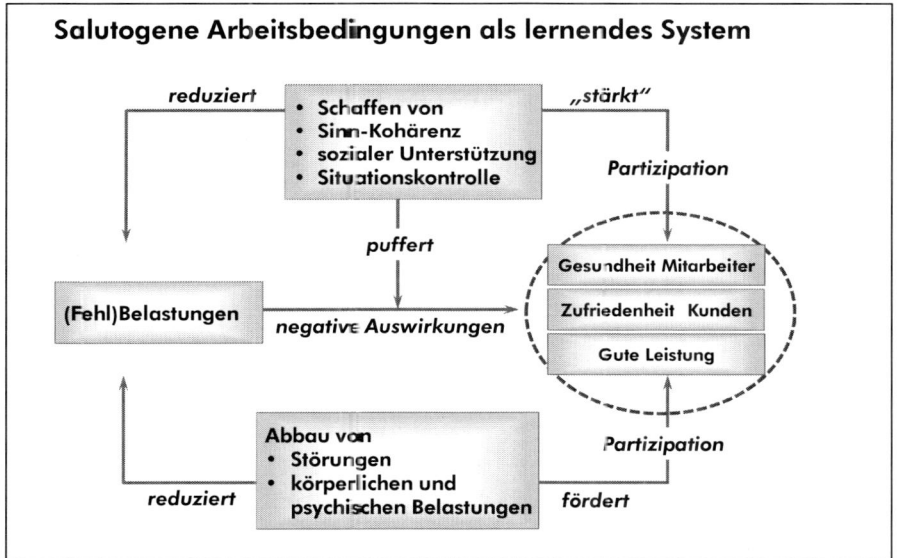

**Abbildung 7** Salutogene Arbeitsbedingungen als lernendes System

Da diese Zusammenhänge zwischen Leistung, Körper, Psyche und Arbeit hoch komplex sind und derzeit auch immer neue, auch neurophysiologische und endokrine Korrelate gefunden werden, die die psychologischen Befunde stützen (vgl. dazu den Beitrag von U. Walter in diesem Buch), spricht das Arbeitsschutzgesetz in § 4.3. auch von Maßstäben und Maßnahmenorientierungen, die vom jeweiligen „Stand der Technik" und den „gesicherten arbeitswissenschaftlichen Erkenntnissen", ganz zu schweigen von der Arbeitsmedizin und Hygiene, begründet sein sollen. Hier bedarf es also einer kontinuierlichen Beobachtung des Wissensmarktes und einer kontinuierlichen Nachbesserung des betrieblichen Kenntnisstandes.

Wie oben exemplarisch aufgezeigt, ist die Arbeitswissenschaft nun keineswegs mehr eine Domäne der Ingenieure und der Hardware-Ergonomie, sondern eine multi-, zuweilen auch interdisziplinäre Veranstaltung aller humanwissenschaftlichen Disziplinen. Damit wird sie zunehmend auch potenter bei der Lösung zwei weiterer gesetzlicher Umsetzungsaufgaben, die im Orientierungsrahmen der menschengerechten Arbeit in der Praxis Probleme bereiten: Zum einen ist es die Vorgabe aus § 4.4. ArbSchG, die vom Arbeitgeber eine Maßnahmenplanung verlangt, die „Technik, Arbeitsorganisation, sonstige Arbeitsbedingungen, soziale Beziehungen und den Einfluss der Umwelt auf den Arbeitsplatz sachgerecht verknüpft". Es reicht also nicht, dass beispielsweise eine Maschine sicher ist; sie sollte, wenn ihre Bedienung Monotonie fördert, z.B. nur im Wechsel mit anderen Tätigkeiten bedient werden. Diese „Rotation" von Tätigkeiten sollte mit den Betroffenen abgestimmt, aber von der Führungskraft eingefordert und gesichert werden; ferner wäre darauf zu achten, dass die klimatischen und die Lärmbedingungen so gestaltet sind, dass sie nicht noch zusätzlich die Beanspruchung durch die monotone und einseitig belastende Aufgabe (Unterforderung) verstärken, usw.

Weiterhin wird hier vom Gesetzgeber die Tatsache antizipiert, dass präventive, aber auch korrigierende Maßnahmen in der Regel vielfältige Auswirkungen zeigen und ggf. an anderen Stellen neue Gefährdungen oder Belastungen hervorrufen. Darüber hinaus weist diese Vorgabe darauf hin, dass maßnahmenauslösende Gefährdungen oder Mängel häufig multikausal bedingt sind, dass sie also i.d.R. gleichzeitig mehrere Ebenen der oben beschriebenen Kriterien menschengerechter Arbeit berühren können. Betriebspraktisch gewendet müssen also Gefährdungen und Mängel aber auch Ressourcen auf den jeweiligen Kontext eines Arbeitssystems und seines Organisationsumfeldes hin analysiert und die Maßnahmen hinsichtlich ihrer primären und sekundären Auswirkungen bedacht werden.

Eine „Gefährdungsbeurteilung" nach § 5 ArbSchG kann daher im Grundsatz aus arbeitswissenschaftlicher Sicht nur ganzheitlich, d.h. unter Berücksichtigung von physischen und psychischen Belastungen sowie der Ressourcensituation im Arbeitssystem, angelegt werden. Diese Anforderung wurde lange Zeit in der juristischen Auseinandersetzung hinsichtlich der „psychischen Belastungen" und „Ressourcen" bestritten. Auch in der betrieblichen Praxis hat sich diese Sicht – trotz höchstrichterlicher Entscheidungen – weiterhin noch nicht flächendeckend durchgesetzt. Dies nicht zuletzt deshalb, weil mit dem Phänomen der psychischen Belastung die Entscheider wenig anfangen können und viele Befürchtungen sowie Wissensdefizite die Situation bestimmen.

Die zweite in der Praxis problematisierte Vorgabe für die Maßnahmenentwicklung ist die Gefahrenverhütung „an der Quelle" (§ 4.2. ArbSchG). Dies begründet bei der „Mensch-Maschine"-Schnittstelle und bei der Exposition von Umweltgefahren (Lärm/Hitze etc.) den Vorrang von technischen Maßnahmen zur Eliminierung der Gefahr (also effektive Verhinderung bzw. sichere Trennung von Mensch und Gefahr) vor dem Einsatz persönlicher Schutzausrüstung (§ 4.5. ArbSchG). Im Bereich der Beeinträchtigungen und Ressourcen gilt diese Vorgabe an der Quelle der Belastungen die Maßnahmen ansetzen zu lassen ebenfalls, was aber in der Praxis eine differenzierte und multikausale Analyse voraussetzt. So z.B. ist ein von Mitarbeitern empfundener „Zeitdruck" häufig kein einfaches Mengenproblem (z.B. zu wenig Mitarbeiter), sondern ein komplex bedingtes Phänomen, das sich durch das Zusammenspiel von Störungen, inadäquaten Handlungsspielräumen, ungeeigneten Arbeitsmitteln, Führungsverhalten etc. begründen kann und sich dann leistungsmindernd und belastungssteigernd auswirkt. Hier muss also zunächst eine Analyse die differenzierten Erkenntnisse für zielführende Maßnahmen liefern. „Schnellschüsse" führen hier i.d.R. nicht zu den „Quellen" der Probleme.

Doch bevor wir uns diesem „Wie" der Ermittlung von Gefahren und Gefährdungen als Verfahrensverpflichtung zuwenden, sei abschließend für die Frage des inhaltlichen Geltungsbereiches des Arbeitsschutzgesetzes darauf hingewiesen, dass auch „besonders schutzwürdige Beschäftigte" (z.B. behinderte oder leistungsgewandelte Mitarbeiter, Schwangere) bei der Maßnahmenplanung berücksichtigt werden müssen (§ 4.6. ArbSchG). Weiterhin muss sich auch das 2004 im Sozialgesetzbuch IX im § 84.2. verankerte „Eingliederungsmanagement" (BGM) als Verfahrenspflicht auf das Konzept der „menschengerechten Arbeit" aus dem Arbeitsschutzgesetz beziehen, wenn es seinen Präventionsauftrag erfüllen will.

Dass jedoch ältere Arbeitnehmer in den Bereich „besonders schutzwürdiger Beschäftigter" gehören, wird zwar in Zeiten einer überschäumenden Demografie- und Rentendiskussion vielfach unterstellt, ist aber schon aus Diskriminierungserwägungen wenig sinnvoll und arbeitswissenschaftlich gesehen nicht generell erforderlich (u.a. Hacker 2004). Gleichwohl gebietet die Orientierung auf menschengerechte Arbeit die Berücksichtigung von relevanten Veränderungen der Leistungsfähigkeit und -tauglichkeit (z.B. Nachtschicht, Lernmethodik) verschiedener Altersgruppen, nicht jedoch generelle „Schonarbeiten" für „Alte" (vgl. u.a. Szymanski 2006).

Wenn nun aber ein Arbeitgeber eine neue Fabrik oder ein neues Büro aufbaut, hat er möglichst alle oben genannten Faktoren gesundheitsförderlicher Arbeit bei der Planung zu berücksichtigen, also nicht nur bei der Architektur, sondern bei allen Elementen des neuen Arbeitssystems, so auch die Faktoren planerisch zu berücksichtigen, die physische und psychische Gefährdungen auslösen können oder als mangelnde Ressourcen „zu Buche" schlagen. Kurz: Die neue Fabrik hat menschengerecht zu sein. Alles andere, also das Bestehende, hatte nach überkommenem juristischem Verständnis einen weitgehenden Bestandsschutz. Solange der Arbeitgeber sich nicht entschloss, die Verhältnisse zu ändern, bestand kaum ein rechtlicher Hebel, eine Veränderung der Verhältnisse rechtlich einzufordern. Dieses überaus statische klassische Bestandsschutzverständnis ist heute auch juristisch nicht mehr state-of-the-art (ausführlich dazu Faber 2004 S. 144 ff.). Ausgehend vom Verhältnismäßigkeitsgrundsatz ist heute eine schrittweise, geplante Optimierung („verbindlicher Verbesserungsplan") gefordert. Dabei sind u.a. die Art und Schwere der

Gefährdung (Risikobewertung) oder Abschreibungsfristen von Maschinen und Anlagen in die Abwägung einzubeziehen, wenn ein Verbesserungsplan verbindlich zu verabschiedet und schnell bzw. mit längerer Fristung umzusetzen werden soll.

Vor 1992 – also vor dem Urteil des Bundesverfassungsgerichtes – konnte sich der Arbeitgeber noch auf den § 120 der Gewerbeordnung berufen und weiterhin bestehende Gefahren mit der „Natur des Betriebes" begründen („wo gehobelt wird, fallen auch Späne"). Dies wurde als verfassungswidrig (Art. 2.2) erkannt und somit das Gut der Gesundheit bzw. der „Unversehrtheit" massiv gegenüber wirtschaftlichen Interessen aufgewertet (vgl. Kohte in Kollmer 2005).

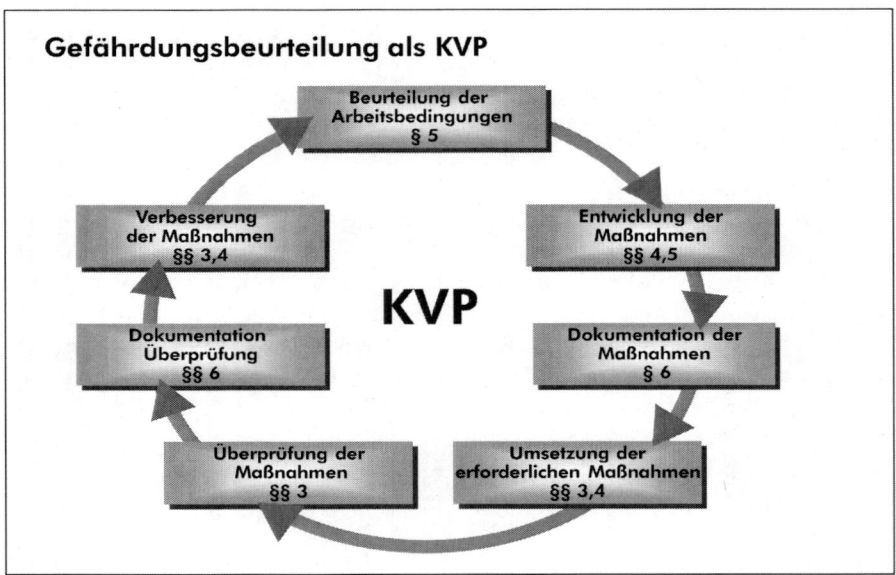

**Abbildung 8** Gefährdungsbeurteilung als kontinuierlicher Entwicklungsprozess

Auch für alle anderen Gefährdungen und „erforderlichen" Maßnahmen gilt entsprechend diese Verhältnismäßigkeit von Gefährdung, Aufwand und Wirkungserwartung in einem Beurteilungs- und Entscheidungsprozess, an dem der Betriebs- bzw. Personalrat i.d.R. mitbestimmend zu beteiligen ist (§ 87.1.7 BetrVG bzw. § 75(3)11 BPersVG). Das heißt, nach einer Gefährdungsbeurteilung oder neuen wissenschaftlichen Erkenntnissen besteht nicht die Verpflichtung, sofort das „Paradies" einzuführen oder arbeitsbedingtes „Wohlfühlen" jederzeit zu garantieren. Damit diese Vorgaben sich aber nicht in wohlfeilen Absichtserklärungen verflüchtigen, hat der Gesetzgeber die Verfahrenspflicht des kontinuierlichen Verbesserungsprozesses (KVP) eingeführt, der klassisch über die Analyse zur Maßnahmenplanung, Umsetzung und Maßnahmenkontrolle führt und prozessbezogen zu dokumentieren ist. Abbildung 8 zeigt paragraphengestützt diese Vorgabe. Operationalisiert wird dieser kontinuierliche Prozess durch die Planungspflicht des § 3 Abs. 2 ArbSchG. Juristisch steht der Begriff „Planung" für ein Handeln in der Zeit. Es wird so möglich, umfassende Anpassungsprozesse verbindlich und mit einer im Betrieb auszuhandelnden Prioritätensetzung zu gestalten (dazu ausführlich Faber 2004 S. 86 ff.).

Dabei spielt naturgemäß die „Gefährdungsanalyse" – also die Ermittlung der „Erforderlichkeit" von Maßnahmen – eine zentrale Rolle (vgl. dazu auch den Beitrag von Robert Schleicher in diesem Band).

Doch ist es ein in der Praxis gerne gelebtes Missverständnis, die systematische Gefährdungsanalyse als alleinige Informationsquelle für diesen KVP-Prozess zu betrachten. Natürlich ist es nicht nur sachdienlich und zielführend, sondern auch geboten, Unfall- und Fehlzeitenanalysen, Gesundheitsdaten der Krankenkassen und Ergebnisse z.B. der BEM-Prozesse sowie Erkenntnisse aus Befragungen zur Kunden- und Arbeitszufriedenheit und zur Unternehmenskultur hinzuzuziehen. Inwiefern diese Informationen einem „BGM-Gesundheitsbericht" entnommen werden können bzw. die Ergebnisse der Gefährdungsbeurteilung wieder in ihn eingehen, hängt vom realen Ausbaustand des jeweiligen BGM ab.

An dieser Stelle ist jedoch wiederum zu betonen, dass aus Sicht des Arbeitsschutzgesetzes zunächst allein die Verbesserung der Arbeitsbedingungen im Fokus steht, nicht aber die Gesundheitsförderung, es sei denn, Maßnahmen zur gesünderen Lebensführung, etwa zu einer Erhöhung der Stresskompetenz, werden als kompensative Maßnahme aus einer Gefährdungsbeurteilung abgeleitet, umgesetzt und evaluiert. Somit ist der Aufgabenbereich eines voll elaborierten BGM größer, als es das Arbeitsschutzgesetz verpflichtend vorschreibt. Doch inwieweit die oben aufgezeigten gesetzlich vorgeschriebenen Aufgaben des Arbeitgebers organisatorische Folgen zeitigen und welche Organisationspflichten direkt vom Arbeitsschutzgesetz adressiert werden und damit die Organisation eines BGM präformieren, soll das folgende Kapitel vorstellen.

## Wie ist die Organisation aus rechtlicher Sicht zu gestalten?

Die rechtlich fixierte Verpflichtung des Arbeitgebers, „für eine geeignete Organisation zu sorgen und die erforderlichen Mittel bereitzustellen [...]" (§ 3 (2) 1. ArbSchG) reflektiert zum einen die historische Erfahrung, dass Organisationsmängel Ursachen für Unfälle waren und sind (z.B. „Seveso" oder die Industrieunfälle in den 70er Jahren an der Rheinschiene), zum anderen aber auch die Tatsache, dass die vorab dargestellten gesetzlichen Aufgaben und Verfahrenspflichten nur durch betriebliche Organisationsstrukturen und -leistungen realisiert und nachhaltig gesichert werden können.

Dazu dient, je nach Branche und Risikotyp des Betriebes, zunächst die „Sicherheitsorganisation", die den Umwelt-, Brand- und Arbeitsschutz zu integrieren hat. Diese Ansätze, die sich über spezifische „Standard-Arbeitsschutzmanagementsysteme" wie ASCA und OHRIS (vgl. u.a. Ritter & Langhoff 1998) hinaus zu Managementclustern wie zum Beispiel zum QHSE-Management (Quality, Health and Safety, Environment) in der chemischen Industrie entwickelt haben, sind i.d.R. technisch orientiert und aus BGM-Sicht sowie unter der Perspektive des Arbeitsschutzgesetzes keineswegs allein „geeignet", die Pflichten und Potenziale einer integrierten Gesundheitspolitik zu realisieren. Die gesetzlichen Orientierungen und Vorgaben umsetzende Organisation lässt sich also weniger an den konkreten materiellen Gefahren und Gefährdungen verdeutlichen als an den übergreifenden Verfahrensvorgaben, die eine „geeignete Organisation" umzusetzen und nachhaltig zu sichern hat:

- kontinuierlicher Verbesserungsprozess der gesundheitlich relevanten Arbeitsbedingungen und des Gefahrenabbaus (§§ 2; 4; 5 ArbSchG)
- horizontale und vertikale Einbindung in die „Führungsstrukturen" und „alle Tätigkeiten" (§ 3.2. ArbschG)
- Beteiligung der Mitarbeiter und der Arbeitnehmervertretungen (§§ 3; 17 ArbSchG)
- kontinuierliches Wissensmanagement zu Fragen des „Standes der Technik" und des Standes arbeitswissenschaftlicher Erkenntnisse (u.a. § 4.3. ArbSchG)

Da es keine gesetzliche Vorgabe gibt, wie und von wem im Einzelnen diese Aufgaben umgesetzt werden sollen, gibt es aus vielerlei berufenem Munde Muster, Leitfäden und „ideale" Organisationsvorstellungen, die aber nur als sinnvolle, mehr oder minder passende Modelle, Empfehlungen und Orientierungen dem Pflichtadressaten dienen können (z.B. ILO 2001/Gemeinsame Erklärung des BMWA, der BGen et al 2002). Der Arbeitgeber hat hier also einen großen Gestaltungsspielraum, der sich letztlich an der nachhaltigen Effizienz seiner Aufgabenerledigung messen lassen muss. Entsprechend sind die Berufsgenossenschaften und staatlichen Stellen in der Beratungs-, aber vor allem in der Überwachungsverpflichtung. Sie müssen also auch die jeweils gewählte und gelebte Organisation beurteilen.

### *Zur kontinuierlichen Verbesserung (KVP)*

Das rechtliche Konzept zur kontinuierlichen Verbesserung speist sich aus drei Quellen: dem Verhältnismäßigkeitsgrundsatz bei der Umsetzung „erforderlicher" Maßnahmen, der ständigen Veränderung der betrieblichen Bedingungen durch Technik, Organisation und Personal (TOP) sowie den Veränderungen hinsichtlich des Standes von Technik und Arbeitswissenschaft (s.w.u.).

Aus Sicht der Organisation bedarf es also einer regelmäßigen Ermittlung von Gefährdungen, geeigneter Beurteilungsmechanismen für die Frage der Erforderlichkeit von Maßnahmen sowie entsprechender Entscheidungs- und Umsetzungsstrukturen.

Die nachhaltige Etablierung solcher Strukturen, die u.a. auch die Frage zu klären hat, wie oft, wie intensiv und von wem die Gefahren- und Belastungsermittlung durchgeführt wird, ist nur betriebsspezifisch umzusetzen. So ist beispielweise die Gefährdungsermittlung in der Stahlindustrie zunächst stärker auf direkt schädigende Bedingungen (Lärm, Hitze, mechanische Gefahren etc.) auszurichten als beispielsweise in einer Bank oder Versicherung, bei der nicht der „direkt schädigende" (> 80 dB (A) gem. Lärm- und Vibrationsverordnung), sondern der „beeinträchtigende" Lärm, etwa in einem Großraumbüro, zu ermitteln ist (< 55 dB (A), noch aktueller Grenzwert aus der Arbeitsstättenverordnung, geringer Nachhall < 0,5 s, Informationshaltigkeit als weitere Variable für das Störpotenzial etc.).

Dennoch muss bei aller Branchentypik jeder Arbeitgeber die für seine Organisation angemessenen, geeigneten Strukturen aufbauen:

- Er kann beispielsweise die Fachkraft für Arbeitssicherheit oder den Betriebsarzt mit der Gefährdungsermittlung gemäß § 5 ArbSchG beauftragen, muss aber dabei bedenken, dass dies nicht zu den durch das ASiG (§ 3 und 6) abgedeckten Aufgaben und Einsatzzeiten gehört, sie also eine zusätzliche Aufgabe mit zusätzlich erforderlichen Ressourcen für diese Funktionsträger darstellt. Er kann aber auch eine mit Managerfähigkeiten ausgestattete Person mit Planung, Koordination, Kommunikation und Controlling dieses KVP beauftragen und ihr beispielsweise zudem die Koordination des gesamten BGM übertragen.
- Er kann beispielsweise den Arbeitssicherheitsausschuss (ASA) als Entscheidungsgremium wählen und ihn zur Drehscheibe eines BGM machen. Doch auch hier muss erst die ASiG-Struktur „aufgewertet" werden, und zwar sowohl hinsichtlich ihrer Aufgaben (Arbeitssicherheit koordinieren) als auch hinsichtlich ihrer Kompetenzen (bislang nur ein Beratungsgremium). Er kann aber auch die eingeschwungene ASA-Kultur bestehen lassen und einen neuen „Arbeitskreis Gesundheit" etablieren, der alle unternehmensrelevanten Gesundheitsentscheidungen trifft sowie die Maßnahmenumsetzung koordiniert und delegiert. Inwiefern zusätzliche, dezentrale, also „gefährdungsnahe" Abstimmungs- und Beurteilungsstrukturen sinnvoll und erforderlich sind, ist nicht nur eine Frage der Größe des Unternehmens, sondern auch eine Frage der Effizienz und Entlastung der zentralen Strukturen.
- Er kann beispielsweise eine Gefährdungsermittlung und -beurteilung mit etablierten und wissenschaftlich abgesicherten Verfahren von Experten durchführen lassen (siehe dazu v.a. die Tool-Box der Bundesanstalt für Arbeitsschutz und Arbeitsmedizin) oder einen iterativen Suchprozess (Orientierung, Detaillierung, Messung) mit einem entsprechenden Methodenmix, ggf. mit „Bordmitteln" veranstalten, wozu er aber eine geeignete, d.h. dis-

ziplinierte und kundige Organisation/Mitarbeiter benötigt, die diesen komplexen Prozess plant, durchführt und steuert.

Da es sich dabei zudem um Datenermittlungen mit potenziellem Personenbezug handelt (Mitarbeiterbefragung, Gesundheits- und Fehlzeitendaten, Leistungskennzahlen etc.), bedarf dieser kontinuierliche Verbesserungsprozess gemäß Bundesdatenschutzgesetz auch einer den Datenschutz nachweislich sichernden Organisation der Nutzung, Verteilung und Speicherung (Dokumentation) der Informationen. Schließlich steht natürlich auch die Organisation des KVP bei jedem Zyklus selbst auf dem Prüfstand, was beispielsweise sie Etablierung von (Selbst-) Audits oder/und zertifizierter Organisation bedeuten kann. So kann man trefflich eine BGM-Struktur aufbauen, Gefährdungsbeurteilungen durchführen und Maßnahmen in speziellen Gremien beschließen, doch bei der Umsetzung derselben regt sich Widerstand oder die Früchte der Arbeit werden durch das nächste Reorganisations- oder Technikprojekt wieder zunichtegemacht. Dieses von vielen Praktikern leidvoll bekannte Phänomen verweist auf eine weitere gesetzliche Organisationspflicht:

### *Zur Einbindung in Führungsstrukturen und in alle Tätigkeiten*

Das Arbeitsschutzgesetz fordert nicht nur eine Prozessorganisation zur kontinuierlichen Verbesserung mit entsprechender Entscheidungsstruktur, sondern begreift Gesundheit als eine Organisationsleistung, die vertikal wie horizontal als „Querschnittsaufgabe" zu etablieren ist. § 3 (2) 2. des Arbeitsschutzgesetzes fordert entsprechend „Vorkehrungen zu treffen, dass die Maßnahmen erforderlichenfalls bei allen Tätigkeiten eingebunden" werden.

Diese Orientierung auf eine effiziente horizontale Integration des Arbeits- und Gesundheitsschutzes bedeutet beispielsweise die Einbindung von Arbeitssicherheit, Personalabteilung, Einkauf, Betriebsmittelkonstruktion etc. sowie der Mitarbeiter bei der Planung und Durchführung einer neuen, „gesunden" Fertigungsstraße (vgl. dazu weiterführend meinen Beitrag zur „BGM-Integration" in diesem Buch). Gesundheit als „Gefügeleistung" verschiedener Fachabteilungen bei Veränderungsprojekten und im kontinuierlichen Verbesserungsprozess zu organisieren wird hier gesetzlich adressiert. Zugleich handelt es sich um das organisationale Pendant zur fachlichen Integrationspflicht bei der Maßnahmenentwicklung gemäß § 4.4. ArbSchG. Weiterhin weist § 3 (2) 2. auf die Einbindung in die betrieblichen Führungsstrukturen hin. Dabei ist weniger die salutogene bzw. pathogene Wirkung von passenden oder unpassenden Führungsverhältnissen gemeint, vielmehr reflektiert diese Facette der Organisationsverpflichtung die Tatsache, dass betriebliche Gesundheitsarbeit kein Fach-Expertenjob sein kann, sondern sich im Alltagsverhalten und in der wirksamen Kultur des Unternehmens verankern muss.

Von daher können in der betrieblichen Verantwortungshierarchie die Linienvorgesetzten, aber auch die Verantwortlichen von internen Dienstleistern als „geeignete und zuverlässige" Personen mit den gesundheitsbezogenen

Aufgaben des Arbeitgebers betraut werden. Diese „Pflichtenübertragung" hat gemäß § 13 (2) ArbSchG schriftlich zu erfolgen. Dementsprechend sind aufgabenangemessene Kompetenzen und Ressourcen mit zu vermitteln. Beispielsweise ist zu vereinbaren, welche Rolle der Vorgesetzte im KVP bzw. der Gefährdungsbeurteilung und bei den Unterweisungen zu spielen hat, wie er im Falle von Beinahe-Unfällen oder angezeigten Mängeln reagieren muss oder ob die Inanspruchnahme der Beratungsleistung der ASiG-Berater und des BGM-Beauftragten beispielsweise zu Fragen „gesunden Führens" freiwillig oder verpflichtend ist.

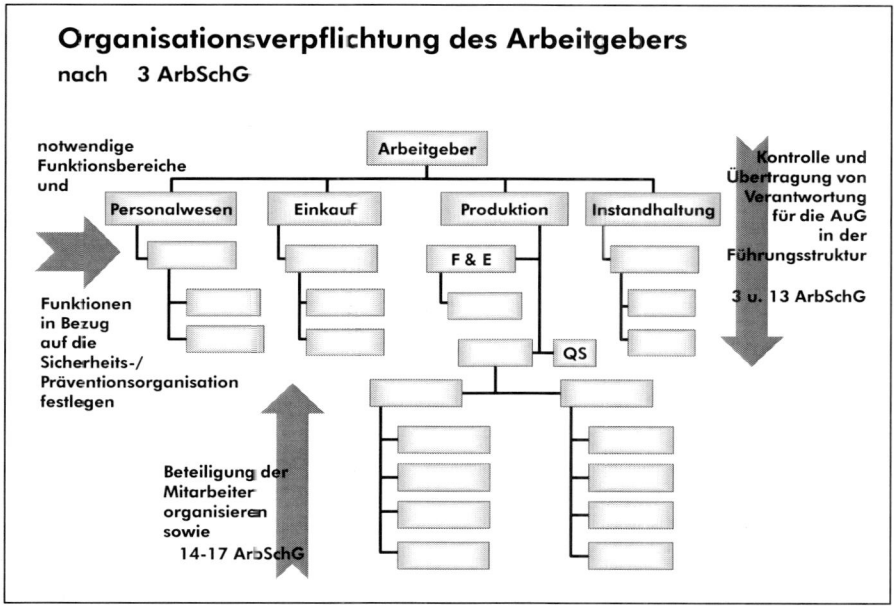

**Abbildung 9** Organisationsverpflichtung des Arbeitgebers nach § 3 ArbSchG

Wie Abbildung 9 zeigt, ist jedoch die vertikale „Top-down"-Organisation der betrieblichen Gesundheitsarbeit nur die eine Seite der Medaille, denn die „Beschäftigten müssen (auch) ihren Mitwirkungsverpflichtungen nachkommen können" (§ 3 (2) 2. ArbSchG).

### Beteiligung von Beschäftigten und Arbeitnehmervertretungen

Auch wenn im Sinne gesundheitsförderlicher Gestaltung von Arbeitssystemen und Organisation die Beteiligung von Beschäftigten eine wichtige Rolle spielt, so ist die Organisationsverpflichtung kollektivrechtlich auf folgende Aspekte fokussiert:
- die Mitwirkungspflichten der Beschäftigten gemäß §§ 15 u. 16 ArbSchG, die sich zum einen auf „sicheres Verhalten" und „bestimmungsgemäßen

Gebrauch" von Arbeitsmitteln beziehen und entsprechend eine angemessene Unterweisung voraussetzen (§ 12 ArbSchG); zum anderen auf das Melden von Mängeln und Gefahren sowie die Kooperation mit den ASiG-Beauftragten, was entsprechend eine Beteiligungsorganisation (Zeitbudgets, Ansprechpartner, Meldewege etc.) voraussetzt.

- die spezifischen Rechte der Beschäftigten, die im Wesentlichen das „Vorschlagsrecht" zum Gesundheitsschutz (§ 17 (1) ArbSchG) und das „Beschwerderecht" bis hin zur zuständigen Behörde (§ 17 (2) ArbSchG) beinhalten Auch diese zudem noch über das Betriebsverfassungsgesetz gestützten Rechte setzen eine Organisation (z.B. Ansprechpartner, Vorschlagswesen, Rückmeldungen etc.) voraus, die entsprechende Beteiligung ermöglichen und fördern (dazu auch Kollmer 2005, § 3 ArbSchG, Rn. 86).

Der Bezug auf die Beteiligungsrechte der Beschäftigten aus dem Betriebsverfassungsgesetz §§ 81 u. 82 BetrVG verweist zum einen auf die Notwendigkeit multirechtlicher Verpflichtungen, zum anderen auf einen weiteren Beteiligungsaspekt: die kollektive Beteiligung.

Rechtlich gesehen besteht für die Betriebs- und Personalräte mit wenigen Unterschieden ein Mitbestimmungsrecht in den Bereichen des Arbeits- und Gesundheitsschutzes, in denen der Arbeitgeber einen Gestaltungsspielraum hat, also nicht durch Gesetze und Verordnungen „gegängelt" ist.

Wohingegen im Personalvertretungsrecht höchstrichterlich bestimmt nur die „Sachmaßnahme" im Fokus der Mitbestimmung liegt (Bundesverwaltungsgerichtsurteil zur Mitbestimmung bei der Gefährdungsbeurteilung nach § 75.3 Nr. 11 BPersVG – 2002) besteht im Bereich des BetrVG – ebenfalls durch Bundesarbeitsgerichtsurteile legitimiert – darüber hinaus mit dem § 87.1.7 BetrVG auch mitbestimmender Einfluss auf alle Regelungen über die Organisation des Arbeits- und Gesundheitsschutzes. Zum Beispiel bestimmen Betriebsräte nicht nur bei den Methoden und Verfahren der Gefährdungsbeurteilung mit, sondern auch über deren organisationale Verankerung in einem kontinuierlichen Verbesserungsprozess (wer, wann, wie, wie oft etc.) und natürlich auch bei den sachlichen Maßnahmen zur Verbesserung der Arbeitsbedingungen, sofern ein Gestaltungsspielraum besteht.

Mitbestimmung bedeutet darüber hinaus auch ein Initiativrecht bzw. die Verpflichtung der Arbeitnehmervertretung, den Arbeitgeber nachhaltig aufzufordern, seinen Maßnahmen- und Organisationsaufgaben nachzukommen und ggf. dazu entsprechende Rechtsmittel zu nutzen. Schließlich ist die deutsche Mitbestimmung in erster Linie auch ein rechtlich vorgegebenes Ritual für eine institutionalisierte Konfliktlösung: In letzter – vorgerichtlicher – Instanz ersetzt der Spruch des Einigungsstellenvorsitzenden die Einigung der Betriebsparteien.

Diese funktionale Sicht der Betriebsparteien muss durch eine organisationale ergänzt werden. Denn wer informiert beispielsweise wann mit welchen Unterlagen den Betriebsrat so rechtzeitig, so dass er in die Lage versetzt wird, über gesundheitsrelevante Risiken, Verbesserungsmaßnahmen und projektbezogene Mitarbeiterbeteiligung zu beraten und ggf. – in der Aufbau- und Ablauforganisation des Projektes verankert – mitzubestimmen?

Spätestens an dieser Stelle – hier bei der Integration von Gesundheit und Mitbestimmung in betrieblichen Veränderungsprozessen, aber auch bei den regelmäßigen Verbesserungszyklen – wird deutlich, dass das formale Recht der Beteiligung sich recht schnell an den betrieblichen Kräfteverhältnissen, den Interessenlagen sowie der jeweiligen Rahmenbedingungen der Organisation brechen kann. In diesem Spannungsverhältnis, das zwischen „Verhältnismäßigkeit" und „Erforderlichkeit" oder den Lebensperspektiven der Mitarbeiter und kurzfristigen Markterfordernissen der Organisation ausgetragen wird, spielt rechtlich gesehen noch eine weitere Komponente eine entscheidende Rolle: Beide Betriebsparteien und letztlich auch der Vorsitzende der Einigungsstelle haben sich im Rahmen ihres Aushandlungsprozesses am „Stand der Technik" sowie den „gesicherten arbeitswissenschaftlichen Erkenntnissen" zu orientieren (§ 4.3. ArbSchG). Diese müssen irgendwie und irgendwo vorliegen und man müsste auch sie entsprechend kennen.

### *Zur Organisation des Wissens über den Stand der Technik und Arbeitswissenschaft*

Für ein BGM ist die Gewinnung, Verteilung und Beurteilung von Informationen eine zentrale Funktion der kontinuierlichen Verbesserung der betrieblichen Gesundheitspolitik. Beispielsweise stellt sich für den periodischen Gesundheitsbericht und dessen „Verarbeitung" im Steuerkreis die Organisationsaufgabe, aus den verschiedensten Quellen – quasi als Gefügeleistung – die relevanten Informationen zusammenzutragen (Fehlzeiten aus dem Personalwesen, Diagnosedaten von den Krankenkassen, Ergebnisse des BEM vom Betriebsarzt, Unfallzahlen und -gründe aus der Arbeitssicherheit etc.) und auf Wirkungszusammenhänge z.B. mit den umgesetzten Maßnahmen hin zu überprüfen.

Für diese i.d.R. organisationsübergreifende Kernaktivität des BGM (vgl. dazu auch den Beitrag von Badura in diesem Buch) gibt es m.W. keine rechtliche Verpflichtung. Ihre Ergebnisse/Erkenntnisse aber sind – wenn vorhanden – in die Gefährdungsbeurteilung auf Arbeitssystemebene gem. § 5 ArbSchG mit einzubeziehen und umgekehrt. Es ist also für ein gesundheitsbezogenes Wissensmanagement sinnvoll und zielführend, eine „Wissensart" zu organisieren, die sich auf die spezifischen Eigenschaften, Merkmale und Bedingungen der Organisation bezieht und so die Grundlage für die Entwicklung von gesundheitsförderlichen Maßnahmen bildet. Diese „Bewegungsdaten" der gesundheitlichen Situation des Unternehmens sind entsprechend die Variablen bzw. Langfrist- und Kurzfristindikatoren im kontinuierlichen Verbesserungsprozess. So allgemein, so einfach, wenn das Zusammenspiel der Datenlieferanten funktioniert und die Datenqualität den Erfordernissen entspricht. Doch bei genauerer Betrachtung ergeben sich daraus zwei rechtlich relevante Fragen:

- Welche „Bewegungsdaten" sollten bzw. müssen erhoben werden?
- Mit welchen Maßstäben sind sie zu bewerten?

Aus der Perspektive des Arbeitsschutzgesetzes liegt der Fokus eindeutig auf dem ggf. gefährdenden Arbeitssystem bzw. er hat nach der „Art der Tätigkeit" zu erfolgen (§ 5 (2) ArbSchG). Abbildung 10 zeigt wesentliche Analysegegenstände und einige relevante Kontextbedingungen, welche einzeln und/oder in Kombination Gefahren und Fehlbelastungen darstellen können.

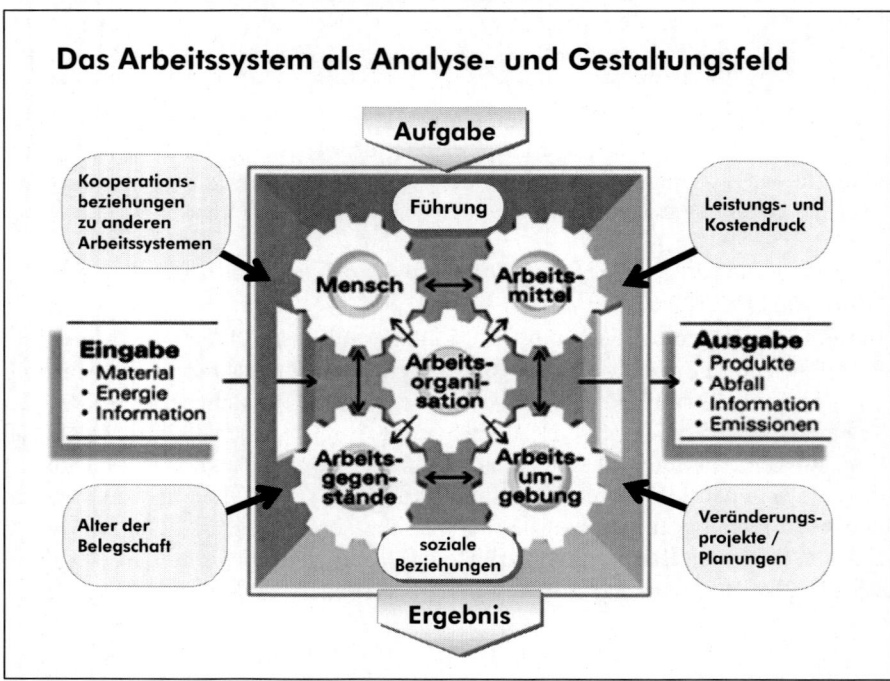

**Abbildung 10** Das Arbeitssystem als Analyse- und Gestaltungsfeld

Da die Analysegegenstände einer Gefährdungsanalyse branchenspezifisch variieren und dazu z.T. noch betriebliche Besonderheiten aufweisen – etwa durch verschiedene Maschinen, Softwaresysteme oder Führungsspannen –, ist es erforderlich, Fachwissen und Betriebskenntnisse zusammenzubringen. Die von den Berufsgenossenschaften herausgegebenen Leitlinien und Gefahrenkataloge können für diesen iterativen Suchprozess nach relevanten Gefährdungen der Organisation hilfreich sein. Sie reichen aber keineswegs aus, um beispielsweise die relevanten Faktoren des Einflusses von Führung auf die Gesundheit der Mitarbeiter betriebs- und arbeitssystemspezifisch festzulegen bzw. zu ermitteln. Hier helfen zum einen arbeitswissenschaftliche Erkenntnisse zum Zusammenhang von Führung und Gesundheit (vgl. u.a. Badura 2006, Barmer 2007, Rudow 2004, Wunderer 2006), zum anderen die Standardinstrumente und -verfahren zur Ermittlung psychischer Belastungen, in denen dieses Belastungscluster gemäß DIN EN ISO 10075 i.d.R. auch Berücksichtigung findet (vgl. Resch 2003).

Sich dieses Wissen zu beschaffen und in Dokumenten und Köpfen zu verankern, ist nicht nur für die Ermittlung von Gefahren und (Fehl-)Belastungen sowie deren Folgen relevant, sondern ebenso für die Frage nach der „Erforderlichkeit" und „Art der Maßnahmen", die ggf. zu ergreifen sind.

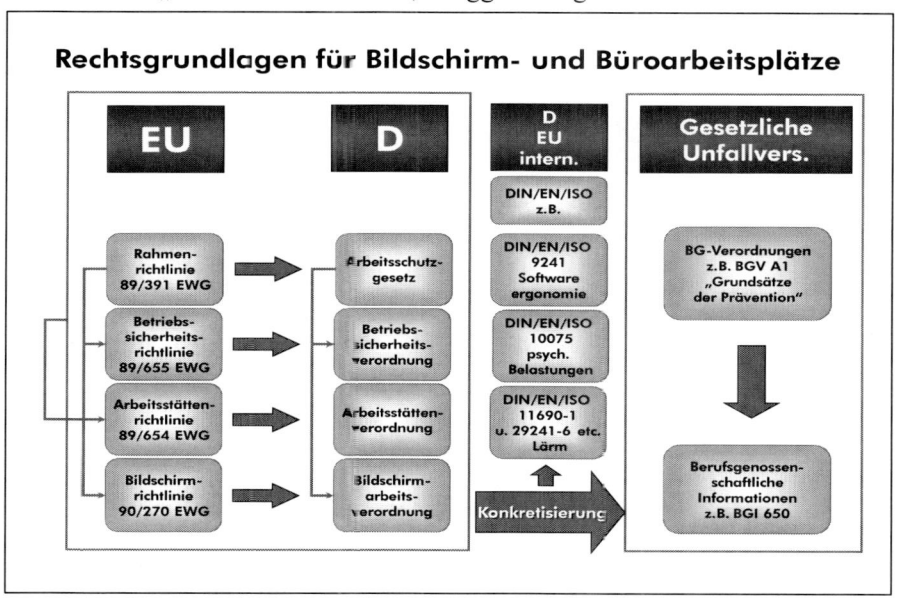

**Abbildung 11** Rechtsgrundlagen für Bildschirm- und Büroarbeitsplätze

Auch hier rekurrieren das Arbeitsschutzgesetz (§ 4) und andere einschlägige Gesetze, wie etwa das Betriebsverfassungsgesetz (§ 91), auf den „Stand der Technik" und die „gesicherten arbeitswissenschaftlichen Erkenntnisse". Auch wenn die BAUA und andere Stellen, wie Berufsgenossenschaften, sowie Handbücher der Arbeitswissenschaft (z.B. Landau et al 2009, Luczak & Volpert 1997, Ulrich 2005, Kern & Schmauder 1995, Leɦder G, Skiba 2005) eine Fülle von Fundstellen bieten, so ist dieser kontinuierliche Selektions-, Aneignungs- und Verbreitungsprozess von jedem Arbeitgeber spezifisch seriös zu managen. Denn auch hier gilt der Grundsatz „Unwissen schützt vor Strafe nicht": beispielsweise führen Unfälle, die aufgrund von nicht dem „Stand der Technik" entsprechenden Maschinen verursacht sind, zur (Mit-) Haftung des Betreibers. Für kleine und mittlere Betriebe sind z.Zt. die ASiG-Fachkräfte und Betriebsärzte sicherlich die erste Adresse im Wissensmanagement, doch sind sie als Berater der Geschäftsleitung und des Betriebsrates nicht für die

Verbreitung und Anwendung dieses Wissens verantwortlich. Bei angestellten Fachkräften für Arbeitssicherheit, aber auch zum Beispiel bei Betriebsingenieuren, den Einkäufern und den Zuständigen für Arbeitsorganisation und Personaleinsatz, also für Mitarbeiter, die für die gesundheitsrelevanten Arbeitsbedingungen in Betrieb und Büro (auch präventiv) zuständig sind, ist die Organisation der (Weiter-)Bildung eine erforderliche Organisationsaufgabe mit gesetzlichem Hintergrund (vgl. § 2.3 ASiG; § 5.3 ASiG). Schließlich gehört zur Organisation gesundheitsbezogenen Wissens im Betrieb auch die Information und Weiterbildung der Führungskräfte und Mitarbeiter: die Mitarbeiter durch die regelmäßigen „Unterweisungen" (v.a. § 12 ArbSchG), die Führungskräfte gemäß ihren Aufgaben im Rahmen der Pflichtenübertragung (§ 13 (2) ArbSchG). Entsprechend muss aus rechtlicher Perspektive auch das gesundheitsbezogene Wissensmanagement als Organisationsverpflichtung des Arbeitgebers gesehen werden. Gleichwohl gibt es über diese Basispflichten hinaus – wie gezeigt – sinnvolle, aber dennoch „freiwillige" Wissensbedarfe und Organisationsaufgaben.

### Fazit zur Pflicht und Kür im BGM

Aufgrund der komplexen Gemengelage und den z.T. unbestimmten Rechtsbegriffen aus dem Arsenal der gesundheitsbezogenen Gesetze und Verordnungen ist die Frage „Was ist im BGM Pflicht und was Kür?" für Top-Entscheider, also Geschäftsführer/Vorstände sowie Betriebs- und Personalräte, nur schwer zu beantworten. Entsprechend häufig wird sie aufgrund von Unwissenheit zum Politikum, das dann über eine Einigungsstelle und Gerichte – also über den Rechtsweg – zur Entscheidung kommt. Dieser Weg ist nicht nur aufwändig und energieverzehrend, vor allem aber aus BGM-Sicht selten geeignet, einen nachhaltigen konstruktiven Entwicklungsprozess zu unterstützen, gleichwohl ist er zuweilen erforderlich, um klare Ausgangslagen und gesündere Arbeitsbedingungen zu schaffen.

Ein anderer Weg könnte darin bestehen, sich einvernehmlich dazu zu entscheiden, die Frage nach Pflicht und Kür erst gar nicht zu stellen. Wenn man ohne die permanente Einschaltung von Juristen ein integriertes BGM auf die Beine stellt (vgl. u.a. Abb. 2), dies wissensbasiert und seriös weiterentwickelt, könnte irgendwann schließlich der Blick ins Arbeitsschutzgesetz oder ein nachträgliches Audit die Gesetzeskonformität bescheinigen. Dieser Weg stößt aller Erfahrung nach leider häufig auf inhärente Grenzen, wenn es um die „Erforderlichkeit" und „Verhältnismäßigkeit" von Maßnahmen geht, die entweder teuer, aufwändig oder mit Kulturbrüchen verbunden sind. Aber auch die Organisation des BGM selbst, seine Ressourcen, seine Priorisierung und die erforderlichen Kooperationsbeziehungen zu anderen Managementbereichen, das Wissensmanagement etc. lassen gerade in Krisenzeiten die Fragen „Muss das denn sein?" und „Zeigen Sie mal, wo das steht" zum Streitpunkt werden.

Doch unterschiedliche Auffassungen und Interessenlagen müssen nicht immer über Gerichte gelöst werden. Damit sind wir bei einem dritten Weg, mit dem Problem der Pflicht und der Kür betrieblich umzugehen: Man beginnt mit einer Bestandsaufnahme all der Aktivitäten, Prozesse und Ziele, die als BGM bzw. als gesundheitsrelevant erscheinen. Dazu gehört aber auch eine möglichst valide Einschätzung der gesundheitlichen Situation der Belegschaft (Fehlzeiten, Diagnosedaten, Altersstruktur etc.).

Dieser Bestand ist in einem zweiten Schritt aus verschiedenen Perspektiven systematisch zu beurteilen: Nutzen, Aufwand, Zielklarheit, Effizienz und Akzeptanz, aber auch der aktuelle Erfüllungsgrad gesetzlicher Pflichten. Letzeres kann zum Beispiel unter Moderation externer Berater mit Unterstützung der Berufsgenossenschaften oder der staatlichen Stellen recht aufwandsarm durchgeführt werden und bietet zugleich die Möglichkeit, zielführende Konsequenzen aus dieser „Konformitätsanalyse" zu ziehen. Die nächsten Schritte sind entsprechend vorgezeichnet, wenn man zum einen den Konformitätsgrad mit den gesetzlichen Vorgaben, zum anderen aber seine eigenen gesundheitsbezogenen Ziele und Bedarfe als Maßstab zur Beurteilung und Maßnahmenentwicklung heranzieht. Dabei werden erfahrungsgemäß das Ausgleichen von Wissensdefiziten über Wirkungsketten von Verhalten, Arbeitsbedingungen, Leistung und Gesundheit, also arbeitswissenschaftliches Know-how, sowie das „Wissensmanagement" eine wesentliche Basismaßnahme sein.

## Literatur

Badura B (2006) Betriebliche Gesundheitspolitik – Ergebnisse einer Expertenkommission der Bertelsmann- und Hans-Böckler-Stiftung. Springer-Verlag, Berlin/Heidelberg

Barmer Ersatzkasse (2007) Gesundheitsreport 2007. Führung und Gesundheit. Wuppertal, Barmer Ersatzkasse

Bertelsmann Stiftung, Hans-Böckler Stiftung (2000) (Hrsg) Erfolgreich durch Gesundheitsmanagment. Verlag Bertelsmannstiftung, Gütersloh

Blume A, Badura B, Walter U, Schleicher R, Münch E, Lange A (2003) Machbarkeitsstudie: Manager gesundheitlicher Ressourcen, gefördert vom Land NRW und der EU. Bochum/Bielefeld

Bundesanstalt für Arbeitsschutz und Arbeitsmedizin (2002) (Hrsg) Leitfaden für Arbeitsschutzmanagementsysteme. Gemeinsame Erklärung des Bundesministeriums für Wirtschaft und Arbeit, der obersten Arbeitsschutzbehörden der Länder, der Träger der gesetzlichen Unfallversicherungen und der Sozialpartner. Dortmund

Faber U, Blume A (2001) Recht im Arbeitsschutz. Aufgaben, Organisation und Haftung im Arbeits- und Gesundheitsschutz. In: Schriftenreihe zur konsensorientierten Unternehmensführung. BIT (Hrsg), Bochum

Faber U (2004) Arbeitsschutzrechtliche Grundpflichten des § 3 ArbSchG: Organisations- und Verfahrenspflichten, materiellrechtliche Maßstäbe und die rechtlichen Instrumente ihrer Durchsetzung. Duncker und Humblot, Berlin

Forst M (2007) (Hrsg) Gesundheitsmanagement 2007/08. Strukturen, Strategien, und Potenziale deutscher Großunternehmen. Hoehner Research & Consulting Group, Bonn

Gesellschaft für Arbeitswissenschaft (2009) (Hrsg) Arbeit, Beschäftigungsfähigkeit und Produktivität im 21. Jahrhundert – 55. Kongress der GfA, GfA-Press, Dortmund

Hacker W (2004) Leistungs- und Lernfähigkeit älterer Menschen. In M. von Cronach, H-D Schneider, E Ulich & R Winkler (Hrsg), Ältere Menschen im Unternehmen: Chancen, Risiken, Modelle (163-174). Bern: Haupt

Internationale Arbeitsorganisation (ILO) (2001) Leitfaden für Arbeitsschutzmanagementsysteme, Genf

Jastrzebowski W (1857) Grundriss der Ergonomie, Wissenschaft oder Lehre von der Arbeit. In: Wochenzeitschrift " Natur und Industrie"

Kern P, Schmauder M (1995) Einführung in den Arbeitsschutz: für Studium und Betriebspraxis. Hanser, München

Kollmer N (2005) Arbeitsschutzgesetz. Kommentar. Beck, München

Kollmer N (2009) Kommentar zur Arbeitsstättenverordnung, 3. Auflage. Beck, München

Landau K (2007) (Hrsg) Arbeitsgestaltung. Best Practice im Arbeitsprozess. Universum Verlag, Wiesbaden

Landau K, Pressel G, Ferreira Y (2009) Medizinisches Lexikon der beruflichen Belastungen und Gefährdungen. Genter, Stuttgart

Lehder G, Skiba R (2005) Taschenbuch der Arbeitssicherheit, 11. Aufl. Erich Schmidt Verlag, Bielefeld

Luczak H, Volpert W (1997) Handbuch Arbeitswissenschaft. Schäffer-Poeschel, Stuttgart

Meifert M, Kesting M (2004) Gesundheitsmanagement in Unternehmen. Konzepte, Praxis, Perspektiven., Springer, Berlin/Heidelberg

REFA Verband für Arbeitsstudien e.V. (1978) (Hrsg) Methodenlehre des Arbeitsstudiums: Teil 2 Datenermittlung. Carl-Hanser, München

Resch M (2003) Analyse psychischer Belastungen. Verfahren und ihre Anwendungen im Arbeits- und Gesundheitsschutz. Huber, Bern

Ritter A, Langhoff T (1998) Arbeitsschutzmanagement – Systeme. Vergleich ausgewählter Standards. BAuA (Hrsg), Dortmund/Berlin

Rudow B (2004). Das gesunde Unternehmen: Gesundheitsmanagement, Arbeitsschutz und Personalpflege in Organisationen. Oldenbourg Wissenschaftsverlag, München

Szymanski H (2006) Die alterssensible Gefährdungsbeurteilung – Basis für eine zeitgemäße Arbeitsgestaltung. REFA-Nachrichten 6/2006:20–25

Theorell T, Karasek RA (1996) Current issues relating to psychological job strain and cardiovascular disease research. Journal of Occupational Health Psychology, Vol. 1:9–26

Ulrich E (2005) Arbeitspsychologie. 6. Auflage. Schäfer-Poeschel, Stuttgart

Van der Doef M, Maes S (1999) The job demand-control (-support) model and psychological well-being: A review of 20 years of empirical research. Work & Stress 13 (2):87–114

Wunderer R (2006). Führung und Zusammenarbeit – eine unternehmerische Führungslehre, 6. Auflage. Luchterhand, München

# Grundlagen angewandter Arbeitsmedizin

Joachim Stork

AUDI AG
Gesundheitswesen
Ettinger Str.
85045 Ingolstadt

## Ziele, Aufgaben und Arbeitsweise der Arbeitsmedizin

Die Arbeitsmedizin ist die medizinische Disziplin, die sich präventiv mit allen Wechselbeziehungen zwischen der Arbeit und ihren Bedingungen einerseits und der Gesundheit arbeitender Menschen andererseits befasst (Scheuch et al 2002). Sie stellt mit ihrer präventiven Aufgabenstellung innerhalb der Medizin und mit ihrem breiten Themenspektrum von Arbeit und Gesundheit unter den Präventionsdisziplinen jeweils einen besonderen Anspruch an sich selbst. Dieser Anspruch bringt gleichzeitig die Notwendigkeit alltäglicher interdisziplinärer Zusammenarbeit mit zahlreichen Partnern mit sich. Auf der Seite der Erfassung und Beeinflussung von Arbeitsbedingungen sind vor allem Sicherheits- und Messtechnik, Arbeitswissenschaft und verschiedene Naturwissenschaften Partnerdisziplinen der Arbeitsmedizin, während auf der Seite der Erfassung und Förderung der Gesundheit neben verschiedenen klinischen Fachdisziplinen und anderen Gesundheitsberufen auch die Sozialwissenschaften wesentliche Beiträge leisten.

Essenzielle Grundlage zielgerichteter arbeitsmedizinischer Beratung von Arbeitgeber und Beschäftigten ist die Kenntnis sowohl der Arbeitsplätze und Arbeitsbedingungen als auch der Gesundheit Einzelner, aber auch von Belegschaftsgruppen. Das setzt neben hoher Fachkompetenz und interdisziplinärem Arbeiten den Zugang zu beidem voraus und bedingt die Notwendigkeit, medizinische wie epidemiologische Methoden einzusetzen.

Die Qualifizierung zum Facharzt bzw. zur Fachärztin für Arbeitsmedizin umfasst neben einem abgeschlossenen Medizinstudium eine in der ärztlichen Weiterbildungsordnung konkretisierte klinische Weiterbildung von mindestens zwei Jahren, eine dreijährige Weiterbildung auf dem Gebiet der Arbeitsmedizin und eine Facharztprüfung. Einschließlich des Medizinstudiums beträgt also die Qualifizierungsdauer mindestens elf Jahre.

Über die EU-Arbeitsschutzrahmenrichtlinie ist die Infrastruktur einer arbeitsmedizinischen und sicherheitstechnischen Betreuung für große Teile der Beschäftigten der EU-Mitgliedsländer realisiert; beide Berufsgruppen stellen in der Mehrzahl der Betriebe heute die einzigen verfügbaren Präventionsexperten. Arbeitsmediziner/-innen werden deshalb von den Unternehmensleitungen häufig mit der fachlichen Koordination des BGM und mit der Umsetzung wesentlicher Kernaufgaben innerhalb des BGM beauftragt.

## Handlungsrahmen des betrieblichen Gesundheitsmanagements

Betriebliches Gesundheitsmanagement ist ein bereichsübergreifender Prozess mit eigenen Zielen, Methoden, Indikatoren, Qualitätssicherung und der Notwendigkeit bereichsübergreifender Organisation. Dabei ist zu berücksichtigen, dass die übliche Unternehmensstruktur keine alleinige Zuordnung des BGM zu einem Geschäftsbereich – z.B. Personal – ermöglicht; vielmehr ist eine geschäftsbereichsübergreifende Organisation notwendig, da in allen Geschäftsbereichen gesundheitsrelevante Entscheidungen zu fällen sind; in Industriebetrieben liegt hier die Analogie zum Qualitätsmanagement nahe.

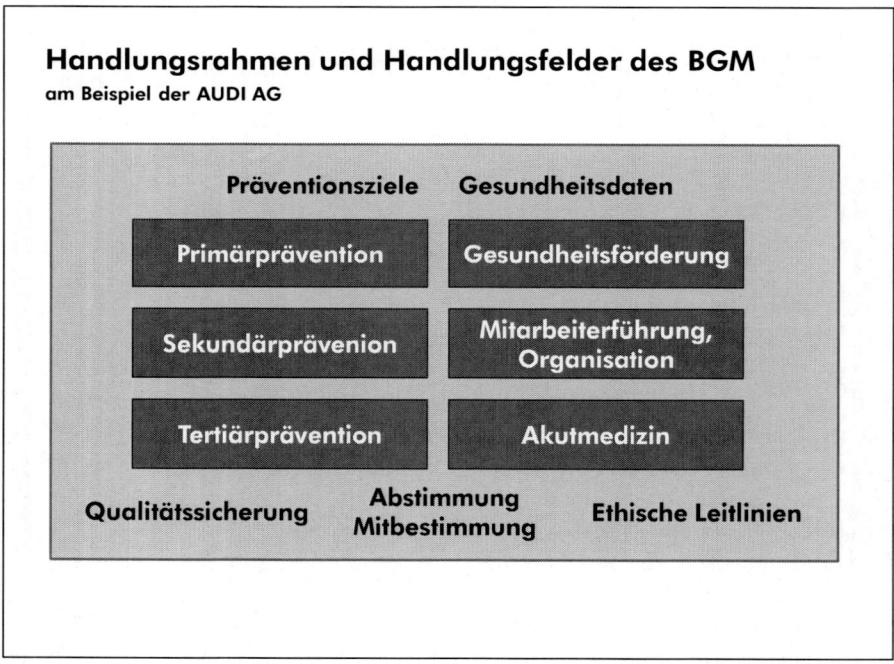

**Abbildung 1** Handlungsrahmen und Handlungsfelder des BGM am Beispiel der AUDI AG

Das BGM benötigt somit einen verlässlichen Handlungsrahmen mit Verankerung in der Personalstrategie eines Unternehmens, Führung durch die Unternehmensleitung/den Personalvorstand, wirksamer Koordination unterhalb der Geschäftsführungs-/Vorstandsebene, einer Entscheidungs-, Abstimmungs- und Berichtsstruktur mit unternehmensspezifischen Präventionszielen, der Etablierung einer Datenbasis für diese Ziele, Berichterstattung und Evaluation, einem Qualitätssicherungssystem und nicht zuletzt einem gemeinsam getragenen ethischen Fundament.

Abbildung 1 illustriert an einem Beispiel ein BGM-System mit seinem – hellgrau dargestellten – Handlungsrahmen und seinen – dunkelgrau dargestellten – Handlungsfeldern. Die Arbeitsmedizin hat für den Handlungsrahmen des BGM sowohl gestaltende als auch operative Beiträge zu leisten. So lassen sich Präventionsziele – auf die im Weiteren noch eingegangen wird – nur in Kenntnis der gesundheitlichen Situation einer Belegschaft ableiten. Eine spezifisch arbeitsmedizinische Aufgabe ist in diesem Zusammenhang die Etablierung und Pflege von Kennzahlensystemen zur gesundheitlichen Situation und Entwicklung der Gesundheit von Belegschaften auf der Grundlage epidemiologischer Daten.

Wesentliche Beiträge haben Arbeitsmediziner auch zur Qualitätssicherung des BGM zu leisten. Während an einem interdisziplinären und präventionspolitischen Konsens über Qualitätsparameter für das BGM noch zu arbeiten ist, gibt es in Deutschland ein Güteprüfungssystem für die arbeitsmedizinische Betreuung, an deren Gestaltung und Weiterentwicklung neben den Arbeitgeberverbänden und Gewerkschaften auch die arbeitsmedizinische Wissenschaft, die gesetzliche Unfallversicherung (DGUV) und der staatliche Arbeitsschutz beteiligt sind (GQB-Auditierung).

Ethische Prinzipien und Leitlinien sind in kaum einem unternehmerischen Handlungsfeld so wichtig wie im betrieblichen Gesundheitsmanagement. Hinzuweisen ist deshalb auf den international abgestimmten ICOH-Ethikkodex für Experten auf dem Gebiet Arbeit und Gesundheit. Auf nationaler Ebene gibt es den aktualisierten Ethikkodex der Deutschen Gesellschaft für Arbeitsmedizin und Umweltmedizin (Baur & Nowak 2009), der wichtige Empfehlungen enthält und über den Dialog der Experten mit den Sozialpartnern auch insgesamt einen orientierenden Rahmen für das BGM bilden kann.

## Betriebsärztliche Handlungsfelder im Rahmen des BGM

Kenntnis und Verständnis der Arbeitsbedingungen, der unmittelbare Zugang zu den Beschäftigten und ihrer Gesundheit, aber auch die für ein modernes BGM zentralen Kompetenzen von Arbeitsmedizinern ermöglichen ihnen, nicht nur den Rahmen eines modernen BGM mitzugestalten, sondern auch eine zentrale Rolle innerhalb der Handlungsfeldern des BGM selbst wahrzunehmen. Die umfangreiche internationale arbeitsmedizinische Literatur, aber auch die alltägliche Präventionspraxis belegt immer wieder, dass Arbeitsmediziner/-innen maßgebliche Beiträge zur Prävention chronischer Erkrankungen leisten können. Dieses gilt wegen des unmittelbaren Zugangs der Arbeitsmediziner zu den Beschäftigten neben arbeitsbedingten Erkrankungen auch für arbeitsunabhängige chronische Erkrankungen (Stork & Wrbitzky 2006).

*Primärprävention arbeitsbedingter Gesundheitsgefährdungen*

Sowohl die Beratung der Arbeitgeber im Rahmen regelmäßiger Arbeitsplatzbesichtigungen als auch eine Beteiligung im Planungsprozess neuer Anlagen und Arbeitsplätze gehören zu den arbeitsmedizinischen Kernaufgaben. Dabei spielt die Anwendung ergonomischer Erkenntnisse eine besondere Rolle, die im Idealfall gemeinsam mit arbeitswissenschaftlich und sicherheitstechnisch geschulten Experten wahrgenommen wird.

Eine weitere arbeitsmedizinische Aufgabe ist der Gesundheitsschutz bei Einsatz von Gefahrstoffen, aber auch bei Arbeit unter physikalischer (Hitze, Kälte, Lärm, ionisierende Strahlung) oder biologischer Exposition (Mikroorganismen, Infektionsgefährdung, Sensibilisierung).

Engagierte Arbeitsmediziner/-innen sind nicht allein mit einer Beratungstätigkeit zufrieden; vielmehr sehen sie ein kontinuierliches „Hinwirken auf eine gesundheitsgerechte Gestaltung und Organisation der Arbeit" und ein „Hinwirken auf gesundheitskompetentes Verhalten der Beschäftigten" als ihre wichtigsten Aufgaben. Die bedeutendsten und wissenschaftlich am besten belegten Beispiele erfolgreicher betrieblicher Prävention waren und sind der „klassischen" Prävention monokausal entstehender Gesundheitsschäden im Arbeitsleben zuzuordnen; dazu gehört der Rückgang zahlreicher Berufskrankheiten und der Arbeitsunfälle. Das heute durch arbeitsmedizinischen Erkenntnisgewinn ausgeweitete Spektrum anerkennungsfähiger Berufskrankheiten muss bei einer Bewertung der Erfolge auf diesem Feld berücksichtigt werden. Zusammenfassend ist festzuhalten, dass auch in Zukunft die Prävention arbeitsbedingter Gesundheitsgefährdungen den Kern jedes seriösen BGM bilden wird.

*Sekundärprävention: frühzeitiges Erkennen von Gesundheitsrisiken*

Arbeitsmedizinische Vorsorgeuntersuchungen zielen zunächst vorrangig auf unmittelbar tätigkeitsbezogene Aspekte der Gesundheit – sowohl auf mögliche „subklinische" Beanspruchungsreaktionen auf berufliche Belastungen als auch auf eignungsrelevante Aspekte. Vorrangiges Ziel ist heute jedoch nicht mehr allein der Schutz vor arbeitsbedingten Gesundheitsgefährdungen, sondern insbesondere der Erhalt der Beschäftigungsfähigkeit. Im Rahmen dieser Vorsorgeuntersuchungen kommen unter anderem spezifische Methoden zum Einsatz, die tätigkeits- und belastungsspezifische Parameter umfassen, wie z.B. das Biomonitoring oder auch arbeitsphysiologische Methoden. Diese Methoden erlauben die Identifikation von Gesundheitsgefährdungen gesunder Arbeitnehmer/-innen weit unterhalb der Schwelle von Erkrankungen und ermöglichen die Ableitung differenzierter Präventionsmaßnahmen, die von der Umgestaltung von Arbeitsplätzen über organisatorische Maßnahmen bis zur Weiterentwicklung individueller Verhaltensmuster reichen können.

Die hohe Teilnahmerate an arbeitsmedizinischen Vorsorgeuntersuchungen ist Anlass verschiedener Projekte zur Integration zusätzlicher Untersuchungsmethoden zur allgemeinen Prävention in die arbeitsmedizinischen Vorsorgeuntersuchungen. Eines dieser Projekte ist der „Audi Checkup", an dem seit seiner Einführung 2006 über 90 % der jeweils eingeladenen Mitarbeiter/-innen teilnehmen. Auf keinem anderen Weg konnte bisher ein so hoher Anteil einer Belegschaft für ein Präventionsprogramm gewonnen werden; so nehmen z.B. jährlich zum Vergleich nur ca. 2 % aller Berufstätigen an den Gesundheitsförderungsprogrammen der gesetzlichen Krankenversicherungen teil. Besonders bemerkenswert ist, dass es im Rahmen betrieblicher Check-up-Programme gelingt, auch Beschäftigte unabhängig von ihrem Bildungs- und Sozialstatus zu erreichen und gesundheitsförderlich zu beraten (Haller et al 2008). Die Untersuchungsergebnisse ermöglichen nach epidemiologischer Aufbereitung valide Aussagen zur Gesundheit von Belegschaftsgruppen; die Daten eignen sich zu diesem Zweck sehr viel besser als die üblicherweise herangezogenen, aber weniger validen Arbeitsunfähigkeitsdaten (Keskin et al 2008). Erst auf dieser Grundlage können fundierte zielgruppen- und bereichsspezifische Präventionsprogramme gestaltet und realisiert werden, auf die noch näher eingegangen wird.

Die hohe Bedeutung, aber auch der hohe notwendige Aufwand gerade für Sekundär- und Tertiärprävention im Betrieb wird erst deutlich, wenn die üblicherweise weit unterschätzte Prävalenz sowohl beeinflussbarer Risikofaktoren als auch chronischer Erkrankungen in der Erwerbsbevölkerung berücksichtigt wird. In Abhängigkeit von der Belegschaftsstruktur weisen 30–50 % aller Erwerbstätigen chronische Erkrankungen auf, die entweder präventionsrelevant sind oder einen Einfluss auf die Beschäftigungsfähigkeit haben können (Beispiel: Abbildung 2). Belastbare Prävalenzdaten chronischer Erkrankungen in der Bevölkerung sind wegen des bei den üblichen Datenquellen nicht möglichen Bezugs auf eine Grundgesamtheit derzeit noch vorwiegend aus arbeitsmedizinischen Daten von Unternehmensbelegschaften ableitbar.

Über die Mitgestaltung der Arbeitsbedingungen und des Handlungsrahmens des BGM können Arbeitsmediziner/-innen auch Beiträge zur psychischen Gesundheit von Belegschaften leisten. Eine ganz besondere Chance besteht daneben in der gerade im betrieblichen Gesundheitswesen möglichen frühen und individuellen Diagnose beginnender psychischer Erkrankungen. Hier besteht wegen des individuellen Zugangs zu den Beschäftigten die Chance, die immer noch übliche, jahrelange Verzögerung des Beginns einer adäquaten psychiatrischen oder psychotherapeutischen Therapie entscheidend zu verkürzen. Einige größere Unternehmen haben erfolgreich eigene Beratungsangebote – z.B. eine spezielle Sprechstunde „psychische Gesundheit" – etabliert, um die Zugangsschwelle zu einer qualifizierten Behandlung zu minimieren. Andererseits können im Rahmen der arbeitsmedizinischen Vorsorgeuntersuchungen

Screeninginstrumente zur Erfassung der psychischen Gesundheit zum Einsatz kommen, die über arbeitsplatz- und gruppenbezogene Auswertungen die Ableitung präventiven Handlungsbedarfs ermöglichen.

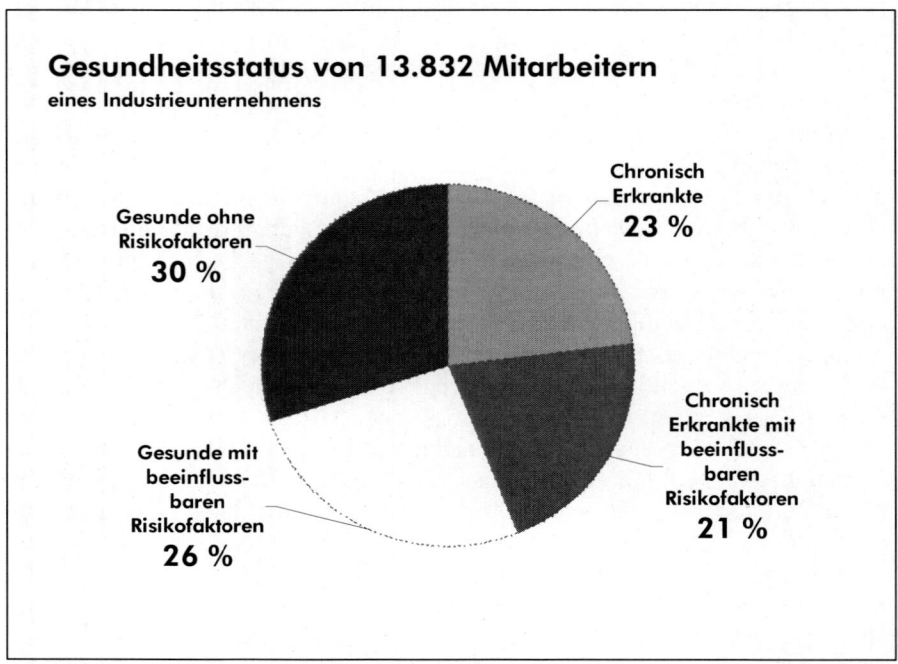

**Abbildung 2** Häufigkeit gesundheitlicher Risikofaktoren, chronischer Erkrankungen und der Kombination beeinflussbarer Risikofaktoren mit chronischen Erkrankungen bei 13.832 Beschäftigten eines Industrieunternehmens

### *Tertiärprävention: betriebliche Rehabilitation, Wiedereingliederung und Integration in Anbetracht der demografischen Entwicklung*

Wie in anderem Zusammenhang detailliert dargelegt wird, nimmt in allen Bevölkerungsgruppen die Häufigkeit verschiedener chronischer Krankheiten stetig und überproportional mit dem Lebensalter zu. Die Wiedereingliederung nach längeren oder bei chronischen Erkrankungen ist deshalb eine besonders wichtige arbeitsmedizinische Aufgabe. Der Erhalt der Beschäftigungsfähigkeit bei Arbeitnehmerinnen und Arbeitnehmern mit chronischen Erkrankungen gelingt oft vor allem durch Umgestaltung eines Arbeitsplatzes, durch Absprache einer veränderten Arbeitsorganisation vor Ort oder durch Wechsel auf einen gesundheitsadäquaten Arbeitsplatz unter arbeitsmedizinischer Begleitung. Gerade Letzteres gelingt in der Regel besser, wenn Beschäftigte bereits häufigere Aufgaben- oder Belastungswechsel erfahren haben und während der Berufsbiografie immer wieder Schritte der beruflichen Qualifizierung erfolgten.

Eine enge Zusammenarbeit von Arbeitsmedizinern mit Führungskräften, Planungsingenieuren, Personalwesen, Betriebsräten und Vertretern der Menschen mit Behinderung ist dabei eine wesentliche Erfolgsvoraussetzung, die eine weitere Fragmentierung der Kompetenzprofile in der Prävention – z.B. in der Funktion spezieller „Disability-Manager" – überflüssig werden lässt. Arbeitsmediziner/-innen haben auch die Aufgabe, Menschen mit chronischen Erkrankungen darin zu stärken, positive Bewältigungsmuster sowohl im persönlichen wie im beruflichen Leben zu entwickeln. Die altersabhängige Zunahme der Häufigkeit degenerativer Erkrankungen, insbesondere des Muskel- und Skelettsystems, legt es nahe, bei sonst fehlenden beruflichen Entwicklungsperspektiven einen Arbeitsplatzwechsel „aus gesundheitlichen Gründen" anzustreben. Diese Erfahrung vieler Praktiker verdeutlicht, wie wichtig eine gute Abstimmung betrieblicher Präventionssysteme und Qualifizierungs-/Personalentwicklungsprogramme ist.

Nicht zuletzt sind gute und der Belegschaft bekannte Wiedereingliederungsmöglichkeiten das wichtigste betriebliche Handlungsfeld zur Begrenzung von Arbeitsunfähigkeitszeiten. Im Unterschied zur individuellen Gesundheitsförderung ist gerade hier eine sehr kurze Latenzzeit zwischen der Einführung eines modernen Integrationssystems und den positiven Effekten auf die Ziele „Krankenstandsbegrenzung" und „Erhalt der Beschäftigungsfähigkeit" festzustellen. Unternehmen mit einem besonders geringen Krankenstand weisen erfahrungsgemäß besonders weit entwickelte Integrationswege auf. Zahlreiche Gesundheitsmanagementsysteme scheitern an einem fehlenden Verständnis für diese Zusammenhänge. Das relativiert in keiner Weise die Bedeutung der gesundheitsgerechten Arbeitsgestaltung oder die Notwendigkeit, Schritt für Schritt an einer Kultur der Stärkung individueller Gesundheitskompetenz zu arbeiten – allerdings ist der auf letzterem Gebiet notwendige lange Atem allen an der Gestaltung des BGM Beteiligten zu vermitteln.

### *Gesundheitliche Aspekte der Internationalisierung, Reisemedizin*

Die Entwicklung einer zunehmend global agierenden Wirtschaft hat zu einer rasanten Zunahme vorübergehender oder dauerhafter Auslandseinsätze geführt. Bereits bei Standortentscheidungen international agierender Unternehmen spielen neben den ökonomischen Aspekten auch die Lebensbedingungen der Beschäftigten, einschließlich der Qualität der regionalen medizinischen Infrastruktur, eine wichtige Rolle. Arbeitsmediziner/-innen untersuchen und beraten bereits vor, aber auch nach Auslandseinsätzen individuell und in Kenntnis der Lebensbedingungen und ggf. Gesundheitsgefährdungen in der jeweiligen Region. Ein angemessener, spezifischer Impfschutz ist dabei von besonderer Bedeutung. Häufig ist es erforderlich, vor Ort zu recherchieren, die Wohn- und Hygienebedingungen, mögliche Infektionsgefährdung, Nahrungsmittel, Verkehrsverhältnisse und medizinische Infrastruktur zu bewerten und ggf. gezielte organisatorische Maßnahmen zu veranlassen. Im Fall schwerwiegender Erkrankungen bei Mitarbeitern in Regionen mit mangelhafter medizinischer Versorgung organisieren Arbeitsmediziner ggf. einen Krankentransport mit fachkompetenter Begleitung bzw. Verlegungen in geeignete Kliniken. Nicht zuletzt vermittelt eine gute reisemedizinische Betreuung den im Ausland eingesetzten Beschäftigten Sicherheitsgefühl und Vertrauen, zwei wichtige Voraussetzungen erfolgreichen Arbeitens im Ausland.

Insbesondere Aktivitäten in Regionen ohne medizinische Infrastruktur – z.B. Produkterprobungen unter extremen Klimabedingungen – setzen die unmittelbare Beteiligung von Betriebsärzten und Rettungsassistenten vor Ort voraus. Diese zunehmend komplexeren Aufgaben der Arbeitsmedizin im Zuge der Internationalisierung der Wirtschaft bedingen die Notwendigkeit einer zusätzlichen Spezialisierung, die u.a. ihren Ausdruck in der gut etablierten Arbeitsgemeinschaft Betriebsärztliche Betreuung im Ausland („ABBA") findet.

## Arbeitsmedizin und BGM – Integration von Verhältnis- und Verhaltensprävention

In den Unternehmen wird häufig eine separate Steuerung der „klassischen" Verhältnisprävention im Arbeitsschutzausschuss und der betrieblichen Gesundheitsförderung als Basis der „Verhaltensprävention" in einem personalpolitisch orientierten „Arbeitskreis Gesundheit" praktiziert. Arbeitsmediziner sind oft die einzigen in beiden Gremien vertretenen Akteure; sowohl die Arbeitgeber- als auch Arbeitnehmervertreter sind i.d.R. in beiden Gremien nicht identisch. Die Erfahrung zeigt, dass infolge derartiger Parallelstrukturen oft nicht nur Doppelarbeit geleistet wird, sondern auch ganze Arbeitsfelder – z.B. die Tertiärprävention oder die betriebliche Epidemiologie – brachliegen. Auch die Akzeptanz von Teilen des BGM bei den Arbeitnehmervertretern leidet oft unter einer solchen Trennung in einen „schützenden" und einen „fördernden" Teil des BGM. Aus diesem Grund liegt eine Nutzung der Arbeitsschutzausschüsse als Kommunikations- und Abstimmungsebene des BGM nahe, zumal die wichtigen Partner des BGM bereits auf gesetzlicher Grundlage in diesem Gremium mitwirken. Letztlich lassen sich aber verschiedene andere erfolgreiche Organisationsformen gestalten, die auch eine Beteiligung externer Partner, z.B. einer Betriebskrankenkasse, ermöglichen.

Während die Gesamtleitung und -verantwortung für das BGM wegen seiner Zentrierung auf die Beschäftigten immer beim Personalvorstand bzw. Leiter des Personalwesens liegen wird, sind Arbeitsmediziner/-innen in vielen Betrieben die einzigen verfügbaren Akteure mit einem konzeptionellen, fachlichen und persönlichen Zugang zum umfassenden Thema „Prävention und Gesundheit". Damit kommen ihnen häufig sowohl mitgestaltende als auch organisatorische Aufgaben im Rahmen des BGM zu; sie sind zugleich auch Garanten der Integration von Verhaltensprävention und Verhältnisprävention im Betrieb.

## Arbeitsmedizinische Beiträge zur Krankenstandsbegrenzung

Das Ziel einer Begrenzung krankheitsbedingter Arbeitsunfähigkeitszeiten ist für viele Unternehmen das anfangs wichtigste Motiv zur Etablierung eines BGM. Ganz zweifellos ist die Beeinflussung hoher Krankenstände ein erfolgversprechendes und ökonomisch relevantes Handlungsfeld des BGM. Allerdings bedarf es eines im Konsens der verschiedenen Akteure getragenen Verständnisses von „Gesundheit", intensiver Abstimmungen, detaillierter Analysen und einer differenzierten Arbeitsteilung, um auf diesem Gebiet nachhaltige Erfolge zu erzielen. Die leichte Messbarkeit, große quantitative Streubreite, offenkundige Beeinflussbarkeit auf betrieblicher Ebene und nicht zuletzt leichte Ableitbarkeit gesundheitsökonomischer Benefits von Prävention sind die wichtigsten Gründe dafür, dass Krankenstände die in vielen BGM-Systemen dominierende – leider oft einzige – Kenn- und Zielgröße darstellen. Gegen diese Dominanz sprechen andererseits folgende Aspekte:

- Krankheitsbedingte Abwesenheit (oder auch: „Gesundheitsstand" = 100 % minus Krankenstand") ist unstrittig wegen starker gesundheitsunabhängiger Einflüsse ein Gesundheitsindikator mit sehr geringer Validität: Erfasst wird die Summe der Inanspruchnahme einer Sozialleistung (in Deutschland: Lohnfortzahlung und Krankengeld), nicht Gesundheit oder Krankheit.
- Die alternative Möglichkeit zur Senkung von Krankenständen völlig ohne BGM – stattdessen durch eine restriktive Personalpolitik und fehlende Arbeitsplatzsicherheit – ist unstrittig.
- Aus gesundheitsökonomischer Sicht haben krankheitsbedingte Fehlzeiten im Vergleich zu Einschränkungen der Leistungs-, Beschäftigungs- und Erwerbsfähigkeit eine nachrangige Bedeutung.

Trotzdem kommt der Krankenstandsbegrenzung auch zukünftig eine wichtige Bedeutung im BGM zu. Die wesentlichen, auf betrieblicher Ebene beeinflussbaren Prädiktoren des Krankenstandes – „Arbeitsanforderungen", „individuelle Gesundheit", „betriebliche Regelungen", „Mitarbeiterführung" und „individuelle Motivation" – legen eine breite Interventionsstrategie und die Beteiligung von Planungsingenieuren, betrieblichen Führungskräften, des Personalwesens, Betriebsarztes und Betriebsrats nahe.

Das Arbeitssicherheitsgesetz verbietet Betriebsärzten die Überprüfung einer von anderen Ärzten festgestellten Arbeitsunfähigkeit; das bedeutet, dass die Überprüfung und Abgrenzung des Missbrauchs von Lohnfortzahlung oder Krankengeldbezug definitiv nicht zum arbeitsmedizinischen Aufgabenumfang gehört. Andererseits ergeben sich in diesem Zusammenhang zahlreiche konstruktive Handlungsoptionen von Betriebsärzten, die in einem erfolgreichen Gesamtkonzept des BGM unverzichtbar sind:

- Beratung der BGM-Partner zu sinnvollen Zielsetzungen des BGM = Leisten wesentlicher Beiträge zu einem gemeinsamen Verständnis von „Gesundheit" auf betrieblicher Ebene

- Einbringen von Erkenntnissen der arbeitsmedizinischen Wissenschaft und publizierter internationaler Erfahrungen auf dem Gebiet des BGM
- Aufbau und Pflege einer betrieblichen Epidemiologie – kein BGM ohne valide Gesundheitsdaten!
- Aufbau einer Systematik differenzierter Zielwerte für krankheitsbedingte Abwesenheit in Abhängigkeit von der jeweiligen Struktur der Teilbelegschaften
- differenzierte Information über Potenziale verschiedener Präventionsansätze
- Schulung und Qualifizierung von Führungskräften, Betriebsräten und Mitarbeitern zu Prävention, Gesundheitskompetenz, Integration
- Wahrnehmen originär ärztlicher Aufgaben im BGM (z.B. individuelle ärztliche Untersuchung und Beratung)
- Einbringen daraus abgeleiteter Schlussfolgerungen in das BGM
- Leisten wesentlicher Beiträge zu einem positiven Menschenbild im Unternehmen und stetes Hinwirken auf eine gesundheitsförderliche Unternehmenskultur.

Abbildung 3 zeigt die Entwicklung des durchschnittlichen „Gesundheitsstandes" (Gesundheitsstand = 100% – Krankenstand) eines Unternehmens seit der Einführung eines weiterentwickelten, integrierten BGM zum Jahreswechsel 2002/2003. Vor dem Hintergrund einer Spannweite der durchschnittlichen Arbeitsunfähigkeitsquoten in der Industrie von 3,0 % bis 9,0 % zeigen sich die Vorteile des beschriebenen integrierten Ansatzes.

## Gesundheitsdaten, Epidemiologie und Präventionsziele

Die Ableitung von Zielgrößen für das BGM setzt eine vertiefte Analyse der gesundheitlichen Ist-Situation, die Berücksichtigung von Unternehmensstrategie und Belegschaftsstruktur und insbesondere den Abgleich mit den personalpolitischen Grundsätzen und Zielsetzungen voraus. Vor dem Hintergrund des bisher Ausgeführten zeigt sich wiederum die Notwendigkeit, betriebliche Gesundheitsdaten systematisch arbeitsmedizinisch auszuwerten. Besonders in arbeitsmedizinischen Längsschnittuntersuchungen können dabei – unter Berücksichtigung von Alter, Beschäftigungsdauer und weiteren Einflussgrößen – Unterschiede in der Zunahme einzelner Erkrankungen bei verschiedenen Beschäftigtengruppen identifiziert werden. Unverzichtbare Voraussetzung hierfür ist die strikte Einhaltung der ärztlichen Schweigepflicht und des Datenschutzes, so dass nur eine Auswertung innerhalb des arbeitsmedizinischen Dienstes eines Betriebs möglich ist.

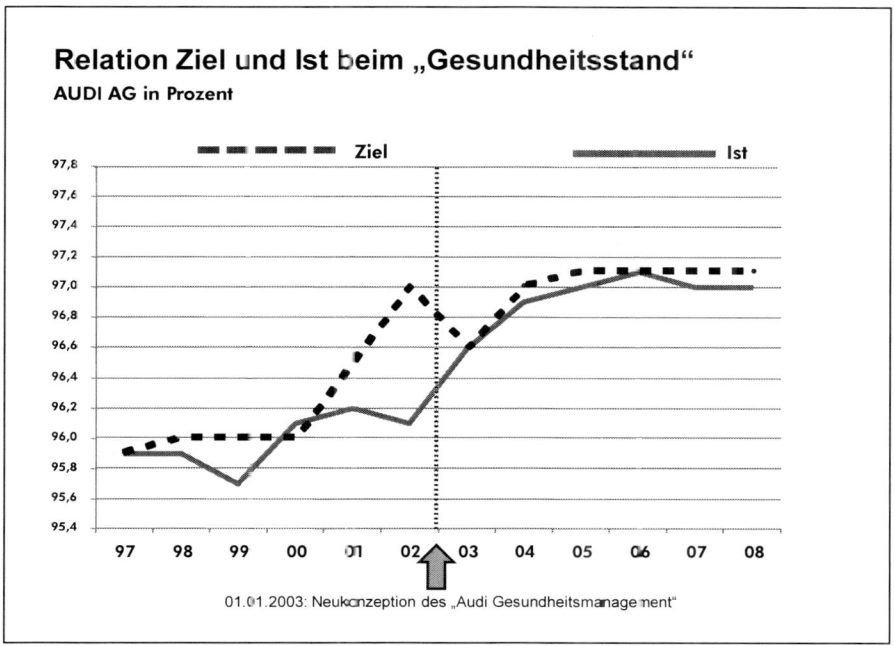

**Abbildung 3** Entwicklung des durchschnittlichen „Gesundheitsstandes" aller Beschäftigten der AUDI AG und des Gesundheitsstand-Zielwerts für das Gesamtunternehmen 1997 bis 2008

Sinnvolle und differenzierte Auswertungen auf Organisationsebene setzen definierte Kollektivgrößen voraus, was eine Beschränkung dieser Möglichkeiten auf Mittel- und Großunternehmen mit sich bringt. Die immer wieder versuchten überbetrieblichen, branchenbezogenen Ansätze haben sich bisher vorwiegend auf Arbeitsunfähigkeitsdaten als „Gesundheitsindikatoren" gestützt. So wichtig diese Daten für die betrieblichen Programme zur Anwesenheitsverbesserung sein können, so begrenzt ist gleichzeitig ihre Aussagefähigkeit bezüglich der gesundheitlichen Situation von Belegschaften wegen des dominierenden Einflusses gesundheitsunabhängiger Einflussgrößen. Zur Beantwortung der Mehrzahl üblicher Fragestellungen im BGM eignen sich derartige Ansätze deshalb nicht.

Unternehmensspezifische Präventionsziele sollten den unterschiedlichen Zusammenhängen, in denen das Verhältnis von Arbeit und Gesundheit eine betriebliche Bedeutung gewinnt, gerecht werden. Diese Zusammenhänge gehen weit über die Arbeitsunfähigkeitsthematik hinaus.

Präventionsziele sollten aus arbeitsmedizinischer Sicht u.a. folgende Kriterien erfüllen:

- positive Bedeutung für Unternehmen und Mitarbeiter: beeinflussbare Anteile individueller Gesundheit, Leistungsbedingungen, Anwesenheit ...

- unterstützend für Personalpolitik = positive Steuerungseffekte
- Vermeiden negativer Steuerungseffekte (z.B. Ausgrenzung einzelner Belegschaftsgruppen)
- auf betrieblicher Ebene beeinflussbare Zielparameter
- verfügbare Kennzahlen
- Ziele werden von Management und Betriebsrat gemeinsam abgestimmt und getragen.
- Zielverfolgung und Reporting durch „Prozessverantwortliche".

Die folgende Auflistung zeigt die in den letzten Jahren entwickelten und zwischen Unternehmensleitung und Betriebsrat abgestimmten Parameter der Präventionsziele am Beispiel der AUDI AG:

- Minimierung der Arbeits- und Wegeunfälle (differenzierte Ziele für die Organisationseinheiten)
- „Gesundheitsstand" > 97 % (differenzierte Ziele für die Organisationseinheiten)
- keine neu erworbenen Berufskrankheiten (entschädigungspflichtige BK)
- hohe Qualität der Arbeitsgestaltung (Ergonomiekennzahlen, differenziert nach Bereichen)
- Minimierung der „demografiebedingten" Zunahme des Anteils von Beschäftigten mit eingeschränkter Einsetzbarkeit.

Hier ist eine ausgewogene Balance zwischen Beiträgen des Unternehmens und der Beschäftigten angestrebt worden. Besonders bemerkenswert ist, dass es mit dem unternehmensinternen System „APSA" (Arbeitsplatzstrukturanalyse) gelungen ist, auch für die Gestaltungsqualität von Arbeitsplätzen in der Fertigung ein einfach zu handhabendes, flächendeckendes Kennzahlensystem zu etablieren. So können hier differenziert quantitative Ziele für die Verbesserung bestehender Arbeitsplätze, aber auch für die Gestaltung neuer Fertigungsanlagen abgeleitet und verfolgt werden.

Erst vor dem Hintergrund tätigkeits- und bereichsspezifischer Erkenntnisse wird die Ausgestaltung zielgruppenspezifischer Präventionsprogramme möglich. Als Beispiel sei ein Programm für Beschäftigte einer Fahrzeugfertigung mit spezieller Arbeitsgestaltung, arbeitshygienischen Maßnahmen, individuellen Vorsorgeuntersuchungen einschließlich der internen Belastung durch Schweißrauchbestandteile und physiotherapeutischer Betreuung zu nennen. Die Beschäftigten selbst werden bei der Gestaltung derartiger Programme aktiv beteiligt.

Allen Partnern des BGM ist verständlich, dass das letztgenannte der unternehmensspezifischen Präventionsziele – Begrenzung des Anteils von Beschäftigten mit gesundheitsbedingt eingeschränkter Einsatzbreite – ein Langfristziel ist und nur durch die erfolgreiche Begrenzung der Inzidenz und folgend der Prävalenz chronischer Erkrankungen erreicht werden kann.

Trotz oder gerade wegen dieser besonderen Herausforderung ist die Erreichung dieses Ziels – die positive Beeinflussung besonders hoher arbeitsbezogener oder individueller Gesundheitsrisiken – eine wichtige Aufgabe der Arbeitsmedizin und auf Dauer erfolgsentscheidend für das gesamte BGM (Goetzel et al 2001).

**Literatur**

Baur X, Nowak D (2009) (eds) Ethik in der Arbeitsmedizin. Ecomed, Landsberg

Goetzel RZ, Guindon AM, Turshen IJ, Ozminkowski RJ (2001) Health and productivity management: establishing key performance measures, benchmarks and best practices. J Occup Environ Med 43:10–17

Haller A, Keskin MC, Heinrich U, Stork J (2008) Wen erreicht die individuelle Prävention? Verh Dtsch Ges Arbeitsmed 48:366–369

Keskin CM, Heinrich U, Nachbar LB, Stork J, Haller A (2008) Integration von arbeitsmedizinischer Vorsorge und allgemeiner Prävention – Ergebnisse des Audi Checkup. Verh Dtsch Ges Arbeitsmed 48:370–375

Proper KI, Staal BJ, Hildebrandt VH, van der Beek AJ, van Mechelen W (2002) Effectiveness of physical activity programs at worksites. Scand J Work Environ Health 28:75–84

Scheuch K, Münzberger E, Stork J, Piekarski C (2002) Nachdenken über die Definition der Arbeitsmedizin. Zbl Arbeitsmed 52:256–260

Stork J, Wrbitzky R (2006) Beitrag der Arbeitsmedizin zur Prävention chronischer Erkrankungen. In: Schauder P et al (eds) Senkung der Zahl chronisch Kranker. Deutscher Ärzteverlag, Köln

# 5 Standards des Betrieblichen Gesundheitsmanagements

Uta Walter

Zentrum für wissenschaftliche Weiterbildung an der Universität Bielefeld e.V.
Betriebliches Gesundheitsmanagement
Postfach 10 01 31
33501 Bielefeld

Standardisierung ist für die Qualitätsentwicklung unerlässlich – dies zeigen Erfahrungen aus der Industrie ebenso wie im Gesundheitswesen. Auch im Betrieblichen Gesundheitsmanagement spielen Standards eine wichtige Rolle: um das Handeln zu systematisieren sowie als Maßstab, um die Qualität des Handelns zu überprüfen und kontinuierlich zu verbessern. In der Praxis wird jedoch der Anwendung von Standards im Betrieblichen Gesundheitsmanagement zu wenig Aufmerksamkeit geschenkt und ist das Vorgehen von einer unzureichenden Systematik und Nachhaltigkeit geprägt (Walter 2007).

Jede Organisation muss vor dem Hintergrund ihrer Rahmenbedingungen, Voraussetzungen und Ziele letztlich ihren eigenen Weg beim Aufbau und der Ausgestaltung eines Betrieblichen Gesundheitsmanagements finden. Darüber hinaus lassen sich unseres Erachtens eine Reihe von **Mindeststandards** benennen, die für ein erfolgreiches Handeln im Betrieblichen Gesundheitsmanagement unabdingbar sind:

1. Formulierung einer klaren, inhaltlichen Zielsetzung
2. Abschluss schriftlicher Vereinbarungen
3. Einrichtung eines Lenkungsausschusses
4. Bereitstellung von Ressourcen
5. Festlegung personeller Verantwortlichkeiten
6. Qualifizierung von Experten und Führungskräften
7. Beteiligung und Befähigung der Mitarbeiter
8. Betriebliche Gesundheitsberichterstattung
9. Internes Marketing
10. Durchführung der vier Kernprozesse.

Mit der nachfolgenden Leitlinie wird ein systematisches, ziel- und ergebnisorientiertes Vorgehen im Betrieblichen Gesundheitsmanagement sichergestellt. Gegenüber den in der ersten Auflage publizierten Vorgehensweisen und Erfolgsfaktoren (Walter 2003) konzentriert sich diese zweite Version auf die o.g. Mindeststandards. Diese werden zur Verdeutlichung in Kästen optisch hervorgehoben. Weiterer Text dient der näheren Erläuterung.

Adressaten der Leitlinie sind zum einen betriebliche Akteure – Gesundheitsexperten, Führungskräfte aus dem Personalmanagement und aus der Linienorganisation, Betriebs- und Personalräte. Adressaten sind zum Zweiten überbetriebliche Experten und Multiplikatoren – Vertreter aus Krankenkassen, Berufsgenossenschaften, staatlichen Arbeitsschutzorganisationen und arbeitsmedizinischen Zentren, die als externe Dienstleister Unternehmen bei der betrieblichen Gesundheitsarbeit beraten und unterstützen. Adressaten sind schließlich Institutionen zur externen Qualitätssicherung des Betrieblichen Gesundheitsmanagements.

Die Leitlinie ist nicht als „Kochbuch" zu verstehen, dessen Anleitungen 1 : 1 umzusetzen sind, sondern als Handlungsempfehlung. Auch kann die Leitlinie nicht das Erfahrungswissen der verantwortlich handelnden Personen ersetzen. Betriebliches Gesundheitsmanagement erfordert sowohl lehr- und lernbare Regeln und Standards professionellen Handelns als auch persönliche Erfahrung und Intuition. Beide müssen sich in der Praxis wechselseitig ergänzen.

## Betriebspolitische Voraussetzungen

Die entscheidende Voraussetzung für ein leistungsfähiges Betriebliches Gesundheitsmanagement ist das ausdrückliche und glaubhaft vermittelte Engagement der obersten Führungsebene. Betriebliches Gesundheitsmanagement wird seine Wirksamkeit nur dann voll entfalten, wenn es vom Top-Management als Führungsaufgabe erkannt und in gemeinsamer Verantwortung mit der Arbeitnehmervertretung (Co-Management) dauerhaft im Unternehmen vorangetrieben wird. Am überzeugendsten geschieht dies durch eine aus den Unternehmenszielen abgeleitete inhaltliche Zielsetzung, schriftliche Vereinbarungen, die Einrichtung eines zentralen Lenkungsausschusses sowie die Bereitstellung adäquater Ressourcen.

### *Inhaltliche Zielsetzung*

> Wie jedes professionelle Handeln erfordert auch das Betriebliche Gesundheitsmanagement eine klare und überprüfbare inhaltliche Zielsetzung. Das Setzen von Zielen ist bei aller fachgerechten Vorbereitung am Ende stets ein betriebspolitischer Prozess, der eine Konsensfindung zwischen Management und Arbeitnehmervertretung, Führungskräften, und beteiligten Experten voraussetzt.

Den Erfahrungen zufolge empfiehlt sich für den Zielfindungsprozess ein Kick-off-Workshop. Der Workshop trägt dazu bei, zwischen der Unternehmensleitung und weiteren zentralen Akteuren ein gemeinsames Verständnis zum

Thema Betriebliches Gesundheitsmanagement und zu den angestrebten Zielen und Ergebnissen zu entwickeln. Er dient auch dazu, die bisherigen Aktivitäten des Unternehmens in der betrieblichen Gesundheitsarbeit zu bewerten und auf dieser Grundlage sowie unter Berücksichtigung aktueller und zukünftiger Herausforderungen Prioritäten festzulegen und das weitere Vorgehen abzustimmen.

Letztlich werden mit dem Aufbau des Betrieblichen Gesundheitsmanagementsystems folgende strategische Ziele verfolgt:

1. Stärkung des Sozial- und Humankapitals
2. Verbesserung von Wohlbefinden und Gesundheit
3. Verbesserung von Produktivität, Qualität und Wirtschaftlichkeit.

*Stärkung des Sozial- und Humankapitals („Treiber")*

Investitionen in Gesundheit sollten sich möglichst rasch positiv bemerkbar machen: insbesondere in einem stärkeren Vertrauen, in einer mitarbeiterorientierten Unternehmenskultur und in einer verbesserten Kommunikation und Zusammenarbeit der Beschäftigten, nicht zuletzt auch zur Akzeptanzsteigerung und Unterstützung der laufenden Arbeit. Erreicht werden können diese Effekte durch die Förderung persönlicher Gesundheitspotenziale (Befähigung zu einem gesundheitsförderlichen Verhalten), insbesondere aber durch Investitionen in das Sozialkapital, d.h. in den Umfang und die Qualität der internen Vernetzung, in den Vorrat gemeinsamer Überzeugungen, Werte und Regeln sowie in die Qualität der Menschenführung (Badura et al 2008).

*Verbesserung von Wohlbefinden und Gesundheit („Ergebnisse")*

Oberstes Ziel des Betrieblichen Gesundheitsmanagements ist die Stärkung von Wohlbefinden und Gesundheit der Beschäftigten als maßgebliche Voraussetzung für Motivation und Leistungsfähigkeit. Damit dient dieses Ziel zugleich den Betriebsergebnissen und der Wettbewerbsfähigkeit der Unternehmen. Zu den anzustrebenden Ergebnissen zählen nachweislich positive Effekte im psychischen und physischen Befinden, im Selbstwertgefühl, in der Arbeitszufriedenheit oder in reduzierten Werten individueller Risikofaktoren (z.B. Übergewicht, Bluthochdruck).

*Verbesserung von Produktivität, Qualität und Wirtschaftlichkeit („Ergebnisse")*

Veränderte Rahmenbedingungen und zunehmender Wettbewerbsdruck führen dazu, dass Investitionen in das Betriebliche Gesundheitsmanagement mit anderen Unternehmenszielen in Konkurrenz treten. Zu seiner Legitimation bedarf es daher nicht nur nachweislich positiver Effekte auf der Mitarbeiterebene, sondern mittel- bis langfristig auch betriebswirtschaftlicher Erfolge, die zur Wettbewerbsfähigkeit der Unternehmen beitragen. Angestrebte Ergebnisse des Betrieblichen Gesundheitsmanagements beziehen sich daher auch auf die Verbesserung des Arbeitsverhaltens und der Produktivität, die Steigerung der

Qualität von Produkten und Dienstleistungen (Kundenorientierung) sowie die Senkung von Kosten.

*Schriftliche Vereinbarungen*

> Um das Betriebliche Gesundheitsmanagement im Unternehmen auf eine verbindliche Basis zu stellen, sowie zur Vertrauensbildung zwischen den Betriebsparteien bedarf es schriftlicher Vereinbarungen, idealerweise in Form einer Betriebs-/Dienstvereinbarung.

Die Betriebs-/Dienstvereinbarung fixiert das gemeinsame Gesundheitsverständnis, abgestimmte Grundsätze, Ziele und Verfahrensweisen, legt Zuständigkeiten, Kompetenzen und Ressourcen fest. Die schriftliche Vereinbarung trägt auch dazu bei, die Integration entwickelter Strukturen und Prozesse in die betrieblichen Routinen nachhaltig zu sichern.

Neben der Betriebs-/Dienstvereinbarung können – je nach unternehmensspezifischer Situation und Vorgehensweise – weitere Rahmenregelungen von Bedeutung sein. Dazu zählt beispielsweise im Falle einer Projektstruktur ein konkreter Projektauftrag, in dem Ziele, Verantwortlichkeiten und Ressourcen, die betroffenen Unternehmensteile sowie der Arbeitsauftrag und die anzustrebenden Ergebnisse festgehalten werden.

*Lenkungsausschuss*

> Für die Einführung und dauerhafte Steuerung des Betrieblichen Gesundheitsmanagements ist ein Lenkungsausschuss (z.B. in Form eines Arbeitskreises Gesundheit) einzurichten – als „Motor" bzw. treibende Kraft der betrieblichen Gesundheitsarbeit.

Der Lenkungsausschuss ist ein Entscheidungsgremium, das dem Top-Management zuarbeitet und die Erledigung operativer Aufgaben an Projektteams oder Arbeitsgruppen delegiert. Der Lenkungsausschuss legt Periodenziele fest, definiert Aufträge, konkrete Projekte und Maßnahmen, begleitet und bewertet Strukturen, Prozesse und Ergebnisse des Betrieblichen Gesundheitsmanagements. Der Lenkungsausschuss ist außerdem für die kontinuierliche Verbesserung des Betrieblichen Gesundheitsmanagements verantwortlich.

Seiner Bedeutung entsprechend sollten dem Lenkungsausschuss möglichst folgende Akteure angehören: ein Vertreter der Unternehmensleitung, der Betriebs-/Personalratsvorsitzende, die betrieblichen Gesundheitsexperten (Betriebsarzt, Vertreter der Arbeitssicherheit), leitende Akteure aus dem Organisations- bzw. Personalmanagement sowie Führungskräfte der oberen Managementebene. Bei Bedarf sind weitere Führungskräfte und Mitarbeiter betroffener Abteilungen sowie externe Experten (Krankenkassen, Berufsgenossenschaften) einzubeziehen. Insbesondere in der Startphase kann darüber hinaus die Einbindung einer externen Prozessbegleitung zur Beratung und Moderation des angestoßenen Entwicklungsprozesses hilfreich sein.

Der Lenkungsausschuss arbeitet in aller Regel nach einer Geschäftsordnung, entscheidet mit Mehrheit und im Rahmen klar definierter Kompetenzen. Das Gremium sollte möglichst über ein eigenes Budget verfügen und über dessen Verwendung selbstständig entscheiden können.

Wie jedes andere betriebliche Gremium ist der Lenkungsausschuss auf hohe Glaubwürdigkeit und Akzeptanz beim Management und bei den Mitarbeitern angewiesen. Glaubwürdigkeit und Akzeptanz hängen in der Regel von zwei Dingen ab: von der sichtbaren Unabhängigkeit des Gremiums sowie von der Sachbezogenheit und dem spürbaren Erfolg seiner Arbeit. Eine wichtige Voraussetzung für eine erfolgreiche Arbeit ist die Schulung, Beratung und Qualifizierung seiner Mitglieder, um möglichst rasch ein hohes Niveau an Professionalität zu erreichen.

*Ressourcen*

> Wie ernst es dem Top-Management mit dem Aufbau und der Etablierung eines Betrieblichen Gesundheitsmanagements ist, lässt sich insbesondere an zwei Dingen ablesen: seiner Präsenz im Lenkungsausschuss und den bereitgestellten Ressourcen.

Glaubwürdigkeit und Akzeptanz des Betrieblichen Gesundheitsmanagements setzen die Bereitstellung adäquater Ressourcen seitens des Managements voraus. Dazu gehören zum einen finanzielle Mittel für die Realisierung von Projekten oder Maßnahmen.

Darüber hinaus sind den verantwortlich handelnden Akteuren ausreichende zeitliche Ressourcen zur Verfügung zu stellen, um die anstehenden Aufgaben im Betrieblichen Gesundheitsmanagement professionell bewältigen zu können. Schließlich ist für eine adäquate räumliche und technische Ausstattung zu sorgen.

## Strukturelle Rahmenbedingungen

Ein leistungsfähiges Betriebliches Gesundheitsmanagement erfordert neben den betriebspolitischen Voraussetzungen eine Reihe struktureller Rahmenbedingungen. Dazu gehören in erster Linie die Festlegung personeller Verantwortlichkeiten, die Qualifizierung der Gesundheitsexperten und Führungskräfte, die Beteiligung und Befähigung der Mitarbeiter, der Aufbau einer betrieblichen Gesundheitsberichterstattung und ein professionelles internes Marketing.

### Personelle Verantwortlichkeiten

> Betriebliches Gesundheitsmanagement erfordert, dass personelle Verantwortlichkeiten benannt und ihre Aufgaben und Kompetenzen eindeutig definiert und festgelegt werden.

Zu den relevanten betrieblichen Aufgabenträgern gehört eine vom Management für das Thema verantwortlich eingesetzte Person. Der oder die Beauftragte für das Gesundheitsmanagement ist Bindeglied zwischen oberster Führungsebene, Lenkungsausschuss, Projektteams sowie Führungskräften und Mitarbeitern betroffener Unternehmensteile.

Primäre Aufgaben der/des Beauftragten für das Gesundheitsmanagement sind:

- regelmäßige Überprüfung der Zielsetzung und der Methoden und Instrumente zur Zielerreichung
- Terminplanung und -koordination (z.B. Treffen des Steuerungsgremiums)
- Delegation, Koordination und Steuerung von Teilaufgaben
- Kosten-, Leistungs- und Qualitätskontrolle
- Sicherstellen des Informationsaustausches und der Dokumentation
- Vorbereiten und Herbeiführen von Entscheidungen
- Berücksichtigung neuer Entwicklungen und wissenschaftlicher Erkenntnisse
- regelmäßige Berichterstattung gegenüber dem Top-Management, dem Betriebs-/Personalrat sowie im Lenkungsausschuss

Für die Aufgabenbewältigung sollte der/die Beauftragte über adäquate Fach-, Methoden- und Sozialkompetenzen verfügen. Darüber hinaus ist er/sie auf die nachhaltige Unterstützung von „Machtpromotoren" aus dem Management und/oder aus dem Betriebs-/Personalrat angewiesen.

Je nach Unternehmensgröße und -struktur kann es sinnvoll sein, in einzelnen Unternehmensbereichen zusätzlich dezentrale Gesundheitsbeauftragte oder „Kümmerer" einzusetzen, die den/die Beauftragte/n für das Betriebliche Gesundheitsmanagement bei seiner/ihrer Arbeit operativ unterstützen.

### Qualifizierung der Gesundheitsexperten und Führungskräfte

> Ein leistungsfähiges Betriebliches Gesundheitsmanagement bedeutet eine betriebliche Innovation, die neue Anforderungen an die Gesundheitsexperten und Führungskräfte stellt. Dafür sind sie entsprechend vorzubereiten und zu qualifizieren.

Langjährige Erfahrungen in der universitären Aus- und Weiterbildung zeigen, dass die Qualifizierung und fortlaufende Weiterbildung von Gesundheitsexperten, Personalverantwortlichen und Führungskräften auf folgenden Gebieten von grundlegender Bedeutung ist:

- wissenschaftliche Grundlagen, Konzepte und Methoden
- Managementkompetenzen
- Controlling
- soziale Kompetenzen.

Im Vordergrund der wissenschaftlichen Grundlagen stehen Konzepte und Evidenzbasis zu Gesundheit und Krankheit, Konzepte, Handlungsstrategien und Methoden einer gesundheitsförderlichen Organisationsgestaltung, zentrale Herausforderungen einer zukunftsfähigen betrieblichen Gesundheitspolitik sowie aktuelle Problemstellungen, Ziele, Rahmenbedingungen und Kernprozesse des Betrieblichen Gesundheitsmanagements.

Managementkompetenzen umfassen fachliche und methodische Kompetenzen sowie praktische Fertigkeiten zum systematischen Aufbau und zur Institutionalisierung eines leistungsfähigen Betrieblichen Gesundheitsmanagements. Dazu gehört auch die Fähigkeit, Anknüpfungspunkte des Betrieblichen Gesundheitsmanagements an andere relevante Managementsysteme (wie z.B. Personal-, Qualitäts- oder Wissensmanagement) zu identifizieren und mögliche Synergien zu nutzen.

Kompetenzerwerb im Bereich des Controllings zielt auf die Entwicklung und Anwendung eines Kennzahlensystems, mit dem vor allem das intangible Vermögen eines Unternehmens und seine Bedeutung für Gesundheit, Beschäftigungsfähigkeit und Betriebsergebnis sichtbar und messbar und dadurch beeinflussbar und bewertbar wird.

Soziale Kompetenzen stellen eine übergreifende Schlüsselqualifikation dar und sind notwendige Voraussetzung für eine mitarbeiterorientierte Kommunikation und Kooperation, für den lösungsorientierten Umgang mit Konflikten sowie für die Fähigkeit zur Führung von Teams.

### *Beteiligung und Befähigung der Beschäftigten*

> Oberstes Ziel des Betrieblichen Gesundheitsmanagements ist die Verbesserung von Gesundheit und Wohlbefinden der Beschäftigten. Dies setzt die aktive Beteiligung der Mitarbeiter voraus sowie ihre Befähigung zu einem gesundheitsbewussten Verhalten.

Die Mitarbeiter sind die wichtigste Ressource eines Unternehmens, die es zu schützen und zu fördern gilt. Aufgabe der Führungskräfte ist es, einen kontinuierlichen Dialog mit den Mitarbeitern zum Thema Gesundheit zu führen sowie für eine Stärkung des Sozialkapitals Sorge zu tragen, z.B. in Form einer verbesserten Kommunikation und Zusammenarbeit der Beschäftigten im Team. Darüber hinaus sind die Beschäftigten aktiv an der Planung und Umsetzung des Betrieblichen Gesundheitsmanagements zu beteiligen.

Qualifizierungsmaßnahmen, die sich an die Mitarbeiter richten, sollten sie befähigen, durch eine gesundheitsbewusste Lebens- und Arbeitsweise ihre eigene Gesundheit zu erhalten und zu fördern, die Entstehung von Krankheiten zu verhüten und einem vorzeitigen Verschleiß aktiv entgegenzuwirken.

### Betriebliche Gesundheitsberichterstattung

> Grundlegend im Betrieblichen Gesundheitsmanagement ist die Dokumentation aller ermittelten gesundheitsbezogenen Daten und Kennzahlen in einem regelmäßig veröffentlichten betrieblichen Gesundheitsbericht.

Der betriebliche Gesundheitsbericht erfüllt im Wesentlichen folgende Funktionen: Er dient als Medium der innerbetrieblichen Information und Kommunikation, er liefert eine Grundlage für die frühzeitige Identifizierung von Handlungsbedarfen und Festlegung von Prioritäten, und er unterstützt die Planung, Umsetzung sowie das Controlling im Betrieblichen Gesundheitsmanagement. Eine gute Dokumentation der gesundheitsbezogenen Daten und Aktivitäten schafft zudem Transparenz, indem sie den Gesamtprozess und getroffene Entscheidungen zu jedem Zeitpunkt nachvollziehbar macht (zu weiteren Details siehe den Beitrag von Hesse in diesem Band).

### Internes Marketing

> Ein erfolgreiches Betriebliches Gesundheitsmanagement erfordert ein professionelles internes Marketing, d.h. eine systematische und fortlaufende Kommunikation im Unternehmen darüber, was bereits erreicht wurde und für die weitere Zukunft geplant ist.

Eine gute Kommunikation ist erforderlich, um das Betriebliche Gesundheitsmanagement insgesamt im Unternehmen bekannt zu machen bzw. um das Interesse der Belegschaft dafür zu wecken und die Akzeptanz zu steigern sowie um die betroffenen Mitarbeiter von Beginn an in die angestoßenen Prozesse mit einzubeziehen. Je nach Größe des Unternehmens eignen sich für das interne Marketing folgende Verfahren und Instrumente: Gesundheitstage, Infobroschüren, Betriebszeitungen oder das Intranet. Darüber hinaus empfiehlt es sich, über das Betriebliche Gesundheitsmanagement, seine Ziele, Vorgehensweisen und Ergebnisse in Betriebs- oder Abteilungsversammlungen sowie Teambesprechungen regelmäßig zu berichten. Auch bei Aufsichts-/Trägergremien sowie in anderen, benachbarten Querschnittsbereichen (z.B. Qualitätsmanagement, Personalentwicklung) sollte in regelmäßigen Abständen darüber informiert werden (zu weiteren Details siehe den Beitrag von Budde in diesem Band).

## Durchführung der Kernprozesse

> Im Mittelpunkt des Vorgehens im Betrieblichen Gesundheitsmanagement steht – orientiert am PDCA-Zyklus – ein Regelkreis aus den vier Kernprozessen Diagnose, Planung, Intervention und Evaluation.

Auf die datengestützte Organisationsdiagnose folgen die Festlegung messbarer organisations- und personenbezogener Ziele, die Definition, Planung und Durchführung von Projekten zur Zielerreichung sowie der Abgleich zwischen festgelegten Zielen und tatsächlich erreichten Ergebnissen (Evaluation) (s. Abbildung 1). Durch das regelmäßige Durchlaufen dieses Lernzyklus werden die Prozessorientierung und das Prinzip der kontinuierlichen Verbesserung gewährleistet.

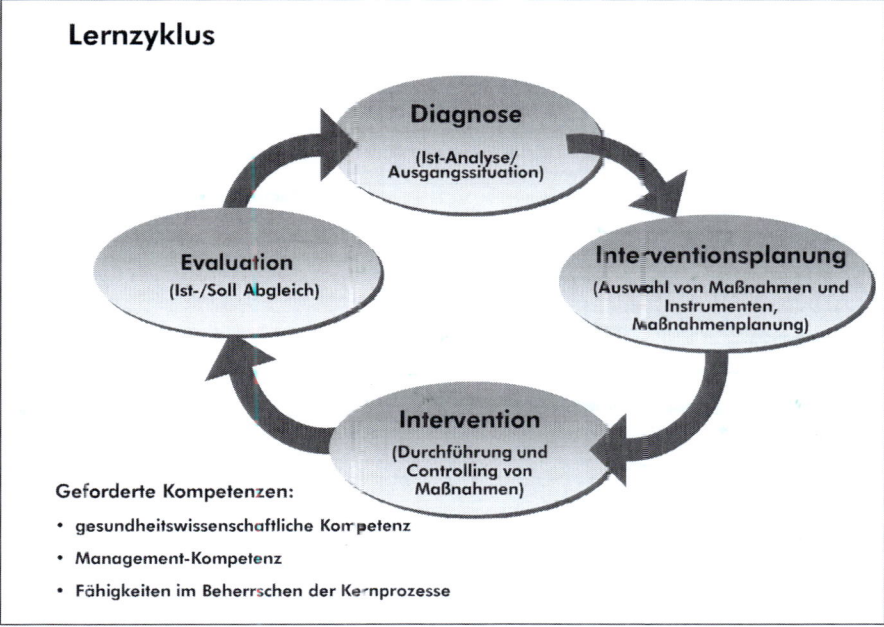

**Abbildung 1** Lernzyklus

Die Prozessorientierung erfordert für alle Arbeitsschritte klar definierte Standards – um das Handeln zu systematisieren sowie die Qualität des Handels zu überprüfen und wenn erforderlich zu optimieren.

## Diagnose

### Bedeutung im Betrieblichen Gesundheitsmanagement

> Eine datengestützte Organisationsdiagnose erfüllt im Betrieblichen Gesundheitsmanagement folgende Funktionen: Sie ermöglicht die systematische und valide Erfassung der physischen und psychischen Gesundheit der Beschäftigten und ihrer Bedingungen sowie die Ableitung prioritärer Handlungsbedarfe, sie schafft die Grundlage zur Festlegung messbarer Zielparameter für die nachfolgenden Interventionen, und sie liefert die „Baseline" für die spätere Evaluation.

Zielgerichtete Aktivitäten im Betrieblichen Gesundheitsmanagement erfordern den Aufbau einer Dateninfrastruktur und die Entwicklung eines Kennzahlensystems, mit dem sich das gesundheitsrelevante Unternehmensgeschehen insgesamt und insbesondere die intangiblen Vermögenswerte einer Organisation (insbesondere das Sozialkapital) messen, bewerten und steuern lassen (Badura et al 2008). Eine gute Organisationsdiagnose sollte sich daher nicht allein auf die Einschätzungen einzelner Experten, Führungskräfte oder Mitarbeiter stützen, sondern immer auch – zur Objektivierung der Diskussion und Berichterstattung – auf systematisch erhobene und ausgewertete Daten zurückgreifen.

Für die Diagnose kommen prinzipiell folgende Datenquellen in Frage:

- Beobachtungsdaten (z.B. Arbeitsplatzanalysen)
- Routinedaten der Sozialversicherungsträger (Arbeitsunfähigkeitsanalysen, Arbeitsunfälle, Frühberentungsdaten)
- Routinedaten aus der Personalabteilung (Fehlzeiten, Fluktuationsdaten)
- Daten aus medizinischen Untersuchungen
- Daten, die im Dialog mit Mitarbeitern gewonnen werden (Workshops, Fokusgruppen)
- Experteninterviews
- Gefährdungsbeurteilungen
- Daten aus Mitarbeiterbefragungen.

In der betrieblichen Praxis erfolgen die Beobachtung und Bewertung des Gesundheitszustandes der Beschäftigten bislang im Wesentlichen über die krankheitsbedingten Fehlzeiten. Herangezogen werden dazu Routinedaten: die betriebsinternen Fehlzeitenstatistiken und, soweit verfügbar, die Arbeitsunfähigkeitsanalysen der Krankenkassen. Fehlzeiten haben eine wichtige Signalfunktion, um Problembereiche im Unternehmen oder in verschiedenen Unternehmensbereichen, Abteilungen bzw. Teams zu identifizieren. Sie sind darüber hinaus jedoch mit einigen Schwächen behaftet: Fehlzeiten sind Spätindikatoren, die eine nachträgliche „Reparatur" gesundheitsrelevanter Probleme erfordern anstelle ihrer vorausschauenden Verhütung. Darüber hinaus geben Fehlzeiten keinerlei Auskunft über die ihnen zugrunde liegenden Ursachen. Und schließlich erfassen Fehlzeiten nur unzureichend die im Unternehmen durch Krankheit real entstehenden Kosten sowie den durch verdeckte Produktivitätsverluste entgangenen Nutzen (Präsentismus) (Baase 2007).

Mitarbeiterbefragungen kommt demgegenüber als Diagnoseinstrument insofern eine besondere Bedeutung zu, als sie durch Einbeziehung des Wissens und der Einschätzungen der Mitarbeiter einen tiefen Einblick in die Organisation ermöglichen und helfen, Probleme im gesamten Unternehmen oder in einzelnen Unternehmensteilen zu verhüten oder frühzeitig aufzudecken. Darüber hinaus lassen Befragungsdaten, im Unterscheid zu Fehlzeitenquoten, Aussagen über Wirkungszusammenhänge zu (Pfaff et al 2005; Walter & Münch 2009). Zu weiteren Details sei an dieser Stelle auf den Beitrag von Rixgens in diesem Band verwiesen.

*Vorgehensweise*

Wichtig ist die Entscheidung darüber, ob die Diagnose im gesamten Unternehmen oder zunächst in einzelnen, ausgewählten Unternehmensteilen durchgeführt werden soll – auf der Basis vorhandener Routinedaten und/oder mit Hilfe von Mitarbeiterbefragungen. Bei der Auswahl von Pilotbereichen kann ein hoher Handlungsdruck (z.B. hohe Arbeitsanforderungen/-belastungen, Schnittstellenprobleme, hohe Fehlzeiten etc.) oder eine hohe Erwünschbarkeit handlungsleitend sein. Wichtig für die erfolgreiche Durchführung der Diagnose sind in jedem Fall die Akzeptanz und Aufgeschlossenheit der betroffenen Führungskräfte und Mitarbeiter gegenüber dem Projekt. Dazu sollten alle Beteiligten frühzeitig und hinreichend über Hintergründe, Zielsetzung und Ablauf informiert werden. Wichtig ist zudem, die Vertraulichkeit sicherzustellen und datenschutzrechtliche Belange zu berücksichtigen. Um dies zu gewährleisten, sollten der Datenschutzbeauftragte und die Arbeitnehmervertretung von Beginn an mit einbezogen werden.

Bei der Datenerhebung und Auswertung empfiehlt es sich, je nach Umfang und Komplexität der Daten externen Sachverstand einzubeziehen.

## Interventionsplanung

*Bedeutung im Betrieblichen Gesundheitsmanagement*

Bei der Planung sind realistische Soll-Vorgaben hinsichtlich der Durchführung und Steuerung der Maßnahmen zu ermitteln und festzulegen. Verantwortlich für die Interventionsplanung ist in erster Linie der/die Beauftragte für Betriebliches Gesundheitsmanagement in enger Zusammenarbeit mit dem Lenkungsausschuss.

> In Abhängigkeit von der datengestützten Organisationsdiagnose, den Erwartungen der Mitarbeiter und unter Berücksichtigung der allgemeinen Unternehmensziele sind im Rahmen der Interventionsplanung messbare, organisations- und personenbezogene Ziele im Betrieblichen Gesundheitsmanagement zu definieren sowie gesundheitsförderliche Projekte zur Zielerreichung konzeptionell vorzubereiten und zu planen.

Am Ende der Planungsphase sollten Unternehmen Folgendes erreicht haben: Prioritäre Handlungsbedarfe im Unternehmen bzw. in einzelnen Unternehmensbereichen sind identifiziert und festgelegt. Konkrete und operationale Interventionsziele sind formuliert und die Adressaten der Intervention ausgewählt. Zuständigkeiten für die Umsetzung der geplanten Maßnahmen sind benannt und ein detaillierter Zeit-, Arbeits- und Kostenplan für die Intervention liegt vor.

*Vorgehensweise*

Zunächst sind im Lenkungsausschuss – basierend auf den Ergebnissen der vorangegangenen Diagnose – Problembereiche zu diskutieren und prioritäre Handlungsfelder für die nachfolgende Intervention festzulegen. Daraus abgeleitet sollten konkrete Unternehmensbereiche und Zielgruppen für Interventionen ausgewählt werden. Adressaten sind in erster Linie Führungskräfte und Mitarbeiter, aber auch die betrieblichen Gesundheitsexperten. Zudem sind präzise und überprüfbare Ziele für die Intervention zu formulieren.

Im nächsten Schritt erfolgt die Definition einzelner Projekte. Da in der Regel nicht alle relevanten Themenfelder gleichzeitig bearbeitet werden können, sollten klare Prioritäten festgelegt werden. Soweit ausreichende Ressourcen zur Verfügung stehen, können selbstverständlich verschiedene Aktivitäten parallel stattfinden. Es empfiehlt sich, nicht im ersten Schritt mit der Bearbeitung des schwierigsten bzw. sensibelsten Themas zu beginnen, auch um möglichst zeitnah erste Ergebnisse präsentieren zu können. Für die nachfolgende Durchführung der Projekte sind eindeutige Verantwortlichkeiten und Zuständigkeiten zu benennen und die einzelnen Arbeitsschritte inkl. der benötigten zeitlichen Ressourcen und finanziellen Mittel detailliert zu planen.

### Intervention

*Bedeutung im Betrieblichen Gesundheitsmanagement*

> Der dritte Kernprozess im Betrieblichen Gesundheitsmanagement umfasst die Durchführung und Steuerung der zuvor geplanten gesundheitsförderlichen Projekte.

Betriebliches Gesundheitsmanagement richtet den Blick zuallererst auf organisationsbezogene Interventionen. Personenbezogene Angebote zur Verhaltensprävention, wie z.B. Rückenschulen, Ernährungsprogramme oder Anti-Raucherkurse, sind ebenfalls sinnvoll, vorausgesetzt, sie werden zielgruppenspezifisch und problemorientiert eingesetzt.

Projekte ebenso wie einzelne Maßnahmen sollten stets bedarfsgerecht, qualitätsgesichert und wirtschaftlich sein. Das heißt, es sollten nur solche Aktivitäten durchgeführt werden, die sich aus der Diagnose begründen lassen und die geeignet sind, die gesetzten Ziele zu erreichen. Die Aktivitäten müssen zudem auf die Akzeptanz bei den jeweiligen Zielgruppen (z.B. Führungskräfte, Mitarbeiter) stoßen. Ohne die Bereitschaft der Betroffenen, sich aktiv zu beteiligen und Aufgaben zu übernehmen, werden die Maßnahmen letztlich nicht zum gewünschten Erfolg führen.

Was auch immer die einzelne Problemstellung sein mag, zu deren Bewältigung die eingesetzte Intervention dient, die zentrale Aufgabe des Betrieblichen Gesundheitsmanagements darf nicht aus dem Blick geraten: Investitionen in das Sozial- und Humankapital. Interventionen sollten immer auch der Vertrauensbildung sowie der Stärkung von Kultur und Klima dienen und diesen zentralen Anliegen keinesfalls entgegenwirken.

*Vorgehensweise*

Die Durchführung und Steuerung der Intervention erfolgt entsprechend der in der Planung festgelegten Vorgehensweise. Dazu ist in der Regel eine operative Infrastruktur erforderlich – z.B. in Form von Teilprojekten, Arbeitsgruppen oder einzelnen, verantwortlich handelnden Akteuren. In aller Regel empfiehlt es sich, externe Experten und Berater (z.B. aus Krankenkassen, Berufsgenossenschaften) mit einzubeziehen.

Das Controlling hat in erster Linie darauf zu achten, dass Zeit- und Arbeitspläne so weit wie möglich eingehalten werden. Entsprechendes gilt auch für die Einhaltung des vorgegebenen Kostenrahmens. Bei festgestellten Abweichungen zwischen der Planung und der realen Situation ist möglichst rasch eine Ursachenanalyse durchzuführen und korrigierend einzugreifen. Verantwortlich hierfür ist der Lenkungsausschuss gemeinsam mit dem/der Beauftragten für Betriebliches Gesundheitsmanagement.

Grundsätzlich ist eine sorgfältige Dokumentation der Projekte und Maßnahmen sicherzustellen, um den Verlauf und die erzielten Ergebnisse zu jedem Zeitpunkt und für alle relevanten Akteure und Gremien nachvollziehbar und transparent zu machen. Ein gutes Dokumentationswesen erleichtert zudem die Interventionssteuerung sowie die spätere Erfolgsbewertung.

Über Verlauf und Ergebnisse der Intervention ist regelmäßig Rückmeldung zu geben: an den Lenkungsausschuss, das Top-Management sowie die betroffenen Führungskräfte und Mitarbeiter.

## Evaluation

***Bedeutung im Betrieblichen Gesundheitsmanagement***

> Die Evaluation im Betrieblichen Gesundheitsmanagement zielt auf zweierlei: auf die Überprüfung der Ergebnisqualität, d.h. die datengestützte Erfassung des Ausmaßes, in dem die angestrebten Ziele erreicht wurden (Ergebnisevaluation), und auf die Überprüfung der Einhaltung von Standards als Voraussetzung für gute Ergebnisse (Struktur- und Prozessevaluation).

Zu beachten ist der für die Evaluation gewählte Zeitpunkt: Je weitreichender und veränderungsintensiver die vorangegangene Intervention war, umso länger ist eventuell die Zeitspanne, bis sich die angestrebten Ergebnisse einstellen. Kurzfristig können sich Werte durch eine Intervention sogar verschlechtern (Veränderungswiderstände), um sich dann erst längerfristig zu verbessern. Inhaltlich sollte sich die Evaluation auf folgende Aspekte konzentrieren:

1. die Entwicklung und dauerhafte Verankerung des Managementsystems (Struktur- und Prozessqualität)
2. die Stärkung des Sozial- und Humankapitals (Ergebnisqualität)
3. die Verbesserung von Wohlbefinden und Gesundheit (Ergebnisqualität)
4. die Verbesserung von Produktivität, Qualität und Wirtschaftlichkeit (Ergebnisqualität).

Je nachdem, auf welches der Teilziele des Gesundheitsmanagements sich die Evaluation bezieht, lässt sich die Zielerreichung anhand von Kennzahlen oder definierten Standards überprüfen.

***Vorgehensweise***

Für die Evaluation gelten in weiten Teilen dieselben Qualitätskriterien wie für die Diagnose (s.o.). Auf eine detaillierte Darstellung einzelner Arbeitsschritte wird daher an dieser Stelle verzichtet. Auch bei der Erfolgsbewertung sollten grundsätzlich nur valide und zuverlässige Methoden und Instrumente eingesetzt werden, die zudem in der Praxis erprobt sind und deren Einsatz sich aus den Zielen und angestrebten Ergebnissen ableiten lässt. Um den Grad der Zielerreichung überprüfen zu können, ist dringend geboten, auf Methoden und Instrumente zurückzugreifen, die bereits bei der Ist-Analyse eingesetzt wurden. Wurde beispielsweise bei der Diagnose eine Mitarbeiterbefragung durchgeführt, sollte dieses Instrument auch bei der Evaluation zum Einsatz kommen. Die Evaluation kann entweder durch betriebliche Akteure und/oder externe Partner erfolgen. Bereits bei der Vorbereitung dieses Kernprozesses sollte zudem festgelegt werden, in welcher Art und Weise die Ergebnisse später im Unternehmen kommuniziert bzw. rückgemeldet werden sollen.

## Literatur

Badura B, Greiner W, Rixgens P, Ueberle M, Behr M (2008) Sozialkapital. Grundlagen von Gesundheit und Unternehmenserfolg. Springer, Berlin

Baase C (2007) Auswirkungen chronischer Krankheiten auf Arbeitsproduktivität und Absentismus und daraus resultierende Kosten für die Betriebe. In: Badura B, Schellschmidt H, Vetter C (Hrsg) Fehlzeiten-Report 2006. Chronische Krankheiten. Betriebliche Strategien zur Gesundheitsförderung, Prävention und Wiedereingliederung. Springer, Berlin, S 45–59

Pfaff H, Badura B, Pühlhofer F, Siewerts D (2005) Das Sozialkapital der Krankenhäuser und wie es gestärkt werden kann. In: Badura B, Schellschmidt H, Vetter C (Hrsg) Fehlzeiten-Report 2004. Zahlen, Daten, Analysen aus allen Branchen der Wirtschaft. Gesundheitsmanagement in Krankenhäusern und Pflegeeinrichtungen. Springer, Berlin, S 81–108

Walter U (2003) Vorgehensweisen und Erfolgsfaktoren. In: Badura B, Hehlmann H (Hrsg) Betriebliche Gesundheitspolitik. Der Weg zur gesunden Organisation. Springer, Berlin, S 73–108

Walter U (2007) Qualitätsentwicklung durch Standardisierung am Beispiel des Betrieblichen Gesundheitsmanagements. Dissertation an der Fakultät für Gesundheitswissenschaften der Universität Bielefeld

Walter U, Münch E (2009) Die Bedeutung von Fehlzeitenstatistiken für die Unternehmensdiagnostik. In: Badura B, Schröder H, Vetter C (Hrsg) Fehlzeiten-Report 2008. Betriebliches Gesundheitsmanagement: Kosten und Nutzen. Springer, Berlin. S 139–154

# 6 Praxisbeispiele

# Erfolg durch Investitionen in das Sozialkapital – Ein Fallbeispiel

Rolf Baumanns[1] & Eckhard Münch[2]

[1]Schwagerstr. 9
32549 Bad Oeynhausen

[2]Weinsbergstr. 118a
50823 Köln

## Einleitung

Sozialkapital fördert Unternehmenserfolg – so lautet, plakativ formuliert, eine der Grundaussagen des Sozialkapitalansatzes. Der folgende Beitrag stellt ein Praxis-Beispiel für Interventionen in das Sozialkapital vor, bei dem der vollständige Lernzyklus des Betrieblichen Gesundheitsmanagements (BGM): Analyse – Interventionsplanung – Intervention – Evaluation durchlaufen wurde. Insbesondere wird es dabei um die Frage gehen, ob und in welchem Umfang bzw. Kosten-Ertrags-Verhältnis Investitionen in das Sozialkapital tatsächlich Einfluss auf den Unternehmenserfolg nehmen können.

Orientiert am Design einer Fall-Kontrollstudie wurden in einer Unternehmensgruppe ein Interventions- sowie ein Kontrollbetrieb ausgewählt. In dem Interventionsbetrieb sollte – ausgehend von einem erweiterten BGM-Verständnis – neben verhaltensorientierten Maßnahmen (z.B. Rückenschule) und verhältnisorientierten Maßnahmen (z.B. Unfallverhütung) explizit (auch) das Sozialkapital gestärkt werden; für den als Kontrollgruppe ausgewählten zweiten Betrieb waren hingegen keinerlei Interventionen vorgesehen.

Nach der Darstellung des Studiendesigns und der Ausgangssituation im Unternehmen folgen die geplanten und durchgeführten Interventionen sowie die Ergebnisse der Evaluation. Abschließend werden die Validität, das angewandte Messverfahren sowie die Übertragbarkeit der Ergebnisse auf andere Unternehmen diskutiert.

## Studiendesign

### Unternehmen

Das zur Intervention ausgewählte Unternehmen ist Teil einer Unternehmensgruppe, die Medizinprodukte herstellt. Die Wurzeln der Unternehmensgruppe reichen über 70 Jahre zurück; während dieser gesamten Zeit war das Unternehmen im Familienbesitz. Derzeit sind in dem Unternehmen ca. 320 Menschen beschäftigt; im Jahre 1996 wurde für die gesamte Produktion die Gruppenarbeit eingeführt – damit erhielten die Beschäftigten einen großen Handlungs- und Entscheidungsspielraum hinsichtlich des Produktionsgeschehens sowie bezogen auf eine von ihnen zu gestaltende flexible Jahresarbeitszeit. Die deutliche Verbesserung der Mitarbeiterproduktivität und Auftragsdurchlaufzeiten sowie die Übernahme von administrativen Aufgaben durch die „Werker" zeigten schon bald nach der Einführung der Gruppenarbeit, welche Potenziale in dem Erfolgsfaktor „Mitarbeiter" steckten. Folglich lag es aus unternehmerischer Sicht nahe, diesen Erfolgsfaktor 1999 durch die Einführung von BGM weiter zu stärken – auch wenn das unmittelbare Motiv hierfür, wie vermutlich in vielen anderen Unternehmen, zunächst in dem Wunsch zur Reduzierung des Krankenstands begründet lag.

Die in diesem Zusammenhang durchgeführten Interventionen konzentrierten sich zunächst vornehmlich auf Themen wie Fitness und Bewegung, physische Gesundheit und Arbeitssicherheit. Der Erfolg dieser Interventionen wurde durch regelmäßige Mitarbeiterbefragungen evaluiert. Als einen Indikator für den Erfolg wurde, wie auch in anderen Unternehmen, zunächst die Veränderung des Gesundheitsstandes (Anwesenheit am Arbeitsplatz) gemessen. Vor Einführung des BGM lag der Gesundheitsstand in etwa auf dem Niveau der vergleichbaren Branchenunternehmen. Nach Einführung des BGM lag der betriebliche Gesundheitsstand über die Jahre bis heute konstant 1–1,5 % über dem Branchenniveau sowie vergleichbarer anderer Werke innerhalb der Unternehmensgruppe. Auch hinsichtlich des Arbeitsschutzes sind die Daten des Unternehmens heute besser als im Branchenschnitt.

### Anlage der Untersuchung

Theoretische Grundlage der ursprünglich als Fall-Kontrollstudie geplanten Untersuchung bildet das von Badura (vgl. Badura et al 2008) entwickelte Sozialkapital-Modell; dieses wurde allerdings im Bereich der Spätindikatoren geringfügig modifiziert (s. Abb 1). Neben dem für die Intervention vorgesehenen Unternehmen wurde ein „Schwester-Werk" mit einer vergleichbaren Mitarbeiter- und Tätigkeitsstruktur als Kontrollgruppe ausgewählt. Beide Betriebe nahmen 2006 an dem Forschungsprojekt ProSoB (ProSoB – Produktivität von Sozialkapital im Betrieb – Projekt der AG1 und AG5 der Fakultät für Gesundheitswissenschaften der Uni Bielefeld) teil, wodurch eine empirische „Baseline" ($t_0$) geschaffen wurde. Die (empirische) Datengrundlage bestand demnach zum einen aus den (subjektiven) Ergebnissen der Mitarbeiterbefragung und zum anderen aus (objektiven) betriebswirtschaftlichen Kennziffern.

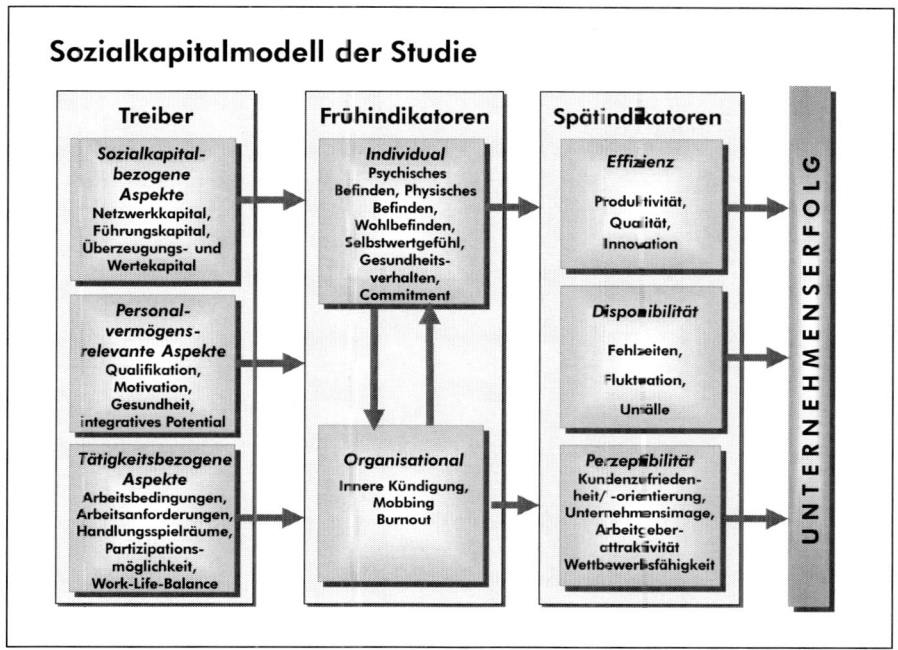

**Abbildung 1** Sozialkapitalmodell der Studie (Baumanns 2009)

Durch die erforderlich gewordene Schließung des „Schwester-Werks" Anfang 2008 konnte die vorgesehene Nachbefragung im April 2008 jedoch nicht mehr im Kontrollunternehmen realisiert werden. Das ursprüngliche Studiendesign wurde daher zu einer (erweiterten) Vorher-Nachher-Messung modifiziert (s. Tabelle 1). Da die Mitarbeiter der Kontrollgruppe erst elf Monate nach der Erstbefragung (= Juli 2007) über die beabsichtigte Schließung informiert wurden, konnten die „harten" betriebswirtschaftlichen Kennzahlen dieses Betriebs bis zu diesem Zeitpunkt ohne methodische Bedenken für die Untersuchung herangezogen werden. Ab dem Zeitpunkt der Bekanntgabe der Werksschließung können (anhand der betriebswirtschaftlichen Kennzahlen) durchaus Leistungs-/Produktivitätseinbrüche festgestellt werden.

Um die Auswirkungen der Interventionen auf den Unternehmenserfolg festzustellen, musste eine geeignete Kennzahl definiert werden. Dabei wurde der Fokus darauf gelegt, dass diese Kennzahl sowohl die Wirkung (wenn auch nur indirekt) der BGM-Aktivitäten misst, als auch möglichst wenig exogenen Einflüssen ausgesetzt ist. Diese werden zwar in einem solch komplexen Wirkungsgefüge nicht gänzlich zu eliminieren sein, dennoch sollten Einflüsse wie zum Beispiel der exogene Beschaffungs- und Absatzmarkt ausgeschlossen werden. Aus diesem Grund bot sich der Fertigungskostensatz als betriebswirtschaftliche Kennziffer für diesen Produktionsbetrieb an.

Die Kosten des Unternehmens werden beeinflusst durch Fehlzeiten, Fluktuation, Arbeitsunfälle sowie durch Qualitätsquoten und Verbesserungen von Produkten und Prozessen. Die Produktivität bildet als Maßstab die Effizienz ab, wie viel produktive Leistung in einer Zeiteinheit erbracht wird. Der Fertigungskostensatz ist der Quotient des Dividenden Kosten durch den Divisor Anzahl der produktiven Stunden; hierbei haben die Mitarbeiter direkten Einfluss sowohl auf den Dividenden als auch auf den Divisor – zugleich, so die Annahme, werden durch ein verändertes (Produktiv-)Verhalten der Beschäftigten die Effekte der BGM-Aktivitäten auf die Mitarbeiter (indirekt) erfasst.

**Tabelle 1** Studiendesign im zeitlichen Ablauf

| Zeitpunkt | Vorgang/Ereignis |
|---|---|
| August 2006 | $t_0$ = Erhebung Baseline Mitarbeiterbefragung und betriebswirtschaftliche Kennzahlen im Interventions- und Kontroll-Betrieb |
| Januar – März 2007 | Präsentation der Befragungsergebnisse und Planung von Interventionen im Interventions-Betrieb |
| April 2007 – März 2008 | Durchführung der Interventionen im Interventions-Betrieb, kontinuierliche Dokumentation der betriebswirtschaftlichen Kennzahlen |
| April 2008 | $t_1$ = Zweitbefragung und Auswertung der betriebswirtschaftlichen Kennzahlen |

## Ausgangssituation

### Zentrale Befunde der ProSoB-Befragung

In den hier vorgestellten Fallstudie-Betrieben nahmen jeweils ca. 80 % der Beschäftigten an der Mitarbeiterbefragung im Kontext der ProSoB-Studie (s.o.) teil. Zusammenfassend konnte aus der ersten Befragung abgeleitet werden, dass die Stärken des zur Intervention ausgewählten Betriebs bei den tätigkeitsbezogenen Aspekten und im Bereich „Netzwerkkapital" lagen. Hinsichtlich dieser Aspekte wies die damalige Untersuchung nur vereinzelt Faktoren mit Handlungsbedarf aus. Deutlicher Handlungsbedarf zeigte sich hingegen bei nahezu allen Aspekten des „Führungskapitals" sowie „Überzeugungs- und Wertekapitals". Grundlage für die Bewertung der Befragungsergebnisse hinsichtlich evtl. bestehenden Handlungsbedarfs war ein von der Geschäftsführung des Betriebs entwickeltes „Ampel-Raster". Mit dessen Hilfe wurden alle Befragungsergebnisse den Kategorien „grün", „gelb", „rot" (= Handlungsbedarf) zugeordnet.

Tabelle 2 Faktoren mit Handlungsbedarf (Quelle: Baumanns 2009)

| Faktoren mit Handlungsbedarf | |
|---|---|
| Tätigkeitsbezogene Aspekte | Partizipationsmöglichkeiten, quantitative Arbeitsanforderungen, Zufriedenheit mit organisatorischen Rahmenbedingungen |
| Netzwerkkapital | Gegenseitiges Vertrauen innerhalb des eigenes Teams |
| Führungskapital | Ausmaß der Mitarbeiterorientierung, Ausmaß der sozialen Kontrolle, Akzeptanz des Vorgesetzten, Vertrauen in den Vorgesetzten, Fairness und Gerechtigkeit, Ausmaß der Machtorientierung |
| Überzeugungs- und Wertekapital | „Gelebte" Unternehmenskultur, gemeinsame Normen und Werte, Konfliktkultur, Kohäsion, Gerechtigkeit, Wertschätzung für Mitarbeiter, Vertrauen |

### *Experteninterviews*

Um zusätzliche, konkretere Informationen für die Planung zielgerichteter Interventionen zu erhalten, fanden leitfadengestützte Experteninterviews mit ausgewählten und interessierten Mitarbeitern statt. Diese Interviews wurden ca. zwei Monate nach der schriftlichen Befragung durch den Betriebsratsvorsitzenden durchgeführt; zum einen besaß dieser hinreichend Kenntnisse über den Betrieb und zum anderen brachten ihm die Beschäftigten genügend Vertrauen entgegen, um keine Angst vor Konsequenzen bei ehrlichen Statements haben zu müssen. Insgesamt nahmen daran ca. 30 Mitarbeiter in Gruppen von jeweils sechs bis acht Mitarbeitern teil.

### *Handlungs- und Interventionsbedarf*

Die Ergebnisse der Mitarbeiterbefragung und der Experteninterviews bildeten gemeinsam die Basis für die Auswahl bedarfsgerechter Maßnahmen.

Neben der Fortführung der bisherigen BGM-Aktivitäten (s.o.) sollten zusätzliche, neue Interventionen vor allem das Ziel verfolgen, die zuvor mit Handlungsbedarf identifizierten Faktoren zu verbessern. Hinsichtlich der tätigkeitsbezogenen Aspekte sollten die Maßnahmen insbesondere zu einer Verbesserung der Partizipationsmöglichkeiten und der organisatorischen Rahmenbedingungen im Unternehmen beitragen. Zudem ließen Maßnahmen zur Stärkung der sozialen Beziehungen innerhalb und zwischen den Gruppen, zwischen Führungskräften und Mitarbeitern sowie Aktivitäten zur Entwicklung der Unternehmenskultur großes Potenzial zur Verbesserung der Ausgangssituation erkennen. (Betrachtet man das Durchschnittsergebnis für den gesamten Betrieb, zeigt sich das Netzwerkkapital durchaus als eine Stärke des Unternehmens. Zugleich wiesen einzelne Abteilungen (Gruppen) jedoch deutlichen Entwicklungsbedarf auf. Zudem ergab sich aus den Experteninterviews ein deutlicher Entwicklungsbedarf hinsichtlich der Kommunikation zwischen den jeweiligen Gruppensprechern und ihren Gruppen. Somit wurde das Netzwerkkapital ebenfalls als „Entwicklungsfeld" definiert.) Der Schwerpunkt der neuen Interventionen sollte somit auf die Steigerung des Sozialkapitals im Unternehmen ausgerichtet sein.

## Interventionsplanung

### Motive und Zielsetzung

Hinsichtlich der durchzuführenden Maßnahmen und Interventionen bestanden Erwartungen in zweierlei Richtungen: Zum einen sollten sich der Gesundheitsstand und die Qualität des Arbeitsschutzes durch zusätzliche Interventionen weiter verbessern. Daher sollten die seit langem regelmäßig durchgeführten verhaltens- und verhältnisorientierten Maßnahmen und Interventionen weitergeführt werden. Zum anderen sollten sich durch Investitionen in das Sozialkapital die aufgezeigten Schwachstellen verbessern und positive betriebswirtschaftliche Effekte einstellen.

### Auswahl und Planung von Interventionen

*Bisherige Maßnahmen und Interventionen*
Zunächst wurde die Fortführung der bisher im Rahmen des bestehenden BGM angebotenen Maßnahmen geplant. Diese betrafen die Bereiche der verhaltensorientierten Interventionen mit Fitness/Bewegung und physische Gesundheit sowie den verhältnisorientierten Interventionen zur Arbeitssicherheit. Dazu gehören z.B. eine Kostenbeteiligung an externen Mitgliedschaften in Fitnesscentern als auch firmeninterne Maßnahmen, wie Rückenschulkurse auf verschiedenen Niveaus mit sowohl gymnastischen Übungen und Entspannungsübungen als auch ergonomischen Anteilen. Abgerundet wird das Programm durch verschiedene Sportgruppen sowie die Möglichkeit des Erwerbs des Sportabzeichens. Daneben werden Maßnahmen zur Sicherung der physischen Gesundheit, wie regelmäßige Augenuntersuchungen und Vorsorgeuntersuchungen im Bereich Darm, Schilddrüse und Halsschlagader, durchgeführt wie auch die jährlichen Grippeschutzimpfungen. Zur Verbesserung der psychischen Gesundheit werden Stressbewältigungsseminare angeboten. Im Bereich der verhältnisorientierten Maßnahmen zur Erhöhung der Sicherheit wurden neben den regelmäßigen normalen Maßnahmen der Arbeitssicherheit und ergonomischen Arbeitsplatzgestaltung noch Aktivitäten gestartet, die helfen sollen, die Unfallzahlen niedrig zu halten.

*Neu initiierte Maßnahmen und Interventionen*
Aufgrund der Befragungsergebnisse und der Experteninterviews wurden darüber hinausgehende zusätzliche konkrete Maßnahmen und Interventionen geplant. Diese konzentrierten sich auf drei verschiedene Handlungsfelder:
1. Tätigkeitsbezogene Aspekte und organisatorische Rahmenbedingungen

Zur Bearbeitung der damit verbundenen Fragestellungen und Entwicklung von Verbesserungsvorschlägen sollten Arbeitsgruppen zu den Themen „Qualifikation", „Organisation" und „Motivation" eingerichtet werden.
2. Soziale Beziehungen und Führungsverhalten
Zur Unterstützung der Entwicklung in diesen Themenfeldern sollten unter Begleitung eines externen Trainers eine drei Module umfassende Trainingswerkstatt für Führungskräfte sowie ein Grundlagentraining zu Kommunikation und Konfliktmanagement für alle Gruppen realisiert werden.
3. Unternehmenskultur
Zur Weiterentwicklung der Unternehmenskultur sollten vor allem zu entwickelnde Leitsätze zur Führung und Zusammenarbeit im Unternehmen sowie eine regelmäßigere Mitarbeiterinformation durch Geschäftsleitung und Betriebsrat beitragen.

**Tabelle 3** Darstellung der neu initiierten Maßnahmen und Interventionen (nach Baumanns 2009)

| Neue Maßnahmen und Interventionen |
|---|
| **Tätigkeitsbezogene Aspekten und organisatorische Rahmenbedingungen** |
| Arbeitsgruppen zu den Themen „Qualifikation", „Organisation" und „Motivation" |
| **Soziale Beziehungen und Führungsverhalten** |
| Trainingswerkstatt für Führungskräfte |
| Grundlagen der Kommunikation und des Konfliktmanagements für Gruppen |
| **Unternehmenskultur** |
| Leitsätze zur Führung und Zusammenarbeit im Unternehmen |
| Mitarbeiterinformation durch Geschäftsleitung und Betriebsrat |

## Interventionen

### Arbeitsgruppen

Mit interessierten Mitarbeitern wurden drei Arbeitsgruppen zu den Themenbereichen „Qualifikation", „Organisation" und „Motivation" gebildet. Diese Arbeitsgruppen bestanden jeweils aus sieben bis acht Mitarbeitern, die aus allen Betriebsbereichen kamen. Dabei wurde darauf geachtet, dass aus jedem Bereich ein Mitarbeiter in jeder Arbeitsgruppe vertreten war. Zusätzlich nahmen der Betriebsleiter und der Betriebsratsvorsitzende temporär an den Gruppensitzungen teil.

In den Arbeitsgruppen wurden die Ergebnisse der Experteninterviews – ergänzt um die Befunde aus der Mitarbeiterbefragung – fokussiert auf den jeweiligen Themenbereich der Arbeitsgruppe beleuchtet. Dabei zeigte sich in vielen Bereichen eine Übereinstimmung der Experteneinschätzung mit dem Ergebnis der Befragung. Durch die Einzelanalyse und -betrachtung aller Abteilungen war es möglich, entsprechend individuelle Interventionen für einzelne Einheiten zu planen und durchzuführen; daraus resultierten viele kleine Maßnahmen, die oftmals nur einzelne Arbeitsbereiche betrafen. Dabei handelte es sich z.b. um ablauforganisatorische oder sonstige organisatorische Maßnahmen, die Materialversorgung sowie die fachliche Qualifizierung der Beschäftigten. Beispielhaft seien dazu genannt:

- Verbesserung der Zusammenarbeit der mechanischen Fertigung mit dem Konstruktionsbüro hinsichtlich eines vereinfachten Ablaufs bei fertigungstechnischen Veränderungen von Teilen (Ziel: Reduzierung der Fertigungskosten)
- Veränderung der Disposition in den Kanban-Lägern der Montage (Ziel: Bestandssenkung)
- Verbesserung der Organisation von leeren Lagerbehältern (Ziel: bessere Verfügbarkeit)
- Vergrößerung des Freiraums bei der Erstellung der Urlaubs- und Schichtpläne durch die Gruppen.

### *Führungskräfte*

Durch die Ergebnisse der Mitarbeiterbefragung wurde ein Qualifizierungsbedarf bei den Führungskräften identifiziert. In einem zwanglosen Gespräch mit Führungskräften sowie Betriebsleitung und Geschäftsführung wurde zunächst versucht, ein Bild über den tatsächlichen Entwicklungs- und Qualifizierungsbedarf der Führungskräfte herauszuarbeiten.

Danach fand, über den Zeitraum eines Jahres, eine dreistufige „Werkstatt für Führungskräfte" mit einem externen Trainer statt. Inhaltlich ging es dabei neben Grundlagen zu den Themen „Führung", „Führen in einer gesunden Organisation", „Kommunikation" sowie „Umgang mit Konflikten" vor allem darum, die Kooperationsbeziehungen und Vernetzung zwischen den Führungskräften im Arbeitsalltag zu verbessern. Die damit angestrebten Effekte wie z.B.

- Verbesserung und Stärkung der innerbetrieblichen Kooperationsbeziehungen
- Stärkung des wechselseitigen Vertrauens
- Optimierung des Informationsflusses
- Reduzierung von Schnittstellenproblemen zwischen den verschiedenen Organisationseinheiten
- höheres Maß an Transparenz betrieblicher Abläufe

bildeten den „roten Faden" der Trainings und wurden hier explizit bearbeitet. Dadurch waren unmittelbare und relativ zeitnahe positive Effekte, sowohl für die Führungskräfte als auch für deren Mitarbeiter, zu erreichen. Zur Unterstützung des Transfers in den betrieblichen Alltag waren die Führungskräfte zudem gefordert, persönliche Entwicklungsziele zu formulieren und daraus re-

sultierende Aktivitäten in Form von „Mini-Projekten" im Arbeitsalltag umzusetzen.
Zur Auffrischung und kontinuierlichen Hilfestellung bei aktuellen Problemen wird das Qualifizierungsangebot ca. halbjährlich in Form eines Führungskräfte-Coachings fortgeführt.

**Tabelle 4** Qualifizierung der Führungskräfte (Quelle: Baumanns 2009)

| Qualifizierung der Führungskräfte |
|---|
| **Führungskräftewerkstatt I – 2 Tage** |
| Grundlagen zum Thema Führen, Führen in einer „gesunden Organisation" und gesundheitsförderliches Führen, Führung teilautonomer Gruppen), Konfliktmanagement, Identifikation von Herausforderungen und persönlichem Entwicklungsbedarf, Vereinbarung persönlicher Entwicklungsziele und -projekte |
| **Führungskräftewerkstatt II – 2 Tage** |
| Status quo der persönlichen Entwicklungsvorhaben, bedarfs- und zielgerichtete Qualifizierung und Unterstützung, Konfliktgespräche mit Vorgesetzten und Mitarbeitern, Rolle und Selbstverständnis des Vorgesetzten im Kontext einer Gruppe, Selbstmanagement, Modelle der Vernetzung und kollegialen Unterstützung |
| **Führungskräftewerkstatt III – 1 Tag** |
| Abschluss der persönlichen Entwicklungsvorhaben, bedarfs- und zielgerichtete Qualifizierung und Unterstützung, Umsetzung der firmeninternen Leitsätze, Bearbeitung konkreter Fallbeispiele, Übungen zur Gesprächsführung, individuelles und kollegiales Coaching |
| Präsentation für die Geschäftsführung |

### *Gruppen (Gruppensprecher und Mitarbeiter)*

Neben den Qualifizierungsmaßnahmen für die Führungskräfte fanden, unter Leitung desselben externen Trainers, auch halbtägige Trainings zur Verbesserung der Kommunikation und des Umgangs mit Konflikten für die Mitarbeiter statt. In einem ersten Schritt wurden zunächst die Gruppensprecher der einzelnen Gruppen in Workshops qualifiziert. Die Workshops dienten zugleich als Diagnostik bezüglich (unterschwellig) vorhandener Probleme und Verbesserungspotenziale in den einzelnen Gruppen.

Im Anschluss an zwei Trainingseinheiten für die Gruppensprecher – realisiert im Abstand von einem halben Jahr – wurden dann alle Gruppen, jeweils gemeinsam in halbtägigen Trainings, zu den gleichen Themen qualifiziert. Diese – halbjährlich stattfindenden – Trainings werden von allen Gruppen durchlaufen, so dass, aufgrund der hohen Anzahl von Gruppen, jeder Mitarbeiter alle anderthalb Jahre an einem Training teilnimmt.

Inhaltlich ging es in diesen Trainings vornehmlich um Grundlagen der Kommunikation (Ebenen der Kommunikation, Repräsentationsmodell, systemische und konstruktivistische Aspekte der Kommunikation) sowie den konstruktiven Umgang mit Konflikten. Zur Unterstützung des Transfers, aber auch wegen der Unterschiede im Bildungsniveaus sowie hinsichtlich des unterschiedlichen nationalen und kulturellen Hintergrunds dieser Zielgruppe wurde bei der Vermittlung der theoretischen Grundlagen besonders Wert gelegt auf den praktischen Bezug zum (Arbeits-)Alltag der Beschäftigten.

### *Sonstige Maßnahmen*

Basierend auf den Ergebnissen der Mitarbeiterbefragung für das gesamte Unternehmen wünschten sich die Beschäftigten mehr und bessere Informationen zur wirtschaftlichen Lage, zu aktuellen Neuerungen sowie zu bevorstehenden Veränderungen. Geschäftsführung und Betriebsrat verständigten sich daher, die Belegschaft regelmäßig über aktuelle Entwicklungen zu informieren. Die wichtigsten Informationen werden dazu in Abständen von zwei bis vier Wochen und im Umfang von ca. 1 Seite im Intranet zur Verfügung gestellt und zugleich an exponierten Stellen im Unternehmen ausgehängt. Die Informationen beziehen sich auf aktuelle und wichtige Termine, auf Fragen zur Gruppenarbeit, zum Gesundheitsmanagement und zu Qualifizierungsangeboten sowie auf die aktuelle Unternehmenssituation.

Als Maßnahmen zur Entwicklung der Unternehmenskultur wurden in verschiedenen Workshops unter Beteiligung von Geschäftsführung, Betriebsleitung, Abteilungsleiter, Betriebsrat und Mitarbeitern Unternehmensleitsätze entwickelt und verabschiedet. Diese sollten Klarheit in die Verantwortung und Beziehungen aller Beschäftigten bringen und hauptsächlich die Führung und Zusammenarbeit verbessern. Die Unternehmensleitsätze fokussieren die folgenden sechs Perspektiven:

- Attraktivität des Unternehmens
- Führung
- Zielerreichung
- Verantwortung
- Denken sowie
- Umgang miteinander.

Diese Unternehmensleitsätze wurden auf drei große Plakate gedruckt und von Geschäftsführung, Betriebsrat, Führungskräften und – stellvertretend für alle Mitarbeiter – von den Gruppensprechern im Rahmen einer Veranstaltung unterschrieben. Diese Plakate wurden anschließend an exponierten Stellen im Unternehmen dauerhaft ausgehängt. Gleichzeitig erhielt jeder Mitarbeiter diese Unternehmensleitsätze als „give away" im Postkartenformat. In der Übersicht stellt sich der gesamte zeitliche Ablauf (von der Diagnose bis zur Evaluation) wie folgt dar (Tabelle 5).

**Tabelle 5** Zeitplan der Aktivitäten

| Monat | Monat | Aktivität |
|---|---|---|
| Aug. 06 | 0 | Erstbefragung im Interventions- und Kontrollunternehmen (Baseline) |
| Okt. 06 | 2 | Durchführung Experteninterviews |
| Nov. 06 | 3 | Ergebnisse der Experteninterviews liegen vor, Einrichtung der Arbeitsgruppen |
| Jan. 07 | 5 | Erste Ergebnisse der Erstbefragung liegen vor |
| Jan. 07 | 5 | Klassifizierung der Befragungsergebnisse nach „dringendem Handlungsbedarf" und Aufteilung auf die Themen der Arbeitsgruppen |
| Feb. 07 | 6 | Vorgespräch mit Führungskräften und Gruppensprechern |
| März 07 | 7 | Vorstellung der Ergebnisse der Erstbefragung durch die Uni Bielefeld sowie Vorstellung der ersten Analyseergebnisse der Arbeitsgruppen |
| März 07 | 7 | Ergebnisse nach Abteilungen differenziert (für Führungskräfte) |
| Apr. 07 | 8 | Erste Führungskräftewerkstatt |
| Apr. 07 | 8 | Erstes Gruppensprechertraining |
| Mai 07 | 9 | Zwischenergebnisse der Arbeitsgruppen |
| Juni/Juli 07 | 10/11 | Erarbeitung der Leitsätze zur Führung und Zusammenarbeit im Unternehmen |
| Aug. 07 | 12 | Verabschiedung der Unternehmensleitsätze |
| Okt. 07 | 14 | Zweite Führungskräftewerkstatt |
| Okt. 07 | 14 | Zweites Training der Gruppensprecher |
| Nov./Dez. 07 | 15/16 | Abschlussberichte der Arbeitsgruppen – Anregung zu Trainingsinhalten für alle Gruppen |
| Apr. 08 | 20 | Dritte Führungskräftewerkstatt |
| Apr. 08 | 20 | Erste Trainingssequenz für Mitarbeiter/Gruppen (fortlaufend) |
| Apr. 08 | 20 | Zweitbefragung im Interventions-Unternehmen /Evaluation |

## *Kosten*

Für die „traditionellen" Maßnahmen fallen pro Jahr im Durchschnitt externe Kosten für Übungsleiter, Kurse, Untersuchungen etc. von ca. 12.000 € an; hinzu kommen interne Kosten, die zum größten Teil aus aufgewendeter Arbeitszeit bestehen und mit ca. 17.000 € pro Jahr anzusetzen sind. An externen Kosten fallen für die Interventionen in das Sozialkapital (Qualifizierung von Führungskräften und Gruppen) ca. 11.000 € pro Jahr an. Hinzuzurechnen sind an internen Kosten, die ebenfalls überwiegend die aufgewendete Arbeitszeit betreffen, ca. 30.000 € pro Jahr. Somit entstehen insgesamt pro Jahr Kosten von ca. 70.000 € für das Betriebliche Gesundheitsmanagement (s. Tabelle 6).

**Tabelle 6** Durchschnittliche jährliche Kosten für Interventionen innerhalb des BGM (Quelle: Baumanns 2009)

| Kosten der Interventionen pro Jahr im Untersuchungszeitraum | | | | |
|---|---|---|---|---|
| | Verhaltens- und Verhältnisprävention | | Sozialkapital | |
| Interventionsrichtung | intern | extern | intern | extern |
| Kosten pro Jahr | 17.000 € | 12.000 € | 30.000 € | 11.000 € |
| Gesamtkosten für Interventionsart | 29.000 € | | 41.000 € | |
| Gesamtkosten | 70.000 € | | | |

## Evaluation

### Ergebnisse der Zweitbefragung

Etwa 20 Monate nach der Erstbefragung – und 12 Monate nach dem Start der vorstehend beschriebenen Interventionen – wurde erneut eine Mitarbeiterbefragung durchgeführt.

In einem ersten Schritt wurden zunächst der Ergebnisse der zweiten Befragung denen der Erstbefragung gegenübergestellt ($t_0$-$t_1$-Vergleich der arithmetischen Mittel). Dies geschah sowohl bezogen auf die Skalenwerte als auch bezüglich der einzelnen Items; zudem wurden der Gesamtbetrieb wie auch einzelne Abteilungen betrachtet. Dabei zeigte sich, dass sich alle Faktoren, die in der Erstbefragung Handlungsbedarf aufwiesen, verbessert haben. Zudem wiesen alle Faktoren, die in der Erstbefragung seitens einzelner Gruppen eine ausgeprägt negative Bewertung erfuhren, eine überproportionale Verbesserung auf.

Bezüglich der tätigkeitsbezogenen Aspekte zeigten alle Faktoren eine leichte Verbesserung. Die Befunde zum Netzwerkkapital haben sich auf ihrem (im Unternehmensdurchschnitt betrachtet) guten Ausgangslevel behauptet, während sich das Führungskapital sowie das Überzeugungs- und Wertekapital hinsichtlich aller Faktoren deutlich und statistisch signifikant verbessert haben.

Es lässt sich konstatieren, dass bei allen Faktoren, bei denen im Rahmen der Erstbefragung Handlungsbedarf identifiziert wurde, eine teilweise erhebliche – und in weiten Teilen auch statistisch signifikante – Verbesserung erreicht wurde. Dies scheint die Annahme zu bestätigen, dass die eingeleiteten Interventionen zielgerichtet waren und in direktem Zusammenhang mit den Verbesserungen stehen. Dabei muss zudem berücksichtigt werden, dass zum Zeitpunkt der Zweitbefragung erst ein Teil der Gruppen ein Training zu Kommunikation und Konfliktmanagement absolviert hatte und daher für die Zukunft noch weitere Verbesserungen erwartet werden können. An der ersten Trainingssequenz, die ca. zwei bis drei Wochen vor der Zweitbefragung stattfand, nahmen acht verschiedene Gruppen teil. Die Auswahl der Gruppen und die Reihenfolge deren Teilnahme an den einzelnen Trainingssequenzen richteten sich nach dem Ausmaß des zuvor identifizierten Handlungs-/Entwicklungsbedarfs; gestartet wurden mit den Gruppen, die den größten Handlungs-/Entwicklungsbedarf aufwiesen. Wie aus Abbildung 2 ersichtlich wird, setzte sich die beobachtete positive Entwicklung der Produktivität auch über den Zeitpunkt der Evaluation hinaus fort.

Die Frühindikatoren (psychisches und physisches Befinden, psychosoziales Wohlbefinden und Selbstwertgefühl, Commitment sowie innere Kündigung und Mobbing) haben sich auf dem bisherigen guten Niveau stabilisiert.

Die wahrgenommenen Spätindikatoren der Effizienz und Disponibilität behaupteten ebenfalls in der Befragung in der Gesamtheit ihr Niveau. Den Ratings der Mitarbeiter zu den Spätindikatoren wurden, in einem weiteren Schritt, objektive Daten (Kennzahlen) aus dem Unternehmen gegenübergestellt. Dabei zeigte sich, dass die „harten", betriebswirtschaftlichen Kennzahlen durchweg mit den „weichen", subjektiven Bewertungen der Mitarbeiter korrespondierten und eine Konsolidierung auf hohem Niveau bestätigten – z.T. zeigten die betriebswirtschaftlichen Kennzahlen sogar noch eine darüber hinausgehende Verbesserung an.

Auffallend ist die Steigerung der Produktivität im Untersuchungszeitraum im Interventions-Betrieb. Hingegen war für das Kontrollunternehmen, in dem keinerlei Interventionen stattfanden, im Zeitraum bis zur Bekanntgabe der Schließung keine positive Entwicklung der Produktivität zu verzeichnen (s. Abbildung 2). Es ist daher zu vermuten, dass die durchgeführten Interventionen wesentlich zu der positiven Entwicklung im Interventionsbetrieb beigetragen haben.

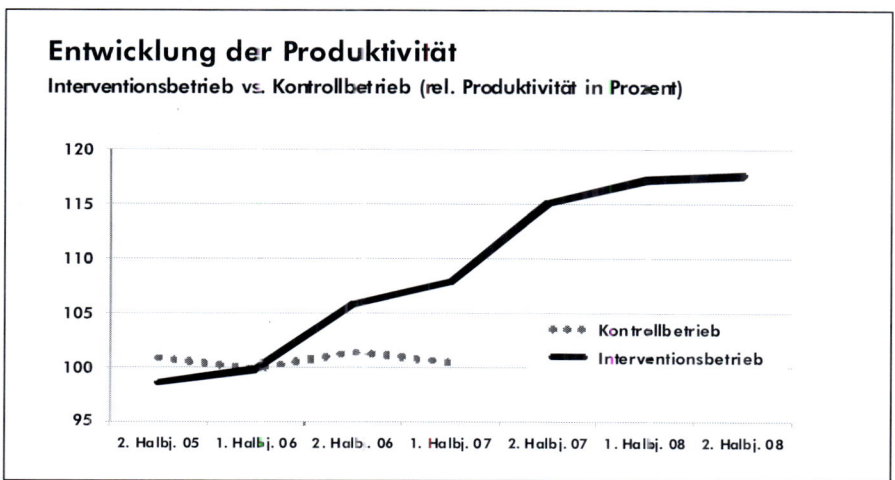

**Abbildung 2** Entwicklung der Produktivität im Interventions- vs. Kontrollbetrieb (nach Baumanns 2009)

Bei einer vorgenommenen Korrelationsanalyse mit den Daten der Zweitbefragung des Modellbetriebs ergab sich bei fast allen Treibern des theoretischen Bezugsrahmens untereinander ein stark signifikanter Zusammenhang. Weiter konnte festgestellt werden, dass bei den Frühindikatoren das Commitment in einer hervorgehobenen Stellung mit fast allen Treibern der tätigkeitsbezogenen Aspekte, des Netzwerkkapitals, des Führungskapitals sowie des Überzeugungs- und Wertekapitals korrelierte. Bei den Spätindikatoren nahm das „Qualitätsbewusstsein im Team" eine zentrale Stellung ein, welches ebenfalls mit fast allen Treibern der tätigkeitsbezogenen Aspekte und sozialkapitalbezogenen Aspekte, aber auch mit den meisten Frühindikatoren korreliert.

Insgesamt werden durch die Korrelationsanalyse die im Bielefelder Sozialkapitalmodell antizipierten Annahmen über die Zusammenhänge und die Wirkungen der Interventionen bestätigt.

### *Betriebswirtschaftliche Outcomes*

Noch immer wird der erzielbare Nutzen eines BGM überwiegend an der leicht zu ermittelnden Kenngröße für Absentismus und daraus resultierenden, ersparten Entgeltfortzahlungen festgemacht.

In dem Interventionsbetrieb ergab sich keine weitere wesentliche Verbesserung der Absentismusquote und der Unfallzahlen. Dadurch kann keine ökonomische Ergebnisverbesserung basierend auf ersparter Lohnfortzahlung, geringeren Beiträgen zur Berufsgenossenschaft oder entgangener Wertschöpfung nachgewiesen werden. In diesen Bereichen, die in den meisten anderen Studien die Bestätigung für den Erfolg eines BGM liefern, konnten keine weiteren monetären Ergebnisverbesserungen erzielt werden.

Um die Auswirkungen auf den Unternehmenserfolg festzustellen, wurde – wie bereits im Abschnitt „Anlage der Untersuchung" ausgeführt – der Fertigungskostensatz als relevante Größe definiert. Analog zu der festgestellten Produktivitätssteigerung (s. Abschnitt „Evaluation: Ergebnisse der Zweitbefragung") ergab sich im Untersuchungszeitraum eine Verbesserung des Fertigungskostensatzes von ca. sieben Prozent – und dies bei einem ähnlichen Volumen an verfahrenen Arbeitsstunden im Vergleich zu den Vorjahren, so dass ein Einfluss aufgrund eines höheren Personaleinsatzes ausgeschlossen werden kann. Diese Veränderungen konnten im Betrachtungszeitraum bzw. bis zum Zeitpunkt der Bekanntgabe der Schließung im Kontrollbetrieb nicht festgestellt werden.

Bei der monetären Bewertung der Ergebnisse kann betriebswirtschaftlich die gesamte Kostenreduzierung der Produktionsstunden als Ersparnis herangezogen werden. In Relation zu den Aufwendungen für Interventionen im Untersuchungszeitraum kann ein ROI-Faktor (der Begriff Return on Invest – deutsch: Kapitalverzinsung oder Kapitalrendite – bezeichnet ein Modell zur Messung der Rendite des eingesetzten Kapitals; der ROI drückt das Verhältnis aus dem erwarteten Mehrwert und den Kosten einer Investition aus) von 1 : 10 konstatiert werden. Berücksichtigt man die von der Krankenkasse erhaltenen

Bonuszahlungen für das Unternehmen, fällt der ROI noch deutlich höher aus. Und nochmals: Dieser monetäre Effekt wurde ohne eine Reduzierung der Absentismusquote erreicht.

Ob die dargestellten positiven Entwicklungen einzig und alleine aus den o.a. Interventionen herrühren, ist nicht mit letzter Sicherheit nachzuweisen, da es sich bei dem BGM um ein multidimensionales und -faktorielles Ursache-Wirkungs-Geflecht handelt. In begrenztem Umfang könnten auch sonstige exogene Einflüsse (z.B. Entwicklungen am Arbeitsmarkt) für die positiven Effekte mitverantwortlich sein. Seitens des Betriebes hat es jedoch keinerlei sonstige Einflussgrößen (z.B. organisatorische/technologische Veränderungen, anderes Beschäftigungsniveau) gegeben, die einen offensichtlichen Effekt hätten auslösen können. Es ist also naheliegend, dass die positiven Entwicklungen zumindest zu einem großen Anteil den im Rahmen des BGM durchgeführten Interventionen zuzuschreiben sind. Ferner ist davon auszugehen, dass die voran dargestellten positiven Effekte insbesondere den Interventionen in das Sozialkapital zuzurechnen sind; vor allem deshalb, weil die auf gleichem Niveau weitergeführten verhaltenspräventiven Maßnahmen in den unmittelbar vorangegangenen Jahren keine zusätzlichen, beobachtbaren Effekte produzierten.

## Zusammenfassung und Diskussion

Durch das Praxisbeispiel konnte gezeigt werden, dass Investitionen in das Sozialkapital eines Unternehmens wesentlichen Einfluss auf den Unternehmenserfolg nehmen können. Letzterer ergibt nicht aus einem einzelnen Einflussfaktor, sondern ist das Ergebnis des Zusammenspiels verschiedener Faktoren. Aufgrund der Komplexität des multifaktoriellen Geschehens in dem sozialen System „Unternehmen" und der daraus resultierenden vielfältigen Ursache-Wirkungs-Beziehungen wird man sich hinsichtlich der Bewertung der Ergebnisse dieser Fallstudie mit Kriterien der attributiven Validität (vgl. dazu z.B. Badura 2002) begnügen müssen. Mit anderen Worten: Es können keine direkten bzw. kausalen Ursache-Wirkungs-Zusammenhänge zwischen den vorgenommenen Interventionen und den beobachteten Effekten gemessen werden. Die Anlage der Studie als (modifizierte) Fall-Kontrollstudie sowie die Beobachtung möglicher weiterer Einflussgrößen lassen jedoch die Annahme gerechtfertigt erscheinen, dass die erzielten Effekte mit hoher Wahrscheinlichkeit auf die vorgenommenen Interventionen zurückzuführen sind.

Insgesamt wird durch das Praxis-Beispiel deutlich, dass bei den Treiber-Faktoren das Netzwerkkapital eine zentrale Rolle einnimmt. Die Qualität der sozialen Beziehungen hat für Menschen mannigfaltige Zusammenhänge zu Gesundheit und Wohlbefinden – sowohl im Arbeits- wie auch im Privatleben. Ein hohes Netzwerkkapital hat, so zeigt das vorgestellte Beispiel, salutogene Wirkung auf die Mitarbeiter – und somit auch auf deren Arbeitsleistung.

Ferner werden die komplexen Wirkungszusammenhänge im BGM deutlich. Es reicht nicht aus, einzelne Maßnahmen wie z.B. eine Rückenschule zu installieren, um damit (partiellen) Erfolg zu haben. Vielmehr empfiehlt es sich, ein ganzheitliches System zu entwickeln, das an unterschiedlichen Stellen, sowohl bei den Menschen und deren Verhalten als auch in der Organisation (und damit den Rahmenbedingungen des Arbeitens), ansetzt. Darüber hinaus ist ein integriertes System erforderlich, in dem verschiedene BGM-Maßnahmen sinnvoll geordnet sind und bedarfsgerecht adressiert werden können.

Deutlich wird ebenfalls, dass die definierten Treiber des Bielefelder Sozialkapitalmodells alle miteinander korrelieren und deutlichen Bezug zu den Früh- und Spätindikatoren aufweisen.

Dadurch wird auch die Notwendigkeit der Erweiterung der traditionellen BGM-Ansätze aus arbeitswissenschaftlicher und verhaltensmedizinischer Perspektive durch einen organisationswissenschaftlichen Ansatz unterstützt. Mit einer solchen erweiterten Perspektive kann ein BGM-System geschaffen werden, welches die Gesundheit der Mitarbeiter in ganzheitlicher Sicht fördert und die Potenziale der intangiblen Faktoren für das Unternehmen nutzbar macht.

**Literatur**

Baumanns R (2009) Unternehmenserfolg durch betriebliches Gesundheitsmanagement, Nutzen für Unternehmer und Mitarbeiter. Eine Evaluation. Ibidem, Stuttgart

Badura B, Greiner W, Behr M, Rixgens P, Ueberle M (2008) Sozialkapital: Grundlagen von Gesundheit und Unternehmenserfolg. Springer, Berlin

Badura B (2002) Evaluation und Qualitätsberichterstattung im Gesundheitswesen – Was soll bewertet werden und mit welchen Maßstäben? In: Badura B, Siegrist J (Hrsg) Evaluation im Gesundheitswesen. Ansätze und Ergebnisse. 2. Aufl., Juventa, Weinheim und München

Bertelsmann Stiftung, Hans-Böckler-Stiftung (2003) Zukunftsfähige betriebliche Gesundheitspolitik: Vorschläge der Expertenkommission. Bertelsmann Stiftung/Hans-Böckler-Stiftung (Hrsg), Gütersloh

Rixgens P (2009) Betriebliches Sozialkapital, Arbeitsqualität und Gesundheit der Beschäftigten – Variiert das Bielefelder Sozialkapital-Modell nach beruflicher Position, Alter und Geschlecht? In: Badura B, Schröder H, Vetter C (Hrsg) Fehlzeiten-Report 2008, Betriebliches Gesundheitsmanagement: Kosten und Nutzen. Springer, Heidelberg, S 33–42

Walter U, Münch E (2009) Die Bedeutung von Fehlzeitenstatistiken für die Unternehmensdiagnostik. In: Badura B, Schröder H, Vetter C (Hrsg) Fehlzeiten-Report 2008, Betriebliches Gesundheitsmanagement: Kosten und Nutzen. Springer, Heidelberg, S 139–154

Walter U (2007) Qualitätsentwicklung durch Standardisierung – am Beispiel des Betrieblichen Gesundheitsmanagements. Bielefeld, Univ., Diss., 2007

# Betriebliche Gesundheitsförderung in einem Sozial- und Gesundheitsunternehmen

Jürgen Lempert-Horstkotte

v. Bodelschwinghsche Anstalten Bethel
Strategische Personal- und Bildungsarbeit
Königsweg 1–3
33619 Bielefeld

Die v. Bodelschwinghschen Anstalten Bethel (vBA Bethel) betreiben als Stiftung Einrichtungen und Dienste in sechs Bundesländern. Insgesamt werden ca. 13.600 Mitarbeiterinnen und Mitarbeiter für die vielfältigen Dienstleistungen in Europas größtem diakonischen Unternehmen beschäftigt. Es stehen rund 20.000 Plätze zur Verfügung für kranke, behinderte oder sozial benachteiligte Menschen; hinzu kommen Ausbildungsstätten und Fachschulen, vor allem für Pflegeberufe und medizinische Berufe.

Die Arbeitsfelder umfassen nahezu alle sozialen, medizinischen und pädagogischen Bereiche: Bethel leistet Behinderten- und Altenhilfe, Jugend- und Wohnungslosenhilfe sowie gemeindenahe psychiatrische Versorgung. Arbeit und berufliche Rehabilitation für benachteiligte Menschen gehören ebenso zum Angebot wie Akutkrankenhäuser und psychiatrische Kliniken.

Die vBA Bethel sind in Stiftungs- bzw. Unternehmensbereiche gegliedert, die den Aufgabenfeldern entsprechen. Die Gesamtsteuerung des Unternehmens wird von einer Vorstandsgruppe wahrgenommen. Unternehmensziele, -leitbilder, Führungsgrundsätze und in diesem Zusammenhang auch der Rahmen für die betriebliche Gesundheitspolitik sind ein Teil der zentral verantworteten Gesamtleitung. Für die Steuerung der Stiftungs-/Unternehmensbereiche der vBA Bethel sind Geschäftsführungen eingesetzt. Die Bereiche unterscheiden sich hinsichtlich Größe, Organisation, Kultur und der Gestaltung von Prozessen teilweise erheblich. Die jeweilige betriebliche Gesundheitsarbeit wird dezentral in einem verbindlichen Rahmen gestaltet, jedoch jeweils in deutlich unterschiedlichen Formen.

## Hintergründe und Anlässe für systematische BGF

In den vBA Bethel gibt es schon seit vielen Jahren Bemühungen zur Gesundheitsförderung der Mitarbeitenden, insbesondere über das Referat für den Arbeitsschutz, einen Beratungsdienst für Mitarbeitende, das Betriebsärztliche Zentrum, über Fortbildungsangebote, Mitarbeitendensport, aber auch über spezielle Fachabteilungen. Beispielsweise gibt es Trainings für Bewegungsabläufe in der Pflege, Maßnahmen zur Deeskalation von Gewaltsituationen, Supervisions- und Coachingangebote oder auch Beratungsangebote für die Nutzung von Pflegehilfsmitteln. Eine differenzierte und umfassende Qualifizierung der Führungskräfte trägt ebenso zur gesundheitsförderlichen Arbeit bei wie die Durchführung von partizipativ angelegten Qualitätszirkeln, regelmäßige Mitarbeitendengespräche, umfangreiche Angebote im Bereich der beruflichen Gleichstellung oder Dienstvereinbarungen zum Umgang mit Suchtproblemen oder gegen sexuelle Belästigung, Mobbing oder Diskriminierung.

All diese Maßnahmen standen in der Vergangenheit nebeneinander und waren nicht Teil einer integrierten, systematischen, konzeptbasierten betrieblichen Gesundheitsarbeit. Das Thema Ende 2004 neu aufzunehmen und zu bearbeiten hatte verschiedene Anlässe:

Zum einen waren es Ergebnisse einer Mitarbeitendenbefragung, die insgesamt ein deutliches Ausmaß an subjektiv empfundener, gesundheitlicher Belastung und einen ausgeprägten Wunsch nach betrieblichen Unterstützungsmöglichkeiten erkennen ließen. Anlass für die Mitarbeitendenbefragung, an der 2004 und 2005 ca. 7.000 Mitarbeitenden teilnahmen, war das Ziel einer Stärkung der Identifikation der Mitarbeitenden mit dem Unternehmen. Die Mitarbeitendenbefragung und die Bearbeitung der Ergebnisse, insbesondere hinsichtlich Themen wie Qualität der Führung, Werte im Unternehmen, Qualität der Arbeitsorganisation etc., wurden damals nicht im Zusammenhang mit einer Betrieblichen Gesundheitspolitik gesehen.

Ein zweiter Anlass, sich mit Betrieblicher Gesundheitsförderung systematisch zu beschäftigen, war die demografische Entwicklung im Unternehmen. Einige Jahre zuvor hatten Analysen deutlich zu Tage gefördert, dass der Altersdurchschnitt insgesamt überdurchschnittlich hoch ist. In einzelnen Bereichen musste davon ausgegangen werden, dass bei der aktuellen niedrigen Personalfluktuation in absehbarer Zeit ca. 60 % der Belegschaft über 50 Jahre alt sein werden. Zweifelsohne hat dieser Befund erheblich dazu beigetragen, dass die Gesunderhaltung der Mitarbeitenden als ein wichtiger Beitrag zur Bewältigung des demografischen Wandels gesehen wurde.

Ein dritter Impuls für Betriebliche Gesundheitsförderung waren Aktivitäten der Gesamtmitarbeitendenvertretung, die mit einem umfassenden Diskussionsentwurf für eine Dienstvereinbarung einen Initiativantrag zur Bearbeitung des Themas gestellt hatte. Belastungsanzeigen von Mitarbeitenden waren bei der Mitarbeitendenvertretung Anlass gewesen, das Thema aufzugreifen.

Insgesamt entwickelte sich zunehmend mehr ein Problembewusstsein für Gesundheit am Arbeitsplatz. Konkrete Befunde und Aktivitäten legten eine systematische Bearbeitung des Themas nahe.

## Erste Schritte hin zu einer neuen betrieblichen Gesundheitsarbeit

Vor einem klaren Entschluss zur Bearbeitung des Themas wurden Meinungen und Positionen der Geschäftsführungen der Bereiche erhoben, um einen konkreten Vorschlag für die Bearbeitung vorzulegen. Dabei wurde deutlich, dass keineswegs einmütig ein Bedarf für eine systematische Bearbeitung des Themas gesehen wurde. Eine nicht unwesentliche Rolle spielte dabei der Sachverhalt, dass eine erhebliche Mehrbelastung von Führungskräften erwartet wurde. Mehrheitlich wurde jedoch der Wunsch nach genauerer Analyse von Daten, Einflussfaktoren und objektiven Messgrößen für betriebliche Gesundheit geäußert.

Die Durchführung eines Projektes „Betriebliche Gesundheitsförderung in den vBA Bethel" wurde vom Vorstand im März 2005 beschlossen. Die Bearbeitung mit der Methode des Projektmanagements war damit ebenfalls vorgegeben.

### *Erarbeitung eines Grundverständnisses über BGF*

Ein erster grundlegender inhaltlicher Arbeitsschritt im Projektverlauf war die Auseinandersetzung über ein gemeinsames Verständnis von Betrieblicher Gesundheitsförderung. Im Unternehmen herrschte weitgehend die Vorstellung, Betriebliche Gesundheitsförderung beziehe sich mehr oder weniger ausschließlich auf verhaltenspräventive Maßnahmen. Angemessen und gute Angebote im Bereich Bewegung, Betriebssport, Entspannung seien die Maßnahmen, mit denen gesundheitsförderliche Interventionen stattfinden sollten. Insbesondere die anfängliche Polarisierung der Diskurse in der Projektarbeit zwischen verhältnispräventiver Orientierung einerseits und verhaltenspräventiver Orientierung andererseits brachte unterschiedliche Verständnisse von Gesundheit und damit auch von Gesundheitsförderung zu Tage. Es gelang dann, einen gemeinsamen Nenner auszuloten und als sogenanntes „10-Punkte-Programm" zu beschreiben. Dieses Grundverständnis wurde in der nächsten Zeit geringfügig modifiziert und hat eine sehr große Rolle hinsichtlich der Orientierung bei der Ausgestaltung und Weiterentwicklung gespielt. Wichtige Aussagen des Grundverständnisses, das letztlich bekannte Standards einer modernen betrieblichen Gesundheitsarbeit widerspiegelt, sind:

- Betriebliche Gesundheitsförderung wird verstanden als eine systematische Intervention mit dem Ziel, gesundheitliche Belastungen der Mitarbeitenden zu senken, durch Gesundheit und Wohlbefinden eine positive Wirkung auf deren Leistungsfähigkeit und damit auf die Qualität und Wirtschaftlichkeit der Arbeit zu erzielen.
- Im Fokus ist sowohl die gesundheitsfördernde Gestaltung der Arbeit als auch die Befähigung der Mitarbeitenden zum gesundheitsfördernden Verhalten. Betriebliche Gesundheitsförderung kann sich somit sowohl auf ver-

haltens- als auch auf verhältnispräventive Maßnahmen beziehen und soll nach Möglichkeit beide Zugänge integrieren.
- Interventionen können sich beziehen auf die sachliche Infrastruktur (z.B. Ausstattung, Hilfsmittel, Räume), die Organisation der Arbeit (z.B. Arbeitszeiten, Art der Zusammenarbeit), die individuelle Befähigung zur Bewältigung von Arbeitsanforderungen (z.B. Qualifikation, Motivation, Gesundheit), die Schaffung von gemeinsamen Überzeugungen, Werten und Regeln (z.B. Führungskultur, Erleben der Arbeit als transparent, berechenbar und beeinflussbar, Erleben der Arbeit als sinnhaft und wertvoll).
- Die unverzichtbaren Kernprozesse systematischer Betrieblicher Gesundheitsförderung bestehen in der Abfolge von Diagnostik, Planung, Intervention und Evaluation.
- Die Berücksichtung von Genderaspekten in den Kernprozessen wird durch geeignete Vorgehensweisen sichergestellt.
- Die Mitarbeitenden selbst sind Expertinnen und Experten für ihre Gesundheit und ihr Wohlbefinden. Deshalb werden Prozesse partizipativ gestaltet (z.B. Gesundheitszirkel, Mitarbeitendenbefragungen). Von den Mitarbeitenden wird Eigenverantwortlichkeit durch gesundheitsbewusstes Verhalten erwartet, damit Gesundheit und Wohlbefinden die Leistungsfähigkeit und Leistungsbereitschaft im Dienst unterstützen.
- BGF ist langfristig und nachhaltig angelegt.
- BGF baut auf bestehende Strukturen, Zuständigkeiten und Prozesse. Sie ist weitgehend eine Querschnittsaufgabe zur vorhandenen betrieblichen Aufgabe und ist in den bestehenden Linienfunktionen und mit den vorhandenen Ressourcen zu bearbeiten.

## Das Projekt: Implementierung von BGF mit der Methode des Projektmanagements

Ziele des Projektes wurden in einem Handbuch festgelegt. Im Einzelnen sollte(n)

- die Rahmenbedingungen hinsichtlich zentraler und dezentraler Aufgaben, Rollen, Verantwortlichkeiten und organisatorische Ressourcen geklärt werden
- die Voraussetzungen für die Erstellung eines Gesundheitsberichtes erarbeitet sein
- ein Angebot an Methoden, Verfahren und Instrumenten für die Nutzung in den Stiftungs- und Unternehmensbereichen zur Verfügung gestellt werden
- die Instrumente zuvor in ausgewählten Pilotbereichen erprobt werden
- die gesetzlichen Vorgaben für Arbeits- und Gesundheitsschutz unter Berücksichtigung der spezifischen Gefährdungen in den Arbeitsfeldern der vBA Bethel erfüllt sein und

- ein messbarer Beitrag zur Kostensenkung und zur Qualitätssicherung erbracht werden.

Entsprechend den methodischen Regularien des Projektmanagements wurde eine Projektsteuerungsgruppe unter Vorsitz eines Vorstandsmitgliedes einberufen. Die Projektaufgaben wurden von einem Kernteam, bestehend aus 14 Personen, bearbeitet. Für die Projektleitung wurde eine halbe Stelle eingerichtet. Dass im Projektteam Personen mit einem hohen Maß an Kompetenz in Fragen der Gesundheitsarbeit mitwirkten, trug wesentlich zu den Ergebnissen bei. Diese Kompetenzen standen im Zusammenhang mit den Funktionen in der betrieblichen Gesundheitsarbeit (z.B. Betriebsarzt oder Fachkraft für Arbeitssicherheit). Überwiegend war dieses Fachwissen jedoch der besonderen Ausrichtung der Arbeitsfelder der vBA Bethel geschuldet, in denen Kenntnisse über Krankheiten und Gesundheit häufig zur Kernkompetenz vieler Mitarbeitenden zählen.

### *Ergebnisse: Grundlagen und ein Handlungsrahmen für die Praxis*

Die Projektergebnisse wurden in einem Handbuch Betriebliche Gesundheitsförderung zusammengefasst. Dieses umfangreiche Handbuch beschreibt Verfahren, Instrumente und die Steuerung und ist Bestandteil einer Dienstvereinbarung. Die Projektergebnisse sind für Mitarbeitende über das unternehmenseigene Intranet zugänglich. Es wird bei Bedarf hinsichtlich der Beschlüsse einer Steuerungsgruppe aktualisiert. Die wesentlichen Ergebnisse werden im Folgenden kurz beschrieben:

- In den Qualifizierungsmaßnahmen für Führungskräfte wird sichergestellt, dass diesen die für das jeweilige Arbeitsfeld relevanten gesetzlichen Grundlagen und berufsgenossenschaftlichen Vorgaben sowie die Pflichtaufgaben des Arbeitgebers bekannt sind. Die Umsetzung dieses Ziels erfolgte dadurch, dass entsprechende curriculare Veränderungen in der laufenden Führungskräftequalifizierung vorgenommen wurden.
- Im Rahmen der Personalberichterstattung erfolgt mit Unterstützung der Betriebskrankenkasse (BKK Diakonie) regelmäßig (jährlich) eine Gesundheitsberichterstattung. Diese kontinuierliche „Diagnostik" des krankheitsbedingten Fehlzeitengeschehens ist Grundlage für die Planung und Durchführung von Maßnahmen. Inzwischen sind vier Gesundheitsberichte in Zusammenarbeit mit der Betriebskrankenkasse und unter Verwendung spezieller Auswertungstools erstellt worden. Der Anteil der bei der Betriebskrankenkasse versicherten Mitarbeitenden ermöglicht eine weitgehend repräsentative Aussage über das Fehlzeitengeschehen und einen differenzierten Einblick in das Fehlzeitengeschehen. Im Unternehmen ist dadurch der Zusammenhang von demografischem Wandel und Entwicklung der Fehlzeiten ebenso bekannt wie z.B. die Diagnosen, die zu den Fehlzeiten führen. Diese Kenntnis wiederum kann zu gezielten präventiven Maßnahmen führen: So führte die Feststellung, dass ca. 25 % der AU-Tage im Un-

ternehmen auf Muskel-Skelett-Erkrankungen zurückzuführen sind, zu dem Beschluss, in diesem Feld prioritär Präventionsmaßnahmen durchzuführen.
- Standards für die Praxis der Betrieblichen Gesundheitsförderung: Im Projekt wurden konkrete Empfehlungen für eine partizipative Bearbeitung sowie für die Umsetzung des Genderbezugs der Betrieblichen Gesundheitsförderung formuliert. Um z.B. das Ziel einer partizipativen Gestaltung der Prozesse der Betrieblichen Gesundheitsförderung zu erreichen, werden verschiedene Kriterien wie der Einsatz geeigneter Methoden und Instrumente (Gesundheitszirkel etc.), die Qualifizierung der Mitarbeitenden, um mit solchen Instrumenten arbeiten zu können, usw. beschrieben. Hinsichtlich des Genderbezugs der Betrieblichen Gesundheitsförderung wird z.B. vorgegeben, dass im Bereich der Diagnostik bzw. Datenerhebung grundsätzlich eine getrennte Ausweisung aller Daten für Männer und Frauen erfolgen soll.
- Durchführung der Gefährdungsbeurteilung nach dem Arbeitsschutzgesetz: Gefährdungsbeurteilungen wurden in den vBA Bethel entsprechend den gesetzlichen Vorgaben auch in der Vergangenheit durchgeführt. Im Rahmen des Projektes wurde eine Erweiterung dahingehend erarbeitet, dass nunmehr die für die Arbeitsfelder Bethels eher typischen psychosozialen Belastungen zusätzlich mit geeigneten Instrumenten erfasst werden können. Ein Arbeitskonzept für psychosoziale Gefährdungsbeurteilungen steht zur Verfügung.
- Nutzung von Werkzeugen und Instrumenten: Im Handbuch werden eine Reihe Instrumente der Betrieblichen Gesundheitsförderung beschrieben und den verantwortlichen Personen zur Kenntnisnahme zur Verfügung gestellt. Die im Intranet verfügbare Beschreibung der Instrumente ermöglicht es Führungskräften bzw. Mitarbeitenden, einen ersten Überblick zu erhalten, aber auch Referenzen und Ansprechpartner zu erfahren. Als Instrumente werden u.a. beschrieben: die Arbeitssituationsanalyse, Gesundheitsworkshops, das Instrument BAAM für die Ermittlung und Beurteilung psychischer Belastung, ein Kurzfragebogen zur Arbeitsanalyse (KfzA), die Mitarbeitendenbefragung sowie ein Konzept zur bewegungsbezogenen Gesundheitsförderung.
- Verankerung der Gesundheitsförderung in den Unternehmenszielen und Einbeziehung in den Prozess der Zielvereinbarung: Als Fortschreibung älterer Unternehmensziele wurden diese für die Jahre 2007 bis 2011, aufbauend auf der Vision „Gemeinschaft verwirklichen", vom Vorstand neu formuliert. Dementsprechend wurde in die mehrdimensionale Zielvereinbarung die Förderung von Leistungsfähigkeit und Gesundheit aufgenommen. Infolge davon wurden in den konkreten Zielvereinbarungen mit Führungskräften immer wieder auch Themen der Gesundheitsförderung formuliert.
- Verankerung der Aufgabe Gesundheitsförderung in Stellen- und Funktionsbeschreibungen.

- Integration der Aufgaben und Anforderungen an Führungskräfte bezüglich BGF in die fortlaufenden Führungskräfteentwicklungsprogramme.
- Erarbeitung eines Bonussystems mit der Betriebskrankenkasse Diakonie: Die Implementierung der Betrieblichen Gesundheitsförderung hat die Zusammenarbeit mit der BKK Diakonie in diesem Themenfeld deutlich zum Nutzen beider Organisationen intensiviert; die vielfältigen gemeinsamen Aktivitäten bilden sich u.a. in einem Bonusvertrag zwischen dem Unternehmen und der Betriebskrankenkasse ab.

## Erprobung in der Praxis: BGF in ausgewählten Pilotbereichen

Zum Ende der Projektphase wurde vereinbart, die erarbeiteten Vorschläge für Vorgehensweisen, Steuerung etc. im Rahmen von vier Pilotbereichen zu prüfen. Obwohl die Pilotphase noch vor dem offiziellen Abschluss des Projektes und auch vor dem Abschluss einer Dienstvereinbarung stand und vereinbarungsgemäß die Erprobung im Mittelpunkt stand, waren die Piloten gleichzeitig Bereiche, in denen erstmals systematisch Betriebliche Gesundheitsförderung eingeführt und praktiziert wurde.

Die Vorgehensweise aller Piloten erfolgte gleichermaßen und orientierte sich an im Projekt erarbeiteten „Erfolgsfaktoren für die Einführung und Umsetzung von Betrieblicher Gesundheitsförderung". Dementsprechend wurde in allen Piloten die Arbeit mit dem Einsetzen eines Steuerkreises begonnen. In allen Steuerkreisen hatte die „oberste Leitung" des jeweiligen Bereiches den Vorsitz des Steuerkreises. Der erste Arbeitsschritt bestand jeweils darin, das verfügbare Wissen über gesundheits- und krankheitsrelevante Fakten zu bewerten. Im Wesentlichen handelte es sich um die Zusammenführung von Daten aus:

- Alterstrukturanalysen
- Ergebnissen der Mitarbeitendenbefragung
- der Analyse des krankheitsbedingten Arbeitsunfähigkeitsgeschehens
- den Ergebnissen der Gefährdungsbeurteilungen, Begehungen etc.
- dem Anteil schwerbehinderter Mitarbeiterinnen und Mitarbeiter
- vorliegenden Berichten zu gesundheitlicher Belastung in sozialen Arbeitsfeldern
- dem Unfallgeschehen

Die Analyse wurde in den Piloten als „Grobdiagnostik" bezeichnet. Sie führte in der Regel zur Auswahl von Einrichtungen oder Themen, in denen mit konkreten Maßnahmen und Instrumenten eine Intervention stattfinden sollte. Die Arbeit der Steuerungsgruppe bestand damit in einem weiteren Schritt darin, die Organisation der Umsetzung einzelner Maßnahmen zu koordinieren und zu planen. Die Maßnahmen selbst wurden in den Einrichtungen durchgeführt; eine zusammenfassende Bewertung und Evaluation fand zu einem späteren

Zeitpunkt wiederum in den Steuerkreisen statt. Die Maßnahmen in der Pilotphase waren vielfältig: Es wurden bereits bewährte Instrumente (z.B. Gesundheitsworkshops) im Setting der Arbeitsfelder der vBA Bethel erprobt, aber auch strittige Instrumente, wie z.b. Rückkehrgespräche, kamen zum Einsatz, wurden aber später nicht zu Standardinstrumenten für das Gesamtunternehmen erklärt.

### Nach der Projektphase: Steuerung und Integration der Betrieblichen Gesundheitsförderung

Mit Abschluss der Pilotphase war eine Struktur der Betrieblichen Gesundheitsförderung in den vBA Bethel erkennbar, so dass die Eckpunkte für Steuerung und Koordination künftiger Aktivitäten festgelegt werden konnten. Der für das Unternehmen verbindliche Beschluss dazu beinhaltete:

- die Festlegung der Förderung der Gesundheit der Mitarbeiterinnen und Mitarbeiter in den mittelfristigen Unternehmenszielen
- eine regelmäßige Gesundheitsberichterstattung als kontinuierliche „Diagnostik" des Fehlzeitengeschehens als Grundlage für die Planung und Durchführung von Maßnahmen. Ergänzt werden diese Informationsgrundlagen durch Ergebnisse von Mitarbeitendenbefragungen, Altersstrukturanalysen und weiteren Systemen.
- Steuerungsinstrumente zwischen Vorstand und Geschäftsführungen sind Zielvereinbarungen und die Integration der Betrieblichen Gesundheitsförderung in die jeweilige Geschäftspolitik der Bereiche.
- die Einrichtung einer strategischen Koordinierungs- und Steuerungsgruppe für den Gesamtkonzern als „ Steuerungsgruppe Betriebliche Gesundheitsförderung" der Mitglieder des Vorstands, der Geschäftsführungen der Stiftungs- und Unternehmensbereiche und der Vertretungsorgane angehören
- die Einrichtung einer „Fachgruppe Betriebliche Gesundheitsförderung" unter Beteiligung von Fachdiensten, Stabsstellen und zuständigen Personen in den Stiftungs- und Unternehmensbereichen
- eine stiftungs- und unternehmensbereichsinterne Steuerung, die in der Regel über die Ausschüsse für Arbeitsschutz, Arbeitssicherheit, Gesundheit und Umweltschutz umgesetzt wird.

Die Steuerungsgruppe Betriebliche Gesundheitsförderung für das gesamte Unternehmen unter Vorsitz eines Vorstandsmitgliedes tagt ca. 4-mal im Jahr und stellt sicher, dass Betriebliche Gesundheitsförderung auf der Basis des in den Projektergebnissen formulierten Rahmenkonzeptes stattfindet, unterstützt einen nachhaltigen Transfer der Projektergebnisse und koordiniert Grundsatzfragen der konzeptionellen Ausrichtung, der Vernetzung, der internen Kommunikation und der Verwendung von Ressourcen. Konkret bedeutet dies beispielsweise die Abstimmung, Beratung und Empfehlung über neue Verfahren, wie z.B. die Arbeit mit dem Work Ability Index, die in der Projektphase noch kein Thema war.

Durch die Beteiligung der Vertretungsorgane in der Gesamtsteuerungsgruppe können mitbestimmungsrechtliche Fragen durch beschriebene Bearbeitungswege geklärt werden. Die operative Arbeit für die Steuerungsgruppe wird wahrgenommen von einem für die Koordination für Betriebliche Gesundheitsförderung zuständigen Mitarbeitenden in einer „Stabsstelle Strategische Personal- und Bildungsarbeit". Dieser Mitarbeitende ist ebenfalls zuständig für das Betriebliche Eingliederungsmanagement und für Fragen, die sich auf den demografischen Wandel im Unternehmen beziehen, und er kann somit verschiedene Zugänge zum Thema betriebliche Gesundheitspolitik koordinieren.

Eine Besonderheit stellt die „Fachgruppe Betriebliche Gesundheitsförderung" dar. Die Fachgruppe soll dazu beitragen, dass Entscheidungen über Inhalte, Methoden und Verfahren der Betrieblichen Gesundheitsförderung auf der Basis wissenschaftlich fundierter Standards qualifiziert getroffen werden können. Die Aufgaben beziehen sich auf fachliche Bewertung neuer Verfahren, die Evaluation von Maßnahmen, die Koordination von Kampagnen, die fachliche Abstimmung über die Erstellung des jährlichen Gesundheitsberichtes, aber auch auf den Informationsaustausch über gute Praxismodelle zwischen den Einrichtungen des Unternehmens. In der Fachgruppe sollen zudem Standards und Konzepte für die Evaluation der Maßnahmen weiter entwickelt werden und eine Abstimmung und Beratung zur Öffentlichkeitsarbeit zum Thema Betriebliche Gesundheitsförderung erfolgen.

## Steuerungskreise in den Stiftungs- und Unternehmensbereichen

Die Strukturen des Unternehmens geben einen großen Teil der Verantwortlichkeiten für die Betriebliche Gesundheitspolitik in die Zuständigkeiten der jeweiligen Stiftungs- und Unternehmensbereiche bzw. ihrer Geschäftsführungen. Traditionell war der Arbeitsschutzausschuss für die Umsetzung der berufsgenossenschaftlichen oder staatlichen Vorgaben zum Arbeits- und Gesundheitsschutz zuständig. Mit den Zielsetzungen einer neuen betrieblichen Gesundheitsarbeit haben die Stiftungs- und Unternehmensbereiche die Arbeitsweise dieser Ausschüsse so modifiziert, dass die Aufgaben des Arbeitsschutzes integriert werden können mit den neuen Anforderungen an die Betriebliche Gesundheitsförderung. Die Ausschüsse haben sich entsprechend neue Geschäftsordnungen gegeben und den Kreis ihrer Mitglieder verändert.

## Dienstvereinbarung Betriebliche Gesundheitsförderung

Erst sehr spät konnte im Unternehmen zwischen den Vertretungsorganen und dem Vorstand eine Dienstvereinbarung „Betriebliche Gesundheitsförderung in den vBA Bethel" abgeschlossen werden. Die Dienstvereinbarung stellt die große Klammer dar, in dem sich die Aktivitäten einordnen lassen. In einer Präambel wird darauf verwiesen, dass die „Gesundheit der Mitarbeitenden zu schützen, zu fördern und gesundheitliche Belastung zu senken" im gemeinsamen Interesse der Mitarbeitenden und des Unternehmens liege. Orientiert an der Luxemburger Deklaration wird in der Dienstvereinbarung weiterhin ausgeführt, dass die Verbesserung von Gesundheit und Wohlbefinden durch eine Verknüpfung der Verbesserung der Arbeitsorganisation und Arbeitsbedingungen, der Förderungen einer aktiven Mitarbeitendenbeteiligung und der Stärkung persönlicher Kompetenzen gelingen kann: „Betriebliche Gesundheitsförderung ist vor allem vorausschauend – präventiv – ausgerichtet. Grundlage ist ein salutogen orientiertes Verständnis von Gesundheitsförderung, das die gesund erhaltenden Anteile im Arbeitsleben der Mitarbeitenden unterstützt und stärkt. Gesundheitsförderung bezieht sich in der Zielrichtung sowohl auf gesundheitsförderliche Arbeitsverhältnisse, als auch auf die Befähigung der Mitarbeitenden zum gesundheitsförderlichen Verhalten. Sie ist damit ein nachhaltig wirksames Instrument der Personalarbeit und Element der Personal- und Organisationsentwicklung. Als solches ist Betriebliche Gesundheitsförderung ein integraler Bestandteil unserer Personalpolitik."

## Regelmäßige Gesundheitsberichterstattung: Impuls- und Rhythmusgeber

Wie bereits ausgeführt ist im Unternehmen eine regelmäßige Gesundheitsberichterstattung sowohl für das Gesamtunternehmen als auch für die Stiftungs- und Unternehmensbereiche vereinbart worden. Grundlage dafür bilden zum einen die Daten der Betriebkrankenkasse, zum anderen soll in jedem Stiftungs- und Unternehmensbereich diesem eher Krankheits- bzw. Fehlzeiten orientierten Bericht ein Abschnitt hinzugestellt werden, in dem über gesundheitsfördernde Projekte und Maßnahmen sowie deren Ergebnisse berichtet wird.

Der Aufbau der Gesundheitsberichterstattung war in der Praxis mit erheblichen Problemen verbunden. Nicht nur die technischen und datenschutzrechtlichen Probleme waren zu lösen, sondern darüber hinaus galt es, die Frage der Repräsentativität der Daten im Blick zu behalten. Nicht gelungen ist es, eine Integration auch der Daten weiterer Krankenkassen herbeizuführen.

Der Aufbau dieser Berichte ist, um die Vergleichbarkeit zu gewährleisten, in jedem Jahr identisch. Die Daten geben Auskunft über

- das Arbeitsunfähigkeitsgeschehen im externen Vergleich
- Krankenstände im externen Vergleich
- Arbeitsunfähigkeitsgeschehen nach Geschlecht
- Arbeitsunfähigkeitsgeschehen nach Alter

- Arbeitsunfähigkeitsquote
- Anteil Mehrfacherkrankter
- Verteilung der AU-Tage
- Anteil Langzeiterkrankter
- Anteil Kurzzeiterkrankter
- Volumen der Langzeit-AU
- Volumen der Kurzzeit-AU
- Arbeitsunfähigkeit im internen Vergleich
- bedeutende Krankheitsarten im Unternehmen
- Krankheitsarten nach Altersgruppen.

Die Gesundheitsberichte werden sowohl für das Gesamtunternehmen als auch für die einzelnen Stiftungs- und Unternehmensbereiche erstellt. Sie werden in den jeweiligen Leitungsgremien zur Kenntnis genommen und diskutiert. Außerdem sind sie Grundlage für die Bewertung der Aktivitäten des Jahres und Grundlage für die Planung von Maßnahmen.

## „Bethel bewegt sich" – Eine Kampagne für mehr Bewegung und weniger Belastung

Die Kampagne „Bethel bewegt sich" ist entstanden, weil in der Gesundheitsberichterstattung der sehr hohe Anteil von Muskel-Skelett-Erkrankungen als eine Ursache für Arbeitsunfähigkeit festgestellt wurde. Zudem wurde deutlich, dass der Zusammenhang mit der Altersstruktur eine konsequente Prävention in diesem Bereich notwendig macht, um in den kommenden Jahren drohenden Personalengpässen begegnen zu können. Die Evidenz von Bewegung bei der Prävention von Muskel-Skelett-Erkrankungen ist unbestritten, dennoch spielen im Unternehmen auch psychische, physische und soziale Faktoren eine entscheidende Rolle. Insbesondere sind auch die speziellen emotionalen Belastungen in der Betreuung, Behandlung, Pflege und Begleitung von Menschen, also in den Arbeitsfeldern der vBA Bethel, zu berücksichtigen. Dementsprechend geht es bei „Bethel bewegt sich" einerseits um Bewegung und allgemeine körperliche Fitness, andererseits heißt sich bewegen aber auch, die „berufliche Fitness" zu erhalten und zu ermöglichen, für eine gute Zusammenarbeit mit Kolleginnen und Kollegen zu sorgen oder die vielfältigen Anforderungen zwischen Arbeit und privaten Belangen auszubalancieren.

Die Kampagne besteht aus unterschiedlichen Bausteinen, wie Vorträgen, Seminaren in Einrichtungen, Trainings, Kursen und Workshops, Mitmach-Aktionen, einer Zukunftswerkstatt, speziellen Angeboten der Fachabteilungen und einer guten Öffentlichkeitsarbeit für das Thema Gesundheit.

## Gesunde Arbeit in Bethel? Resümierender Ausblick

In den v. Bodelschwinghschen Anstalten Bethel ist in den letzten Jahren eine gute Infrastruktur für eine systematische BGF aufgebaut worden. Fragen der Zuständigkeiten und Steuerung, Standards und Prozesse, eine Gesundheitsberichterstattung sind bearbeitet worden und liegen vor. Auch gibt es in einigen Bereichen überraschend gute Erfahrungen und Fortschritte.

Insgesamt ist es in den vBA Bethel allerdings längst nicht gelungen, betriebliche Gesundheitsförderung in der Breite der Mitarbeiterschaft zu verankern. Nach wie vor gibt es zahlreiche Teams und Abteilungen, die keinerlei Zugang zu den Angeboten hatten oder gesucht haben. Auch gibt es sowohl auf der Ebene der Führungskräfte als auf der Ebene der Mitarbeitenden selbst noch sehr viel Vorbehalte und Desinteresse an dem Thema. Die Legitimationsprobleme der BGF liegen nicht zuletzt darin, dass kurzfristig Effekte hinsichtlich eines Mehr an Gesundheit und Wohlbefinden zwar gelegentlich spürbar und doch kaum messbar sind. Interessanterweise werden die Akzeptanz und das Interesse an BGF durch die im Rahmen der Kampagne „Bethel bewegt sich" integrierten verhaltenspräventiven Maßnahmen gestärkt. Es scheint, dass nach wie vor viele Führungskräfte, aber auch Mitarbeitende zwar die Belastungen von Arbeitsbedingungen sehen und sie teilweise auch heftig beklagen. Betriebliche Gesundheitsförderung wird dann aber doch eher im Zusammenhang mit unbestritten berechtigter Selbstsorge gegen den Stress oder für Wohlbefinden gesehen. Maßnahmen wie Arbeitssituationsanalysen oder Gesundheitsworkshops hingegen verdichten die Arbeitszeit, haben deutlich die Formate, die in anderen Arbeitsbezügen bekannt sind („Sitzungen"). Ihre Wirkung und das Gefühl der Erfahrung von Handlungsspielräumen werden von Teilnehmenden zwar immer als sehr positiv bewertet, nur sind es bezogen auf die gesamte Mitarbeiterschaft noch nicht sehr viele Führungskräfte und Mitarbeitende, die sich auf diese Erfahrung eingelassen haben.

BGF ist immer dann besonders gefährdet, wenn Umstrukturierungen die Kräfte im Unternehmen binden. Dass gesunde und motivierte Mitarbeitende eine Grundlage für eine gute Bewältigung solcher Prozesse sein können, wird dabei offenbar weniger gesehen. Strukturelle Anpassungen und Arbeitsverdichtungen im Sozial- und Gesundheitswesen sind zudem durch sozialpolitische Entscheidungen und Ökonomisierungsprozesse bedingt. Im Sinne einer „Meta-Verhältnisprävention" muss BGF deshalb auch berücksichtigen, dass Arbeitsbedingungen für Pflegende, Betreuende, Ärzte und Helfer schon allein aufgrund der generellen Rahmenbedingungen krankmachend und kränkend werden können. BGF erfordert deshalb – auch wegen der Glaubwürdigkeit – letztlich auch eine politische Dimension.

Mit Sicherheit wird BGF einen langen Atem benötigen; von heute auf morgen oder gar mit einem „Strohfeuer" werden die Probleme nicht zu lösen sein.

# Betriebliche Gesundheitsförderung in einer Stadtverwaltung

Egmont Baumann

Stadt Dortmund
Personalamt
Hansastr. 95
44137 Dortmund

## Die Anfänge

Die Stadtverwaltung Dortmund war vor mehr als zwölf Jahren eine der ersten Kommunalverwaltungen in Deutschland, die das Thema Gesundheitsförderung strukturiert angegangen ist. Es gab damals kaum Beispiele Betrieblicher Gesundheitsförderung im Bereich öffentliche Verwaltung und wie in vielen Unternehmen der freien Wirtschaft auch war der Auslöser, sich mit dem Thema zu beschäftigen, zuerst eine Fehlzeitendebatte unter Kostengesichtspunkten. Die Erkenntnis, dass es zur Senkung der Fehlzeiten aber eines umfassenden Konzeptes bedarf, dass reine Fehlzeitenreduzierungsstrategien nicht zum Erfolg führen, hatte die Stadtverwaltung Dortmund damals bewogen, ein ganzheitliches Konzept zur Betrieblichen Gesundheitsförderung zu entwickeln und umzusetzen.

Hintergrund dieses Konzeptes ist die Erkenntnis, dass die Mitarbeiterinnen und Mitarbeiter die wichtigste Ressource für eine bürgerfreundliche und serviceorientierte Stadtverwaltung sind und deshalb gesundheitsförderliche Organisations- und Personalentwicklung mithilft, die Gesundheit, Arbeitszufriedenheit und Motivation der Beschäftigten zu erhalten und zu stärken. Gesundheitsförderung als nachhaltige Investition in die Belegschaft mobilisiert unerschlossene Leistungspotenziale und nutzt so den Beschäftigten und dem Unternehmen gleichermaßen.

*November 1996:*
*Der Rat spricht sich für eine 100%ige Lohnfortzahlung im Krankheitsfall bei allen Beschäftigten des öffentlichen Dienstes aus und beauftragt gleichzeitig die Verwaltung mit der Entwicklung eines Konzeptes zur positiven Beeinflussung des Arbeits- und Gesundheitsschutzes unter Einbeziehung des Personalrates und der Mitarbeiter mit dem Ziel, den Krankenstand von 8 % in den nächsten Jahren um 50 % zu reduzieren.*

*Juli 1998:*
*Einrichtung der Projektgruppe „Betriebliche Gesundheitsförderung" beim Personalamt*

Grundlage bei der Erarbeitung des Konzeptes zur Betrieblichen Gesundheitsförderung war die „Luxemburger Deklaration zur betrieblichen Gesundheitsförderung" (Dienstvereinbarung BGF und weitere Informationen unter www.bgf.dortmund.de).

## Kriterien für eine gute Betriebliche Gesundheitsförderung

### Verhalten und Verhältnisse berücksichtigen

Die Betriebliche Gesundheitsförderung wird oftmals mit Maßnahmen der Verhaltensprävention (gesundheitsförderliche Kurse und Seminare oder Betriebssport) gleichgesetzt. Dies liegt vor allem daran, dass verhaltenspräventive Maßnahmen kostengünstiger erscheinen und in der Regel schneller umgesetzt werden können. Die Verantwortung für die eigene Gesundheit und das Wohlbefinden liegt bei dieser Sichtweise ausschließlich beim Beschäftigten selbst und mögliche Ursachen im Unternehmen werden ausgeblendet. Ein Problem der einseitig verhaltenspräventiven Maßnahmen ist, dass sie unter anderem nur die körperlichen Symptome kompensieren und nicht an ihrer Herkunft ansetzen. Oder anders ausgedrückt: Es nutzt kein noch so gutes Stressbewältigungsseminar, wenn die möglichen Ursachen (z.B. falsche innerbetriebliche Arbeitsorganisation) nicht erkannt und beseitigt werden.

Die Verhältnisprävention als gesundheitsförderliche Arbeitsgestaltung, die an den Wurzeln gesundheitsrelevanter Probleme, also den Arbeitsbedingungen, ansetzt, ist die wirksamere Form der Verbesserung, denn ihre Wirkung bietet mehr Aussicht auf Nachhaltigkeit.

Betrachtet man die Entwicklung des letzten Jahrzehnts, so hat sich in der Betrieblichen Gesundheitsförderung der Stadtverwaltung Dortmund eine Kombination von verhaltens- und verhältnispräventiven Maßnahmen am besten bewährt. Die Betriebliche Gesundheitsförderung der Stadtverwaltung Dortmund setzte von Anfang an auf diesen Mix und bietet ihren Mitarbeiterinnen und Mitarbeitern sowohl ein umfangreiches Kurs- und Seminarprogramm als auch analysegestützte, verhältnispräventive Gesundheitsförderungsprozesse in den einzelnen Fachbereichen an.

### Führungskräfte überzeugen

Die Einstellung der Führungskräfte gegenüber den Beschäftigten, deren Verständnis für die Belange der Mitarbeiter und Mitarbeiterinnen, das „Vorleben" von gesundheitsgerechtem Verhalten sowie die Fürsorge und das Vertrauen haben erheblichen Einfluss auf das Betriebsklima und damit auch auf die motivationsbedingten Fehlzeiten. Deshalb war es uns besonders wichtig, unseren

Führungskräften von Anfang an den „Mehrwert" der Betrieblichen Gesundheitsförderung für ihre Führungsaufgabe darzustellen und sie für ihre eigene Rolle und ihre Einflussmöglichkeiten auf die Mitarbeitergesundheit zu sensibilisieren. Seit Beginn der Betrieblichen Gesundheitsförderung haben wir deshalb einen Seminarzyklus zum Thema „Führung und Gesundheit" eingerichtet.

### *Innerbetriebliche Ressourcen bündeln*

Betriebliche Gesundheitsförderung wird nur dann ein Erfolg, wenn neben den Beschäftigen alle Akteure, die innerhalb des Unternehmens mit dem Thema befasst sind und über ein breites Spektrum an „Gesundheitswissen" verfügen, gemeinsam „an einem Strang ziehen". Deshalb haben wir von Anfang an darauf gesetzt, alle relevanten Abteilungen, z.B.

- Arbeitssicherheitstechnischen Dienst
- Arbeitsmedizinischen Dienst
- Betriebliche Beratungsstelle (Sucht- und Sozialberatung)
- Betriebssport
- Personalentwicklung
- Personalrat
- Abteilung Grundsatzfragen und Controlling des Personalamts

in unsere Strategie einzubinden. Als Erstes haben wir deshalb den Arbeitsschutzausschuss in einen Ausschuss für „Arbeitsschutz und betriebliche Gesundheitsförderung" umfunktioniert, um so Betriebliche Gesundheitsförderung und klassischen Arbeitsschutz enger zu verzahnen. Die Geschäftsführung dieses Ausschusses liegt bei der betrieblichen Gesundheitsführung.

## Gesundheitsförderungsprojekte in den Fachbereichen – Verhältnisprävention

1998 startete die BGF das erste Projekt im Tiefbauamt (StA 66) im Bereich Straße und Kanal. Seitdem wurden insgesamt über 6.000 Beschäftigte in 17 Projekten betreut. Alle Projekte werden nach dem Grundprinzip „Analyse vor Maßnahmenplanung und -umsetzung und anschließender Evaluation" durchgeführt.

Die Betriebliche Gesundheitsförderung verfügt über ein breites Spektrum an Analysemethoden, das von Mitarbeiterbefragungen über Arbeitssituationserfassungen bis hin zu Gesundheitszirkeln reicht und stets den Voraussetzungen in den Fachbereichen angepasst wird.

Tabelle 1 gibt nachfolgend einen Überblick über die bisherigen BGF-Projekte in den Fachbereichen:

**Tabelle 1** Fachbereiche und Verbundprojekte der Stadtverwaltung Dortmund

| Fachbereich | Zeitraum |
|---|---|
| Tiefbauamt (StA 66 – Kanal und Straße –) | 1998–1999 |
| Telefonzentrale (33/4) | 1999 |
| Feuerwachen 1 + 3 (StA 37) | 1999–2001 |
| Kindertageseinrichtungen (ehem. Abt. 51/6) | 2000–2002 |
| Gebäudereinigung (65/GR) | 2000–2001 |
| Modellprojekt „Stadtgrün" (66/7, Stadtgrün DO, Friedhöfe) | 2002–2003 |
| Verkehrsüberwachung (32/VÜ) | 2003–2004 |
| Theater Dortmund | 2003–2004 |
| Kindertageseinrichtungen (ehem. 51/3 bzw. FABIDO) | 2004–2006 |
| Abt. für Erzieherische Hilfen (51/2) | 2005–2006 |
| Sozialamt (StA 50) | 2005–2007 |
| Vermessungs- und Katasteramt (StA 62) | 2005–2006 |
| Feuerwache 9 (StA 37) | 2007–2008 |
| Gebäudereinigung | 2007–2008 |
| Regiebetrieb „Pflege öffentl. Raum" (66/7 Straßenunterhaltung ) | 2008 |
| **Verbundprojekte** | |
| Projekt NAGU „Nachhaltige Arbeits- und Gesundheitspolitik in Unternehmen"; vom Bundesministerium für Wirtschaft und Arbeit (BMWA) gefördertes Pilotprojekt in den Bereichen<br>• Bürgerdienste (StA 33 – EHSB1 –) sowie<br>• Zoo Dortmund (52/2) | 2003–2006 |
| Projekt MiaA „Menschen in altersgerechter Arbeitskultur – Arbeiten dürfen, können und wollen"; vom Bundesministerium für Arbeit und Soziales (BMAS) gefördertes Pilotprojekt mit fachbereichsübergreifenden Untersuchungen zum Thema Demografie | 2006–2009 |

## *Projekte mit besonderen Schwerpunktthemen*

Der demografische Wandel und die auch weiterhin erforderlichen ständigen Anpassungs- und Veränderungsprozesse sind heute und in Zukunft die Herausforderungen, die ein ganzheitliches Gesundheitsmanagement als unverzichtbarer Bestandteil eines systematischen Beschäftigtenmanagements zu bewältigen hat.

Deshalb hat die BGF neben den normalen Gesundheitsförderungsprozessen in den oben genannten Fachbereichen auch Sonderprojekte zu den Themen „Veränderungsprozesse und Demografie" durchgeführt.

*Nachhaltige Arbeits- und Gesundheitspolitik in Unternehmen (NAGU) – „Betriebliches Gesundheitsmanagement als Instrument zur Begleitung kommunaler Veränderungsprozesse"*

Veränderungsprozesse sind eine große Herausforderung für alle Beschäftigten. Sie erfordern Anpassungsflexibilität und die Bereitschaft zum ständigen Lernen. Von der Akzeptanz dieser Veränderungen, der aktiven Mitwirkung und der gesunden Bewältigung hängen die notwendige Veränderungsfähigkeit und letztendlich die Bürgerfreundlichkeit und der Erfolg der Stadtverwaltung ab. Mit Förderung des Bundesministeriums für Wirtschaft und Arbeit (BMWA) hat die BGF im Rahmen des Modellprogramms zur Bekämpfung arbeitsbedingter Erkrankungen von 2003 bis 2006 in den Bereichen Bürgerdienste Einheitssachbearbeitung 1 (StA 33) sowie im Zoo Dortmund Projekte durchgeführt.

*Teilnahme am Modellprojekt RESUM*

Im Rahmen eines BGF-Prozesses bei StA 65 (Gebäudereinigung) wurde festgestellt, dass das Gesundheitsbewusstsein im Bereich der Reinigungskräfte nicht sehr ausgeprägt ist, was neben den Arbeitsbelastungen mit ein Grund für die dort auftretenden hohen Fehlzeiten sein dürfte. Im Rahmen der Neueinstellung von Reinigungskräften ist die BGF durch die Teilnahme an dem Modellprojekt „RESUM – Stress- und Ressourcenmanagement für un- und angelernte Beschäftigte durch Entwicklung eines Multiplikatorenkonzepts" des Bundesministeriums für Bildung und Forschung in Zusammenarbeit mit der Universität Hamburg diesem Defizit begegnet.

*Demografieprojekte*

Die Bevölkerung in der Bundesrepublik wird immer älter. Von dieser gesamtgesellschaftlichen Entwicklung bleibt auch die öffentliche Verwaltung nicht verschont. Der Altersdurchschnitt der Stadtverwaltung Dortmund lag in 2008 bei 44,4 Jahren und steigt tendenziell weiter an. Es kommt deshalb in der Zukunft trotz steigenden Durchschnittsalters und in Anbetracht der Erhöhung der Lebensarbeitszeit („Rente mit 67") mehr denn je darauf an, die Gesundheit und Leistungsfähigkeit unserer Mitarbeiterinnen und Mitarbeiter zu erhalten und zu stärken. Die demografische Entwicklung führt außerdem dazu, dass das Potenzial an jüngeren Arbeitskräften deutlich sinken wird. Deshalb werden die Unternehmen auf Dauer keine andere Wahl haben, als verstärkt dafür zu sorgen, dass ihre Mitarbeiterinnen und Mitarbeiter gesünder älter werden.

Um Erkenntnisse für die Entwicklung und Umsetzung einer demografiesensiblen Personalpolitik zu bekommen, hat die BGF bisher zwei Modellprojekte durchgeführt:

- Projekt bei den Kindertageseinrichtungen
  2004 startete das erste Projekt der BGF mit dem Themenschwerpunkt Demografie. Die besonderen Tätigkeiten und Anforderungsprofile in dem

Fachbereich wurden in den Kontext einer immer älter werdenden Belegschaft gestellt.
- Projekt MiaA
Ämterübergreifende Untersuchungen zum Thema Demografie
Unter dem Titel „Menschen in altersgerechter Arbeitskultur – Arbeiten dürfen, können und wollen" wird von 2006 bis 2009 das vom Bundesministerium für Arbeit und Soziales (BMAS) geförderte Modellprojekt durchgeführt.
Der Wunsch nach Frühverrentung wiegt oft stärker als der nach einer sinnstiftenden Arbeit bis zur Rente. Ziel ist es, gesundheitlich relevante Aspekte herauszuarbeiten und die Motivation der Beschäftigten zu steigern. Wissenschaftliche Analysen, spezielle Qualifizierungskonzepte und intensive Netz-werkarbeit mit anderen am Projekt beteiligten Unternehmen sollen zum Erfolg führen.

*Projekte mit Auszubildenden*

Das Bewusstsein für einen sorgsamen Umgang mit der eigenen Gesundheit kann nicht früh genug geweckt werden. Um die Auszubildenden der Stadt Dortmund in dieser Richtung zu sensibilisieren und auf die Gesundheitsangebote aufmerksam zu machen, führt die BGF in Zusammenarbeit mit der Ausbildungsabteilung kontinuierlich BGF-Projekte mit Auszubildenden durch:
- 2001: Nichtraucherprojekt in Zusammenarbeit mit der Weltgesundheitsorganisation WHO: Im Rahmen dieses Projektes wurde von den Auszubildenden eine Fragebogenaktion in der Stadtverwaltung durchgeführt, ein Seminarkonzept entwickelt sowie ein Nichtrauchervideo gedreht.
- 2004: Planung und Durchführung eines Gesundheitstags im Amt für öffentliche Ordnung (StA 32)
- 2006: „Gesund Arbeiten" – Befragung in zwei Fachbereichen.

## Verhaltensprävention – Kurse der Betrieblichen Gesundheitsförderung

Für eine Vielzahl von bekannten Problemlagen bieten wir unseren Mitarbeiterinnen und Mitarbeitern verwaltungsweit in Zusammenarbeit mit der VHS Dortmund und der Personalentwicklung Kurse an. Seit Beginn der BGF-Kurse im Jahr 1999 konnten für die Beschäftigten der Stadtverwaltung Dortmund in 247 Kursen insgesamt 3.587 Kursplätze zur Verfügung gestellt werden.

Die Nachfrage nach Kursen zur psychischen Gesundheit, Entspannung und Stressbewältigung nimmt stetig zu. Das Angebot, nach Dienstschluss bzw. direkt vor Dienstbeginn einfach einmal abschalten und entspannen zu können, den „Kopf frei zu bekommen", stößt auf immer mehr Interesse. Diese Entwicklung deckt sich mit den Erkenntnissen der Krankenkassen im Hinblick auf die Zunahme von Stress und psychischen Belastungen und spiegelt sich auch in der erhöhten Inanspruchnahme unserer „Beratungsstelle für Beschäftigte" (Sozialberatung) zu den oben genannten Themen wider.

**Tabelle 2** Kurse der Betrieblichen Gesundheitsförderung 1999 bis 2008

| Kurse der Betrieblichen Gesundheitsförderung | Kurse | Plätze |
|---|---|---|
| **Bewegung/Körperliche Fitness** | | |
| Rückenschule | 30 | 480 |
| Wirbelsäulengymnastik | 4 | 64 |
| Rückenschule und Wirbelsäulengymnastik | 15 | 235 |
| Schulter-Nacken-Gymnastik | 18 | 288 |
| Step Aerobic | 2 | 32 |
| Pilates | 11 | 132 |
| BOP (Bauch-Oberschenkel-Po) | 6 | 96 |
| Tae-Bo-Dance-Fun | 4 | 64 |
| Nordic Walking | 15 | 225 |
| Präventionskurs | 7 | 98 |
| Feldenkrais – Bewusstheit durch Bewegung | 6 | 88 |
| zusammen | 118 | 1.802 |
| **Psychische Gesundheit/Entspannung/Stressbewältigung** | | |
| Autogenes Training | 19 | 228 |
| Yoga | 12 | 192 |
| Meditation und Malen | 2 | 24 |
| Tai Chi Chuan | 28 | 392 |
| Entspannung durch afrikanisches Trommeln | 3 | 45 |
| Anleitungskurs „Schulter-Nacken-Massage" | 13 | 168 |
| Schmerzreduktion durch mentales Entspannungstraining | 1 | 12 |
| Progressive Muskelentspannung | 11 | 148 |
| zusammen | 89 | 1.209 |
| **Ernährung** | | |
| Ernährungskurs/Abnehmen mit Vernunft | 15 | 240 |
| Figurverbesserung durch Abnehmen und Straffen | 3 | 30 |
| Fasten | 6 | 60 |
| zusammen | 24 | 330 |
| **Ausstiegsangebote für Raucher** | | |
| Raucherentwöhnungskurse | 16 | 246 |
| **insgesamt** | **247** | **3.587** |

Alle Kurse werden mittels Bewertungsbögen von unseren Beschäftigten beurteilt. Bei einer Rücklaufquote von 79 % und einer ermittelten Kursauslastung von 86 % wurde z.B. bei der letzten Kursauswertung von 86 % der Teilnehmerinnen und Teilnehmer angegeben, dass sich aufgrund der erlernten Übungen bzw. angeeigneten Fähigkeiten und Verhaltensweisen ihr Wohlbefinden während des Kurses verbessert hat.

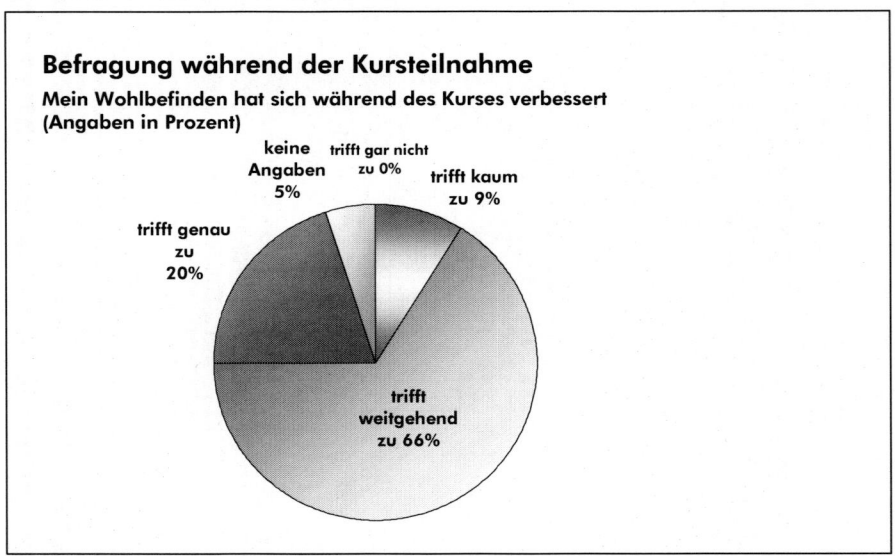

**Abbildung 1** Befragung während der Kursteilnahme

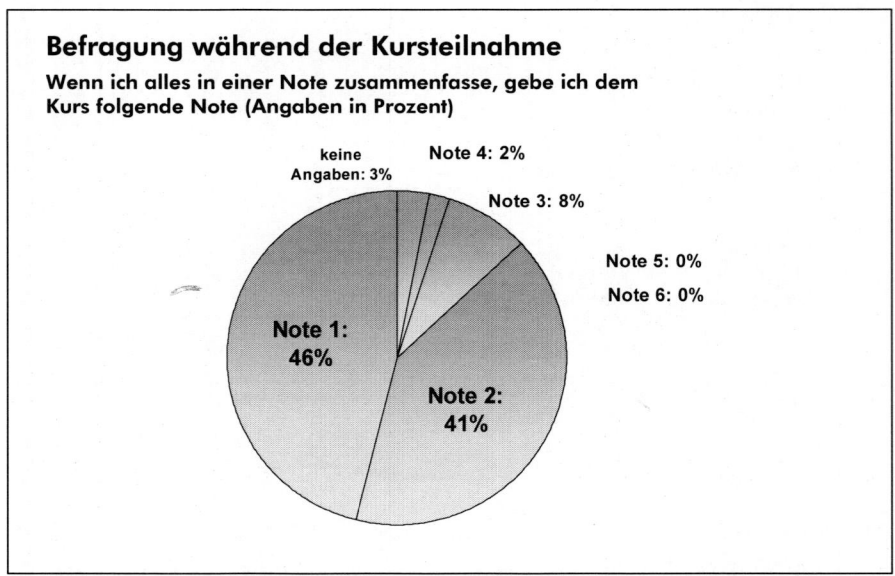

**Abbildung 2** Bewertung der BGF-Kurse nach Schulnoten

## Netzwerkaktivitäten

„Man muss das Rad nicht immer neu erfinden." Betriebliche Gesundheitsförderung lebt unter anderem auch von einem regen Erfahrungsaustausch, vom „Voneinander-Lernen" der in der Gesundheitsförderung aktiven Unternehmen. Deshalb arbeitet die Stadtverwaltung Dortmund aktiv an folgenden Netzwerken mit:

1. „Unternehmensnetzwerk Gesundheit" des BKK Bundesverbandes
   Die Stadtverwaltung Dortmund war die erste Kommunalverwaltung, die in dieses qualitätsgesicherte Netzwerk aufgenommen wurde.
   http://www.netzwerk-unternehmen-fuer-gesundheit.de
2. Mitglied im Deutschen Netzwerk für betriebliche Gesundheitsförderung (DNBGF) – Forum öffentlicher Dienst. http://www.dnbgf.de.

## Externe Partner

Krankenkassen und Unfallversicherungsträger haben nach § 20a SGB V die Verpflichtung, sich gemeinsam mit den Unternehmen um die Analyse der Gesundheitsrisiken und -potenziale sowie um Vorschläge zur Verbesserung der gesundheitlichen Situation und zur Stärkung von Gesundheitsressourcen zu kümmern. Die BGF der Stadtverwaltung Dortmund arbeitet deshalb von Beginn an mit Krankenkassen, Unfallversicherungsträgern und Berufsgenossenschaften zusammen:

- AOK Westfalen-Lippe
- BARMER
- Bundesanstalt für Arbeitsschutz und Arbeitsmedizin (BAuA)
- Bundesverband der Betriebskrankenkassen (BKK)
- Techniker Krankenkasse (TK)
- Unfallkasse Nordrhein-Westfalen.

## Ausblick: Von der Betrieblichen Gesundheitsförderung zum Betrieblichen Gesundheitsmanagement

Zurzeit findet in vielen Unternehmen eine Weiterentwicklung von der eher projektbezogenen Gesundheitsförderung hin zum systematischen Gesundheitsmanagement statt, um so das Thema Gesundheit nachhaltiger in die Prozesse, Strukturen und Führungskräfteentwicklung zu integrieren. Dies bedeutet, dass alle beteiligten Akteure (z.B. die Personalentwicklung und der klassische Arbeitsschutz vertreten durch die Arbeitssicherheit und Arbeitsmedizin sowie die Betriebliche Beratungsstelle) in Zukunft strategisch und operativ mehr als bisher im Sinne eines „Betrieblichen Gesundheitsmanagements" zu verzahnen sind. Wir arbeiten an dieser engeren Verzahnung und Weiterentwicklung auch für unsere Betriebliche Gesundheitsförderung.

# 7 Kernkompetenzen im Betrieblichen Gesundheitsmanagement

**Organisationsdiagnostik und Controlling**

# Mitarbeiterbefragung

Petra Rixgens

Arbeitsgemeinschaft Pflege der LIGA der Spitzenverbände der
Freien Wohlfahrtspflege Rheinland-Pfalz
Bauerngasse 7
55116 Mainz

## Relevanz des Themas

Trotz aller Rationalisierungsfortschritte im Produktionsprozess werden die Mitarbeiterinnen und Mitarbeiter die wichtigste betriebliche Ressource für den Erfolg eines Unternehmens bleiben. Diese besonders hohe Bedeutung des eingesetzten „Human-Kapitals" gilt natürlich in erster Linie für den Dienstleistungssektor, für den der Umgang von Menschen mit Menschen geradezu konstitutiv ist. In ähnlicher Weise gilt das aber auch für den Sektor der industriellen Güterproduktion, wo trotz der vielfachen Dominanz von Mensch-Maschine-Systemen ein hoher unternehmerischer Erfolg nur dann sicher erwartet werden kann, wenn das eingesetzte Personal für die anstehenden Aufgaben geeignet ist, die sozialen Beziehungen innerhalb der Arbeitsteams hinreichend gut funktionieren und eine weithin akzeptierte Unternehmenskultur vorhanden ist, die das berufliche Handeln ganzer Belegschaften steuern kann (Badura et al 2008). Das generelle Ziel „Stärkung des personalen, sozialen und kulturellen Kapitals" eint die verschiedenen Vertreter des relativ neuen Ansatzes „Betriebliches Gesundheitsmanagement".

Zu den im Rahmen des Betrieblichen Gesundheitsmanagements unter Experten unstrittig notwendigen Maßnahmen zur Stärkung der Human-Ressourcen gehört die Mitarbeiterbefragung, die nach Becker „... ein Instrument der partizipativen Unternehmensführung (ist), bei dem mit Hilfe von (teil-)standardisierten Fragebögen anonym und auf freiwilliger Basis Informationen über die Qualität und Zufriedenheit mit der Führung und Zusammenarbeit erhoben werden. Ziel ist es, mit Hilfe der erhobenen Daten Hinweise über Stärken und Schwächen zu erhalten, um darauf aufbauend Veränderungsprozesse einzuleiten." (Becker 2005 S. 609). Dieser Definition kann man im Grundsatz zustimmen, wenn auch der inhaltliche Fokus auf die subjektive Einschätzung von Qualität und Zufriedenheit mit der Führung und der Zusammenarbeit eher eng ist. Moderne Ansätze des Betrieblichen Gesundheitsmanagements setzen die Mitarbeiterbefragung auch zur Erhebung von Daten ein, die inhaltlich ganz andere Themenbereiche wie z.B. Work-Life-Balance, quantitative und qualitative Arbeitsbelastungen, Teamzusammenhalt, Unternehmenskultur, Organisationsstrukturen, Arbeitsmotivation, Mobbing oder verschiedene Aspekte des gesundheitlichen Wohlbefindens betreffen. Es gibt mittlerweile eine ganze Reihe von standardisierten Messinstrumenten, mit denen die unterschiedlichen Bereiche der Organisations- und Arbeitssituation erfasst werden können. Im Rahmen des Betrieblichen Gesundheitsmanagements muss neben solchen betrieblichen Aspekten natürlich auch die Gesundheit der Mitarbeiter berücksichtigt werden. Auch diesbezüglich gibt es einige gut validierte Skalen, mit denen die verschiedenen Aspekte des physischen, psychischen und allgemeinen gesundheitlichen Wohlbefindens der Mitarbeiterinnen und Mitarbeiter erhoben werden können.

Völlig unabhängig davon, welche speziellen Themen bei einer Befragung im Vordergrund stehen, gilt dabei immer ein zweifacher Leitgedanke: Erstens kennt die eigene Belegschaft die Verhältnisse vor Ort am besten und besitzt deshalb potenziell auch die höchste Expertise, wenn es um Arbeitsprobleme und ihre Verbesserungen geht; kein externer Berater hat einen vergleichbar guten Einblick in ein Unternehmen. Zweitens kann die subjektive Einschätzung ein und derselben Arbeitsbedingungen interindividuell sehr verschieden ausfallen, so dass nur eine annähernd repräsentative Mitarbeiterbefragung eine wirklich differenzierte Analyse der Dinge möglich machen kann.

Mitarbeiterbefragungen sind heute aber weit mehr als reine Diagnoseinstrumente subjektiver Meinungen und Einstellungen, mit denen z.B. persönliche Wünsche und Erwartungen, die individuelle Arbeitszufriedenheit oder berufliche Belastungen der Mitarbeiter systematisch erfasst werden können. Mit Hilfe von Mitarbeiterbefragungen lassen sich zudem auch weniger subjektiv gefärbte Daten und Informationen gewinnen, die neben den aus dem Controlling bekannten Routinekennzahlen als wichtige Planungs- und Entscheidungsgrundlage für konkrete Verbesserungsmaßnahmen, für ein umfangreiches Veränderungsmanagement und somit auch zur strategischen Unternehmensführung genutzt werden können. Zur Führung komplexer Organisationen sind Kennzahlen unabdingbar, die nicht nur eine Aussage über die materiellen (z.B. betriebswirtschaftliche Sachverhalte), sondern auch über die immateriellen Werte eines Unternehmens erlauben (z.B. soziale Unterstützung durch Führungskräfte). Solche immateriellen oder auch „weichen" Kennzahlen lassen sich mit Hilfe eines standardisierten Fragebogens routinemäßig erfassen.

Mitarbeiterbefragungen sind darüber hinaus ein probates Mittel, um die Belegschaften stärker in das Unternehmensgeschehen einzubeziehen, ihnen eine größere Partizipation am Arbeitsplatz zu ermöglichen und die subjektive Bindung an den Arbeitgeber zu stärken. Im Bereich des Betrieblichen Gesundheitsmanagements kommen solche Befragungen dann zum Einsatz, wenn beispielsweise spezielle Arbeitsbelastungen und betriebliche Bewältigungsressourcen im Zusammenhang mit auffälligen gesundheitlichen Beeinträchtigungen aus der Perspektive der Mitarbeiter erfasst werden sollen. Auf der Basis solcher Daten können Mitarbeiterbefragungen in der Folge wichtige Anhaltspunkte für zielgerichtete gesundheitsfördernde Interventionen liefern.

Zudem können die Ergebnisse der Mitarbeiterbefragung auch für die Gesundheitsberichterstattung im Unternehmen genutzt werden. Zum Beispiel kann der betriebliche Gesundheitsbericht der Krankenkassen, der eine Analyse der unternehmensspezifischen Arbeitsunfähigkeitsdaten enthält, durch die Ergebnisse der Mitarbeiterbefragung ergänzt werden.

## Vorgehensweise

Für eine erfolgreiche Mitarbeiterbefragung ist zunächst eine systematische und professionelle Planung unabdingbar. Damit eine Befragung im Unternehmen zu aussagekräftigen Ergebnissen führt, muss sie inhaltlich und organisatorisch sorgfältig vorbereitet werden. Auch wenn eine Mitarbeiterbefragung mit der Unterstützung eines externen Dienstleisters durchgeführt wird, benötigt man zunächst auf jeden Fall ein betriebsinternes Projektteam, das die Befragung koordiniert, mitgestaltet und unterstützt. Zu dieser Vorbereitungsphase 1 gehört neben der personellen Zusammenstellung des Projektteams weiterhin, dass alle Verantwortlichen sich über den allgemeinen Sinn und insbesondere die genauen inhaltlichen Ziele der Mitarbeiterbefragung klar werden. Wie im Betrieblichen Gesundheitsmanagement sind auch bei vielen anderen Managementansätzen Befragungen der Mitarbeiter oftmals nur eines von mehreren Projekten im Unternehmen. Die Belegschaften empfinden die Vielzahl der angestoßenen Projekte nicht selten als inflationär, insbesondere wenn für die Betroffenen ein übergeordneter Sinn oder auch nur eine Verzahnung der Aktivitäten bzw. Projekte nicht erkennbar ist. Es ist also notwendig, Befragungen in eine übergeordnete Strategie bzw. ein schlüssiges Konzept „Betriebliches Gesundheitsmanagement" einzubinden und mit anderen Projekten oder Managementansätzen nachvollziehbar zu verknüpfen.

Darüber hinaus sollten alle Entscheidungsträger schon in dieser ersten Planungs- und Vorbereitungsphase eine klare und einheitliche Vorstellung über die Zielsetzung und die Absicht der Befragung haben. Eine Mitarbeiterbefragung weckt bei den Beschäftigten die Erwartung, dass auf der Basis der Ergebnisse Interventionen durchgeführt werden. Diesbezüglich muss die Unternehmensleitung im Vorfeld prüfen, ob sie bereit ist, die Ergebnisse offen zu kommunizieren und notwendige (und zuweilen auch tiefgreifende) Veränderungen und Maßnahmen tatsächlich einzuleiten. Mitarbeiterbefragungen sind im Rahmen des Betrieblichen Gesundheitsmanagements nur dann erfolgreich, wenn aus den Ergebnissen tatsächlich auch für die Beschäftigten spürbare Veränderungen resultieren.

Zu einer gut durchdachten Vorbereitung gehört dementsprechend auch eine adäquate Informationspolitik. Damit eine Befragung zu realitätsgerechten, repräsentativen und damit aussagekräftigen Ergebnissen führt, müssen die Beschäftigten im Vorfeld umfassend über Sinn und Zweck des Vorhabens, die konkrete Durchführung der Befragung sowie insbesondere über Maßnahmen zum Schutz der persönlichen Daten informiert werden. Der ausgefüllte Fragebogen darf keine Rückschlüsse auf die jeweilige Person zulassen. Die persönliche Akzeptanz für die Durchführung einer solchen Maßnahme und häufig auch die faktische Beteiligung an einer Mitarbeiterbefragung steigen beträchtlich, wenn die Anonymität der Daten vorbehaltlos ohne Wenn und Aber gesichert ist.

Bei der Planung geht es schließlich auch darum, sich für ein Instrument bzw. für ein Bündel von Fragen zu entscheiden, das einerseits die berufliche Lebenswelt der zu Befragenden treffsicher und verständlich abbildet und das andererseits den bekannten wissenschaftlichen Gütestandards für Befragungen in hohem Maße entspricht. Die inhaltliche Auswahl der Fragen und die methodische Qualität des gesamten Fragebogens haben einen ganz entscheidenden Einfluss darauf, ob die Mitarbeiterbefragung von der Belegschaft überhaupt akzeptiert wird, ob die Ergebnisse aussagekräftig sind und ob sich daraus für das jeweilige Unternehmen sinnvolle Interventionsmaßnahmen plausibel und begründet ableiten lassen.

Nach der Planungsphase folgt die praktische Durchführung der Mitarbeiterbefragung. Beispielsweise ist spätestens zu Beginn dieser zweiten Phase der Datenerhebung zu klären, welche Personengruppen eines Unternehmens tatsächlich befragt werden sollen (einzelne Abteilungen vs. der gesamte Betrieb) und wie die Verteilung der Fragebögen an die Belegschaft bzw. der Rücklauf der ausgefüllten Bögen technisch zu realisieren ist, ohne Gebote des Datenschutzes zu verletzen. Wichtig ist auch die Klärung der Frage, zu welchem Zeitpunkt im Jahr die Befragung der Mitarbeiter stattfinden soll, wie lange der Untersuchungszeitraum läuft und unter welchen situativen Bedingungen der Fragebogen ausgefüllt werden kann. Die erfolgreiche Durchführung einer Mitarbeiterbefragung setzt zudem voraus, dass eine Vielzahl von Detailproblemen bedacht werden, die vom Layout des Fragebogens über die Bereitstellung von Ansprechpartnern für die eventuelle Beantwortung von Fragen bis zur Rücklaufkontrolle und dem „Nachfassen" reichen (Borg 2003). Schließlich ist schon in dieser Durchführungsphase dem Personal sinnvollerweise anzukündigen, wann und in welcher Form die Rückkopplung der Ergebnisse an die Entscheidungsträger und die Belegschaft erfolgen soll; eine solche frühzeitige Festlegung dokumentiert meist überzeugend die Ernsthaftigkeit und Wichtigkeit der Mitarbeiterbefragung und stärkt damit die Teilnahmemotivation der Belegschaft.

Die dritte Phase einer Mitarbeiterbefragung besteht in der Auswertung der beantworteten Fragebögen, die je nach dem Messniveau der zur Verfügung stehenden Daten entweder eher qualitativ-inhaltlich und/oder quantitativ-statistisch erfolgen kann. Spätestens jetzt zeigt sich, ob es sich um ein „gutes" Fragebogeninstrument handelt, das aussagekräftige Befunde liefert und eindeutige Interpretationen des Datenmaterials ermöglicht. Eine professionelle

Datenauswertung quantitativer Daten besteht zum einen in einer präzisen Auszählung der gegebenen Antworten und einer Berechnung der jeweils dazugehörigen Durchschnitts- und Streuungswerte für alle Befragten insgesamt oder für Teilgruppen der Belegschaft. Neben einer solchen rein deskriptiven Analyse einzelner Variablen besteht zum Zweiten die Möglichkeit einer bivariaten Datenanalyse, bei der die Antworten zu einer Frage mit den Antworten zu einer anderen Frage in Zusammenhang gebracht werden. Multivariate Analysemethoden ermöglichen schließlich besonders tiefgehende Einblicke in die Meinungen und Einstellungen der befragten Belegschaft, indem eine Vielzahl von Variablen zueinander in Beziehung gesetzt und dadurch Aussagen über kausale und nicht kausale Einflussbeziehungen ermöglicht werden. Beispielsweise wird durch ein solches multivariates Vorgehen die Beantwortung der Frage möglich, welchen Stellenwert die Führungskräfte für den Unternehmenserfolg haben, welche Bedingungsfaktoren im Betrieb für hohe Arbeitsbelastungen verantwortlich sind oder durch welche Merkmale der Teil der Beschäftigten gekennzeichnet ist, dem es trotz starker beruflicher Beanspruchung gesundheitlich besonders gut geht. Voraussetzung für solche aussagekräftigen Ergebnisse ist natürlich, dass die betreffenden Sachverhalte in der Mitarbeiterbefragung auch tatsächlich mit erhoben und bei der Auswertung der Daten sachgemäß interpretiert worden sind. Solche methodisch soliden Befunde multivariater Datenanalysen können in der Tat sehr präzise Auskunft über Stärken und Schwächen eines Betriebs und damit über das Verbesserungspotenzial des gesamten Unternehmens geben.

In der vierten Phase einer Mitarbeiterbefragung sollten die wichtigsten Ergebnisse an maßgebliche Entscheidungsträger und Führungskräfte, an Mitarbeiter- bzw. Personalvertretungen sowie vor allem auch an die Mitarbeiterinnen und Mitarbeiter des jeweiligen Unternehmens zeitnah zurückgekoppelt werden. Wie bereits erwähnt, wecken solche Befragungen vor allem bei den Beschäftigten die Erwartung, dass aus den Ergebnissen sinnvolle Interventionen abgeleitet und schließlich auch in der betrieblichen Praxis umgesetzt werden. Eine zeitlich aufwändige Mitarbeiterbefragung, deren Ergebnisse nicht offen kommuniziert werden oder folgenlos in der Schublade landen, kann den Erfolg nachfolgender Befragungen oder anderer Projekte der Organisationsentwicklung ganz erheblich gefährden. Darunter leidet nicht nur die Glaubwürdigkeit der Entscheidungsträger; ein solches Vorgehen kann bei den Beschäftigten zudem den demotivierenden Eindruck erzeugen, dass man nicht ernst genommen wird, oder gar den verheerenden Verdacht nähren, dass Ergebnisse von interessierter Seite bewusst vertuscht oder gar manipuliert werden. Die offene und ehrliche Kommunikation von „positiven" wie „negativen" Resultaten einer Mitarbeiterbefragung durch die Unternehmensleitung stärkt erfahrungsgemäß in den allermeisten Fällen die grundsätzliche Loyalität der Beschäftigten und fördert deren Bereitschaft zur aktiven Teilnahme an möglicherweise schmerzhaften Prozessen der Organisationsentwicklung.

In vielen Fällen mündet das „Projekt Mitarbeiterbefragung" tatsächlich in der Implementation von naheliegenden Interventionen und der Durchführung von bestimmten Veränderungsmaßnahmen (Phase 5). Obwohl eine professionell durchgeführte Befragung ein aufwändiges Unterfangen ist und für die Betriebe oftmals einen nicht zu unterschätzenden Aufwand bedeutet, haben viele Unternehmen mittlerweile erkannt, dass eine solche Maßnahme als regelmäßig eingesetztes Controlling-Instrument sehr vielfältige und äußerst wertvolle Daten für die weitere Entwicklung eines Unternehmens liefern kann. Hierdurch können nicht nur die jeweiligen Ergebnisse über einen gewissen Zeitraum trendmäßig verglichen, sondern auch bereits durchgeführte Interventionen auf ihre Effektivität und Effizienz hin überprüft werden. In diesem Sinne kann eine professionell durchgeführte Mitarbeiterbefragung auch eine wichtige Evaluationsfunktion haben, durch die zwischenzeitlich implementierte Maßnahmen der Organisationsentwicklung im Hinblick auf ihren Erfolg bzw. Nutzen überprüft werden können (Bungard et al 2008).

**Erfolgsfaktoren**

Mitarbeiterbefragungen haben mittlerweile als Diagnoseinstrument zur Informationsgewinnung, als Interventionsinstrument zur zielgerichteten Ableitung von Veränderungsmaßnahmen und als Evaluationsinstrument zur Überprüfung der Effektivität und Effizienz bereits durchgeführter Maßnahmen auch im Bereich des Betrieblichen Gesundheitsmanagements einen erheblichen Stellenwert. Wenn man die grundlegenden Voraussetzungen für den Erfolg einer solchen Maßnahme noch einmal zusammenfasst, dann sind vor allem folgende drei Punkte erwähnenswert:

Zum einen wird eine Mitarbeiterbefragung mit hoher Wahrscheinlichkeit nur dann erfolgreich sein, wenn die beschriebenen fünf Schritte von der anfänglichen Planung bis zur abschließenden Evaluation von einem gemeinsamen Team betrieblicher und externer Experten durchgeführt werden, die einerseits als Insider die Verhältnisse vor Ort gut kennen und andererseits professionelle Erfahrungen im Bereich der empirischen Sozialforschung von außen einbringen können. Die Entwicklung einer klaren inhaltlichen Konzeption und die Umsetzung in einen brauchbaren Fragebogen erfordern sehr gute theoretische Kenntnisse im Bereich des Betrieblichen Gesundheitsmanagements und gleichzeitig hohe methodische Kompetenzen bei der Fragebogenkonstruktion, bei der eine Vielzahl von Detailproblemen beachtet werden muss. Wenn schon diese ersten Schritte von Konzeptualisierung und Operationalisierung aufgrund von fachlich-methodischer Inkompetenz misslingen, ist auch die Mitarbeiterbefragung als Ganzes zum Scheitern verurteilt. Das Gleiche gilt natürlich auch für die späteren Schritte der Datenanalyse und Ergebnisinterpretation sowie für das Projektmanagement insgesamt, für das sehr gute Kenntnisse und viel praktische Erfahrung bei der inhaltlichen Bewertung von statistischen Maßzahlen unabdingbar sind.

Viele Unternehmer setzen aber nicht nur deshalb auf externe Fachexpertise, um methodisch-statistisches Know-how einzukaufen, das im Betrieb oftmals nicht vorhanden ist. Sie beauftragen auch deswegen neutrale Fachleute von außen, weil nur so der Belegschaft gegenüber glaubhaft gemacht werden kann, dass die Anonymität der erhobenen Daten und die Unabhängigkeit der Auswertung wirklich gegeben sind. Eine Befragung des eigenen Personals kann nämlich zum Zweiten nur dann zu zuverlässigen Daten führen, wenn die Mitarbeiterinnen und Mitarbeiter sich voll und ganz darauf verlassen können, dass der Schutz ihrer persönlichen Daten in jeder Hinsicht gewährleistet ist; ansonsten ist mit einer geringen Beteiligung, vielen „missing values" oder unaufrichtigen Antworten zu rechnen. Sehr häufig bestehen bei Firmenangehörigen tiefsitzende Ängste und Unsicherheiten, dass aufgrund der Antworten konkrete Personen identifiziert werden können und diese eventuell mit negativen Konsequenzen zu rechnen haben. Externe Teams haben in diesem Zusammenhang den Vorteil, dass sie die vorliegenden Fragebögen nicht namentlich identifizieren können.

Drittens ist nur dann mit dem Erfolg einer Mitarbeiterbefragung zu rechnen, wenn alle Entscheidungsträger eines Unternehmens eine solche Maßnahme aktiv, konsensuell und vorbehaltlos unterstützen. Dazu gehören Mitglieder des Managements und der Aufsichtsgremien genauso wie die Interessenvertreter der Belegschaft und die Vorgesetzten in den einzelnen Arbeitsteams. Erfahrungsgemäß ist es insbesondere diese letztgenannte Gruppe der Führungskräfte in den Abteilungen, die die Beteiligung ihrer Mitarbeiterinnen und Mitarbeiter an der Befragung durch ihr Verhalten entweder fördern oder beeinträchtigen können. Allgemein lässt sich sagen, dass bei einer Befragung auf freiwilliger Basis die Beteiligung tendenziell eher sinkt, wenn das Verhältnis der Mitarbeiter zu ihren direkten Vorgesetzten mit Problemen behaftet ist. Es gibt allerdings gelegentlich auch den umgekehrten Fall, dass die Mitarbeiter einer Abteilung sich gerade dann überdurchschnittlich stark an der Befragung beteiligen, wenn sie ständig Schwierigkeiten mit ihren Vorgesetzten haben. Wie dem auch sei: Es sind vor allem diese Führungskräfte vor Ort, die den Rücklauf einer Mitarbeiterbefragung stark beeinflussen können. Aber auch die einvernehmliche, von der Sache überzeugte und deutlich nach außen kommunizierte Unterstützung durch Management und Personalvertretung hat in der Regel eine positiv motivierende Wirkung auf die Belegschaft. Das vielfach – vor allem von Führungskräften – vorgebrachte Argument, dass Mitarbeiterbefragungen keinen neuen Erkenntnisgewinn bieten könnten, ist in den meisten Fällen nicht haltbar. Häufig werden mikropolitische Prozesse im eigenen Unternehmen unterschätzt, zumal Vorgesetzte oft eine andere Wahrnehmung und Sicht der Dinge haben als ihre Mitarbeiter. Die Frage, was im Unternehmen wirklich vor sich geht, wird häufig aus der jeweiligen Mitarbeiter- und der Vorgesetztenperspektive völlig unterschiedlich wahrgenommen und beurteilt. Die Erfahrung zeigt, dass es in den meisten Fällen sehr kurzsichtig ist zu glauben, dass eine Mitarbeiterbefragung keine neuen Erkenntnisse liefern und somit auch keinen Nutzen zur Organisationsentwicklung bzw. zum Betrieblichen Gesundheitsmanagement beitragen könnte.

Insgesamt gesehen bieten professionell durchgeführte Mitarbeiterbefragungen den Unternehmen in den meisten Fällen eine sehr gute Chance, sich in personeller, sozialer, kultureller und organisatorischer Hinsicht unter Ausnutzung eigener Ressourcen signifikant weiterzuentwickeln. Der routinemäßige Rückgriff auf das detaillierte Expertenwissen der eigenen Belegschaft kann zugleich aber auch den einzelnen Mitarbeiterinnen und Mitarbeitern deutlich mehr Möglichkeiten zur Mitsprache einräumen und das individuelle Gefühl der Mitverantwortung für den gesamten Betrieb stärken.

**Literatur**

Badura B, Greiner W, Rixgens P et al (2008) Sozialkapital. Grundlagen von Gesundheit und Unternehmenserfolg. Springer, Berlin
Becker M (2005) Personalentwicklung. Bildung, Förderung und Organisationsentwicklung in Theorie und Praxis, 4. Aufl. Schäffer-Poeschel, Stuttgart
Borg I (2002) Mitarbeiterbefragungen – kompakt. Hogrefe, Göttingen
Borg I (2003) Führungsinstrument Mitarbeiterbefragung. 3. Aufl. Hogrefe, Göttingen
Bungard W, Müller K, Niethammer C (2007) Mitarbeiterbefragung – was dann...? MAB und Folgeprozesse erfolgreich gestalten. Springer, Berlin
Bungard W, Puhl S, Trost A (2008) Explorative Studie zum Thema Mitarbeiterbefragungen in mittelständischen Unternehmen. http://www.psychologie.uni-mannheim.de/psycho1/Publikationen/MA%20Beitraege/99-02/bungard_mab.pdf. Acessed 19 August 2008
Domsch ME, Ladwig DH (2006) Handbuch Mitarbeiterbefragung. 2. Aufl. Springer, Berlin
Neuberger O (2000) Das 360 Grad-Feedback. Hampp, Mering
Sarges W, Scherm M (2002) 360 Grad-Feedback. Hogrefe, Göttingen
Winterstein H (2002) Die Mitarbeiterbefragung als Instrument des Personalmanagement. Personal. Zeitschrift für Human Resource Management. 54 (10): 40–45

# Gefährdungsbeurteilung

Robert Schleicher

BIT – Berufsforschungs- und Beratungsinstitut
für interdisziplinäre Technikgestaltung e.V.
Unterstr. 51
44892 Bochum

## Relevanz des Themas

Die Gefährdungsbeurteilung nach §§ 5 (Beurteilung der Arbeitsbedingungen) und 6 ArbSchG (Dokumentation) ist die rechtlich verbindliche diagnostische Grundlage für alle „Maßnahmen des Arbeitsschutzes" (§ 2 ArbSchG). Der Begriff „Arbeitsschutz" umfasst dabei auch „Maßnahmen der menschengerechten Gestaltung der Arbeit". Unter anderem sind Maßnahmen „mit dem Ziel zu planen, Technik, Arbeitsorganisation, sonstige Arbeitsbedingungen, soziale Beziehungen und Einfluss der Umwelt auf den Arbeitsplatz sachgerecht zu verknüpfen". Mit diesem modernen, ganzheitlichen Arbeitsschutzverständnis wird die Gefährdungsbeurteilung zu einem zentralen Element des betrieblichen Gesundheitsmanagements. Erst die systematische und vollständige Gefährdungsbeurteilung ermöglicht eine sachgerechte, daten- und nicht meinungsgestützte Umsetzung von belastungsreduzierenden bzw. gesundheitsförderlichen Interventionsmaßnahmen.

> *Arbeitsschutzgesetz, § 5 Beurteilung der Arbeitsbedingungen*
>
> *(1) Der Arbeitgeber hat durch eine Beurteilung der für die Beschäftigten mit ihrer Arbeit verbundenen Gefährdung zu ermitteln, welche Maßnahmen des Arbeitsschutzes erforderlich sind.*
> *(2) Der Arbeitgeber hat die Beurteilung je nach Art der Tätigkeiten vorzunehmen. Bei gleichartigen Arbeitsbedingungen ist die Beurteilung eines Arbeitsplatzes oder einer Tätigkeit ausreichend.*
> *(3) Eine Gefährdung kann sich insbesondere ergeben durch*
> 1. *die Gestaltung und die Einrichtung der Arbeitsstätte und des Arbeitsplatzes,*
> 2. *physikalische, chemische und biologische Einwirkungen,*
> 3. *die Gestaltung, die Auswahl und den Einsatz von Arbeitsmitteln, insbesondere von Arbeitsstoffen, Maschinen, Geräten, Anlagen sowie den Umgang damit;*
> 4. *die Gestaltung von Arbeits- und Fertigungsverfahren, Arbeitsabläufen und Arbeitszeit und deren Zusammenwirken,*
> 5. *unzureichende Qualifikation und Unterweisung der Beschäftigten.*

Dieses Diagnoseinstrument umfasst alle Gefährdungs- und Belastungsfaktoren, also neben den „klassischen" Umgebungs- und Ergonomiefaktoren auch die in diesem Beitrag im Vordergrund stehenden psychischen Belastungen, z.B. aufgrund der Gestaltung der Arbeitsaufgabe (z.B. Unter-/Überforderung durch Monotonie oder Arbeitsmenge, Konzentrationsanforderungen, Verantwortung), der Arbeitsorganisation (z.B. Zeitdruck, Störungen), der Führung, der sozialen Beziehungen und ggf. sonstiger tätigkeitsspezifischer Belastungen (z.B. Arbeiten mit Kunden im weiteren Sinne). Darüber hinaus sollte der Blick zusätzlich auf mögliche salutogene Faktoren (z.B. Teamzusammenhalt, Handlungsspielräume, Vielseitigkeit) der Arbeit gerichtet werden und so sollten betriebliche Möglichkeiten entwickelt werden, diese zu stärken oder in Veränderungsprozessen zumindest zu erhalten.

Die Beurteilung hat je nach Tätigkeit zu erfolgen, um wirksame Maßnahmen definieren und umsetzen zu können. Zusätzlich sind die Maßnahmen, die auf Grundlage der Gefährdungsbeurteilung ergriffen wurden, auf ihre Wirksamkeit zu überprüfen und gegebenenfalls anzupassen. Der gesamte Prozess (Ermittlung und Beurteilung von Belastungen, ergriffene Maßnahmen, Wirkungskontrolle) ist zu dokumentieren. Dabei handelt es sich nicht um eine einmalige „Veranstaltung": Gefährdungsbeurteilungen sind in regelmäßigen Abständen, bei gravierenden Änderungen des Arbeitsplatzes und bei Veränderungen im Stand der Technik oder im Stand der arbeitswissenschaftlichen Erkenntnisse zu wiederholen, um Maßnahmen des Arbeitsschutzes an sich ändernde Gegebenheiten anpassen zu können.

Ziel ist es letztlich, einen kontinuierlichen Verbesserungsprozess von Sicherheit und Gesundheitsschutz in Gang zu setzen. Die Stärkung des „Humanund Sozialkapitals" (Badura), das in der heutigen Arbeitswelt wesentliche salutogene (oder bei deren defizitärer Gestaltung auch pathogene) Faktoren darstellt, sollte dabei ein wichtiges Ziel der Gefährdungsbeurteilung und der auf dieser aufbauenden Maßnahmengestaltung sein.

Bei der Ermittlung psychischer Belastungen auf Grundlage des Arbeitsschutzgesetzes und seiner Verordnungen (v.a. Bildschirmarbeitsverordnung) stehen belastende Arbeitsbedingungen im Vordergrund. Diese äußern sich zum einen in (gesundheitsrelevanten) psychischen Beanspruchungen und deren Folgen, zum anderen aber auch in Arbeitsunterbrechungen und Regulationsbehinderungen, die die Erledigung der Arbeitsaufgaben erschweren. In diesem Sinne bietet die Gefährdungsbeurteilung also auch die Chance, arbeitsbedingte Störfaktoren und „Effizienzbremsen" zu ermitteln und abzustellen – damit handelt es sich also auch um betriebswirtschaftlich relevante Größen. Die Beurteilung psychischer Belastungen ist also nicht nur rechtlich geboten, sondern auch betriebswirtschaftlich vernünftig.

## Vorgehensweise

Die Umsetzung der Gefährdungsbeurteilung in die betriebliche Praxis scheint sehr unbefriedigend zu sein. Aktuelle flächendeckende Erhebungen zur Umsetzung der Gefährdungsbeurteilung psychischer Belastungen fehlen zwar, verschiedene Untersuchungen deuten aber darauf hin, dass, 12 Jahre nach Verabschiedung des Arbeitsschutzgesetzes, bestenfalls ca. 20–25 % der Unternehmen ihrer Verpflichtung nachgekommen sind, die psychischen Belastungen im Sinne des Arbeitsschutzgesetzes zu beurteilen (Ahlers & Brussig 2004, BIT e.V./Universität Bielefeld, Fakultät für Gesundheitswissenschaften 2003).

Dieses dürfte zu einem Teil darauf zurückzuführen sein, dass sich, im Unterschied zur Beurteilung „klassischer" Gefährdungsfaktoren, psychische Belastungen einer einfachen Messbarkeit entziehen und sich nicht anhand von normierten Grenzwerten beurteilen lassen und somit das Instrumentarium und das Know-how des klassischen Arbeitsschutzes nicht ausreichen, um den betrieblichen Status quo mit einem Soll-Zustand anhand normierter Schutzziele beurteilen zu können.

Nichtsdestotrotz liegen heute eine Reihe gesicherter arbeitswissenschaftlicher Erkenntnisse dazu vor, wie Arbeit auch unter dem Aspekt der psychischen Belastung gestaltet sein sollte.

> *„§ 4 Allgemeine Grundsätze  Der Arbeitgeber hat bei Maßnahmen des Arbeitsschutzes von folgenden allgemeinen Grundsätzen auszugehen: [...]*
> *3. bei den Maßnahmen sind der Stand von Technik, Arbeitsmedizin und Hygiene sowie sonstige gesicherte arbeitswissenschaftliche Erkenntnisse zu berücksichtigen"*

So enthält zum Beispiel die DIN EN ISO 10.075, Teil 2, Gestaltungsgrundsätze zur Vermeidung psychischer Beanspruchungen, an denen sich Verantwortliche und betriebliche Praktiker orientieren können.

Da psychische Belastungen nicht in einfachen Ursache-Wirkungs-Ketten, sondern als komplexe Verknüpfung unterschiedlicher Bedingungen wirken, ist fachübergreifendes Know-how erforderlich.

Die Gefährdungsbeurteilung ist zwar Aufgabe des Arbeitgebers, die Wahrnehmung dieser Aufgabe kann jedoch nur in den seltensten Fällen vom Arbeitgeber direkt umgesetzt werden. Dieser kann im Rahmen seiner Organisationsverpflichtung nach § 3.2 ArbSchG und im Rahmen seiner Delegationsmöglichkeiten (§ 13.2 ArbSchG) Aufgaben auf „zuverlässige und fachkundige Personen" übertragen.

Ein konkretes Vorgehen zur Gefährdungsbeurteilung psychischer Belastungen wird nicht vorgeschrieben, insofern bleibt dem Arbeitgeber als dem Verantwortlichen ein Gestaltungsspielraum zur Umsetzung. Damit ist mittlerweile unstrittig, dass (im privatwirtschaftlichen Bereich) die Gefährdungsbeurteilung der Mitbestimmung des Betriebsrats nach § 87.1.7 BetrVG unterliegt

(Beschluss des Bundesarbeitsgerichts vom 08.06.2004 – 1 ABR 13/03) und dieser somit als gleichberechtigter Partner einbezogen werden muss.

Einen Überblick über zahlreiche Verfahren und Instrumente zur Ermittlung psychischer Belastungen gibt die Bundesanstalt für Arbeitsschutz und Arbeitsmedizin in ihrer „Toolbox". Zusätzlich bieten Organisationen wie verschiedene Berufsgenossenschaften, Gewerkschaften und Arbeitgeberverbände praktikable Verfahren an, die zum Teil und zumindest zum Einstieg weitgehend durch betriebliche Praktiker umgesetzt werden können.

Da die Gefährdungsbeurteilung unterschiedliche fachliche Kompetenzen erfordert (s.u.), sollte sie, und das gilt im besonderen Maße für die Beurteilung psychischer Belastungen, als Projekt angelegt und entsprechend gesteuert werden. Dieses sollte durch ein Steuerungsgremium mit Entscheidungsträgern von Arbeitgeber- und Arbeitnehmerseite, ggf. ergänzt um betriebliche bzw. externe Experten, organisiert werden. Einen Überblick über den Ablauf einer Gefährdungsbeurteilung mit den entsprechenden Bezügen zum Arbeitsschutzgesetz liefert die folgende Abbildung:

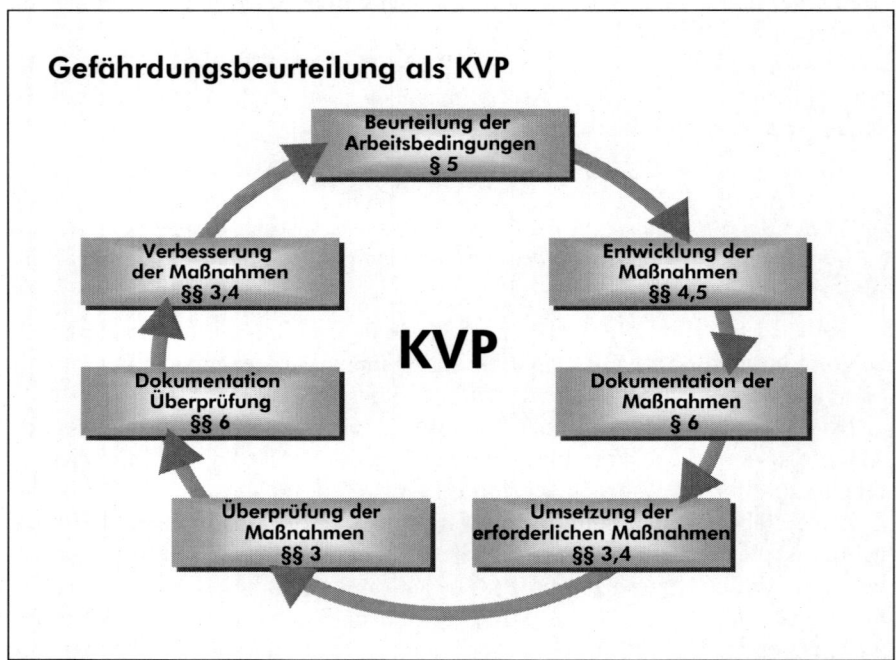

**Abbildung 1** Gefährdungsbeurteilung als kontinuierlicher Verbesserungsprozess (Quelle: Faber & Blume 2001)

Eine wesentliche Entscheidung, die in einem solchen Steuerungsgremium getroffen werden muss, ist die Auswahl der Methode zur Ermittlung psychischer Belastungen. Grundsätzlich stehen dafür folgende Methoden zur Verfügung:

- die Befragung von Beschäftigten mittels Fragebögen,
- mündliche Befragungen z.B. im Rahmen von Fokusgruppen, Gesundheitszirkeln, moderierten Gruppenanalysen
- Beobachtungen von Arbeitstätigkeiten und Arbeitsplätzen
- physiologische Messungen (z.B. EKG, EEG, Blutdruck).

**Tabelle 1** Überblick über Methoden der Ermittlung psychischer Belastungen

| Methode | Vor- und Nachteile |
|---|---|
| Fragebogen | ☺ flächendeckende Beteiligung von Beschäftigten<br>☺ Repräsentativität von Ergebnissen (bei entsprechender Rücklaufquote)<br>☺ kann Hinweise darauf liefern, in welchen Bereichen eine Detailanalyse erforderlich ist<br>☹ Ergebnisse u.U. verschieden interpretierbar<br>☹ rein subjektive Betrachtungsweise<br>☹ in der Regel keine eindeutigen Gestaltungshinweise<br>☹ nur für die „Grobanalyse" geeignet |
| gruppengestützte Methoden (z.B. moderierte Gruppenanalyse, Fokusgruppen, Gesundheitszirkel) | ☺ intensive Beteiligung von Beschäftigten als Arbeitsplatzexperten<br>☺ klare Gestaltungshinweise/Lösungsvorschläge aus Sicht der Beschäftigten<br>☺ z.T integrierbar in betriebliche Strukturen (z.B. Gruppengespräche)<br>☹ fehlendes arbeitswissenschaftliches Fachwissen zur Thematik „psychische Belastungen" (z.B. zur Arbeitsgestaltung)<br>☹ u.U. Akzeptanzprobleme bei Führungskräften |
| Beobachtung/ Beobachtungsinterview | ☺ klare Ergebnisse<br>☺ viele Gestaltungshinweise auf Grundlage arbeitswissenschaftlicher Erkenntnisse<br>☹ Belastungsempfinden der Beschäftigten wird u.U. zugunsten der „reinen arbeitswissenschaftlichen Lehre" ausgeblendet<br>☹ relativ aufwändig, daher kaum flächendeckend einsetzbar<br>☹ Expertenwissen bzw. Schulung erforderlich |
| physiologische Messungen | ☺ objektive Messung von Beanspruchungen<br>☺ individuelle Maßnahmen möglich<br>☹ keine Erhebung von Belastungen<br>☹ ggf. Misstrauen bei Beschäftigten |

Ergänzend lassen sich vorhandene Daten (z.B. zu Fehlzeiten und Arbeitsunfähigkeit, zur Altersstruktur, zu Unfällen, Qualitätskennzahlen, Fluktuation, Beschwerden von Kunden, Beschäftigten oder Führungskräften) nutzen, um auf mögliche psychische Belastungen im Betrieb oder in bestimmten Arbeitsbereichen rückschließen zu können.

Jede Verfahrensweise hat ihre eigenen Stärken und Schwächen, in der Regel wird eine Kombination mehrerer Methoden erforderlich sein, um psychische Belastungen angemessen erfassen und beurteilen zu können (vgl. Stork 2008).

Psychische Belastungen haben die Eigenschaft, dass subjektives Belastungsempfinden und gesicherte arbeitswissenschaftliche Gestaltungsgrundsätze nicht deckungsgleich sein müssen, daher ist eine Kombination aus beteiligungsorientierten („subjektiven") und expertengestützten („objektiven") Verfahren am ehesten geeignet, ein vollständiges und valides Bild der Belastungssituation zu erhalten.

Der Einsatz beteiligungsgestützter Verfahren (Fragebogen, gruppengestützte Methoden) zur Ermittlung und Beurteilung psychischer Belastungen ist schon deshalb dringend zu empfehlen, weil psychische Belastungen sich je nach Voraussetzungen der Beschäftigten (z.B. Alter, Qualifikation, Erfahrung, persönliche Disposition) unterschiedlich als psychische Beanspruchung auswirken können (vgl. DIN EN ISO 10.075 – Teil 1) und daher „objektiv" messbare Grenzwerte für psychische Belastungen nicht angegeben werden können.

Psychische Belastungen und ihre Folgen (z.B. durch unangemessenes Führungsverhalten) lassen sich zudem kaum vollständig „objektiv" (z.B. durch Expertenbeobachtung) erfassen und erfordern die Beteiligung von Beschäftigten. Mitarbeiterbefragungen sind dabei ein sinnvolles und etabliertes Einstiegsinstrument, um zumindest die Verbreitung psychischer Belastungen in der Organisation zu erheben und, auf den Ergebnissen aufbauend, eine weitergehende Analyse- und Interventionsplanung zu entwickeln. Nicht umsonst enthalten viele etablierte Verfahren zur Ermittlung psychischer Belastungen entsprechende Fragebögen (Bundesanstalt für Arbeitsschutz und Arbeitsmedizin 2005).

Auch bei der über die Ermittlung hinausgehenden Beurteilung psychischer Belastungen und bei der Entwicklung von Maßnahmen zum Abbau psychischer Belastungen ist die Beteiligung der Beschäftigten (als „Arbeitsplatzexperten") sinnvoll, denn sie wissen am ehesten um ihre Belastungssituation an ihren Arbeitsplätzen.

Beteiligungsgestützte Verfahren können allerdings auch an Grenzen stoßen, weil beispielsweise Fachwissen zur menschengerechten Arbeitsgestaltung bei den Beschäftigten nicht in ausreichendem Maße vorhanden ist. So werden möglicherweise Belastungen, z.B. aus einer mangelhaften Gestaltung von Arbeitstätigkeiten oder -prozessen, die aus arbeitswissenschaftlicher Sicht zu vermeiden sind, als quasi „naturgegeben" hingenommen („Stress/Monotonie gehört bei uns eben dazu") und vorhandene Gestaltungsspielräume bzw. Veränderungsmöglichkeiten nicht gesehen. Hier sind dann Experten erforderlich, die, fokussiert auf bestimmte Arbeitsbereiche oder -tätigkeiten, ihr fachliches Know-how zur genauen Analyse und zur Ableitung von Gestaltungsmaßnahmen einbringen können.

Wie die Beurteilung psychischer Belastungen auch angegangen wird: Es sollte von vornherein klar sein, dass die Ermittlung und Beurteilung psychischer Belastungen auch Konsequenzen in Form von umzusetzenden Maßnahmen haben muss. Erfahrungsgemäß bringt die Gefährdungsbeurteilung eine große Menge (möglicher) Verbesserungsvorschläge ans Tageslicht: Die Anzahl vorgeschlagener Maßnahmen durch Beschäftigte, Führungskräfte und Experten kann in einem mittelgroßen Betrieb mit 300 bis 400 Beschäftigten durchaus in die Hunderte gehen! Dieses soll nicht abschrecken, aber deutlich machen, dass das Setzen von Prioritäten und realistischen Zielen (zeitlich, inhaltlich) erforderlich und legitim ist, um eine Organisation nicht zu überfordern.

Wichtig ist, dass möglichst schnell erste Maßnahmen umgesetzt werden, da die Gefährdungsbeurteilung (vor allem, wenn beteiligungsgestützte Methoden eingesetzt werden) Erwartungen bei Mitarbeitern weckt, die nicht enttäuscht werden sollten.

## Erforderliche Kompetenzen

Die Gefährdungsbeurteilung ist eine Querschnittsaufgabe, bei der, je nach eingesetzten Methoden, unterschiedliche Kompetenzen zusammenfließen müssen, z.B.:

- Kompetenzen in der Durchführung, Auswertung und Aufbereitung von Mitarbeiterbefragungen
- Moderationskompetenz bei gruppengestützten Methoden
- arbeitswissenschaftliches/arbeitspsychologisches Fachwissen zur menschengerechten Arbeitsgestaltung
- arbeitsphysiologische Kenntnisse zur Wirkung psychischer Belastungen und Beanspruchungen
- ggf. spezielle Kenntnisse, zum Beispiel auf dem Gebiet einer altersgerechten Arbeitsgestaltung oder zur Bewertung spezieller Belastungsfaktoren (z.B. Software-Ergonomie, Arbeitszeitmodelle) sowie zur Umsetzung von Maßnahmen (z.B. Teamentwicklung oder Mediation, bei konfliktbehafteten Arbeitsbeziehungen).

Zumindest bei einer erstmaligen Analyse kann dazu externer Sachverstand notwendig sein, um ein sowohl betrieblich tragfähiges als auch den gesetzlichen Anforderungen entsprechendes Konzept zur Gefährdungsbeurteilung zu entwickeln.

## Abschließende Bemerkungen

Die Ermittlung und Beurteilung psychischer Belastungen sowie die Ableitung und Umsetzung von Maßnahmen zur Reduzierung psychischer Belastungen sollten nicht als lästige Pflicht und als Fremdkörper betrachtet werden. Solch ein Projekt bietet im Gegenteil vielfältige Chancen und Anknüpfungspunkte, beispielsweise:

- trägt der Abbau belastender und den Arbeitsablauf und schließlich das Arbeitsergebnis beeinträchtigender Bedingungen zur Verbesserung des Betriebsergebnisses bei
- können das Human- und das Sozialkapital durch die Beteiligung von Beschäftigten und Führungskräften an einem gemeinsamen Projekt zur Verbesserung der Arbeitsbedingungen und -beziehungen gestärkt werden
- können neue Problemlagen (z.B. aufgrund des demografischen Wandels bzw. älter werdender Belegschaften) besser bewältigt, im günstigsten Fall sogar pro-aktiv gestaltet werden
- kann die Verknüpfung der Gefährdungsbeurteilung mit bereits vorhandenen Instrumenten, z.B. des Personalmanagements, zur Verbesserung der Qualität und Akzeptanz solcher Instrumente (z.B. Mitarbeiterbefragungen, Führungskräfteleitlinien und -trainings) führen.

Eine gut durchdachte und umgesetzte Gefährdungsbeurteilung ist so gesehen eine sinnvolle Investition in eine sowohl humane als auch ökonomisch sinnvolle Organisationsentwicklung.

## Literatur

Ahlers E, Brussig M (2004) Gesundheitsbelastungen und Prävention am Arbeitsplatz – WSI-Betriebsrätebefragung 2004. WSI-Mitteilungen 11/2004

BIT e.V./Universität Bielefeld, Fakultät für Gesundheitswissenschaften (2003) Machbarkeitsstudie Manager gesundheitlicher Ressourcen – Abschlussbericht –. Bochum/Bielefeld 2003

Bundesanstalt für Arbeitsschutz und Arbeitsmedizin (2005 ff.) Toolbox: Instrumente zur Erfassung psychischer Belastungen. http://www.baua.de/de/Informationen-fuer-die-Praxis/Handlungshilfen-und-Praxisbeispiele/Toolbox/Toolbox.html

Debitz U, Gruber H, Richter G (2004) Erkennen, Beurteilen und Verhüten von Fehlbeanspruchungen; 3. Aufl. Schriftenreihe „Psychische Gesundheit am Arbeitsplatz, Teil 2". InfoMediaVerlag e.K., Tharandt

DIN EN ISO 10075-1 und 2 Ergonomische Grundlagen bezüglich psychischer Arbeitsbelastung, Teil 1: Allgemeines und Begriffe; Teil 2: Gestaltungsgrundsätze

Faber U, Blume A (2001) „Recht im Arbeitsschutz", Balance – BIT-Schriften zur konsensorientierten Unternehmensführung, Themenheft 7. BIT e.V., Bochum

Gesetz über die Durchführung von Maßnahmen des Arbeitsschutzes zur Verbesserung der Sicherheit und des Gesundheitsschutzes der Beschäftigten bei der Arbeit (Arbeitsschutzgesetz – ArbSchG) vom 7. August 1996 (BGBl. I 1246)

IG Metall Projekt Gute Arbeit (2007) (Hrsg) Handbuch Gute Arbeit – Handlungshilfen und Materialien für die betriebliche Praxis. VSA-Verlag

Jürgen K, Blume A, Schleicher R, Szymanski H (1997) Arbeitsschutz durch Gefährdungsanalyse. Eine Orientierungshilfe zur Umsetzung eines zeitgemäßen Arbeitsumweltschutzes. edition sigma, Berlin

Resch M (2003) Analyse psychischer Belastungen. Verfahren und ihre Anwendung im Arbeits- und Gesundheitsschutz. Verlag Hans Huber, Bern et al.

Richter G, Friesenbichler H, Vanis M (2004) Psychische Belastungen – Checklisten für den Einstieg, Schriftenreihe „Psychische Gesundheit am Arbeitsplatz, Teil 4". InfoMediaVerlag e.K., Tharandt

Stork J (2008) Zusammenarbeit Arbeitsmedizin/Arbeitswissenschaft auf dem Feld „Arbeit und Gesundheit". In: Gesellschaft für Arbeitswissenschaft e.V.: Produkt- und Produktions-Ergonomie – Aufgabe für Entwickler und Planer. Bericht zum 54. Kongress der Gesellschaft für Arbeitswissenschaft vom 9.–11.4.2008 an der TU München. GfA-Press, Dortmund

Szymanski H (2006) Die alterssensible Gefährdungsbeurteilung – Basis für eine zeitgemäße Arbeitsgestaltung. REFA-Nachrichten 6/2006

# Arbeitsbewältigungsindex

Jürgen Tempel

VHH PVG Unternehmensgruppe
Betriebsärztlicher Dienst
Curslacker Neuer Deich 37
21029 Hamburg

> *Because men work we may speak of an
> economy not the other way round.
> Weil die Menschen arbeiten, können wir von
> einer Ökonomie sprechen, nicht umgekehrt.*
> (Robert Bolt 1960)

## Finanzblasen, Seifenblasen – Illusionen?

„Wir leben nicht, um zu arbeiten, sondern wir arbeiten, um zu leben. Diesen Satz müssen wir uns immer dann in Erinnerung bringen, wenn wir befürchten, von einer riesigen Welle beruflicher Anforderungen verschlungen zu werden. Mit dieser Ohnmacht ist niemandem geholfen oder gedient. Schon gar nicht der Arbeit." (Ender et al 2009). Das Redaktionsteam des Fachmagazins Sichere Arbeit nutzt die erste Ausgabe im neuen Jahr, um auf diesen grundlegenden Zusammenhang unmissverständlich hinzuweisen, und verweist auf die „Philosophie" der Ergonomie, der Arbeitsgestaltung: „Sie stellt den Menschen über die Arbeit und fordert die Anpassung der Arbeit an den Menschen."

Nun platzt im Augenblick eine Finanzblase nach der anderen mit verheerenden Folgen für die Menschen, die im Arbeitsleben stehen. Deren Hoffnungen auf erfolgreiche Umsetzung solcher Konzepte der Arbeitsgestaltung mögen manchen illusionär erscheinen, etwa wie die Ersetzung der Finanzblasen durch stabilere Seifenblasen, wenn das wirtschaftliche Überleben vordringlich wird. Aber gerade in solchen schwierigen Zeiten muss das betrieblichen Gesundheitsmanagement (BGM) das Unternehmen beraten, wie der Stand der arbeitswissenschaftlichen Erkenntnisse nach Maßgabe des Arbeitsschutzgesetzes (Kittner & Pieper 2006 S. 117–122) bei der Arbeitsgestaltung umgesetzt und eingehalten werden kann.

## Den demografischen Wandel kann man nicht ‚betuppen"

Denn wir befinden uns zurzeit wenigstens in zwei Prozessen, die scheinbar unabhängig voneinander ablaufen, deren Art der Bewältigung aber unmittelbaren Einfluss ausübt auf das Unternehmen. Um erfolgreich in die Zukunft zu gehen, benötigen die Unternehmen – gerade auch in Krisenzeiten – eine „gute Produktivität und Qualität der Arbeit", was je nach Branche oder Betrieb konkret zu definieren ist. Dieses gute Niveau ist mittel- und langfristig nicht zu halten, wenn das Unternehmen nicht auf „gute Lebensqualität und Wohlbefinden" seiner Mitarbeiter achtet (Ilmarinen 2006, Ilmarinen & Tempel 2002 S. 237). Denn mit steigendem Lebensalter verändern sich die physischen, psychischen und sozialen Fähigkeiten und Befindlichkeiten der Beschäftigten. Nicht nur die Arbeitsanforderung und die ökonomischen Rahmenbedingungen, sondern auch die alters- und alternsgerechte Arbeitsgestaltung gewinnen dabei fortlaufend an Bedeutung. Die Missachtung dieser Sachverhalte kann die Konkurrenz- und Zukunftsfähigkeit eines Unternehmens schwer beeinträchtigen. Strategien, die speziell auf eine Altersgruppe abzielen, wie z.B. die Jüngeren (bis 30 J., „Jugendzentriertheit"), und die anderen vernachlässigen oder diskriminieren, werden sich als wirkungslos oder schädlich erweisen. Zum Einstieg in die Thematik kann in Unternehmen jeglicher Größe der sogenannte Quick-Check durchgeführt werden (Richenhagen 2003, modifiziert).

**Tabelle 1** Wie zukunftsfähig ist die Arbeits- und Personalpolitik des Unternehmens im Hinblick auf den demografischen Wandel?

| Nr. | Fragestellung | Trifft eher zu | Trifft eher nicht zu |
|---|---|---|---|
| 1 | Die Zusammensetzung der Altersgruppen im Unternehmen ist bekannt und fließt in personalpolitische Entscheidungen ein. | | |
| 2 | Die Altersstruktur besteht zu gleichen Teilen aus jungen, mittelalten und älteren Mitarbeitern. | | |
| 3 | Die Arbeitstätigkeiten sind so gestaltet, dass Mitarbeiter diese bis zum 65. Lebensjahr (bis zur Regelrente) ausführen können. | | |
| 4 | Die Mitarbeiter werden aktiv bei der Gestaltung ihrer Arbeitsbedingungen beteiligt. | | |
| 5 | Es gelingt dem Unternehmen problemlos, den Bedarf an jungen Fachkräften auszubilden oder zu rekrutieren. | | |
| 6 | Alle Mitarbeiter – auch ältere – erhalten die Chance, sich zu qualifizieren und ihre Kompetenzen zu erweitern. | | |
| 7 | Der Wissensaustausch zwischen älteren, erfahrenen Mitarbeitern und dem Nachwuchs wird gezielt gefördert. | | |
| 8 | Allen Mitarbeitern wird im Unternehmen eine berufliche Entwicklungsperspektive geboten. | | |

„Wenn der Schwerpunkt der Antworten in der rechten Spalte liegt (,trifft eher nicht zu'), dann lohnt es sich, das Themenfeld ,Demografischer Wandel im Unternehmen' genauer unter die Lupe zu nehmen." (Richenhagen 2003 S. 8). Dazu benötigt das Unternehmen ein arbeitswissenschaftliches Erklärungsmodell, das theoretisch und empirisch ausreichend abgesichert ist, dessen wesentlichen Erkenntnisse reproduzierbar sind und das sich in der Praxis einschließlich der Evaluation der getroffenen Maßnahmen bewährt hat.

## Wissenschaftlich fundiert und praktisch erfolgreich: Das Modell zur „Förderung der Arbeitsfähigkeit"

Das finnische Konzept, das hier vorgestellt werden soll, basiert auf einer Verlaufsstudie über zwölf und mehr Jahre, an der über 6.000 Personen beteiligt waren, aus den verschiedensten Branchen mit sehr unterschiedlichen Arbeitsanforderungen (Ilmarinen & Tuomi 2004 S. 1–25, Ilmarinen 2006 S. 132–145). Grundsätzlich muss festgehalten werden, dass es auf der inhaltlich gleichberechtigten, sich gegenseitig anerkennenden und wertschätzenden Zusammenarbeit von Geschäftsführung und Vertretungsorganen (BR, PR, MV, Schwerbehindertenvertretung u.a.) und den verschiedenen arbeitswissenschaftlichen Fachdisziplinen beruht, die entweder im Unternehmen bereits vertreten sind (so zum Beispiel im Arbeitssicherheitsausschuss) oder durch externe Beratung (Ämter für Arbeitssicherheit, Berufsgenossenschaft, Dienstleister, Krankenkassen u.a.) ergänzt werden (Tempel et al 2005 S. 55–59).

Im Zentrum der Betrachtung steht dabei die Arbeitsfähigkeit oder Arbeitsbewältigungsfähigkeit (work ability) eines Menschen. Sie beschreibt sein Potenzial aus Stärken und Schwächen, das auf vier Komponenten beruht, die sowohl im Einzelfall als auch bei kollektiver Betrachtung auf Team- oder Abteilungsebene systematisch beachtet werden müssen. „Gesundheit" ist zwar ein erfreulicher Bestandteil von Arbeitsfähigkeit, aber sie kann Defizite in den drei anderen Bereichen nicht ausgleichen. Darüber hinaus wächst mit steigendem Alter der Anteil von Mitarbeitern/Mitarbeiterinnen, die zwar an Krankheiten leiden, aber dadurch in ihrer Arbeitsleistung sehr unterschiedlich beeinträchtigt sein können (s. Arbeitsbewältigungsindex, Item 4: Geschätzte Beeinträchtigung der Arbeitsleistung durch die Krankheiten).

### Zu 1.) Das Individuum mit seiner funktionellen Kapazität

Wenn die Menschen mit ihrer Arbeitsleistung die Grundlagen einer Wirtschaft bilden, dann sollen sie auch an der Spitze (des Modells) stehen: „Unsere Mitarbeiter und ihr Wissen sind unsere wichtigste Ressource. Auch deshalb ist uns die Gesundheit der Mitarbeiter wichtig und wir bieten ihnen eine umfangreiche Gesundheitsförderung." (aus dem Leitbild der VHH PVG Unternehmensgruppe 2005 S. 5). Ein hochmoderner Bus, ausgestattet mit neuester Technologie, kann nur dann erfolgreich im öffentlichen Personennahverkehr (ÖPNV) eingesetzt werden, wenn der Fahrer ihn mit Umsicht und Sorgfalt pünktlich und unfallfrei durch den wachsenden Verkehr fährt. Dafür benötigen die Fahrerinnen und Fahrer all ihre physischen, psychisch-geistigen und sozialen Fähigkeiten. Und sie leisten das mit Erfolg, denn je älter sie werden, desto weniger verschuldete und unverschuldete Unfälle sind bei ihnen zu verzeichnen (Ell 1995 S. 160–170).

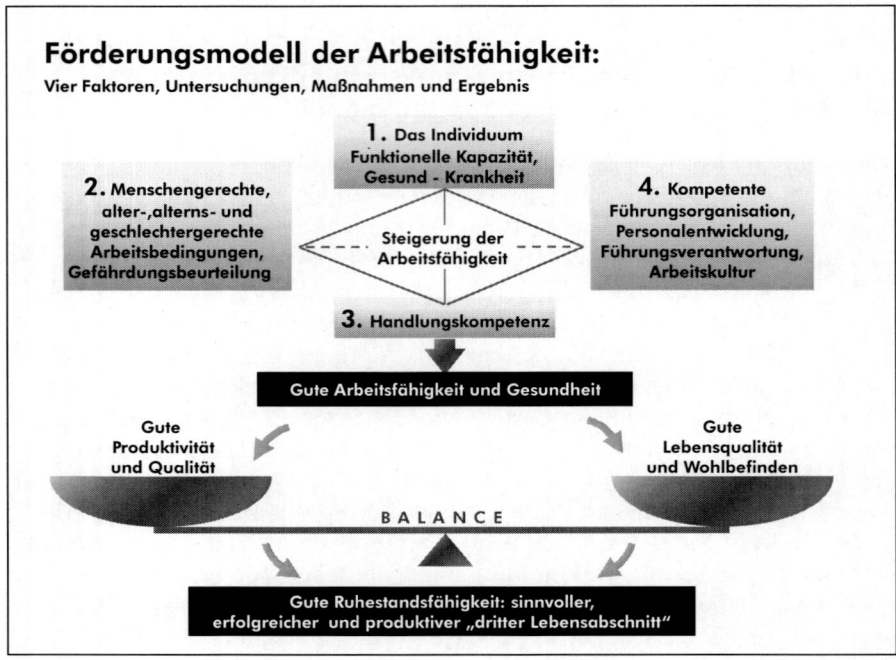

**Abbildung 1** Das Konzept zur Förderung der Arbeitsfähigkeit(nach Ilmarinen 1999, Ilmarinen & Tuomi 2004, Tempel et al 2005)

Der Begriff der funktionellen Kapazität beschreibt das Potenzial eines Menschen, seine Stärken und Schwächen, in einem bestimmten Gleichgewicht von körperlicher Verfassung, mentalem Befinden und sozialer Kompetenz im Arbeitsleben auf die verschiedenen Anforderungen zu reagieren. Das Modell propagiert ein bio-psycho-soziales Menschenbild (Uexküll & Wesiak 1991), in dem die verschiedenen Fähigkeiten und Funktionen sich gegenseitig kompensieren und stärken, aber auch schwächen können. Das hängt nicht nur vom Individuum mit seinen inneren Ressourcen ab, sondern auch von dessen unmittelbarer Arbeits- und Lebensumgebung, den äußeren Ressourcen (Frankenhaeuser 1991 aus Geißler et al 2003). Ein modernes BGM propagiert ein solches komplexes und differenziertes Menschenbild und widerspricht damit einer eindimensionalen Betrachtung, die Menschen überwiegend als Träger von Risiken wie Übergewicht, Rauchen, Cholesterinerhöhung und Bewegungsarmut einstuft.

## Zu 2.) Menschengerechte, alters-, alterns- und geschlechtergerechte Arbeitsbedingungen, Gefährdungsbeurteilung

Hier muss unmissverständlich festgehalten werden, dass ein BGM der Anwendung des Förderkonzeptes und des Arbeitsbewältigungsindex (s.u.) nicht zustimmen sollte, wenn das Unternehmen seine Hausaufgaben nach dem Arbeitsschutzgesetz nicht übernehmen will: Das ist vor allen Dingen die Durchführung der Gefährdungsanalyse inklusive der psychischen Gefährdungsbeurteilung. Den Vertretungsorganen wird empfohlen, ein solches Vorgehen im Rahmen der Mitbestimmung abzulehnen und im Zweifelsfall dagegen Rechtsmittel einzulegen, denn die Bewertung der Arbeitsanforderung beschreibt eine der wichtigsten externen Belastungen oder Ressourcen, auf die die Betroffenen stoßen können.

## Zu 3.) Handlungskompetenz

Jüngere Beschäftigte verfügen über Ausbildungswissen, das sie im Verlaufe ihres Arbeitslebens schrittweise mit Erfahrungswissen und Sozialkompetenz ergänzen. Frage 6 aus dem Quick-Check (Alle Mitarbeiter – auch ältere – erhalten die Chance, sich zu qualifizieren und ihre Kompetenzen zu erweitern.) gibt Hinweise auf betriebliche – offene oder versteckte – Diskriminierungstendenzen, wenn die Älteren bei der Vergabe der Weiterbildung anteilmäßig unterrepräsentiert sind. Es können aber auch Rückzugstendenzen bei den älteren Beschäftigten bestehen, die versuchen, sich in einer „Nische" zu verstecken, die ihnen dann zur „Spezialisierungsfalle" (Wolff et al 2001 S. 220 f.) gerät. Abbildung 2 zeigt die Zusammenhänge auf:

Im Mittelpunkt steht der Begriff der Erfahrung. Im Arbeitsleben kann diese sehr gut das Nachlassen grundlegender kognitiver Leistungen ausgleichen oder mildern. Aber der funktionelle Zusammenhang zwischen Erfahrung und Arbeitsleistung ist schwächer (punktierte Linie) als die positive Auswirkung von kognitiven Leistungen, die auch beim älteren Mitarbeiter weiter gefördert werden (durchgezogene Linie). Und hier lauert dann die Spezialisierungsfalle, wenn das Unternehmen sich auf die „arbeitsplatzbezogene Qualifizierung" beschränkt, „die jedoch immer weniger ausreicht", und der einzelne Mitarbeiter sich unter Berufung auf sein spezielles Erfahrungswissen aus dem Lernprozess zurückzieht: „Bei einseitiger Spezialisierung stehen dem Qualifizierungsgewinn am Arbeitsplatz und im Spezialgebiet sehr leicht Qualifikationsverluste in anderen Bereich gegenüber." (Wolff et al 2001 ebd.). Vermeidung oder Verweigerung von Weiterbildung bedeutet zugleich ein erhebliches Krankheitsrisiko, weil dadurch die inneren wie äußeren Ressourcen eines Mitarbeiters erheblich eingeschränkt werden können (Fallbeispiel in Ilmarinen & Tempel 2002 S. 64 f.).

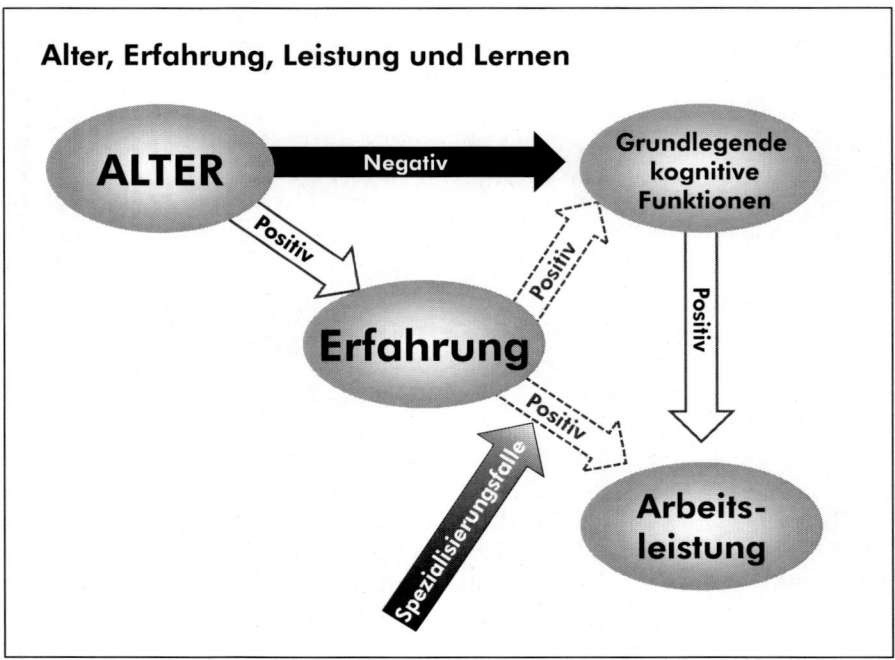

**Abbildung 2** Alter, Erfahrung, Leistung und Lernen (mod. nach: Salthouse 1997, Ilmarinen 1999, Ilmarinen & Tempel 2002 S. 208 f.)

### Zu 4.) Kompetente Führungsorganisation, Personalentwicklung, Führungsverantwortung, Arbeitskultur

Die Führungskraft hat den höchsten positiven oder negativen Einfluss auf die Arbeitsfähigkeit. Das ist eines der zentralen finnischen Forschungsergebnisse, das in vielfältiger Weise bestätigt wird (Ilmarinen 2006, Ilmarinen & Tempel 2002 S. 245 f.). Statistisch gesehen ist gutes Führungsverhalten und gute Arbeit von Vorgesetzten der einzige hochsignifikante Faktor, für den eine Verbesserung der Arbeitsfähigkeit zwischen dem 51. und 62. Lebensjahr nachgewiesen wurde (ebd.).

Dabei geht es vor allen Dingen um das Verhalten des unmittelbaren Vorgesetzten, der täglich mit den einzelnen Mitarbeitern in Kontakt steht. Es reicht aber nicht aus, diesen Befund den Betroffenen mitzuteilen. Es müssen vielmehr Wege aufgezeigt werden, wie sie diese Möglichkeiten in der Praxis erfolgreich umsetzen können. Weiterführende Literatur findet sich bei Ilmarinen (1999) und Ilmarinen & Tempel (2002) und mit neusten Erfahrungen aus Finnland in englischer Sprache bei Ilmarinen (2006). Bökenheide beschreibt Erfahrungen aus dem ÖPNV, die wir als Betriebsärzte bei der Hamburger VHH PVG UG beobachten und begleiten können (Geißler et al 2003 und mit ersten Erfahrungsberichten und Weiterentwicklungen Geißler et al 2007). Entscheidend ist, dass mit der Entwicklung des Anerkennenden Erfahrungsaustausches (AE) ein gangbarer Weg aufgezeigt wird, die Führungskräfte in der Praxis zu unterstützen.

Dieses arbeitswissenschaftliche Verständnis von der Arbeitsfähigkeit der Mitarbeiter/-innen kann eine der theoretischen und praktischen Grundlagen bilden für ein BGM, das dem Unternehmen helfen will, den demografischen Wandel für den eigenen Vorteil und bessere Zukunftschancen zu nutzen. Damit sind zugleich die Voraussetzungen erfüllt, den Arbeitsbewältigungsindex/ Work Ability Index einzusetzen. Umgekehrt geht es nicht und dies ist auch fachlich (und ethisch) nicht zu vertreten.

## Der Balance ein Maß geben

Unternehmen lehnen die Diskussion über theoretische Modelle, Menschenbilder und zukunftsfähige Konzepte nicht ab, aber sie bevorzugen dann doch in der Praxis eine Maßzahl, an der sie sich orientieren können. Deshalb wurde im Rahmen dieser Forschung der Arbeitsbewältigungsindex (ABI, auch Work Ability Index WAI) entwickelt, mit dessen Hilfe die aktuelle Situation (Ist-Analyse) erfasst und die Auswirkung (Evaluation) von umgesetzten Maßnahmen beschrieben werden kann (Tuomi et al 1998, deutsch: Hasselhorn & Freude 2007).

**Tabelle 2** Die sieben Dimensionen des Arbeitsbewältigungsindex

| 1 | Derzeitige Arbeitsfähigkeit im Vergleich zu der besten je erreichten Arbeitsfähigkeit |
|---|---|
| | Wenn Sie Ihre beste je erreichte Arbeitsfähigkeit mit 10 Punkten bewerten: Wie viele Punkte würden Sie dann für Ihre derzeitige Arbeitsfähigkeit geben (0 bedeutet, dass Sie derzeit arbeitsunfähig sind)? |
| | 0  1  2  3  4  5  6  7  8  9  10 |
| | ☐  ☐  ☐  ☐  ☐  ☐  ☐  ☐  ☐  ☐  ☐ |
| | Völlig arbeitsunfähig                                    Derzeit die beste Arbeitsfähigkeit |

| 2 | Arbeitsfähigkeit in Bezug auf die Anforderungen der Arbeit |
|---|---|
| | Wie schätzen Sie Ihre derzeitige Arbeitsfähigkeit in Bezug auf die körperlichen Anforderungen ein? |
| | sehr gut — ☐$_5$ |
| | eher gut — ☐$_4$ |
| | mittelmäßig — ☐$_3$ |
| | eher schlecht — ☐$_2$ |
| | sehr schlecht — ☐$_1$ |
| | **Fortsetzung Punkt 2 nächste Seite** |

| **Fortsetzung Punkt 2 Arbeitsfähigkeit in Bezug auf die Anforderungen der Arbeit** | | | |
|---|---|---|---|
| Wie schätzen Sie Ihre derzeitige Arbeitsfähigkeit in Bezug auf die psychischen Arbeitsanforderungen ein? | | | |
| sehr gut | | | $\square_5$ |
| eher gut | | | $\square_4$ |
| mittelmäßig | | | $\square_3$ |
| eher schlecht | | | $\square_2$ |
| sehr schlecht | | | $\square_1$ |
| **3** | **Anzahl der aktuellen vom Arzt diagnostizierten Krankheiten** | | | |
| | Kreuzen Sie in der folgenden Liste Ihre Krankheiten oder Verletzungen an. Geben Sie bitte auch an, ob ein Arzt diese Krankheiten diagnostiziert oder behandelt hat. | | | |
| | | eigene Diagnose | Diagnose vom Arzt | liegt nicht vor |
| 1 | Unfallverletzungen (z.B. des Rückens, der Glieder, Verbrennungen) | $\square_2$ | $\square_1$ | $\square_0$ |
| 2 | Erkrankungen des Muskel-Skelett-Systems von Rücken, Gliedern oder anderen Körperteilen (z.B. wiederholte Schmerzen in Gelenken oder Muskeln, Ischias, Rheuma, Wirbelsäulenerkrankungen) | $\square_2$ | $\square_1$ | $\square_0$ |
| 3 | Herz-Kreislauf-Erkrankungen (z.B. Bluthochdruck, Herzkrankheit, Herzinfarkt) | $\square_2$ | $\square_1$ | $\square_0$ |
| 4 | Atemwegserkrankungen (z.B. wiederholte Atemwegsinfektionen, chronische Bronchitis, Bronchialasthma) | $\square_2$ | $\square_1$ | $\square_0$ |
| 5 | Psychische Beeinträchtigungen (z.B. Depressionen, Angstzustände, chronische Schlaflosigkeit, psychovegetatives Erschöpfungssyndrom) | $\square_2$ | $\square_1$ | $\square_0$ |
| 6 | Neurologische und sensorische Erkrankungen (z.B. Tinnitus, Hörschäden, Augenerkrankungen, Migräne, Epilepsie) | $\square_2$ | $\square_1$ | $\square_0$ |
| 7 | Erkrankungen des Verdauungssystems (z.B. der Gallenblase, Leber, Bauchspeicheldrüse, Darm) | $\square_2$ | $\square_1$ | $\square_0$ |
| 8 | Erkrankungen im Urogenitaltrakt (z.B. Harnwegsinfektionen, gynäkologische Erkrankungen) | $\square_2$ | $\square_1$ | $\square_0$ |
| 9 | Hautkrankheiten (z.B. allergischer Hautausschlag, Ekzem) | $\square_2$ | $\square_1$ | $\square_0$ |
| 10 | Tumoren/Krebs | $\square_2$ | $\square_1$ | $\square_0$ |
| 11 | Hormon-/Stoffwechselerkrankungen (z.B. Diabetes, Fettleibigkeit, Schilddrüsenprobleme) | $\square_2$ | $\square_1$ | $\square_0$ |
| 12 | Krankheiten des Blutes (z.B. Anämie) | $\square_2$ | $\square_1$ | $\square_0$ |
| 13 | Angeborene Leiden/Erkrankungen | $\square_2$ | $\square_1$ | $\square_0$ |
| 14 | Andere Leiden oder Krankheiten: Welche? _____ (bitte eintragen) | $\square_2$ | $\square_1$ | $\square_0$ |

| 4 | **Geschätzte Beeinträchtigung der Arbeitsleistung durch die Krankheiten** |  |
|---|---|---|
| | Behindert Sie derzeit eine Erkrankung oder Verletzung bei der Ausübung Ihrer Arbeit? Falls nötig, kreuzen Sie bitte mehr als eine Antwortmöglichkeit an. | |
| | Keine Beeinträchtigung. Ich habe keine Erkrankung. | $\square_6$ |
| | Ich kann meine Arbeit ausführen, aber sie verursacht mir Beschwerden. | $\square_5$ |
| | Ich bin manchmal gezwungen langsamer zu arbeiten oder meine Arbeitsmethoden zu ändern. | $\square_4$ |
| | Ich bin oft gezwungen, langsamer zu arbeiten oder meine Arbeitsmethoden zu ändern. | $\square_3$ |
| | Wegen meiner Krankheit bin ich nur in der Lage, Teilzeitarbeit zu verrichten. | $\square_2$ |
| | Meiner Meinung nach bin ich völlig arbeitsunfähig. | $\square_1$ |
| 5 | **Krankenstand im vergangenen Jahr (in den letzten 12 Monaten)** | |
| | Wie viele ganze Tage blieben Sie aufgrund eines gesundheitlichen Problems (Krankheit, Gesundheitsvorsorge oder Untersuchung) im letzten Jahr (12 Monate) der Arbeit fern? | |
| | überhaupt keinen | $\square_5$ |
| | höchstens 9 Tage | $\square_4$ |
| | 10–24 Tage | $\square_3$ |
| | 25–99 Tage | $\square_2$ |
| | 100–365 Tage | $\square_1$ |
| 6 | **Einschätzung der eigenen Arbeitsfähigkeit in zwei Jahren** | |
| | Glauben Sie, dass Sie, ausgehend von Ihrem jetzigen Gesundheitszustand, Ihre derzeitige Arbeit auch in den nächsten zwei Jahren ausüben können? | |
| | unwahrscheinlich | $\square_1$ |
| | nicht sicher | $\square_4$ |
| | ziemlich sicher | $\square_7$ |
| 7 | **Allgemeine psychische Leistungsreserven** | |
| | Haben Sie in der letzten Zeit Ihre täglichen Aufgaben mit Freude erledigt? | |
| | häufig | $\square_4$ |
| | eher häufig | $\square_3$ |
| | manchmal | $\square_2$ |
| | eher selten | $\square_1$ |
| | niemals | $\square_0$ |
| | Waren Sie in letzter Zeit aktiv und rege? | |
| | immer | $\square_4$ |
| | eher häufig | $\square_3$ |
| | manchmal | $\square_2$ |
| | eher selten | $\square_1$ |
| | niemals | $\square_0$ |
| | Waren Sie in der letzten Zeit zuversichtlich, was die Zukunft betrifft | |
| | ständig | $\square_4$ |
| | eher häufig | $\square_3$ |
| | manchmal | $\square_2$ |
| | eher selten | $\square_1$ |
| | niemals | $\square_0$ |

In diesen Fragen nehmen die Probanden eine Selbsteinschätzung vor und beschreiben ihre subjektive Sicht der Dinge. Sie reagieren oftmals mit Erstaunen, aber auch Neugierde, was das denn wohl bedeuten könne. Bei über 700 Befragungen im Unternehmen seit 2002 haben wir bisher etwa zehn Mitarbeiter gehabt, die ihre Teilnahme grundsätzlich abgelehnt haben, und keinen Abbruch eines Gesprächs wegen des Inhaltes der Fragen. Soweit es sich bei dem Anlass für einen solchen ABI-Dialog um eine Führerscheinuntersuchung bei den Busfahrern/Busfahrerinnen handelt (oder allgemein um eine vorgeschriebene Untersuchung), soll diese abgeschlossen sein und die Papiere wurden übergeben, damit keine Drucksituation bezüglich der Teilnahme entsteht und die Mitarbeiter sich frei entscheiden können. Unternehmen und Betriebsrat der VHH PVG UG unterstützen, dass wir die „ABI-Interviews" als Dialog mit den Mitarbeitern führen. Das Unternehmen bezahlt uns 30 Minuten/Untersuchung, damit wir in Ruhe miteinander reden können. Dabei wirkt die Dimension 1 als „Türöffner", mit dessen Hilfe der Interviewpartner die Aufmerksamkeit auf sich selbst richtet und dadurch besser an dem Dialog teilnehmen kann.

Abschließend werden die Punkte ausgewertet nach einem bestimmten Schema (Hasselhorn & Freude 2007 S. 27 f.) und das Ergebnis wird den Mitarbeitern als „Balance-Wert" mitgeteilt. Es gibt keinen Mitarbeiter mit einem „schlechten ABI"! Sie sollen den Begriff der Balance nachvollziehen und dann das Ergebnis auf Plausibilität überprüfen und kommentieren. Daraus ergeben sich dann Möglichkeiten, Handlungsschwerpunkte herauszufinden, immer mit dem Ziel, dass die Betroffenen möglichst selber entscheiden, welchen Weg sie gehen wollen oder können (Tempel 2004).

**Tabelle 3** Arbeitsbewältigungsindex nach Punktwerten und Kategorien

| Ergebnisse/mögliche Punkte | | Erreichte Punkte |
|---|---|---|
| 1. derzeitige AF im Vergleich/0–10 | | |
| 2. derzeitige Bewältigung der Anforderungen/2–10 | | |
| 3. aktuelle Krankheiten/1–7 | | |
| 4. geschätzte Beeinträchtigung durch die Krankheiten/1–6 | | |
| 5. Krankenstandstage der letzten 12 Monate/1–5 | | |
| 6. eigene Arbeitsfähigkeit in den nächsten zwei Jahren/1, 4, 7 | | |
| 7. psych. Einstellung und Befindlichkeit/1–4 | | |
| Punkte insgesamt = ABI-Index/7–49 | | |
| **Einstufung** | | |
| 44–49 P. | Sehr gut | Erhaltung der Arbeitsfähigkeit |
| 37–43 P. | Gut | Förderung der Arbeitsfähigkeit |
| 28–36 P. | Mäßig | Verbesserung der Arbeitsfähigkeit |
| 07–27 P. | Schlecht | Wiederherstellung der Arbeitsfähigkeit |

Was kann man damit erfassen? Der ABI beschreibt die Arbeitsbewältigungsfähigkeit eines Menschen als Balance zwischen der vom Unternehmen gestellten Arbeitsanforderung und dem Potenzial der Individuen oder eines definierten Kollektivs (Team, Abteilung u.a.). Mit Hilfe des Arbeitsfähigkeitskonzeptes und seinen vier Komponenten der Arbeitsfähigkeit ist dann zu klären, worauf eine „sehr gute" oder „gute" Einstufung bzw. eine „mäßige" oder „schlechte" beruht. Jede Kategorie erfordert ihr eigenes Vorgehen und es kristallisieren sich immer stärker zwei Fragen heraus:
- Was möchten Sie tun, um ihre Arbeitsfähigkeit wiederherzustellen, zu erhalten oder zu verbessern?
- Und was kann das Unternehmen in diesem Sinne tun?

Bei der VHH PVG LG finden wir z.B. eine gut ausgewogene Balance (ABI-Mittelwert bei 43 P.) bei einem Durchschnittsalter von fast 50 Lebensjahren. Hier werden Daten seit 2002 erhoben, es liegen aber nur wenige Längsschnittergebnisse vor. Aufgrund dieses guten Befundes sprechen wir von „Schatzpflege", wissen aber, dass die wichtigsten Veränderungen erst in den nächsten Jahren kommen werden, wenn das Durchschnittsalter 55 Jahre erreicht. Gestützt auf erfolgreich etabliertes BGM, das Fördermodell der Arbeitsfähigkeit und die Umsetzung des AE kann das Unternehmen sich auf die weitere Entwicklung vorbereiten (Tempel & Schramm 2009 S. 195).

Außerdem hat der Arbeitsbewältigungsindex eine hohe Vorhersagekraft bezüglich eingeschränkter oder drohender Erwerbsunfähigkeit (ABI-Index 28–36 oder 7–27 Punkte). Das waren Ende 2008 ca. 160 Mitarbeiter/-innen, bei denen das Arbeiten bis zur Regelrente gefährdet erscheint.

Die Broschüre der Bundesanstalt für Arbeitsschutz und Arbeitsmedizin „Why WAI?" gibt einen Überblick über die ersten Erfahrungen, die mit Querschnittserhebungen in sehr unterschiedlichen Branchen und Unternehmen gewonnen wurden (BAuA 2007). Sie kann auch über das WAI-Netzwerk heruntergeladen werden. Entscheidend sind aber die Verlaufsbeobachtung und die Gewinnung von Längsschnittsdaten in den nächsten Jahren (Aufbau einer Betriebsepidemiologie).

## Ressourcen und Belastungen – Stärken und Schwächen

Da der Arbeitsbewältigungsindex nur aufzeigen kann, wie es um die Balance zwischen Arbeitsanforderung und Potenzial der Mitarbeiter bestellt ist, benötigen wir weitere Informationen, die uns helfen, das Ergebnis zu verstehen. Das Instrument erfasst die subjektive Sicht, die Beanspruchung eines Mitarbeiters durch eine bestimmte Arbeitsanforderung, eine Belastung. „Die gleiche Belastung kann individuell unterschiedliche Beanspruchung bewirken. So reagiert eine Person auf Zeitdruck mit Kopfschmerzen und Schlaflosigkeit, eine andere spürt keinerlei Beeinträchtigungen. Die Ursache hierfür liegt darin, dass der Zusammenhang zwischen Belastung und Beanspruchung von Ressourcen beeinflusst wird." (Prümper 2008 S. 21 f.).

Diese Ressourcen werden geprägt durch biologische, psychische und soziale Eigenarten eines Menschen (funktionelle Kapazität), zugleich bildet die Gestaltung der Arbeitsanforderung eine entscheidende äußere Ressource wie z.B. Handlungsspielraum oder Führungsstil.

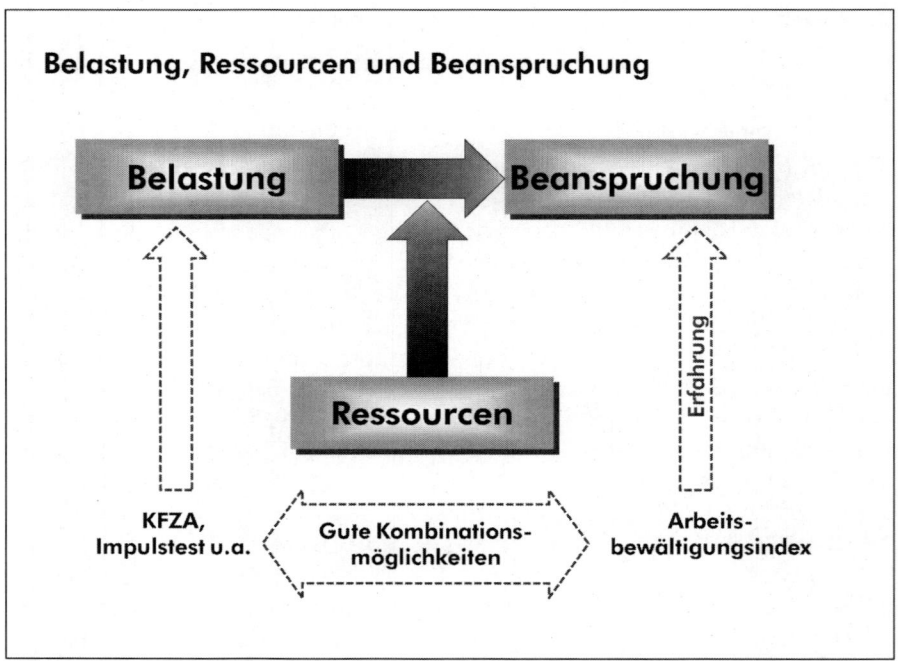

**Abbildung 3** Schematische Darstellung des Zusammenwirkens von Belastung und Ressourcen auf die Beanspruchung (Prümper 2008)

Der ABI muss also mit standardisierten oder betriebsspezifischen Zusatzfragen kombiniert werden. Darüber hinaus ist zu klären, mit welchen fundierten Erhebungsinstrumenten die Belastungen und Ressourcen der Arbeitsgestaltung erfasst werden, damit deren Auswirkungen auf die Arbeitsbewältigungsfähigkeit der Beschäftigten dem Unternehmen beschrieben werden können. Erste Erfahrungen mit der Kombination des Arbeitsbewältigungsindex mit dem „Kurz-Fragebogen zur Arbeitsanalyse" (Prümper et al 1995) liegen bereits vor (Eggerdinger 2002). Gegenwärtig wird ein Projekt in Nordrhein-Westfalen (2009) abgeschlossen, in dem die Kombination beider Instrumente als Vorteil im BGM systematisch beschrieben wird (www.Hawai4u.de).

## Voraussetzungen für die Anwendung im Betrieb

- Das Arbeitsfähigkeitskonzept soll die theoretische und praktische Grundlage eines betrieblichen Dialogs bilden.
- Es muss zunächst vorgestellt, erörtert und schrittweise in den Köpfen – und Herzen – der Führungskräfte, der Vertretungsorgane, der Fachvertreter wie Betriebsarzt und Sicherheitsfachkraft und der Mitarbeiter/-innen „versenkt" werden.
- Alle Beteiligten sollten sich dafür genügend Zeit nehmen, um die Qualität des Dialoges zu sichern.
- Dafür benötigt das Unternehmen eine Steuerungsgruppe, die diesen Prozess inhaltlich vorbereitet, organisatorisch trägt und über finanzielle Mittel verfügt, um ihn praktisch durchzuführen.
- Wenn irgendwie möglich, soll dieser Prozess durch Betriebsvereinbarungen und/oder Regelabsprachen abgesichert werden.
- Hilfreich sind die „Grundsätze des Einsatzes des WAI im Unternehmen" (Hasselhorn & Freude 2007 S. 32) und die umfassenden Informationen, die vom WAI-Netzwerk (www.arbeitsfaehigkeit.net) bereitgestellt werden.
- Ausgangspunkt aller Entwicklung ist die Analyse der Ist-Situation, die mit einer Kombination aus Arbeitsbewältigungsindex (Beanspruchung), Zusatzfragen und z.B. KFZA (Belastungen/Ressourcen) durchgeführt werden kann.
- Alle Regeln des Datenschutzes sind anzuwenden und einzuhalten.
- Bewertungsgrundlage sind die vier Komponenten der Arbeitsfähigkeit. Die Steuerungsgruppe, das BGM, achten darauf, dass diese Sichtweise immer wieder in der Praxis zur Anwendung kommt.
- Ziel aller Maßnahmen ist die nachhaltige Balance zwischen „guter Produktivität und Qualität" der Arbeit und „Wohlbefinden und guter Lebensqualität" für die Mitarbeiter.
- Diese Balance benötigt die Beteiligung der Mitarbeiter an diesem Prozess, die gemeinsame Überprüfung der Ergebnisse auf Plausibilität und die Einarbeitung der Vorschläge der Beschäftigten in den Maßnahmen- und Förderkatalog.

## Literatur

BAuA (2007) (Hrsg) Why WAI? Der Work Ability Index im Einsatz für Arbeitsfähigkeit und Prävention – Erfahrungsberichte aus der Praxis. Lausitzer Druck und Verlagshaus, Lausitz

Bolt R (1990) A Man For All seasons. Vintage International, New York

Eggerdinger C (2002) Der Einfluss der Arbeitssituation auf das Ernährungsverhalten. In: Korczak D, Klotzhuber S, Tempel J, Eggerdinger C, Schallenmüller G Ernährungszustand von Nachtschichtarbeitern. Wirtschaftsverlag NW, Bremerhaven

Ell W (1995) Arbeitszeitverkürzung zur Belastungsreduzierung älterer Arbeitnehmer im öffentlichen Personennahverkehr – 10 Jahre Erfahrung aus den Interventionsmaßnahmen in den Verkehrsbetrieben in Nürnberg. In: Karazman R, Kloimüller I, Winker N (Hrsg) Alt, erfahren und gesund – Betriebliche Gesundheitsförderung für älterwerdende Arbeitnehmer. Verlag für Gesundheitsförderung G. Conrad, Gamburg, S 160–170

Ender R, Friedl W et al (2009) Arbeiten, um zu leben. Sichere Arbeit – Internationales Fachmagazin für Prävention in der Arbeitwelt. Allgemeine Unfallversicherungsanstalt AUVA. 1, Wien

Geißler H, Bökenheide T et al (2003) Der Anerkennende Erfahrungsaustausch – Das neue Instrument für die Führung. Campus, Frankfurt/New York

Geißler H, Bökenheide T et al (2007) Faktor Anerkennung. Betrieblichen Erfahrungen mit wertschätzenden Dialogen. Campus, Frankfurt/New York

Hasselhorn HM, Freude G (2007) Der Work Ability Index – ein Leitfaden. Wirtschaftsverlag NW, Bremerhaven

Ilmarinen J (1997) Eleven-year-follow-up of aging workers. Scand J Work Environ 23 suppl. 1

Ilmarinen J (1999) Ageing Workers in the European Union – Status and promotion of work ability, employability and employment. Helsinki, Finnish Institute of Occupational Health, Ministry of Social Affairs and Health, Ministry of Labour

Ilmarinen J (2006) Towards a longer worklife! Ageing and the quality of worklife in the European Union. Gummerus Kirjapaino Oy, Jyväskylä

Ilmarinen J, Tempel J (2002) Arbeitsfähigkeit 2010 – Was können wir tun, damit Sie gesund bleiben? VSA-Verlag (vergriffen, Neuauflage in 2009)

Ilmarinen J, Tuomi K (2004) Past, present and future of work ability. Proceedings of the 1st international symposium on work ability – Past, Present and Future of Work Ability. J. Ilmarinen and S. Lehtinen. Helsinki, FIOH. 65

Kittner M, Pieper R (2006) Arbeitsschutzgesetz, Arbeitssicherheitsgesetz und andere Arbeitsschutzvorschriften. Bund-Verlag, Frankfurt am Main

Prümper J (2008) Arbeitstätigkeit.In. Martin P,. Prümper J, Harten G v: Ergonomieprüfer. Bund-Verlag GmbH, Frankfurt am Main, S 19–54

Prümper J, Hartmannsgruber K et al (1995) „KFZA – Kurz-Fragebogen zur Arbeitsanalyse". Zeitschrift für Arbeits- und Organisationspsychologie 39:125–132

Richenhagen G (2003) „Länger gesünder arbeiten – Handlungsmöglichkeiten für Unternehmen im demografischen Wandel". www.gesuender-arbeiten.de

Salthouse TA (1997) Implications of adult age differences in cognition for work performance. In: Kilbom Å et al (eds) Work after 45? Arbete och hälsa 29, Volume I. Arbetslivinstitutet, Solna, pp 15-28

Tempel J (2004) Routines, possibilities and advantages: The work ability index (WAI) is a useful instrument in the everyday work of the occupational health service (OHS). In: Johansson CR, Frevel A, Geißler-Gruber B, Strina G Applied participation and empowerment at work – methods, tools and case study, Studentlitteratur, Lund, S 129–138

Tempel J, Giesert M et al (2005) Arbeitsfähigkeit 2010: Von 16 bis 65 in einem Unternehmen! Abschlussbericht zum ABI-NRW-Projekt. Düsseldorf, anfordern bei: IQ-Consult gGmbH, www.abi-nrw.de

Tempel J, Schramm J (2009) Discovering the treasure: The use of the work ability concept and the WAI in a bus company within a workplace health promotion process. Promotion of work ability towards productive aging – Selected papers of the 3rd. international symposium on work ability, Hanoi, Vietnam, 22–24 October 2007. M. Kumashiro, CRC Press, Taylor & Francis Group, Leiden, The Netherlands

Tuomi K, Ilmarinen J et al (1998) Work ability index. K-Print Oy Vantaa, Helsinki, Finland

v. Uexküll T, Wesiak W (1991) Theorie der Humanmedizin. Grundlagen ärztlichen Denkens und Handelns. Urban & Schwarzenberg, München u.a.

Wolff H, Spiess K et al (2001) Arbeit – Altern – Innovation. Universum Verlagsanstalt, Wiesbaden

# Arbeitsunfähigkeitsanalysen

Wolfgang Bödeker

BKK Bundesverband
Initiative Gesundheit & Arbeit (IGA)
Kronprinzenstr. 6
45128 Essen

## Zusammenfassung

Die Fehlzeitenanalyse mit Arbeitsunfähigkeitsdaten (AU-Daten) der Krankenkassen hat sich zu einem Standardinstrument für das Erkennen von arbeitsbedingten Gesundheitsgefahren entwickelt. Die mit Hilfe der Gesundheitsberichte gewonnenen Hinweise auf Zusammenhänge zwischen Erkrankungen und Arbeitsbedingungen sind oft die Handlungsgrundlage der Unternehmen, Krankenkassen und Unfallversicherungsträger für die betriebliche Gesundheitsförderung und den Arbeitsschutz.

Allerdings sind die Ergebnisse der Gesundheitsberichte auch geprägt durch die jeweiligen Versichertenstrukturen in den Kassen. Darüber hinaus liegen nicht für alle Versichertengruppen AU-Daten vor, und Arbeitsunfähigkeit bildet nur einen Teil des Krankheitsgeschehens ab. Die Fehlzeitenanalyse mit Arbeitsunfähigkeitsdaten der Krankenkassen sollte also mit einer klaren Zielsetzung erfolgen und sich an den Empfehlungen zur Guten Praxis in der Sekundärdatenanalyse orientieren.

## Zielsetzung und Bedeutung der Fehlzeitenanalyse

Fehlzeiten in Betrieben können durch eine Reihe von Anlässen entstehen. Viele hiervon sind Gegenstand von betrieblichen oder tariflichen Regelungen. Abwesenheiten aufgrund von Behördenbesuchen, Todesfällen, Umzügen etc. treten daher in der Regel als relativ seltene Ausnahmen auf und sind quantitativ gut absehbar. Häufiger und schlechter absehbar sind dagegen Fehlzeiten, die durch Krankheiten und Gesundheitsprobleme verursacht werden.

Unternehmen sind über die Fehlzeiten der Belegschaften gut informiert, da der Abwesenheit in der Regel eine Ankündigung durch die Arbeitnehmer vorausgeht und die Häufigkeiten und Anlässe bei den für Personalfragen zuständigen Einrichtungen dokumentiert werden. Da Fehlzeiten stets Auswirkungen auf den Betrieb haben, ist die Analyse des Fehlzeitengeschehens ein verbreitetes Vorgehen in Unternehmen, mit dem zweierlei Ziele verfolgt werden können. Einerseits kann betrachtet werden, in welchem Maße Fehlzeiten die Betriebsabläufe beeinflussen. Andererseits kann auch die entgegengesetzte Blickrichtung eingenommen werden. Es wird dann untersucht, ob Einflüsse der Arbeit auf die Häufigkeit von Fehlzeiten, insbesondere von krankheitsbedingten Abwesenheiten, bestehen. In diesem Fall ist ein Rückgriff auf die Personaldaten des Unternehmens nicht ausreichend, da von Interesse ist, aufgrund welcher Krankheiten die Fehlzeiten entstehen. Für diese Analysen wird auf die Arbeitsunfähigkeitsdaten (AU-Daten) der Krankenkassen zurückgegriffen, da diese im Gegensatz zu den Unternehmensdaten auch Informationen über die der Arbeitsunfähigkeit zugrunde liegende Erkrankung enthalten. Die Ergebnisse der Auswertungen der AU-Daten werden dann in sogenannten Gesundheitsberichten zusammengestellt.

Gesundheitsberichte mit AU-Daten werden von vielen Institutionen erstellt, wobei verschiedene Berichtsarten zu unterscheiden sind (Bödeker 2005). Das Spektrum reicht von betrieblichen Gesundheitsberichten, in denen Vergleiche zwischen Unternehmensteilen angestellt werden, über branchenbezogene Gesundheitsberichte, in denen vor allem Beschäftigtengruppen auf der Basis des Tätigkeitsschlüssels miteinander verglichen werden, bis zu branchenübergreifenden Auswertungen, die auch als Krankheitsartenstatistiken von den Bundesverbänden der Krankenkassen vorgelegt werden. Eine Zusammenschau der kassenspezifischen Vorgehensweisen und Berichte geben Bonitz & Bödeker (2000). Eine besondere Rolle spielt die Fehlzeitenanalyse mit AU-Daten für die arbeitsweltbezogene Gesundheitsberichterstattung. Diese Berichte differenzieren das Fehlzeitengeschehen für Unternehmensteile, Berufsgruppen oder Wirtschaftszweige, um Bereiche mit auffälligem Krankheitsgeschehen zu erkennen. Hieraus können Hinweise auf mit der Tätigkeit verbundene Belastungen gewonnen werden und schließlich geeignete Maßnahmen der Gesundheitsförderung und Prävention abgeleitet werden.

Die Erstellung und Herausgabe von Gesundheitsberichten erfolgt traditionell vorwiegend durch die Bundesverbände von AOK (Badura et al 2008), BKK (Zoike 2008) und IKK (2004) sowie durch einzelne Krankenkassen. Betriebliche Gesundheitsberichte werden dagegen häufig von Präventionsanbietern erstellt, denen hierfür im Auftrag einer Krankenkasse oder eines Unternehmens handelnd die Daten anonym zur Verfügung gestellt werden.

## Herkunft und Inhalte von Arbeitsunfähigkeitsdaten

Informationen über Arbeitsunfähigkeit erhalten die Krankenkassen auf der rechtlichen Grundlage des Entgeltfortzahlungsgesetzes. Hiernach ist ein Arbeitnehmer verpflichtet, dem Arbeitgeber die Arbeitsunfähigkeit und deren voraussichtliche Dauer unverzüglich mitzuteilen. Dauert die Arbeitsunfähigkeit länger als drei Kalendertage, hat der Arbeitnehmer eine ärztliche Bescheinigung vorzulegen. Der Arbeitgeber ist berechtigt, die Vorlage der ärztlichen Bescheinigung früher zu verlangen. Die Definition, was unter Arbeitsunfähigkeit zu verstehen ist und unter welchen Vorkehrungen eine entsprechende Bescheinigung zu erstellen ist, findet sich in den für die ärztlichen Praxen verbindlichen AU-Richtlinien des gemeinsamen Bundesausschuss (GBU 2004).

Die AU-Bescheinigungen werden bei den Krankenkassen erfasst. Neben den AU-Diagnosen (dreistellig nach ICD 10 kodiert) werden der Zeitraum und die Dauer der AU sowie die Art der Arbeitsunfähigkeit dokumentiert. Der Umfang der Erfassung ist zu einem gewissen Teil kassenspezifisch. So werden in Abhängigkeit der EDV-Systeme eine unterschiedliche Anzahl von Diagnosen erfasst oder Schlüssel in unterschiedlicher Tiefe geführt. Allen Krankenkassen stehen zudem soziodemografische Angaben über die Versicherten sowie Informationen über deren Schulbildung, Beruf und Erwerbsstatus zur Verfügung.

Für die Darstellung des Arbeitsunfähigkeitsgeschehens sind verschiedene Indikatoren und Kennzahlen gebräuchlich, bei denen es sich um Verrechnungen der AU-Häufigkeit und der AU-Dauer handelt. Häufigkeit und Dauer der Arbeitsunfähigkeit werden als sich ergänzende Information betrachtet, wobei die AU-Dauer gemeinhin als Indikator für die Schwere einer Erkrankung aufgefasst wird. Als Operationalisierung der AU-Häufigkeit bzw. der AU-Dauer wird die Anzahl der AU-Fälle bzw. der AU-Tage verwendet. Diese können absolut angegeben und auf die Anzahl der versicherten Personen oder auf die zugrunde liegenden Versicherungszeiten in Jahren bezogen werden. Als Indikator für die Schwere von Erkrankungen werden vielfach die Arbeitsunfähigkeitstage pro Arbeitsunfähigkeitsfall errechnet.

Die in der Gesundheitsberichterstattung gebräuchlichste Kennzahl ist der Krankenstand. In Unternehmen wird er in der Regel als Verhältnis der krankheitsbedingten Abwesenheitstage zu der vereinbarten Soll-Arbeitszeit in Personentagen berechnet, dabei bleiben Wochenenden und Feiertage außer Betracht. In den Statistiken der Krankenkassen wird dagegen der Krankenstand auf die Kalendertage bezogen. Berechnet wird er dort als Summe der AU-Tage pro 100 Versichertenjahre geteilt durch 365 Tage. Beide Zahlen sagen demnach etwas Unterschiedliches aus, werden aber dennoch oft miteinander verglichen.

Ein weiterer Indikator des AU-Geschehens ist die sogenannte AU-Quote. Sie bezeichnet das Verhältnis zwischen der Zahl der Personen, die im Berichtsjahr mindestens einmal arbeitsunfähig erkrankt waren, und der Grundgesamtheit der Beschäftigten, die im Berichtsjahr in einem versicherten Beschäftigungsverhältnis standen. Die Angabe erfolgt in Prozent aller Versicherten.

## Aussagekraft von Arbeitsunfähigkeitsdaten

Arbeitsunfähigkeitsdaten der Krankenkassen sind inzwischen eine für die Gesundheitsberichterstattung unverzichtbare Informationsquelle. Aufgrund der beschriebenen Funktion von Krankschreibungen und der entsprechenden Verwaltungsregeln können gleichzeitig aber auch folgende Einschränkungen der Aussagekraft hervorgehoben werden:

- Gesundheitsberichte basieren oft auf Daten lediglich einer einzelnen Krankenkasse bzw. einer Krankenkassenart. Bekanntlich unterscheiden sich die Versichertenpopulationen der Krankenkassen aber hinsichtlich ihrer Soziodemografie beträchtlich, so dass die Ergebnisse von kassenartenspezifischen Berichten nur mit Einschränkung auf andere Bevölkerungsgruppen übertragbar sind.
- Die Aussagekraft von AU-Daten ist für einzelne Versichertengruppen eingeschränkt. Für Rentner und mitversicherte Familienangehörige z.B. liegen oft keine AU-Informationen vor. Auch die Einbeziehung von freiwilligen Mitgliedern oder die weitergehende Differenzierung der Pflichtversicherten (in z.B. Arbeitslose, Studenten) können die Auswertergebnisse erheblich beeinflussen.
- Aufgrund der Öffnung fast aller Krankenkassen für alle Versicherten und des damit verbundenen Kontrahierungszwangs hat sich ein Trend hin zu weniger homogenen Versichertenbeständen ergeben. Kassenartenspezifische, betriebliche und branchenbezogene Gesundheitsberichte decken daher nur einen Teil der Beschäftigten ab.
- AU-Daten bilden nur einen Ausschnitt des Krankheitsgeschehens ab. Krankheiten, deren akute Behandlung keine Arbeitsruhe erfordert, chronische Erkrankungen sowie Befindensbeeinträchtigungen führen oft nicht zur Ausstellung oder Abgabe einer AU-Bescheinigung. Solche Krankheiten können daher in den AU-Daten der Krankenkassen unterrepräsentiert sein.

Die sich im letzten Aspekt ausdrückende Frage, inwieweit Arbeitsunfähigkeit überhaupt als Morbiditätsmaß geeignet ist, wurde immer wieder kontrovers diskutiert. Aufgrund der AU-Richtlinien wird eine Krankschreibung an die Fähigkeit zur Ausübung der beruflichen Tätigkeit geknüpft. Daraus ergibt sich also eine komplexe Beziehung zwischen Arbeitsunfähigkeit und Morbidität, denn es ist der Fall eingeschlossen, bei Krankheit keine Arbeitsunfähigkeit in Anspruch zu nehmen, wie auch krankgeschrieben zu sein ohne Krankheit. Es kann damit keine verallgemeinernde Aussage getroffen werden, ob durch Arbeitsunfähigkeit das Morbiditätsgeschehen unter- oder überschätzt wird. In internationalen Untersuchungen hat sich aber gezeigt, dass AU-Daten als geeignete Morbiditätsindikatoren verwendet werden können (Marmot et al 1995). Arbeitsunfähigkeit gilt zudem als ein guter Prädiktor für nachfolgende ernste Erkrankungen und Berentungen aus Gesundheitsgründen (Vahtera et al 2000) und sogar für Sterblichkeit (Gjesdal et al 2008, Head et al 2008).

## Einflussfaktoren auf das Arbeitsunfähigkeitsgeschehen

Der Kenntnisstand über die Einflussfaktoren auf das AU-Geschehen liegt zusammengefasst in mehreren Übersichtsarbeiten von Alexanderson & Norlund (2004) vor. Für diese Publikationen wurden ca. 2.500 Publikationen in einem formellen Review-Verfahren gesichtet und hinsichtlich ihrer Qualität beurteilt. Die Ergebnisse der qualitativ geeigneten Publikationen wurden sodann zur Zusammenstellung der wissenschaftlichen Evidenz für die Bedeutung von Einflussfaktoren verwendet. Zusammenfassend zeigt sich, dass Arbeitsunfähigkeit vermehrt bei Frauen, bei Geschiedenen, im höheren Lebensalter und bei niedrigem sozialen Status auftritt. Übergewicht, Rauchen und Bewegungsarmut sind bedeutende Lebensstilfaktoren für ein erhöhtes AU-Geschehen. Von den arbeitsweltlichen Belastungen beeinflussen insbesondere geringer Handlungsspielraum und ergonomische Faktoren wie, Zwangshaltungen, Arbeitsschwere, ungeeignete Temperaturen das AU-Geschehen negativ (Alebeck & Mastekaasa 2004). Die Ergebnisse werden in einer neueren Metaanalyse bestätigt, wobei ergänzend Burn-out und empfundene Unfairness bei der Arbeit als bedeutende Einflussfaktoren erkannt werden konnten (Duijts et al 2007).

Arbeitsunfähigkeitsdaten sind seit langem auch Gegenstand der sozialökonomischen und soziologischer Forschung. Arbeitsunfähigkeit dient dabei als Maß für die Inanspruchnahme von Leistungen des Gesundheitssystems sowie anderer sozialer Sicherungssysteme oder wird als soziologisch/psychologisches Konstrukt aufgefasst, dessen Beziehung zu den gesellschaftlich-kulturellen Werten über Krankheit, Arbeit und Daseinsvorsorge untersucht werden kann.

## Erforderliche Kompetenzen bei der Fehlzeitenanalyse

Vor Beginn einer Fehlzeitenanalyse mit AU-Daten der Krankenkassen ist es erforderlich zu beurteilen, ob die Daten für den gewünschten Untersuchungszweck geeignet sind. Dies entspricht ohnehin der guten wissenschaftlichen Praxis. Besonderheiten bei der Analyse von sogenannten Sekundärdaten sind zudem in den Leitsätzen „Gute Praxis Sekundärdatenanalyse" mehrerer wissenschaftlicher Fachgesellschaften festgelegt (AGENS 2008), die bei der Erstellung von Gesundheitsberichten beachtet werden müssen.

Empfehlungen für eine kassenartenübergreifende Gesundheitsberichterstattung wurden auch vom Integrationsprogramm Arbeit und Gesundheit (IPAG) vorgelegt, das unter Förderung des Bundesministeriums für Arbeit und Sozialordnung durch alle Spitzenverbände der Kranken- und Unfallversicherung gemeinsam durchgeführt wurde (AK Prävention in der Arbeitswelt 2004).

Die methodische Weiterentwicklung der Gesundheitsberichterstattung war das Anliegen verschiedener Projekte der Spitzenverbände der Kranken- und

Unfallversicherung. So wurden Verfahren für eine die AU-Daten ergänzende Einbeziehung von Arzneimittelverordnungsdaten und von Daten der ambulanten ärztlichen Versorgung entwickelt und es wurde die individuenbezogene Verknüpfung von AU-Daten (als Sekundärdaten) mit Daten aus Befragungen und ärztlichen Untersuchungen (als Primärdaten) realisiert (Bellwinkel et al 2002). Zudem sind Methoden veröffentlicht, wie auch mit AU-Daten nur einer Kassenart eine repräsentative arbeitsweltbezogene Gesundheitsberichterstattung vorgenommen werden kann (Zoike & Bödeker 2008). Eine Darstellung geeigneter statistischer Verfahren zur Analyse von AU-Daten, insbesondere im Hinblick auf berufliche Belastungen, findet sich in Bödeker (2002, 2005).

## Literatur

AGENS (2008) GPS – Gute Praxis Sekundärdatenanalyse: Revision nach grundlegender Überarbeitung. Arbeitsgruppe Erhebung und Nutzung von Sekundärdaten (AGENS) der Deutschen Gesellschaft für Sozialmedizin und Prävention (DGSMP) und Arbeitsgruppe Epidemiologische Methoden der Deutschen Gesellschaft für Epidemiologie (DGEpi), der Deutschen Gesellschaft für Medizinische Informatik, Biometrie und Epidemiologie (GMDS) und der Deutschen Gesellschaft für Sozialmedizin und Prävention (DGSMP).
http://www.dgepi.de/pdf/infoboard/stellungnahme/gps-version2-final.pdf. Accessed 15.07.2009
AK Prävention in der Arbeitswelt der Spitzenverbände der Kranken- und Unfallversicherung (2004) Kassenarten übergreifende Auswertung von Routinedaten der Krankenkassen.
http://www.praevention-arbeitswelt.de/d/pages/projekt/pdf_images/kassen.pdf. Accessed 15.07.2009
Alexanderson K, Norlund A (2004) Aim, background, key concepts, regulations, and current statistics. Scand J Public Health 63:12–30
Allebeck P, Mastekaasa A (2004) Risk factors for sick leave – general studies. Scand J Public Health 63:49–108
Badura B, Schröder H, Vetter C (Hrsg) Fehlzeiten-Report 2008. Springer, Heidelberg
Bellwinkel M, Bieniek S, Bindzius F, Bödeker W, Ochsmann A (2002) Ermittlung arbeitsbedingter Gesundheitsgefahren in Kooperationsprojekten von Unfall- und Krankenversicherung. In: Arbeitsweltbezogene Gesundheitsberichterstattung in Deutschland. Robert-Koch-Institut (Hrsg), Berlin
Bödeker W (2002) Die Job-Exposure-Matrix als Instrument für eine arbeitsweltbezogene Auswertung von Morbiditätsdaten der Krankenkassen. Zeitschrift für Arbeitswissenschaft 56:30–338
Bödeker W (2005) Gesundheitsberichterstattung und Gesundheitsforschung mit Arbeitsunfähigkeitsdaten der Krankenkassen. In: Swart E, Ihle P (Hrsg) Routinedaten im Gesundheitswesen. Verlag Hans Huber, Bern, S 57–78

Bonitz D, Bödeker W (2000) Routineberichterstattung auf der Basis von Arbeitsunfähigkeitsmeldungen der gesetzlichen Krankenversicherung. Das Gesundheitswesen 62:525–537

Duijts SFA, Kant I, Swaen GMH, Van den Brandt PA, Zeegers MPA (2007) A meta-analysis of observational studies identifies predictors of sickness absence. Journal of Clinical Epidemiology 60:1105–1115

GBU Gemeinsamer Bundesausschuss (2004) Arbeitsunfähigkeits-Richtlinien (Auszug) des Gemeinsamen Bundesausschusses vom 27.03.2004. Bundesanzeiger Nr. 61 (S 6501), in Kraft getreten am 01.01.2004

Gjesdal SG, Ringdal PR, Haug K, Maeland JG, Vollset SE, Alexanderson K (2008) Mortality after long-term sickness absence: prospective cohort study. European Journal of Public Health 18:517–521

Head J, Ferrie JE, Alexanderson K, Wetserlund H, Vahtera J, Kivimäki M (2008) Diagnosis-specific sickness absence as a predictor of mortality: the Whitehall II prospective cohort study. British Medical Journal 337:855–858

IKK-Bericht (2004) Arbeit und Gesundheit im Handwerk. Ergebnisse 2003. IKK Bundesverband (Hrsg)

Marmot M, Feeney A, Shipley M, North F, Syme SL (1995) Sickness absence as a measure of health status and functioning: from the UK Whitehall II study. Journal of Epidemiology and Community Health 49:124–130

Vahtera J, Kivimäki M, Pentti J, Theorell T (2000) Effect of change in the psychosocial work environment on sickness absence: a seven year follow up of initially healthy employees. Journal of Epidemiology and Community Health 54:484–493

Zoike E (2008) BKK Gesundheitsreport 2008 – Seelische Krankheiten prägen das Krankheitsgeschehen. BKK Bundesverband, Essen

Zoike E, Bödeker W (2008) Berufliche Tätigkeit und Arbeitsunfähigkeit – Repräsentative arbeitsweltbezogene Gesundheitsberichterstattung mit Daten der Betriebskrankenkassen. Bundesgesundheitsblatt – Gesundheitsforschung – Gesundheitsschutz 51:1155–1163

# Gesundheitszirkel, Workshops und Arbeitssituationsanalysen

Ulla Vogt

vBA Bethel
Referat Sicherheitswesen und Umweltschutz
Grete-Reich-Weg 11
33617 Bielefeld


Gesundheitszirkel, Gesundheitsworkshops, Arbeitssituationsanalysen und Fokusgruppen sind betriebliche Kleingruppen- und Gruppendiskussionsverfahren, die im betrieblichen Gesundheitsmanagement einen festen und anerkannten Platz einnehmen. Inhaltlich geht es in diesen Verfahren im weitesten Sinne um die Bearbeitung von gesundheitsbezogenen Fragestellungen und Themen. Die Konzepte unterscheiden sich in ihrer inhaltlichen Ausgestaltung und ihren Rahmenbedingungen (z.B. Zeit, Zusammensetzung) z.T. deutlich voneinander. Gemeinsam ist allen die Prämisse, dass sie Mitarbeiter als Experten für ihre Arbeit wahr und ernst nehmen.

## Definitionen

Die Grundkonzepte der heute praktizierten Gesundheitszirkel wurden in den 80er Jahren in zwei Forschungsprojekten entwickelt (vgl. Westermayer & Bähr 1994). Sie bauen auf der Arbeitsweise anderer Kleingruppenverfahren (z.B. Qualitätszirkel) auf, befassen sich aber inhaltlich mit Gesundheitsthemen. In einem Gesundheitszirkel treffen sich für einen begrenzten Zeitraum Mitarbeiter und/oder Führungskräfte und/oder betriebliche Gesundheitsexperten, um über Belastungen am Arbeitsplatz und daraus resultierende gesundheitliche Beschwerden zu sprechen und Verbesserungsvorschläge zu entwickeln (vgl. Schröer & Sochert 1997). Bei Gesundheitsworkshops handelt es sich um eine zeitlich reduzierte Variante von Gesundheitszirkeln (vgl. Genz & Vogt-Akpetou 2001). Gesundheitsworkshops wurden – ebenfalls im Rahmen eines Forschungsprojektes – für Klein(st)betriebe entwickelt (vgl. Vogt 2002). Vom Ablauf entsprechen sie dem Vorgehen in einem Gesundheitszirkel. Die Arbeitssituationsanalyse wurde Mitte der 90er Jahre entwickelt (vgl. Baumeister 2003). In einer strukturierten Gruppendiskussion werden anhand von vorgegebenen Fragen gesundheitsförderliche und gesundheitsbeeinträchtigende Faktoren bearbeitet und Vorschläge für eine Verbesserung der Arbeitssituation entwickelt (vgl. Nieder 2005). Fokusgruppen sind ebenfalls ein Gruppendiskussionsverfahren. In einer moderierten Gruppendiskussion tauschen sich hier Teilnehmer zu einem bestimmten Thema bzw. Problembereich aus (vgl. Walter 2003).

## Voraussetzungen und Rahmenbedingungen

Sollen Gesundheitszirkel, Gesundheitsworkshops, Arbeitssituationsanalysen oder Fokusgruppen eingesetzt werden, müssen zunächst die betrieblichen Voraussetzungen besprochen und vereinbart werden. Zu den Grundvoraussetzungen gehört, dass

- die Unternehmensleitung zu Veränderungen bereit ist
- die betriebliche Interessenvertretung ihre Zustimmung zu dem gewählten Verfahren gegeben hat
- Mitarbeiter und Führungskräfte zur Mitarbeit bereit sind und
- die Einbettung in eine gesundheitsbezogene Gesamtstrategie erfolgt.

Da in Gesundheitszirkeln, Gesundheitsworkshops, Arbeitssituationsanalysen und Fokusgruppen Verbesserungsvorschläge entwickelt werden, ist es erforderlich, ein finanzielles Budget für deren Umsetzung im Vorfeld festzulegen oder im laufenden Budget einzuplanen. Kosten fallen außerdem für die Freistellung der Mitarbeiter, für die externe Moderation, für Raummieten und Moderationsmaterial und ggf. für Getränke und Verpflegung an. Darüber hinaus fallen auch Personal- bzw. Freistellungskosten für Informationsveranstaltungen an, in denen Mitarbeiter und Führungskräfte über das gewählte Verfahren informiert werden oder bei denen über Ergebnisse berichtet wird (vgl. Baumeister 2003, Walter 2003).

Gesundheitszirkel, Gesundheitsworkshops, Arbeitssituationsanalysen und Fokusgruppen unterscheiden sich in ihrem Ablauf und ihren Rahmenbedingungen voneinander. Die wesentlichsten Unterschiede zwischen den beschriebenen Verfahren sind in der nachstehenden Tabelle zusammenfassend dargestellt. An den dort vorgestellten Informationen ist erkennbar, dass – je nach betrieblichen Erfordernissen/Absprachen – ein Gestaltungsspielraum z.B. hinsichtlich der Anzahl der Sitzungen und der Zahl der Teilnehmer möglich ist.

## Einordnung im betrieblichen Gesundheitsmanagement

Alle vier beschriebenen Verfahren können sowohl als Analyse- als auch als Interventionsinstrument eingesetzt werden. Eine Kombination mit anderen Analyseinstrumenten wie z.B. der Mitarbeiterbefragung, der Auswertung von Arbeitsunfähigkeitsdaten durch Krankenkassen und der betrieblichen Fehlzeitenanalyse ist möglich und sinnvoll. Vor allem in größeren Betrieben hat es sich bewährt, Kleingruppenmethoden mit anderen Analyseverfahren zu kombinieren. Ein gängiges Vorgehen ist, zunächst eine Analyse der Arbeitsunfähigkeitsdaten durchzuführen, daran eine Mitarbeiterbefragung anzuschließen und aufbauend auf den Ergebnissen dieser Analysen zu entscheiden, in welchen Unternehmensbereichen z.B. ein Gesundheitszirkel durchgeführt oder mit welchen Themen sich eine Fokusgruppe inhaltlich beschäftigen soll. Es ist aber ebenso möglich, jedes dieser Instrumente ohne eine vorherige Mitarbeiterbefragung einzusetzen. Dies ist vor allem in kleinen Betrieben angezeigt, in denen aufgrund der geringen Mitarbeiteranzahl eine Mitarbeiterbefragung nicht möglich ist.

**Tabelle 1** Rahmenbedingungen Gesundheitszirkel, Gesundheitsworkshop, Arbeitssituationsanalyse, Fokusgruppe

|  | Gesundheitszirkel | Gesundheitsworkshop | Arbeitssituationsanalyse | Fokusgruppe |
|---|---|---|---|---|
| **Anzahl Treffen** | 6–12 | 4 | 1 | 2–3 |
| **Dauer pro Treffen** | 1,5 bis 2 Stunden | 2 Stunden | 1,5 bis 2,5 Stunden | halb- oder ganztägig |
| **Abstand zwischen Treffen** | 2 bis max. 4 Wochen | 2 bis max. 4 Wochen | – | 2 bis 3 Wochen |
| **Zusammensetzung** | Düsseldorfer Modell: 1 Betriebs-/ Abteilungsleiter 1 Vorgesetzter 4–5 Mitarbeiter 1 Betriebsratsmitglied 1 Betriebsarzt/ 1 Sicherheitsfachkraft/ Ergonomieexperte (ggf. auch nur als Gäste zu einzelnen Sitzungen) Berliner Modell: Mitarbeiter einer Hierarchieebene | möglichst alle Mitarbeiter eines Arbeitsbereiches; Teilnahme der/ des unmittelbaren Vorgesetzten möglich | möglichst alle Mitarbeiter eines Arbeitsbereiches einer Hierarchieebene | entweder nur Mitarbeiter oder Mitarbeiter und andere betriebliche Akteure (z.B. Führungskräfte, betriebliche Gesundheitsexperten in Abhängigkeit vom Thema) |
| **Teilnehmeranzahl** | 8–15 | 6–10 | 8–20 | 7–10 |
| **Moderation** | 1 erfahrener, geschulter externer (oder interner) Moderator | 1 erfahrener, geschulter externer (oder interner) Moderator | 1 erfahrener, geschulter externer (oder interner) Moderator | 1–2 erfahrene, geschulte externe (oder interne) Moderatoren |
| **Dokumentation** | Protokoll | Protokoll | Protokoll | Protokoll |
| **Ergebnis** | Maßnahmenplan | Maßnahmenplan | Maßnahmenplan | Auswertung in einem schriftlichen Bericht |

## Bearbeitete Themen und Verbreitung

Die in Gesundheitzirkeln, Gesundheitsworkshops, Arbeitssituationsanalysen oder Fokusgruppen besprochenen Themen sind vielfältig. Belastende Merkmale der Arbeitsumgebung (z.B. Lärm, Raumklima), arbeitsorganisatorische Aspekte, körperliche und psychische Belastungen, aber auch soziale Belastungen (z.B. Teamklima, Vorgesetztenverhalten) werden bearbeitet.

Die beschriebenen Kleingruppen- und Gruppendiskussionsverfahren sind in Betrieben der Metall-, Automobil- und Chemieindustrie durchgeführt worden. Interventionsbeispiele gibt es auch für Krankenhäuser, Bibliotheken, Universitäten, Flughäfen, Altenheime, Verwaltungen, Telekommunikationsbetriebe und Handwerksbetriebe. Genaue Angaben darüber, in wie vielen Unternehmen die vorgestellten Verfahren eingesetzt werden, liegen nicht vor. Am ehesten lassen sich Aussagen über die Verbreitung von Gesundheitszirkeln machen. Im Präventionsbericht 2008, der vom Medizinischen Dienst des Spitzenverbandes Bund der Krankenkassen herausgegeben wird, wird berichtet, dass im Jahr 2007 in den ausgewerteten Unternehmen 2.261 Gesundheitszirkel durchgeführt wurden, im Jahr 2004 waren es 1.607 (vgl. MDS 2008).

## Evaluation

In der betrieblichen Praxis werden die beschriebenen Analyse- und Interventionsinstrumente vielfach eingesetzt. In den meisten Fällen fehlt eine umfassende und methodisch anspruchsvolle Evaluation. Die aussagekräftigsten Evaluationsergebnisse liegen für das Instrument Gesundheitszirkel vor. Beispielhaft sei hier auf die Arbeiten von Sochert (1999) und Slesina (2001) verwiesen. In die Analyse von Sochert sind Ergebnisse aus 41 Gesundheitszirkeln in 16 verschiedenen Unternehmen eingeflossen. Sochert kommt zu dem Ergebnis, dass sechs Monate nach dem Abschluss der Zirkel 60 % der Verbesserungsvorschläge in den beteiligten Unternehmen umgesetzt waren. Er beschreibt, dass sich durch die Umsetzung der Vorschläge positive Effekte für einzelne Personen und die Organisation insgesamt ergeben haben. Diese waren am stärksten bei gesundheitsförderlichen und entlastenden Aspekten, die für die Gesamtorganisation von Bedeutung sind (z.B. Kommunikationsverbesserungen, Handlungsspielräume). Er stellt auch eine positive Auswirkung auf das Beschwerdeempfinden der Mitarbeitenden fest (vgl. ebd.). Slesina kommt zu ähnlich positiven Ergebnissen durch Gesundheitszirkel. In Bezug auf das Beschwerdeempfinden von Mitarbeitern stellt er z.B. für drei untersuchte Betriebe eine Verbesserung bez. körperlicher Belastungen, der Zusammenarbeit untereinander und des Betriebsklimas fest. Im Hinblick auf gesundheitliche Effekte stellt er in einem Untersuchungsbetrieb Verbesserungen hinsichtlich Nacken-, Schulter-, Kreuz- und Augenbeschwerden fest, die jedoch nicht signifikant sind. In einer Metastudie über elf Gesundheitszirkelstudien untersuchten Aust und Ducki die erarbeiteten Effekte (vgl. Aust & Ducki 2004). Über alle Studien hinweg fanden sie eine hohe Zufriedenheit der Zirkelteilnehmer mit der Zusammensetzung der Zirkel, der Anzahl der Sitzungen, mit dem Prozess der Themenauswahl und Lösungsentwicklung. Ebenso fanden sie, dass in der Mehrzahl der ausgewerteten Studien eine hohe Umsetzungsrate (45 % bis 86 %) der entwickelten Lösungsideen in den sechs bis zwölf Monaten nach Abschluss der Gesundheitszirkel zu verzeichnen war. Im Hinblick auf eine Verbesserung der Arbeitsbedingungen zeigten die ausgewerteten elf Studien ebenfalls positive Effekte: Aust und Ducki berichten über Stressverringerung aufgrund einer verbesserten Arbeitsorganisation, über reduzierte physische Belastungen durch eine bessere Ausstattung mit Arbeitsmitteln oder durch technische und ergonomische Verbesserungen. Während einige Untersuchungen ergaben, dass positive Effekte in der Zusammenarbeit unter Kollegen und in der Unterstützung durch Vorgesetzte sowohl von Zirkelteilnehmern als auch von anderen Mitarbeitern festgestellt wurden, fand eine Studie diese Verbesserungen nur bei den Zirkelteilnehmern. Fünf der elf ausgewerteten Studien evaluierten die Auswirkung der Zirkelarbeit auf die Gesundheit der Beschäftigten. In vier der fünf Studien wurden positive Effekte festgestellt. Aust und Ducki kommen abschließend zu dem Ergebnis, dass die ausgewerteten Studien nahelegen, dass sich das Instrument Gesundheitszirkel in der betrieblichen Praxis bewährt. Sie stellen jedoch heraus, dass eine systematischere Evaluation für dieses Instrument erforderlich bleibt (vgl. Aust & Ducki 2004).

## Weitere Informationen

Unternehmen, die Unterstützung bei der Durchführung der beschriebenen Verfahren benötigen, können sich zum einen Hilfe bei Beratungsunternehmen holen, die auf das Thema Gesundheitsmanagement und Gesundheitsförderung spezialisiert sind. Unterstützung bei der Einführung von betrieblichem Gesundheitsmanagement und bei der Durchführung von Analyseinstrumenten bieten auch Krankenkassen und Berufsgenossenschaften.

## Literatur

Aust B, Ducki A (2004) Comprehensive Health Promotion Interventions at the Workplace: Experiences with Health Circles in Germany. Journal of Occupational Health Psychology, Vol. 9, No. 3:258–270

Baumeister A (2003) Arbeitssituationsanalyse. In: Badura B, Hehlmann, T (Hrsg) Betriebliche Gesundheitspolitik. Der Weg zur gesunden Organisation. Springer Verlag, Berlin

Genz HO, Vogt-Akpetou U (2001) Gesundheitsworkshops in Kleinbetrieben. Erschienen in der Reihe „Ratgeber Gesundheitsmanagement" der Berufsgenossenschaft für Gesundheitsdienst und Wohlfahrtspflege, Hamburg

Medizinischer Dienst des Spitzenverbandes Bund der Krankenkassen e.V. (2008) Präventionsbericht 2008. Leistungen der gesetzlichen Krankenversicherung in der Primärprävention und der betrieblichen Gesundheitsförderung. Berichtsjahr 2007. Essen

Nieder P (2005) Anpacken wo der Schuh drückt. Das Instrument der Arbeitssituationsanalyse. OrganisationsEntwicklung 4:54–61

Schröer A, Sochert R (1997) Gesundheitszirkel im Betrieb. Modelle und praktische Durchführung. Universum Verlagsanstalt, Wiesbaden

Slesina W (2001) Evaluation betrieblicher Gesundheitszirkel. In: Pfaff H, Slesina W (Hrsg) Effektive betriebliche Gesundheitsföderung. Juventa, Weinheim, München

Sochert R (1999) Gesundheitsbericht und Gesundheitszirkel. Evaluation eines integrierten Konzepts betrieblicher Gesundheitsförderung. Wirtschaftsverlag NW, Bremerhaven

Vogt U (2002) Gesundheitsprojekt Betriebe Bethel, Abschlussbericht. Erschienen in der Reihe „Berichte zur Prävention arbeitsbedingter Gesundheitsgefahren" der Berufsgenossenschaft für Gesundheitsdienst und Wohlfahrtspflege. Hamburg

Walter U (2003) Fokusgruppen. In: Badura B, Hehlmann T (Hrsg) Betriebliche Gesundheitspolitik. Der Weg zur gesunden Organisation. Springer Verlag, Berlin

Westermayer G, Bähr B (1994) (Hrsg) Betriebliche Gesundheitszirkel. Verlag für Angewandte Psychologie, Göttingen, Stuttgart

Zink KJ (2007) Mitarbeiterbeteiligung bei Verbesserungs- und Veränderungsprozessen. Hanser, München

# Kennzahlenentwicklung

Max Ueberle & Wolfgang Greiner

Universität Bielefeld
Fakultät für Gesundheitswissenschaften, AG 5:
Gesundheitsökonomie und Gesundheitsmanagement
Universitätsstr. 25
33615 Bielefeld


Gesunde Mitarbeiter im Unternehmen sind ein Wert an sich. Für das Unternehmen stellen sie die langfristige Leistungsfähigkeit sicher. Die Mitarbeiter selbst profitieren dabei nicht nur aus ihrer fortgesetzten erwerbsbezogenen Leistungsfähigkeit und dem daraus realisierbaren Einkommen, sondern auch von den Möglichkeiten, die ein gesundes Leben außerhalb des Unternehmens ermöglicht. Somit werden Unternehmen, die Wert auf gesundheitsförderliche Arbeitsbedingungen legen, zu attraktiven Arbeitgebern im Wettbewerb um leistungsfähige und fachlich befähigte Mitarbeiter. Dieser Wettbewerb wird sich unabhängig von mehr oder weniger kurzfristigen konjunkturellen Schwankungen langfristig weiter verschärfen.

Diese Aussicht wird in der täglichen Unternehmenspraxis als Grundlage für Investitionsentscheidungen jedoch häufig als vage empfunden. Um Investitionen in Maßnahmen des Betrieblichen Gesundheitsmanagements zu rechtfertigen, ist der eindeutige Nachweis ihrer Rentabilität zu erbringen. Kennzahlen können dabei unterstützen.

Der Rentabilitätsnachweis ist zu zwei Zeitpunkten zu erbringen:

1. Im Entscheidungsprozess
Maßnahmen der betrieblichen Gesundheitsförderung stehen im Unternehmen im Wettbewerb zu anderen Investitionsmöglichkeiten. Unter einer wirtschaftlichen Betrachtungsweise wird diejenige Investitionsmöglichkeit gewählt werden, die die höchste Rendite verspricht. Dazu ist prospektiv eine Abschätzung der erzielbaren Rendite zu leisten. Die Ergebnisse der Organisationsdiagnostik werden dabei handlungsleitend sein: Es kann erwartet werden, dass in Bereichen mit hohen Defiziten tendenziell hohe Grenznutzen der Anfangsinvestitionen erzielt werden können.

2. Im Nachhinein
Nach erfolgter Investition ist zu überprüfen, ob die erwarteten Investitionsrenditen erzielt wurden. Dafür ist es notwendig, dass die Erwartungen eindeutig und reproduzierbar festgehalten wurden. Außerdem soll es möglich sein, die Rentabilität der Investition in Betriebliches Gesundheitsmanagement mit In-

vestitionen in anderen Bereichen oder auch mit den Ergebnissen in anderen Organisationseinheiten in Form eines Benchmarks zu vergleichen.

## Kennzahlen

Ein Vergleich von Ziel und Ergebnis über einen Zeitraum hinweg erfolgt sinnvollerweise über Kennzahlen. Sie sind auch dabei hilfreich, eine monetäre Bewertung der Zielsetzungen durchzuführen. Kennzahlen zeichnen sich dadurch aus, dass Zusammenhänge in einer verdichteten und quantitativ messbaren Form dargestellt werden. Damit kann zwischen Unternehmen, Abteilungen sowie unterschiedlichen Zeiträumen verglichen werden. Sie messen allerdings nur einen Ausschnitt der Realität, weshalb unter den Beteiligten Übereinstimmung über die getroffene Auswahl herrschen sollte. Vorteile der Kennzahlen liegen in ihrem Informationscharakter, das heißt, dass sie es ermöglichen, Urteile über wichtige Sachverhalte zu fällen, und in ihrer Quantifizierbarkeit, das ist ihre eindeutige Messbarkeit und Vergleichbarkeit auf einem zumindest metrischen Niveau. Damit sollten bereits recht präzise Aussagen getroffen werden können. Außerdem ist ihre spezifische Form charakteristisch, durch die komplexe Strukturen und Prozesse recht einfach dargestellt werden können. Dies dient einem raschen und umfassenden Überblick.

### Prozessproduzierte Kennzahlen

Bei der Entscheidung, welche Kennzahlen innerhalb eines Unternehmens verwendet werden sollen, ist es sinnvoll, so weit wie möglich innerhalb der bestehenden Controlling- und Berichtssysteme zu arbeiten. Kennzahlen für das Betriebliche Gesundheitsmanagement sollten in das betriebliche Controllingsystem integriert werden. Ressourcenschonend ist es, prozessproduzierte Kennzahlen zu verwenden. Solche liegen bereits vor und wurden für andere Zwecke im Unternehmen erhoben. Für Belange des Betrieblichen Gesundheitsmanagements können sie weiterverwendet werden. Da sie im Unternehmen bereits etabliert sind, werden sie von Mitarbeitern und Unternehmensleitung oft gut akzeptiert.

### Verwendung von Kennzahlen

Wegen der hohen Komplexität der Zusammenhänge wird es kaum gelingen, die Effekte von Investitionen in Maßnahmen des Betrieblichen Gesundheitsmanagements vollständig in Kennzahlen zu fassen und zu messen. Durch eine

Auswahl an Kennzahlen lässt sich allerdings eine Untergrenze für die zu erwartende Kapitalrendite ermitteln.

Die Wirkungen von Investitionen in Betriebliches Gesundheitsmanagement treten meist erst mit einem zeitlichen Verzug ein und schlagen sich mit einem weiteren zeitlichen Verzug in monetären Erfolgsgrößen nieder. Um bereits in einem einigermaßen frühen Stadium Aussagen über den Erfolg treffen zu können, ist es daher notwendig, nicht nur die Erreichung monetärer Zielgrößen zu überwachen – was erst im Nachhinein möglich wäre –, sondern auch die Entwicklung von solchen Kennzahlen zu überwachen, die frühzeitig Hinweise auf das zukünftige Erfolgspotenzial des Unternehmens liefern.

Angelehnt an die Struktur einer herkömmlichen Balanced Scorecard könnten Kennzahlen in die Bereiche Finanzperspektive sowie Potenzial-, Prozess- und Kundenperspektive gegliedert werden. Interventionen im Betrieblichen Gesundheitsmanagement werden bei einer solchen Betrachtung vornehmlich in der Potenzialperspektive stattfinden. Ergebniszahlen mit der größten Eindeutigkeit sind allerdings in der Finanzperspektive zu erwarten. Kennzahlen aus den anderen Perspektiven müssen zunächst in monetären Größen bewertet werden, um vergleichbar zu werden, und sind mit einem entsprechenden Risikozuschlag zu versehen.

Dieser Risikozuschlag in der Bewertung steigt mit der Entfernung zu den Unternehmenszielen. Dennoch sind die Potenzialfaktoren wie die Sozialkapitalkomponenten Netzwerkkapital, Führungskapital und Überzeugungs- und Wertekapital sowie die fachliche Kompetenz der Mitarbeiter und die Arbeitsbedingungen Voraussetzungen zur Erreichung der monetären Unternehmensziele. Sie sind somit Treiber im Prozess. Falls die Zusammenhänge hinsichtlich der Wirkungsrichtung und quantitativen Auswirkung bekannt sind, können Kennzahlen aus diesen Bereichen zur frühzeitigen Steuerung herangezogen werden. Bisher werden solche Kennzahlen in Unternehmen noch selten routinemäßig erhoben. Hinsichtlich der Zusammenhänge ist noch Forschungsarbeit zu leisten, insbesondere was die Übertragbarkeit auf unterschiedliche Branchen und Strukturen und die Stärke der Zusammenhänge angeht.

Zudem sind zukünftig zu erwartende Investitionsrenditen abzuzinsen. Zu berücksichtigen ist dabei der unternehmensspezifische Planungshorizont. In wirtschaftlich kritischer Lage entscheiden sich manche Unternehmen dafür, keine Investitionen mit einer in der etwas entfernteren Zukunft liegenden Investitionsrendite zu tätigen. Es ist dabei die Aufgabe des Controllings im Betrieblichen Gesundheitsmanagement deutlich zu machen, dass mit einer solchen Planung Probleme in die Zukunft verlagert werden.

## Gängige Kennzahlen

Einige verbreitete und hilfreiche Kennzahlen aus der Unternehmenspraxis werden nachfolgend vorgestellt. Sie können jeweils an die betriebliche Datenlage und Anforderungen angepasst werden.

### *Krankenstand*

Der Krankenstand ist noch immer die Kernkennzahl im Betrieblichen Gesundheitsmanagement. Die Informationen zu krankheitsbedingten Abwesenheitszeiten können meist den betrieblichen Personalverwaltungssystemen entnommen werden. Auch den Krankenkassen liegt die Information für ihre Mitglieder jeweils vor – allerdings mit gewissen Einschränkungen, die sich aus den Meldeerfordernissen und -gepflogenheiten ergeben. Die Informationen für diese Kennzahl sind somit leicht verfügbar und liefern einen guten Anhaltspunkt über den aktuellen Gesundheitszustand der Mitarbeiter.

Dennoch ist die Kennzahl nicht unproblematisch. So geben Fehlzeiten nicht den wahren Gesundheitszustand der Beschäftigten wieder, der mit den zwei Kategorien Krank und Gesund nicht angemessen beschrieben ist. Gesundheit ist vielmehr ein Kontinuum. Auch werden Fehlzeiten von externen Faktoren, wie etwa der Arbeitsmarktlage und der Befürchtung der Mitarbeiter um einen Arbeitsplatzverlust oder auch Sorgen um das berufliche Vorankommen im Falle von Fehlzeiten, bedingt.

Aus einem individualpräventiven Gesichtspunkt heraus setzt die Kennzahl auch spät an. Der Mitarbeiter ist bereits krank, Ziel des Betrieblichen Gesundheitsmanagements ist dagegen eine frühzeitige Verhinderung von Krankheit.

Berechnet wird der Krankenstand als

*durch Krankheit bedingte Fehltage / Soll-Arbeitstage.*

Bei Vergleichen von Fehlzeiten zwischen verschiedenen Betrieben ist zu beachten, dass teilweise abweichende Berechnungsmodi zu finden sind. Teilweise wird nicht auf Arbeitstage, sondern auf Kalendertage bezogen und teilweise auch mit kalenderadjustierten Daten gearbeitet, bei denen zum Beispiel die unterschiedliche Feiertagsverteilung berücksichtigt ist. Unterschiedlich ermittelte Krankenstandswerte sind jedoch keinesfalls vergleichbar.

Exemplarisch soll eine Abschätzung der monetären Bewertung von Fehlzeiten dargestellt werden. Das Problem ist keinesfalls trivial oder standardisiert zu lösen. Bei schlechter Auslastung des Unternehmens, etwa in Folge schlechter Konjunktur oder bei einer genügenden Personalausstattung, entstehen aus Fehlzeiten keine nennenswerten Kosten, da keine Ersatzmaßnahmen getroffen werden müssen. Ist die Arbeitsleistung des erkrankten Mitarbeiters andererseits wegen seiner besonderen Sachkenntnis oder guter Kundenkontakte zum Beispiel nicht ersetzbar, können dagegen erhebliche Mehrkosten entstehen.

Für den Fall, dass Ersatzmaßnahmen notwendig sind, könnte eine Kalkulation der Kosten aus dem Krankenstand eines Mitarbeiters etwa wie folgt aussehen:

*Weitergezahltes Arbeitsentgelt (meist für die Dauer von sechs Wochen, ggf. abzüglich Erstattung durch Krankenversicherung gemäß U1-Umlageverfahren bei Kleinbetrieben)*
*+ Kosten aus dem Ersatz des fehlenden Personals*
*+ Kosten für nicht ausgelastete Kapazitäten und für Produktionsausfall*
*+ Kosten aus Störung des Betriebsablaufes*
*+ Kosten aus der Ersatzbesetzung des Arbeitsplatzes.*

Aus dieser Kalkulation erhält man eine Untergrenze der entstehenden Kosten. Nur schwer monetär zu berücksichtigen sind Faktoren in der Kundenperspektive, etwa Reputationsverlust bei wechselnden Ansprechpartnern, Verlust an betrieblicher Erfahrung und dergleichen. Wie bei vielen Ressourceneinsätzen ist zu beachten, dass niedrige Krankenstände auch zu einer Kostenverlagerung in die Zukunft führen können. Konkret können Ressourcenüberlastungen – sprich: Krankheitsverschleppungen – zu langfristigen Ausfällen von Mitarbeitern in der Zukunft führen. Darüber hinaus können durch verdeckten Krankenstand, das heißt Anwesenheit am Arbeitsplatz trotz einer infolge von Krankheit verringerten Leistungsfähigkeit, ebenfalls Kosten entstehen, die über die bloße Leistungsminderung hinausgehen. Zu erwarten sind neben quantitativen Minderleistungen besonders qualitative, die sich in häufig verdeckten Qualitätsdefiziten in Produkten und gestörtem Prozessablauf auswirken. Die krankheitsbedingten Kosten können hier Größen annehmen, die weit über die Personalkosten hinausgehen.

## *Unfallquote*

Schwerwiegende Arbeitsunfälle können zu Fehlzeiten führen, die eindeutig der betrieblichen Einflusssphäre zuzuordnen sind. Arbeitsüberlastung kann zu verminderter Konzentrationsfähigkeit auf der einen sowie zu einer verringerten Bereitschaft zur Einhaltung von Vorschriften zur Unfallverhütung auf der anderen Seite führen. In beiden Fällen ist eine Tendenz zu Arbeitsunfällen zu befürchten, wobei die Bemühungen für den Arbeitsschutz in der Vergangenheit in vielen Betrieben durchaus erfolgreich waren und gravierende Unfälle, als ein von außen auf den Mitarbeiter einwirkendes Ereignis, selten sind.

Die Unfallquote wird berechnet als Quotient

*Unfälle / Beschäftigte.*

Zu einer erhöhten Eindeutigkeit des Unfallbegriffs wird meist die Quote meldepflichtiger Unfälle herangezogen. Umfasst werden hier Unfälle, die der Meldepflicht nach § 193 SGB II unterliegen, das heißt, zu mindestens drei Tagen Arbeitsunfähigkeit geführt haben. Diese Daten liegen den Unfallversicherungsträgern vor. Diese Kennzahl wird berechnet als

*Unfälle / Arbeitsstunden* × *1.000.000*

also Anzahl der Unfälle pro eine Million geleisteter Arbeitsstunden.

Die geldwerte Bewertung dieser Kennzahlen kann analog zum Krankenstand erfolgen. Bei den Unfallversicherungsträgern liegt zudem die Kennzahl der Unfallneulast vor. Diese stellt die Aufwendungen seitens des Unfallversicherungsträgers für im Umlagejahr neu hinzugekommene Versicherungsfälle dar. Zweckmäßigerweise wird diese auf die Mitarbeiteranzahl berechnet als

*Unfallneulast / Mitarbeiter.*

Mit Anteilen werden hier auch Aufwendungen wegen Berufskrankheiten umfasst, nicht jedoch aus Wegeunfällen. Bei vielen Betrieben hat diese Kennzahl auch unmittelbar monetäre Auswirkungen, da der Beitragssatz zur Unfallversicherung teilweise von der Unfallneulast abhängig gemacht wird. Dieser sollte bei der Berechnung von Unfallkosten berücksichtigt werden.

## Motivation

Hinweise auf organisationale Defizite in den Prozessen des Unternehmens geben Kennzahlen, mit denen die Motivation der Mitarbeiter ermittelt wird. Diese ermöglichen Vergleiche zwischen verschiedenen Organisationseinheiten oder verschiedenen Perioden innerhalb der Organisationseinheit. Veränderungen in dieser Kennzahl sind zudem verhältnismäßig frühzeitig zu erwarten, also noch bevor sich Motivationsmangel auf den Krankenstand niederschlägt. Dies ist wichtig, um gegebenenfalls frühzeitig intervenieren zu können. Häufig verwendeter Indikator ist die Fluktuationsrate, berechnet als

*Anzahl der freiwillig ausgeschiedenen Mitarbeiter, die ersetzt wurden / Mitarbeiterzahl.*

Die Kennzahl ist monetarisierbar in Höhe der Kosten für Personalbeschaffung und -einarbeitung. Berücksichtigt werden zudem gelegentlich auch Veränderungen in der Lohnhöhe.

Ist das Ziel der Kennzahlenerhebung allerdings weniger, die entstehenden Kosten zu ermitteln als zum Beispiel Organisationsdefizite, erscheint die Kennzahl in der Form

*Anzahl der freiwillig ausgeschiedenen Mitarbeiter / Mitarbeiterzahl*

zielführender. Hier wird auf die Tatsache des Ausscheidens und weniger auf die ressourcenbezogenen Belange des Unternehmens abgestellt.

Neben Motivationsdefiziten ist die Fluktuation auch von weiteren Faktoren abhängig, wie etwa von der Lage auf dem Arbeitsmarkt.

Ein weiterer Indikator für die Motivation der Mitarbeiter ist deren Kreativität in der Aufgabenbewältigung. Dafür sind eingereichte Verbesserungsvorschläge ein Indikator. Als Verbesserungsvorschlagsrate ergibt sich die Kennzahl

*Verbesserungsvorschläge / Mitarbeiterzahl,*

die durch Gewichtung der Vorschläge gemäß ihrer Relevanz präzisiert werden kann. Sofern im Unternehmen Prämienzahlungen für die Vorschläge üblich sind, könnten die gezahlten Prämien zur Gewichtung herangezogen werden. In diesem Fall ist häufig bereits eine Abschätzung des monetären Wertes des Verbesserungsvorschlages erfolgt. Diese kann damit als Ertrag des Verbesserungsvorschlages angenommen werden. Ansonsten ist eine Punktegewichtung denkbar, die Kennzahl wäre dann

*[$\Sigma(i=1; n)$ (Verbesserungsvorschlag$_i$ × Punktegewicht$_i$) / Mitarbeiter].*

Eine monetäre Gewichtung ist damit jedoch nicht pauschal möglich, wohl aber ein interner Vergleich.

## Qualität

Ein Indikator für die Arbeitsbelastung der Mitarbeiter kann die Arbeitsqualität sein. Dabei wird davon ausgegangen, dass Mitarbeiter mit einer aktuellen gesundheitlichen Beeinträchtigung, die noch nicht die Schwelle zur Fehlzeit überschritten haben, tendenziell eine geringere Arbeitsqualität leisten. Voraussetzung dazu ist selbstverständlich, dass die ausgeübte Tätigkeit einen entsprechenden Spielraum bietet.

Kennzahlen dafür sind zum Beispiel die Nachbesserungskosten

*Nachbesserungskosten / Erzeugnisse,*

bei der Kosten für Nacharbeiten und Gewährleistung erfasst werden. Die Kennzahl hat den Vorteil, dass sie bereits in monetärer Größe berechnet ist.

Liegt die Kostenstruktur für die Nachbesserung nicht vor, kann die Ausschussquote berechnet werden als

*Fehlerhafte Erzeugnisse / Erzeugnisse insgesamt.*

Bei absatzorientierten Tätigkeiten entspricht dem die Kundenzufriedenheit, die durch Kundenbefragungen ermittelt werden kann. Auch hier liegt eine monetäre Bewertung noch nicht vor. In der Unternehmenspraxis ist auch eine Punktegewichtung und Addition von Einzelfehlern anzutreffen.

## Arbeitsbelastung und -gefährdung

Die Arbeitsbelastung von Mitarbeitern ergibt sich aus psychischen und physischen Belastungsfaktoren sowie aus Gefahren aus der Umwelt. In Gefährdungsbeurteilungen nach dem Arbeitsschutzgesetz ist das Gefährdungspotenzial für einzelne Arbeitsplätze darzulegen. Gefährdungsbeurteilungen beziehen sich auf Einzelgefährdungen und Arbeitsplätze, die nicht unbedingt mit den ausgeübten Tätigkeiten von Mitarbeitern übereinstimmen, etwa dann, wenn Mitarbeiter auf wechselnden Arbeitsplätzen eingesetzt werden. Für die Bestimmung des Gefährdungspotenzials für Arbeitsplätze ist unter anderem das Bewertungsverfahren mit gewichteten Kriterien etabliert.

Ergänzend kann die Überstundenquote hinzugezogen werden, berechnet als

*Anzahl Überstunden / Anzahl der Arbeitsstunden insgesamt.*
Langandauernde Belastung durch Überstunden kann zu einer Überforderung führen. Aus den vorliegenden Routinedaten der Gefährdungsbeurteilungen sowie der Überstundenentwicklung können Anhaltspunkte für drohende Überlastungen für einzelne Mitarbeiter zusammengestellt werden.

## Monetäre Bewertung

Auch bei der Betrieblichen Gesundheitsförderung gilt, dass die Investitionen mit Unsicherheit behaftet sind und die prospektive Abschätzung einer Investitionsrendite nicht routinemäßig erfolgen kann. Verschiedentlich angebotene Computerprogramme zur Renditenberechnung mit standardisierten Werten scheinen nicht zu halten, was sie versprechen. Das ist auch nicht erstaunlich: Wären Innovationen so einfach und sicher zu kalkulieren, hätten sie sich bereits auf allen Märkten durchgesetzt. Allerdings ist für viele Unternehmen mit einer recht hohen Anfangsrendite für (die richtige!) Investition in Betriebliches Gesundheitsmanagement zu rechnen, da in diesem Bereich bisher noch wenig geschehen ist. Mit wenig Aufwand ist zunächst viel zu erreichen. Es gibt jedoch Verfahren, mit denen Investitionsentscheidungen standardisiert durchgeführt werden können und somit unternehmensintern eine gute Entscheidungsqualität, bei Beteiligung vieler Anspruchsgruppen im Unternehmen, in Verbindung mit hoher Akzeptanz durchgeführt werden kann. Eine Möglichkeit ist die erweiterte Wirtschaftlichkeitsanalyse. In einer erweiterten Wirtschaftlichkeitsanalyse können vier Typen von Investitionsalternativen aufgestellt werden.

Erstens sind vorab solche Investitionen in Betriebliches Gesundheitsmanagement durchzuführen, die zur Erfüllung gesetzlicher Vorgaben im Arbeits- und Gesundheitsschutz absolut notwendig sind.

In einem zweiten Schritt sind solche Investitionen zu identifizieren, die für den Erhalt der Produktionsfähigkeit des Unternehmens notwendig sind. Hierbei kann noch nach dem zeitlichen Planungshorizont unterschieden werden. Investitionen in diese beiden hier identifizierten Bereiche sollten durchgeführt werden.

Verhältnismäßig einfach stellt sich die Entscheidungssituation – drittens – auch bei solchen Investitionen dar, die unmittelbar in Geldgrößen wirksam werden. Investitionsalternativen mit einer positiven Kapitalrendite, die zudem höher ist als die Rendite konkurrierender Kapitalverwendungen, sind durchzuführen.

Schwieriger ist die Entscheidungslage in dem größeren vierten Bereich der nicht unmittelbar monetär wirksamen Investitionen. Hier müssen Wege für die Abschätzung des monetären Erfolgs gefunden werden. Dabei bieten sich Verfahren der Nutzwertanalyse an, bei der für diese nichtmonetären Aspekte ein Vergleich über Punktwerte durchgeführt wird. Die Punktebewertung kann dabei etwa aus Nutzenschätzungen von Fachleuten entstehen. Für solche Nutzenschätzungen ist es anzustreben, ein möglichst breites Erfahrungsfeld abzudecken. Wesentlich ist auch die Dokumentation der Entscheidungsgrundlagen und Festlegungen in Kennzahlen, um eine nachgelagerte Erfolgsanalyse durchführen zu können. In der Praxis wird dabei oft auf Zielvorgaben zurückgegriffen, deren Erreichung überprüft wird. Ist-Werte werden dann mit den Sollvorgaben verglichen.

## Fazit

Kennzahlen im Betrieblichen Gesundheitsmanagement sind eine wichtige Hilfe bei der Investitionsentscheidung für Maßnahmen des Betrieblichen Gesundheitsmanagements. Sie erlauben die prospektive Abschätzung der Investitionsrendite sowie ex post den Nachweis über den Investitionserfolg.

Investitionen in Betriebliches Gesundheitsmanagement sind besonders zukunftsgerichtet und dienen der Sicherstellung der zukünftigen Leistungsfähigkeit eines Unternehmens. Häufig wird die positive Rendite erst nach einigen Perioden anfallen. Dadurch wird eine monetäre Berechnung erschwert. Mit dem Verfahren der erweiterten Wirtschaftlichkeitsanalyse könnten jedoch bereits einige Investitionsempfehlungen identifiziert werden. Für andere lässt sich eine monetäre Untergrenze ermitteln. Damit kann für viele Investitionen in Betriebliches Gesundheitsmanagement eine Empfehlung ausgesprochen werden. Eine vollständige Berechnung von prospektiven Investitionsrenditen gelingt allerdings noch nicht und tendenziell kann bisher von einer Unterschätzung der Renditen ausgegangen werden.

## Literatur

Ueberle M, Greiner W (2008) Kennzahlenhandbuch. In: Badura B, Greiner W, Rixgens P, Ueberle M, Behr M Sozialkapital. Springer, Berlin, Heidelberg, S 169–197

# Betriebliche Gesundheitsberichterstattung

Gero Hesse

Bertelsmann AG
Human Resources Services
Carl-Bertelsmann-Str. 270
33311 Gütersloh

## Einleitung

Das Thema „Betriebliches Gesundheitsmanagement" wird angesichts der demografischen Entwicklung und der damit verbundenen Knappheit an qualifizierten Nachwuchskräften immer mehr zu einem zentralen Thema für die Personalabteilungen. Die Kommunikation über gesundheitsrelevante Themen gewinnt stetig an Bedeutung, da firmenintern mehr Bewusstsein für die ökonomische Relevanz des Themas geschaffen werden kann und muss. Zudem sollte betriebliches Gesundheitsmanagement auch aus der Personalmarketingperspektive gesehen werden, da Unternehmen, die in diesem Bereich aktiv sind, für Bewerber bei der Arbeitgeberwahl attraktiver sind. Bertelsmann wurde in den Jahren 2007 und 2008 jeweils mit dem „Unternehmenspreis Gesundheit" ausgezeichnet, der jährlich im Rahmen der Initiative „Move Europe" vom BKK Bundesverband vergeben wird.

### Die Bertelsmann AG

Bertelsmann ist ein internationales Medienunternehmen, das in den Bereichen Fernsehen (RTL Group), Buch (Random House), Zeitschriften (Gruner + Jahr), Medienservices (Arvato) und Medienclubs (Direct Group) in mehr als 50 Ländern der Welt aktiv ist. Anspruch von Bertelsmann ist es, Menschen weltweit mit erstklassigen Medien- und Kommunikationsangeboten – Unterhaltung, Information und Services – zu inspirieren und damit in den jeweiligen Märkten Spitzenpositionen einzunehmen. Grundlage des Erfolges von Bertelsmann ist eine Unternehmenskultur, die auf Partnerschaft, Unternehmergeist, Kreativität und gesellschaftlicher Verantwortung basiert. Das Unternehmen verfolgt das Ziel, kreative, zukunftsträchtige Ideen zur Marktreife zu bringen und Werte zu schaffen.

### Ausgangssituation und Relevanz für Bertelsmann

Der Erfolg von Bertelsmann gründet auf einer über die Jahre gewachsenen und sich kontinuierlich entwickelnden Unternehmenskultur mit den Grundwerten Partnerschaft, Kreativität, Unternehmergeist und gesellschaftlicher Verantwortung. Aus dem partnerschaftlichen Miteinander leitet das Unternehmen die Pflicht ab, für seine Mitarbeiterinnen und Mitarbeiter einen Rahmen zu schaffen, in dem sich alle gesundheitsorientiert bewegen können, aber nicht müssen. Die dezentrale Organisationsstruktur von Bertelsmann bedingt, dass Themen der betrieblichen Gesundheitsförderung nicht „top down" durchgesetzt werden, sondern erklärt und nach erzieltem gemeinsamen Verständnis umgesetzt werden. Im Falle der betrieblichen Gesundheitspolitik bedeutet dies, dass den Leitungs- und Steuerungsgremien die Sinnhaftigkeit der betrieblichen Gesundheitspolitik verdeutlicht werden muss. Schließlich kosten Sportangebote oder Gesundheits-Check-ups Geld. Ohne Bewusstsein für die Relevanz der betrieblichen Gesundheitspolitik wäre es sehr schwierig, ein konzernweites betriebliches Gesundheitsmanagement aufzubauen.

Das betriebliche Gesundheitsmanagement der Bertelsmann AG wird von den zentralen Gesundheitsinstitutionen im Konzern (Sport- und Gesundheitsprogramm, Betriebsärztlicher Dienst, Betriebssozialdienst, Bertelsmann BKK sowie der „BeFit"-Konzerngesundheitsarbeitskreis) strategisch vorgedacht und über Gesundheitsansprechpartner in allen dezentralen Einheiten in den Konzern transportiert. Dabei spielt die Bertelsmann BKK eine besondere Rolle, da gemeinsam Initiativen wie Hautkrebsvorsorge, Grippeschutzimpfung oder Initiativen für mehr Bewegung entwickelt und umgesetzt werden. Die Bertelsmann BKK feierte im Jahr 2007 ihr 50-jähriges Jubiläum und hat somit als Betriebskrankenkasse eine lange Tradition. In den letzten Jahren wurde die enge Zusammenarbeit zwischen Bertelsmann BKK und dem Sport- und Gesundheitsprogramm, dem Betriebsärztlichen Dienst sowie dem Betriebssozialdienst kontinuierlich ausgebaut – mit der Zielsetzung, Bertelsmann-Mitarbeiterinnen und -Mitarbeitern sowie deren Familien eine ideale Basis für eine gesundheitsorientierte Lebensweise zu bieten.

Eine weitere Bertelsmann-Tradition mit Auswirkungen auf den Kontext „Gesundheit" ist die alle vier Jahre stattfindende Bertelsmann-Mitarbeiterbefragung, die bereits seit den 70er Jahren regelmäßig durchgeführt wird. Durch die Mitarbeiterbefragung konnte in den letzten acht Jahren statistisch belegt werden, dass die Bertelsmann-Firmen, die entsprechend der Bertelsmann-Unternehmenskultur partnerschaftlich geführt werden, auch betriebswirtschaftlich bessere Ergebnisse erzielt haben. Darüber hinaus konnten entsprechende Zusammenhänge zwischen partnerschaftlicher Führung, hoher Mitarbeiteridentifikation und Krankheitsquoten in den verschiedenen Bertelsmann-Firmen festgestellt werden. Die Firmen, die einen hohen Identifikationsgrad der Mitarbeiter aufweisen und wo partnerschaftlich geführt wird, haben geringere Krankheitsquoten als Firmen, in denen partnerschaftliche Führung und Mitarbeiteridentifikation geringer ausgeprägt sind. Auch über den Zeitverlauf mehrerer Mitarbeiterbefragungen haben sich diese Ergebnisse bestätigt. Für die Bedarfsermittlung von Maßnahmen im betrieblichen Gesundheitsmanagement hat die Mitarbeiterbefragung über die Werte von Mitarbeiteridentifikation und partnerschaftlicher Führung eine indirekte Aussagekraft. Es gilt, insbesondere die Firmen, in denen diese Werte gering ausgeprägt sind, von der Sinnhaftigkeit betrieblichen Gesundheitsmanagements zu überzeugen.

Vor diesem Hintergrund ist das Selbstverständnis der betrieblichen Gesundheitspolitik bei Bertelsmann, dass gesunde Mitarbeiter zu einem – auch wirtschaftlich – gesunden Unternehmen führen. Es ist somit das Ziel, bei Führungskräften ein stärkeres Bewusstsein für die Relevanz des betrieblichen Gesundheitsmanagements zu schaffen. Führungskräfte sollen innerhalb ihres Verantwortungsbereiches den Dialog mit ihren Mitarbeitern zum Thema Gesundheit suchen und gesundheitsorientierte Maßnahmen, die zentral entwickelt werden, umsetzen (siehe Abbildung 1).

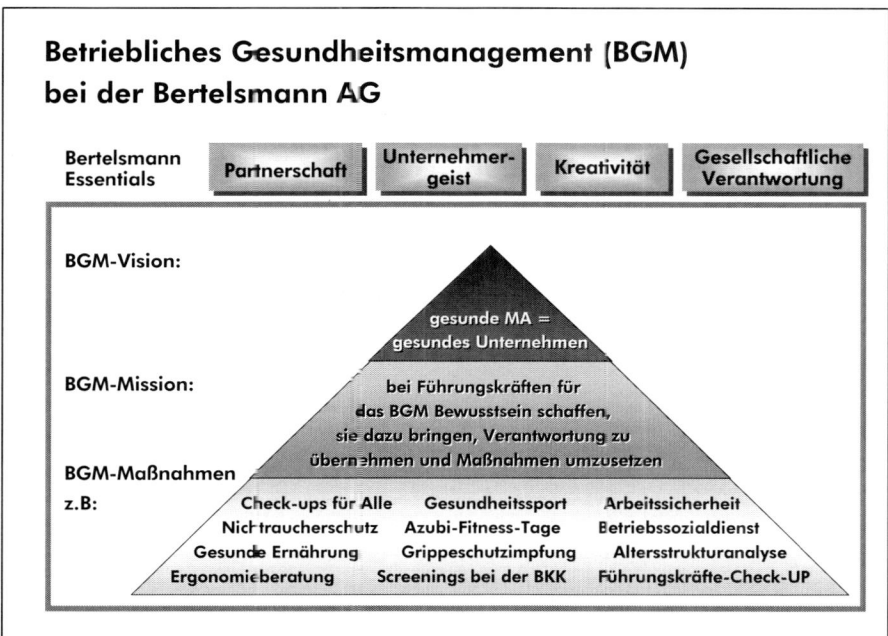

**Abbildung 1** Betriebliches Gesundheitsmanagement (BGM) bei der Bertelsmann AG

Der Gesundheitsjahresbericht ist ein grundlegendes Element des betrieblichen Gesundheitsmanagements und hat folgende Aufgaben:

- Bewusstsein für die Relevanz des betrieblichen Gesundheitsmanagements schaffen
- Transparenz über die BGM-Maßnahmen herstellen
- durch Einsatz von Testimonials emotionalisieren
- zur Umsetzung von Maßnahmen in dezentralen Standorten beitragen
- durch den Kennzahlenanhang Transparenz über Input und Output schaffen

## Fallstudie: „BeFit – Bertelsmann-Gesundheitsjahresbericht 2007"

Der Bertelsmann-Gesundheitsbericht erschien erstmalig für das Jahr 2007 als ganzheitlicher Bericht der Abteilungen Sport- und Gesundheitsprogramm, Betriebsärztlicher Dienst, Betriebssozialdienst, Bertelsmann BKK sowie Konzernarbeitskreis „BeFit". In den Jahren davor gab es lediglich Einzelberichte der genannten Abteilungen. Durch die gemeinsame Fokussierung auf ein einheitliches strategisch ausgerichtetes betriebliches Gesundheitsmanagement mit den oben genannten gemeinsamen Zielen wurde beschlossen, ab 2007 stets einen Gesamtbericht vorzulegen.

### *Vorgehensweise bei der Entwicklung des neuen Gesundheitsberichtes*

Innerhalb einer „Wettbewerbsanalyse" wurden zunächst die alten, separaten Berichte der Bertelsmann-Abteilungen mit den Gesundheitsjahresberichten anderer Unternehmen verglichen. Ergebnis war, dass ein einheitlicher Gesundheitsbericht Sinn macht, da sich Führungskräften und Mitarbeitern die Trennung der Themen des betrieblichen Gesundheitsmanagements in verschiedene Abteilungen oft nicht automatisch erschließt. So hängen die Themen Sport, Ernährung und Gesundheits-Check-ups aus Mitarbeitersicht eng zusammen, werden bei Bertelsmann aber von verschiedenen Abteilungen organisiert. Zielsetzung des neuen Gesundheitsberichtes ist es, aus Mitarbeitersicht das Gesamtthema Gesundheit darzustellen, so dass der Mitarbeiter zunächst eine Übersicht über das komplette Gesundheitsangebot bei Bertelsmann bekommt und sich für detaillierte Informationen an die einzelnen Bereiche wenden kann. Die gemeinsame Arbeit an dem Bericht dokumentiert den ganzheitlichen Ansatz des betrieblichen Gesundheitsmanagements.

Basierend auf der Wettbewerbsanalyse sowie den internen Abstimmungen zwischen dem Redaktionsteam, bestehend aus den Leitern der Abteilungen Sport- und Gesundheitsprogramm, Betriebsärztlicher Dienst, Betriebssozialdienst, Bertelsmann BKK sowie Konzernarbeitskreis Gesundheit, wurde der neue Bericht konzipiert. Wichtig war hierbei die Integration der Kommunikationsabteilung – sowohl im Hinblick auf die Unterstützung bei der Formulierung der Texte als auch in der Funktion als Sparringspartner für die Struktur des neuen Gesundheitsberichtes.

### *Inhalte des neuen Gesundheitsberichtes*

Ein erstes Ergebnis der gemeinsamen Arbeit war, dass von einer reinen Aufzählung der durchgeführten oder neu entwickelten Gesundheitsmaßnahmen Abstand genommen wurde. Um die Führungskräfte, aber auch die Mitarbeiter für das Thema mehr zu sensibilisieren, wurde beschlossen, einen magazinartigen, durch die Verwendung zahlreicher Testimonials emotionalisierenden Gesundheitsbericht zu entwickeln, der jedes Jahr ein anderes Schwerpunktthema beinhalten soll. Die Testimonials sollen den Leser dazu anregen, sich das Heft auch tatsächlich anzuschauen und dabei mehr über die Zusammenhänge zwischen Gesundheit und eigener sowie unternehmensweiter Leistungsfähigkeit zu erfahren.

Der erste Bericht 2007 hat als Schwerpunktthema die demografische Entwicklung. Daran anknüpfend werden durch die Testimonials (die bewusst über alle Altersgruppen hinweg ausgewählt wurden) die Angebote des betrieblichen Gesundheitsmanagements in persönlicher, emotionaler Weise transportiert. Der Bericht startet mit einem Interview zum Thema „Demografie" mit Dr. Immanuel Hermreck, Konzernpersonalchef und Erich Ruppik, Vorsitzender des Konzernbetriebsrats zum Thema „Demografie – Partnerschaftlich handeln für gesunde Mitarbeiter und ein gesundes Unternehmen". Dieses Interview richtet sich sowohl an Führungskräfte als auch an Mitarbeiter und beinhaltet die Entwicklung der Altersstruktur bei Bertelsmann basierend auf einer Altersstrukturanalyse sowie die Positionierung von Geschäftsleitung und Konzernbetriebsrat. Zielsetzung ist es, jedem Mitarbeiter zu verdeutlichen, dass Demografie kein Fremdwort sein darf, sondern jeder Mitarbeiter daraus individuelle Maßnahmen, zum Beispiel für die eigene Gesundheit, ableiten soll.

Nach diesem Einstieg folgen zu sämtlichen Themen des Bertelsmann-Gesundheitsmanagements Informationen sowie Testimonialberichte, in denen Vorgesetzte und Mitarbeiter ihre jeweilige Einstellung zum Thema Gesundheit insgesamt wie auch zum jeweiligen Themenschwerpunkt kommunizieren. Zielsetzung ist es, durch Vorbilder aus dem eigenen Unternehmen Schwellenängste zu beseitigen und gleichzeitig über das jeweilige Thema zu informieren.

Anhand des Themas „Gesundheits-Check-ups für Führungskräfte" lässt sich diese Vorgehensweise verdeutlichen. Führungskräften bietet Bertelsmann ein exzellentes Check-up-Programm an, welches mit bewährten Partnerkliniken seit dem Jahr 2000 kontinuierlich weiter entwickelt wird. In zweijährigem Abstand übernimmt die Firma die nicht durch Krankenversicherungen gedeckten Kosten von Vorsorgeuntersuchungen. Die Check-ups werden, ausgehend vom Grundstandard, je nach Alter, Geschlecht und medizinischer Vorgeschichte individuell zugeschnitten. Die absolute Vertraulichkeit medizinischer Befunde gegenüber der Firma ist selbstverständlich gewährleistet. Die Partnerkliniken in Deutschland wurden vorrangig nach ihrer medizinischen Kompetenz in der Diagnostik ausgewählt.

Im aktuellen Gesundheitsjahresbericht erläutert Sven Deutschmann, Geschäftsführer von arvato digital services, seine Einstellung zum Thema Gesundheits-Check-ups:

„Bei arvato digital services haben wir schon immer viel Wert auf die Arbeitssicherheit gelegt. Doch durch die Gesundheits-Check-Ups, an denen ich seit Einführung regelmäßig teilgenommen habe, ist mir klar geworden, dass im Kontext der demografischen Entwicklung die Gesundheit der Mitarbeiter an sich ein Thema ist, das natürlich für die Betroffenen, aber auch für das Unternehmen eine große Bedeutung besitzt. Die Check-Ups dienen dazu, das Bewusstsein für die eigene Gesundheit zu schärfen. Denn Gesundheit ist nicht einfach ein „nice to have", die Check-Ups sind für mich auch keine Art Incentive, sondern viel mehr: es geht um unser höchstes Gut. Gesund fühle ich mich leistungsfähig in meinem Job. Das ist mir sehr wichtig – ich gestalte mein Leben deshalb durch mehr Bewegung und die richtige Ernährung gesundheitsbewusster als früher. Entsprechend versuche ich als Vorgesetzter auch, diese Einstellung vorzuleben."

Derartige Statements von bekannten Mitarbeitern des Unternehmens helfen oft mehr als lediglich ein rationaler Aufruf, an Check-ups oder anderen Gesundheitsprogrammen teilzunehmen. Neben den Führungskräfte-Check-ups hat Bertelsmann seit 2005 auch ein Check-up-Programm für alle Mitarbeiter eingeführt, so dass die Aussage und das Vorbild eines Vorgesetzten im Gesundheitsbericht sicherlich ein Ansporn für viele weitere Mitarbeiter sind. Ergänzend zum inhaltlichen Schwerpunkt „Demografie" und zu der Darstellung der Angebote durch die Testimonials gibt es als Anhang eine Kennzahlenübersicht zum betrieblichen Gesundheitsmanagement. Angedacht als „Gesundheitsbilanz" von Bertelsmann ist die Kennzahlenübersicht aufgeteilt nach Input (eingesetztes Budget sowie Personalressourcen) und Output (demografische Daten, Anzahl durchgeführter Beratungen, Check-ups, Sportkurse bis hin zu Arbeitsunfähigkeits-Kennzahlen). So lässt sich ablesen, welchen Einfluss das betriebliche Gesundheitsmanagement bei Bertelsmann hat.

Die Kennzahlen für den Gesundheitsbericht ergeben sich in erster Linie aus den Evaluationsergebnissen der Maßnahmen für das betriebliche Gesundheitsmanagement, die regelmäßig erhoben werden. Sämtliche Aktivitäten des betrieblichen Gesundheitsmanagements werden anhand zuvor definierter Kennzahlen analysiert. Auf Basis dieser Analysen ergeben sich dann Weiterentwicklungen im Programm. Am Beispiel der Check-ups für Bertelsmann-Mitarbeiter lässt sich diese Vorgehensweise gut darstellen: Neben der Teilnahmequote werden relevante Eckdaten wie der Anteil der rauchenden Mitarbeiter, der Anteil von Mitarbeitern mit einem deutlich zu hohen Body-Mass-Index oder der Anteil der Mitarbeiter, die regelmäßig Sport treiben, erhoben und für den Bericht aus den vielen vorliegenden Check-up-Ergebnissen verdichtet. Selbstverständlich hat der Betriebsärztliche Dienst neben diesen Kennzahlen noch viele weitere Werte vorliegen – für den Gesamtbericht haben wir uns jedoch aus Platzgründen auf die genannten Werte fokussiert. Die Kennzahlen dienen dann zur Weiterentwicklung von Maßnahmen. So wurde in Kooperation zwischen Bertelsmann BKK und betriebsärztlichem Dienst ein Ernährungsprojekt für die Bertelsmann-Betriebskantinen entwickelt. Zeitgleich haben Sport- und Gesundheitsprogramm und Bertelsmann BKK mit der Planung einer Bewegungskampagne begonnen. Zielsetzung ist es, mittelfristig den Anteil übergewichtiger Mitarbeiter zu reduzieren. Die Kennzahlen des Berichtes werden somit einerseits als Steuerungskoordinaten genutzt und dienen andererseits als Erfolgsmessung für die Aktivitäten im betrieblichen Gesundheitsmanagement. Eine derartige „Gesundheitsbilanz" bietet den Vorteil, dass Geschäftsführer, die es gewohnt sind, über Zahlen zu steuern, einen leichteren Zugang auch zum Thema BGM bekommen. Kosten und Nutzen stehen in direktem Zusammenhang übersichtlich auf einer Seite, so dass auch eine direkte Aussage über den Erfolg des BGM getroffen werden kann.

In den nächsten Jahren werden diese Kennzahlen durch die Vergleichsmöglichkeiten mit den Vorjahren noch erheblich an Bedeutung gewinnen. Die Darstellung dieser Kennzahlen wird – so das Ziel – zu einer intensiveren Diskussion über die hohe Bedeutung und den Nutzen des betrieblichen Gesundheitsmanagements führen.

### Design des neuen Gesundheitsberichtes

Zielsetzung war es, durch Verwendung von Testimonials zu emotionalisieren und durch ein „Magazin-Format" das Interesse des Lesers zu wecken. Anders als die alten Gesundheitsberichte, die in erster Linie eine Aufzählung der durchgeführten Maßnahmen im Sport- und Gesundheitsprogramm oder im Betriebssozialdienst ohne Fotos waren, ist das neue Design durch Verwendung von Testimonials mit Fotos und Originalzitaten, Infokästen und ansprechender Typographie deutlich professioneller und magazinorientiert angelegt. Durch das neue Design soll der Bericht auch Führungskräfte oder Mitarbeiter-Zielgruppen, die sich bislang nicht für das betriebliche Gesundheitsmanagement interessiert haben, ansprechen. So ist es relevant, insbesondere auch jüngeren Mitarbeiterinnen und Mitarbeitern die Bedeutung von Gesundheit näher zu bringen. Bei Bertelsmann wurden entsprechend „Azubi-Fitness-Tage" eingeführt. Auch hier wurde entsprechend mit Testimonials aus der Zielgruppe gearbeitet.

### Ausblick

Der neue Gesundheitsbericht ist eine wichtige Maßnahme, um Bewusstsein bei Führungskräften und Mitarbeitern für das Thema betriebliches Gesundheitsmanagement zu schaffen und die Umsetzung gesundheitsfördernder Maßnahmen auch in den dezentralen Firmen von Bertelsmann weiter zu fördern. Neben dem Bericht, der jährlich erscheinen soll, wurde im Herbst 2008 die Bertelsmann-Gesundheitswebsite „BeFit" (www.beft.bertelsmann.de) gelauncht. Diese Website soll Bertelsmann-Mitarbeitern, deren Familien, aber auch potenziellen Bewerbern oder anderen Interessenten die Angebote des betrieblichen Gesundheitsmanagements näher bringen. Neben Gesundheitsbericht und „BeFit"-Website werden darüber hinaus auch in den dezentralen Standorten Gesundheitswochen mit vielen Angeboten rund um Sport, Ernährung und Gesundheits-Check-ups organisiert.

Mit diesen Maßnahmen wird das strategische und ganzheitliche betriebliche Gesundheitsmanagement der Bertelsmann AG eine noch größere Sensibilität für die Bedeutung von Gesundheitsthemen erreichen. Zielsetzung ist es, den Mitarbeitern ein betriebliches Umfeld zu gewährleisten, welches einen gesundheitsorientierten Lebensstil ermöglicht – getreu dem Motto „Gesunde Mitarbeiter = Gesundes Unternehmen".

**Managementkompetenzen**

# Integration von BGM

Andreas Blume

BIT e.V. Bochum
Wissenschaftliche Leitung
Unterstr. 51
44892 Bochum

## Relevanz des Themas

Betriebliche Gesundheitsmanager haben die Aufgabe, alle gesundheitsrelevanten Organisationsaktivitäten im Auftrag z.B. eines „Arbeitskreises Gesundheit" zusammenzuführen, aufeinander abzustimmen und als kontinuierlichen Verbesserungsprozess datengestützt zu steuern.

Diese zunächst unspektakulär erscheinende Aufgabe erweist sich jedoch i.d.R. schnell als ein diffiziler, viele Interessen und Erbhöfe berührender Prozess der Organisationsentwicklung. So gesehen benötigt man als Gesundheitsmanager nicht nur viel Fingerspitzengefühl, gediegenes Schnittstellenwissen und Empathie, sondern vor allem auch eine nachhaltige Ziel- und Rückendeckung seitens der „obersten Leitung" und der Arbeitnehmervertretung. Doch zunächst einmal zu den Anfängen eines BGM-Prozesses:

Jede Organisation hat ihre eigene „Gesundheits- bzw. Krankheitsgeschichte". Sie zeugt von Unfällen, dokumentiert sich in Verbandsbüchern und vielen Mythen über Fehlzeiten und Frühverrentungen, sie zeugt von der (Un-)Achtsamkeit der Führungskräfte und der Mitarbeiter gegenüber der Ressource Gesundheit und beschreibt die Auswirkungen von Plänen und Entscheidungen der Verantwortlichen zu neuen Technik- und Organisationsformen.

Institutionell wird diese Geschichte im Wesentlichen von den Fachkräften für Arbeitssicherheit, den Betriebsärzten, verantwortungsbewussten Führungskräften und zielsetzend von den betrieblichen „Sozialpartnern" geschrieben: Es gibt ja einen „Arbeitssicherheitsausschuss", der gesetzlich vorgeschrieben das Unfall- und Gefährdungsgeschehen und -potenzial vierteljährlich beraten muss etc. Die Mitarbeiter sind in dieser Story zunächst einmal Objekte von Unterweisungen, Opfer von Unfällen und Gefährdungen, aber auch stets (informelle) Alltagsgestalter von organisationalen und sozialen Arbeitsbedingungen. Externe Berater und Kontrolleure waren und sind die jeweilige Berufsgenossenschaft und die landeseigene „Gewerbeaufsicht" – sofern sie Zeit haben oder gerufen werden.

Diese Grundkonstellation, die sich im Wesentlichen aus dem „Arbeitsschutz", zuletzt entlang des Arbeitssicherheitsgesetzes von 1972, entwickelte, hat sich in manchen Branchen zu sogenannten „Arbeitsschutzmanagementsystemen" ausdifferenziert.

Allen voran hat die chemische Industrie im Zuge ihrer besonderen Gefährdungen für Bevölkerung, Mitarbeiter und Ökologie anlässlich spektakulärer Störfälle in den 70ern sogar „integrierte Managementsysteme" entwickelt, die unter der Abkürzung „QHSE" (Quality-Health-Safety and Environment) vier verschiedene, sich synergisch ergänzende Managementbereiche zu integrieren versuchten. Aus Arbeitsschutzsicht wurden zudem vor allem in Hessen und Bayern aus diesen Branchenerfahrungen mit Unterstützung der Landesregierungen Modelle zum „Arbeitsschutzmanagement" entwickelt und den Betrieben zur Ausformung angeboten (z.B. ASCA/OHRIS, vgl. dazu im Überblick Ritter & Langhoff 1998).

DUPONT – selbst schon seit vielen Jahrzehnten auf dem Gebiet des Unfallschutzes führend unterwegs – gründete gar eine Beratungsfirma, die ihr DUPONT-Modell des Unfallmanagements bis heute erfolgreich vermarktet. Das Gemeinsame an dieser Tradition, in der sich nebenbei bemerkt auch werks- und betriebsärztliche Dienstleistungen zumindest in den Großbetrieben der Chemie-, Stahl- und Automobilindustrie bis zur Jahrtausendwende haben gewichtig entwickeln können, war die Orientierung am Un- bzw. Störfall, an der Mensch-Maschine- bzw. physikalischen Umwelt-Schnittstelle und entsprechend der ingenieurmäßige Skill. Auch wenn diese Tradition nicht in allen Branchen und in kleineren Unternehmen so oder so ähnlich ausgeprägt war und ist und z.B. von der ILO (2008) und im Rahmen einer gemeinsamen Erklärung der Sozialversicherungsträger (2002) aufzubrechen versucht wird, so ist sie doch überall ein beachtenswerter Teil der „Gesundheitsgeschichte" eines Betriebes, die ein BGM nun neu zu schreiben sich anschickt. Ein Gesundheitsmanager ist also nicht der Erste und keineswegs der Einzige, der sich mit Gesundheit im Betrieb befasst!

Der wertschätzende Respekt vor diesen „Geschichten" ist entsprechend eine zentrale Erfolgsvoraussetzung eines BGM-Prozesses. Dasselbe gilt natürlich auch gegenüber den ggf. vorhandenen Aktivitäten und Aktivisten der „Gesundheitsförderung" sowie den Schwerbehindertenvertretern und der Sozialberatung. Auch erfahrenen Führungskräften kann BGM nur dann etwas bieten, wenn es ihnen ihre gesundheitsbezogene Führungsarbeit erleichtert, zumindest aber sie bedarfsgerecht unterstützt und anerkennend ihre Erfahrungen nutzt. Wenn man dagegen allein mit dem „Mängelblick" und „Defizitlisten" im Kopf BGM betreibt, wird man in gewachsenen Organisationen selten ein integriertes und integrierendes Gesundheitsmanagement auf den Weg bringen können.

Doch Respekt und Wertschätzung infolge einer mit den bisherigen Akteuren erarbeiteten Ist-Analyse darf nicht den Blick für die neuen Aufgaben und

Herausforderungen der BGM-gestützten betrieblichen Gesundheitspolitik verstellen:
- evidenzbasierter, kennzahlengestützter und leitliniengetriebener Verbesserungsprozess mit Anschluss und Integration z.B. in eine „Balanced Score Card"
- Integration der Gestaltungsfelder Technik-Human-Sozialkapital bzw. Technik, Organisation, Personal (TOP) ergänzt durch Führung und Unternehmenskultur
- Integration der pathogenen und der salutogenen Sicht auf die Menschen und die Organisation unter Berücksichtigung der spezifischen Bedingungen von jungen und älteren Mitarbeitern und Mitarbeiterinnen
- Integration von gesundheitsbezogenen Dienstleistungen, nicht nur der Fachkräfte für Arbeitssicherheit und Betriebsärzte zu verschiedenen „Gefügeleistungen" z.B. dem Gesundheitsbericht oder einem Betrieblichen Eingliederungsmanagement (BEM)
- Integration in den Alltag von bereits existierenden Managementsystemen, der Führungsarbeit und von Veränderungsprojekten.

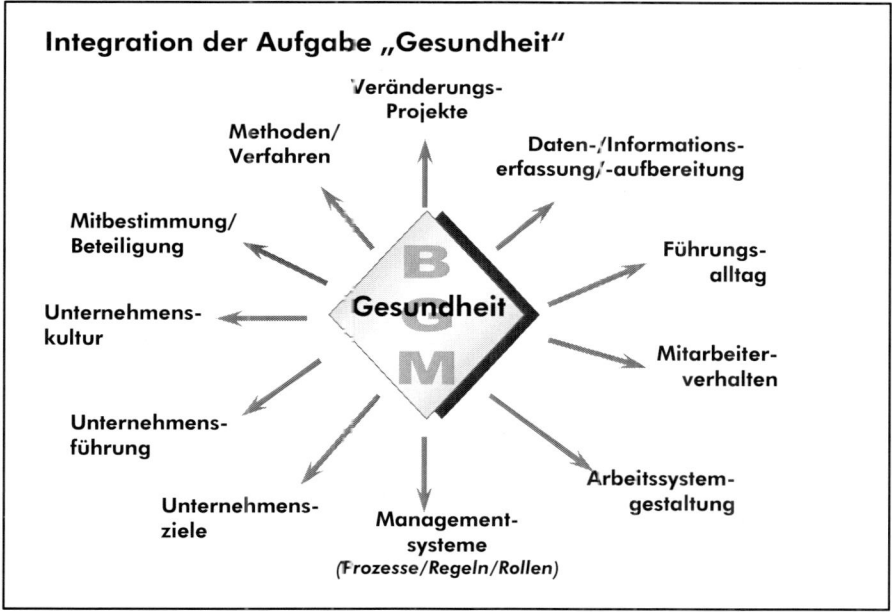

**Abbildung 1** Integration der Aufgabe „Gesundheit"

Bei aller integrierenden Orientierung muss BGM, wie gesagt, anschlussfähig für die derzeitigen Akteure der Organisation bleiben, d.h., die vielfach berechtigten Ängste vor „Überforderung" oder/und Verlusten an Kompetenz und Macht sollten nicht nur von Gesundheitsmanagern berücksichtigt werden.

## BGM-Integration in den Organisationsalltag (KAM-Modell)

Geht man zunächst von den gesetzlichen Vorgaben, insbesondere des EU-getriebenen Arbeitsschutzgesetzes von 1996 aus, so zeigt sich erstaunlicherweise ein weitreichender Integrationsanspruch der präventiven Gestaltung von Arbeits- und Organisationsbedingungen:

„Maßnahmen sind mit dem Ziel zu planen, Technik, Arbeitsorganisation, sonstige Arbeitsbedingungen, soziale Beziehungen und den Einfluss der Umwelt auf den Arbeitsplatz sachgerecht zu verknüpfen." (§ 4 Punkt 4 ArbSchG).

Diesen Anspruch inhaltlich zu präzisieren sind andere Beiträge dieses Buches aufgerufen, aber organisationsbezogen gewendet bedeutet diese gesetzliche Vorgabe eine immense Integrationsleistung: Kooperation verschiedener Akteure stiften, Gesundheit als fachliche und funktionale Querschnittsaufgabe praktizieren und (integrierte) Dienstleistungen für die Verantwortlichen in Führung und Leitung bieten. Bedenkt man zudem, dass auch das Arbeitsschutzgesetz den PDCA-Zyklus als Nachweis verlangt (Faber & Blume 2001 S. 25 ff.), wird deutlich, dass BGM keine Kürveranstaltung ist, sondern schon aus der Generik seiner ganzheitlichen Gesundheitsorientierung heraus integrierende Organisationsleistungen auf folgenden drei Dimensionen sachlich erforderlich macht und auf entsprechende Entwicklungsstufen (1–4) orientiert:

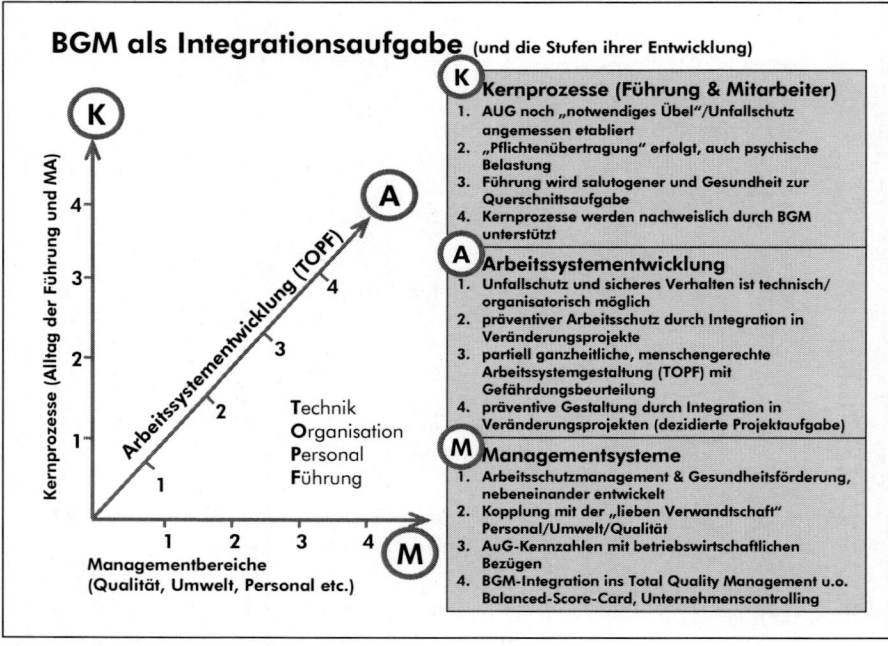

**Abbildung 2** BGM als Integrationsaufgabe und Stufen ihrer Entwicklung

Will man beispielsweise einen Gesundheitsbericht erstellen und/oder eine ganzheitliche Gefährdungsbeurteilung durchführen und daraus angemessene Maßnahmen zur nachweislichen Verbesserung der Arbeitsbedingungen ableiten, so bedarf es zumindest einer „Gefügeleistung" verschiedenster Managementbereiche M, d.h., das Personalwesen, die Krankenkasse und vielleicht auch das Qualitätsmanagement und das Produktionscontrolling liefern Daten, die nicht nur formal zusammenpassen, sondern ein valides Bild der gesundheitlichen Situation und Perspektive ergeben und woraus sich entsprechende Maßnahmen zur Verbesserung ableiten lassen. Die folgende Grafik soll diese „Gefügeleistung" als BGM-gesteuerten Prozess verdeutlichen:

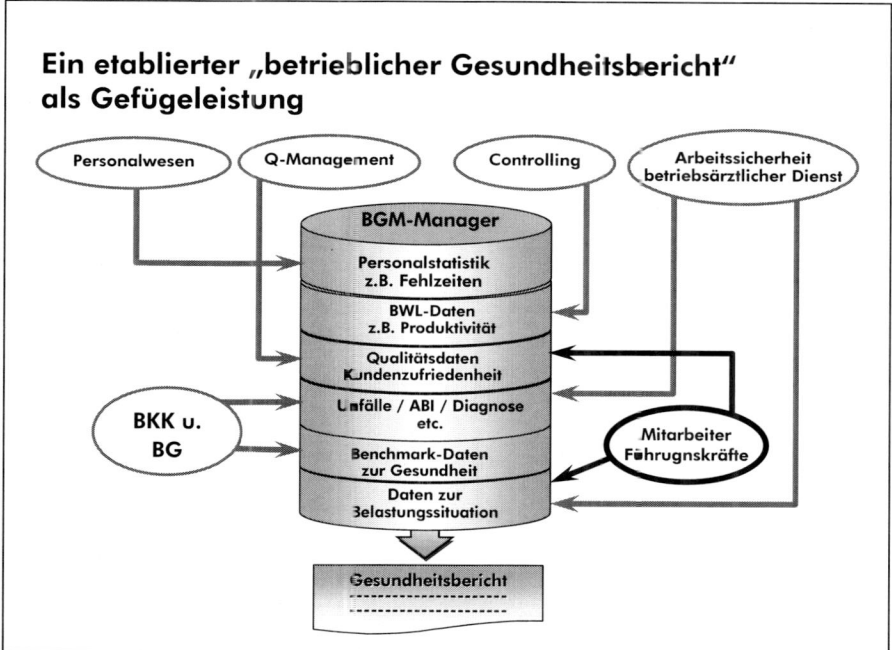

**Abbildung 3** Ein etablierter „betrieblicher Gesundheitsbericht" als Gefügeleistung

Damit es aber zu einer solchen temporären berichtsbezogenen Zusammenarbeit kommt, bedarf es nicht nur eines Auftrages der Unternehmensleitung, sondern vor allem eines gemeinsamen „Sinns" und akzeptierten fachlichen Konzeptes, bevor beispielsweise eine Personalabteilung oder das Qualitätswesen „eigene" Daten spezifisch aufbereitet und dem BGM zur Verfügung stellt.

Solche punktuellen Kooperationen sind zugleich ein erfolgreiches Übungsfeld erweiterter Integration von Managementbereichen (Blume & Schleicher 2003) mit dem Ziel einer Verbesserung der Gesundheit aller Organisationsmitglieder.

Die Integrationsdimension „Arbeitssystementwicklung" A – das Herzstück einer jeden Präventionsarbeit – erfordert die klare Aufgabe für jedes Veränderungsprojekt, nicht nur seine möglichen Auswirkungen auf die Gesundheit der Mitarbeiter und Führungskräfte abzuschätzen, sondern in erster Linie schon selbst im Laufe des Projektes gesundheitsförderliche Verbesserungen der jeweiligen Arbeitssysteme im Sinne des oben zitierten „Maßnahmenbegriffs" zu entwickeln.

Auch hierfür sei am Beispiel eines IT-Projektes eine gesundheitsintegrierende „Gefügeleistung" schematisch vorgestellt, die BGM als Dienstleistung für die Projektarbeit wichtig werden lässt.

Fachliche kooperations- bzw. gesundheitsrelevante Gestaltungsfelder sind dabei beispielsweise (vgl. dazu Carlberg et al 2001 sowie Blume 1999):

- Softwareergonomie bezogen auf die Dialogschnittstelle, den Workflow etc.
- Handlungsspielräume bezogen auf sachliche Entscheidungen, zeitliche und reihenfolgenbezogene Arbeitsweisen
- Kompetenzentwicklung der Anwender
- partizipative Systementwicklung
- soziale Beziehungen, die durch die Technik gefördert oder behindert werden können.

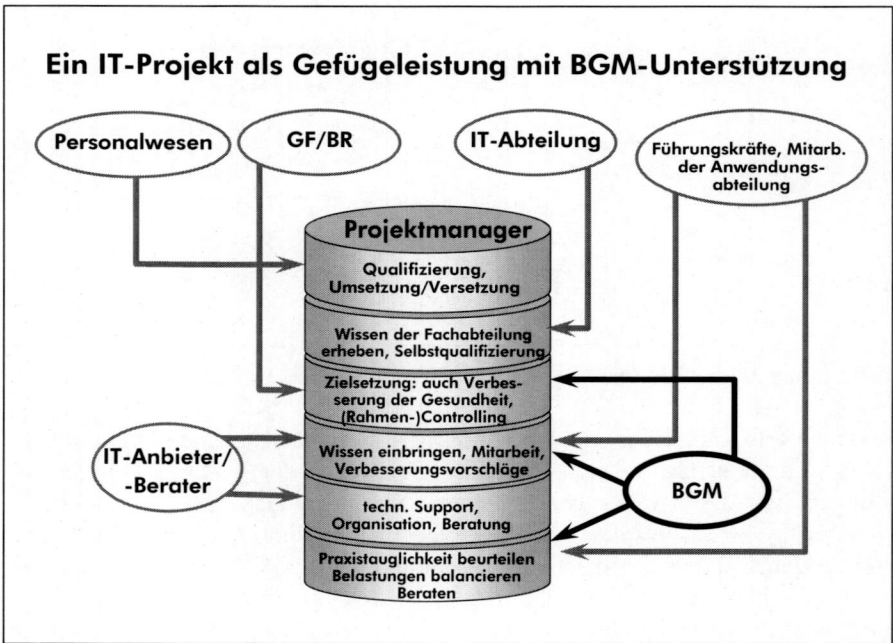

**Abbildung 4** Ein IT-Projekt als Gefügeleistung mit BGM-Unterstützung

Da all diese Gestaltungsfelder/Stellschrauben in einem IT-Projekt sowieso, also auch ohne jegliche Gesundheitsorientierung, bearbeitet werden müssen, ist es i.d.R. bei entsprechend fachlicher Kompetenz und klarer Beauftragung nicht aufwändiger, diese Arbeiten mit gesundheitsförderlicher Orientierung zu betreiben. Vielfach bedarf es dazu noch nicht einmal des hierfür recht einfach darstellbaren „Business case" (vgl. Abele et al 2007). Die Anwender aber haben einen spürbaren Nutzen durch effizientere Arbeit und den Abbau von psychischen Belastungen. Schließlich ergibt sich aus den schon oben angeführten Projektleistungen unter der BGM-Fahne – ein entsprechendes Controlling vorausgesetzt – schon ein spürbarer Mehrwert/Nutzen für die betrieblichen Kernprozesse, also die produkterstellenden bzw. kundendienstleistenden Organisationsbereiche, also die IT-anwendenden Fachbereiche.

Doch die Integrationsdimension „Kernprozesse" K umfasst mehr als „nur" die Vorstellung, dass ein „robustes Unternehmen" (vgl. Blaxhill & Hout 1992) seine internen und externen Dienstleistungen – so auch das BGM – auf die Unterstützung der wertschöpfenden Prozesse orientieren soll, sondern fokussiert vor allem auf die Rolle der Führungskräfte und Mitarbeiter im BGM-Prozess.

So ist z.B. salutogenes Führen nicht allein vom Verhalten der Führungskräfte abhängig, sondern gleichermaßen vom dazu passenden Verhalten der Mitarbeiter, des Teams oder der Gruppe.

So liegt beispielsweise die alltägliche Achtsamkeit („Awareness") aller Akteure in den Kernprozessen nicht nur gegenüber Qualität, Unfall- oder sonstigen physikalischen Gefährdungen, sondern auch hinsichtlich psychischer Fehlbelastungen und ihrer Beanspruchungsfolgen ebenfalls nicht allein in der Verantwortung der Führung, sondern auch in der Qualität der horizontalen sozialen Beziehungen.

Diese sind aber nicht unwesentlich von den Freiheitsgraden und den kommunikationsstiftenden bzw. -verhindernden Bedingungen des jeweiligen Arbeitssystems (TOP) abhängig usw., und so schließt sich der Zirkel der gesundheitsrelevanten Gestaltungsbereiche aus systemischer Sicht. Diese (Lern-)Prozesse behutsam zu unterstützen und entlang der Entwicklungsstufen des KAM-Modells zu orientieren, ist „klassische" BGM-Aufgabe.

## Integration der Gesundheitsdienstleistungen (ISO-Modell)

Aber wer soll das alles machen? Zusätzlich ohne spezifische arbeitswissenschaftliche und medizinische Qualifikation? Gar bloß mit dem allgemeinen Auftrag „Herr Schulz, machen Sie mal BGM ..."?

Aus dem oben entwickelten KAM-Integrationsansatz wurde schon deutlich, dass der betriebliche Gesundheitsmanager keineswegs allein die Vielfachlichkeit und organisationsbezogene Kompetenz verkörpern kann, um BGM alleine zu praktizieren – auch nicht in einem Kleinbetrieb!

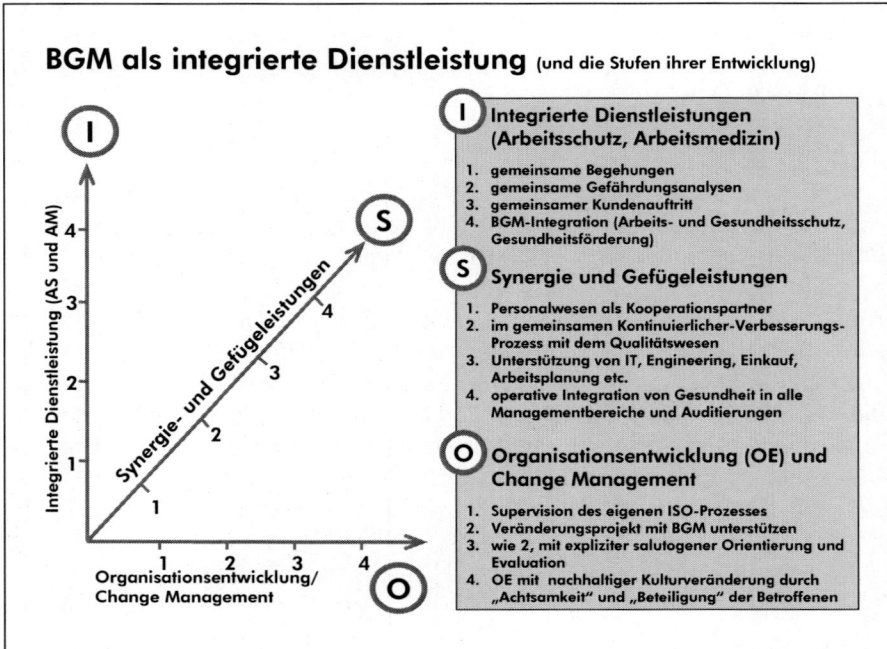

**Abbildung 5** BGM als integrierte Dienstleistung und Stufen ihrer Entwicklung

BGM ist immer ein kooperatives Gefüge verschiedenster Organisationseinheiten, engagierter (Einzel-)Akteure, schließlich mehr oder minder aller Organisationsmitglieder. Aber gerade dieses betriebsspezifische, sich stets entwickelnde Gefüge bedarf der Orientierung, Koordination und einer Organisationsform. Doch zunächst wieder zurück zu der betrieblichen „Gesundheitsgeschichte": In den meisten Unternehmen ist sie geprägt

1. von dem Risiko, das die jeweilige Produktionsweise für den Menschen und die Natur darstellt, sowie ggf. damit zusammenhängenden (traumatischen) Ereignissen
2. von den verantwortlichen Personen an der Spitze der Organisation (Geschäftsführung u. Arbeitnehmervertretung)
3. von dem Zusammenspiel von Führungskräften und Mitarbeitern
4. und i.d.R. erst dann von den ASiG-Akteuren (Fachkraft u. Betriebsarzt) und den anderen Beauftragten.

Doch quasi als geronnene Unfall- und Gesundheitsgeschichte der Organisation sind betriebsärztliche Dienste und die Arbeitssicherheit entweder bedeutende Akteure/Organisationseinheiten oder unbedeutende „Pflichtberater", die man nun mal haben bzw. bezahlen muss. In beiden (extremen) Fällen wird die Realisierung der Dimension „Integrierte Dienstleistung" I ein schweres Unterfangen: Es fällt schon manchen Betrieben schwer, gemeinsame „Begehungen" der Arbeitsstätten mit Betriebsärzten und Fachkräften durchzuführen oder gar eine gemeinsame Gefährdungsbeurteilung zu konzipieren und umzusetzen. Ein gemeinsamer Kundenauftritt (one face to the customer) oder gar Arbeiten unter einer Leitung ist auch in Großbetrieben bezüglich Arbeitssicherheit und betriebsärztlichen Diensten nur selten zu finden: jeder für sich, selbst dann noch, wenn sie beide unter Kosten- und Rationalisierungsdruck geraten.

Entwicklungen eines BEM oder der Ausbau der Gesundheitsförderung wird üblicherweise den Ärzten zugeschlagen und alles, was nach Gefährdungen „riecht", der Arbeitssicherheit. Das Linienmanagement beklagt entsprechend zu Recht die fehlenden Synergien: „Morgens kommt die QS, mittags die Sicherheit und am Schichtende will der Werksarzt noch eine Unterweisung machen." So nutzt jeder aber auch geschickt die entstehenden Lücken und Spielräume in der Organisation aus, nicht zuletzt, um den eigenen Bestand zu sichern.

Und das BGM? Es läuft Gefahr, sich zwischen diesen traditionellen Gesundheits-Dienstleistern aufzureiben oder, wenn die Ärzte BGM für sich reklamiert haben, in die bloße „Gesundheitsförderung" mit dem Schwerpunkt Verhaltensprävention abzugleiten. Eine weitere Variante ist der Aufbau einer „BGM-Parallel-Welt" mit allen formalen Strukturen und Sitzungen, ohne jedoch die etablierten Kräfteverhältnisse, Praktiken und Erbhöfe zu berühren, gar zu gefährden. Man organisiert so „gemeinsam" Kampagnen, Gesundheitstage und Hochglanzbroschüren.

Dies sind keine Anklagen an die Akteure, sondern systemisch gesehen (historischer) Kontext einer jeden BGM-Entwicklung. So gesehen bedarf es einmal mehr einer klaren und nachhaltigen Orientierung der „obersten Leitung", z.B. im Rahmen eines die zentrifugalen Kräfte der Organisation bindenden „Arbeitskreises Gesundheit".

Für die Integrationsdimension „Synergie" S sind keineswegs allein die klassischen Gesundheitsakteure zuständig. Der Personalabteilung fällt hier zunächst eine wichtige BGM-Rolle zu. Sie ist ja „von Hause" aus selbst ein interner Dienstleister mit einem Pflichtabnahmeanteil und einem Kürangebot, das sie neuerdings auch unter dem Label „Businesspartner" zu vermarkten sucht. Aber großen Einfluss auf die gesundheitsrelevanten Entwicklungen der Arbeitssysteme und der Organisation haben Humanressource-Abteilungen traditionellerweise in Deutschland eher selten. Also haben wir es unter Synergie- und BGM-Perspektive mit einer Organisationseinheit zu tun, die es sich nicht erlauben kann, Macht und Ressourcen abzugeben. Sie muss im BGM-Prozess selbst Vorteile sehen: eine Verstärkung beispielsweise ihrer Personalentwicklungsaktivitäten und der Führungskräftebetreuung oder ihrer Datenkompetenz über die Standard-Fehlzeitenberichte hinaus. Oder andersherum, BGM sollte sich nicht als Super-Dienstleister inszenieren, nicht versuchen, alle (potenziellen) Integrationspartner in den Schatten zu stellen oder gar unter die „Knute" des BGM zu zwingen.

Synergien heben heißt, etwas gemeinsam besser machen zum Nutzen des Kunden, aber auch der Kooperationspartner.

Diese z.B. über temporäre Gefügeleistungen zu entwickelnden Synergien für eine integrierende Gesundheitspolitik und Praxis betreffen potenziell alle betrieblichen Dienstleistungen (QS, IT, Instandhaltung, Beschaffung, Controlling etc.) und Unterstützungsprozesse, vor allem aber die „Kunden" selbst.

Wenn die Kunden des BGM, also Führungskräfte, Fachabteilungen, Mitarbeiter, eingedenk eines ganzheitlichen Gesundheits- und Maßnahmenverständnisses klar ihren Bedarf formulieren würden, wäre die BGM-Welt einfacher.

Die Realität ist aber zumeist Unsicherheit und eine Suchbewegung auf beiden Seiten: der Kunden und der BGM-Dienstleister.

Unter solchen Bedingungen haben es, frei nach Kurt Lewin, „negative Kräfte" einfach, ihr Spiel gegen den BGM-Prozess zu spielen: „Feigenblatt für Vorstand xy" – „Alter Wein in neuen Schläuchen" – „Noch mehr Zusatzaufgaben – mehr Bürokratie und Kontrolle" – „Und die Kosten!".

**Beispiel einer BGM-Ziel-Dienstleistungsmatrix** (Grobkonzept)

| Abteilungs-ziel | Indikatoren/ Nachweise | BGM-Dienstleistungen | | | | |
|---|---|---|---|---|---|---|
| | | Arbeitsmedizin | Arbeitsschutz | Gesundheits-förderung | BGM-Beauftragter | Andere |
| z.B. robuste Prozesse | Störungsfreie Produktion<br>• Maschinenlaufzeit Stillstandzeit<br>• Ausschuss<br>• Menge<br>• Termintreue<br>• Personalreserve<br>• Fehlzeiten<br>• Unfälle<br>• Verbandsbuch | z.B. belastungsgerechte Mengenvorgaben: altersgruppen und eingliederungsbezogene Optimierung des Schichtsystems und Betreuung der Mitarbeiter | z.B. ergonomische und sichere Maschinen, Anlagen (CE) mit hoher Verfügbarkeit; Unterstützung der Instandhaltung | z.B. Rückenschule, Gesundheitszirkel, präventive Maßnahmen gegen Verschleißerscheinungen | Koordination der Diensleistungen z.B. im Zuge eines Veränderungsprojektes Evaluation der Effekte | ... |
| | Verbesserungsvorschläge und Maßnahmen<br>• BVW-Vorschlagsrate<br>• Umsetzungsrate der Vorschläge<br>• KVP-Nutzenkennziffern | beteiligungsgestützte Diagnoseverfahren Stärkung der Eigenverantwortung | Gefährdungsbeurteilung mit Beteiligung der MitarbeiterInnen und unter Berücksichtigung der Altersbesonderheiten | Gesundheits-Bonus Ideenwettbewerb ... mit Unterstützung der Krankenkassen | Koordination mit anderen Dienstleistern, Integration von KVP-Prozesse | ... |
| | etc. | | | | | |

**Abbildung 6** Beispiel einer BGM-Ziel-Dienstleistungsmatrix

Die „positiven Kräfte" gleiten dann leicht ins Moralische ab und beschwören den betriebswirtschaftlichen Zusatznutzen von BGM, jedoch ohne jeden praktischen Nachweis, weil sie ja nicht zum Zuge kommen.

Dieser Systemzustand eines BGM – leider nicht nur in den Anfangsphasen verbreitet – kann zwar erfahrungsgemäß kurzfristig über ein „Machtwort" der oberen Leitung entschärft werden, nachhaltig jedoch nur über eine kontinuierliche und solide Statusanalyse der gesundheitlichen Situation und Perspektive der Organisation überwunden werden.

Die Gefährdungsanalyse gemäß Arbeitsschutzgesetz (§§ 5 u. 6) und der Gesundheitsbericht können entsprechend ein probater Einstieg in die Entwicklung abgestimmter Bedarfe und erster effizienter Maßnahmen zur Verbesserung der Gesundheitsbedingungen sein.

Der oft heilsame Zwang nach einer seriösen Gefährdungsbeurteilung mit Berücksichtigung der psychischen Belastungen, sich mit allen Beteiligten auf zielführende, d.h. belastungsmindernde Maßnahmen zu einigen, kann – wenn durch BGM gestützt und gefördert – einen nachhaltigen Dialog zwischen „Dienstleistern und Kunden" in Gang setzen. Dies kann z.B. in die Entwicklung einer „Ziel-Dienstleistungsmatrix" quasi als gemeinsame „Geschäftsgrundlage" münden und so die Zusammenarbeit sogar längerfristig orientieren.

Für diesen Dialog ist es aber entscheidend, dass die BGM-Dienstleister begreifen, dass Gesundheit nicht das primäre Ziel der Organisation sein kann und gesundheitsförderliche Maßnahmen sich in andere Zweckzusammenhänge einordnen, zuweilen auch unterordnen müssen.

Dies bedeutet im Kern die Frage zu stellen: „Was kann ich bzw. das BGM dazu beitragen, dass Du Deine Vorgaben bzw. die Abteilung XY ihre primären Ziele besser erreichen kann?"

Umgekehrt sind jedoch auch die „Kundschaften", insbesondere die Führungskräfte gefordert, Gesundheitsförderung als Querschnittsaufgabe des eigenen Handelns zu verstehen. Das wiederum bedeutet beispielsweise bei gleichgerichteten Handlungsalternativen diejenige zu wählen, die für die Gesundheit der Mitarbeiter günstiger erscheint. Im Zweifel kann man den Rat der professionellen Gesundheitsakteure dazu einholen.

Aus dieser Perspektive ist es für die Entwicklung eines BGM entscheidend, eine Passung zwischen den Interessen und Zwängen der Linienorganisation sowie den Erfordernissen „menschengerechter" Arbeit und Leistungserwartungen immer wieder von neuem herzustellen.

Diese erfordert von Seiten des BGM und seiner Akteure eine Beharrlichkeit im Verstehen, Einwirken und Anbieten, und dies i.d.R. ohne die Befriedigung schneller Erfolge.

Da man aber als Gesundheitsmanager kein Übermensch sein kann und soll und zudem selbst allen positiven, aber auch negativen Kräften der Organisation ausgesetzt ist, wird es unter der Perspektive BGM als Organisationsentwicklung O mehr als überfällig, das Rollenset eines BG-Managers zu betrachten.

Es macht Sinn, folgende Rollen eines betrieblichen Gesundheitsmanagements zu unterscheiden:

**Die Fachrolle**

Sie umfasst nicht nur die Primärqualifikation, z.B. Psychologe, Arzt, Verwaltungswirt, Ingenieur …!, sondern auch die Fähigkeit und das Wissen, um Brücken zwischen den verschiedenen betrieblichen Wissensgebieten und den anderen Fachakteuren zu schlagen. Dieses Schnittstellenwissen, das zur persönlichen Anschlussfähigkeit mit dem Linienmanagement sowie der Arbeitssicherheit, dem Qualitätswesen oder der Personalabteilung erforderlich ist und sich im Prozess vertieft, ist zugleich erwartbare Funktion. Es bedeutet, Auskunft geben zu können, zu beraten, Unsicherheiten abzubauen, Expertenwissen einzuholen, also als BG-Manager fachliche Expertise zu verkörpern, ohne die Unglaubwürdigkeit der Allwissenheit anzustreben oder gar betriebsinternen Fachmenschen ihr Terrain abspenstig zu machen.

Da heutzutage in den wenigsten Organisationen arbeitswissenschaftliches Wissen zur gesunden Gestaltung von Arbeitssystemen vorliegt – in den 70ern und 80ern des vorigen Jahrhunderts war das zumindest in den Großbetrieben noch anders –, muss der BG-Manager keineswegs persönlich diese Lücke schließen, aber so viel von der Sache verstehen, dass er dazu beitragen kann, dass diese Fähigkeiten sich in der Organisation (wieder) entwickeln oder/und durch externe Beratung zugesteuert werden.

**Die Managementrolle**

Hier wird nicht nur das sprichwörtliche Organisationstalent erwartet und die Fähigkeit, Projekte zu entwickeln und zu leiten, sondern vor allem BGM über die betrieblichen Routinen (z.B. Steuerkreise/Bereichsleitermeetings) im Unternehmen zu verkörpern und auftragsbezogen zu steuern.

Beispielsweise fällt die Organisation der Gefügeleistung „Gesundheitsbericht" oder die Entwicklung und projektmäßige Pilotierung eines „Betrieblichen Eingliederungsmanagements" genauso schwerpunktmäßig in diesen Rollenbereich wie die Vorbereitung der Sitzungen des zentralen BGM-Entscheidungsgremiums oder die Zertifizierung des BGM nach British Standard oder SCC.11. Doch die Fokussierung dieser Rolle auf die operativen BGM-Funktionen macht zugleich deutlich, dass damit nicht alles abgedeckt wird, was für einen erfolgreichen BGM-Prozess erforderlich ist.

**Die Rolle des Organisationsentwicklers**

Sind die ersten beiden Rollen in der Regel explizite Rollen, die auch ihren Niederschlag beispielsweise in einer Stellenbeschreibung finden könnten, so ist die Rolle „Organisationsentwickler" in vielen Unternehmen eher unbekannt oder wird von der sogenannten „Orga-Abteilung" schon abgedeckt.

In beiden Fällen jedoch sollte der BGM demnach so weit wie möglich auch diese Rolle spielen, vor allem aber den damit verbundenen Standpunkt einnehmen.

Als interner „Change-Agent" oder „Prozessbegleiter" im Dienste des BGM-Prozesses ist man kein „Undercover-Agent" und damit eine „Bereicherung" des betrieblichen Kleinkrieges um Macht und Ansehen, im Gegenteil: Die Integrität der Person, die Transparenz von Zielen und Vorgehensweisen und der Respekt sowie die Wertschätzung gegenüber den Akteuren der bisherigen „Gesundheitsgeschichte" der Organisation sind die Basis bzw. die Ausgangsbedingungen dieser Rolle.

Wenn Organisationsentwicklung sich den „geplanten sozialen Wandel von und in Organisationen unter Beteiligung der Betroffenen" zur Aufgabe macht (vgl. dazu u.a. Kühl et al 2009), ist der BGM-Prozess gut beraten, sich entsprechend aufzustellen. In allen hier vorgestellten Integrationsdimensionen ist die zentrale BGM-Aufgabe, Gesundheit zu fördern und nachhaltig zu verankern. Entsprechend kommt BGM nicht an „Beteiligung" vorbei. Man kann zwar als Arbeitnehmervertretung Maßnahmen, Gefährdungsbeurteilungen, Pflichtdelegation etc. über das Arbeitsschutzgesetz und das Initiativrecht aus dem Betriebsverfassungsgesetz (§ 87.1.7) per Gericht oder Einigungsstelle einklagen und so gegen den Widerstand der Geschäftsleitung durchsetzen (vgl. Kohte 2009), aber mit einer solchen Intervention erreicht man jedoch keineswegs automatisch die nachhaltige Verankerung einer präventiven Gesundheitspolitik.

Abgesehen davon, dass solche „Mittel" nicht zum Inventar eines Gesundheitsmanagers gehören, (ver-)bleibt ihm die zentrale Aufgabe in dieser Rolle, durch Beteiligung BGM zu entwickeln. Diese OE-bezogene Beteiligung hat zumindest zwei beachtenswerte Ebenen:

1. die organisationsbezogene Ebene: die Organisationseinheiten, Stäbe, Fachbereiche, Beauftragten, die z.B. in die BGM-Gefügeleistungen eingebunden werden sollten
2. die personale Ebene: die Akteure, die beteiligt werden sollten, wie z.B. die Verantwortlichen der Kooperationsbereiche, die Führungskräfte und Mitarbeiter.

Auch wenn man in vielen Fällen zunächst beide Ebenen nur schwer trennen kann, ist es für eine erfolgreiche OE wichtig, die Eigendynamik (Geschichte, Ziele, Kontextbedingungen) der Organisationsbereiche sowie entsprechender Schlüsselpersonen verstehen zu lernen.

Beispielsweise lässt sich mit Führungskräften der Linie gut arbeiten, wenn man als BG-Manager sowohl ihre eigene Gesundheit thematisiert als auch ihre zumeist widersprüchlichen Rollenerwartungen/Pflichten und Verhaltenszwickmühlen als Vorgesetzte zu verstehen sich anschickt (vgl. Matyssek 2007).

Darüber hinaus ist es wichtig, die Entwicklungsperspektiven der jeweiligen Organisationseinheit in Erfahrung zu bringen, um deren Dynamik zu verstehen und mögliche Alternativen gesundheitsbezogen bewerten zu können. Beteiligung in dieser Form bedeutet, die jeweils eigene Energie und Entwicklungsrichtung von Personen und Organisationen mit BGM zu unterstützen, sie ggf. neu zu orientieren und schon vorhandene Alternativen gesundheitsbezogen zu akzentuieren. Insofern trägt dieses Rollensegment Elemente des „systemischen Coachings".

## BGM - Integrationsprobleme und Chancen

| Negative Kräfte | Positive Kräfte |
|---|---|
| • der Kampf um die Ressourcen | • Synergien/Einsparungen durch Kooperation und Integration (Instrumente, Vorgehensweisen, Projekte etc.) |
| • die Konkurrenz um die Zeit und Wertschätzung der Kunden (z.B. Linen-Management) | |
| • Überforderung durch Integration und Kooperation (zeitlich/ fachlich) | • größerer Kundennutzen |
| | • neues Angebot |
| • Unterlaufen von Abnahmeverpflichtungen als geduldete betriebliche Praxis | • Zeit- und Kostenersparnis |
| | • effiziente „Pflichtenerfüllung" |
| • Angst vor der „Selbstaufgabe" durch Integration/Kooperation von Personen und Abteilungen | • gemeinsam stärker werden |
| | • Gesundheit als persönlicher Anreiz |

**Abbildung 7** BGM – Integrationsprobleme und Chancen

Doch sind Organisationen nicht nur Bühnen friedlicher und planvoller Entwicklung, wobei die gesundheitsrelevanten „Organisationspathologien" wie Mobbing, Dienst nach Vorschrift, innere Kündigung, übersteigerte Leistungsverausgabung etc. häufig „nur" die personalen Auswirkungen von anderen Organisationsdeformationen sind:

Kooperationssperren, Machtspiele, Wissenszurückhaltung und -manipulation, Ressourcen- und Aufgabenkonkurrenz, Zerstörung von Netzwerken und salutogenen sozialen Beziehungen etc. In diesem alltäglichen „Kleinkrieg" muss sich BGM nicht nur behaupten – BGM benötigt ja auch Ressourcen für sich selbst und bei seinen Kunden –, sondern vor allem konfliktlösend wirken, um die erforderlichen Kooperationen für die Gefügeleistungen stiften zu können.

Für die Praxis dieses Segments in der OE-Rolle – die Mediation – hat sich die Einrichtung eines „BGM-Integrationsteams" bewährt, in dem alle Beteiligten am BGM-Prozess repräsentiert sein sollten. Hier können die Zielvorgaben der Unternehmensleitung und Arbeitnehmervertretung (z.B. des Arbeitskreises Gesundheit) umsetzungsorientiert diskutiert, Aufgaben verteilt und vor allem ggf. betriebliche Konflikte untereinander konstruktiv bearbeitet werden (vgl. hierzu den Betrag von Münch in diesem Buch). Diese Mediationsrolle ist jedoch nur dann vom BG-Manager wirksam spielbar, wenn seine Interessen und Ziele glaubhaft, allen Beteiligten klar sind und weitgehend akzeptiert werden. Sonst wird er – wie sonst üblich – als bloßer neuer „Günstling" auf dem Feld des Nullsummenspiels um Macht und Ressourcen gesehen und entsprechend behandelt.

## Fazit

Wenn BGM als ein geplanter Prozess organisationaler und damit auch sozialer Entwicklung verstanden wird, besteht die Chance, dass nicht nur direkt gesundheitsförderliche Dienstleistungen, Verhaltensweisen und Arbeitsbedingungen entstehen, sondern sich auch nachhaltig die Unternehmenskultur insgesamt positiv verändert. Nur auf diesem Weg kann BGM mit den primären Organisationszielen und Kontextbedingungen immer wieder in Einklang gebracht werden.

Andernfalls wird die Integration von Gesundheitspolitik und -praxis nur partikular oder als lästige Pflicht praktiziert werden und BGM nur wie Öl auf dem Wasser schwimmen. Gesundheit wird zwar auch dann ein moralischer Imperativ bleiben, aber zugleich als Fremdkörper die Organisation „belasten".

Für den betrieblichen Gesundheitsmanager bedeutet das, für sich und mit seinen Auftraggebern kontinuierlich eine strategische Ziel- und Rollenklärung zu betreiben, nicht zuletzt um die jeweiligen OE-Erfordernisse (z.B. anhand der KAM- und ISO-Entwicklungsstufen in den Abbildungen 2 und 5) mit den eigenen Fähigkeiten, Interessen und Grenzen in Einklang zu bringen. Darüber hinaus ist es einem Gesundheitsmanager anzuraten, sich ab und an mit einem Vertrauten und/oder einem Coach im „Dschungel" der Organisation neu zu justieren.

## Literatur

Abele P, Hurtienne J, Prümper J (2007) (Hrsg) Usability Management bei SAP-Projekten. Grundlagen, Vorgehen, Methoden. Viehweg, Wiesbaden

Blaxhill MF, Hout TM (1992) Hersteller brauchen vor allem robuste Produktionsverfahren. Havard Business Manager, 14. Jg., Nr. 1

Blume A (1999) Projektkompaß SAP. 3. Aufl. Viehweg, Braunschweig/Wiesbaden

Blume A, Schleicher R (2003) Qualitätsmanagement und Arbeits- und Gesundheitsschutz. In: Peters I, Schmitthenner H (Hrsg) „Gute Arbeit". VSA, Hamburg, S 166–177

Carlberg I et al (2001) Einführung von ERP-Software als Kooperationsprozess. PPS Management, Heft 3

Faber U, Blume A (2001) Recht im Arbeitsschutz. Aufgaben, Organisation und Haftung im Arbeits- und Gesundheitsschutz. In: Schriftenreihe zur konsensorientierten Unternehmensführung. BIT (Hrsg), Bochum

Jäger W (2006) Die Zukunft heißt „Geschäftsfeld Personal". Personalwirtschaft, Heft 7

Gairing F (1996) Organisationsentwicklung als Lernprozess von Menschen und Systemen. Beltz, Weinheim

König E, Volmer G (2003) Systemisches Coaching – Handbuch für Führungskräfte, Berater und Trainer. Beltz, Weinheim

Kohte W (2009) Einklagbarer Anspruch auf Gefährdungsanalyse vom BAG anerkannt. Gute Arbeit, Heft 4

Kühl S, Strodtholz P, Taffertshofer A (2009) Handbuch Methoden der Organisationsforschung: Quantitative und Qualitative Methoden. Rowohlt, Wiesbaden

Matyssek AK (2007) Führungsfaktor Gesundheit. Offenbach

Ritter A, Langhoff T (1998) Arbeitsschutzmanagement – Systeme. Vergleich ausgewählter Standards. BAuA (Hrsg), Dortmund/Berlin

# Projektmanagement

Eckhard Münch

Weinsbergstr. 118a
50823 Köln

## Vom Projekt zum Projektmanagement

Aktivitäten und Aufgabenstellungen, die nicht oder nur schwer als Routineaufgabe in der Linienorganisation eines Unternehmens bearbeitbar sind oder erst exemplarisch erprobt werden sollen, bevor diese in die Linienorganisation übernommen werden, werden häufig als Projekt angelegt. Projektarbeit ist daher eine mittlerweile weit verbreitete und häufig anzutreffende Arbeitsform in vielen Unternehmen.

Beim genaueren Hinsehen wird jedoch deutlich, dass die Bezeichnung „Projekt" sehr Unterschiedliches meinen kann und „dass nicht alles ein Projekt ist, wo Projekt draufsteht". Was genau ein Projekt ist, wird durch die DIN-Norm 69 901 definiert. Demnach ist ein Projekt „ein Vorhaben, das im Wesentlichen durch die Einmaligkeit seiner Bedingungen in ihrer Gesamtheit gekennzeichnet ist, wie z.B. Zielvorgabe; zeitliche, finanzielle, personelle oder andere Begrenzungen. Abgrenzung gegenüber anderen Vorhaben, projektspezifische Organisation" (DIN 69 901). Hinzu kommen Merkmale wie:

- die zeitliche Befristung (daher geplanter Anfangs- und Endtermin des Vorhabens)
- ein Mindestmaß an Komplexität und somit ein Bedarf an vielfältigen Ressourcen und Fähigkeiten
- ein Mindestmaß an Interdisziplinarität und Teamarbeit
- Der Lösungsweg ist offen, z.T. sogar diffus.
- Das Vorhaben hat für das Unternehmen eine besondere Bedeutung und/oder es ist neu, komplex und mit Risiken behaftet.

Ein Projekt ist demnach insbesondere durch die Einmaligkeit der Aufgabenstellung gekennzeichnet. So wird z.B. ein bestimmtes Gebäude oder eine Brücke an einer bestimmten Stelle nur einmal gebaut – oder ein Betriebliches Gesundheitsmanagement nur einmal in einem Unternehmen eingeführt. Für die daraus bzw. danach folgenden routinemäßigen Aufgaben wird man hingegen kein Projekt durchführen, sondern diese als Linienaufgabe in die Organisation integrieren. Die Projektdurchführung erfolgt in aller Regel im Rahmen einer speziellen Projektorganisation. Charakteristische Merkmale hierfür sind z.B.

eine eindeutige Aufgabenstellung und eine klare Zielsetzung, die Verantwortung für ein Projektergebnis sowie ein begrenzter (zeitlicher, finanzieller und personeller) Ressourceneinsatz.

Projektmanagement hingegen bezieht sich auf die Art und Weise der Durchführung von Projekten und umfasst spezielle Methoden und Instrumente, die eine professionelle Planung, Steuerung und Überwachung eines Projekts über dessen Gesamtlaufzeit sicherstellen sollen.

*Definition:*
„Projektmanagement ist ein umfassendes Führungskonzept, das ermöglichen soll, komplexe Vorhaben termingerecht, kostengünstig und mit hoher Qualität durchzuführen." (Litke & Kunow 1998 S. 16)

Der Zweck von Projektmanagement ist es, alle Arbeitsschritte und Aktivitäten innerhalb eines Projekts so zu planen, zu organisieren und zu kontrollieren, dass ein Projekt trotz aller bestehenden Risiken und Unwägbarkeiten erfolgreich abgeschlossen wird. Methoden, Techniken und Instrumente des heutigen Projektmanagements basieren im Wesentlichen auf Erfahrungen der unter einem enormen Zeit- und Erfolgsdruck stehenden US-amerikanischen Großvorhaben in der Raumfahrt und Rüstungsindustrie in der zweiten Hälfte des 20. Jahrhunderts.

Entscheidend für den Erfolg von Projekten ist die Einhaltung getroffener Vereinbarungen zu den drei zentralen Faktoren:

- Qualität
- Termine und
- Ressourcen.

Diese drei Schlüsselfaktoren beeinflussen sich wechselseitig (vgl. Abb. 1). Kann z.B. der Termin zur Durchführung einer Mitarbeiterbefragung oder zur Einführung neuer Führungsinstrumente im Rahmen des BGM nicht eingehalten werden, nimmt dies durch den zeitlich längeren Verlauf u.U. Einfluss auf die Ressourcen bzw. Kosten des Projekts. Wird allerdings auf unbedingte Termintreue Wert gelegt, kann dies ggf. auf Kosten der ursprünglich angestrebten Qualität (z.B. weniger umfangreiche Befragung) gehen oder nur durch einen höheren (personellen und finanziellen) Ressourceneinsatz erfolgen. Aus diesem Grunde besteht eine der wichtigsten Aufgaben der Projektleitung im Forecast und Controlling dieser drei Faktoren.

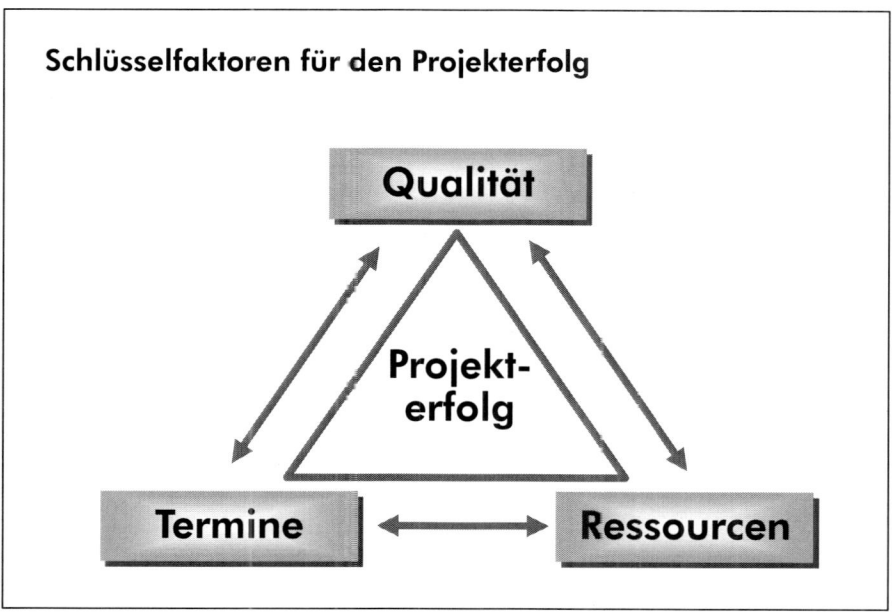

**Abbildung 1** Schlüsselfaktoren für den Projekterfolg (nach Probst/Haunerdinger 2001)

## Projektphasen

Ein Projekt gliedert sich üblicherweise in drei Phasen: die Projektvorbereitung und -planung, die Projektdurchführung sowie den Projektabschluss. Häufig werden gerade der ersten Phase (Projektvorbereitung und -planung) zu wenig Aufmerksamkeit und Zeit geschenkt, weil ganz schnell „etwas geschehen" oder erreicht werden soll. Beim Blick auf Abbildung 2 wird jedoch deutlich, wie wichtig eine optimale Projektvorbereitung und -planung ist.

Zu Beginn des Projekts bestehen noch nahezu alle Möglichkeiten der Einflussnahme auf den Projektverlauf und die damit verbundenen Kosten – zugleich sind zu diesem Zeitpunkt kaum reale Kosten angefallen. Mit fortschreitendem Projektverlauf nehmen die anfallenden Kosten jedoch überproportional zu, während sich die Möglichkeiten zur Einflussnahme in gleicher Weise reduzieren. Treten beispielsweise im Projektverlauf Abstimmungsprobleme mit der Mitbestimmung auf, weil diese nicht frühzeitig in die Projektplanung eingebunden wurde, hat dies in aller Regel Konsequenzen für die zeitliche und finanzielle Planung. Wesentlich für die Projektdurchführung ist daher, dass mögliche Risiken sowie Entscheidungen über Aufwendungen und Ressourcen so weit wie möglich während der Planungsphase berücksichtigt werden – und nicht erst während des Projektverlaufs, wenn die dazu erforderlichen Entscheidungsspielräume immer enger werden.

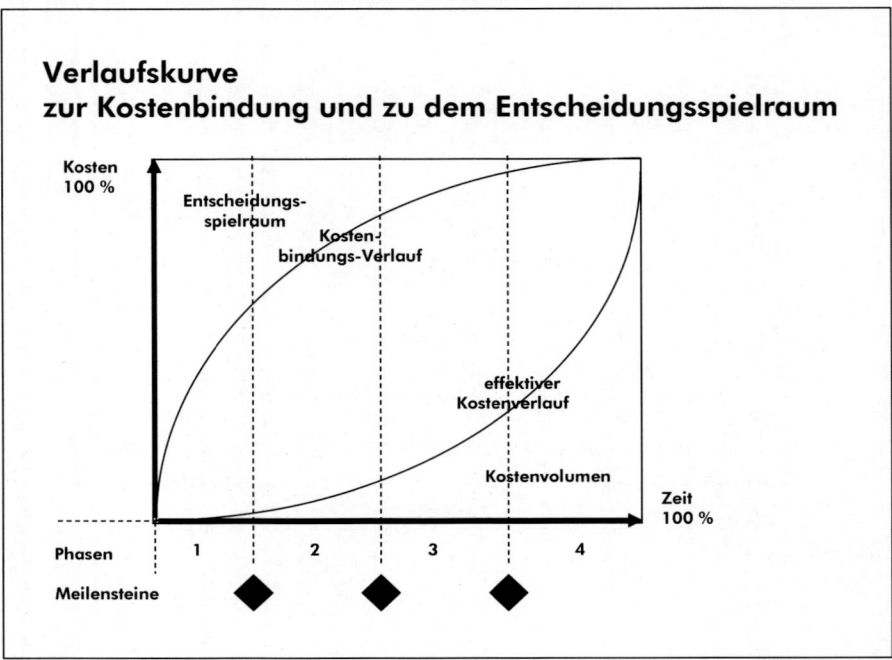

**Abbildung 2** Verlaufskurve zur Kostenbindung und zu dem Entscheidungsspielraum

## Projektvorbereitung und -planung

Getreu dem Sprichwort: „Sage mir, wie ein Projekt beginnt – und ich sage Dir, wie es endet!" bildet eine gute Projektplanung die Grundlage für eine erfolgreiche Projektrealisierung. Je besser die Planung, umso einfacher und effizienter die Durchführung des gesamten Vorhabens. Aus diesem Grunde sollte für den Planungsprozess ausreichend Zeit eingeräumt werden. Die Projektplanung umfasst insbesondere die folgenden drei Elemente:

- die Projektdefinition (inkl. Ziel- und Meilensteinplanung)
- den Projektstrukturplan, Projektphasenplan und Projektablaufplan sowie
- die Termin-, Kapazitäts- und Kostenplanung.

In bestimmten Fällen kann dazu auch eine angemessene, antizipierende Risikoanalyse gehören.

## Projektdefinition

Der Auftakt zu einem Projekt erfolgt in der Regel mit Formulierung des Projektauftrags durch den Auftraggeber (z.B. Vorstand oder Geschäftsführung eines Unternehmens) und dessen Vergabe an einen Projektleiter oder ein Projektteam (s.u.). Meist ist der Auftrag zunächst noch relativ offen formuliert und hinsichtlich der Ziele und anzustrebenden Ergebnisse sowie der erforderlichen Ressourcen wenig präzise. So weiß z.B. eine Geschäftsführung eher selten, was genau ein Projektauftrag zur Einführung eines BGM bedeutet und welche inhaltlichen Schritte und erforderlichen Ressourcen damit verbunden sind. Erst nach einer differenzierten Analyse der Ausgangssituation – sowie einer ggf. erforderlichen Risikoanalyse – erfährt der Projektauftrag eine Konkretisierung und mündet in einer Präsentation vor dem Auftraggeber, um dort endgültig verabschiedet zu werden.

Im nächsten Schritt wird eine möglichst präzise Zieldefinition vorgenommen. Dabei werden übergeordnete Globalziele des Projekts in klar definierte Teil- bzw. Etappenziele unterteilt. Die Teilziele sollten dabei möglichst konkret und operationalisierbar sein, da der Projekterfolg später auch daran bemessen wird, in welchem Ausmaß diese Teilziele erreicht wurden. Die Zieldefinition sollte daher präzise Auskunft geben darüber, was genau (Inhalt) bis wann (Zeitpunkt) wie bzw. in welcher Weise (Qualität) erreicht werden soll. Beispiel: Welche konkreten inhaltlichen Schritte (bezogen auf Strukturbildung, Dateninfrastruktur, Instrumente, konkrete Maßnahmen/Angebote) zur Einführung von BGM sollen bis wann und in welcher konkreten Art und Weise erfolgen?

Neben der hierarchischen Zielstrukturierung erfolgt in diesem Zusammenhang auch die Festlegung von Projekt-Meilensteinen. Diese erleichtern die Orientierung, indem sie Zeitpunkte kennzeichnen, zu denen ein Teil-Ziel erreicht oder ein konkretes (Teil-)Ergebnis fertiggestellt sein soll. Zentrale Arbeitsschritte können ebenfalls als Meilenstein bezeichnet werden. Mit der Definition von Meilensteinen sind oftmals auch Zeitpunkte fixiert, an denen wichtige Entscheidungen über den weiteren Projektverlauf – in der Regel durch den Auftraggeber – getroffen werden (vgl. Abb. 3). So bietet sich im Kontext der Einführung von BGM z.B. an, einen Meilenstein für den Zeitpunkt nach dem Abschluss der Diagnosephase zu fixieren, da in aller Regel der Auftraggeber (z.B. Geschäftsführung) dann eine Entscheidung über die im Weiteren durchzuführenden Interventionen/Maßnahmen treffen muss.

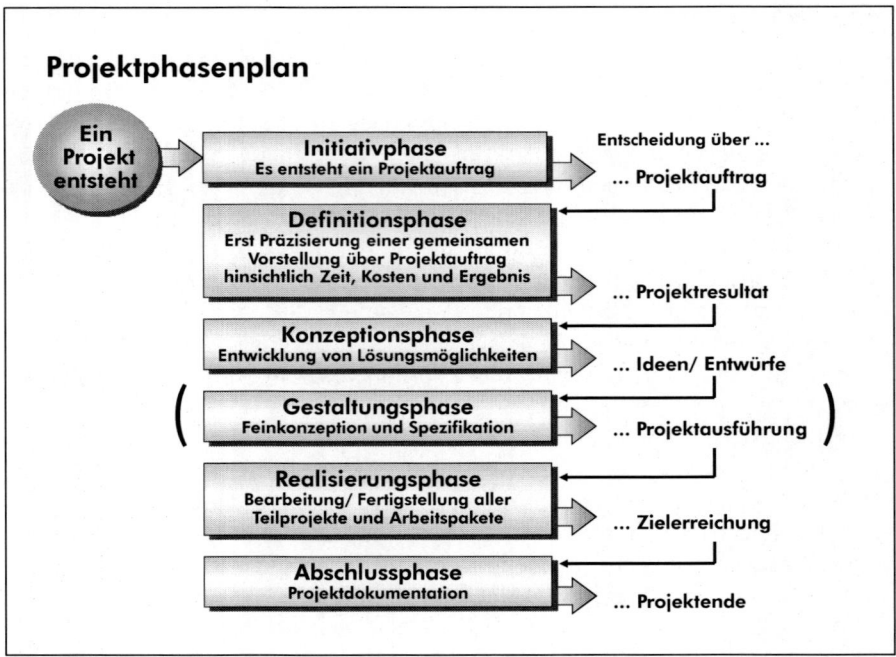

**Abbildung 3** Projektphasenplan

## *Projektstruktur- und Projektablaufplan*

Wichtige Instrumente der Planungsphase sind der Projektstruktur- sowie der Projektablaufplan. Der Projektstrukturplan (vgl. Abb. 4) gliedert ein Projekt – unabhängig vom zeitlichen Verlauf – in einzelne Teilprojekte. Innerhalb der Teilprojekte kann eine weitere Unterteilung in einzelne Aufgabenstellungen – sog. Arbeitspakete – sinnvoll sein. Arbeitspakete – die kleinste operative Einheit eines Projekts – sind möglichst klar voneinander abzugrenzen; sie werden geschlossen und mit einem klar definierten Ziel an eine Arbeitsgruppe oder Organisationseinheit delegiert, die nicht zwangsläufig zum Projektteam gehört. Arbeitspakete innerhalb eines Projekts „Mitarbeiterbefragung" könnten z.B. die Entwicklung des Fragebogen-Instruments, die Datenerfassung oder die grafische Aufbereitung der Ergebnisse sein.

Projektmanagement 295

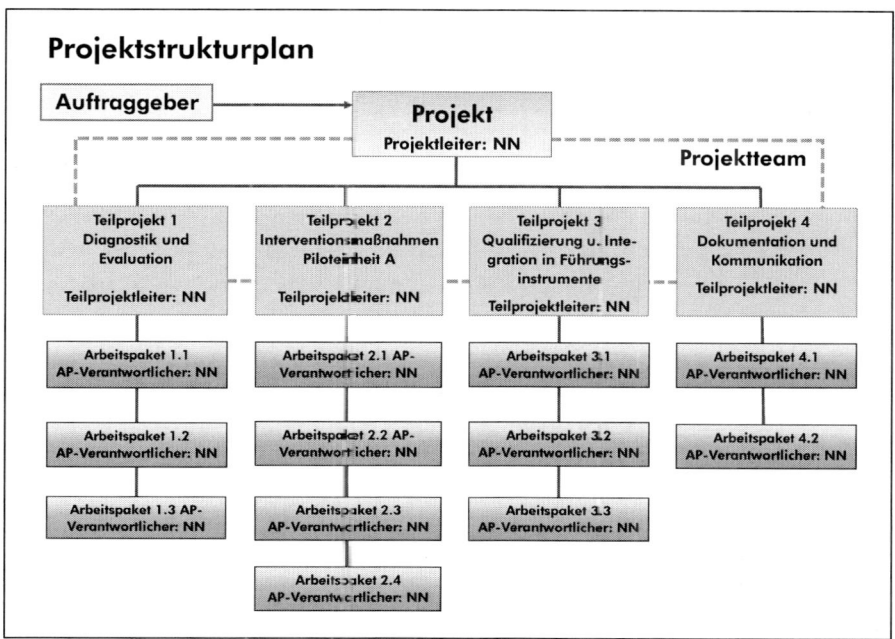

**Abbildung 4** Projektstrukturplan

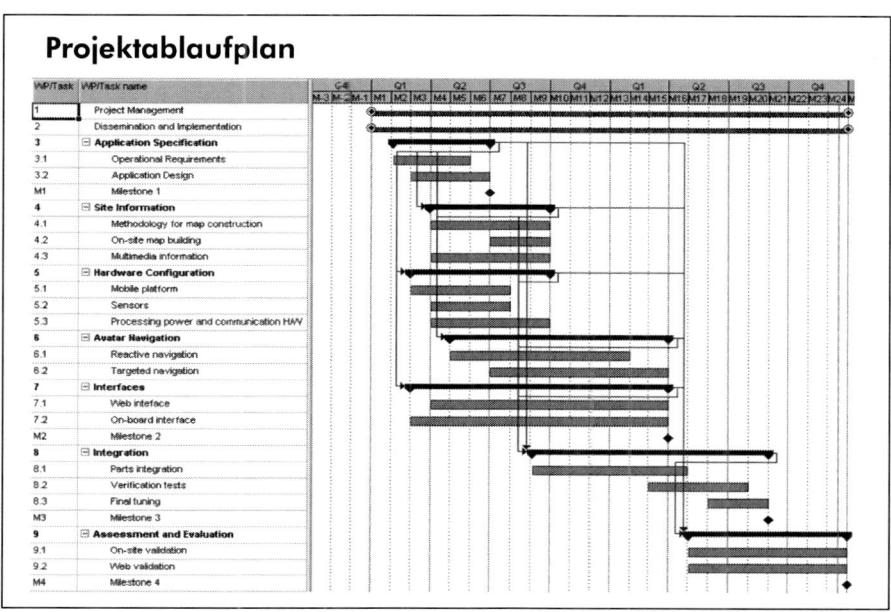

**Abbildung 5** Projektablaufplan (Screenshot von MS-Project)

Während der Projektphasenplan und der Projektstrukturplan vor allem dazu dienen, einen (Gesamt-)Überblick über das Projekt zu geben, stellt der Projektablaufplan (vgl. Abb. 5) das zentrale Steuerungsinstrument während der gesamten Umsetzungsphase dar. Der Projektablaufplan leitet sich aus dem Strukturplan ab und legt detailliert die Reihenfolge der einzelnen Arbeitsschritte bzw. -pakete fest. Aus ihm wird – durch entsprechende Verknüpfungen – idealerweise auch ersichtlich, welche Arbeitsschritte unbedingt abgeschlossen sein müssen, bevor die nächsten Arbeitsschritte erfolgen können. Zudem bildet er die Grundlage für die Planung und Steuerung des Ressourceneinsatzes.

### *Kapazitäts- und Kostenplanung*

Mit Hilfe der Kapazitätsplanung werden alle für das Projekt erforderlichen Ressourcen ermittelt und dokumentiert. Zweck der Kapazitätsplanung ist es, für einen optimalen Ressourceneinsatz zu sorgen und möglichen Engpässen, die den Projektverlauf beeinträchtigen könnten, vorzubeugen. Besteht eine Differenz zwischen den ermittelten und tatsächlich vorhandenen Ressourcen, empfiehlt es sich, entweder die Kapazitäten anzupassen oder den Projektumfang oder -ablauf zu modifizieren. Der Projektkostenplan enthält die Kalkulation für alle im Rahmen des Projekts anfallenden Eigen- und Fremdleistungen (z.B. Mitarbeiter- und Fachkräfteeinsatz, externe Projektberatung, Qualifizierungsmaßnahmen, Öffentlichkeitsarbeit etc.). Unentbehrlich ist der Kostenplan darüber hinaus, wenn die Erfolgsbewertung des Projekts eine Kosten-Nutzen-Analyse vorsieht.

### *Risikoanalyse*

Projekte sind immer mit Risiken behaftet. Je komplexer ein Projekt ist und je weniger Vorerfahrungen bestehen, umso wichtiger ist die Durchführung einer Risikoanalyse vor Projektbeginn. Hierfür bieten sich unterschiedliche Tools der qualitativen oder quantitativen Risikoanalyse an. Zu den einfachsten Formen gehören z.B. die Kraftfeldanalyse oder die Projektumfeldanalyse (PUA).

Bei der PUA werden alle relevanten internen und externen Projektumwelten (Einzelpersonen, Gruppen, Subsysteme), die Einfluss auf den Projektverlauf haben können, grafisch dargestellt. Dabei werden die Projektmitarbeiter selbst als „innere Umwelten" begriffen; sie sind zwar Teil des Projektteams, vertreten aber darüber hinaus in aller Regel sowohl individuelle Interessen als auch Interessen ihrer Herkunftssysteme (Linie).

Um im Sinne des Projekts ein erfolgreiches Beziehungsmanagement praktizieren zu können, geht es zunächst um die Frage, von wem und aus welchen Interessen heraus das Projekt Unterstützung findet und von wem Widerstand zu erwarten ist. Mit der PUA (vgl. Abb. 6) sind dazu drei relevante Dimensionen darstellbar: Zunächst einmal gibt die Größe des jeweiligen Kreises die Bedeutung bzw. den Einfluss der entsprechenden Akteure wieder. Durch die

Länge des Verbindungsstrichs werden (zweitens) Nähe resp. Distanz zum Projekt dargestellt, während (drittens) die Kennzeichnung mit bestimmten Symbolen (💣, +, 0) Auskunft darüber gibt, mit welcher Haltung/Einstellung die jeweiligen Akteure dem Projekt gegenüberstehen.

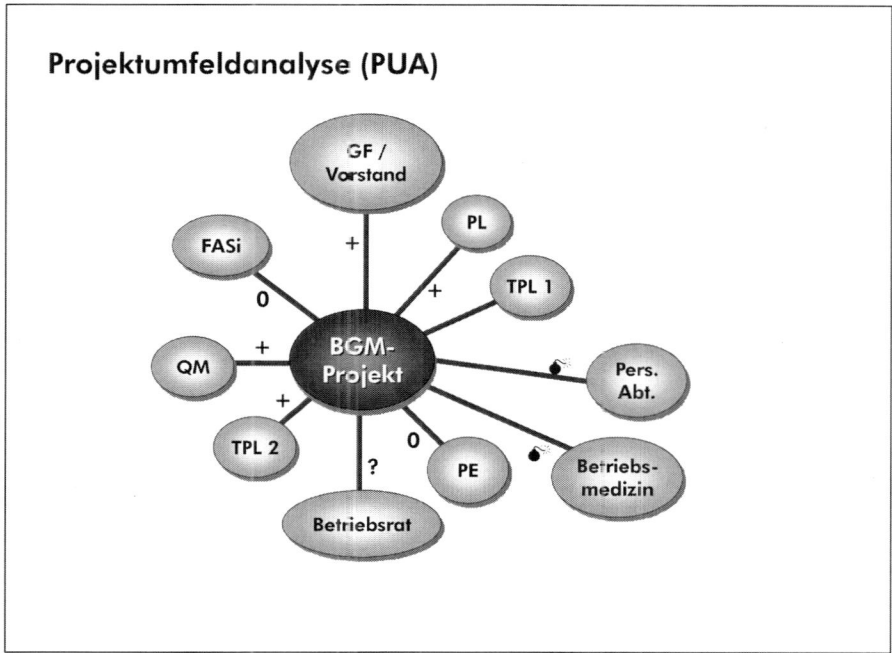

**Abbildung 6** Projektumfeldanalyse (PUA)

So lässt sich relativ schnell und frühzeitig erkennen, welche Akteure eher als Protagonisten für das Projekt auftreten bzw. durch wen vermutlich Widerstände, Probleme etc. zu erwarten sind. Entsprechend können frühzeitig Strategien für ein angemessenes Beziehungs-/Widerstandsmanagement entwickelt werden.

## Projektdurchführung

### Projektbeteiligte

Mit der Auswahl der „richtigen" Mitarbeiter für das Projektteam werden entscheidende Weichen für das Gelingen des Projekts gestellt. Das Projektteam hat gegenüber der Unternehmensleitung bzw. dem Auftraggeber die Rolle eines Auftragnehmers. Es besteht in der Regel vom Beginn bis zum Endes des Projekts; entsprechend dem jeweiligen Bedarf kann sich die Zusammensetzung allerdings temporär verändern. Das Projektteam setzt sich zumeist aus Mitarbeitern unterschiedlicher Abteilungen, Professionen und Funktionen zusammen, die jeweils ihr aufgaben- bzw. funktionsbezogenes Fachwissen in das Projekt einbringen. Das Projektteam bzw. das Projektkernteam sollte der besseren Arbeitsfähigkeit wegen nur in Ausnahmefällen aus mehr als acht Personen bestehen. Bei der Zusammenstellung des Projektteams ist nicht nur auf die fachliche und methodische Kompetenz, sondern auch auf die Teamfähigkeit der entsprechenden Personen zu achten. Dem Projektkernteam gehören üblicherweise an:

- der Projektleiter
- die Teilprojektleiter
- (ggf.) eine externe Projektbegleitung/-beratung
- (ggf.) benötigte externe Kooperationspartner.

Verantwortlich für die Arbeit des Projektteams ist ein Projektleiter. Die mit der Leitung und Steuerung des Projekts verbundenen Aufgaben erfordern neben den obligatorischen Projektmanagement-Kompetenzen einen kooperativen Arbeitsstil und die Fähigkeit, Teammitglieder anzuleiten, zu integrieren und zu motivieren. Um ihre Aufgabe verantwortlich und erfolgreich wahrnehmen zu können, muss die Projektleitung über entsprechende, vom Auftraggeber erteilte Kompetenzen verfügen. Dazu gehören – innerhalb vorgegebener Grenzen – fachliche Entscheidungs- und Weisungsbefugnis, Entscheidungen über den Einsatz finanzieller und personeller Ressourcen, „Forderungsrechte" (z.B. hinsichtlich Informationen, Personal etc.) gegenüber Organisationseinheiten (vgl. Litke & Kunow 2000).

### *Kick-off-Meeting*

Mit einem „Kick-off-Meeting" fällt der Startschuss für ein Projekt. Diese Veranstaltung wird zumeist genutzt, um alle am Projekt beteiligten Akteure über die Ausgangssituation und Zielsetzung sowie den geplanten Ablauf des Projekts zu informieren. Sie stellt damit u.a. sicher, dass alle Akteure den gleichen Informationsstand besitzen. Zusätzlich kann durch dieses Kick-off-Meeting auch der betriebsinternen Öffentlichkeit gegenüber ein Signal gesetzt und die Belegschaft erstmalig über das Projekt informiert werden.

### *Projektdokumentation*

Die regelmäßige und vollständige Dokumentation ist eine nicht zu unterschätzende Aufgabe im Projekt. Als „Gedächtnis des Projektes" (Probst & Haunerdinger 2001 S. 77) bildet eine lückenlose Dokumentation das Nachschlagewerk während der gesamten Projektlaufzeit und danach. Die Dokumentation umfasst alle relevanten Eckdaten, Planungsunterlagen, Absprachen und Entscheidungen sowie die Projektzwischen- und -endergebnisse.

Die Notwendigkeit einer umfassenden Dokumentation ergibt sich nicht zuletzt daraus, dass ein guter Informationsfluss eine wichtige Voraussetzung für die erfolgreiche Zusammenarbeit der unterschiedlichen Projektakteure darstellt. Ferner bildet sie eine Informationsgrundlage für die Erfolgsbewertung (Evaluation) und sie kann als Erfahrungswissen für zukünftige Projekte herangezogen werden. Die durch eine gute Projektdokumentation geschaffene Transparenz erleichtert zudem die gezielte Information und Öffentlichkeitsarbeit zum Projekt. Gemeinsam mit dem Projektteam ist daher abzustimmen,

- welche Informationen zu dokumentieren sind
- wer für die Dokumentation verantwortlich ist
- mit welchen Medien und in welcher Weise Informationen dokumentiert und abgelegt werden
- nach welcher Systematik die Dokumentation und Ablage erfolgen
- an welchem Ort die Dokumente aufbewahrt werden sowie
- wer Zugriffsberechtigung zu den Dokumenten erhält.

Ebenso wie alle anderen Projektunterlagen sollten diese „Spielregeln" in einem Projekthandbuch (vgl. Abb. 7) hinterlegt sein.

## Projekthandbuch (Gliederung)

**1. Grundsätzliches**
- Organisation des Projektteams
- Adressen der Projektbeteiligten
- Adressen der Ansprechpartner
- Richtlinien für die Projektarbeit
- Richtlinien für die Projektdokumentation

**2. Vertragliche Grundlagen**
- Projektauftrag
- Vertragliche Absprachen

**3. Projektplanung**
- Struktur-, Phasen-, Ablaufplan
- Terminplan
- Kapazitäts- und Kostenplan

**4. Risikomanagement**
- Risikoanalyse
- Maßnahmenkatalog und -verfolgung

**5. Projektsteuerung**
- Projektstatusberichte
- Arbeitsaufträge
- Protokoll der Projektsitzungen
- Problemmeldungen
- Liste offener Punkte

**6. Allgemeiner Schriftverkehr und Gesprächsnotizen**

**7. Dokumentation der Projektergebnisse**
- Konzepte
- Berichte
- Gutachten
- Projektergebnisbeschreibung

**4. Projektabschluss**
- Abnahmeprotokoll
- Projektabschlussbericht
- Projektnachkalkulation

**Abbildung 7** Mustervorschlag: Gliederung eines Projekthandbuchs (nach Probst & Haunerdinger 2001)

## Projektsteuerung

Ein professionell durchgeführtes Projekt ist neben der sorgfältigen Planung auch durch eine aktive und kontinuierliche Steuerung gekennzeichnet. Die Steuerung umfasst alle Aktivitäten, die notwendig sind, um den im Rahmen der Planung eingeschlagenen Kurs beizubehalten und die anfangs definierten Ziele zu erreichen. Sie konzentriert sich dabei insbesondere auf das Controlling der geplanten Termine, Ressourcen und Qualität.

Zweck der Projektsteuerung ist es, Abweichungen zwischen dem geplanten und dem tatsächlichen Verlauf des Projekts rechtzeitig zu erkennen und mit geeigneten Maßnahmen zu begegnen. Der dazu vorzunehmende permanente Soll-Ist-Abgleich folgt der Systematik eines Regelkreises; treten Abweichungen zwischen dem geplanten Soll und dem tatsächlichen Ist auf, so sind die dafür in Frage kommenden Ursachen zu analysieren, zu bewerten und entsprechende Korrekturmaßnahmen einzuleiten. Die dadurch eintretenden Veränderungen sind wiederum zu beobachten und anhand eines erneuten Soll-Ist-Abgleichs zu prüfen. Je früher Abweichungen erkannt werden, umso einfacher und wirkungsvoller lassen sich diese in ihren Auswirkungen begrenzen. Verantwortlich für die Steuerung ist die Projektleitung – ggf. auch in Kooperation mit dem Projektteam.

Erfolgreiches Projektcontrolling bedarf einiger Grundvoraussetzungen, die sich bei der Durchführung von Projekten als relevant erwiesen haben (vgl. Probst & Haunerdinger 2001 S. 169). Dazu gehören insbesondere:

- die Formulierung zugleich herausfordernder wie erreichbarer Projektziele
- das Vorhandensein nur eines verbindlichen Terminplans
- die Einhaltung der Kosten und Termine als Ziel, nicht deren Über- bzw. Unterschreitung
- die Beteiligung der zur Zielerreichung verantwortlichen Personen an der Zieldefinition
- die Hinterlegung der zu erreichenden Ziele mit konkreten Maßnahmen
- die ehrliche Dokumentation von Soll und Ist des Projektverlaufs
- die Bereitstellung von Ergebnissen der Soll-Ist-Vergleiche für Projektverantwortliche (insbes. Projektleiter, Teilprojektleiter, Arbeitspaketverantwortliche)
- die Projektplanung sollte während des Projektverlauf möglichst nicht (ohne Not) verändert werden
- die „Meldung nach oben" bei absehbarer Nichteinhaltung definierter Grenzen (Qualität, Termine, Ressourcen) sowie
- das Grundverständnis, dass Abweichungen zwischen Soll und Ist keine Schuldbeweise sind, sondern Anlass für Lernprozesse.

## Projektabschluss

Das formale Projektende erfolgt mit der Abnahme des Projekts durch den Auftraggeber. Meist geschieht dies im Rahmen einer Präsentation der Projektergebnisse („Kick-out-Meeting"). Ob der Auftraggeber das Projekt abnimmt, hängt in aller Regel davon ab, ob die vereinbarten Bedingungen für das Projekt eingehalten und die vorgegebenen Ziele erreicht wurden. Neben der Zielerreichung orientiert sich der Auftraggeber dabei vor allem an den eingangs vorgestellten Schlüsselfaktoren: Qualität, Termine und Ressourcen.

Um auch zukünftigen Projekten die gemachten Lernerfahrungen zur Verfügung zu stellen, erfolgt darüber hinaus idealerweise eine systematische Reflexion des Projektverlaufs und seiner Ergebnisse.

## Literatur

Boy J, Dudek C, Kuschel S (1994) Projektmanagement. Gabal Verlag, Wiesbaden

Kessler H, Winkelhofer G (1997) Projektmanagement. Leitfaden zur Steuerung und Führung von Projekten. Springer Verlag, Berlin, Heidelberg, New York

Litke HD (1995) Projektmanagement. Methoden, Techniken, Verhaltensweisen. Hanser Verlag, München, Wien

Litke HD, Kunow I (1998) Projektmanagement. STS-Verlag, Planegg

Probst HJ, Haunerdinger M (2001) Projektmanagement leicht gemacht. Wie behält man die Nerven, wenn alles schief geht? Wirtschaftsverlag Überreuther, Frankfurt, Wien

# Konfliktmanagement

Eckhard Münch

Weinsbergstr. 118a
50823 Köln

## Konflikte – eine ungeliebte Störung?

Konflikte sind allgegenwärtig – ob auf internationaler Ebene, auf nationaler Ebene, in Unternehmen und Organisationen, in Familien oder auch innerhalb ein und derselben Person (z.B. Rollenkonflikte). Ob wir sie nun mögen oder nicht, sie scheinen fester Bestandteil des sozialen Lebens zu sein. Gleichwohl reden wir lieber von „konfliktfreier Gesellschaft", „konfliktfreier Führung" etc., als uns aktiv mit Konflikten auseinanderzusetzen. Man könnte meinen, Konflikte seien etwas Schlechtes, zumindest aber etwas, das es zu vermeiden gilt.

Gesellschaftliche, kulturelle und soziale Entwicklungen und Veränderungen gehen fast immer mit Konflikten einher – und sind ohne diese fast undenkbar. Konflikt bedeutet Wandel! Woher also das Unbehagen gegenüber Konflikten? Sprenger führt für dieses Phänomen nicht zuletzt historische Gründe an: Ein tief verwurzeltes Misstrauen in den mitteleuropäischen Nationalstaaten gegenüber den Konkurrenzmechanismen einer liberalen Gesellschaft (vgl. Sprenger 2004 S. 110). Aktualisiert und verstärkt, so ist zu vermuten, wird dieses Grundmisstrauen durch negative Erfahrungen bei der Lösung von Konflikten in der individuellen Biografie vieler Menschen. Entscheidend für das Zusammenleben von Menschen und das Konflikterleben in der Arbeitswelt ist die Art und Weise, wie mit entstehenden Konflikten umgegangen wird. Konflikte sind nun einmal ein substanzieller Bestandteil der allermeisten Veränderungen – auf individueller wie auf sozialer Ebene. Ihre dauerhafte Vermeidung hingegen führt – früher oder später – zur Stagnation und erschwert Weiterentwicklung. Denn: „Ein Konflikt will Wandel. Er ist nicht das Problem, sondern die Chance." (Seibt 2004 S. 103).

Insofern ist das Auftreten von Konflikten auch bei der Einführung eines Betrieblichen Gesundheitsmanagements im Unternehmen nicht wirklich überraschend: Sei es, dass bestimmte Akteure den Verlust von Macht und Einfluss fürchten, dass Betriebs-/Personalräte ihr „tradiertes Definitionsrecht" in Fragen des Belastungserleben oder der Zufriedenheit der Beschäftigten bedroht sehen, dass die in vielen Organisationen knapper werdenden (finanziellen) Ressourcen umkämpft werden, dass sich Führungskräfte nicht von „Sozialromantikern" in das „knallharte Tagesgeschäft" reinreden lassen wollen. In allen Fällen handelt es sich um „normale" Reaktionen dieser Akteure auf die von ihnen subjektiv erlebte „Bedrohung" des Status quo.

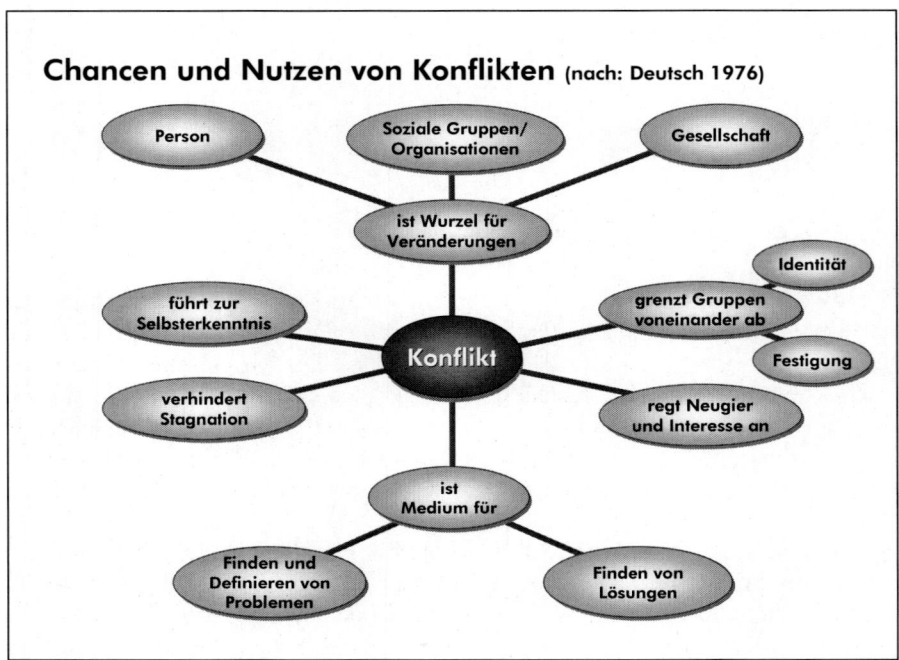

**Abbildung 1** Chancen und Nutzen von Konflikten, nach Deutsch (1976)

## Was ist ein Konflikt?

Üblicherweise spricht man von einem Konflikt, wenn mindestens zwei abweichende Standpunkte, Meinungen, Interessen oder Zielsetzungen aufeinandertreffen und diese unvereinbar miteinander sind. Und zwar in der Form, dass jeder Konfliktbeteiligte seine Meinung durchsetzen will, wobei dieser Vorgang von heftigen Emotionen begleitet ist. Anders als bei einer reinen Sachauseinandersetzung sind bei einem „richtigen" Konflikt immer Emotionen beteiligt. Zudem muss sich die Unvereinbarkeit (der Standpunkte, Meinungen, Interessen oder Zielsetzungen) nicht auf das Zusammenspiel zweier oder mehrerer Personen beziehen, sondern sie kann auch in einer Person alleine „toben".

Konflikte können daher zunächst einmal unterschieden werden nach inneren (intrapersonalen) und äußeren (interpersonalen) Konflikten. Innere Konflikte lassen sich nach dem Modell von Lewin kennzeichnen als Entscheidung zwischen

- positiven Alternativen
- negativen Alternativen oder
- Alternativen, wobei jede für sich positive wie auch negative Aspekte birgt.

Sie können Menschen in eine belastende und angespannte Gefühlslage gegenüber bestimmten Situationen bringen, Verunsicherung und Ungewissheit auslösen und einen starken inneren Druck erzeugen, die „Störung" zu überwinden. Je nach Ausmaß des Konfliktpotenzials und der individuellen Handlungs- bzw. Konfliktlösungskompetenz gelingt es den Betroffenen, die inneren Konflikte einer Lösung zuzuführen, die ihren üblichen Lebensbewältigungsstrategien entspricht. Gelingt eine konstruktive Konfliktlösung nicht, ist nicht auszuschließen, dass es zu selbstschädigendem Verhalten (z.B. Alkohol-/ Drogenabusus) oder zu einer Konfliktverlagerung in die externe Umwelt des Konfliktträgers (Familie, Kollegen, Freunde) kommt. Schlimmstenfalls können ungelöste innere Konflikte aus psychodynamischer und -energetischer Sicht auch zu (dauerhaften) Schädigungen des Organismus führen.

Äußere Konflikte lassen sich hinsichtlich ihres Grades an Bewusstheit unterscheiden nach offenen bzw. ausgetragenen Konflikten und schwelenden Konflikten. Darüber hinaus kann eine Differenzierung nach ihrem auslösenden Hintergrund sinnvoll und – für die Konfliktlösung – hilfreich sein. So wäre hier zu unterscheiden zwischen verhaltensinduzierten und strukturinduzierten Konflikten. Während Erstere ihren Ursprung im Verhalten einer Person oder Gruppe haben (z.B. Macht- oder Dominanzstreben, sich gegenüber Kollegen im Projektteam durchzusetzen), können Letztere z.B. aus der funktionalen Differenzierung, den hierarchischen Strukturen oder Kommunikationsstrukturen einer Organisation resultieren.

---

**Soziale Konflikte**

- sind ein Kampf um unterschiedliche Werte, Ziele und/oder um Anrechte auf Ressourcen, Macht und Status.
- entstehen, wenn die Konfliktparteien entweder bewusste oder unbewusste Ziele verfolgen, die einen Kampf um Werte, Ziele oder Ressourcen darstellen, unterschiedliche Interessen realisieren wollen oder bereits eine gemeinsame Geschichte haben, aus der gegenseitige Animositäten resultieren.
- sind weder grundsätzlich negativ noch zu vermeiden.
- können ein aktivierender Bestandteil der zwischenmenschlichen Interaktion und des Zusammenlebens sein (z.B. gesellschaftlicher, sozialer, kultureller Wandel, Gruppenbewusstsein und -identität).

Äußere Konflikte werden oftmals auch als soziale Konflikte bezeichnet, da sie sich auf die Beziehung zwischen sozialen Akteuren beziehen. Ein sozialer Konflikt ist demnach eine Beziehung, in der zwei oder mehr Beteiligte, die voneinander abhängig sind, mit Nachdruck versuchen, gegensätzliche Handlungspläne zu verwirklichen und sich dabei ihrer Gegnerschaft bewusst sind.

Sie lassen sich in aller Regel einer der nachfolgenden vier Kategorien zuordnen: Ziel-/Interessenskonflikte, Beurteilungs-/Wahrnehmungskonflikte, Rollenkonflikte sowie Verteilungskonflikte. Im Zusammenhang mit Betrieblichem Gesundheitsmanagement (BGM) können Konflikte aller vier Kategorien auftreten. So treten z.B. Ziel-/Interessenskonflikte nicht selten zwischen Unternehmensführung und Arbeitnehmervertretung auf, wenn es darum geht, konkrete Ziele und Maßnahmen sowie die dazu erforderlichen Ressourcen für die Einführung von BGM zu definieren. Ebenso kann z.B. die Arbeitnehmervertretung die mitbestimmungspflichtige Durchführung einer Mitarbeiterbefragung aus einem (vermeintlichen oder realen) Schutzbedürfnis der von ihnen vertretenen Beschäftigten ablehnen. Beurteilungs-/Wahrnehmungskonflikte können z.B. in einem Projektteam oder Steuerungskreis auftreten, wenn es um die „richtige" Bewertung bestimmter betrieblicher Ereignisse oder Sachverhalte wie bspw. dem Belastungs- und Stresserleben der Beschäftigten oder den Ursachen für Fehlzeiten geht. Rollenkonflikte resultieren immer aus einer Aufgabe oder Funktion, die die Rollenträger erfüllen sollen. So hat nun einmal ein Mitarbeiter des Controllingstabes im Projektteam die Aufgabe, ein besonderes Augenmerk auf die (sinnvolle) Verwendung der zur Verfügung stehenden Ressourcen zu richten und die Kolleg(inn)en anderer Abteilungen ggf. vor allzu großzügigen Planungen zu bremsen. Verteilungskonflikte hingegen können z.B. dann auftreten, wenn die zur Verfügung stehenden Ressourcen (Personal, Budget, Macht etc.) knapp sind und alle Beteiligten nach dem größtmöglichen „Anteil vom Kuchen" streben.

Kennzeichnend ist ihr „typischer" Ablauf als Kampf, Spiel oder Debatte – verbunden mit der Möglichkeit des Strategiewechsels zwischen diesen drei Varianten. Nach Deutsch (1976) lässt sich diese Art zwischenmenschlicher Konflikte anhand von vier Merkmalen erkennen:

- Es wird verzerrt, irreführend kommuniziert, bewusst getäuscht.
- Es wird viel schärfer wahrgenommen, was trennt und worin man verschieden/unvereinbar ist.
- Es herrschen Misstrauen, Argwohn und offene Feindseligkeit.
- Es arbeitet jeder für sich bzw. jeder versucht, dem anderen sein Vorgehen aufzuzwingen.

Neben dem rein sachlichen Aspekt haben Konflikte oftmals eine weitere, im Arbeitsplatzkontext jedoch selten(er) thematisierte Dimension: die Beziehungsebene. Konflikte auf der Beziehungsebene resultieren z.B. aus Antipathie gegenüber der anderen Person, unterschiedlichen Vorstellungen über Normen und Regeln, fehlender Anerkennung und Wertschätzung. Nicht selten werden Konflikte, die ihren Ursprung auf der Beziehungsebene haben, auf einer (vermeintlichen) Sachebene ausgetragen. Da dabei die eigentliche Quelle des Konflikts ausgeblendet wird, gelingt es nur selten, eine tragfähige Lösung zu entwickeln.

## Konfliktmechanismen und -dynamik

Werden Konflikte nicht frühzeitig und angemessen bearbeitet, entwickeln sie eine Eigendynamik mit oftmals wiederkehrenden Verlaufsformen.

In der ersten Konfliktstufe wird meist – bewusst oder unbewusst – etwas Negatives auf die andere(n) Person(en) projiziert. Die damit verbundene innere Haltung (z.B. Misstrauen gegenüber der Geschäftsführung oder der Arbeitnehmervertretung) begünstigt die weitere Konflikteskalation: Da von der anderen Seite etwas Negatives erwartet oder unterstellt wird, sieht man sich legitimiert, ebenfalls negativ zu (re-)agieren – woraufhin die andere Seite tatsächlich negativ reagiert. Und schon beginnt sich das Karussell zu drehen.

Im nächsten Schritt werden immer neue Themen, Probleme, Einzelheiten in den Konflikt eingebracht. Das erhöht die Komplexität des Konflikts und fördert gleichzeitig auf beiden Seiten die Tendenz, die Konfliktsituation jeweils aus ihrer Sicht zu vereinfachen und dem jeweils anderen vorzuwerfen, dass er die Sache verdreht und übertreibt.

Im dritten Schritt werden dann meistens Ursachen und Auswirkungen von Dingen und Handlungen verwechselt. Subjektive Meinungen erhalten den Anspruch allgemeingültiger Objektivität, wonach sich der andere „gefälligst" zu richten hat. Beide Seiten entwickeln die Tendenz, Zusammenhänge und Abhängigkeiten zu vereinfachen.

Wird der Konflikt bis zu diesem Zeitpunkt nicht gelöst, wird oftmals versucht, dritte Personen oder Gruppen einzubeziehen. Sei es, indem man „Experten" zitiert oder tatsächlich eine dritte Person als Bündnispartner zur Hilfe holt bzw. Fraktionen bildet und seine Truppen formiert.

Schließlich werden – in der Hoffnung, dass der andere nachgibt – schrittweise Drohungen formuliert und ggf. verstärkt. Da die Gegenseite oftmals dasselbe tut, provoziert man sich lediglich weiterhin gegenseitig und sieht zugleich auch jedes Mal die negativen Folgen des eigenen (negativen) Handelns. In der Folge werden negative Handlungen des anderen antizipiert, bevor dieser überhaupt etwas Negatives denkt, sagt oder unternimmt. Die Aussichten auf eine gemeinsame, faire Lösung des Konflikts ohne Beteiligung Dritter (z.B. Schlichter, Mediator, Schiedsstelle) sind längst dahin.

Entscheidend für das Konflikterleben der beteiligten Akteure ist dabei das Ausmaß an gegenseitiger Abhängigkeit, subjektiver Betroffenheit und vorhandenen Lösungsmöglichkeiten. Je höher die gegenseitige Abhängigkeit und subjektiv empfundene Betroffenheit und je geringer die Anzahl möglicher Lösungen, desto intensiver wird der Konflikt von den Konfliktparteien erlebt.

## Der innere Verarbeitungsprozess

Jegliche Interaktion zwischen Menschen folgt einem dreistufigen Prozess: Wir nehmen bestimmte Ereignisse, Impulse etc. der Außenwelt wahr, interpretieren und bewerten diese und reagieren schließlich darauf. Häufig – insbesondere in Situationen, in denen wir emotional stark beteiligt sind (wie dies z.B. bei Konflikten der Fall ist) – erscheint es uns aber so, als bestünde die Interaktion lediglich aus einem einfachen, zweistufigen Reiz-Reaktions-Geschehen. Der dabei ausgeblendete zweite Schritt des Interpretierens und Bewertens kann verstanden werden als eine Art „Black Box", in der der eigentliche (innere) Verarbeitungsprozess erfolgt. Verlauf und das Ergebnis dieses Verarbeitungsprozesses sind jedoch maßgeblich dafür, wie wir auf die Impulse aus der Außenwelt reagieren: ob wir entspannt bleiben oder angespannt werden, ob wir uns freuen oder aggressiv werden, ob wir uns angegriffen oder gar bedroht fühlen.

**Tabelle 1** Wahrnehmen, Interpretieren/Bewerten, Handeln

| 1. Wahrnehmen | Was nehmen Sie wahr? |
| --- | --- |
| | Was sehen, hören, beobachten Sie? |
| 2. Interpretieren/Bewerten | Was denken Sie, vermuten Sie, interpretieren Sie? Wie bewerten Sie das? |
| 3. Handeln | Wie handeln/reagieren Sie? |

Orientiert an dem Grundsatz „Die Landschaft ist nicht das Gebiet" reagieren wir nicht, wie wir gerne glauben, auf die realen Ereignisse in der Außenwelt, sondern vielmehr auf unsere innere Repräsentation dessen, was wir (vermeintlich) wahrnehmen. Mit anderen Worten: Wir reagieren nicht auf die reale, objektive Welt „da draußen", sondern auf unsere subjektive Konstruktion dieser Realität. So unterstellen wir ggf. durch unsere Interpretation anderen Personen negative Absichten, ohne sicher zu sein, dass dies tatsächlich deren Intention ist. Dieser Sachverhalt ist nicht wirklich neu. Bereits Alexander von Humboldt hat mit seiner Feststellung, dass nicht „die Tatsachen, sondern die Meinungen, welche wir über Tatsachen haben", entscheidend sind für unser Handeln. In der sozialwissenschaftlichen Forschung hat er seinen Niederschlag u.a. in Arbeiten des amerikanischen Soziologen W.I. Thomas gefunden; er formulierte bereits 1928 das Thomas-Theorem „If men define situations as real, they are real in their consequences." (Thomas & Thomas 1928 S. 572).

Mit Blick auf die Lösung von Konflikten sind wir daher gut beraten, die eigene Interpretation zu hinterfragen, sorgfältig zu beobachten, statt voreilig Schlüsse zu ziehen und Unterstellungen vorzunehmen sowie ggf. beim anderen nachzufragen, ob wir ihn richtig verstanden haben.

## Früherkennung von Konflikten

Nur wenige Konflikte brechen „wie aus heiterem Himmel" aus. Meist haben sie eine Vorgeschichte oder es lassen sich Symptome beobachten, die auf einen sich anbahnenden Konflikt hinweisen. Da jedoch Konflikte häufig als etwas Negatives gesehen werden, versucht man, so lange wie irgend möglich Konflikte zu vermeiden bzw. zu verdrängen. Erst in kritischen Situationen (z.B. unter Stress) treten sie dann offen zu Tage – dann aber meist unkontrolliert und mit erhöhter Wahrscheinlichkeit mit negativen Folgen. Woran also lassen sich anbahnende Konflikte erkennen?

### Ablehnung, Widerstand

Der andere („Konfliktgegner") wird bewusst oder unbewusst an der Erreichung seiner Ziele gehindert. Informationen werden nicht, verspätet oder unvollständig weitergegeben, Aufgaben werden nachlässig oder unvollständig ausgeführt usw.

### Rückzug, Desinteresse

Schwelende Konflikte führen zur Tendenz, sich menschlich abzukapseln, nicht mehr mit anderen zu kommunizieren.

### Gereiztheit, Aggressivität

Ärger wird anfangs noch „hinuntergeschluckt", kommt aber irgendwann (auch bei scheinbar unpassender Gelegenheit) zum Ausbruch. Auch versteckte Aggressionen, indem man sich dem anderen verweigert, ihm die „kalte Schulter zeigt", treten auf und belasten das Arbeitsklima (Zahnpastatuben-Syndrom, Nebenkriegs-Schauplätze).

### Intrigen, Gerüchte

Das Verbreiten von Intrigen und Gerüchten dient sowohl der Schädigung des „Konfliktgegners" als auch dazu, sich der Hilfe Dritter zu versichern.

### Sturheit, Unnachsichtigkeit

Die Bereitschaft, sich in die Gefühle des anderen hineinzuversetzen, nimmt ab. Die eigenen Interessen stehen grundsätzlich über den Interessen der anderen.

### Formalität, Unterwürfigkeit

Insbesondere untergeordnete Konfliktpartner scheuen sich davor, den Konflikt offenzulegen. Der Konfliktgegner wird darum mit einem Übermaß an Formalität (Regeln und Anweisungen) und ggf. mit Konformität (bei übergeordneten Konfliktpartnern) und paradoxerweise bisweilen sogar freundlich behandelt.

**Physische Symptome, Krankheiten, Fehlzeiten**

Als Folgen einer andauernden Stresssituation können sich auch körperliche Krankheiten einstellen (Schwächung des Immunsystems, Herz-Kreislauf-Erkrankungen etc.). Diese stellen sich insbesondere dann ein, wenn die Situation als ausweglos erlebt wird.

**Delegation von Entscheidungen**

Selbst bei Sachkonflikten (z.B. Verteilungskonflikte) wird die Klärung nicht miteinander versucht, sondern an Dritte delegiert (Experten, Autoritäten).

**Suche nach Sündenböcken**

Bei „normalen" Alltagskonflikten suchen die Beteiligten reflexartig nach Schuldigen und nicht nach Lösungen.

## Konfliktlösungsstrategien

In zwischenmenschlichen Konflikten können verschiedene Konfliktbewältigungsstrategien beobachtet werden. Je nach Konfliktsituation können verschiedene Lösungsstrategien angemessen sein – hinsichtlich der damit verbundenen sozialen oder persönlichen „Kosten" sowie hinsichtlich ihrer Effizienz und Nachhaltigkeit sind sie jedoch sehr unterschiedlich.

Kennzeichnend für die Konfliktstrategie „Kampf" ist das Bemühen, sich durchzusetzen gegen die und auf Kosten der anderen Partei. Mit Tricks und Taktiken wird versucht, die eigene Position zu verbessern und auf jeden Fall als Sieger aus dem Konflikt hervorzugehen. Dazu werden vor allem Mittel eingesetzt wie Macht jeder Art: qua Funktion, verbale oder rhetorische Stärke, offene oder verdeckte Drohungen etc.

Das unmittelbare Gegenstück dazu bildet die Strategie „Flucht". Hier wird eher vermieden, ignoriert, verdrängt oder verleugnet. Im Kern geht es darum nachzugeben, um den Konflikt zu umgehen oder zu vermeiden. Konflikte werden daher z.B. „unter den Teppich gekehrt", auf „die lange Bank" verschoben oder vertagt. Hierzu zählt auch, wenn Konflikte zur Lösung bevorzugt an Dritte delegiert werden. Dies geht natürlich nur dadurch, dass eigene Ziele und Interessen vernachlässigt werden.

Der „Kompromiss" bewegt sich zwischen den beiden zuvor genannten Strategien und ist gekennzeichnet durch eine Mischung von Durchsetzen und Nachgeben. Hierbei können natürlich die jeweilige Position im Konfliktkontext (z.B. hierarchischer Status im Unternehmen) und Machtmittel der beiden Konfliktparteien wesentlichen Einfluss auf den zu findenden Kompromiss nehmen. Beide Seiten bringen – mehr oder weniger – die Bereitschaft zu Konzessionen mit; letztendlich ist der gefundene Kompromiss aber in hohem Maße abhängig von der persönlichen Vorgeschichte und Beziehung der beiden Konfliktparteien. Kennzeichnend für die meisten Kompromisse ist ferner, dass beide Parteien bereits eine Lösung „vorgedacht" haben und sich von diesen Positionen aus annähern.

Grundlegend anders begegnen sich die Konfliktparteien bei der „Kooperation". Hier geht es nicht darum, Lösungen auf der Basis (mehr oder weniger fester) Positionen oder Standpunkten zu finden, sondern orientiert an den tatsächlichen Interessen beider Parteien. Sind beide Seiten bereit, ihre (tatsächlichen) Interessen und Motive offenzulegen und akzeptieren, lassen sich oftmals mehrere interessensgerechte Lösungen entwickeln. Wesentlich ist, dass die oftmals ausgeblendete Beziehungsebene berücksichtigt wird – es gilt daher die Devise: „Auf den Menschen (und dessen Vorstellungen, Meinungen, Gefühle, Empfindlichkeiten und Erwartungen) achten, und nicht nur auf die Sache!" Dabei hilft es, Menschen und Probleme zwar zu berücksichtigen, jedoch getrennt voneinander zu behandeln und die zu treffende Entscheidung auf der Basis objektiver Kriterien vorzunehmen.

## Literatur

Berkel K (2002) Konflikttraining. Sauer-Verlag, München
Brandeins, Wirtschaftsmagazin (Februar 2004) Schwerpunkt: Harmonie verblödet. Wie man Konflikte erkennt und austrägt. Oder auch nicht. 6. Jahrgang, Heft 01
Brühweiler H (1996) Situationsklärung. Leske + Budrich, Leverkusen
Deutsch M (1976) Konfliktregelung. E. Reinhardt Verlag, München
Fisher R, Ury W, Patton B (2000) Das Harvard-Konzept. Campus, Frankfurt/M.
Glasl F (1994): Konfliktmanagement. Ein Handbuch für Führungskräfte und Berater. Verlag Freies Geistesleben, Stuttgart
Hösl G (2002) Mediation – die erfolgreiche Konfliktlösung. Kösel-Verlag, München
Hugo-Becker A, Becker H (1992) Psychologisches Konfliktmanagement. Deutscher Taschenbuch-Verlag, München
Philipp E, Rademacher H (2002) Konfliktmanagement im Kollegium. Arbeitsbuch mit Modellen und Methoden. Beltz Verlag, Weinheim und Basel
Schulz v. Thun F, Ruppel J, Stratmann R (2001) Miteinander reden: Kommunikationspsychologie für Führungskräfte. rororo, Reinbek
Schwarz G (1995) Konfliktmanagement. Sechs Grundmodelle der Konfliktlösung. Gabler Verlag, Wiesbaden
Seibt CP (2004) Brief an Sophie. Wer sich dem Konflikt nicht entzieht, ist ihn nicht wert. Brandeins 6 (1) S 102-103
Sprenger RK (2004) Einigkeit macht starr. Brandeins 6 (1) S 110
Thomann C, Schulz v. Thun F (1994) Klärungshilfe. rororo, Reinbek
Thomas WI, Thomas DS (1928) The Child in America. Behavior problems and programs. Knopf, New York

# Interne Kommunikation

Christina Budde

Hohenzollernstr. 14
53173 Bonn

## Kommunikation ist ein Schlüsselfaktor im Gesundheitsmanagement

Bei der Einführung oder Verankerung eines Betrieblichen Gesundheitsmangements (BGM) im Unternehmen spielt die interne Kommunikation eine wichtige Rolle. Ziel von BGM ist ja, Unternehmenskultur, Führung, Betriebsklima, Arbeitsbedingungen und Gesundheitsverhalten der Beschäftigten im Sinne einer ganzheitlichen Gesundheit zu beeinflussen. Das ist ein umfassender betrieblicher Veränderungsprozess, der Zeit, Geld und Manpower kostet. Wer dabei nicht auf die Unterstützung der Geschäftsleitung, der Arbeitnehmervertreter und der Beschäftigten zählen kann, der wird es schwer haben, BGM zu installieren. Betriebliches Gesundheitsmanagement kann man nicht verordnen. Es bleibt wirkungslos, wenn es nicht von den wichtigen Entscheidern und der Mehrzahl der Beschäftigten mitgetragen wird.

„Jede Veränderungsstrategie ist so gut wie das Konzept zu ihrer Kommunikation" (Doppler & Lauterburg 2005) betonen Change-Management-Experten. Mit Werbung und bunten Bildchen ist es dabei nicht getan. Ziel jeder Kommunikationsstrategie muss es sein, Unterstützung, Vertrauen und Beteiligung der relevanten betrieblichen Zielgruppen zu erreichen. Es ist deshalb wichtig, die Kommunikation genau zu planen und sich darüber klar zu werden, wo und wie man Partner findet, auf die man sich verlassen kann. Innerbetriebliche Kommunikation befasst sich im Regelfall mit Unternehmenszielen, Marktentwicklungen, Arbeitsinhalten und besonderen Projekte. „Ziele und erwünschte Verhaltensweisen werden den Organisationsmitgliedern durch Kommunikation, Erwartungen, Rollen und Handlungen vermittelt. Dabei spielen sowohl die interne Kommunikation als auch jede einzelne Führungskraft eine entscheidende Rolle" (Hunnius 2000 S. 11) Mit einer mitarbeiterorientierten und zeitnahen Information und Kommunikation über wichtige Entwicklungen im Betrieb wird „Sinn" gestiftet, Motivation geschaffen und Bindung an das Unternehmen erreicht (Zander & Femppel 2002).

Wer die Kommunikation für BGM verantwortet und plant, sollte sich bewusst sein, dass die „Gesundheit im Betrieb" ein ganz besonderer Gegenstand ist. Trotz aller Beteuerungen, dass BGM eine „Win-Win-Situation" für alle

Beteiligten schafft, trifft das Thema nicht immer auf sofortige Begeisterung. Im Gegenteil: Vorurteile, Klischees und Widerstände halten sich oftmals hartnäckig, je nachdem, ob die Organisation eher eine Vertrauenskultur oder eine Misstrauenskultur ausgeprägt hat. Die Geschäftsleitung wittert Nutzlosigkeit, Betriebsräte vermuten versteckte Absichten von entlassungswütigen Personalverantwortlichen, Beschäftigte empfinden ihre Gesundheit als persönliche Angelegenheit und argwöhnen, dass sich der Betrieb nun auch noch in ihre Privatsphäre einmischen will, Experten sehen ihren Einflussbereich geschmälert, Führungskräfte fühlen sich mit noch mehr Aufgaben beladen als ohnehin.

Es ist die Aufgabe der internen Kommunikation, mit diesen Widerständen umzugehen und durch eine kluge Informations- und Überzeugungsarbeit in Zustimmung umzumünzen.

### Ohne Strategie geht gar nichts

Kommunikation ist der Prozess, in dem durch eine gezielte und strategische Kommunikation Verständnis und Beteiligung für das Betriebliche Gesundheitsmanagement geschaffen werden. „Beginnend mit der reinen Information muss der Dialog durch Diskussionen, Berichte und Beschreibung immer dichter gestaltet werden, um den Mitarbeitern den Weg zur Anwendung des anfangs nur Gehörten zu zeigen." (Hunnius 2000 S. 29)

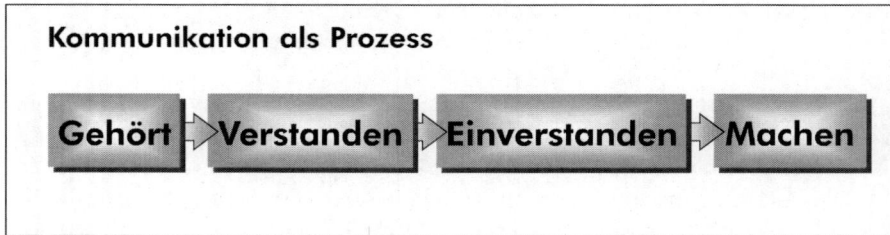

**Abbildung 1** Kommunikation ist ein Prozess (nach Hunnius 2000 S. 29)

Dies erreicht man nicht mit Einzelaktionen und nicht innerhalb kurzer Zeit. Verständnis und Beteiligung setzen ein Vertrauensverhältnis voraus, das mittel- bis langfristig erarbeitet werden muss. Kommunikation sollte deshalb immer vorausschauend geplant werden, damit die gesteckten Ziele erreicht werden. Am besten fängt man schon vor der Einführung von BGM an, ein Konzept für das kommunikative Vorgehen zu entwickeln. „Keine Maßnahme ohne Diagnose" (Badura 1999) lautet dabei das erste Grundprinzip, das die innerbetriebliche Kommunikation mit dem grundsätzlichen BGM-Vorgehen teilt. Damit die kommunikativen Maßnahmen Sinn machen und Zeit und Geld nicht wirkungslos vergeudet werden, ist ein geplantes und strategisches Vorgehen sinnvoll.

## 1. Situations- und Bedarfsanalyse: Ausgangslage klären

Wie ist die Ausgangslage im Unternehmen bezüglich BGM? Gibt es Vorerfahrungen? Woran kann angeknüpft werden? Arbeiten Arbeits- und Gesundheitsschutzexperten bisher eher getrennt voneinander? Was bringt BGM Neues, Nützliches? Und nicht zuletzt: Welche Kommunikationswege und -mittel gibt es schon im Unternehmen? Womit sind gute Erfahrungen gemacht worden?

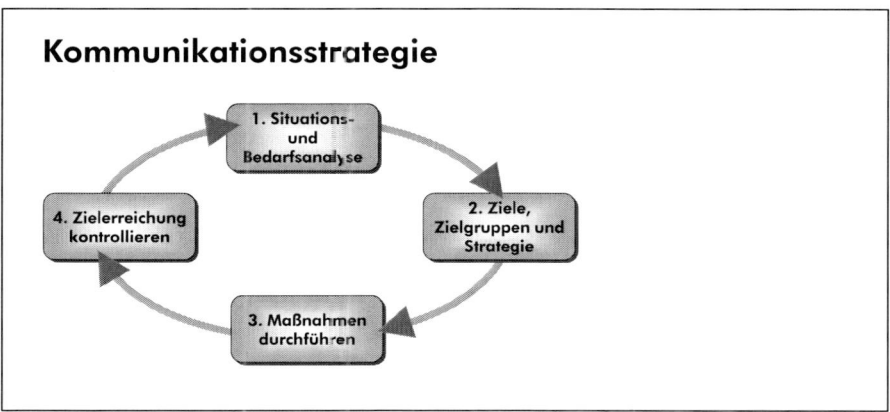

**Abbildung 2** Kommunikationsstrategie (nach Herbst 2003 S. 48)

Die Ausgangssituation hängt auch von der Größe eines Unternehmens ab. Die Zusammenarbeit mit kleinen und mittleren Unternehmen hat gezeigt, dass innerbetriebliche Kommunikation dort häufig wenig systematisch verläuft. Die Frage, wer welche Kommunikation braucht, wird seltener gestellt als in großen Unternehmen, die über mehr Ressourcen und Möglichkeiten verfügen, Kommunikationsprofis zu beschäftigen. Besonders in kleinen Unternehmen kreist alles um die Person des Betriebsinhabers. Nicht nur die Gestaltung von Arbeitsbedingungen und der Umgang mit Belastungen, sondern auch die Art und Weise der Kommunikation sind stärker von seinen Einstellungen und Überzeugungen geprägt. Zudem lassen Fragen der kurzfristigen Existenzsicherung wenige Spielräume. Hier ist es besonders wichtig, den Nutzen des Betrieblichen Gesundheitsmanagements hervorzuheben und die Kommunikationsplanung den zum Teil beschränkten Möglichkeiten anzupassen. Davon mehr unter 3. „Maßnahmen durchführen".

In größeren Unternehmen lässt sich die Situations- und Bedarfsanalyse gut in einem moderierten Workshop unter Beteiligung der betrieblichen Kommunikationsexperten und der BGM-Verantwortlichen und ggfs. weiterer Experten durchführen.

## 2. Ziele, Zielgruppen und die passende Strategie

Zur Strategie einer gelungenen Kommunikation für BGM und Gesundheit gehört notwendigerweise die Frage, was man überhaupt erreichen will. Ist die Geschäftsleitung beispielsweise noch nicht überzeugt, langfristig in BGM zu investieren? Wird die verstärkte Unterstützung der Führungskräfte und des Betriebsrates für ein bestimmtes Projekt gebraucht? Nehmen zu wenig Beschäftigte an bestimmten Maßnahmen teil? Welche Personen sollten eine strategisch wichtige Rolle bei der BGM-Einführung spielen? Was genau soll bis wann erreicht werden? „Ziele sind das A und O jeder Konzeption. Wer keine Ziele hat, ist ziellos" (Dörrbecker & Fissenewert-Goßmann 1997 S. 57). Eine konkrete Zielsetzung steuert also die Kommunikation. Ziele lassen sich unterteilen in „quantitative" Ziele, zum Beispiel Teilnahmezahlen, und „qualitative" Ziele, zum Beispiel Unterstützung, Bekanntheit, „Image" oder Informationsstand. Mit der Zielsetzung sollte auch bereits festgelegt werden, wie kontrolliert wird, ob die Ziele erreicht wurden: zum Beispiel durch Kennzahlen wie Teilnahmezahlen oder durch qualitative Erfolgsindikatoren, die nicht in Zahlen gemessen werden können. Beispiel: Es gelingt, eine wichtige Führungskraft von BGM zu überzeugen, die vorher negativ eingestellt war. Ein gutes Hilfsmittel ist die SMARTE-Ziele-Regel. Die Ziele sollten: spezifisch – messbar – anspruchsvoll – realistisch – terminiert und erreichbar sein, damit sie umgesetzt werden können.

Dazu kommt das richtige „Timing": Wann sollte wer am besten angesprochen werden? Das falsche Timing kann wichtige potenzielle BGM-Unterstützer schnell vergraulen. Ebenso wichtig ist es, prägnante Botschaften zu formulieren. Das sind vereinfachende Sätze oder Halbsätze, die die Kernaussage auf den Punkt bringen, wie beispielsweise: „Bitte bleiben Sie gesund" oder „Gesund genießen", „Gesundheit geht uns alle an" usw.

Weiter wird gefragt: Wer sind die relevanten Zielgruppen und was ist über sie bekannt? Notwendige und wichtige Partner im BGM sind die Geschäftsleitung und die Arbeitnehmervertretung, Personalverantwortliche, die Personalentwicklung, Arbeits- und Gesundheitsschutzexperten und wichtige „Promotoren" für das Thema im Betrieb, wie etwa Meister oder Meinungsführer unter den Beschäftigten und natürlich die Beschäftigten selbst. Welche Einstellung zum Thema BGM und Gesundheit haben sie?

Bei den Beschäftigten machen viele Betriebe die Erfahrung, dass meist nur die ohnehin schon Gesundheitsbewussten an den Maßnahmen teilnehmen. Sie sind in der Regel mittleren Alters und höher qualifiziert. Die weniger Gesundheitsbewussten werden schlecht oder gar nicht erreicht. Will man Präventionsziele erreichen, müssen aber gerade sie erreicht werden. Ein Gesundheitsbewusstsein entsteht nicht von heute auf morgen, sondern erfordert eine entsprechende Motivation und Befähigung. Dazu gehört auch die Beseitigung von Anreizen, die gesundheitsschädigendes Verhalten fördern. „Verhalten folgt Verhältnissen" (Badura 2006) heißt es in den Gesundheitswissenschaften: Wenn die Gesundheit zum Bestandteil der Unternehmenskultur wird und die Arbeitsbedingungen sichtbar gesundheitsförderlicher werden, sind Mitarbeiter/-innen eher bereit, ihr Verhalten zu verändern.

Ein weiterer wichtiger Baustein ist der Aufbau von Gesundheitsmotivation. Aus der Gesundheitspsychologie (Prochaska et al 1997) weiß man, dass es fünf unterschiedliche Stufen von Gesundheitsmotivation gibt:

1. Sorglosigkeit: kein Interesse (z.B. 20 Zigaretten am Tag rauchen)
2. Bewusstwerdung: darüber nachdenken (z.B. mit dem Rauchen aufzuhören)
3. Vorbereitung: erste Maßnahmen (z.B. Entschluss zum Rauchverzicht)
4. Aktion: aktiv werden (z.B. Versuch, mit dem Rauchen aufzuhören)
5. Aufrechterhaltung: dabei bleiben (z.B. Rauchverzicht).

Die unterschiedlichen Stufen erfordern eine entsprechende inhaltliche Planung der Gesundheitsmaßnahmen, aber auch eine differenzierte zielgruppengerechte Ansprache mithilfe der Kommunikation. Elemente wie das „Lernen am Modell", zum Beispiel durch Vorbilder, die auf Plakaten und Flyern abgebildet werden, oder die Verstärkung der sogenannten „Selbstwirksamkeitserwartung" („Rauchstopp jetzt: So schaffen Sie es" oder „Hilfen gegen den Rückfall") oder unterhaltende Angebote wie zum Beispiel ein Quiz können dabei die Veränderungsbereitschaft hin zu mehr Gesundheitsbewusstsein und -verhalten erhöhen.

## *3. Maßnahmen durchführen*

Bei der Auswahl der Instrumente und Maßnahmen der Kommunikation geht es darum, die verschiedenen Zielgruppen möglichst direkt zu erreichen. Das gelingt nur, wenn Sprache und Kommunikationswege jeweils angepasst werden und „empfängerorientiert", „verständlich" und „anschaulich" gestaltet sind. „Man darf nie vergessen, die […] Sprache eines Bandarbeiters ist eine andere als die eines Vertriebsingenieurs." (Zander & Femppel 2002). Es macht zum Beispiel auch wenig Sinn, Produktionsmitarbeitern, die keinen Zugang zum Intranet haben, nur Informationen online anzubieten.

Der Einsatz der Kommunikationsinstrumente sollte abgestimmt in einem zielgruppenorientierten Maßnahmenmix erfolgen. Die Kunst dabei ist, Menge und Qualität auf die jeweiligen Bedürfnisse der Zielgruppen abzustimmen. Ein Zuviel an Information, zum Beispiel in ständigen Besprechungen oder eine Flut von Broschüren und Rundschreiben, schreckt ab. Ein Zuwenig an Information bzw. zu späte Informationen führen zu Unzufriedenheit.

Grundsätzlich gilt die Regel: „Instrumente sind zwar ein wichtiger Teil der Kommunikationskultur eines Unternehmens, aber eben nur Instrumente. Sie müssen genützt werden, um zu einem Dialog zu führen" (Hunnius 2000 S. 74). Dabei reicht ein Instrument in größeren Organisationen nicht aus. Wer denkt, dass es mit einer Broschüre und einer Veranstaltung getan ist, kommt nicht weit. Eine kontinuierliche Werbung für die Gesundheitsmaßnahmen mit einigen „High-Lights" sichert die dauernde Präsenz des Themas im Betrieb. In kleineren Unternehmen spielt die Face-to-Face-Kommunikation eine noch stärkere Rolle als in größeren Unternehmen. Dennoch sollte auch hier darauf geachtet werden, dass eine Mischung aus schriftlicher und persönlicher Information und Kommunikation regelmäßig erfolgt. Je größer das Unternehmen, desto wichtiger wird die mittlere Ebene der Führungskräfte, die nicht nur Informationen zum Gesundheitsmanagement, sondern vor allem auch Meinungen und Einstellungen dazu transportieren. Deshalb ist es besonders wichtig, ihr „Involvement" und „Commitment" durch frühzeitige Einbindung zu stärken (ebenda).

**Tabelle 1** Auswahl möglicher Kommunikationsinstrumente, angelehnt an Hunnius 2000

| Kommunikation in Kleingruppen | Kommunikation in Großgruppen/Events | Printmedien | elektronische Medien |
|---|---|---|---|
| Face-to-Face-Kommunikation | Management-Konferenz | Plakate | Intranet |
| Mitarbeiter-/Führungsgespräch | MA-Infoveranstaltung | Schwarzes Brett | E-Mail |
| FK-Besprechung | Dienstjubiläum | Mitarbeiterzeitung | Newsletter |
| Teambesprechung | Betriebsversammlung | Briefe an FK, MA | Internet |
| Workshop | Betriebsfest | Führungskräfteinfo | Lautsprecher |
| Gesundheitszirkel | Tag der offenen Tür | Arbeitsanweisung | Video |
| Gruppenarbeit | Gesundheitstage | Rundschreiben | CD-Rom |
| Projektarbeit | Aktionstag | Personalnachrichten | Telefon |
| Weiterbildungsveranstaltung | Unternehmenspräsentation | Führungsgrundsätze | Telefax |
| Interviews | | themenbezogene Broschüren | hausinternes Fernsehen |
| | | Mitarbeiterzeitung | |
| | | Pressespiegel | |

Kommunikation erfordert Ideenreichtum und unkonventionelles Denken. Flyer, Intranet, Newsletter, Plakate, Aushänge, Veranstaltungen wie Gesundheitstage usw.: Das sind die „Basics", die man als Grundlage braucht. Sinnvoll ist auch die Entwicklung eines eigenen Logos, das die Wiedererkennbarkeit der betrieblichen Gesundheitsmaßnahmen sichert (zum Beispiel: „Fit mit Rasselstein. Der gesunderhaltende Betrieb" oder „Gesund läuft's rund"). Das muss nicht viel kosten. Eine witzige Idee bewirkt unter Umständen mehr als teure Hochglanzbroschüren. Hier zählt nicht der persönliche Geschmack, sondern ob die Zielgruppe auf die Aktion anspricht. Eine Kommunikationsregel lautet: „Der Wurm muss dem Fisch schmecken, nicht dem Angler." Eine Mischung aus Information und emotionaler Ansprache funktioniert am besten.

Darüber hinaus ist es hilfreich, sich in die Perspektive des Gegenübers zu versetzen und die Frage zu beantworten, welchen Mehrwert das Betriebliche

Gesundheitsmanagement jeweils bringt. Für Führungskräfte beispielsweise kann der betriebliche Führungsalltag reibungsloser laufen. Betriebsräte erfahren einen Imagezugewinn, Mitarbeiter/-innen eine bessere Kommunikation mit Vorgesetzten und Kollegen und ein besseres Betriebsklima etc.

### 4. Erfolge kontrollieren

Ein regelmäßiges Controlling zeigt, ob die Ziele erreicht wurden. Das gelingt mit Hilfe einer Mitarbeiterumfrage, Stichprobeninterviews oder Teilnahmezahlen. Wenn die Ziele erreicht wurden, was war für den Erfolg verantwortlich? Wenn nein, woran lag es? Die Ergebnisse der Evaluation zeigen, wo Verbesserungspotenziale liegen.

## Das Best-Practice-Beispiel Rasselstein GmbH

Im Rahmen des dreijährigen Modellprojekts „Der gesunderhaltende Betrieb" wurde 2003 beim Weißblechhersteller Rasselstein GmbH in Andernach ein umfassendes Präventionsmanagementsystem eingeführt (Kroll 2009). Schon vor Projektbeginn wurde ein Kommunikationskonzept erarbeitet, das als eine Art „Masterplan" für die Kommunikation fungiert. Zum einen sollen die Führungskräfte und Betriebsräte als Promotoren des Themas Gesundheit im Betrieb gewonnen und zum anderen die Beschäftigten zu einem gesundheitsförderlichen Verhalten und der Teilnahme an den Gesundheitsmaßnahmen bewegt werden. Ein weiteres Ziel ist der Aufbau von Gesundheitskompetenz und -wissen, denn beide sind eine wichtige persönliche „Ressource" für die Gesundheit.

Begonnen wurde mit der Entwicklung eines eigenen Gesundheitslogos „Fit-mit-Rasselstein" und eines einheitliches Gestaltungskonzepts für alle Print- und Onlinemedien. So wird die schnelle Wiedererkennbarkeit aller Gesundheitsmaßnahmen im Betrieb erreicht. Das Logo wird nicht nur konsequent auf allen Printmedien, sondern auch deutlich sichtbar im gesamten Betrieb angebracht: auf den Infowänden, den Verpflegungsautomaten für die Schichtarbeiter, auf T-Shirts, Kappen oder dem Gesundheitspass (s.u.).

Für die Zielgruppe Führungskräfte und Betriebsräte finden kontinuierliche Infoveranstaltungen statt. Darüber hinaus wird in allen Face-to-Face-Veranstaltungen über Sinn und Zweck des Gesundheitsmanagements informiert. Ob Teamleitertag oder Führungskräfteinfo, alle Möglichkeiten des aktiven Dialogs werden immer wieder genutzt, um für das Thema Gesundheit zu werben und die Projektfortschritte darzustellen. Neben der persönlichen Information und Kommunikation leistet ein regelmäßiger Führungskräfte-Newsletter gute Dienste. Der per E-Mail versandte Newsletter informiert nicht nur alle Führungskräfte vom Top-Management bis hin zu den betrieblichen Schichtkoordinatoren laufend über den Stand und den Erfolg des Gesundheitsprojektes und wirbt um Unterstützung bei der Werbung für die Gesundheitsangebote. Im Newsletter wird den Führungskräften auch das Thema „Gesundheitsgerechte

Mitarbeiterführung" nahegebracht. Die Beschäftigten des Unternehmens werden durch die Mitarbeiterzeitschrift „Rasselstein Info" informiert. Sie ist ein wichtiges Sprachrohr sowohl der Unternehmensleitung als auch der Belegschaft und wird auch von Familienangehörigen und ehemaligen Rasselsteinern gern gelesen. Mit Beginn des Projektes wurde eine feste Rubrik „Gesundheit" eingerichtet. Themen sind zum Beispiel Berichte über Gesundheitsmaßnahmen oder interessante Service-Informationen rund um das Thema Gesundheit.

Das Rasselsteiner Intranet wurde im Rahmen des „gesunderhaltenden Betriebes" durch ein eigenes Gesundheitsportal erweitert. Die Seiten enthalten Informationen zu den Punkten „Aktivitäten und Angebote" und leicht verständliche Gesundheitsinformationen, z.B. zu Themen wie „Essen und Trinken", „Wohlfühlen und Entspannen" oder „Männer- und Frauengesundheit". Darüber hinaus erlaubt das „Forum" einen Austausch der Mitarbeiter mit den Ansprechpartnern für Gesundheit und auch untereinander. Es liefert einen wichtigen Beitrag zum Thema Mitarbeiterpartizipation. Allerdings müssen die Seiten gepflegt und die gebotenen Informationen aktuell gehalten werden. Ohne neue Anreize wird es schnell langweilig, die Seiten aufzusuchen. Eine personalisierte Ansprache ist in Zeiten einer zunehmenden Informationsüberflutung wichtiger denn je. Aus diesem Grund werden bestimmte Zielgruppen wie zum Beispiel Gruppensprecher oder Schichtkoordinatoren im Betrieb über einen E-Mail-Verteiler noch zusätzlich mit Informationen und Einladungen zu Veranstaltungen angesprochen.

Besonders in den Produktionshallen sind die Infotafeln ein wichtiger Baustein zur Verbreitung von Informationen. Zwar hat theoretisch jeder Mitarbeiter auch Zugang zu einem Rechner mit dem Rasselsteiner Intranet, aber die Produktionsabläufe lassen oft nicht die Zeit dazu. Deshalb sind an geeigneten zentralen Stellen Informationstafeln aufgestellt. Auf ihnen wird an Knotenpunkten in den Werken über alle wichtigen Neuerungen und Angebote berichtetet, zum Beispiel Vorsorgeuntersuchungen oder Gesundheitsaudits.

Gesundheitstage sind eine gute Möglichkeit, Mitarbeiter/-innen für das Thema Gesundheit zu sensibilisieren. Information, Aktion und Unterhaltung, zum Beispiel mit Sportturnieren, einem Gesundheitsquiz etc., stehen im Mittelpunkt. Evaluationsstudien bestätigen, dass die Gesundheitsförderung durch Unterhaltung Wirkung zeigt (Schwarzer 2004). So kann eine Sensibilisierung für Gesundheitsthemen erreicht und die Kommunikation über gesundheitsrelevante Themen gefördert werden. Gesundheitstage haben allerdings keine nachhaltige Wirkung, wenn nicht auch anschließend die Möglichkeit besteht, an kontinuierlichen Gesundheitsmaßnahmen teilzunehmen.

Themenaktionen stellen ein Gesundheitsthema gezielt in den Vordergrund und bündeln damit die Aufmerksamkeit. Verschiedene Medien und Aktionsformen kommen zum Einsatz. Bei Rasselstein wurden im Laufe des Projektes zum Beispiel Aktionstage zu den Themen „Gesunde Ernährung", „Fit durch den Winter" und „Stress und Entspannung" durchgeführt. Informationen im Intranet und auf den Infotafeln sowie Ausstellungen begleiteten das Thema.

Man lernt am besten am Modell bzw. von Vorbildern, auch in der betrieblichen Gesundheitsförderung. Vorbilder können neben Führungskräften und Betriebsräten auch Kollegen im Betrieb sein. Als besonders förderlicher Faktor kommt hier noch die soziale Nähe hinzu. Wenn Personen aus der Belegschaft das Thema Gesundheit überzeugt selbst leben und mit gutem Beispiel vorangehen, können sie „Lokomotiven" sein, die ihre Kollegen mitziehen und überzeugen. Von Seiten der Projektleitung setzt dies allerdings eine gute Kenntnis der betrieblichen Gegebenheiten voraus, denn man muss wissen, wen man anspricht. Deshalb wurde bei Rasselstein ein betriebliches Sportnetzwerk gegründet und nach sportbegeisterten Mitarbeitern gesucht, die bereit waren, als Ansprechpartner und Initiatoren für Sportgruppen zu fungieren. Auf diese Weise entstanden aus der Mitarbeiterschaft heraus vielfältige gemeinsame Aktivitäten: Radfahren, Joggen. Walken, Tennis, Golfen, Rudern und vieles mehr. Dem Gesundheitspass liegt die alte Idee der Rabattmarkenheftchen zugrunde, die sich auch in modernen Kundenkartensystemen wie Payback etc. widerspiegelt: Man sammelt Punkte durch ein besonders treues Kundenverhalten und wird irgendwann mit einer Prämie belohnt. Diese Idee wurde auf die Gesundheitsförderung übertragen, vor allem mit dem Ziel, die „gesundheitsfernen", aber durchaus an attraktiven Preisen interessierten Mitarbeiter/-innen für das Thema Gesundheit zu erwärmen. Jede gesundheitsförderliche Aktivität innerhalb des Projektes wurde mit Punkten belohnt, für ein Gesundheitsmenü etwa erhielt man einen Punkt, für einen Nichtraucherkurs zehn Punkte.

## Dos und Don'ts der Kommunikation

- *Man kann nicht nicht kommunizieren.*
  Dieser Grundsatz des Kommunikationswissenschaftlers Paul Wazlawik (1997) trifft auch auf die innerbetriebliche Kommunikation im BGM zu. Lücken in der Kommunikation werden mit eigenen Phantasien und Interpretationen gefüllt (Doppler & Lauterburg 2005). Das verstärkt Vorurteile und Gerüchte. Das kommunikative Vorgehen sollte deshalb proaktiv und systematisch geplant werden.

- *Die Kommunikation sollte in das Gesamtkonzept von BGM eingebunden werden.*
  Kommunikation vermittelt Vertrauen, Sicherheit und Glaubwürdigkeit des BGM-Vorhabens. Das Kommunikationskonzept sollte deshalb eng an den Zielen des BGM-Gesamtkonzeptes ausgerichtet sein.

- *Kommunikation braucht klare Kompetenzen und eine Infrastruktur.*
  Ohne klare Zuständigkeiten, geregelte Kommunikationswege und eine ausreichende Infrastruktur in Form von personellen und finanziellen Ressourcen lassen sich Ziele nicht effizient erreichen.

- *Wichtiger als alle mediale ist die persönliche Kommunikation.*
  Das Thema BGM ist komplex und vermittelt sich nicht in kurzen schriftlichen Informationen. Es konkurriert mit vielen anderen Themen im Betrieb. Nachdrücklicher als die mediale Kommunikation wirkt deshalb die persönliche Kommunikation in Gesprächen, Veranstaltungen, Mitarbeiterforen im Intranet oder Workshops, weil hier die Möglichkeit zur Nachfrage und zum Feedback gegeben ist.
- *Führungskräfte haben eine Schlüsselrolle.*
  Führungskräfte beeinflussen nicht nur die Arbeitsbedingungen ihrer Mitarbeiter/-innen, sondern wirken auch als Vorbilder und Meinungsbildner. Sie sollten deshalb von Anfang an einbezogen werden. Darüber hinaus geben sie auch für eine „gesunde" Kommunikation mit Wertschätzung, ausreichender Partizipation und Transparenz die Richtung an.
- *Emotionen bewirken oft mehr als Informationen.*
  „Wenn du ein Schiff bauen willst, dann trommle nicht Männer zusammen, um Holz zu beschaffen, Aufgaben zu vergeben und die Arbeit einzuteilen, sondern lehre sie die Sehnsucht nach dem weiten, endlosen Meer." (Antoine de Saint-Exupéry in Schwarz & Wulfestieg 2003). Informationen sind wichtig, aber nicht ausreichend. Bedürfnisse zu wecken und Emotionen anzusprechen ist die hohe Kunst. „Grundsätzlich besteht die psychische Wirkung von Werbung aus einer Mischung aus verstandesmäßigen (kognitiven) sowie gefühlsmäßigen (emotionalen) Wirkungen" (ebenda). Die Aufgabe der internen Kommunikation ist es, BGM und das Thema Gesundheit zu etwas Wünschenswertem zu machen, an dem man unbedingt teilhaben möchte.
- *Menschen beteiligen*
  Kommunikation schafft Identifikation und trägt zum Aufbau einer gesunden Unternehmenskultur bei. Das funktioniert allerdings nur, wenn die Menschen auch selbst an der Kommunikation beteiligt werden. Wie wird im Betrieb über BGM gesprochen? Kommen die Informationen und Botschaften an? Was wünschen sich die Beschäftigten?
- *Einen langen Atem haben*
  Vertrauen in die „guten" Absichten von BGM und ein Gesundheitsbewusstsein lassen sich nicht von heute auf morgen aufbauen. Ein Kommunikationskonzept sollte deshalb immer mittel- bis langfristig angelegt sein und flexibel an den jeweiligen Stand der Zielerreichung angepasst werden.

## Gefragte Kompetenzen

Das Unternehmen kommunikativ zu „durchdringen" (Doppler & Lauterburg 2005), um möglichst viele Unterstützer zu finden, ist eine der wichtigsten Managementaufgaben. Wichtiger als Werbekenntnisse sind deshalb soziale Kompetenzen: hinausgehen zu den Menschen, ihnen zuhören, ihre Meinungen und Ängste zum Thema aufnehmen und daraus eine sensible, auf sie zugeschnittene Kommunikation stricken. Weil Kommunikation eine Schnittstelle zwischen vielen Fachbereichen ist, sollte ein Kommunikationsverantwortlicher Menschen zusammenbringen können. Zudem gefragt sind Projektmanagement und koordinierende Fähigkeiten. Und nicht zuletzt sind Kreativität und Ideenreichtum wichtig.

**Literatur**

Badura B (1999) Betriebliches Gesundheitsmanagement. Hans-Böckler-Stiftung, Berlin
Birker K (2000) Betriebliche Kommunikation. Cornelsen, Berlin
Dörrbecker K, Fissenewert-Goßmann R (1997) Wie Profis PR-Konzeptionen entwickeln. IMK, Frankfurt/M.
Doppler K, Lauterburg C (2005) Change Mangement. Campus, Frankfurt/New York
Herbst D (1999) Interne Kommunikation. Cornelsen, Berlin
Hunnius G (2000) Innerbetriebliche Information und Kommunikation. DGFP, Köln
Kroll D (erscheint 2009) Neue Wege des Gesundheitsmanagements. Das Beispiel Rasselstein GmbH. Gabler, Wiesbaden
Leipziger JW (2007) Konzepte entwickeln. Frankfurter Allgemeine Buch, Frankfurt
Matyssek AK (2003) Gesundes Team, gesunde Bilanz. Universum, Wiesbaden
Prochaska JO, Norcross JC, DiClemente CC (1997) „Jetzt fange ich neu an." Juventa, München
Schwarzer R (2004) Psychologie des Gesundheitsverhaltens. Hogrefe, Göttingen
Schwarz M, Wulfestieg J (2003) Die Sehnsucht nach dem Meer wecken. Eichborn, Frankfurt/Main
Watzlawick P (2007) Menschliche Kommunikation. Huber, Bern
Zentrum für wissenschaftliche Weiterbildung an der Universität Bielefeld e.V. (ZWW) www.bgm-bielefeld.de. Zugriff 30.11.08
Zander E, Femppel K (2002) Praxis der Mitarbeiterinformation. dtv, München

# Anerkennender Erfahrungsaustausch

Torsten Bökenheide

Verkehrsbetriebe Hamburg-Holstein AG
Personal
Curslacker Neuer Deich 37
21029 Hamburg

Führungskräfte nehmen – ob bewusst oder unbewusst – in der Gesundheitsförderung und Krankheitsprävention eine Schlüsselrolle ein: Sie bestimmen den Stellenwert von Arbeits- und Gesundheitsschutz und prüfen Investitionen in betriebliche Gesundheitsangebote. Darüber hinaus beeinflusst jede im Unternehmen getroffene betriebliche Entscheidung unmittelbar oder mittelbar die Arbeitsfähigkeit der Mitarbeiter. Damit noch nicht genug: Der Unternehmer bis hin zur operativen Führungskraft greift entscheidend in das soziale Beziehungsgefüge im Betrieb ein. Das Führungsverhalten hat Auswirkungen auf Motivation, Leistungsbereitschaft, Arbeitszufriedenheit und Befinden der Mitarbeiterinnen. Mit dem Anerkennenden Erfahrungsaustausch wird hier ein in der Praxis erprobtes Führungsinstrument vorgestellt, bei dem nun die Zeiten der Anwesenheit des Mitarbeiters, nicht seine Abwesenheit, im Mittelpunkt stehen. Das schärft den Blick der Führungskräfte auf vorhandene Ressourcen von Gesundheit, Arbeitsfähigkeit und Wohlbefinden der Mitarbeiter im Unternehmen und bei der Arbeit und bietet Möglichkeiten, betriebliche Gesundheitspolitik neu zu gestalten.

## Eine ungewohnte Sicht: Der Blick auf anwesende Mehrheiten in Unternehmen

Die Suche nach dem Begriff „Fehlzeitenreport" liefert 14.000 Treffer im Internet. Gibt man stattdessen den Begriff „Anwesenheitsreport" ein, liefert die Suchmaschine gerade einmal fünf Treffer. Offenbar dominiert die Betrachtung von krankheitsbedingten Fehlzeiten die Arbeit der Führungskräfte. Sicher, diese Betrachtung bleibt auf Dauer eine wichtige. Allerdings greift sie zu kurz. Übersehen werden von den Führungskräften dabei Mitarbeiter, die eigentlich am sichtbarsten sein müssten: die (fast) immer Anwesenden.

**Was sehen Sie?**

$$3 + 4 = 7$$
$$4 + 1 = 5$$
$$5 + 3 = 8$$
$$6 + 3 = 9$$
$$2 + 2 = 5$$

**Abbildung 1** Die fünf Gleichungen (eigene Darstellung)

Möglicherweise gehören Sie in diesem Moment zu den wenigen Personen, die den Selbsttest wie folgt beantworten: „Ist doch klar. Ich sehe fünf mathematische Gleichungen. Davon sind vier richtig und eine ist falsch." Die große Mehrzahl der Befragten antwortete hingegen: „Die fünfte Gleichung ist falsch!" Hier wird unsere vorherrschende Sichtweise deutlich. Gesehen wird zuallererst, was falsch ist. Gesehen wird, wer arbeitsunfähig abwesend ist. Eine Busfahrerin beschreibt dieses Dilemma so: „Ich bewerbe mich jetzt innerbetrieblich. Aber die werden mich nicht kennen, weil ich ja jeden Tag da war!" (Geißler-Gruber & Geißler 2000). Anders formuliert: Führung findet immer dann statt, wenn es ein Problem gibt bzw. gegeben hat.

Selbst bei einer Fehlzeitenquote von zehn Prozent ist die Mehrheit der Mitarbeiter tagtäglich bei der Arbeit. Gleichwohl neigen Führungskräfte nach wie vor eher dazu, sich auf diejenigen Mitarbeiter zu konzentrieren, die arbeitsunfähig abwesend sind. Eine betriebswirtschaftliche Erklärung dafür liefert Tabelle 1.

**Tabelle 1** (Un)gewohnte Sichtweisen und Handlungsbedarfe im Führungsalltag

| Gewohnte Sichtweise | Ungewohnte Sichtweise |
| --- | --- |
| Belegschaftsminderheit – Fehlzeitenquote 10 % | Belegschaftsmehrheit – Anwesenheitsquote 90 % |
| im Fokus von Führung, weil aktuell Lohnfortzahlungskosten anfallen und daher Handlungsbedarf | nicht im Fokus von Führung, da aktuell keine Lohnfortzahlungskosten anfallen und daher kein Handlungsbedarf |

Obwohl regelmäßig 90 Prozent der Beschäftigten (= Potenzialträger) produktiv anwesend sind, erscheint offenbar betriebswirtschaftlich relevanter die Belegschaftsminderheit zu sein, da hier aktuell Lohnfortzahlungskosten anfallen. Zumal das Personalmanagement in der Vergangenheit eine Vielzahl von Maßnahmen entwickelt hat, diese Kosten zu verringern. Als kurzfristig wirksamste Maßnahme darf sicherlich das Führen von Kranken- bzw. Fehlzeitengesprächen gesehen werden. Der Erfolg dieser Maßnahmen drückt sich in der Verringerung einer einfach messbaren, verstehbaren Zahl aus, der Fehlzeitenquote.

Die Handlungen der betrieblichen Gesundheitspolitik und die Handlungen der Führungskräfte folgen unterschiedlichen Logiken. Betriebliche Gesundheitspolitik soll akut unterstützend und/oder präventiv eingreifen, bevor die Probleme entstehen. Führungskräfte warten meist, bis das Problem reif ist (vgl. Tabelle 1). Um im Bild der obigen fünf mathematischen Gleichungen zu bleiben: Neben der üblichen, gewohnten Sichtweise soll nun der Fokus auf die vier mathematisch richtigen Gleichungen, nämlich die Mehrheit der Mitarbeiter in Unternehmen gerichtet werden. Selbst bei einem Krankenstand von zehn Prozent ist die Mehrheit der Mitarbeiter (tagtäglich) bei der Arbeit. Wieso eigentlich? Es ist naheliegend, dass insbesondere diese Gruppe der Mitarbeiter den Führungskräften kompetent wichtige Hinweise auf folgende Themen liefern kann:

- Wo liegen Stärken (= Arbeitsfähigkeits-Ressourcen) im Unternehmen und bei der Arbeit aus Sicht der auffällig Anwesenden?
- Aber auch im Sinne eines betrieblichen Frühwarnsystems: Welche Schwächen (= Arbeitsfähigkeits-Belastungen) im Unternehmen und bei der Arbeit nehmen die auffällig Anwesenden wahr?

## Anerkennender Erfahrungsaustausch (AE) – Führungskräfte lernen von ihren Mitarbeitern

Rimann und Udris untersuchten 1993 in dem Projekt Salute anhand der Fragestellung, warum Menschen gesund bleiben, auch Gesundheitsressourcen im Berufs- und Privatbereich. Neben personalen Ressourcen wurden auch situative Ressourcen beschrieben, „die sich wiederum in zwei Gruppen unterteilen lassen: Die organisationalen Ressourcen umfassen gesundheitsfördernde Arbeitsbedingungen wie Handlungsspielraum, Entwicklungsmöglichkeiten, Kooperations- und Kommunikationsanforderungen bei der Arbeit. Die sozialen Ressourcen beinhalten Faktoren wie kooperativ-teilnehmendes Vorgesetztenverhalten, inner- und außerbetriebliche Unterstützungsangebote und positives Sozialklima." (Geißler et al 2004 S. 82). Die Bedeutung der sozialen Ressourcen für eine verbesserte Arbeitsfähigkeit hat auch das Finnische Institut für Arbeitsmedizin (FIOH) in einer elfjährigen Längsschnittstudie nachweisen können. Danach erhöht sich die Chance, die Arbeitsfähigkeit bei älteren Mitarbeitern zu verbessern, die Anerkennung durch die Vorgesetzten erhielten, um das 3,6fache. (Geißler et al 2004 S. 116). Der Düsseldorfer Medizinsoziologe Johannes Siegrist untersucht seit den achtziger Jahren die gesundheitlichen Folgen von beruflichen Anerkennungskrisen bei gleichzeitig hoher Verausgabungsbereitschaft. „Die Studien haben nachgewiesen, dass nicht erfüllte Belohnungserwartungen und entsprechende Erfahrungen bei hoher Verausgabungsbereitschaft die Herz-Kreislauf-Gesundheit direkt beeinträchtigen." (Geißler et al 2007 S. 34).

**Tabelle 2** Der Anerkennende Erfahrungsaustausch

| Themen/Fragen | Beispielhafte Antworten von Mitarbeitern einer Versicherung (häufigste Nennungen) | |
|---|---|---|
| Was gefällt Ihnen bei der Arbeit? Was davon am meisten? | abwechslungsreiche Tätigkeit; gutes Arbeitsklima; nette Kollegen; Arbeitszeiten; gutes Verhältnis zum Vorgesetzten; sicherer Arbeitsplatz; meine Arbeit gibt mir Selbstvertrauen; Arbeit macht mir Spaß; für mich ist die Arbeit Abwechslung vom täglichen Stress zu Hause … | RESSOURCEN = STÄRKEN aus Sicht der (fast) immer Anwesenden |
| Auf was sind Sie stolz im Unternehmen oder bei der Arbeit? | ich bin stolz auf meine Arbeitsleistung; meine Arbeit lässt mir einen Entscheidungsspielraum, den ich nutzen kann; selbständiges Arbeiten; ich beherrsche mein Aufgabengebiet und arbeite auch deshalb sehr gerne; bekanntes Unternehmen … | |
| Was macht Ihr Arbeitgeber für die Gesundheit der Mitarbeiter? | Massagen; Obstwochen; Rückenschule; Arbeitskreis Gesundheit; Bildschirmpause; Betriebssport … | |
| Was belastet und stört Sie? Was davon am meisten? | schlechtes Klima; steigender Arbeitsdruck, weil man ja doch versucht, die Vorgaben zu erfüllen; zu wenig/verspätete Hintergrundinformation; fehlende, persönliche Präsenz der Führungskraft; mehr persönlicher Kontakt … | BELASTUNGEN = SCHWÄCHEN |
| Was würden Sie an meiner Stelle als Erstes weiter verbessern? | Durchführung von monatlichen Info-Runden durch den Vorgesetzten; ich würde als Chefin versuchen, die Menschen als Ganzes zu sehen … | |
| ZIRKULÄR: Können Sie sich vorstellen, dass Ihre Kolleg(inn)en den Beruf bis 65/67 ausüben können und wollen? ALTERNATIV: Was brauchen Sie, um die verbleibende Zeit bis zur Rente arbeitsfähig zu bleiben? | ja, wenn der Leistungsdruck im Alter nicht noch mehr steigt; wenn die Rahmenbedingungen stimmen (Kommunikation, Lob); wenn für gutes Betriebsklima gesorgt wird; finanziell dürfte ein Erfordernis da sein, bis 65 zu arbeiten; können ja, wollen nein; nein, ich finde, man ist vor Erreichen der Altersgrenze ausgelaugt; gesundheitliche Eignung lässt im Alter nach … | ARBEIT und ALTER |

Von den Gesund(et)en lernen – Start für diesen salutogenetischen Ansatz war ein Hamburger Verbundprojekt im Jahre 2000 (Geißler-Gruber & Geißler 2000). Heute ist diese Vision in einigen Unternehmen Wirklichkeit geworden. Sicherlich, lernen kann man von allen Mitarbeitern. Vorherrschend sind bislang jedoch Informationen über Defizite, Belastungen, Überforderungen, Schwächen, Kränkungen. Es gilt nun, diejenigen zu kennen und zu erkennen, die eigentlich am sichtbarsten sein müssten. Ihnen müssten Führungskräfte sich verstärkt zuwenden. Der Anerkennende Erfahrungsaustausch richtet sich mit wenigen, einfachen Fragen exklusiv an (fast) tagtäglich anwesende Mitarbeiter.

## Hohes Anwesenheitsverhalten ist mehr als Gesundheit

### a) Der psychologische Arbeitsvertrag als Erklärung für hohes Anwesenheitsverhalten

Die Antworten aus dem Anerkennenden Erfahrungsaustausch werden von den Führungskräften schriftlich dokumentiert (siehe Tabelle 2). In der betrieblichen Praxis zeigte sich stets, dass die Gesprächspartner quantitativ (deutlich) mehr Stärken als Schwächen benennen. Offenbar eine plausible Erklärung für das bisher gezeigte, hohe Anwesenheitsverhalten und das eher Gesundfühlen dieser Mitarbeiter. „Für die tatsächliche Anwesenheit ganz entscheidend ist die subjektive Verbindlichkeit, mit der die arbeitsvertragliche Pflicht zur Erbringung der Arbeitsleistung von den Beschäftigten selbst empfunden wird." (Oppolzer 2006 S. 157).

**Tabelle 3** Juristischer und psychologischer Vertrag

| Vertragsform | Regelungsbereich | Vertragsinhalte (eher kollektiv) |
|---|---|---|
| Juristischer Arbeitsvertrag | Sachebene | Gehalt/Position<br>Aufgaben/Urlaubsanspruch<br>Kündigungsfristen |
| **Vertragsform** | **Regelungsbereich** | **Vertragsinhalte (eher individuell)** |
| Psychologischer Vertrag | Beziehungsebene | individuelle Anschauungen und Erwartungen, die sich (zukünftig) erfüllen können oder auch nicht<br>individuelle Reziprozitätserwartungen, die sich (zukünftig) erfüllen können oder auch nicht<br>eigene Verbundenheit mit dem Unternehmen<br>eigene Verbundenheit mit der Tätigkeit<br>eigenes Gefühl der Zugehörigkeit |

Diese subjektive Verbindlichkeit wird mit dem Modell des psychologischen Arbeitsvertrags erklärt. Dieser beschreibt „die individuellen Anschauungen beziehungsweise Überzeugungen bezüglich des wechselseitigen (zukünftigen)

Gebens und Nehmens zwischen Individuum und Organisation, geprägt von der Organisation." (Rousseau 1995 S. 7). Offe weist darauf hin, dass Vertrauen ein Phänomen intertemporaler Handlungskoordination ist und erst durch die zeitliche Dimension – künftige, wechselseitige Erwartungen – entstehen kann (Offe 2001 S. 366).

Im Idealfall stimmen der juristische und der (ungeschriebene) psychologische Vertrag in der subjektiven Wirklichkeit des Mitarbeiters im Großen und Ganzen überein. Anders ausgedrückt: Die Mitarbeiter (können) vertrauen, dass das Geben und Nehmen zwischen Individuum und Organisation auch in der Zukunft in einem gefühlten Gleichgewicht sein wird. Voswinkel weist auch darauf hin, dass Beziehungen von Anerkennung und Reziprozität für Organisationen ambivalent sind. Auf der einen Seite können Mitarbeiter durch konsensuelle Arbeitsbeziehungen und Lob motiviert werden. Auf der anderen Seite stiften sie auch Verpflichtungen zwischen Vorgesetzten und Mitarbeitern und begründen Anrechte auf künftige Honorierungen. Auf diese Weise bindet sich die Organisation an die Vergangenheit und schränkt künftige Entscheidungen und damit Flexibilität ein (Voswinkel 2005 S. 248). In der betrieblichen Praxis scheint dieses gefühlte Gleichgewicht für die Mehrheiten einer Belegschaft (noch) zuzutreffen. Führungskräfte bekommen Hinweise im Anerkennenden Erfahrungsaustausch, welche individuellen Anschauungen beziehungsweise Erwartungen aktuell für das subjektiv verpflichtende Anwesenheitsverhalten des Mitarbeiters relevant sind. Beispielsweise könnten hier die Hinweise des Mitarbeiters zu der Thematik Arbeitsfähigkeit und Alter ein wichtiges Element sein (siehe Tabelle 2). Mit diesem Wissen sind Führungskräfte nun besser in der Lage, individuell das Anwesenheitsverhalten des Mitarbeiters positiv zu stärken und/oder Hemmnisse zu verringern beziehungsweise abzuschaffen.

**b) Gute Arbeitsfähigkeit als Erklärung für hohes Anwesenheitsverhalten**

Eine qualitative (Art der Nennungen) und quantitative (Häufigkeit der Nennungen) Gesamtauswertung **aller** Antworten/Nennungen der Gesprächspartner ergibt die betriebliche Ressourcen = Stärkenliste sowie die Belastungen = Schwächenliste. Das Haus der Arbeitsfähigkeit bietet sich als arbeitswissenschaftliches Ordnungsmuster für eine Zuordnung aller Antworten aus dem Anerkennenden Erfahrungsaustausch an (Ilmarinen & Tempel 2002).

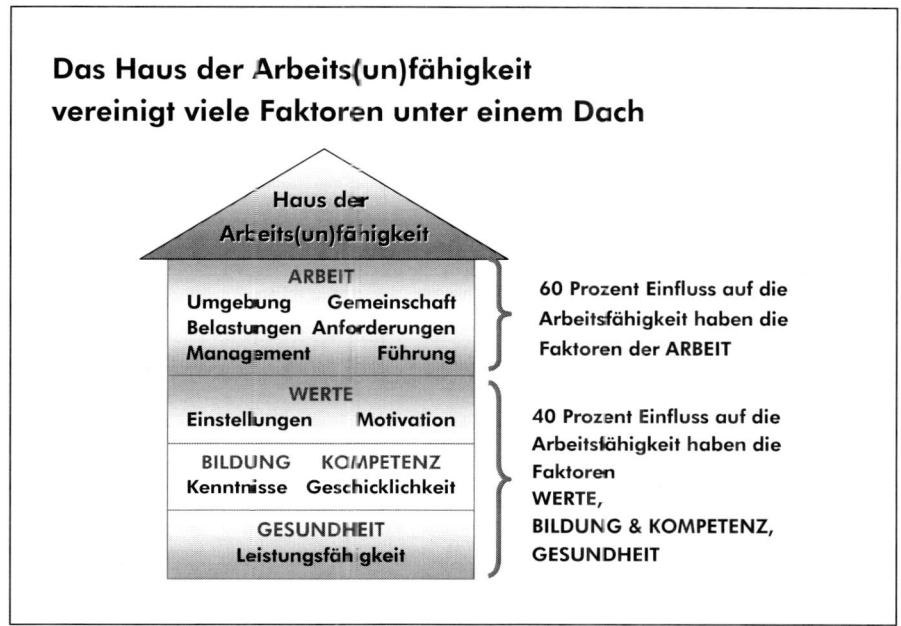

**Abbildung 2** Das Haus der Arbeits(un)fähigkeit vereinigt viele Faktoren unter einem Dach

Im Ergebnis gibt es das Haus der Arbeitsfähigkeit zweimal. Zum einen werden die Schwächen-Hinweise zu den jeweiligen vier Stockwerken zugeordnet. Wenn man so will, entsteht hierbei das Haus der Arbeits(un)fähigkeit. Zum anderen werden die Stärken-Hinweise ebenso den jeweiligen vier Stockwerken zugeordnet. Hier zum Beispiel die Antworten der Mitarbeiter einer Versicherung aus der Tabelle 2. Es entsteht das Haus der Arbeitsfähigkeit. Beide Häuser bilden die Grundlage für die Rückmeldung an den Mitarbeiter (= internen Berater) und in der Folge an die gesamte Belegschaft. Man kann sich vorstellen, dass nun gut zu erkennen ist, in welchem Stockwerk welche Hinweise in welcher Häufigkeit auftauchen. Die Häufigkeit der Nennungen konkretisiert hierbei die Wichtigkeit der Bearbeitung der Stockwerke aus Sicht der (fast) immer Anwesenden.

## Führungskräfte stärken psychologische Verträge und fördern Arbeitsfähigkeit

### a) Individuell:

Der Dialog selbst ist Arbeitsfähigkeitsunterstützung für den einzelnen Mitarbeiter. Das Individuum rückt als interner Berater/Experte für Arbeit und Arbeitsfähigkeit in den Fokus der Führungskraft (siehe Beitrag Jürgen Tempel in dieser Ausgabe). Durch dieses partizipativ-teilnehmende Führungsverhalten stellt sich ein Gefühl der Wertschätzung und der Anerkennung beim Mitarbeiter ein. Einige Führungskräfte berichteten, dass sich die Beziehung zum Mitarbeiter nach dem Anerkennenden Erfahrungsaustausch deutlich verbessert hat. Aber auch, dass, obwohl schon rege Teambeziehungen bestehen, der Anerkennende Erfahrungsaustausch ein besonderes und anderes Gespräch im Arbeitsalltag ist. Mitarbeiter, die zum Anerkennenden Erfahrungsaustausch eingeladen waren, erwähnen, das Gespräch sei toll, weil sonst die Zeit fehle, sich auszutauschen. Sie äußerten Freude darüber, einmal mit dem unmittelbaren Vorgesetzten ein ruhiges, persönliches Gespräch führen zu können (Geißler et al 2007 S. 98).

Nicht zu unterschätzen ist die positive Wirkung auf die Führungskraft selbst. Der Anerkennende Erfahrungsaustausch stellt eine systematische positive Ausgestaltung von Führungsaufgaben wahr, sozusagen als Ausgleich für meist problembezogene Gesprächsanlässe. So hat der Verfasser als langjährige, erfahrene Führungskraft den Anerkennenden Erfahrungsaustausch in aller Regel freitags durchgeführt, um selber positiv gestimmt in das Wochenende zu gehen.

### b) Kollektiv:

Die Belastungs- und Ressourcenhinweise werden in einem nächsten Schritt in Form von Maßnahmen-Workshops bearbeitet. Nun gilt es, Mitarbeiter-Hinweise ernst zu nehmen und, der Logik des Anerkennenden Erfahrungsaustauschs folgend, in zwei Richtungen konkrete, spürbare Maßnahmen zu entwickeln:

Welche Maßnahmen sind geeignet, um Schwächen = Arbeitsfähigkeits-Belastungen zu verringern bzw. abzuschaffen und welche Maßnahmen sind geeignet, Stärken = Arbeitsfähigkeits-Ressourcen zu erhalten beziehungsweise auszubauen?

Dieses Verfahren bietet sich für jedes Stockwerk an (betriebliche Beispiele in: Geißler et al 2007 S. 107 ff).

## Ausbildung der Führungskräfte

Der Anerkennende Erfahrungsaustausch ist für Führungskräfte aller Ebenen leicht in eineinhalbtägigen Workshops zu erlernen und selbst zu erfahren. Führungskräfte lernen das Modell des psychologischen Arbeitsvertrages kennen und die eigenen Einflussmöglichkeiten darauf. Sie lernen die Faktoren von Arbeitsfähigkeit kennen und wie sich die individuelle Arbeitsfähigkeit im Alter(n) ändert. Die eigene Selbsterprobung des Anerkennenden Erfahrungsaustauschs bildet schließlich die Grundlage für eine Reflexion der eigenen Dialoghaltung und des eigenen Führungsverständnisses. David Bohm versteht unter Dialog den Fluss aus Sinn, das Fließen von Bedeutung, während Diskussion das Zerlegen von Dingen bedeutet (Bohm 1990 S. 3).

Der Dialog Anerkennender Erfahrungsaustausch gelingt in dem Maße, wie es die Führungskraft vermag,

- sich im Sinne einer Dialogvorbereitung zu vergegenwärtigen, dass nun ein Mitarbeiter als interner Berater in Sachen Arbeit und Arbeitsfähigkeit zum Gespräch erscheint
- sich aufrichtig und ernsthaft für die subjektive Sichtweise des Mitarbeiters zu interessieren
- die Hinweise des Mitarbeiters möglichst umfassend und authentisch zu notieren.

## Der Blick auf vorhandene Ressourcen

Anerkennender Erfahrungsaustausch ist gerade in Zeiten des ständigen Wandels und der sich oft selbst überholenden Organisationsreformen eine Chance der offensiven Bewältigung der belastenden (schmerzhaften) und immer auch chancenreichen Veränderungen, wie die Übersicht in Tabelle 4 zeigt.

Arbeit macht krank beziehungsweise kann krank machen. So gesehen werden Kranken- und Fehlzeitengespräche zur Erforschung und Abhilfe der Ursachen dafür dauerhaft ihre Berechtigung in einer betrieblichen Gesundheitspolitik haben. Klar ist aber auch, dass es eine Vielzahl von Faktoren in Unternehmen gibt, die gesundheits- und arbeitsfähigkeitsfördernd sind. Unser Wunsch, insbesondere an die Führungskräfte, lautet daher, systematisch den Blick für vorhandene Ressourcen zu schärfen und damit Gesundheit, Arbeitsfähigkeit, Wohlbefinden und Vertrauen der Mitarbeiter in Unternehmen neu zu gestalten. Als wesentliche Qualitätsmerkmale des Anerkennenden Erfahrungsaustauschs sind hier zu nennen: die lernende, fragende Haltung der Führungskraft in diesem Dialog, eine positive Ankündigung beziehungsweise Einladung zu diesem Dialog sowie die systematische Auswertung aller Hinweise aus diesen Dialogen einschließlich Rückmeldung an die Mitarbeiter und die Umsetzung von konkreten Maßnahmen, insbesondere vorhandene betriebliche Stärken zu (be)stärken. Ein Alleinstellungsmerkmal des Anerkennenden Erfahrungsaustauschs im Vergleich zu anderen Mitarbeitergesprächen soll hier abschließend noch einmal besonders genannt werden: Die Mehrheit der Beschäftigten ist regelmäßig anwesend, ist arbeitsfähig. Diese arbeitsfähigen

Mitarbeiter sind die besten Berater zu Fragen der Arbeit und Gesundheit/Arbeitsfähigkeit im Unternehmen. Die exklusive Rolle der internen Berater unterstreicht die besondere Bedeutung dieses Dialoges.

**Tabelle 4** Ergänzende Sichtweisen: Fehlzeitengespräch/Anerkennender Erfahrungsaustausch

| Dialog: | Kranken- bzw. Fehlzeitengespräch | Anerkennender Erfahrungsaustausch |
|---|---|---|
| Zielgruppe: | Belegschaftsminderheit – auffällig Abwesende | Belegschaftsmehrheit – auffällig Anwesende |
| Dialoganlass: | korrektiv, da anlassbezogen | präventiv und systematisch |
| Ziele des Dialoges: | • ggf. „Reparatur" des psychologischen Vertrags<br>• Wiederherstellung der Arbeitsfähigkeit: Belastungen bei der Arbeit verringern und eine Verbesserung der Anwesenheit erreichen<br>• ggf. betriebliches Eingliederungsmanagement | • Erhalt und Stärkung des psychologischen Vertrags<br>• Erhalt und Verbesserung der Arbeitsfähigkeit: Ressourcen der Arbeit (an)erkennen, erhalten und ggf. ausbauen sowie rechtzeitig Hinweise für Verbesserungen erfahren<br>• frühzeitige Hinweise für alter(n)sgerechtes Arbeiten |
| Wirkung des Dialoges/der Maßnahmen | individuell | individuell und kollektiv |
| Führungskultur, Unternehmenskultur | eher Misstrauenskultur? (der „Kranke" hat Schuld!?) | Förderung einer Vertrauenskultur durch partizipativ-wertschätzendes Führungsverhalten |
| Personalführung: | Arbeitsunfähigkeit: Forschen nach Ursachen in der Vergangenheit | Arbeitsfähigkeit: Forschen nach Möglichkeiten in der Zukunft |

Letztlich ist die salutogene Herangehensweise der betrieblichen Gesundheitspolitik und hier im Besonderen die der Personalführung vergleichsweise wenig erforscht. Dieser Beitrag versteht sich als Grundlage für weitere Auseinandersetzungen und Entwicklungen.

## Literatur

Bohm (1990) Über Dialog. Mitschrift und Editierung: Fleming P, Brodsky J Deutsche Übersetzung von Mandl H, Wien

Geißler-Gruber B, Geißler H (2000) Von den Gesund(et)en lernen. Verkehrsunternehmen nutzen praktische Erfahrungen von Busfahrern. Der Nahverkehr, Heft 10

Geißler H, Bökenheide T, Geißler-Gruber B, Schlünkes H, Rinninsland G (2004) Der Anerkennende Erfahrungsaustausch. Das neue Instrument für die Führung. Campus Verlag, Frankfurt/New York

Geißler H, Bökenheide T, Geißler-Gruber B, Schlünkes H (2007) Faktor Anerkennung – Betriebliche Erfahrungen mit wertschätzenden Dialogen. Campus Verlag, Frankfurt/Main

Ilmarinen, Tempel (2002) Arbeitsfähigkeit 2010. Was können wir tun, damit sie gesund bleiben? VSA-Verlag, Hamburg

Ilmarinen, Tempel (2002) Erhaltung, Förderung und Entwicklung der Arbeitsfähigkeit – Konzepte und Forschungsergebnisse aus Finnland. In: Badura B, Schellschmidt H, Vetter C (Hrsg) Fehlzeiten-Report 2002, Demographischer Wandel. Herausforderung für die betriebliche Personal- und Gesundheitspolitik. Springer-Verlag, Berlin

Offe (2001) Nachwort: Offene Fragen und Anwendungen in der Forschung. In: Hartmann M, Offe C (Hrsg) Vertrauen – die Grundlage des sozialen Zusammenhalts. Campus Verlag, Frankfurt/Main

Oppolzer (2006) Gesundheitsmanagement im Betrieb. Integration und Koordination menschengerechter Gestaltung der Arbeit. VSA-Verlag, Hamburg

Rousseau (1995) Psychological Contracts in Organisations. Understanding Written und Unwritten Agreements. London/New Delhi

Voswinkel (2005) Reziprozität und Anerkennung in Arbeitsbeziehungen. In: Frank A, Mau S (Hrsg) Vom Geben und Nehmen. Campus Verlag, Frankfurt/Main

# 8 Zentrale Handlungsfelder

# Soziale Beziehungen und Gesundheit

Bernhard Borgetto

HAWK Hochschule für angewandte Wissenschaft und Kunst, Fachhochschule Hildesheim/Holzminden/Göttingen
Fakultät für Soziale Arbeit und Gesundheit, Studiengänge Ergotherapie, Logopädie und Physiotherapie, Schwerpunkt Gesundheitsförderung und Prävention
Goschentor 1
31134 Hildesheim


Soziale Beziehungen haben einen Einfluss auf die Förderung und den Erhalt von Gesundheit sowie die Entstehung, den Verlauf und die Bewältigung von Krankheiten. So sind Zusammenhänge zwischen der Qualität und Quantität sozialer Netzwerke und Morbidität und Mortalität in vielen Studien nachgewiesen worden. Obwohl soziale Beziehungen grundsätzlich salutogene und pathogene Potenziale haben, ist ihnen primär die positive, gesundheitsförderliche Seite inhärent. So ist der Mensch ein soziales Wesen, dessen genetische Ausstattung beispielsweise mit Spiegel-Neuronen (vgl. Bauer 2005, Rizolatti & Sinigaglia 2008) darauf ausgelegt ist, emphatische soziale Beziehungen aufzubauen, und dessen Genaktivität und Hirnstrukturen maßgeblich von den über soziale Beziehungen und Interaktionen beeinflussten Sinneseindrücken reguliert bzw. gestaltet werden (vgl. Bauer 2008). Gleichzeitig ist die Vermittlung von Sinnhaftigkeit im Leben, wie sie z.B. in dem Modell der Salutogenese (Antonovsky 1997) eine zentrale Rolle für die Ausprägung des als gesundheitsförderlich erachteten Kohärenzsinns spielt, auch vom menschlichen Miteinander abhängig. Soziale Beziehungen zählen daher auch zu den sogenannten generalisierten Widerstandsressourcen in der Auseinandersetzung des Menschen mit pathogenen Einflüssen aus der sozialen und physischen Umwelt (vgl. auch Bengel et al 1998).

Die Beziehungen von Menschen am Arbeitsplatz machen hier keine Ausnahme. Deren Gestaltung und Pflege im Kontext der betrieblichen Gesundheitsförderung bzw. Gesundheitspolitik stellt daher eine wichtige *soziale Ressource* dar; sozialer Druck, Konflikte bis hin zu sozialpathologischen Verhaltensweisen wie Mobbing können aber auch zu einer *sozialen Belastung* für die Beschäftigten werden – beides mit weit reichenden Konsequenzen sowohl für die Gesundheit, Arbeitsfähigkeit und Leistungsbereitschaft der Beschäftigten im Betrieb als auch, systemisch betrachtet, für die Bevölkerungsgesundheit und die wirtschaftliche Leistungsfähigkeit einer Gesellschaft.

## Grundlagen und Definitionen

Seit mehr als hundert Jahren nehmen sich Wissenschaftler unterschiedlicher Disziplinen der Frage an, in welchem Zusammenhang soziale Beziehungen und Gesundheit stehen. Insbesondere seit Mitte der 1970er Jahre wurden die entsprechenden Bemühungen auf theoretischer und empirischer Ebene so intensiviert, dass die Literatur heute kaum noch überschaubar ist. Trotz regelmäßig wiederkehrender Appelle, konzeptuell und empirisch präziser und differenzierter zu arbeiten, werden Begriffe wie soziale Beziehungen, soziale Bindungen, soziale Netzwerke, soziale Unterstützung, sozialer Austausch, soziale Konflikte, soziale Belastungen etc. häufig noch immer uneinheitlich und mitunter austauschbar verwendet und für empirische Studien operationalisiert (vgl. Berkman & Glass 2000, Cohen et al 2000, House et al 1988). In Übersichtsarbeiten muss deshalb immer wieder festgelegt werden, wie die verwendeten Begriffe verstanden werden, um anschließend die empirische Evidenz – oftmals entgegen den in den Studien verwendeten Begrifflichkeiten – zu systematisieren.

Nach Tönnies (1979) lassen sich soziale Beziehungen grob hinsichtlich ihrer Qualität unterscheiden. Informalität, räumliche Nähe, emotionale Bindungen und kulturelle Homogenität sind Kennzeichen gemeinschaftlicher Beziehungen. Sie bestehen typischerweise zwischen Familienmitgliedern, in der Nachbarschaft oder im Freundeskreis. Informelle, gemeinschaftliche Beziehungen lassen sich weiter unterscheiden nach spezifischen Vertrauensbeziehungen (Confidant-Beziehungen), engen Beziehungen und eher oberflächlichen Bekanntschaften (Badura 1981). Gesellschaftliche Beziehungen bestehen demgegenüber eher zwischen Arbeitskollegen oder Geschäftspartnern. Sie beruhen auf formellen Regeln, äquivalentem Tausch oder Konkurrenz.

Die Struktur sozialer Beziehungen ist analytisch von den Beziehungsinhalten zu trennen (vgl. House et al 1988). Die formale Struktur sozialer Beziehungen wird häufig mit den Begriffen soziale Integration oder soziales Netzwerk bezeichnet. Im Weiteren wird mit dem Begriff personenbezogenes soziales Netzwerk die Beschreibung des Beziehungsnetzes einer Person bezeichnet – im Idealfall die Beschreibung der jeweiligen Gesamtheit der Beziehungen, in die eine Person eingebettet ist. Der Grad der sozialen Integration bzw. sozialen Isolation gibt die Ergebnisse einer Netzwerkanalyse zusammenfassend wider.

Personenbezogene soziale Netzwerke unterscheiden sich unter anderem hinsichtlich Größe, Stabilität und Dauerhaftigkeit, Vielgestaltigkeit und Wechselseitigkeit der Kontakte sowie Dichte und Intensität. Sie umfassen typischerweise Lebenspartner, Freunde, Verwandte, Kollegen und Vorgesetzte sowie ggf. Mitglieder einer Selbsthilfegruppe, Ärzte oder Pflegekräfte. Es existieren unterschiedliche Ansätze zur Kategorisierung von sozialen Netzwerken. So werden „natürliche" Netzwerke (z.B. Familie, Nachbarschaft, Freundeskreis) und „organisierte" Netzwerke (Vereine, Selbsthilfegruppen,

Bürgerinitiativen) unterschieden, aber auch primäre Netzwerke („natürliche" Netzwerke aus Familie, Freunden usw.), sekundäre Netzwerke („selbstorganisierte" soziale Gebilde wie Selbsthilfegruppen, Bürgerinitiativen u.Ä.) und tertiäre Netzwerke („fremdorganisierte" Netzwerke wie professionelle Hilfesysteme oder Beratungsstellen, Kollegenkreis). Die Größe und Art der Zusammensetzung der Netzwerke kann trotz des Wechsels von Mitgliedern konstant sein. Die Qualität der Kontakte kann von flüchtigen, einseitigen, eher problembezogenen Anlässen bis hin zu grundlegenden wechselseitigen Bindungen wie Lebenspartnerschaften reichen. Die Dichte und Intensität der Kontakte variieren, es existiert ein Intensitätsgefälle von Familien- und Freundschaftsbeziehungen zu den übrigen Arten von Sozialkontakten. Personenbezogene soziale Netzwerke geben somit den Grad an sozialer Integration bzw. sozialer Isolation wider.

Bislang existiert noch keine konsensuelle systematische Differenzierung der Inhalte sozialer Beziehungen. Den ursprünglichen Forschungsintentionen entsprechend wurde bislang der Fokus auf die positiven, potenziell gesundheitsförderlichen und stressmindernden Aspekte gelegt, während die negativen, potenziell gesundheitsschädlichen und stressfördernden Aspekte häufig vernachlässigt wurden (so z.B. Berkman & Glass 2000, Cohen et al 2000; vgl. als Ausnahmen Rook 1998, Siegrist 1998).

In Anlehnung an House und Kollegen (1988) lassen sich im Hinblick auf pathogenetische und salutogenetische Prozesse drei grundlegende Inhalte sozialer Beziehungen differenzieren. Soziale Unterstützung bezieht sich auf positive Beziehungsinhalte, die sich potenziell gesundheitsförderlich oder stressmindernd auswirken. Soziale Anforderungen und Konflikte (im Weiteren unter dem Begriff soziale Belastungen zusammengefasst) hingegen sind Beziehungsinhalte, die potenziell nachteilig für die Gesundheit und stressauslösend oder -verstärkend sein können. Soziale Regulation und Kontrolle (im Weiteren als soziale Beeinflussung bezeichnet) beziehen sich auf die Beeinflussung von Verhalten durch soziale Beziehungen, die sowohl zu gesundheitsförderlichem als auch gesundheitsriskantem bzw. gesundheitsschädlichem Verhalten führen kann.

## Soziale Integration und Isolation

Bereits zum Ende des 19. Jahrhunderts hat Durkheim (1897/1973) in einer empirischen Studie gezeigt, dass Selbstmorde bei Menschen mit geringer sozialer Integration häufiger auftreten, und die These aufgestellt, dass die mit Industrialisierung und Landflucht verbundene Auflösung von familiären, gemeinschaftlichen und arbeitsbezogenen Bindungen schädlich für die psychische Gesundheit ist. Auch in anderen Studien zeigte sich ein höheres Maß an Verhaltensproblemen bei entwurzelten Personengruppen, insbesondere bei Arbeitsmigranten (Thomas & Znaniecki 1920, Park & Burgess 1926).

In späteren epidemiologischen Studien zeigten sich höhere Mortalitätsraten bei unverheirateten im Vergleich zu verheirateten Personen (Kraus & Lilienfeld 1959, Kitigawa & Hauser 1973). Bei ledigen sowie sozial eher isolierten Personen fanden sich zudem höhere Raten von Tuberkulose (Holmes 1956), Unfällen (Tillman & Hobbs 1949) und psychiatrischen Erkrankungen (Faris 1934, Kohn & Clausen 1955).

In den späten 1970er und den 1980er Jahren kam eine Vielzahl von Studien zu dem Ergebnis, dass diejenigen, die stärker in ihre Gemeinschaft und die Gesellschaft integriert waren, eine bessere psychische Gesundheit aufwiesen als diejenigen, die sozial eher isoliert waren (vgl. Cohen & Wills 1985). Gleichzeitig konnte soziale Integration in ersten prospektiven Studien als Prädiktor von Mortalität nachgewiesen (Berkman & Syme 1979) und in mehreren späteren prospektiven epidemiologischen Studien bestätigt werden (vgl. Cohen et al 2000). Auch in Bezug auf einzelne Erkrankungen konnten Zusammenhänge mit dem Grad sozialer Integration nachgewiesen werden. So sind sozial integrierte Menschen weniger anfällig für Herzinfarkte (Kaplan et al 1988), Erkrankungen der oberen Atemwege (Cohen et al 1997) und sie haben eine größere Chance, Brustkrebserkrankungen zu überleben (Helgeson et al 1998).

Im Hinblick auf die Gesundheit scheint den Aspekten des sozialen Netzwerks höhere Bedeutung zuzukommen, die auf die Diversivität der sozialen Beziehungen und auf die Partizipation in sozialen Aktivitäten abheben, als den rein quantitativen Aspekten wie die Zahl der Netzwerkmitglieder (vgl. Cohen et al 2000, Jungbauer-Gans 2002).

Angesichts dieser Forschungsergebnisse ist es heute keine Frage mehr, dass soziale Beziehungen einen Einfluss auf Gesundheit und Krankheit haben. Die weiterführende Frage ist, auf welchem Weg der Einfluss sozialer Beziehungen wirksam wird.

## Wirkungszusammenhänge

Auf welchen Wegen soziale Beziehungen Gesundheit und Krankheit beeinflussen, ist in mancherlei Hinsicht noch ungeklärt. Diskutiert werden im Wesentlichen die folgenden Wirkungszusammenhänge:
1. Aus biologischer Perspektive wird davon ausgegangen, dass der Mensch (wie auch viele Spezies in der Tierwelt) genetisch darauf programmiert ist, soziale Nähe und Interaktion zu suchen. Ethologische und soziobiologische Untersuchungen lassen einen solchen Zusammenhang als wahrscheinlich erscheinen (vgl. Bowlby 1973, Goldberg et al 1995, Henry & Stephens 1977, Mendoza 1984). Die reine Präsenz und insbesondere der physische Kontakt mit Artgenossen können die kardiovaskuläre sowie andere Formen physiologischer Reaktivität reduzieren (vgl. House 1981, Lynch 1979). Der Drang nach Soziabilität kann individuell unterschiedliche Konsequenzen

haben: eine Zunahme physiologischer Erregung, wenn soziale Beziehungen bedroht sind, und eine Abnahme physiologischer Erregung, wenn die sozialen Beziehungen intakt sind (House et al 1988). Darüber hinaus gibt es Hinweise darauf, dass Bindungsunsicherheit die Anfälligkeit für Stress und die Neigung zu externaler Affektkontrolle durch gesundheitsriskantes Verhalten erhöht sowie den Prozess der Hilfesuche und -inanspruchnahme verändert (Maunder & Hunter 2001).

2. Im Kontext stresstheoretischer Erklärungen werden die pathogenen Potenziale sozialer Beziehungen am stärksten berücksichtigt. So gelten soziale Isolation bzw. ein geringer Grad an sozialer Integration, lebensverändernde Ereignisse, die mit der Bedrohung und dem Verlust sozialer Beziehungen wie Tod des Lebenspartners, Scheidung einhergehen (Dohrenwend & Dohrenwend 1974, Thoits 1995), und durch Konflikte, hohe Anforderungen, alltägliche Ärgernisse („daily hassles") und mangelnde Reziprozität belastende soziale Beziehungen als soziale Stressoren (Finch et al 1999, von dem Knesebeck et al 2008, Rook 1998). Gleichzeitig werden positive soziale Beziehungen aber auch als Einflussfaktoren gesehen, die die Entstehung und Auswirkungen von Stressoren mindern können. Die noch spärlichen Forschungsergebnisse hinsichtlich der sogenannten Präventionshypothese, die besagt, dass soziale Unterstützung die Entstehung von Stress verhindern kann, sind jedoch widersprüchlich und deren Bedeutung ist daher noch fraglich (Dignam et al 1986, Lin 1986, Mitchell & Moos 1984, Russell & Cutrona 1991). Gut belegt ist demgegenüber die sogenannte Pufferhypothese, nach der wahrgenommene soziale Unterstützung die negativen Effekte von Stressoren abmildert (Cohen et al 2000, Cohen & Wills 1985, Schwarzer & Leppin 1989).

3. Psychologische Mechanismen sind als Mediatoren der gesundheitlichen Wirkungen sozialer Beziehungen ebenfalls von Bedeutung. Dabei scheinen Selbstwirksamkeitserwartungen von besonderer Bedeutung zu sein. Empirische Studien haben einen indirekten Einfluss sozialer Unterstützung durch eine gestärkte Selbstwirksamkeit in der Bewältigung von Abtreibungen (Major et al 1990), Depressionen (McFarlane et al 1995) und der Aufgabe von Tabakkonsum (Gulliver et al 1995) beobachtet. Gleichzeitig gibt es Hinweise darauf, dass soziale Unterstützung und Selbstwirksamkeit in einem Wechselwirkungsverhältnis stehen, also dass Selbstwirksamkeit auch zu einem höheren Maß an sozialer Unterstützung führt (Holahan & Holahan 1987).

4. Soziale Beziehungen können durch soziale Unterstützung und durch soziale Beeinflussung sowohl Verhaltensweisen unterstützen, die gesundheitsförderlich als auch gesundheitsschädlich sind. Der Hauptfokus lag dabei bislang auf der Untersuchung von Einflüssen sozialer Beziehungen auf gesundheitsförderliches Verhalten. So konnte ein inverser Zusammenhang zwischen sozialer Integration und gesundheitsriskantem Verhalten nachgewiesen werden (Berkman & Syme 1979): Je stärker Personen sozial integ-

riert sind, umso seltener sind Verhaltensweisen wie physische Inaktivität sowie Tabak- und Alkoholkonsum. Gleichzeitig fördert soziale Unterstützung körperliche Aktivität (Trieber et al 1991). Die Forschungsergebnisse hinsichtlich des Zusammenhangs zwischen sozialer Unterstützung und der Aufgabe von Tabakkonsum sind dagegen uneinheitlich: Einige Studien haben einen Zusammenhang gefunden (Hanson et al 1990, Murray et al 1995), andere nicht (Mermelstein et al 1986). Insgesamt jedoch klärt die Berücksichtigung des Gesundheitsverhaltens bislang nur einen relativ geringen Anteil des Zusammenhangs von sozialen Beziehungen und Gesundheit auf. Auch sozialpsychologische Modelle der Entstehung und Beeinflussung von Gesundheitsverhalten wie die Theorie des geplanten Verhaltens, das sozial-kognitive Prozessmodell gesundheitlichen Handelns und das transtheoretische Modell der Verhaltensänderung ziehen soziale Beziehungen und Interaktionen nur als einen Einflussfaktor unter vielen heran (vgl. Schwarzer 2004).

## Relevanz des Themas für Unternehmen

Soziale Beziehungen erhalten in einer sich wandelnden Arbeitswelt eine immer größere Bedeutung (vgl. Weber & Hörmann 2007, Badura et al 2008). Dies ist zum einen der immer weitergehenden Tertiarisierung des westlichen Wirtschaftsraumes geschuldet. Zum anderen wird auch im produzierenden Sektor die Mensch-Mensch-Schnittstelle neben der Mensch-Maschine-Schnittstelle immer wichtiger.

Unter den Gesichtspunkten Gesundheit, Arbeitsfähigkeit und Leistungsmotivation gebührt sozialen Belastungen und sozialer Unterstützung, die von den sozialen Beziehungen am Arbeitsplatz ausgehen, eine besondere Aufmerksamkeit. Dabei ist es wichtig zu sehen, dass Belastungen und Belastungsreaktionen im Beruf auch primär Wohlbefinden und Zufriedenheit im Beruf tangieren. Trotz vielfacher Verflechtung und gegenseitiger Durchdringung scheint die Arbeitssphäre in dieser Hinsicht ein gutes Stück getrennt von der privaten Lebenssphäre zu sein. Soziale Unterstützung innerhalb primärer Netzwerke ist dementsprechend weniger relevant bei beruflichen Belastungen als soziale Unterstützung im Beruf durch Kollegen, Vorgesetzte und Supervisoren (vgl. LaRocco et al 1980). Die Bewältigung beruflicher Belastungen sollte daher auch nicht in den privaten Bereich verwiesen werden.

Soziale Belastungen am Arbeitsplatz sind soziale Konflikte mit Vorgesetzten, Kollegen und Kunden, Fragen der organisationalen Gerechtigkeit, Informationsmangel, fehlende soziale Unterstützung bis hin zu sozialer Isolation, aber auch sozialpathologische Verhaltensweisen wie Mobbing und Ähnliches (vgl. Holz 2006).

Die beiden wichtigsten Modelle zur Erklärung pathogener Einflüsse von Stress am Arbeitsplatz, das Modell beruflicher Gratifikationskrisen (vgl. Siegrist 1996) und das Anforderungs-Kontroll-Modell (vgl. Karasek & Theorell 1990), berücksichtigen die Bedeutung sozialer Beziehungen für die Entstehung sozialer Belastungen. In dem Modell der beruflichen Gratifikationskrisen wird das Ausbleiben einer in Relation zur Arbeitsleistung als angemessen empfundenen sozialen Unterstützung als eine von drei relevanten Dimensionen angesehen, die zu Gratifikationskrisen mit deutlichem pathogenen Potenzial führen können. Das Anforderungs-Kontroll-Modell berücksichtigt soziale Kontakte am Arbeitsplatz und erhöht damit gleichzeitig seine Erklärungskraft: Sind Beschäftige tendenziell isoliert und erhalten sie wenig soziale Unterstützung (durch Arbeitskollegen, Vorgesetzte), so erhöht sich die gesundheitsschädigende Wirkung des Arbeitsstresses.

Soziale Unterstützung am Arbeitsplatz dient nicht nur der Prävention und Bewältigung von sozialen Belastungen, sondern von einer großen Bandbreite von Problemen, die mit der Arbeitswelt verbunden sind, wie Über- und Unterforderung, Zeit- und Fallzahldruck, Rollenüberlastung und -konflikt, geringe Partizipation und hohe Kontrolle, Zukunftsunsicherheit, Organisationswandel, Konfrontation mit Krankheit, Leiden und Tod in Gesundheitsberufen u.a.

Emotionale und praktisch-instrumentelle Unterstützung durch Vorgesetzte, Supervisoren und Kollegen scheint dabei zu den wesentlichen Unterstützungsformen bzw. -quellen zu gehören (vgl. LaRocco et al 1980, Pfaff 1998, Rhoades & Eisenberger 2002). Insbesondere der direkte Vorgesetzte kann bei den Beschäftigten dazu beitragen, dass berufliche Anforderungen weniger als verunsichernd wahrgenommen und dass durch soziale Anerkennung und die Vermeidung von kränkenden Aussagen und Handlungen das Selbstwertgefühl gesteigert und persönliche Verunsicherung verringert werden (Holz 2006, Nestmann 2007).

## Schlussfolgerungen für das betriebliche Handeln in Prävention und Gesundheitsförderung

Erwerbstätige Männer und Frauen sind nicht nur im privaten Leben, sondern auch am Arbeitsplatz vielfältigen Arbeitsanforderungen, Arbeitsbelastungen und Arbeitsstress ausgesetzt. Um diese zu bewältigen und ihre Gesundheit, ihr Wohlbefinden und ihre Arbeitsfähigkeit zu erhalten und zu fördern, benötigen im Erwerbsleben stehende Menschen auch bzw. gerade am Arbeitsplatz soziale Unterstützung durch Kollegen und Vorgesetzte. Dies umso mehr, als eine sich verändernde Arbeitswelt immer tiefgreifendere Flexibilitäts- und Anpassungsanforderungen, Unsicherheiten, Ambiguitäten, Rollenkonflikte und psychosoziale Risiken mit sich bringt.

Die organisatorischen Berufsbedingungen und betrieblichen Arbeitsplatzverhältnisse können soziale Belastungen eindämmen und die Potenziale sozialer Unterstützung fördern – sowohl im Interesse der Gesundheit der Beschäftigten als auch im Eigeninteresse der Betriebe und Unternehmen. Die

Gestaltung und Pflege der Beziehungen und Interaktionen von Menschen am Arbeitsplatz sollten daher im Kontext der betrieblichen Gesundheitsförderung bzw. Gesundheitspolitik als Ressource genutzt werden.

## Literatur

Antonovsky A (1997) Salutogenese. Zur Entmystifizierung der Gesundheit. Dgvt-Verlag, Tübingen

Badura B (1981) Zur epidemiologischen Bedeutung sozialer Bindung und Unterstützung. In: Badura B (Hrsg) Soziale Unterstützung und chronische Krankheit. Zum Stand sozialepidemiologischer Forschung. Suhrkamp, Frankfurt/M., S 13–39

Badura B, Greiner W, Rixgens P, Ueberle M, Behr M (2008) Sozialkapital. Grundlagen von Gesundheit und Unternehmenserfolg. Springer-Verlag, Berlin, Heidelberg

Bauer J (2005) Warum ich fühle, was du fühlst: intuitive Kommunikation und das Geheimnis der Spiegelneurone. Hoffmann und Campe, Hamburg

Bauer J (2008): Das Gedächtnis des Körpers. Wie Beziehungen und Lebensstile unsere Gene steuern. Piper, München, Zürich

Bengel J, Strittmatter R, Willmann H (1998) Was erhält Menschen gesund? Antonovskys Modell der Salutogenese – Diskussionsstand und Stellenwert. BZgA, Köln

Berkman LF, Glass T. (2000) Social integration, social networks, social support, and health. In: Berkman LF, Kawachi I (eds) Social epidemiology. Oxford University Press, New York, pp 137–173

Berkman LF, Syme SL (1979) Social networks, host resistance and mortality. A nine-year follow-up study of Alameda County residents. American Journal of Epidemiology 109:186–204

Bowlby J (1973) Affectionate bonds: their nature and origin. In: Weiss RS (ed) Loneliness: The experience of emotional and social isolation. MIT Press, Cambridge, MA, pp 38–52

Cohen S, Doyle WJ, Skoner DP, Rabin BS, Gwaltney JM Jr (1997) Social ties and susceptibility to the common cold. Journal of the American Medical Association 277:1940–1944

Cohen S, Gottlieb BH, Underwood LG (2000): Social relationships and health. In: Cohen S, Underwood LG, Gottlieb BH (eds) Measuring and intervening in social support. Oxford University Press, New York, pp 29–52

Cohen S, Wills AP. Stress, Social support and the buffering hypothesis. Psychological Bulletin 1985; 98:310–357

Dignam JT, Barrera M Jr, West SG (1986) Occupational stress, social support, and burnout among correctional officers. American Journal of Community Psychology 14:177–193

Dohrenwend BP, Dohrenwend BS (1974) Stressful life events: their nature and effects. Wiley, New York

Durkheim E (1897/1973) Der Selbstmord, frz. Original: 1897. Luchterhand, Neuwied, Berlin

Faris REL (1934) Cultural isolation and the schizophrenic personality. American Journal of Sociology 40 155–169

Finch JF, Okun MA, Pool GJ, Ruehlman LS (1999) A comparison of the influence of conflictual and supportive interactions on psychological distress. Journal of Personality 67:581–62

Goldberg S, Muir R, Kerr J (1995) (eds) John Bowlby's attachment theory: Historical, clinical and social significance. Analytic Press, New York

Gulliver SB, Hughes JR, Solomon LJ, Dey AN (1995) An investigation of self-efficacy, partner support and daily stresses as predictors of relapse to smoking in self-quitters. Addiction 90:767–772

Hanson BS, Isacsson SO, Janzon L, Lindell SE (1990) Social support and quitting smoking for good: Is there an association? Results from the population study "Men Born in 1914", Malino, Sweden. Addictive Behaviours 15:221–233

Helgeson V, Cohen S, Fritz HL (1998) Social ties and cancer. In: Holland JC (ed) Psycho-oncology. Oxford University Press, New York

Henry JP, Stephens PM (1977) Stress, health, and the social environment. A sociobiologic approach. Springer, New York

Holahan CK, Holahan CJ (1987) Self-efficacy, social support, and depression in aging: A longitudinal analysis. Journal of Gerontology 42:65–68

Holmes TH (1956) Multidiscipline studies of tuberculosis. In: Sparer PJ (ed) Personality, stress and tubercolosis. International University Press, New York

Holz M (2006) Soziale Belastungen und soziale Ressourcen n Beziehungen mit Vorgesetzten, Kollegen und Kunden. In: Leidig S, Limbacher K, Zielke M (Hrsg) Stress im Erwerbsleben: Perspektiven eines integrativen Gesundheitsmanagements. Pabst Science Publishers, Lengerich, S 104–118

House JS (1981) Work stress and social support. Addison-Wesley, Reading, Mass.

House JS, Umberson D, Landis KR (1988) Structures and processes of social support. Annual Review of Sociology 14:293–318

Jungbauer-Gans M (2002) Ungleichheit, Soziale Beziehungen und Gesundheit. Westdeutscher Verlag, Wiesbaden

Kaplan GA, Salonen JT, Cohen RD, Brand RJ, Syme SL, Puska P (1988) Social connections and mortality from all causes and from cardiovascular disease: Prospective evidence from eastern Finland. American Journal of Epidemiology 128:370–380

Karasek R, Theorell T (1990) Healthy work. Stress, productivity, and the reconstruction of working life. Basic Books, New York

Kitigawa EM, Hauser PM (1973) Differential mortality in the United States: A study in socio-economic epidemiology. Harvard University Press, Cambridge, MA

Kohn ML, Clausen JA (1955) Social isolation and schizophrenia. American Sociology Review 20:265–273

Von dem Knesebeck O, Dragano N, Moebus S, Jöckel KH, Erbel R, Siegrist J (2008) Psychosoziale Belastungen in sozialen Beziehungen und gesundheitliche Einschränkungen. Psychotherapie, Psychosomatik, Medizinische Psychologie. doi: 10.1055/s-2008-1067421

Kraus AS, Lilienfeld AN (1959) Some epidemiologic aspects of the high mortality rate in the young widowed group. Journal of Chronic Diseases 10: 207–217

LaRocco JM, House JS, French JRP Jr (1980): Social support, occupational stress, and health. Journal of Health and Social Behavior 21:202–218
Lin N (1986) Modelling the effects of social support. In: Lin N, Dean A, Ensel W (eds) Social support, life events, and depression. Academic, Orlando FL, pp 173–209
Lynch JJ (1979) The broken heart. Basic Books, New York
Major B, Cozzarelli C, Sciacchitano AM, Cooper ML, Testa M, Mueller PM (1990) Perceived social support, self-efficacy, and adjustment to abortion. Journal of Personality and Social Psychology 59:452–463
Maunder RG, Hunter JJ (2001) Attachment and psychosomatic medicine: Developmental contributions to stress and disease. Psychosomatic Medicine 63:556–567
McFarlane AH, Bellisimo A, Norman GR (1995) The role of family and peers in social self-efficacy: Links to depression in adolescence. American Journal of Orthopsychiatry 65:402–410
Mendoza SP (1984) The psychobiology of social relationships. In: Barchas PR, Mendoza SP (eds) Social Cohesion. Essays toward a sociophysiological perspective. Greenwood Press, Westport Conn., pp 3–29
Mermelstein R, Cohen S, Lichtenstein F, Beer JS, Karmarck T (1986) Social support and smoking cessation maintenance. Journal of Consulting and Clinical Psychology 54:447–453
Mitchell RE, Moos RH (1984) Deficiencies in social support among depressed patients: Antecedents or consequences of stress? Journal of Health and Social Behavior 25:438–452
Murray RP. Johnston JJ, Dolce JJ, Wong Lee W, O'Hara P (1995) Social support for smoking cessation and abstinence: The lung health study. Addictive Behaviors 20 (2) S 159-170
Nestmann F (2007) Soziale Unterstützung. In: Weber A, Hörmann G (Hrsg) Psychosoziale Gesundheit im Beruf. Mensch – Arbeitswelt – Gesellschaft. Gentner Verlag, Stuttgart, S 265–274
Park R, Burgess E (1926) (eds) The city. University of Chicago Press, Chicago
Pfaff H (1998) Streßbewältigung und soziale Unterstützung. Zur sozialen Regulierung individuellen Wohlbefindens. Deutscher Studienverlag
Rizzolatti G, Sinigaglia C (2008) Empathie und Spiegelneurone: Die biologische Basis des Mitgefühls. Suhrkamp, Frankfurt/M.
Rhoades L, Eisenberger R (2002) Perceived organizational support: A review of the literature. Journal of Applied Psychology 87, S 698-714
Rook KS (1998) Investigating the positive and negative sides of personal relationships: Through a glass darkly? In: Spitzberg BH, Cupach WR (eds) The dark side of close relationships. Erlbaum, Mahwah, NJ, pp 369–393
Russell DW, Cutrona CE (1991) Social support, stress, and depressive symptoms among the elderly: Test of a process model. Psychology and Aging 6:190–201
Schwarzer R (2004) Theorien und Modelle des Gesundheitsverhaltens. Hogrefe, Göttingen
Schwarzer R, Leppin A (1989) Social support and health: A meta-analysis. Psychology and Health 3:1–15
Siegrist J (1996) Soziale Krisen und Gesundheit. Eine Theorie der Gesundheitsförderung am Beispiel von Herz-Kreislauf-Risiken im Erwerbsleben. Hogrefe Verlag, Göttingen

Siegrist J (1998) Reciprocity in basic social exchange and health: Can we reconcile person-based and population-based psychosomatic research? Journal of Psychosomatic Research 45:99–105

Thoits P (1995) Stress, coping, and social support processes: Where are we? What next? Journal of Health and Social Behavior 35 (Extra Issue):53–79

Thomas W, Znaniecki F (1920) The polish peasant in europe and america. Alfred E. Knopf, New York

Tillman WA, Hobbs GE (1949) The accident-prone automobile driver: A study of the psychiatric and social background. American Journal of Psychiatry 106:321–331

Tönnies F (1979) Gemeinschaft und Gesellschaft, Neudruck der 8. Aufl. von 1935. Wissenschaftliche Buchgesellschaft, Darmstadt

Trieber FA, Batanowski T, Broden DS, Strong WB, Levy M, Knox W (1991) Social support for exercise: relationship to physical activity in young adults. Preventive Medicine 20:737–750

Weber A, Hörmann G (2007) (Hrsg) Psychosoziale Gesundheit im Beruf. Mensch – Arbeitswelt – Gesellschaft. Gentner Verlag, Stuttgart

# Bildung und Gesundheit

Anke Höhne & Olaf von dem Knesebeck

Universitätsklinikum Hamburg-Eppendorf
Institut für Medizin-Soziologie
Martinistr. 52
20246 Hamburg

## Forschungsstand

In der sozialepidemiologischen und medizinsoziologischen Forschung wird Bildung neben Einkommen und beruflicher Position als Indikator für soziale Ungleichheit herangezogen. Inzwischen liegen zahlreiche Untersuchungen aus verschiedenen Ländern vor, in denen konstant ein Zusammenhang zwischen Bildung und Gesundheit nachgewiesen werden konnte. So haben besser gebildete Bevölkerungsgruppen eine höhere Lebenserwartung (Klein 1996), eine bessere subjektive Gesundheit (von dem Knesebeck et al 2006, Furnée et al 2008), weniger funktionale Einschränkungen (von dem Knesebeck et al 2006), niedrigere Depressionsrisiken (Ross & Mirowsky 2006) und eine geringere Auftretenswahrscheinlichkeit von weiteren spezifischen Erkrankungen und Beschwerden wie Herz-Kreislauf-Krankheiten oder Rückenschmerzen (Lampert & Ziese 2005) als Bevölkerungsgruppen, die über eine niedrigere Bildung verfügen. Solche Zusammenhänge lassen sich vor allem dadurch erklären, dass Bildung als Ressource zu sehen ist, die die Lebenschancen eines Individuums nachhaltig positiv beeinflusst. Verglichen mit den beiden anderen klassischen Ungleichheitsindikatoren (Einkommen und berufliche Position) kommt der Bildung eine besondere Bedeutung zu, da sie den Statuserwerb bahnt und somit den beiden anderen Indikatoren vorausgeht. Bildung vermittelt berufliche Basisqualifikationen und verbindet damit wesentliche Sozialisationsleistungen einer Gesellschaft mit der Chancenstruktur ihres Arbeitsmarktes (Siegrist 2005). Daneben ist Bildung ein entscheidender Einflussfaktor für den Lebensstil, der sich aus Lebenschancen und spezifischen Mustern der Lebensführung zusammensetzt, die sich ihrerseits aus der Orientierung an bestimmten soziokulturellen Werten und Normen ergeben und ihren Ausdruck in spezifischem Gesundheits- und Krankheitsverhalten finden. Darüber hinaus indiziert Bildung die Fähigkeit, Probleme zu lösen und auf Situationen flexibel und effektiv zu reagieren (Mirowsky & Ross 2003). Folglich ist Bildung mit verschiedenen psychosozialen, gesundheitsförderlichen Faktoren wie persönlicher Kontrolle oder Selbstwirksamkeit assoziiert (Ross & Mirowsky 2006).

Nach diesem kurzen Überblick über den Forschungsstand zum Zusammenhang zwischen Bildung und Gesundheit widmen sich die folgenden beiden Abschnitte der Relevanz dieses Zusammenhanges für Unternehmen und möglichen Schlussfolgerungen für das betriebliche Handeln in Prävention und Gesundheitsförderung.

## Relevanz des Themas für Unternehmen

Im Hinblick auf den Zusammenhang zwischen Bildung und Gesundheit im betrieblichen Kontext sind vor allem die folgenden Gesundheitsindikatoren von Interesse: Arbeitsunfähigkeit, Berufskrankheiten, Arbeitsunfälle und Frühberentung. Unternehmen haben aus ethischen und ökonomischen Gründen ein großes Interesse daran, die Zahl der gesundheitsbedingten Fehlzeiten (AU-Zeiten), Arbeitsunfälle, Berufskrankheiten und Frühberentungen zu senken, wobei der betrieblichen Gesundheitspolitik eine maßgebende Gestaltungsfunktion auf Seiten des Arbeitgebers zukommt.

Unternehmen beschäftigen Mitarbeiter mit unterschiedlichen beruflichen Qualifikationen und einem stark variierenden Bildungsniveau: Vom ungelernten Arbeiter bis zum hoch qualifizierten Angestellten mit Leitungsfunktion können (je nach Betriebsgröße) alle beruflichen Statusgruppen und Personen mit unterschiedlichen schulischen und beruflichen Qualifikationsniveaus in einem Unternehmen beschäftigt sein. Unternehmen beschäftigen Mitarbeiter darüber hinaus auf unterschiedlichen Arbeitsplätzen, die mit unterschiedlich hohen physiologischen, ergonomischen und psychosozialen Arbeitsbelastungen, Unfallrisiken und damit Gesundheitsbelastungen verbunden sind. Zwar haben in den vergangenen Jahrzehnten aufgrund der fortschreitenden Automatisierung körperliche zugunsten mentaler Belastungen abgenommen. Dennoch finden sich noch immer gesundheitsschädigende Arbeitsbedingungen v.a. bei besonderen Arbeitsformen wie Schichtarbeit, Akkordarbeit sowie Fließbandarbeit, die häufiger von Arbeitnehmern mit einem geringeren Bildungsniveau ausgeübt werden. Schichtarbeit hat gesundheitsschädigende Auswirkungen auf vegetative Funktionen, das Leistungsvermögen und das soziale Verhalten (Griefahn 2003).

Die krankheitsbedingten Fehlzeiten (AU-Tage und AU-Fälle) variieren erheblich in Abhängigkeit von der Art der ausgeübten Tätigkeit und der beruflichen Stellung. Die höchsten Fehlzeiten weisen Arbeiter auf, die niedrigsten Fehlzeiten sind bei Angestellten (v.a. bei akademischen Berufsgruppen) zu verzeichnen. Facharbeiter, Meister und Auszubildende rangieren dazwischen. Diese Rangfolge findet sich in fast allen Branchen (Vetter et al 2007). Berufe mit hohen körperlichen Arbeitsbelastungen und überdurchschnittlich vielen Arbeitsunfällen weisen in allen Wirtschaftsbereichen die höchsten Arbeitsunfähigkeitszeiten auf, wie der jährlich vom Wissenschaftlichen Institut der

AOK (WIdO) herausgegebene „Fehlzeitenreport" auf Basis von Routinedaten der AOK deutlich zeigen kann (Badura et al 2007).

Arbeitsbedingte Risiken, die die Gesundheit der Beschäftigten bedrohen können, werden als „arbeitsbedingte Gesundheitsgefahren" bezeichnet. Eine Berufskrankheit ist eine Krankheit, die durch die berufliche Tätigkeit verursacht ist und nach dem jeweils geltenden Recht auch formal als Berufskrankheit anerkannt wird. Somit stellt der Begriff Berufskrankheit in erster Linie eine versicherungsrechtliche Festlegung und keinen medizinischen Terminus dar. Das Risiko, an einer Berufskrankheit zu erkranken, weist eine bildungs- und schichtspezifische Ungleichverteilung zuungunsten von gering qualifizierten Arbeiterberufen auf (Oppolzer 1994). Berufsbedingte Lärmschwerhörigkeit führt seit Jahren die Statistik der anerkannten Berufskrankheiten an, gefolgt von Asbestose und Hauterkrankungen (DGUV 2008).

Die Zahl der gemeldeten Arbeitsunfälle ist seit Jahren rückläufig (Seidel et al 2007). Arbeitsunfälle variieren mit der Betriebsgröße den Wirtschaftszweigen und dem beruflichen Status: In kleineren Betrieben treten deutlich mehr Arbeitsunfälle auf als in größeren Betrieben, die zudem häufiger zu längeren krankheitsbedingten Fehlzeiten führen. Die Branchen Bau und Holz weisen die höchsten Quoten an gemeldeten Arbeitsunfällen auf (BAuA 2008, Vetter et al 2007). Gering qualifizierte Arbeiter sind von Arbeitsunfällen häufiger betroffen als Angestellte (BKK Bundesverband 2007).

Wenn die Erwerbsfähigkeit wegen Krankheit oder Behinderung so weit eingeschränkt ist, dass nur noch eine berufliche Leistungsfähigkeit von weniger als sechs Stunden täglich besteht, kann bei Vorliegen weiterer Voraussetzungen (Rehfeld 2006) und nach medizinischer Prüfung eine Rente wegen teilweiser oder voller Erwerbsminderung bewilligt werden. Das Frühberentungsrisiko ist sozial ungleich verteilt: Bereits seit langem ist empirisch nachgewiesen, dass ein deutlicher Zusammenhang zwischen der Art und Schwere der Belastungen am Arbeitsplatz und dem Risiko einer gesundheitsbedingten Frühberentung existiert (Oppolzer 1994, Dragano et al 2008, Höhne & Schubert 2008). Gesundheitsschädigende Arbeitsbedingungen (v.a. schwere körperliche Arbeit, Hitze, Kälte, Lärm, Staub, Erschütterung) erhöhen deutlich das Frühberentungsrisiko. Der Frührentenzugang von Arbeitern in der Deutschen Rentenversicherung liegt seit rund 20 Jahren stets deutlich über dem von Angestellten und spiegelt somit die stärkere körperliche Beanspruchung und fehlende berufliche Alternativen gering qualifizierter Arbeiter wider, wenn der ursprüngliche Beruf aus gesundheitlichen Gründen nicht mehr ausgeübt werden kann. Dragano et al (2008) zeigen auf Basis eines internationalen Studienüberblicks und eigener empirischer Analysen, dass das Frühberentungsrisiko bei beiden Geschlechtern deutlich mit dem Bildungsniveau assoziiert ist: Je geringer das Bildungsniveau, desto höher ist das Frühberentungsrisiko. Männliche Versicherte mit Haupt- oder Realschulabschluss ohne eine weitere Berufsausbildung haben eine 2,8fach erhöhte Wahrscheinlichkeit, vorzeitig berentet zu werden, gegenüber der Referenzgruppe, die über den höchsten Bildungsabschluss verfügt (Fachhoch- oder Hochschulabschluss) (Dragano et al 2008). Bei den Frauen beträgt das entsprechende Frühberentungsrisiko 1,7 (Odds Ratio). Diese Zusammenhänge eines bildungsspezifischen Frühberentungsrisikos bestehen auch bei getrennten Analysen für die drei wichtigsten Frühberentungsdiagnosen (psychische Erkrankungen, Herz-Kreislauf-Erkrankungen und Krankheiten des Muskel-Skelett-Systems), wobei der Bildungseffekt bei den letztgenannten Hauptdiagnosen am stärksten ausgeprägt ist.

Seit 1995 ist ein deutlicher Rückgang im Frühberentungsgeschehen besonders bei Arbeitern zu beobachten, der weniger auf das Wegfallen gesundheitsschädigender Arbeitsbedingungen als vielmehr auf arbeitsmarktbedingte Gründe zurückzuführen ist (Rehfeld 2006). Trotz des evidenten Wissens um die Rolle der (sozial ungleich verteilten) Arbeitsbedingungen und des Bildungsniveaus für die krankheitsbedingte Frühberentung besteht noch ein großes Forschungsdefizit dahingehend, welche weiteren Faktoren das Frühberentungsrisiko mit beeinflussen. Festzuhalten bleibt aber, dass insbesondere Personen mit niedriger Bildung und niedrig qualifizierten beruflichen Tätigkeiten häufiger davon betroffen sind, ihren Beruf vorzeitig aus gesundheitlichen Gründen aufgeben zu müssen, was nicht zuletzt langfristige negative Konsequenzen auf die erreichbare Rentenhöhe hat.

Zusammenfassend kann formuliert werden, dass eine starke soziale Ungleichheit bei arbeitsbedingten Fehlzeiten, Arbeitsunfällen, Berufskrankheiten und Frühberentung existiert (Oppolzer 1994, Dragano et al 2008, Siegrist & Dragano 2007), wobei Arbeiter- und Fertigungsberufe besonders stark betroffen sind (Vetter et al 2007). Oppolzer spricht in diesem Zusammenhang auch vom „langen Arm des Berufs", denn die sozial ungleichen Arbeitsbedingungen im Beruf setzen sich in ungleichen materiellen Lebensverhältnissen, Erholungsmöglichkeiten und unterschiedlichen Coping-Fähigkeiten der Beschäftigten fort (Oppolzer 1994 S. 147). Somit trägt die Arbeitswelt sowohl zur Entstehung als auch zur Verstärkung gesundheitlicher Ungleichheit bei. Das Gesundheitsbewusstsein und Gesundheitsverhalten der Beschäftigten variieren mit deren Bildungsniveau (Lampert & Ziese 2005). Neben der pathogenen Wirkung fehlender bzw. geringer Bildung kann Bildung somit auch eine salutogene Wirkung entfalten. Die salutogene Wirkung von Bildung wird erkennbar in den verbesserten Zugangschancen zum Gesundheitssystem, einer stärkeren Nutzung präventiver Gesundheitsleistungen und besseren individuellen gesundheitsbezogenen Coping-Fähigkeiten von Menschen mit einem höheren Bildungsniveau (Ross & Mirowsky 2006, Mirowsky & Ross 2003, von dem Knesebeck & Mielck 2009). Mit dem Bildungsniveau, insbesondere der fachlichen Kompetenz, steigen die Coping-Fähigkeiten, d.h., die Betroffenen verfügen über adäquatere Bewältigungsstrategien im Umgang mit belastungs- und stressreichen gesundheitlichen Situationen. Für den Betrieb ist neben der fachlichen die soziale Kompetenz der Beschäftigten bedeutsam, da beide zusammen neben der Gesundheit der Beschäftigten das Humankapital des Betriebs bilden (Badura 2005). Der Umgang mit anderen Menschen hat im betrieblichen Aufgabenspektrum, v.a. dem von Führungskräften, in den letzten Jahren an Bedeutung gewonnen. Darum kommt der Förderung der sozialen Kompetenz aller Mitarbeiter, einem partizipativen Führungsstil, dem innerbetrieblichen Kommunikationsstil und der Bindung der Mitarbeiter an den Betrieb eine wichtige Gestaltungskraft (im Sinne eines salutogenen Einflusses) in der betrieblichen Gesundheitsförderung zu (Badura 2003, 2007).

Der klassische Arbeitsschutz, der den Schutz der Belegschaft vor Arbeitsunfällen, Berufskrankheiten und arbeitsbedingten Erkrankungen zum Ziel hatte, verliert durch den Wandel der Wirtschaft hin zu einer Wissens- und Dienstleistungsgesellschaft an Bedeutung. „Psychosoziale Risiken" nehmen in der Arbeitswelt hingegen deutlich zu, wie das Diagnosespektrum bei den gesundheitsbedingten Fehlzeiten der erwerbstätigen Bevölkerung und dem Frühberentungsgeschehen zeigt. Deutlicher Forschungsbedarf besteht bezüglich der Frage, ob die psychosozialen Arbeitsbelastungen genauso sozial ungleich verteilt sind wie die physikalisch-chemischen Arbeitsbedingungen (körperlich schwere Arbeit, Lärm, Arbeiten mit giftigen Substanzen). Neuere nationale und internationale Studien geben tatsächlich Hinweise auf eine solche Ungleichverteilung von psychosozialen Arbeitsbelastungen (Mielck 2005, Peter 2006, Siegrist 2008). Allerdings sind die Ergebnisse nicht konsistent, sondern variieren in Abhängigkeit vom Modell, mit dessen Hilfe die psychosozialen Belastungen erfasst werden.

Die steigende Bedeutung von chronischen gegenüber akuten Erkrankungen, der Anstieg der mittleren Lebenserwartung, der Rückgang von Frühberentungen und die ab dem Jahr 2012 schrittweise Anhebung des Rentenzugangsalters auf 67 Jahre tragen darüber hinaus dazu bei, dass der betrieblichen Gesundheitspolitik in den kommenden Jahren eine größere Aufmerksamkeit geschenkt werden muss, da die Arbeitnehmer zunehmend länger erwerbstätig (v.a. in gesundheitlich vulnerableren Lebensphasen) und damit auch im Unternehmen beschäftigt sein werden. Unternehmen müssen demzufolge ihre gesundheitlichen Präventionsangebote bzw. ihre betriebliche Gesundheitspolitik zielgruppenspezifisch entsprechend dem Setting-Ansatz der Ottawa-Charta von 1986 ausrichten (WHO 2006).

## Schlussfolgerungen für das betriebliche Handeln in Prävention und Gesundheitsförderung

Betriebliche Präventions- und Gesundheitsförderungsangebote sollten nicht nur die konkrete berufliche Belastungssituation der Beschäftigten berücksichtigen, sondern auch deren Bildungsniveau, damit die betrieblichen Gesundheitsangebote nicht an den Bedürfnissen der Beschäftigten vorbei ausgerichtet werden. Die in diesem Beitrag für den betrieblichen Kontext betrachteten Gesundheitsfaktoren (Arbeitsunfähigkeit, Berufskrankheiten, Arbeitsunfälle und

Frühberentung) weisen einen deutlichen sozialen und Bildungsgradienten auf. Betriebliches Handeln sollte sich daher insbesondere an solche sozial benachteiligten Risikogruppen wenden und deren Kompetenz sowohl für die eigene Gesundheit als auch im Sinne des Verantwortungsbewusstseins für den Betrieb insgesamt stärken. Beschäftigte mit manuellen, physisch belastenden beruflichen Tätigkeiten sowie mit hohen psychosozialen Arbeitsbelastungen (v.a. Zeitdruck, hohe Anforderungen, geringer Entscheidungsspielraum, niedriges Ausmaß beruflicher Belohnungen), im Schichtdienst arbeitende Mitarbeiter sowie Beschäftigte mit einem niedrigen schulischen bzw. beruflichen Qualifikationsniveau bedürfen einer besonderen Aufmerksamkeit bei der Gestaltung betrieblicher Gesundheitsförderungsmaßnahmen. Dabei sollten im Sinne einer salutogenen Perspektive betrieblicher Gesundheitspolitik auch die Gesundheitsressourcen der Mitarbeiter gefördert werden. Dazu gehören insbesondere die Möglichkeit zur Mitsprache und Beteiligung, zur ständigen Qualifizierung sowie die Wahrnehmung eines gewissen Handlungs-, Entscheidungs- und Verantwortungsspielraums bei der Arbeit (Oppolzer 2006).

Die von der WHO formulierten Kriterien für Gesundheitsförderung konsequent im Bereich der Arbeitswelt umzusetzen, heißt: konsistente Anforderungsstrukturen schaffen, die beruflichen Aufgaben abwechslungsreich und geistig anregend gestalten, die zeitlichen und inhaltlichen Handlungs- und Entscheidungsspielräume der Beschäftigten erweitern, für kontinuierliche Fortbildung und vertragliche Fairness sorgen sowie soziale Unterstützungspotenziale im Betrieb stärken (Lenhardt 1997). Siegrist & Dragano (2007) weisen darauf hin, dass insbesondere die Ausübung vollständiger Tätigkeiten (d.h. das Vermeiden repetitiver Tätigkeiten), Teamarbeit, Jobrotation (d.h. häufigerer Tätigkeitswechsel bei der die Gesundheit gefährdenden Arbeiten) sowie Querschnittstätigkeiten (d.h. zeitweiser oder dauerhafter innerbetrieblicher Arbeitsplatzwechsel auf der gleichen beruflichen Qualifikationsstufe, sog. „horizontale Beförderung") und Mitgestaltung von Arbeitszeiten dazu beitragen, die Arbeitsfähigkeit von älteren Beschäftigten zu erhalten sowie die Gesundheit aller Beschäftigten zu fördern. Schließlich kommt der beruflichen Qualifizierung und Beteiligung an Weiterbildungsmaßnahmen der Mitarbeiter eine wichtige Gestaltungskraft in der betrieblichen Gesundheitspolitik zu.

## Weitere Informationen zu diesem Thema

Deutsches Netzwerk für Betriebliche Gesundheitsförderung
 http://www.dnbgf.org/

Bundesanstalt für Arbeitsschutz und Arbeitsmedizin
 http://www.baua.de/

Fehlzeiten-Report (herausgegeben vom Wissenschaftlichen Institut der AOK – WIdO)
 http://wido.de/fzreport.html

Plattform „Gesundheitsförderung bei sozial Benachteiligten" in Deutschland
www.gesundheitliche-chancengleichheit.de

Plattform zur Förderung von gesundheitlicher Chancengleichheit in der EU
http://www.health-inequalities.eu/

EUROTHINE-Projekt (Empirische Analyse der gesundheitlichen Ungleichheit in Europa und Ableitung von Handlungsempfehlungen)
http://survey.erasmusmc.nl/eurothine/

## Literatur

Badura B (2001) Betriebliches Gesundheitsmanagement. Was ist das, und wie lässt es sich erfolgreich praktizieren? Bundesgesundheitsblatt – Gesundheitsforschung – Gesundheitsschutz 44:780–787

Badura B, Hehlmann T (2003) Betriebliche Gesundheitspolitik. Der Weg zur gesunden Organisation. Springer, Berlin

Badura B (2005) Strategie- und Konzeptwechsel in der betrieblichen Gesundheitspolitik. In: Kirch W, Badura B (Hrsg) Prävention. Ausgewählte Beiträge des Nationalen Präventionskongresses (1.–2.Dezember 2005). Dresden, S 23–39

Badura B (2007) Sozialkapital, Führung und Gesundheit. In: Gesundheit Berlin (Hrsg) Dokumentation 12. bundesweiter Kongress Armut und Gesundheit „Präventionen für Gesunde Lebenswelten – „Soziales Kapital" als Investition in Gesundheit (S 1–8). Gesundheit Berlin e.V., CD-ROM

Badura B, Schröder H, Vetter C (2007) (Hrsg) Fehlzeiten-Report 2007. Zahlen, Daten, Analysen aus allen Branchen der Wirtschaft. Arbeit, Geschlecht und Gesundheit. Geschlechteraspekte im betrieblichen Gesundheitsmanagement. Springer, Berlin u.a.

BAuA (2008) Sicherheit und Gesundheit bei der Arbeit 2006. Bundesanstalt für Arbeitsschutz und Arbeitsmedizin (BAuA). Bericht für das Bundesministerium für Arbeit und Soziales (BMAS)

BKK Bundesverband (2007) BKK Gesundheitsreport 2007. Gesundheit in Zeiten der Globalisierung. Essen

DGUV (2008) www.dguv.de (Zugriff am 6.11.2008)

Dragano N, Friedl H, Bödeker W (2008) Soziale Ungleichheit bei der krankheitsbedingten Frühberentung. In: Bauer U, Bittlingmayer UH, Richter M (Hrsg) Health Inequalities – Determinanten und Mechanismen gesundheitlicher Ungleichheit. VS Verlag für Sozialwissenschaften, Wiesbaden, S 108–124

Furnée CA, Groot W, Maasen van den Brink H (2008) The health effects of education: a meta-analysis. European Journal of Public Health 18:417–421

Griefahn B (2003) Arbeitswelt und Gesundheit. In: Hurrelmann K, Laaser U (Hrsg) Handbuch Gesundheitswissenschaften. Juventa, Weinheim und München, S 443–466

Höhne A, Schubert M (2008) Vom Healthy-migrant-Effekt zur gesundheitsbedingten Frühberentung. Erwerbsminderungsrenten bei Migranten in Deutschland. In: Deutsche Rentenversicherung Bund (Hrsg) Etablierung und Weiterentwicklung.

Bericht vom vierten Workshop des Forschungsdatenzentrums der Rentenversicherung (FDZ-RV) vom 28.–29.Juni 2007 in Berlin. Bad Homburg: DRV-Schriften Band 55/2007, S 103–125

Klein T (1996) Mortalität in Deutschland: Aktuelle Entwicklungen und soziale Unterschiede. In: Zapf W, Schupp J, Habich R (Hrsg) Lebenslagen im Wandel. Sozialberichterstattung im Längsschnitt. Campus, Frankfurt/Main und New York, S 366–377

Lampert T, Ziese T (2005) Armut, soziale Ungleichheit und Gesundheit. Robert Koch-Institut. Expertise des Robert Koch-Instituts zum 2. Armuts- und Reichtumsbericht der Bundesregierung. Berlin

Lenhardt U (1997) Zehn Jahre „Betriebliche Gesundheitsförderung". Eine Bilanz. Wissenschaftszentrum Berlin für Sozialforschung (WZB). Working Paper, Berlin, pp 97–201

Mielck A (2005) Soziale Ungleichheit und Gesundheit. Einführung in die aktuelle Diskussion. Huber, Bern

Mirowsky J, Ross CE (2003) Education, social class, and health. Aldine de Gruyter, New York

Oppolzer A (1994) Die Arbeitswelt als Ursache gesundheitlicher Ungleichheit. In: Mielck A (Hrsg) Krankheit und soziale Ungleichheit. Sozialepidemiologische Forschungen in Deutschland. Leske + Budrich, Opladen, S 125–165

Oppolzer A (2006) Gesundheitsmanagement im Betrieb. Integration und Koordination menschengerechter Gestaltung der Arbeit. VSA-Verlag, Hamburg

Peter R (2006) Psychosoziale Belastungen im Erwachsenenalter: Ein Ansatz zur Erklärung sozialer Ungleichverteilung von Gesundheit? In: Richter M, Hurrelmann K (Hrsg) Gesundheitliche Ungleichheit. Grundlagen, Probleme, Perspektiven.VS Verlag für Sozialwissenschaften, Wiesbaden, S 109–123

Rehfeld UG (2006) Gesundheitsbedingte Frühberentung. Robert Koch-Institut. Beiträge zur Gesundheitsberichterstattung des Bundes (Heft 30), Berlin

Ross CE, Mirowsky J (2006) Sex differences in the effect of education on depression: Resource multiplication or resource substitution? Social Science & Medicine 63:1400–1413

Seidel D, Solbach T, Fehse R, Donker L, Elliehausen HJ (2007) Arbeitsunfälle und Berufskrankheiten. Robert Koch-Institut. Gesundheitsberichterstattung des Bundes (Heft 38)

Siegrist J (2005) Medizinische Soziologie. Urban & Fischer, München & Jena

Siegrist J (2008) Soziale Anerkennung und gesundheitliche Ungleichheit. In: Bauer U, Bittlingmayer UH, Richter M (Hrsg) Health Inequalities. Determinanten und Mechanismen gesundheitlicher Ungleichheit. VS Verlag für Sozialwissenschaften, Wiesbaden, S 220–335

Siegrist J, Dragano N (2007) Rente mit 67 – Probleme und Herausforderungen aus gesundheitswissenschaftlicher Sicht. Hans Böckler Stiftung. Arbeitspapier (147), Düsseldorf

Vetter C, Küsgens I, Madaus C (2007) Krankheitsbedingte Fehlzeiten in der deutschen Wirtschaft im Jahr 2005. In: Badura B, Schellschmidt H, Vetter C (Hrsg) Fehlzeiten-Report 2006. Chronische Krankheiten. Springer, Berlin u.a., S 201–423

von dem Knesebeck O, Mielck A (2009) Soziale Ungleichheit und gesundheitliche Versorgung im höheren Lebensalter. Zeitschrift für Gerontologie und Geriatrie 42:39–46 von dem Knesebeck O, Verde PE, Dragano N (2006) Education and health in 22 European countries. Social Science and Medicine 63:1344–1351

WHO (2006) Ottawa-Charta zur Gesundheitsförderung. Weltgesundheitsorganisation. Regionalbüro für Europa: http://www.euro.who.int/AboutWHO/Policy/20010827_2?language=German (Zugriff am 13.11.2008)

# Stress, Arbeitsgestaltung und Gesundheit

Hans Martin Hasselhorn[1] & Roland Portuné[2]

[1] Bergische Universität Wuppertal
Institut für Sicherheitstechnik – Bereich „Empirische Arbeitsforschung"
Gaußstr. 20
42097 Wuppertal

[2] Unfallkasse Nordrhein-Westfalen
Dezernat Prävention
Sankt-Franziskus-Str 146
40470 Düsseldorf

## Einleitung

Der Zusammenhang von psychosozialer Arbeitsbelastung und gesundheitlichen Einschränkungen wird seit den frühen 80er Jahren weltweit thematisiert und mit Hilfe verschiedener Arbeitsstress-Modelle belegt. Beispiele hierfür sind das renommierte Demand-Control-Modell von Karasek und Theorell (1990), das ebenfalls weltweit verwendete Effort-Reward-Modell von Siegrist (1996), aber auch weniger bekannte Modelle wie das Vitamin-Modell von Warr (1987). Die Qualität der wissenschaftlichen Untersuchungen zum Thema hat vor allem in den letzten zehn Jahren deutlich zugenommen (beispielsweise umfassende Längsschnittuntersuchungen, Verwendung objektiver Gesundheitsindikatoren), so dass heute keine Zweifel mehr an der Existenz eines kausalen Zusammenhangs von psychosozialer Arbeitsbelastung und Gesundheit bestehen (z.B. Belkic et al 2004, van Vegchel et al 2005). So gilt es z.B. als bestätigt, dass psychosoziale Faktoren mit Auftreten und Verlauf von Rückenschmerzen enger und konsistenter in Zusammenhang stehen als die physikalischen Arbeitsplatzmerkmale (Zimolong et al 2008). Als wissenschaftlich abgesichert können auch Zusammenhänge zwischen psychosozialen Arbeitsbelastungen und Herz-Kreislauf-Erkrankungen sowie affektiven Störungen gelten (z.B. Siegrist 2005, Kivimäki et al 2002). Hohe Arbeitsintensität, geringe Arbeitsplatzsicherheit und fehlende soziale Anerkennung sind signifikant mit Depressivität verknüpft (Rösler et al 2008).

Trotz dieser und weiterer entsprechender Befunde bleibt eine Reihe von Aspekten offen, die von betrieblicher wie von gesellschaftspolitischer Bedeutung sind. Hierzu gehört die Frage, wie und in welchem Ausmaß sich psychosoziale Arbeitsbelastungen und/oder deren negative Folgen in Unternehmen realistisch reduzieren lassen.

In diesem Beitrag gehen wir zunächst auf den Zusammenhang von psychosozialen Arbeitsbelastungen und Gesundheit ein, um dann den Fokus auf den Forschungsstand zur betrieblichen Intervention zur Reduzierung von psychosozialen Arbeitsbelastungen bzw. deren Folgen zu legen.

## Die positive Funktion der Arbeit

Arbeit ist ein wichtiges lebenserhaltendes Element im Leben eines Erwachsenen, nicht nur als Grundlage für wirtschaftliche Existenz, Identität, soziale Integration und auch Lebenssinn, sondern oft auch für Gesundheit. Im Einklang damit stehen auch Befunde, die auf deutliche Zusammenhänge zwischen Arbeitslosigkeit und gesundheitlichen Beeinträchtigungen bzw. negativem Selbstkonzept hinweisen (z.B. Wacker & Kolobkova 2000). Den gesundheitsförderlichen Effekt von Arbeit nehmen offenbar auch Arbeitnehmer in Deutschland wahr: In einer Telefonbefragung, die im Jahr 2007 bei 2.000 repräsentativ ausgewählten Erwerbstätigen durchgeführt wurde, berichteten 80 % der Männer und 90 % der Frauen, dass ihre Arbeit sie „fit" halte (Bödecker & Hüsing 2008). Es ist allerdings durchaus kein Widerspruch dazu, dass nahezu zeitgleich (2005/6) knapp die Hälfte von 20.000 ebenfalls repräsentativ ausgewählten Erwerbstätigen in Deutschland angegeben hatte, „Stress und Arbeitsdruck" hätten zugenommen. Jede/r Sechste berichtete sogar, bei der Arbeit „oft bis an die Grenze der Leistungsfähigkeit" gehen zu müssen (BIBB/BAuA Erwerbstätigenbefragung, eigene Auswertungen). Auch wenn es nur schwer objektiv zu belegen ist, kann heute allgemein davon ausgegangen werden, dass in den vergangenen Jahren die Stressbelastung von Arbeitnehmern in Europa und damit auch Deutschland kontinuierlich zugenommen hat und auch weiter zunehmen wird.

## Definition von (Arbeits-)Stress

Die Zahl der Definitionen von „Stress" ist aus guten Gründen groß. Manche verstehen darunter eher die Exposition, die wir hier als „Stressbelastung" oder „Stressoren" bezeichnen möchten. Andere meinen mit „Stress" die Art und Weise der individuellen Reaktion auf die Stressoren, wir nennen dies „Stressreaktion". Transaktionale Ansätze gebrauchen Stressdefinitionen, die die Relevanz interaktiver Prozesse bzw. der jeweiligen individuellen Bewertungen aufzeigen. Für den wissenschaftlichen Gebrauch in der Arbeitswissenschaft und genauso für das Gesundheitsmanagement ist allerdings eine klare Definition des Begriffs „Stress" oder vielmehr „Arbeitsstress" erforderlich. Die heute international weitgehend akzeptierten Definitionen basieren auf der Erkenntnis, dass „Stress" ein Prozess der aktiven wechselseitigen Auseinandersetzung des Menschen mit seiner Umwelt, ein „transaktionaler" Prozess ist

(Cox et al 2000) (siehe Kasten auf dieser Seite). Vor dem Hintergrund oben genannter Definitionsmerkmale kann die andernorts hin und wieder noch vorgenommene Unterscheidung zwischen „Eustress" und „Disstress" in den heutigen Arbeitswissenschaften als überholt gelten. Stress ist – im Gegensatz zur neutral gehaltenen Definition der „psychischen Belastung" (vgl. DIN EN ISO 10075 Teil 1) – per definitionem negativ, wenngleich die erfolgreiche Bewältigung durchaus zu positiven Folgen wie Erfolgserlebnissen, Lernerfahrungen oder persönlicher Weiterentwicklung führen kann.

---

Arbeitsbedingter Stress ist:

- ein Prozess der emotionalen, kognitiven, verhaltensmäßigen und physiologischen Reaktion
- auf widrige Aspekte des Arbeitsinhalts, der Arbeitsorganisation und Arbeitsumgebung.
- Bestandteil dieses Prozesses sind starke negative Emotionen und ein Gefühl des Überfordertseins.

Definition von „Arbeitsstress" formuliert durch Ad Hoc Group „Work-Related Stress", EU 1996

---

## Komplexes transaktionales Arbeitsstressmodell

Übertragen in das klassische Belastungs-Beanspruchungsmodell stellt sich das Thema „Arbeit – Stress – Krankheit" wie in Abbildung 1 beschrieben dar. Psychisch belastende Situationen (Kasten 1) treten im täglichen (Arbeits-) Leben eines Beschäftigten auf. In aller Regel bewältigt er sie im Rahmen seiner individuellen Voraussetzungen, seiner Ressourcen, seiner stützenden privaten Umgebung (Kasten 2) sowie vor dem Hintergrund weiterer privater Belastungen, denen er ausgesetzt ist (Kasten 3). Das Modell schließt dabei ein, dass bei identischer Stressexposition die Stressreaktion individuell sehr unterschiedlich ablaufen kann. Wie die Stressexposition ist auch die Reaktion darauf (Kasten 4) zunächst einmal ein alltäglicher Bestandteil des Lebens. Sie dient der Bewältigung und Lösung der entstandenen Konflikte und damit letztendlich oft auch der persönlichen Weiterentwicklung.

Damit wird deutlich, dass Stress – allerdings in Zusammenhang mit erfolgreicher Bewältigung – in diesem Sinn tatsächlich als „Würze des Lebens" gelten kann (vgl. Europäische Kommission 1999), da mit der angedeuteten „Persönlichkeitsförderlichkeit" ein wichtiges Kriterium der menschengerechten Gestaltung der Arbeit angesprochen wird. Daneben sollte Arbeit bekanntlich ausführbar, schädigungslos und beeinträchtigungsfrei gestaltet werden. Das Arbeitsschutzgesetz von 1996 definiert als modernes, stark europäisch geprägtes Gesetz im Übrigen die menschengerechte Gestaltung der Arbeit auch explizit als Maßnahme des Arbeitsschutzes, wodurch eine hohe Verbindlichkeit für die betrieblichen Verantwortlichen entsteht. Im Rahmen der Gefährdungsbeurteilung ist zu prüfen, welche Maßnahmen bedarfsorientiert abzuleiten und durchzuführen sind.

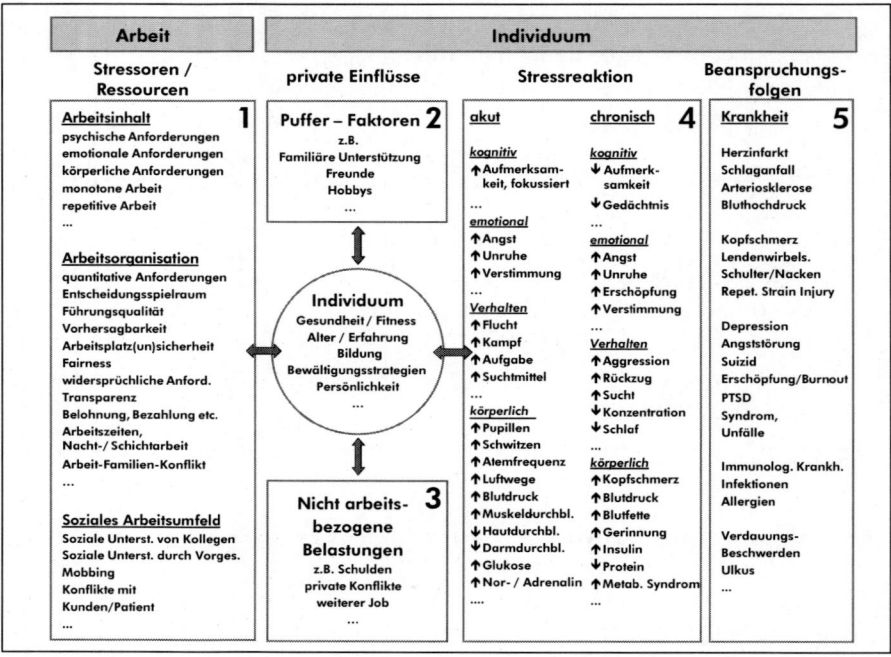

**Abbildung 1** Psychosoziale Arbeitsbedingungen, Stressreaktion und Krankheit im Belastungs-Beanspruchungsmodell. Die Listen stellen eine beispielhafte Auswahl dar. (modifiziert nach Hasselhorn 2007)

Die Doppelpfeile im Modell zeigen, dass die Stressexposition und -reaktion als wechselseitiger Prozess zu sehen ist, d.h., im Alltag ist der Beschäftigte in aller Regel durchaus in der Lage, seine Arbeitsexposition zu beeinflussen, wenn er sie als belastend erlebt (was von Relevanz für betriebliche Prävention ist). Durch die Doppelpfeile angedeutet sind auch die aus kognitiven Stressmodellen (z.B. Lazarus & Folkman 1984) bekannten Bewertungs- und Rückkopplungsprozesse der Situation bzw. des konkreten Ereignisses („pimary appraisal") sowie der eigenen Bewältigungsmöglichkeiten („secondary appraisal"). Resultierend daraus wird ein Ereignis oder eine Situation z.B. eher als Bedrohung oder als Herausforderung verstanden. Bei der weiteren Stressbewältigung spielen die jeweils zur Verfügung stehenden Ressourcen eine wichtige Rolle. Stressbewältigungsfähigkeiten, der zur Verfügung stehende Handlungsspielraum sowie die soziale Unterstützung (z.B. Klauer et al 2007) gelten als sehr wichtige Ressourcen. So konnte in epidemiologischen Studien der positive Effekt sozialer Unterstützung auf die Gesundheit bzw. Lebensqualität und -dauer eindrucksvoll nachgewiesen werden (Ditzen & Heinrichs 2007). Neben der sozialen Unterstützung generell ist insbesondere auch auf die Wichtigkeit der Qualität des Führungsverhaltens der Vorgesetzten hinzuweisen (vgl. z.B. Stadler & Spieß 2004). Auch experimentell konnte gezeigt werden, dass positives Feedback durch den Vorgesetzten erwartungsgemäß zu positiven Emotionen und ebensolchen Handlungstendenzen führt (Belschak et al 2008). Solche Ressourcen gelten als Schutzfaktoren, weil durch sie Stresssituationen abgepuffert werden können. Einhergehend mit zunehmender Arbeitsverdichtung ist jedoch eine Verringerung bisher nutzbarer betrieblicher Ressourcen wie z.B. des Handlungsspielraums oder der sozialen Unterstützung festzustellen (vgl. Richter 2009), so dass die gesunde Bewältigung belastender Situationen dadurch noch weiter erschwert wird.

Stresssituationen bergen dann ein besonders hohes Risiko für eine schwere Stressreaktion, wenn sie nicht zu kontrollieren, wenig vorhersehbar und in ihrer Art neu für den Betroffenen sind (Siegrist 1996). Je länger und je stärker ein solcher Stressprozess ist, umso größer wird das Risiko, dass er negativ auf die physiologischen Regulationsabläufe einwirkt. Dann sind mittelfristig Erkrankungsprozesse (Kasten 4, rechts) und langfristig die Entstehung bzw. Verstärkung von Krankheitsbildern (Kasten 5) zu erwarten. Eine chronische Stressreaktion erfordert ständige Anstrengung und Aufmerksamkeit und auch die Ausweitung auf andere Lebensbereiche ist zu erwarten. Schließlich werden die psychischen, aber auch körperlichen Ressourcen des Betroffenen immer geringer in einer Zeit, in der sie umso nötiger wären.

## Individuelle, betriebs- und volkswirtschaftliche „Kosten"

Auf individueller Ebene verursacht Arbeitsstress folglich „Kosten", vor allem durch reduziertes Wohlbefinden und schlechtere Gesundheit. Diese Kosten stellen jedoch nicht nur individuelle Probleme dar, sondern haben darüber hinaus weit reichende betriebs- und volkswirtschaftliche Konsequenzen. In einer im Auftrag des schweizerischen Staatssekretariats für Wirtschaft erstellten Studie wurden die Folgekosten von „Stress-Leiden" infolge medizinischer Behandlungskosten und Produktionsausfällen in der Schweiz auf etwa 1,2 % des Bruttosozialprodukts geschätzt (Ramaciotti & Perriard 2000). Um die Größenordnung einmal anders darzustellen: Levi und Lunde-Jensen errechneten beispielsweise, dass zu Beginn der 90er Jahre in Deutschland umgerechnet etwa 11 % aller Herzinfarkte auf zu geringen Handlungsspielraum bei zu hohen psychischen Anforderungen („job strain") zurückzuführen seien (1996). Bödecker (2008) errechnete, dass das Arbeitsunfähigkeitsgeschehen aufgrund von „psychischen und Verhaltensstörungen" in Deutschland bei Frauen zu 14 % und bei Männern zu 29 % auf die Arbeit zurückzuführen sei. Bezüglich

des Erwerbsunfähigkeitsgeschehens lag der errechnete arbeitsbedingte Anteil sogar bei 25 % (Frauen) bzw. 43 % (Männer).
Auf betriebliche Kosten wirkt sich Arbeitsstress u.a. durch die Entstehung von Krankheit, Frühberentungen, Fehlzeiten, reduzierte Produktivität (Präsentismus), Arbeitsunfälle und aktive und passive betriebliche Sabotage aus. In Untersuchungen aus den USA (Elkin & Rosch 1990) sowie England (Cooper et al 1996) wurde geschätzt, dass über 50 % aller Fehltage auf ungünstige psychosoziale Arbeitsbedingungen zurückzuführen seien. Doch dies könnte nur die Spitze des Eisbergs sein: Bödecker und Hüsing (2008) zeigten im IGA-Barometer 2007, dass die Arbeitsleistung eher durch die „verringerte Produktivität kranker Beschäftigter" am Arbeitsplatz („Präsentimus") beeinträchtigt wird und weniger durch das Fehlen am Arbeitsplatz („Absentismus").

## Arbeitsstress und betriebliches Stressmanagement

Nicht zuletzt vor dem Hintergrund betrieblicher und volkswirtschaftlicher Kosten wurde Mitte der 90er Jahre die Bedeutung der wissenschaftlichen Untersuchung zur Effektivität und Effizienz betrieblicher Interventionen im Arbeits- und Gesundheitsschutz erkannt (Kompier & van der Beek 2008) und beispielsweise zu einem der Top-Forschungsthemen des National Institute for Occupational Safety and Health, NIOSH, in den USA (Rosenstock 1996). Für Deutschland stellten Sonntag et al. noch 2001 in ihrer „Bilanzierung der psychologischen Arbeitsschutz- und Gesundheitsschutzforschung" fest, dass die Evaluation entsprechender Maßnahmen bis dahin insgesamt eher vernachlässigt worden war (Sonntag et al 2001). Inzwischen haben allerdings zahlreiche Forschergruppen Ergebnisse zur Evaluation betrieblicher Interventionsmaßnahmen im Arbeits- und Gesundheitsschutz publiziert.

Sockoll et al. legten 2008 eine Zusammenstellung der wissenschaftlichen Evidenz zur Wirksamkeit und zum Nutzen der betrieblichen Gesundheitsförderung vor. Darin haben sie die Ergebnisse von neun Reviews und Metaanalysen aus den Jahren 2000 bis 2006 zusammengefasst, die insgesamt 294 Interventionsstudien zum Thema „psychische Gesundheit und psychosoziale Arbeitsbedingungen" berücksichtigen (Sockoll et al 2008). Auffällig war zunächst die große Heterogenität der Interventionsmaßnahmen, z.B. hinsichtlich der Dauer, Teilnehmerzahl, Personen- bzw. Berufsgruppen, Ergebnisparameter und Erhebungsinstrumente. Dadurch offenbarte sich den Autoren ein Problem der Übertragbarkeit der Ergebnisse von Studien und von Erkenntnissen (Sockoll et al 2008). Gerade im psychosozialen Bereich können betriebliche, kulturelle, berufliche und berufsbezogene Bedingungen die Ergebnisse bzw. die Wirkung von Interventionen stark beeinflussen. Nach Einschätzung der genannten Autorengruppe werden hier die Grenzen der Evidenzbasierung von komplexen organisationsbezogenen Interventionen der betrieblichen Gesundheitsförderung deutlich.

### Verhaltensprävention

Der Schwerpunkt der publizierten Evaluationen von Stressinterventionsmaßnahmen liegt nach wie vor bei der Verhaltensprävention, denn diese ist oft einfacher umzusetzen, greift weniger in den Betriebsalltag ein, gilt als kostengünstiger und ist auch leichter zu evaluieren; zudem werden die Ursachen von Problemen eher bei Einzelnen gesucht (Sockoll et al 2003).

Individuenzentrierte Interventionsmaßnahmen stellten sich durchaus als wirksam dar, insbesondere die genannten kognitiv-verhaltensbezogenen Maßnahmen und diese besonders in Bezug auf Fehlzeiten. Auch Semmer und Zapf (2004) weisen in ihrem Review über Stressmanagementtrainings kognitiv-behaviorale Ansätze als die wirksamsten Verfahren aus, z.B. in Form des Stress-Impfungstrainings nach Meichenbaum (1993). Typischerweise werden dabei drei Phasen durchschritten: Zunächst werden Stressfaktoren und -reaktionen analysiert, danach dann bedarfsorientiert Bewältigungsstrategien erarbeitet und eingeübt, bevor in der Praxisphase die Erprobung in tatsächlichen Stresssituationen stattfinden kann. Bewegungsprogramme zeigten nach Sockoll et al (2008) eher begrenzte Effektivität.

Bei allen positiven Befunden zu kognitiv-verhaltensbezogenen Interventionsmaßnahmen wurde allerdings auch deutlich, dass Maßnahmen auf Individualebene kaum organisationsbedingten Stressursachen wie Führungsstil, Betriebsklima oder Unternehmenskultur entgegenwirken können. Gemeinhin wird davon ausgegangen, dass Stressmanagementinterventionen, die sich ausschließlich auf den Einzelnen konzentrieren, ohne die Stressoren zu reduzieren, nur von begrenzter Wirkung sind (Sockoll et al 2008).

### Verhältnisprävention

Individuelle Stressinterventionen können zwar Symptome mindern, jedoch in aller Regel nicht die Auslöser. Nach Sockoll et al. (2008) wird in der fachspezifischen Literatur darauf verwiesen, dass primärpräventive Maßnahmen auf der Organisationsebene ebenfalls wichtig seien. Mit Hilfe solcherart ausgerichteter Interventionen könnten Ursachen für Stress und damit für psychische und körperliche Beeinträchtigungen angegangen werden. Allerdings sind wissenschaftliche Publikationen zur Wirksamkeit von Maßnahmen auf Organisationsebene relativ selten. Umso weniger kann deren Evidenz in Reviews beurteilt werden und entsprechend unklar fällt hier das Ergebnis aus. Sockol et al. (2008) zitieren in ihrer Übersichtsarbeit Reviews, die zu völlig unterschiedlichen Ergebnissen kommen, und finden zusammenfassend ein leichtes Übergewicht für die die Wirksamkeit bestätigenden Studien.

### Kombinierte Verhaltens- und Verhältnisprävention

In Wissenschaftlerkreisen wird entweder die reine Verhältnisprävention (z.B. Olsen et al 2008) oder aber – und dies zunehmend – die kombinierte Verhaltens- und Verhältnisprävention (Semmer 2006, Semmer & Zapf 2004, Kompier & Cooper 1999) favorisiert. Sie hat die Reduzierung der Stressexposition zum Ziel und berücksichtigt dabei die individuellen Stressreaktionsunterschiede. Die Anzahl entsprechender Studien zur Evidenz ist derzeit noch gering, aber bisherige Erkenntnisse aus Reviews sprechen für eine gute Wirksamkeit der kombinierten Intervention (Sockoll et al 2008). Die Kombination von verhaltens- und verhältnisorientierten Maßnahmen gilt auch generell als ein wichtiges Merkmal eines integrativen erfolgreichen betrieblichen Gesundheitsmanagements (Zimolong et al 2008). Das von Tempel in diesem Buch vorgestellte „Konzept der Arbeitsfähigkeit" fußt ebenfalls auf dem kombinierten Interventionsansatz. Nicht zuletzt in alternden Belegschaften erscheint es logisch, im Rahmen der Präventionsarbeit den im Alter zunehmend divergierenden funktionellen Fähigkeiten mit einer individuenzentrierten Komponente Rechnung zu tragen.

Zusammenfassend scheint doch insgesamt eher lediglich eine vage Evidenz für die Effizienz betrieblicher Interventionsmaßnahmen zu psychosozialen Aspekten vorzuliegen. Dies veranlasst Olsen et al (2008) zu dem Urteil, entsprechende Erwartungen der 90er Jahre seien möglicherweise zu hoch gewesen, selbst im Hinblick auf Studien mit anspruchsvollem Design.

### Die „Black Box der Intervention"

Ein zentraler Grund für das Misslingen des eindeutigen Nachweises der Effizienz betrieblicher psychosozial ausgerichteter Interventionsmaßnahmen wird heute darin gesehen, dass zumeist lediglich das Ausmaß ihres „Erfolgs" oder „Misserfolgs" untersucht worden ist. Dagegen sind der Umsetzungsprozess sowie das betriebliche Umfeld, in dem die Interventionen stattfinden, bei den Wirksamkeitsanalysen nur in Ausnahmefällen ausreichend berücksichtigt worden. Betriebliche Interventionen finden weder „auf der grünen Wiese" noch in Form kontrollierter Laborexperimente statt, sondern in lebenden Organisationen, deren Hauptaufgabe in anderem besteht als in der Durchführung von Interventionsmaßnahmen. Im Spannungsfeld zwischen Arbeitsleistung, Kunden- und Mitarbeiterzufriedenheit (vgl. Krause & Dunckel 2003) scheint das komplexe und dynamische Feld der jeweiligen betrieblichen und externen Rahmenbedingungen insgesamt sehr stark zu beeinflussen, inwieweit durchgeführte Arbeitsgestaltungsmaßnahmen ihre Wirkung entfalten können. Darüber hinaus ist zu bedenken, dass sich während der Durchführung von Maßnahmen der Arbeitsgestaltung mit der Zielvorstellung, die Gesundheit zu fördern bzw. Stress zu reduzieren, die jeweilige Organisation als dynamisches System stetig weiterentwickelt bzw. verändert.

Nielsen et al (2008) gehen heute aufgrund eigener Erfahrungen davon aus, dass substanzielle betriebliche Veränderungen während der Interventionsperiode eher die Regel als die Ausnahme sind. Olsen et al (2008) bestätigten dies in ihrer Beschreibung von vier umfassenden skandinavischen Interventionsstudien. So hatten beispielsweise während einer dreijährigen Stockholmer Interventionsstudie bei Busfahrern drei „Besitzerwechsel bzw. fundamentale Umstrukturierungen", 15 Topmanagerwechsel und 20 Arbeitsbereichsleiterwechsel stattgefunden.

Um diese – aus Sicht der Wissenschaftler – „Black Box der Intervention" zu lüften, muss eine „Kultur der Evaluation" (Semmer 2006) entstehen, gestützt durch eine „Methodologie der organisatorischen Interventionsforschung". Es ist anzunehmen, dass die Analyse des Interventionsprozesses zusätzliche relevante Information zu Tage bringt, die von administrativer wie von wissenschaftlicher Signifikanz sein können.

## Prozessevaluation von Interventionsmaßnahmen

Ein Ansatz zu einer solchen Analyse des Interventionsprozesses wird von Steckler & Linnan (2002) beschrieben. Sie haben ein Konzept zur Prozesserfassung und Prozessevaluation von Interventionsmaßnahmen in der Gesundheitsförderung erstellt, welches sieben Evaluationsaspekte umfasst, die während des Interventionszeitraums zu berücksichtigen sind:

a) Rekrutierung (recruitment): Welche Quellen und Methoden wurden bei der Akquise der Teilnehmer angewendet?
b) Kontext (context): Wie sind die Rahmenbedingungen in der Organisation, die direkt oder indirekt die Intervention beeinflussen (z.B. Grad der Unterstützung durch Führungsebene, Partizipation)?
c) Reichweite (reach): In welchem Ausmaß wird die Interventionsgruppe durch die Intervention tatsächlich erreicht (z.B. Teilnahmehäufigkeit der Zielpersonen an der Interventionsmaßnahme)?
d) Tatsächlich durchgeführte Intervention (dose delivered): Wie und wo unterscheiden sich ggf. die von den Akteuren tatsächlich durchgeführten Interventionsmaßnahmen im Vergleich zur Planung?
e) Tatsächlich erhaltene Intervention (dose received): In welchem Ausmaß nehmen die Teilnehmer die relevanten Informationen aus den Interventionsmaßnahmen an (z.B.: Werden die gelehrten Hebe- und Tragetechniken auch angewendet?)?
f) Genauigkeit (fidelity): In welchem Ausmaß entsprechen die Qualität und Integrität der Durchführung der Intervention den Planungen?
g) Implementierung (implementation): ein Summenmaß für die vier vorigen Aspekte.

Olsen et al. (2008) erwähnen zum Thema die folgenden, oben nicht abgedeckten Aspekte:

h) Untersuchung der Stabilität der Arbeitsplätze (Besitzer, Mergings, Umzüge)
i) Wechsel von Führungspersonal (mittlere und höhere Ebene)
j) Personalfluktuation (v.a. bei Interventionen von > 12 Monaten Dauer).

Durch die kontinuierliche Begleitung und Analyse von Interventionsprozessen können ggf. nicht nur Erklärungen für negative Interventionsergebnisse gewonnen werden, sondern es werden möglicherweise auch positive Wirkungen identifiziert, mit denen zuvor nicht gerechnet worden war, bzw. Gruppen identifiziert, bei denen durchaus eine positive Interventionswirkung zu verzeichnen ist (vgl. Semmer & Zapf 2004).

*„BEST-Project" in Dänemark: „Stressintervention ist schwierig"*

In Dänemark hat eine Forschergruppe von 2004 bis 2008 Interventionsprojekte zur Verbesserung des psychosozialen Arbeitsmilieus in 14 verschiedenen Unternehmen begleitet und systematisch analysiert („BEST-Project", www.best-project.dk). Sie musste konstatieren, dass bei der Mehrzahl der Unternehmen keine signifikante Verbesserung des psychosozialen Arbeitsmilieus hatte erreicht werden können. Dort allerdings, wo die psychosozialen Arbeitsbedingungen bereits zu Beginn günstig gewesen waren, hätte es sich weiter verbessert. Sie schlussfolgerten, dass die Verbesserung des psychosozialen Arbeitsmilieus eine schwierige Aufgabe sei, Zeit erfordere und dass es hier keine Regeln oder einfache Erfolgsrezepte gäbe. Gleichwohl fassten sie ihre gemischten Erfahrungen in 13 Leitsätzen zusammen:

1. Die langsamsten Veränderungen sind die schnellsten.
2. Das „gute psychosoziale Arbeitsmilieu" muss ständig neu erfunden werden.
3. Misstrauen in die Motive anderer hemmt den Interventionsprozess.
4. Schaffe eine professionelle Kultur der Meinungsverschiedenheit!
5. Es gilt nicht zu lieben, sondern anzuerkennen und zu respektieren.
6. Der Manager als Sekretär der Angestellten.
7. Wenn wir doch nur unsere Arbeit machen könnten!
8. Engagement und Dialog sind gut, aber nicht genug.
9. Fragebogen bestimmen die Themen, lösen aber keine Probleme.
10. Siehe die Schwächen und kultiviere die Möglichkeiten!
11. Bei hoher See ist das Ziel schwer im Blick zu halten.
12. Nichts kommt von nichts.
13. Die Bedeutung der Arbeit wird gemeinsam geschaffen.

### Schlussfolgerungen für das betriebliche Handeln

Zusammenfassend stellen wir fest, dass Interventionen im Bereich psychosozialer Arbeitsbedingungen insbesondere als Verhaltensprävention stattfinden. Hier können sie durchaus erfolgreich sein, wobei deren nachhaltige Wirkung noch bezweifelt wird. Organisationszentrierte Maßnahmen werden in Expertenkreisen favorisiert, insbesondere deshalb, weil sie meist primärpräventiv sind, d.h. eher die Ursachen angehen, anstatt die Folgen von Arbeitsstress zu bekämpfen. Die Wirksamkeit solcher Maßnahmen ist im Bereich psychosozialer Arbeitsbedingungen und psychischer Gesundheit allerdings keineswegs sicher belegt. Stattdessen empfehlen hier Wissenschaftler seit einigen Jahren kombinierte individuelle und organisatorische Präventionsansätze, für deren Wirksamkeit offenbar erste Hinweise vorliegen.

Seit langem bekannte Erfolgsfaktoren für die Intervention sind z.B. die Beteiligung der Beschäftigten bei Planung und Durchführung sowie die Unterstützung durch die Geschäftsführung, doch die Erfahrung zeigt: Betriebliche „Stressintervention" ist selbst dann nicht einfach und verspricht durchaus keine Erfolgsgarantie. Dennoch lassen sich aus den Erfahrungen der vergangenen Jahre einige Schlussfolgerungen ziehen, die von betrieblicher Relevanz sind und zum Gelingen der Stressprävention bzw. der betrieblichen Gesundheitsförderung insgesamt beitragen können:

## *Vor der Intervention steht die Bedarfsanalyse*

Die betriebliche Motivation zur Durchführung von Maßnahmen der Gesundheitsförderung ist nicht immer eindeutig und gilt noch als unzureichend bearbeitet (Kramer & Bödecker 2008). In wissenschaftlichen Reviews und Artikeln wird immer wieder die Bedeutung der exakten Bedarfsanalyse vor Durchführung einer Intervention betont (z.B. Semmer 2006). Im dänischen BEST-Project geschah dies mit dem inzwischen auch hierzulande verbreiteten und validierten COPSOQ-Fragebogen (Nübling et al 2006; siehe auch www.COPSOQ.de). Als geeignetes Instrumentarium hat sich in Deutschland z.B. auch das SALSA-Verfahren (Salutogenetische Subjektive Arbeitsanalyse) erwiesen, wie Richter, Nebel & Wolf (2006) bei der wissenschaftlichen Prüfung der Gütekriterien feststellten. Neben dem Einsatz detaillierter arbeitswissenschaftlicher Instrumentarien sind zur Erhebung des Bedarfes jedoch durchaus auch andere Wege wie betriebsinterne Experten- oder Mitarbeiterinterviews geeignet.

Empfehlenswert für die betriebliche Praxis kann es sein, die ohnehin gesetzlich geforderten Vorgehensweisen im Rahmen der Gefährdungsbeurteilung nach Arbeitsschutzgesetz (oder z.B. auch nach Bildschirmarbeitsverordnung) zu nutzen und sich im Zusammenhang damit eine brauchbare Grundlage für bedarfsorientierte betriebliche Interventionen zu verschaffen. Hierbei können auch die Präventionsexperten der Unfallversicherungsträger beratend hinzugezogen werden. Für das Vorgehen in der Praxis erschwerend ist allerdings die Tatsache, dass es trotz der gesetzlichen Verpflichtung häufig ausgeprägte Vorbehalte oder auch Widerstände gibt, die Problematik der psychischen Belastungen im betrieblichen Kontext anzugehen bzw. entsprechende Analysen des Ist-Zustandes durchzuführen. Vielerorts scheint man – wenn überhaupt – eher bereit zu sein, nach dem Gießkannenprinzip in individuelle Fördermaßnahmen wie Stressbewältigungskurse oder Rückenschulen zu investieren, als das Thema auf der Organisationsebene mit einer soliden Bedarfsanalyse systematisch anzugehen. Als Gründe für diese bisherige Zurückhaltung sind nach Aussage betrieblicher Praktiker insbesondere zu sehen:

mangelnde Kenntnisse, Tabuisierung, ein „gefühlter Kontrollverlust", da man an den verursachenden Faktoren sowieso nichts ändern könne, oder schlicht Personal-, Zeit- und Sachmittelmangel (Portuné 2009).

Reine Fehlzeitenanalysen oder z.B. die Feststellung von niedriger Arbeitsfähigkeit (vgl. Beitrag von Tempel in diesem Band) reicht bei der Bedarfsanalyse nicht aus, denn solche Indikatoren zeigen Handlungsbedarf an, sie weisen dagegen nicht auf Ursachen und damit auch nicht auf mögliche Ansatzpunkte hin. Dagegen können sie durchaus als Evaluationskriterien geeignet sein.

### Instrumente, die auch von Nicht-Experten verwendet werden können

In einer Übersichtsarbeit zu „Arbeitsstress und Stressprävention in Europa" schließen Geurts & Gründemann (1999) unter anderem mit der Forderung, dass Instrumente zur Erfassung von psychosozialer Arbeitsbelastung und -beanspruchung vorliegen sollten, die auch von Nicht-Experten verwendbar wären (S. 29 f.). Prinzipien zur Messung und Erfassung psychischer Arbeitsbelastung sind nach ausführlichen Abstimmungsprozessen seit dem Jahr 2004 genormt (DIN EN ISO 10075 Teil 3). In dieser Norm wird unterschieden zwischen orientierenden Verfahren, Screening-Verfahren und präzisen Verfahren. Während die präzisen Verfahren den Fachleuten vorbehalten bleiben, können betriebliche Anwender im Rahmen der Gefährdungsbeurteilung orientierende Verfahren einsetzen und sich damit bereits einen guten Überblick verschaffen.

### Bedarfsorientierte Ableitung von Maßnahmen

Auf der Grundlage einer soliden Bedarfsanalyse – z.B. im Zusammenhang mit der Gefährdungsbeurteilung – sollten bedarfsorientiert durchzuführende Maßnahmen eruiert werden. Dies sollte innerhalb bzw. unter der Regie eines entsprechenden Steuerungskreises (z.B. Ausschuss für Arbeits- und Gesundheitsschutz) geleistet und in ein Gesamtkonzept der Organisationsentwicklung eingebettet werden. Dabei sollte anvisiert werden, die Führungskräfte als wichtige Promotoren zu gewinnen. Für Arbeits- und Gesundheitsschutz zuständige Personen sollten mit der Hausleitung, der Personalvertretung sowie dem Personalmanagement engagiert zusammenarbeiten. Zur erfolgreichen Ableitung betriebsspezifisch passender Maßnahmen sind betriebliche Insider-Kenntnisse und oft auch etwas Kreativität unabdingbar, da abhängig von den jeweiligen Gegebenheiten bestimmte Maßnahmen, die im Unternehmen(-steil) X erfolgreich sind, nicht automatisch auch in Y funktionieren. Maßnahmen der Verhältnis- sowie der Verhaltensprävention sollten in ausgewogenem Verhältnis zueinander stehen und umgesetzt werden.

Nach Zimolong, Elke & Bierhoff (2008) sowie Elke (2009) sind das ausgewogene Vorgehen im Hinblick auf Risikominderung und Ressourcenstärkung, die Integration in (Personal-)Management und Controlling, die Schaffung von Strukturen, Arbeits- und Technikgestaltung sowie ein auf Transparenz gerichtetes Informations- und Kommunikationsmanagement wichtige Erfolgsfaktoren einer nachhaltig ausgerichteten betrieblichen Gesundheitsförderung. In einen solchen Zusammenhang eingebettet scheint die bedarfsorientierte Durchführung spezifischer gesundheitsbezogener Einzelinterventionen wie z.B. Stressbewältigungstrainings den größten Erfolg zu versprechen.

### Evaluation sowohl des Interventionsergebnisses wie auch des Interventionsprozesses

In letzter Zeit wird zunehmend – auch von Seiten der Unternehmen – gefordert, die Effizienz (und damit die Wirksamkeit) durchgeführter Maßnahmen zu belegen (Kramer & Bödecker 2008). Dies erfordert fundierte Evaluationen, die wir – auch und gerade angesichts obiger Zusammenfassung – für die Zukunft für besonders relevant halten. Zum einen versprechen wir uns hierdurch ein tieferes betriebliches Verständnis für Mechanismen und Auswirkungen betrieblicher Veränderung. Zum anderen erwarten wir mehr Evidenz, dies allerdings nur dann, wenn die Prozessevaluation mit zur Evaluation der Maßnahme herangezogen wird. Es wird nicht genügen, lediglich den Endpunkt von Interesse (z.B. „Gesundheitsquote"/Fehlzeiten) als Erfolgsindikator zu betrachten. Stattdessen muss der Prozess der Intervention systematisch verfolgt und bei den Analysen und der Ergebnisinterpretation berücksichtigt werden.

Auf diesem Gebiet werden künftig wichtige wissenschaftliche Beiträge zu erwarten sein, die zur Klärung der Frage der Evidenz für die Wirksamkeit betrieblicher Interventionsmaßnahmen im Bereich der Verhältnisprävention beitragen werden. Insofern ist dann damit zu rechnen, dass auch betriebliche Praktiker von einem solchen Erkenntnisgewinn profitieren und sich verstärkt der Implementation entsprechend gestalteter Vorgehensweisen zuwenden werden.

## Literatur

Belkic KL, Landbergis PA, Schnal PL, Baker D (2004) Is Job Strain a major source of cardiovascular disease risk? SJWEH 30:85–128

Belschak FD, Jacobs G, Den Hartog DN (2008) Feedback, Emotionen und Handlungstendenzen. Emotionale Konsequenzen von Feedback durch den Vorgesetzten. Zeitschrift für Arbeits- und Organisationspsychologie 52:147–152

Bödecker W, Hüsing T (2008) Einschätzungen der Erwerbsbevölkerung zum Stellenwert der Arbeit, zur Verbreitung und Akzeptanz von betrieblicher Prävention und zur krankheitsbedingten Beeinträchtigung der Arbeit – 2007 IGA-Barometer 2. Welle. IGA-report 12, BKK Bundesverband, Essen, 2008, Initiative Gesundheit und Arbeit, Internet: www.iga-info.de

Bödecker W (2008) Kosten arbeitsbedingter Erkrankungen und Frühberentung in Deutschland. Themendossier Wettbewerbsvorteil Gesundheit, BKK Bundesverband, Essen, 2008 www.dnbgf.de/fileadmin/texte/Downloads/uploads/dokumente/

2008/BKK_Broschuere_arbeitsbedingteGesundheitskosten_RZ_web.pdf. Accessed 2. January 2009

Cooper CL, Liukkonen P, Cartwright S (1996) Stress prevention in the workplace: assessing costs and benefits to organizations. Foundation of the Improvement of Living and Working Conditions, Dublin

Cox T, Griffith A, Rial-González (2000) Research on work related stress. European Agency for Safety and Health at Work, Office for Official Publications of the European Communities 2000

Deutsche Gesetzliche Unfallversicherung (DGUV). Handbuch psychische Belastungen am Arbeits- und Ausbildungsplatz. (GUV-I 8682)

DIN EN ISO 10075 Teil 1–3

Ditzen B, Heinrichs M (2007) Psychobiologische Mechanismen sozialer Unterstützung. Zeitschrift für Gesundheitspsychologie, 15:143–157

Elke G (2009) Erhalt und Förderung von Gesundheit im betrieblichen Setting: Welche Wege sind wir gegangen und wohin sollte die Reise gehen? In: Ludborzs B, Nold H (eds) Psychologie der Arbeitssicherheit und Gesundheit. Entwicklungen und Visionen. Asanger Verlag, Heidelberg, Kröning, S 253–265

Elkin AJ, Rosch PJ (1990) Promoting mental health at the workplace: the prevention side of stress management. Occupational Medicine State of the Art Review 5:739–754

Europäische Kommission (1999). Stress am Arbeitsplatz – ein Leitfaden. Würze des Lebens oder Gifthauch des Todes? Generaldirektion Beschäftigung und Soziales. Sicherheit und Gesundheit bei der Arbeit

Geurts S, Gründemann R (1999) Workplace stress and stress prevention in Europe. In: Kompier MAJ, Cooper CL (eds) Preventing stress, improving productivity. European case studies in the workplace. Routledge, London, S 9–32

Hasselhorn HM (2007) Arbeit, Stress und Krankheit. In: Weber A, Hörmann G (eds) Psychosoziale Gesundheit im Beruf – Mensch – Arbeitswelt – Gesellschaft, Gentner Verlag, Stuttgart, S 47–73

Karasek RA, Theorell T (1990) Healthy work: stress, productivity, and the reconstruction of working life. Basic Books, New York

Kivimäki M, Leino-Arjas P, Luukonen R, Riihimäki R, Vahtera J, Kirjonen J (2002) Work stress and risk of cardiovascular mortality: Prospective cohort study of industrial employees. British Medical Journal 325:857–861

Klauer T, Knoll N, Schwarzer R (2007) Soziale Unterstützung: Neue Wege in der Forschung. Zeitschrift für Gesundheitspsychologie 15:141–142

Kompier MAJ, van der Beek AJ (2008) Psychosocial factors at work and musculoskeletal disorders. Editorial SJWEH 34:323–325

Kompier MAJ, Cooper CL (1999) Introduction: Improving work, health and productivity though stress prevention. In: Kompier MAJ, Cooper CL (eds) Preventing stress, improving productivity. European case studies in the workplace. Routledge, London, S 1–8

Kramer I, Bödecker W (2008) Return on Investment im Kontext der betrieblichen Gesundheitsförderung und Prävention – Die Berechnung des prospektiven Return on Investment: eine Analyse von ökonomischen Modellen, IGA-report 16, BKK Bundesverband, Essen, Initiative Gesundheit und Arbeit, Internet: www.iga-info.de

Krause A, Dunckel H (2003) Arbeitsgestaltung und Kundenzufriedenheit. Auswirkungen der Einführung teilautonomer Gruppenarbeit auf die Kundenzufriedenheit unter Berücksichtigung von Mitarbeiterzufriedenheit und Arbeitsleistung. Zeitschrift für Arbeits- und Organisationspsychologie 47:182–193

Lazarus R, Folkman S (1984) Stress, appraisal and coping. Springer, New York

Levi L, Lunde-Jensen (1996) A model for assessing the costs of stressors at national level. European Foundation for Improvement of Living and Working Conditions, Dublin

Meichenbaum D (1993) Stress inoculation training: A 20-year update. In Lehrer PM, Woolfolk RL (eds) Principles and practices of stress management (2nd ed). Guilford, New York, S 373–406

Nielsen M, Olsen O, Albertsen K, Poulsen K, Grøn S, Brunnberg H (2008) Workplace restructurings, a challenge for intervention studies' design and analyses. Präsentation auf der 3. ICOH Conference on Psychosocial Factors at Work, Québec City, Canada, 01.–04.09.2008

Nübling M, Stößel U, Hasselhorn HM, Michaelis M, Hofmann F (2006) Measuring psychological stress and strain at work: Evaluation of the COPSOQ Questionnaire in Germany. GMS Psychosoc Med. 2006;3:Doc05
http://www.egms.de/en/journals/psm/2006-3/psm000025.shtml

Olsen O, Albertsen K, Nielsen ML, Poulsen KB, Gron SV, Brunnberg HL (2008) Workplace restructurings in intervention studies – a challenge for design, analysis and interpretation. BMC Med Res Methodol13;8:39
Open Access: http://www.biomedcentral.com/1471-2288/8/39

Portuné R (2009) Zwischen Kür und Knochenarbeit. Psychosoziale Aspekte und Gesundheit im Arbeitsleben. In: Ludborzs B, Nold H (eds) Psychologie der Arbeitssicherheit und Gesundheit. Entwicklungen und Visionen. Asanger Verlag, Heidelberg, Kröning, S 234–252

Portuné R, Rottländer M, Walgenbach H (2008) Stress, Mobbing und Co.: Warum Frau D. krank wurde, Herr B. kündigte und Frau S. immer so viel Kaffee trank – psychische Belastungen im Arbeitsleben anhand ausgewählter Beispiele. Bd. 13 der Reihe Prävention in NRW. Unfallkasse Nordrhein-Westfalen, Düsseldorf

Ramaciotti D, Perriard J (2000) Les coûts du stress en Suisse. Staatssekretariat für Wirtschaft, SECO

Richter G (2009) Erfassung psychischer Belastung im Betrieb und psychologische Arbeitsgestaltung: Rückblick, Situationsanalyse, Ausblick. In: Ludborzs B, Nold H (eds) Psychologie der Arbeitssicherheit und Gesundheit. Entwicklungen und Visionen. Asanger Verlag, Heidelberg, Kröning, S 253–265

Richter P, Nebel C, Wolf S (2006) Ressourcen in der Arbeitswelt – Replikationsstudie zur Struktur und zur Risikoprädiktion des SALSA-Verfahrens. Wirschaftspsychologie 2:14–21

Rosenstock L (1996) The future of intervention research at NIOSH. Am J Ind Med 29:295–297

Rösler U, Stephan U, Hoffmann K, Morling K, Müller A, Rau R (2008) Psychosoziale Merkmale der Arbeit, Überforderungserleben und Depressivität. Zeitschrift für Arbeits- und Organisationspsychologie 52:191–203

Semmer N, Zapf D (2004) Gesundheitsbezogene Interventionen in Organisationen. In: Schuler H (ed) Organisationspsychologie (2. Auflage). Hogrefe, Göttingen, S 773–843

Semmer NK (2006) Job stress interventions and the organization of work. SJWEH 32:515–527
Siegrist J (1996) Soziale Krisen und Gesundheit. Soziale Krisen und Gesundheit. Hogreve; Göttingen, Bern, Toronto, Seattle
Siegrist J (2005) Medizinische Soziologie. Urban & Fischer, München
Sockoll I, Kramer I, Bödeker W (2008) Wirksamkeit und Nutzen betrieblicher Gesundheitsförderung und Prävention – Zusammenstellung der wissenschaftlichen Evidenz 2000 bis 2006, IGA-report 13, BKK Bundesverband, Essen, Initiative Gesundheit und Arbeit, Internet: www.iga-info.de
Sonntag KH, Mast B, Becker S (2001) Bilanzierung der psychologischen Arbeitsschutz- und Gesundheitsschutzforschung. In: Luczak H, Rötting M (eds) forum arbeitsschutz, Bilanz und Zukunftsperspektiven des Forschungsfeldes. Verlag für neue Wissenschaft, Bremerhaven, S 159–209
Stadler P, Spieß E (2004) Mitarbeiterorientiertes Führen und soziale Unterstützung am Arbeitsplatz. Bundesanstalt für Arbeitsschutz und Arbeitsmedizin, BAUA, Dortmund
Steckler A, Linnan L (2002) Process Evaluation for Public Health Interventions and Research. An Overview. In: Steckler A, Linnan L (eds) Process Evaluation for Public Health Interventions and Research. Jossey-Bass Publishers, San Francisco, S 1–21
van Vegchel N, de Jonge J, Bosma H, Schaufeli W (2005) Reviewing the effort-reward imbalance model: Drawing up the balance of 45 empirical studies. Soc Sci Med 60:1117–1131
Wacker A, Kolobkova A (2000) Arbeitslosigkeit und Selbstkonzept – ein Beitrag zu einer kontroversen Diskussion. Zeitschrift für Arbeits- und Organisationspsychologie 44:69–82
Warr P (1987) Work, Unemployment, and Mental Health. Clarendon Press, Oxford
Zimolong B, Elke G, Bierhoff HW (2008) Den Rücken stärken. Grundlagen und Programme der betrieblichen Gesundheitsförderung. Hogrefe, Göttingen

# Work-Life-Balance

Antje Ducki & Ulrike Geiling

Beuth Hochschule für Technik Berlin
Fachbereich I: Wirtschafts- und Gesellschaftswissenschaften
Luxemburger Str. 10
13353 Berlin

## Hintergrund: Veränderungen der Arbeitswelt und deren Folgen

Globalisierung und wirtschaftlicher Strukturwandel stellen heute die Sicherheit und den Schutz des Arbeitsplatzes sowie die Stabilität des Beschäftigungsverhältnisses immer mehr in Frage. Technische Innovationen erleichtern zwar die Arbeitsprozesse und tragen zur Förderung der Lebensqualität bei, allerdings verlangen sie von den Arbeitenden auch immer höhere Qualifikationen, permanentes Lernen, Flexibilität, Mobilität und die Bereitschaft, alte Bindungen aufzugeben und neue zu knüpfen. Die früher meist klaren Grenzen zwischen Arbeits- und Privatleben weichen immer mehr auf. Flexible Arbeitszeiten, Überstunden und hoher Termindruck sind in vielen Unternehmen heute ebenso normal wie eine permanente Erreichbarkeit oder mobile Arbeitsformen. Arbeits- und Privatleben lassen sich vor allem für Hochqualifizierte immer schwerer zeitlich, räumlich, inhaltlich, sozial und motivational voneinander trennen (Burchardt 2006, Hochschild 2006).

Verbunden damit haben sich auch private Lebenssituationen in den letzten Jahrzehnten stark verändert. Aufgrund der räumlich mobilen und individualisierten Gesellschaft fallen Möglichkeiten innerfamiliärer Kinderbetreuung, vor allem durch Großeltern, oftmals weg (Bertelsmann Stiftung 2002). Bedingt durch die demografische Entwicklung erhöhen sich zusätzlich die Anforderungen und Belastungen in der häuslichen Pflege von vorwiegend älteren, kranken oder behinderten Familienangehörigen, was die Balance zwischen Arbeits- und Privatleben zusätzlich erschwert (Bäcker 2004).

Durch die gestiegenen Anforderungen im Arbeitsleben und erschwerte Koordinationsbedingungen bleibt immer weniger Zeit, um den „Akku" aufzuladen (Kastner 2007). Zahlreiche wissenschaftliche Untersuchungen belegen das verbreitet hohe und an Intensität deutlich zunehmende Niveau sozialer und psychischer Belastungen (Badura & Vetter 2004 S. 7). Die Folgen reichen von Stress, Überlastungsreaktionen (Burnout), beruflichen Leistungsminderungen und familiären Krisen bis hin zu gesundheitlichen Beschwerden. Psychische Erkrankungen sind mittlerweile die vierthäufigste Ursache für Fehlzeiten in deutschen Unternehmen (BKK 2005). Bei Frauen ist es inzwischen der häufigste und bei den Männern der zweithäufigste Grund für den Eintritt von Berufs- und Erwerbsunfähigkeit.

## Der Begriff Work-Life-Balance

Work-Life-Balance (WLB) ist ein Begriff, der die Sehnsucht des flexiblen, mobilen, arbeitsorientierten und manchmal auch arbeitsfixierten Menschen nach dem „gelingenden Leben" zum Ausdruck bringt: Gemeint ist die Balance zwischen Arbeit und anderen Lebensbereichen, zwischen Beruf und Familie, zwischen An- und Entspannung, zwischen Muße und Anstrengung, zwischen Leistungs- und Genussorientierung, zwischen „getrieben werden" und „sich treiben lassen". WLB spricht damit nicht nur das Verhältnis Arbeit und Privatleben oder Arbeit und Familie an, sondern umfasst das Verhältnis der grundlegenden Elemente menschlicher Existenz zueinander: Tätigsein, Körperlichkeit, Werte und Moral, soziale Beziehungen und materielle Sicherheit (Schreyögg 2005).

Resch und Bamberg (2005) betonen, dass es angesichts dieser Vielfalt schwer ist, den Begriff wissenschaftlich einzuordnen. „Es handelt sich nicht um einen einheitlich verwendeten Begriff, sondern um eine populär gewordene und schlecht gewählte Bezeichnung eines Themengebiets, das zum Teil traditionsreiche Fragestellungen behandelt" (ebd. S. 174). Als allgemeine Arbeitsdefinition beschreibt WLB das Zusammenspiel von Arbeit und Privatleben und thematisiert die Qualität und das Verhältnis der verschiedenen Arbeits- und Lebensbereiche zueinander. Schlecht gewählt ist der Begriff, weil er nahelegt, Arbeit sei ein dem Leben gegenübergestellter Bereich. Damit wird suggeriert, dass das eigentliche Leben außerhalb der Erwerbstätigkeit stattfindet. Ebenso wenig abgegrenzt ist, was eine Balance oder ein Gleichgewicht innerhalb der Begrifflichkeit Work-Life-Balance kennzeichnet. Guest (2001) weist darauf hin, dass das englische Wort balance nicht nur als Substantiv, sondern auch als Verb, im Sinne eines alltäglichen Prozesses des Wechselns zwischen den Lebensbereichen, übersetzt werden kann. Deshalb sollte es auch in der Forschung eher um die Beschreibung dieser Prozesse gehen und weniger um die Frage, wann ein Gleichgewicht eingetreten ist (Fenzl & Resch 2005).

Eine weitere forschungsrelevante Frage betrifft die Frage der Objektivität. Lassen sich „objektive" Bestimmungsmerkmale für eine Balance oder Dysbalance benennen oder ist die Festlegung nur auf dem Hintergrund persönlicher Wünsche und Ziele subjektiv bestimmbar? Sicher ist, dass sich keine Empfehlung auf Formeln wie 50 % Beruf und 50 % Privatleben reduzieren lässt, vielmehr ist die Gewichtung der Lebensbereiche abhängig von persönlichen Motiven, Strebungen und Zielen (vgl. dazu auch Hoff 2006), vom Lebensalter und vielen, nicht direkt beeinflussbaren Rahmenbedingungen. Forschung sollte somit versuchen, die verschiedenen Einflussfaktoren zu bestimmen und die Angemessenheit der WLB auf ihrem jeweiligen Hintergrund zu spezifizieren (Resch & Bamberg 2005).

## Theoretische Erklärungsmodelle

Wie kann die Wichtigkeit der WLB für die Gesundheit und ein erfülltes Leben begründet werden? Ein Erklärungsmodell, auf das vielfach zurückgegriffen wird, ist das transaktionale Stressmodell (Lazarus & Launier 1981).
Die Grundlogik transaktionaler Stressmodelle ist das Ausbalancieren von Anforderungen und persönlichen Leistungsvoraussetzungen. Stress entsteht, wenn die Bewältigung einer Anforderung für eine Person wichtig ist, die Person aber die eigenen Leistungsvoraussetzungen als nicht ausreichend einschätzt. Es entsteht eine Imbalance, die als unangenehm oder gar als bedrohlich wahrgenommen werden kann, emotional mit Gefühlen von Angst bzw. Ängstlichkeit verbunden ist und bei länger anhaltender Dauer in (psycho)somatische Krankheit münden kann.
Im stresstheoretischen Modell spielen Ressourcen eine elementare Rolle. Verfügt eine Person über ausreichende persönliche, soziale oder situative Ressourcen, können hohe Anforderungen stressfrei bewältigt und auftretende Stressphasen kompensiert werden. Sind Ressourcen nicht in ausreichendem Maße verfügbar, werden Anforderungen zu Belastungen und führen zu negativen Fehlbeanspruchungen. Der Ressourcenerhalt ist damit eine zentrale Voraussetzung, um sich langfristig vor negativen Stressfolgen zu schützen (Buchwald & Hobfoll 2004). Eine wesentliche Quelle für den Erhalt und den Ausbau von persönlichen Ressourcen ist eine funktionierende WLB. Liegt eine länger andauernde Dysbalance vor, die z.B. dadurch gekennzeichnet ist, dass ein Bereich, wie im Fall Arbeitslosigkeit, nicht gelebt werden kann, entstehen negative soziale und gesundheitliche Folgen dadurch, dass wesentliche Möglichkeiten der Selbstbestätigung, der sozialen und mentalen Aktivität genommen werden. Der andere extreme Fall der Dysbalance ist der, dass der Bereich Arbeit alle anderen Lebensbereiche dominiert und dadurch langfristig psycho-physiologische und soziale Erholungs- und Regenerationsmöglichkeiten zu kurz kommen.
Ein zweiter wichtiger Erklärungsansatz ist die Handlungstheorie. Handlungstheorien betonen die Wichtigkeit von Zielen und Motiven für menschliches Handeln. Motive initiieren Handlungen, Ziele strukturieren und sortieren sie, geben Richtungen vor und können erklären, wieso es zu Überforderungen oder einer Verausgabung von Kraft- und Energiereserven kommt (Ducki & Kalytta 2006). Handlungstheoretische Modelle befassen sich auch mit der Struktur und der Koordination von verschiedenen Lebensbereichen sowie den Bedingungen, unter denen die Koordination gelingen kann. Auf der Grundlage dieses Modells können z.B. Aufgaben aus dem Erwerbsarbeitsbereich und aus

dem Bereich der Haus- und Familienarbeit in Hinblick auf ihre zeitlichen und inhaltlichen Anforderungen sowie auf ihre Belastungshaltigkeit hin geprüft und verglichen werden (Fenzl & Resch 2005). Insbesondere die für die WLB elementare Bedeutung konfligierender Ziele (Leistungsziele im Beruf und Entwicklungsziele in der Familie) kann mit Hilfe handlungstheoretischer Modelle erklärt werden. Andere Autoren haben auf der Grundlage der Handlungstheorie verschiedene Grundformen der langfristigen Lebensgestaltung von Männern und Frauen unterschieden (Hoff et al 2005).

## Aktueller Forschungsstand

Zwar gibt es mittlerweile auch in Deutschland viele Veröffentlichungen zum Thema „Work-Life-Balance", wissenschaftlich fundierte Beiträge sind dabei aber noch in der Minderheit. Neben der mehr oder weniger anspruchsvollen Ratgeberliteratur beschäftigen sich Psychologen und Soziologen, Mediziner, Gesundheitswissenschaftler, Ökonomen, Personalpolitiker und die Genderforschung mit dem Thema der Vereinbarkeitsproblematik (Kastner 2004). Innerhalb der einzelnen Fächergruppen bestehen wiederum verschiedene Zugänge zum Thema. Aktuelle Forschungsfragen zur WLB befassen sich mit zeitlichen Aspekten, mit den Bedingungen und Voraussetzungen, dem Prozess, der Koordination und mit Fragen der Wirkungen. Viele Studien berücksichtigen hier geschlechtsspezifische Besonderheiten. Verkürzt kann der Forschungsstand zu den aufgezeigten Themenfeldern wie folgt zusammengefasst werden:

Studien zur Zeitverwendung zeigen, dass es immer noch ein Ungleichgewicht in der Zeitverwendung der Geschlechter gibt: Frauen wenden auch heute noch mehr Zeit für Haus- und Familienarbeit auf als Männer. Gleichzeitig steigt der Wunsch bei Männern nach einer ausgewogeneren Balance und einer stärkeren Partizipation am familiären Leben. Besonders ausgeprägt ist dieser Wunsch bei vollzeiterwerbstätigen Frauen und Männern (Statistisches Bundesamt 2003 S. 19).

Bedingungen bzw. Voraussetzungen für eine ausgewogene WLB lassen sich nach Frone (2002) in bedingungs- und personenbezogene Voraussetzungen unterscheiden. Zu den bedingungsbezogenen Voraussetzungen zählen gesellschaftliche, institutionelle, berufliche Bedingungen (wie Kinderbetreuungsangebote, Arbeitszeiten, Arbeitsbelastungen), zu den personenbezogenen zählen Persönlichkeitsmerkmale der Betroffenen, wie z.B. der Grad der Identifikation mit der Arbeitsrolle (Badura & Vetter 2004 S. 12).

Förderliche Bedingungen für eine ausgewogene WLB sind sichere Arbeitsplätze, verlässliche und qualitätsvolle Angebote zur Kinderbetreuung, flexible, planbare Arbeitszeitmodelle (wie Gleitzeit), Handlungs- und Zeitspielräume und funktionierende Unterstützungs- und Hilfesysteme, die es ermöglichen, die Anforderungen des einen Lebensbereichs mit denen des anderen Lebensbereichs bestmöglich zu koordinieren (Ducki 2003).

Die größten Hindernisse für eine ausgewogene WLB sind existenzielle Unsicherheit, fehlende Planbarkeit, knappe finanzielle und soziale Ressourcen sowie starke psychosoziale Belastungen am Arbeitsplatz, wie z.B. ständiger Zeitdruck, Über- oder Unterforderung, mangelnde Anerkennung und Gratifikationskrisen, zu geringer Handlungsspielraum, Konflikte mit Vorgesetzten oder Kolleg(inn)en, ein familienfeindliches Arbeits- und Karriereklima oder Vorgesetzte, die selbst WLB-kritische Verhaltensweisen an den Tag legen und von Mitarbeitern ein ähnliches Überengagement erwarten (Frey et al 2004). Darüber hinaus können auch familiäre Belastungen die WLB beeinträchtigen, wie z.B. finanzielle Sorgen, Krankheit oder hohe Pflege- bzw. andere Versorgungserfordernisse.

Die Forschung zum Prozess der Koordination hat verschiedene Aspekte: Zum einen wird die täglich zu erbringende Koordinationsleistung und ihre Bedingungen untersucht (Resch 2002), zum anderen wird untersucht, wie und auf dem Hintergrund welcher Ziele sich die Aufteilung der Lebensbereiche im Lebensverlauf vollzieht. So haben Hoff et al (2005) auf der Grundlage handlungstheoretischer Modellbildung verschiedene Vereinbarkeitsformen hinsichtlich ihrer beruflichen und privaten Lebensgestaltung unterschieden und festgestellt, dass Männer und Frauen in Abhängigkeit vom Beruf unterschiedliche Formen bevorzugen: Frauen realisieren sowohl in ihrer alltäglichen wie auch in der biografischen Lebensgestaltung eine Integration und Balance der Lebensbereiche, während bei Männern eine stärkere Segmentation und ein Ungleichgewicht der Lebensbereiche vorherrschen. Geschlechterunterschiede zeigen sich vor allem in Berufen mit starker Hierarchieausprägung (z.B. im Arztberuf).

Anforderungen, die beim Ausbalancieren von Arbeit und Nichtarbeit entstehen, unterscheiden sich stark nach der Position im Lebensverlauf. In der Phase der Familiengründung, die sich für viele Menschen mit der beruflichen Einstiegsphase überschneidet, ist die WLB-Problematik besonders geprägt durch die Notwendigkeit der Kinderbetreuung und der gleichzeitigen beruflichen Karriereentwicklung. In dieser Lebensphase dominiert ein meist konflikthaftes Nebeneinander wichtiger Lebensziele, die parallel realisiert werden müssen (von Rohr 2009). Im mittleren Lebensalter steht beruflich oft die Konsolidierung erreichter Ziele oder erneutes Wachstum im Vordergrund. Beruflich stellen sich in dieser Phase häufiger Fragen nach dem Sinn, der Angemessenheit und der Qualität der eigenen Tätigkeit. Für viele Menschen sind Partnerschaft und Familie konstituiert, in den Mittelpunkt rücken zunehmend Qualitätsfragen (Schreyögg 2005). Im höheren Alter geht es z.B. darum, die bisherigen berufsbestimmten Gewichtungen beim Übergang in den Ruhestand neu auszubalancieren (Bohn 2004).

Zu den gesundheitlichen Wirkungen einer unausgewogenen WLB liegen zahlreiche Studien aus der Stress- und Gesundheitsforschung vor (Allen et al 2000). Insbesondere Studien zur Entstehung von Burnout weisen darauf hin, dass eine unzureichende WLB die Folge einer zu starken Stressbelastung ist und gleichzeitig den Chronifizierungsprozess, der in die Krankheit und soziale Einsamkeit führt, beschleunigt (Maslach et al 2001). Eine Dysbalance zwischen Arbeit und Privatleben beeinträchtigt das Wohlbefinden und reduziert die Leistungsfähigkeit dadurch, dass wichtige physische, psychische und soziale Ressourcen nicht hinreichend regeneriert werden können: Sozialkontakte, sportliche Aktivitäten, Entspannungstätigkeiten werden reduziert oder ganz aufgegeben, aufgebauter Stress kann nicht abgebaut werden, positive Ausgleichserfahrungen zu erlebten Belastungen aus der Arbeitswelt werden reduziert. Werden regenerative Tätigkeiten reduziert, führt dies zu stärkerer Spannung und Stress, dies wiederum beeinflusst negativ die Kontakte zur Familie und/oder Freunden. Negative Erlebnisse im Umgang mit Familienmitgliedern und/oder Freunden werden gemieden, die Person konzentriert sich noch mehr auf die Arbeitswelt – ein Teufelskreis entsteht (Badura & Vetter 2004). Zusammengefasst zeigen die Ergebnisse der Stressforschung, dass es auch bei vielen interindividuellen Unterschieden ein objektives „Zuwenig" (im Fall Arbeitslosigkeit) und ein objektives „Zuviel" an Arbeit gibt (der Fall Workaholic), die mit großer Wahrscheinlichkeit in die Krankheit führen (Kaluza 2004).

Da bislang mehrheitlich die negativen Wirkungen einer Dominanz der Arbeit belegt wurden, muss auch darauf hingewiesen werden, dass es nicht nur einseitige Wirkungsmechanismen im Sinne des „langen Arms der Arbeit" gibt, sondern dass es wechselseitige Prozesse der gegenseitigen Beeinflussung gibt (Beblo & Ortlieb 2005). Für eine ausgeglichene Balance müssen also nicht nur die Arbeitsbedingungen Berücksichtigung finden, es muss auch das private Umfeld in die Überlegungen einbezogen werden.

Zusammenfassend kann festgehalten werden, dass Konsens über die verschiedenen Fächergrenzen hinweg darin besteht, dass starke Imbalancen zwischen Arbeit und anderen Lebensbereichen zu eingeschränkter Lebenszufriedenheit, eingeschränkter sozialer Aktivität und zu Beschwerden wie Burnout und Depressionen führen können. Wie eine Imbalance erlebt wird, ab wann sie krankheitshaltig wird, ist abhängig von den konkreten Lebensumständen, den arbeitszeitpolitischen und den gesellschaftlichen Rahmenbedingungen. In jedem Fall gilt das, was auch in der Stressforschung gilt: Je mehr Freiräume und Wahlmöglichkeiten Menschen haben und je mehr Ressourcen verfügbar sind, desto besser wird es ihnen gelingen, ungesunde Dysbalancen in gesunde Balancen zu überführen. Je stärker der äußere Druck ist und je geringer die Ressourcen ausgeprägt sind, desto schwieriger ist der Prozess des Ausbalancierens. Es stellt sich daher die Frage, welche Maßnahmen ein Betrieb ergreifen kann, um die WLB seiner Mitarbeiter positiv zu beeinflussen.

## Work-Life-Balance-Maßnahmen in der betrieblichen Praxis

In der betrieblichen Praxis findet man entsprechend den unterschiedlichen Adressatengruppen und in Abstimmung mit den betrieblichen Anforderungen eine Vielzahl von Maßnahmen, die unter dem Stichwort Work-Life-Balance zusammengefasst werden (vgl. u.a. Prognos AG 2005, Rost 2004, Resch & Bamberg 2005, Bundesministerium für Familie, Senioren, Frauen und Jugend [BMFSFJ] 2005). Dazu zählen nicht nur flexible Arbeitszeiten, Kinderbetreuungsangebote, Freistellung, Kontakthalte- und Wiedereinstiegsregelungen, sondern auch Sportangebote, Stress- und Entspannungsseminare, Ernährungsberatung oder auch Serviceeinrichtungen zur Unterstützung bei der Bewältigung von Betreuungs- oder Haushaltspflichten.

Viele der aufgeführten Maßnahmen sind keine grundlegend neuen Erfindungen. Einrichtungen für Belegschaftsangehörige wie Betriebskindergärten, Betriebswohnungen, Sportvereine oder Freizeitheime gab es schon immer. Auch die zugrunde liegende Idee hat sich nicht geändert. So sollen in der Freizeit Erholungsmöglichkeiten geschaffen, Konflikte zwischen Anforderungen der Erwerbsarbeit und der Familie vermieden sowie Belegschaftsmitglieder bei der beruflichen Entwicklung unterstützt werden. Geändert haben sich zum einen die konkrete Ausgestaltung der Maßnahmen und zum anderen der Adressatenkreis durch die vermehrte Einbeziehung der Familienmitglieder (Resch & Bamberg 2005).

Es liegen mittlerweile zahlreiche „Best-Practice"-Beispiele für betriebliche WLB-Angebote vor (vgl. Badura et al 2004). Sie zeichnen sich dadurch aus, dass es sich um integrative und strategische Maßnahmenbündel handelt, die sowohl personal- als auch gesundheitspolitische und unternehmenskulturelle Maßnahmen miteinander kombinieren und dabei die Besonderheiten der jeweiligen Lebensphase angemessen berücksichtigen. So sind für junge Väter und Mütter vor allem flexible Arbeitszeiten und qualitativ hochwertige Betreuungsangebote für Kinder WLB-förderliche Angebote, während für Mitarbeiter/-innen, die kurz vor der Rente stehen, Teilzeit und ein altersangepasstes Fitnessprogramm relevant sind. Ein aktuelles Beispiel ist das WLB-Programm der Deutschen Bank (von Rohr 2009). Dort werden differenzierte Maßnahmen zur Kinderbetreuung, Arbeitszeitangebote, Telearbeit, regelmäßige Gesundheits-Check-ups, Stressbewältigungskurse, Betriebssport- und Krisenberatungsangebote, gesunde Ernährung in der Kantine kombiniert mit kulturförderlichen Maßnahmen wie der Qualifizierung der Führungskräfte zum Thema Familienfreundlichkeit. Ein Arbeitskreis Gesundheit koordiniert die Angebote zur Gesundheitsförderung, die Teilnahme am Audit „berufundfamilie" der Hertie-Stiftung wird als strategisches Managementinstrument zur Förderung der WLB genutzt (ebd.).

Arbeit an einer WLB-förderlichen Unternehmenskultur beginnt bei den Führungskräften. Sie müssen zunächst für ihre eigene WLB sensibilisiert werden, bevor die Einflussmöglichkeiten der Führungskräfte auf die Gesundheit und die WLB der Mitarbeiter/-innen thematisiert werden können (Stock-Homburg & Roederer 2009): Hierzu müssen zunächst eine Auseinandersetzung mit den Leistungserwartungen von außen und dem eigenen Umgang damit, die Auseinandersetzung mit den eigenen Grenzen der persönlichen Einsatzbereitschaft, das eigene Gesundheitsverhalten und die persönlichen Möglichkeiten des langfristigen Erhalts der Leistungsfähigkeit thematisiert werden.

Eine konsequente Umsetzung von WLB-Maßnahmen in einer möglichst großen Zahl von Unternehmen sowie zusätzliche flankierende politische Maßnahmen zur Verbesserung der Vereinbarkeit von Beruf und Familie können sowohl betriebs- als auch volkswirtschaftlich zu positiven Effekten führen. Verkürzte Abwesenheitszeiten, ein schnellerer Wiedereinstieg in den Beruf, z.B. nach einer Familienpause oder außerbetrieblichen Qualifizierungsphasen, verringern die Kosten für die Überbrückung der zwischenzeitlich nicht besetzten Stelle und den Zeitbedarf für die Wiedereingliederung bei der erneuten Arbeitsaufnahme deutlich (Prognos AG 2005). Zudem präsentieren sich die Unternehmen als attraktiver Arbeitgeber, akquirieren und halten qualifizierte Fachkräfte, erhöhen die Motivation und Arbeitsproduktivität der Beschäftigten, was nicht zuletzt angesichts der demografischen Entwicklung und des weltweiten Kampfs um Talente in Zukunft zunehmend an Bedeutung gewinnen wird (BMFSFJ 2006).

Kritische Betrachter der WLB-Maßnahmen sprechen von einer weiteren Vereinnahmung der Arbeitskraft bzw. der Person des Arbeitnehmers. Durch Vertrauens- oder Lebensarbeitszeitmodelle, Concierge-Dienste oder Bügelservice könnten die Mitarbeiter dazu bewegt werden, „ihr Privatleben zwecks Produktivitätssteigerung noch stärker zu flexibilisieren bzw. hintanzustellen" (Kastner 2007 S. 2). Die Firma wird zum Zuhause, wie es auch mit dem Buchtitel „Keine Zeit. Wenn die Firma zum Zuhause wird und zu Hause nur Arbeit wartet" von Hochschild (2006) beschrieben wird.

Wesentlich für den Erfolg von WLB-Maßnahmen ist vor allem, dass den Akteuren der Nutzen ersichtlich ist. WLB-Maßnahmen bieten keinen Standardbaukasten, sondern sind immer den betrieblichen und individuellen Anforderungen anzupassen. Weiterhin muss eine Kultur entwickelt werden, „in der die Grenzen der eigenen Belastbarkeit thematisiert werden können, ohne dass dies als Zeichen von mangelnder Kompetenz, mangelndem Engagement oder mangelnder Belastbarkeit ausgelegt wird" (Jacobshagen et al 2005 S. 216). Besonders unter dem Gesichtspunkt der Geschlechtergerechtigkeit besteht hier noch ein beträchtlicher Entwicklungsbedarf im betrieblichen Alltag.

## Literatur

Allen TD, Herst DEL, Bruck CS, Sutton M (2000) Consequences Associated With Work-to-Family Conflict: A Review and Agenda for Future Research. Journal of Occupational Health Psychology 5, 2:278–308

Bäcker G (2004) Berufstätigkeit und Verpflichtungen in der familiären Pflege – Anforderungen an die Gestaltung der Arbeitswelt. In: Badura B, Schellschmidt H & Vetter C (Hrsg) Fehlzeiten-Report 2003. Springer Medizin Verlag, Berlin, Heidelberg, S 131–144

Badura B, Vetter C (2004) „Work-Life-Balance" – Herausforderung für die betriebliche Gesundheitspolitik und den Staat. In: Badura B, Schellschmidt H & Vetter C (Hrsg) Fehlzeiten-Report 2003. Springer Medizin Verlag, Berlin, Heidelberg, S 1–15

Badura B, Schellschmidt H, Vetter C (Hrsg) (2004) Fehlzeiten-Report 2003. Springer Medizin Verlag, Berlin, Heidelberg

Beblo M, Ortlieb R (2005) Der Einfluss von Arbeitsbedingungen und Haushaltskontext auf krankheitsbedingte Fehlzeiten – Eine geschlechterbezogene Analyse auf Basis des Sozio-ökonomischen Panels. Zeitschrift für Arbeits- und Organisationspsychologie (A & O), Themenheft Work-Life-Balance 49 (N.F.23) 4. Hogrefe Verlag, Göttingen, S 187–195

Bertelsmann Stiftung (2002) (Hrsg) Vereinbarkeit von Familie und Beruf, Benchmarking. Deutschland Aktuell. Verlag Bertelsmann Stiftung, Gütersloh

BKK Bundesverband (2005) Krankheitsentwicklungen – Blickpunkt: Psychische Gesundheit, Essen

Bohn S (2004) Work Life Balance älterer Mitarbeiter – Impulse für eine lebensphasenorientierte Personalentwicklung. Reihe: Wirtschaft und Weiterbildung. Verfügbar über
http://www.susannebohn.com/de_sbohn/buecher/WLB_aelterer%20MA_2004.pdf
Zugriff am: 05.08.07

Buchwald P, Hobfoll SE (2004) Burnout aus ressourcentheoretischer Perspektive. Psychologie in Erziehung und Unterricht 51:247–257

Bundesministerium für Familie, Senioren, Frauen und Jugend (2006, Dezember) (Hrsg) Unternehmensmonitor Familienfreundlichkeit 2006. Wie familienfreundlich ist die deutsche Wirtschaft? Berlin. Verfügbar über:
www.bmfsfj.de/Kategorien/Publikationen/Publikationen,did=89478.html
Zugriff am: 05.06.2007

Bundesministerium für Familie, Senioren, Frauen und Jugend (2005, November) (Hrsg) Betriebswirtschaftliche Effekte familienfreundlicher Maßnahmen. Kosten-Nutzen-Analyse. Berlin. Verfügbar über:
http://www.bmfsfj.de/Kategorien/Publikationen/Publikationen,did=11386.html
Zugriff am: 05.06.2007

Bundesministerium für Familie, Senioren, Frauen und Jugend (2005) (Hrsg) Potenziale erschließen – Familienatlas 2005, Berlin

Burchardt A (2006) Vereinbarkeit von Arbeit, Familie und Freizeit erforschen. Pressemitteilung der Friedrich-Schiller-Universität Jena vom 18.05.2006. Verfügbar über:
http://idw-online.de/pages/de/news160143%2018.05.2006.
Zugriff am: 20.07.2007

Ducki A, Kalytta T (2006) Gibt es einen Ressourcenkern? Überlegungen zur Funktionalität von Ressourcen. Wirtschaftspsychologie 2/3:30–39

Ducki A (2003) Betriebliche Gesundheitsförderung und Neue Arbeitsformen – Aktuelle Tendenzen in Forschung und Praxis. Zeitschrift für Gruppendynamik 4:420–436

Fenzl C, Resch M (2005) Zur Analyse der Koordination von Tätigkeitssystemen. Zeitschrift für Arbeits- und Organisationspsychologie (A & O), Themenheft Work-Life-Balance 49 (N.F.23) 4:220–231

Frey D, Kerschreiter R, Raabe B (2004) Work Life Balance: Eine doppelte Herausforderung für Führungskräfte. In: Kastner M (Hrsg) Die Zukunft der Work Life Balance. Asanger, Kröning, S 305–323

Frone MR (2002) Work-Family-Balance. In: Quick JC, Tetrick LE (eds) Handbook of Occupational Health Psychology. Washington, DC. American Psychological Association. Chapter 7

Guest DE (2001) Perspectives on the Study of Work-Life Balance. A Discussion Paper Prepared for the 2001 ENOP Symposium, Paris, March 29–31.Verfügbar über: www.ucm.es/info/Psyap/enop/guest.htm
Zugriff am 05.08.2007

Hochschild AR (2006) Keine Zeit. Wenn die Firma zum Zuhause wird und zu Hause nur Arbeit und zu Hause nur Arbeit wartet (2. Auflage). VS Verlag für Sozialwissenschaften, Wiesbaden

Hoff EH (2006, Juli). Alte und neue Formen der Lebensgestaltung. Segmentation, Integration und Entgrenzung von Berufs- und Privatleben. Verfügbar über: www.ewi-psy.fu-berlin.de/einrichtungen/arbeitsbereiche/arbpsych/media/lehre/ws0607/12574/alte_neue_formen_lebensgestaltung.pdf. Zugriff am 20.06.2007

Hoff EH, Grote S, Dettmer S, Hohner HU, Olos L (2005) Work-Life-Balance: Berufliche und private Lebensgestaltung von Frauen und Männern in hoch qualifizierten Berufen. Zeitschrift für Arbeits- und Organisationspsychologie (A &O), Themenheft Work-Life-Balance 49 (N.F.23) 4:186–207

Jacobshagen N, Amstad FT, Semmer NK, Kuster M (2005) Work-Life-Balance im Topmanagement – Konflikt zwischen Arbeit und Familie als Mediator der Beziehung zwischen Stressoren und Befinden. Zeitschrift für Arbeits- und Organisationspsychologie (A &O), Themenheft Work-Life-Balance. 49 (N.F.23) 4:208–219

Kaluza G (2004) Stressbewältigung – Trainingsmanual zur psychologischen Gesundheitsförderung. Springer, Heidelberg

Kastner M (2004) (Hrsg) Die Zukunft der Work Life Balance. Asanger, Kröning

Kastner M (2007, April) Work Life Balance: Schwerpunkte der Forschung. Universität Dortmund. Verfügbar über:
www.vereinbarkeit-leben-mv.de/fileadmin/media/Texte_Infopool/Kastner_Work_Life_Balance_Forschung.pdf?PHPSESSID=149f1231495c0d1d0a5120249cd11dea
Zugriff am 17.07.2007

Lazarus RS, Launier R (1981) Streßbezogene Transaktionen zwischen Person und Umwelt. In: Nitsch JR (Hrsg) Streß. Theorien, Untersuchungen, Maßnahmen. Huber, Bern, S 213–260

Maslach C, Schaufeli WB, Leiter MP (2001) Job Burnout. Annual review of Psychology 52:397–422

Prognos AG (2005, Juni) Work-Life-Balance: Motor für wirtschaftliches Wachstum und gesellschaftliche Stabilität. Basel, Berlin. Verfügbar über: www.prognos.com/pdf/WLB_Broschuere.pdf. Zugriff am 22.07.2007

Resch M, Bamberg E (2005) Work-Life-Balance – Ein neuer Blick auf die Vereinbarkeit von Berufs- und Privatleben? Zeitschrift für Arbeits- und Organisationspsychologie (A &O), Themenheft Work-Life-Balance 49 (N.F.23) 4:171–175

Resch M (2002) Der Einfluss von Familien- und Erwerbsarbeit auf die Gesundheit. In: Hurrelmann K, Kolip P (Hrsg) Geschlecht, Gesundheit und Krankheit. Hans Huber, Bern, S 403–419

Rost H (2004) Work-Life-Balance. Neue Aufgaben für eine zukunftsorientierte Personalpolitik. Verlag Barbara Budrich, Opladen

Schreyögg A (2005) Coaching und Work-Life-Balance. Organisationsberatung Supervision Coaching 4 (12):309–321

Statistisches Bundesamt (2003) Wo bleibt die Zeit? Die Zeitverwendung der Bevölkerung in Deutschland 2001/02. Bundesministerium für Familie, Senioren, Frauen und Jugend (Hrsg), Berlin

Stock-Homburg R, Roederer J (2009) Work Life Balance von Führungskräften – Modeerscheinung oder Schlüssel zur langfristigen Leistungsfähigkeit? Personalführung 2:23–32

von Rohr K (2009) [WLB-]Instrumente in der Praxis. In Personalführung 2:34–40

# Organisationskrankheit Burnout

Anika Nitzsche, Elke Driller, Christoph Kowalski und Holger Pfaff

Institut für Medizinsoziologie, Versorgungsforschung und Rehabilitationswissenschaft der Humanwissenschaftlichen und Medizinischen Fakultät der Universität zu Köln
Eupener Str. 129
50933 Köln

Seit Beginn der 1990er Jahre sind der deutsche sowie der internationale Arbeitsmarkt durch gravierende Veränderungen gekennzeichnet. Voranschreitende Globalisierung, Technisierung und Flexibilisierung sind nur einige Schlagworte, die die Arbeitswelt von heute prägen. Für die Beschäftigten ergeben sich daraus eine Reihe von Belastungen: Die Arbeitsverhältnisse werden instabiler (Hart & Cooper 2001), während Aufgabenkomplexität und Verantwortung kontinuierlich zugenommen haben (Luczak et al 2002). Zugleich wird die individuelle Einflussnahme auf den Erhalt des Arbeitsplatzes als zunehmend geringer wahrgenommen (Bejerot & Aronsson 2000). Parallel dazu haben psychische Erkrankungen wie Depressionen und Angststörungen zugenommen und spielen bei Arbeitsunfähigkeitsfällen und Frühberentungen bereits jetzt eine führende Rolle (Friedel 2002).

In Europa – so die Schätzungen der International Labour Organization ILO – leiden bereits mehr als 37 Millionen Menschen an den Folgen psychischer Arbeitsbelastungen (Harnois & Gabriel 2000). Burnout – als eine psychische Belastungsstörung – ist ein weit verbreitetes Phänomen in der Arbeitswelt. So zeigen Ergebnisse jüngerer Untersuchungen, dass in Deutschland beispielsweise etwa 8–15 % der 25- bis 40-jährigen in den Gesundheitsberufen Tätigen von einem erheblichen Burnout betroffen sind, was bedeutet, dass die Betroffenen fast täglich unter emotionaler Leere, Erschöpfung und empfundener Ineffektivität bei der Ausübung ihres Berufs leiden (Driller 2008, Ommen et al 2008). Genaue Angaben über die Häufigkeit in der deutschen Erwerbsbevölkerung sind bisher nicht vorhanden. Für einige Berufsgruppen wie Lehrer und Mitarbeiter der sog. Gesundheitsberufe, beispielsweise Ärzte und Krankenschwestern, liegen zahlreiche empirische Studien vor, während andere Berufsgruppen bisher nur unzureichend untersucht wurden. Insgesamt kann festgestellt werden, dass sich das Auftreten des Burnout-Syndroms von ursprünglich wenigen, disponierten Berufsgruppen (helfende und pädagogische Berufe) allmählich auf die meisten Berufsgruppen auszudehnen scheint. Hierbei ist allerdings unklar, ob dies tatsächlich an einer gestiegenen Prävalenz oder nur an der Anwendung des Burnout-Konzepts auf andere als die „helfenden" Berufe liegt.

## Was ist Burnout?

Burnout wurde erstmalig Anfang der 1970er Jahre von dem amerikanischen Psychoanalytiker Herbert Freudenberger in die wissenschaftliche Debatte eingeführt (Freudenberger 1974). Freudenberger hatte sowohl bei sich selbst als auch bei seinen Kollegen beobachtet, dass Helfer in sogenannten „HighTouch"-Berufen besonders häufig unter Symptomen wie emotionaler Erschöpfung, nachlassender Leistungsfähigkeit und einer zunehmenden Gleichgültigkeit und Depersonalisierung gegenüber Patienten und Klienten leiden. Er definierte Burnout als „[…] Energieverschleiß, eine Erschöpfung aufgrund von Überforderungen, die von innen oder von außen […] kommen kann und einer Person […] Energie, Bewältigungsmechanismen und innere Kraft raubt. Burnout ist ein Gefühlszustand, der begleitet ist von übermäßigem Stress und der schließlich persönliche Motivationen, Einstellungen und Verhalten beeinträchtigt" (Freudenberger & North 1994 S. 27).

In der nunmehr 35-jährigen Forschungsgeschichte ist Burnout aus unterschiedlichen Perspektiven beschrieben und untersucht worden. Vor allem mit der Entwicklung eines Messinstruments durch Maslach & Jackson (1981) und der Möglichkeit, Burnout empirisch zu erfassen, wuchs das Forschungsinteresse immens. Das zugrunde liegende Konzept des Messinstruments „Maslach Burnout Inventory (MBI)" beschreiben die Burnout-Forscherinnen Maslach und Jackson folgendermaßen:

Burnout ist zu verstehen „[…] als ein Syndrom emotionaler Erschöpfung, Depersonalisierung [bzw. Zynismus, Anm. d. A.] und reduzierter persönlicher Leistungsfähigkeit, das bei Individuen, die in irgendeiner Weise mit Menschen arbeiten, auftreten kann" (Maslach & Jackson 1984 S. 134). Dementsprechend erfasst das Messinstrument (MBI) die drei Dimensionen „emotionale Erschöpfung", „reduzierte persönliche Leistungsfähigkeit" und „Depersonalisierung/ Zynismus". Dabei wird davon ausgegangen, dass es sich um aufeinanderfolgende Phasen handelt (siehe Abbildung 1), wobei dies als ein Prozess zu verstehen ist, der sich über einen langen Zeitraum erstrecken kann. Menschen, die im Verlauf ihrer Berufskarriere an Burnout erkranken, haben in der Regel ihren Beruf mit besonders hohem Einsatz, Motivation und Idealismus begonnen. In helfenden Berufen steht oft der Wunsch, den Patienten oder Klienten zu helfen, im Vordergrund. Aber auch in anderen Berufsgruppen sind es die besonders motivierten und engagierten Mitarbeiter, die sich selbst hohe Ziele setzen, die später Symptome entwickeln. Gemeinsam ist ihnen auch die stark ausgeprägte internale Kontrollüberzeugung bzw. Selbstwirksamkeit, also die Überzeugung, eine schwierige Herausforderung und die gesteckten arbeitsbezogenen Ziele auch mit entsprechendem persönlichen Einsatz meistern zu können. Wenn nun im Laufe der Zeit Erfahrungen zunehmen, dass trotz hohem Einsatz die gesteckten Ziele aufgrund äußerer Umstände (z.B. bürokratische Hindernisse oder fehlende personelle oder finanzielle Ressourcen) nicht erreicht werden können, folgt die Phase der „emotionalen Erschöpfung". Auf diese Phase, die mit Gefühlen wie Entmutigung und Gleichgültigkeit, Müdigkeit und Leere beschrieben wird, reagieren die Betroffenen dann mit vermehrtem Einsatz und Verausgabung, was aber letztendlich den Verlauf des Burnouts in den meisten Fällen eher beschleunigt. Die zweite Phase – die „Depersonalisierung" – äußert sich in einer gefühllosen und ablehnenden Reaktion und Haltung gegenüber Patienten und Klienten bzw. der eigenen Tätigkeit. Die Betroffenen ziehen sich mehr und mehr zurück, was sowohl den Bereich der Erwerbsarbeit als auch den privaten Lebensbereich betrifft. Die dritte Phase – die „reduzierte persönliche Leistungsfähigkeit" – beschreibt schließlich die Empfindung, nicht mehr leistungsfähig und kompetent zu sein – begleitet von Schuldgefühlen, in der Ausübung des Berufs versagt zu haben.

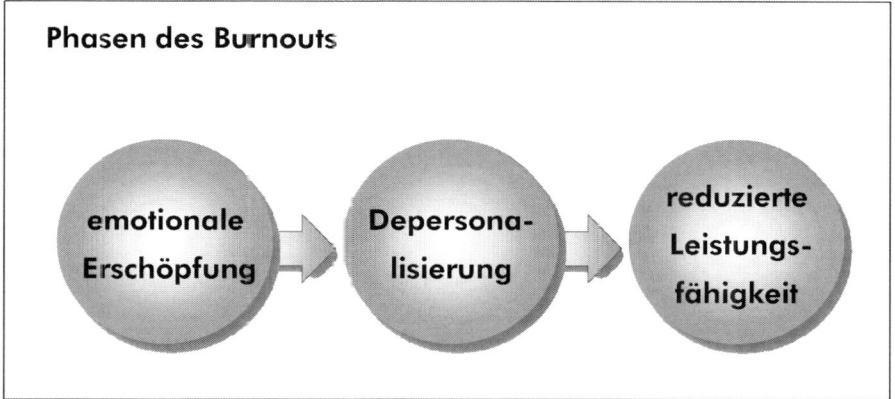

**Abbildung 1** Phasen des Burnouts, eigene Darstellung nach Maslach & Jackson (1985)

Neben dem hier vorgestellten Ansatz von Maslach et al. gibt es noch andere Ansätze in dem sehr heterogenen Feld der Burnoutforschung, die teilweise stärker arbeits- und organisationspsychologisch orientiert sind. Hier kann auf die Arbeiten des Amerikaners Cary Cherniss verwiesen werden, nach dessen Ansicht „Stress" die zentrale Determinante im Entstehungsprozess des Burnouts darstellt. Er versteht Burnout analog zur Stresstheorie von Lazarus und Launier (1978) als einen transaktionalen Prozess, in welchem sich ein ursprünglich engagierter Professioneller als Reaktion auf erlebten Arbeitsstress immer mehr von seiner Arbeit zurückzieht. Auch hier wird ein dreistufiger Prozess angenommen (siehe Abbildung 2). Dieser besteht aus den ineinander übergehenden Stufen „Arbeitsstressoren", „Stressreaktionen" und „Burnout als defensive Bewältigungs- bzw. Copingstrategie" (Cherniss & Krantz 1983, Rook 1998).

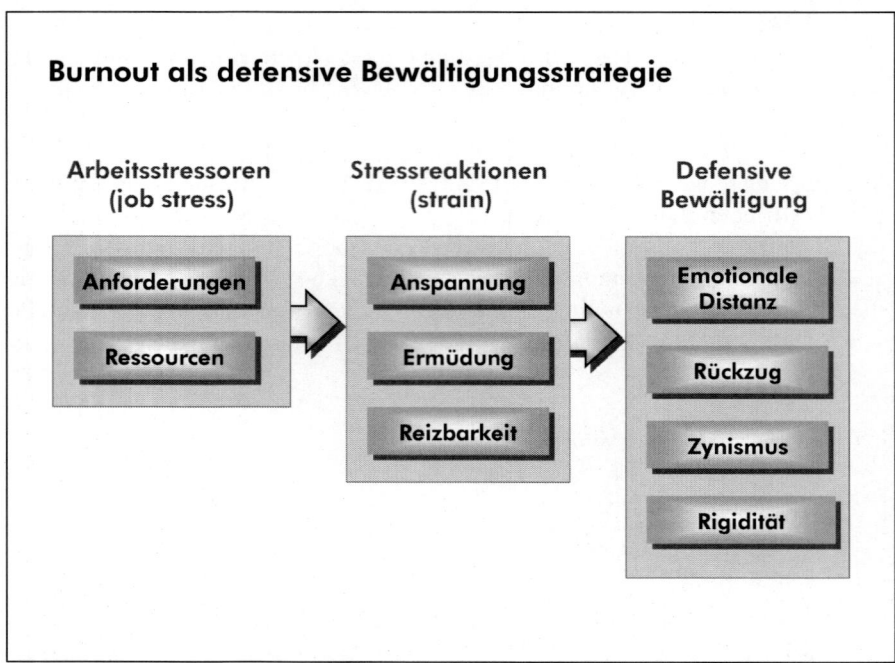

**Abbildung 2** Burnout als defensive Bewältigungsstrategie, eigene Darstellung nach Cherniss & Krantz (1983)

Burnout kann demnach im Kontext der Stressforschung als eine spezifische Form von lang andauerndem Stress gesehen werden (Schaufeli & Enzmann 1998a). Nach Brill (1984) ist Stress ein von physischen und mentalen Symptomen begleiteter temporärer Adaptationsprozess. Burnout dagegen stellt das Endstadium des Zusammenbruchs von Anpassungsleistungen dar. Während eine Person, die Stress erlebt, in der Regel wieder zu ihrem normalen Funktionsniveau zurückkehrt, bleibt eine ausgebrannte Person kontinuierlich auf niedrigem Funktionsniveau. Burnout entsteht aus einem lange dauernden Ungleichgewicht zwischen Anforderungen und Ressourcen (Brill 1984). Burnout und Stress sind damit durch den Zeitrahmen ihrer Entstehung zu unterscheiden.

## Ursachen

Über die Ursachen des Burnouts besteht trotz umfangreicher Forschungsarbeiten bisher kein einheitliches Meinungsbild. Die Faktoren, die hinsichtlich ihres Einflusses auf Burnout untersucht werden, lassen sich nach Merkmalen auf der Ebene des Individuums und der Ebene der Organisation (z.B. Arbeitsorganisation) differenzieren.

Als individuumsbezogene Merkmale werden insbesondere (starker) Idealismus und motiviertes Engagement zur Veränderung sozialer Probleme der in helfenden Berufen Tätigen betont (Edelwich & Brodsky 1984, Freudenberger 1974). Weiter gehen bestimmte Persönlichkeitsmerkmale, wie externale Kontrollüberzeugungen, Neurotizismus, eine Typ-A-Persönlichkeit sowie ein negatives Selbstbild, mit einem verstärkten Risiko für Burnout einher (Jeanneau & Armelius 2000, Nindl 2001, Nowack 1986, Rodríguez et al 2001).

Insgesamt muss aber festgestellt werden, dass personenbezogene im Vergleich zu arbeitsbezogenen Merkmalen nur eine untergeordnete Rolle bei der Entstehung von Burnout spielen. In Erweiterung zu Freudenbergers theoretischem Ansatz betonen bereits Maslach & Jackson (1982, 1984) in ihren Arbeiten über Burnout, dass die Ursachen im Wesentlichen nicht in den Persönlichkeitszügen der Helfer verankert seien, sondern vielmehr in der Arbeitswelt selbst liegen.

In der Literatur werden u.a. arbeitsbezogene Faktoren als Auslöser für Burnout genannt – etwa Mangel an positivem Feedback, Hierarchieprobleme, Druck von Vorgesetzten, geringe Autonomie etc. (Büssing & Schmitt 1998, Cheuk et al 1998, Demerouti 2000, Maslach 1982, Schaufeli & Enzmann 1998a). Insbesondere in Arbeitszusammenhängen, in denen mehrere der hier aufgeführten Faktoren zusammentreffen, ist das Risiko, an Burnout zu erkranken, erhöht.

In Studien konnte des Weiteren festgestellt werden, dass Stressoren im beruflichen Alltag insbesondere dann zu Burnout führen, wenn die Bedeutsamkeit der eigenen Arbeit nicht mehr empfunden wird. Menschen, die einen Sinn in ihrer Arbeit sehen und sich zudem sozial eingebunden fühlen, sind nach den Ergebnissen von Cherniss und Krantz deutlich stress- und burnoutresistenter (Cherniss & Krantz 1983). Mit dem Grad der Identifikation mit der am Arbeitsplatz vorherrschenden Philosophie und der vorhandenen sozialen Unterstützung variiert die Auftretenswahrscheinlichkeit von Burnout.

## Auswirkungen von Burnout

Die Folgen von Burnout äußern sich auf verschiedenste Weise und haben gravierende Konsequenzen sowohl für das Individuum selbst als auch für seine Umwelt z.B. für Arbeitgeber, Kollegen und Familienangehörige.

Burnout geht mit einer Verschlechterung sowohl der physischen als auch der psychischen Gesundheit einher. Die physischen Auswirkungen zeigen sich beispielsweise in einem vermehrten Auftreten körperlicher Beschwerden, wie Kopfschmerzen, Magenbeschwerden, Müdigkeit und Schlaflosigkeit (Schaufeli & Enzmann 1998a). Weiter wurde Burnout als Prädiktor für Muskel-Skelett-Erkrankungen bei Frauen sowie für kardiovaskuläre Erkrankungen bei Männern identifiziert (Honkonen et al 1999). Bezüglich psychischer Auswirkungen wurden Zusammenhänge mit Depression (Ahola et al 2005) und vermindertem Selbstwertgefühl (Glass & McKnight 1996) sowie Angst und Hilflosigkeit (Maslach & Jackson 1982) gefunden. Insgesamt hat Burnout einen negativen Effekt auf das Wohlbefinden. Burnout geht mit Gefühlen der Frustration, Ärger, Nutzlosigkeit und des Versagens einher und kann sich auch auf die Interaktionsqualität zwischen Mitarbeitern und Klienten bzw. Patienten auswirken (Carson et al 1997, Chirboga & Bailey 1986, Maslach & Goldberg 1998).

Die häufig hervorgebrachte These, dass Burnout zu einer schlechteren Arbeitsleistung führt, wird von Studien zwar teilweise gestützt, insgesamt zeigt sich jedoch ein inkonsistentes Bild (Halbesleben & Bowler 2007). Ein deutlicher Zusammenhang zwischen Burnout und reduzierter Arbeitsleistung wurde in einer Reihe von internationalen Studien gefunden (Vahey et al 2004, Leiter et al 1998, Wright & Bonett 1997, Wright & Cropanzano 1998). Bakker & Heuven (2006) zeigen anhand einer Stichprobe von 108 Pflegekräften und 101 Polizeibeamten in den Niederlanden, dass Burnout mit einer verminderten beruflichen Arbeitsleistung zusammenhängt.

Andere Studien haben hingegen nur geringe (Bakker et al 2004; Schaufeli & Enzmann 1998b) oder inkonsistente Effekte zwischen emotionaler Erschöpfung und reduzierter Arbeitsleistung gefunden (Keijsers et al 1995). Die Autoren Halbesleben & Bowler (2007) erklären diese Inkonsistenz bzw. geringen Effekte mit dem Vorliegen eines Mediatoreffekts. In einer Untersuchung mit Angestellten (n = 383) aus verschiedensten Dienstleistungsbereichen (z.B. hauptberufliche Feuerwehrmänner, IT-Fachleute, Angestellte aus dem Bank- und Finanzsektor sowie aus dem Gesundheitsbereich) wird der Zusammenhang zwischen der Burnout-Dimension „emotionale Erschöpfung" und verminderter Arbeitsleistung über den Mediatoreffekt der Drittvariablen Motivation erklärt.

## Neuere Ergebnisse in der Burnout-Forschung

In einem prospektiven Forschungsdesign untersuchten Magnusson Hanson und Kollegen in einer aktuellen Studie von 2008 den Zusammenhang zwischen Anforderungen, Kontrolle, sozialem Klima und Burnout in einer repräsentativen Stichprobe aus schwedischen Erwerbstätigen mit über 3.000 Teilnehmern (Magnusson Hanson et al 2008). Dabei waren hohe Anforderungen im Jahr 2003 ein hochsignifikanter Risikofaktor für emotionale Erschöpfung im Jahr 2006. Das soziale Klima am Arbeitsplatz war ebenfalls ein Risiko für emotionale Erschöpfung. Hier konnte gezeigt werden, dass mangelnde soziale Unterstützung durch Vorgesetzte bei Männern und mangelnde soziale Unterstützung durch Kollegen bei Frauen mit Burnout assoziiert ist.

Der Zusammenhang zwischen Burnout und der Vereinbarkeitsproblematik zwischen den Lebensbereichen Arbeit und Familie wurde jüngst von norwegischen Forschern in einer prospektiven Studie mit über 2.000 Teilnehmern aus acht verschiedenen Branchen, darunter Anwälte, Pfarrer und Busfahrer, untersucht (Innstrand et al 2008). Sie fanden deutliche Zusammenhänge zwischen Arbeit-Familie-Konflikten und Burnout. Als individuelle Coping-Strategie identifizierten die Autoren ein verringertes berufliches Engagement.

In einer finnischen Querschnittsstudie aus dem Jahr 2006 wurde erstmals in einer repräsentativen Stichprobe mit über 3.000 Befragten die Burnout-Prävalenz in der gesamten Bevölkerung untersucht (Ahola et al 2006). Die Autoren fanden nur geringe Unterschiede zwischen verschiedenen Bevölkerungsgruppen sowie bei Frauen einen negativen Zusammenhang zwischen Bildungsabschluss und Burnout sowie sozialem Status und Burnout. Allein lebende Männer waren häufiger von Burnout betroffen als solche mit Partnern. Auch die Zahl der wöchentlichen Arbeitsstunden wies in multivariaten Analysen bei Männern und Frauen eine positive statistische Beziehung zu mehreren Burnout-Dimensionen auf.

Eine weitere norwegische Studie untersuchte den Zusammenhang zwischen dem Führungsstil der Vorgesetzten auf das Burnout-Risiko bei 289 Beschäftigten der IT-Branche (Hetland et al 2007). Nach den Ergebnissen dieser Studie steigt das Burnout-Risiko, wenn Mitarbeiter den Führungsstil ihrer Vorgesetzten als passiv-vermeidend wahrnehmen.

Insgesamt zeigen die Ergebnisse jüngerer Studien, dass sich die Faktoren, die mit Burnout assoziiert sind, in verschiedenen Beschäftigungsfeldern nur wenig unterscheiden. Allgemein werden gutes Betriebsklima und soziale Unterstützung durch Kollegen und Vorgesetzte als bedeutsame Schutzfaktoren gegen Burnout identifiziert. Gute Führung und die Vereinbarkeit von Familie und Beruf scheinen Schutzfaktoren zu sein.

## Prävention von Burnout – Was können Unternehmen tun?

Bei der Prävention von Burnout kann zwischen individuums- und organisationsbezogenen Ansätzen differenziert werden. Auffallend in der Forschung ist eine klare Fokussierung auf individuumsbezogene Ansätze, während organisationsbezogene Präventionsmaßnahmen bisher wenig Beachtung finden. Kritisch am Forschungsstand ist vor allem anzumerken, dass es nur wenige randomisierte kontrollierte Studien gibt, die durch gezielte Interventionen nachweisen, dass eine Stärkung dieser Schutzfaktoren tatsächlich Burnout verhindert.

Des Weiteren sind die präventiven Bemühungen der Unternehmen eher der Sekundär- und weniger der Primärprävention zuzuordnen. In der Regel finden Interventionen bei Personen statt, die bereits erste Anzeichen von Burnout bei sich selbst wahrnehmen (Leppin 2006).

Ziel von personenzentrierten Lösungsansätzen ist es, Bewältigungsstrategien zu trainieren, die helfen können, mit den Anforderungen bei der Arbeit besser umzugehen. Das Individuum soll lernen, die internen Ressourcen zu stärken und/oder die eigene Arbeitshaltung zu ändern. Insgesamt wird von individuumsbezogenen Maßnahmen erwartet, dass Personen mit gestärkten Ressourcen und realistischen arbeitsbezogenen Zielen eher in der Lage sind, den Belastungen am Arbeitsplatz zu begegnen, ohne im Laufe der Jahre an Burnout zu leiden. Dazu werden beispielsweise Stressbewältigungstechniken und Konfliktlösungsstrategien erlernt. Die Effektivität derartiger Trainingsmaßnahmen scheint begrenzt zu sein. So konnte eine Studie zeigen, dass zwar eine Reduzierung von Burnout erreicht werden konnte, ein Langzeiteffekt (gemessen nach einem und nach zwei Jahren) war aber nur bei den Mitarbeitern gegeben, die weitere Auffrischungen des Trainings erhielten (Rowe 1999). Zeitlich begrenzte Maßnahmen scheinen nur zu einem kurzfristigen Erfolg zu führen. Einen weiteren individuumsbezogenen Ansatzpunkt stellen Maßnahmen kognitiver Restrukturierung dar. In deren Rahmen wird der Einzelne dabei unterstützt, zu einer realistischen Einschätzung der eigenen Leistungsfähigkeit und Ziele zu gelangen (Maslach & Goldberg 1998). Dieses Vorgehen stützt sich auf Forschungsergebnisse, die zeigen, dass eine besondere Burnout-Gefährdung bei Menschen vorliegt, die stark idealisierte Ziele verfolgen und hohe Ansprüche an sich selbst haben.

Personenbezogene Präventionsmaßnahmen stellen zwar die praktikablere Herangehensweise dar, es darf dabei jedoch nicht aus den Augen verloren werden, dass die Ursachen des Burnouts zu großen Teilen in den Arbeitsbedingungen zu suchen sind und folglich auch dort (primär-)präventive Maßnahmen ansetzen sollten. Dabei geht es darum, Arbeitsbedingungen zu schaffen, die die Bedürfnisse der Beschäftigten nach genügend Autonomie und Partizipation mit einem realistischen (quantitativen und qualitativen) Arbeitspensum verbinden. Des Weiteren sollte vermehrt Wert auf den Aufbau einer unterstützenden Unternehmenskultur gelegt werden. Auch der Aufbau von Sozialkapital in Unternehmen sollte systematisch erfolgen. Ein Klima der gegenseitigen Wertschätzung, des Vertrauens und der Unterstützung wirkt als potenzieller Schutzfaktor. Hierzu können insbesondere Führungskräfte einen entscheidenden Beitrag leisten.

Ein weiterer Ansatzpunkt, der seit einigen Jahren zunehmend an Aufmerksamkeit in der betrieblichen Praxis gewinnt, ist die Förderung der Vereinbarkeit zwischen Berufs- und Privatleben (Work-Life-Balance). Da Konflikte in der Work-Life-Balance das Burnout-Risiko steigern, sollten gezielte Maßnahmen diesbezüglich vermehrt Beachtung finden. Hierzu zählen beispielsweise Flexibilisierungsmaßnahmen, die dem Mitarbeiter entgegenkommen (z.B. flexible Arbeitszeiten und -orte), sowie Unterstützungsangebote für Beschäftigte mit Familie oder zu pflegenden Angehörigen (z.B. Kinderbetreuungsangebote, Vermittlung von Pflegepersonal, Beratungsangebote).

Zusammenfassend lässt sich in der betrieblichen Praxis ein Schwerpunkt bei den individuumsbezogenen und sekundärpräventiven Ansätzen feststellen, so dass die Lösung des Problems dem einzelnen Beschäftigten auferlegt wird. Forschungsergebnisse zeigen jedoch, dass gerade arbeitsorganisatorische Faktoren eine herausragende Rolle bei der Entwicklung von Burnout spielen und zu einem erhöhten Belastungserleben der Burnout-Betroffenen beitragen. Die pragmatischen Gründe für diese Fehlentwicklung und Fokussierung auf das Individuum liegen nach Maslach et al. (2001 S. 418) auf der Hand: „Es ist leichter und billiger, Menschen zu ändern als Organisationen."

## Literatur

Ahola K, Honkonen T, Isometsä E, Kalimo R, Nykyri E, Aromaa A, Lönnqvist J (2005) The relationship between job-related burnout and depressive disorders – results from the Finnish Health 2000 Study. Journal of Affective Disorders 88:55–62

Ahola K, Honkonen T, Isometsä E, Kalimo R, Nykyri E, Koskinen S, Aromaa A, Lönnqvist J (2006) Burnout in the general population. Results from the Finnish Health 2000 Study. Social Psychiatry and Psychiatric Epidemiology 41:11–17

Bakker AB, Demerouti E, Verbeke W (2004) Using the job demands-resources model to predict burnout and performance. Human Resource Management Journal 43:83–104

Bakker AB, Heuven E (2006) Emotional dissonance, burnout, and in-role performance among nurses and police officers. International Journal of Stress Management 13:423–440

Bejerot E, Aronsson G (2001) Mentally and physically fatiguing work – Trends in the 1990s. In: Marklund S (ed) Worklife and health in sweden 2000. National Institute for Working Life, Stockholm

Brill PL (1984) The need for an operational definition of burnout. Family Community Health 6:12–24

Büssing A, Schmitt S (1998) Arbeitsbelastungen als Bedingungen von emotionaler Erschöpfung und Depersonalisation im Burnoutprozess. Zeitschrift für Arbeit und Organisation 42:76–88

Carson J, Fagin L, Brown D, Leary D, Bartlett H (1997) Self-esteem in mental health nurses – it's relationship to stress, coping and burnout. Nursing Times 2:361–369

Cherniss C, Krantz DL (1983) The ideological community as an antidote to burnout in the human services. In: Farber BA (ed) Stress and burnout in the human professions. Pergamon Press, New York

Cheuk WH, Swearse B, Wong KS, Rosen S (1998) The linkage between spurned help and burnout among practicing nurses. Current psychology 17:188–196

Chirboga DA, Bailey J (1986) Stress and burnout among critical and medical surgical nurses: a comparative study. Critical Care Quarterly 9:84–92

Demerouti E (2000) Die Arbeit, nicht den Menschen verändern. Ein Burnout-Modell. Psychoscope 21:11–13

Driller E (2008) Burnout in helfenden Berufen. Eine Darstellung am Beispiel pädagogisch tätiger Mitarbeiter der Behindertenhilfe. In: Schulz-Nieswandt F, Pfaff H (Hrsg) Organisation und Individuum. LIT Verlag, Berlin

Edelwich J, Brodsky A (1984) Ausgebrannt sein – Das Burn-out-Syndrom in den Sozialberufen. AVM Verlag, Salzburg

Freudenberger HJ (1974) Staff burnout. Journal of Social Issues 30:159–165

Freudenberger HJ, North G (1994) Burn-out bei Frauen. Über das Gefühl des Ausgebranntseins. Fischer Taschenbuch Verlag GmbH, Frankfurt am Main

Friedel H (2002) Handlungsspielraum, psychische Anforderungen und Gesundheit. Wirtschaftsverlag NW, Bremerhaven

Friedman M, Rosenman RH (1974) Type A Behavior and Your Heart. Knopf, New York

Glass D, McKnight JD (1996) Perceived control, depressive symptomatology, and professional burnout: a review of the evidence. Psychological Health 11:23–48

Halbesleben JRB, Bowler WM (2007) Emotional exhaustion and job performance: The mediating role of motivation. Journal of Applied Psychology 92:93–10

Harnois G, Gabriel P (2000) Mental health and work: impact, issues and good practices. WHO, Genf

Hart PM, Cooper CL (2001) Occupational stress: toward a more integrated framework. In: Anderson N, Ones DS, Sinangil HK, Viswesvaran C (eds) Handbook of Industrial, Work & Organizational Psychology. Organizational Psychology, Bd 2. Sage, London

Hetland H, Sandal GM, Johnson TB (2007) Burnout in the information technology sector: Does leadership matter? European Journal of Work and Organizational Psychology 16:58–75

Honkonen T, Ahola K, Pertovaara M, Isometsa E, Kalimo R, Nykyri E, Aromaa A (1999) Knowledge jobs – how to manage without burnout? Scandinavian Journal of Work and Environment Health 25:605–609

Innstrand ST, Langballe EM, Espnes GA, Falkum E, Aasland OG (2008) Positive and negative work-family interaction and burnout: A longitudinal study of reciprocal relations. Work & Stress 22:1–15

Jeanneau M, Armelius K (2000) Self-image and burn-out in psychiatric staff. Journal of Psychiatric and Mental Health Nursing 7:399–406

Keijsers GJ, Schaufeli WB, Le Blanc PM, Zwerts C, Miranda DR (1995) Performance and burnout in intensive care units. Work and Stress 9:513–527

Lazarus RS, Launier S (1978) Stressbezogene Transaktionen zwischen Personen und Umwelt. In: Nitsch J (Hrsg) Stress. Theorien, Untersuchungen, Maßnahmen. Huber Verlag, Bern

Leiter MP, Harvey P, Frizzell C (1998) The correspondence of patient satisfaction and nurse burnout. Social Science and Medicine 47:1611–1617

Leppin A (2006) Burnout: Konzept, Verbreitung, Ursachen und Prävention. In: Badura B, Schellschmidt H, Vetter C. Fehlzeiten-Report 2006. Chronische Krankheiten. Springer, Berlin

Luczak H, Cernavin O, Scheuch K, Sonntag K (2002) Trends of research and practice in „Occupational Risk Prevention" as seen in Germany. Industrial Health 40:74–100

Magnusson Hanson LL, Theorell T, Oxenstierna G, Hyde M, Westerlund H (2008) Demand, control and social climate as predictors of emotional exhaustion symptoms in working Swedish men and women. Scandinavian Journal of Public Health 36:737–743

Maslach C (1982) Understanding burnout: Definitional issues in analysing a complex phenomenon. In: Paine WS (ed) Job stress and burnout. Sage, Beverly Hills

Maslach C, Goldberg J (1998) Prevention of burnout: New perspectives. Applied and Preventive Psychology 7:63–74

Maslach C, Jackson SE (1981) The measurement of experienced burnout. Journal of Occupational Behavior 2:99–113

Maslach C, Jackson SE (1982) Burnout in health professions: A social psychological analysis. In: Sanders G, Suls J (eds) Social Psychology of Health and Illness. Erlbaum, Hillsdale

Maslach C, Jackson SE (1984) Burnout in organizational settings. In: Oskamp S (ed) Applied social Psychology Annual. Sage, Beverly Hills

Maslach C, Jackson SE (1985) The role of sex and family variables in burnout. Sex Roles 12:837–851

Maslach C, Schaufeli WB, Leiter MP (2001) Job burnout. Annual Review of Psychology 52:397–422

Nindl A (2001) Zwischen existentieller Sinnerfüllung und Burnout. Eine empirische Studie aus existenzanalytischer Perspektive. Existenzanalyse 1/01:15–23

Nowack KM (1986) Type A, Hardiness, and Psychological Distress. Journal of Behavioral Medicine 9:537–548

Ommen O, Driller E, Janßen C, Pfaff H (2008) Burnout bei Ärzten – Sozialkapital im Krankenhaus als mögliche Ressourcen? In: Brähler E, Alfemann D, Stiller J (Hrsg) Karriereentwicklung und berufliche Belastungen im Arztberuf. Vadenhoeck & Ruprecht, Göttingen

Rodríguez I, Bravo MJ, Peiró JM, Schaufeli W (2001) The Demands-Control-Support model, locus of control and job dissatisfaction: a longitudinal study. Work & Stress 15:97–114

Rook M (1998) Theorie und Empirie in der Burnout-Forschung. Eine wissenschaftstheoretische und inhaltliche Standortbestimmung. Verlag Dr. Kovač, Hamburg

Rowe MM (1999) Teaching Health-Care Providers Coping: Results of a Two-Year Study. Journal of Behavioral Medicine 22:511–527

Schaufeli WB, Enzmann D (1998a) The burnout companion to study and research: a critical analysis. Taylor & Francis, London

Schaufeli WB, Enzmann D (1998b) The burnout companion for research and practice: A critical analysis of theory, assessment, research and interventions. Taylor & Francis, London

Vahey DC, Aiken LH, Sloane DM, Clarke SP, Vargas D (2004) Nurse burnout and patient satisfaction. Medical Care 24:57–66

Wright TA, Bonett DG (1997) The contribution of burnout to work performance. Journal of Organizational Behavior 18:491–499

Wright TA, Cropanzano R (1998) Emotional exhaustion as a predictor of job performance and voluntary turnover. Journal of Applied Psychology 83:486–493

# Suchtproblem Alkohol im Betrieb

Peter-Ernst Schnabel

Universität Bielefeld, Fakultät für Gesundheitswissenschaften
School of Public Health
Postfach 10 01 31
33501 Bielefeld

## Sucht und Arbeit

Obwohl staatlicherseits lizenziert und von der Öffentlichkeit sogar mehr als toleriert, stellt der Konsum von Alkohol ein individuelles und gesellschaftliches Problem ersten Ranges dar. Regelmäßig und im Übermaß genossen, gilt er nicht nur als ein Mitverursacher (Risikofaktor) für eine Reihe versorgungs-, versicherungs- und rentenpolitisch bedeutsamer degenerativer Krankheiten, wie z.B. Herzinfarkt, Schlaganfall, Diabetes, Leberzirrhose und Psychopathien dar. Alkoholmissbrauch zerstört in seinen Konsequenzen soziale Strukturen, die für das gedeihliche Aufwachsen und geordnete Überleben in Massengesellschaften besonders wichtig sind. Und er kann darüber hinaus, sofern er sich während der Arbeitszeit und dort in Verbindung mit der Handhabung sensibler Apparaturen (z.B. beim Fahren einer Maschinenstraße) und/oder mit der Ausführung verantwortlicher Überwachungsfunktionen (z.B. Kontroll- und Wartungsarbeiten in der Petrochemie) ereignet, zu kostspieligen Störungen des Arbeitsablaufes und/oder zu Umweltschäden erheblichen Ausmaßes führen (Meise & Günter 1993).

Vor allem die störenden Einflüsse auf die Arbeitsmoral und den Arbeitsprozess sind es gewesen, die die hoch technisierten und durchorganisierten Industriegesellschaften dazu veranlassten, sich schon Mitte des 19. Jahrhunderts mit dem Tatbestand des um sich greifenden Alkoholmissbrauchs durch die arbeitende Bevölkerung auf ordnungspolitische und medizinpolizeiliche Weise auseinanderzusetzen (Henkel 2001). Diese überwiegend an Schadensprognostik und -minimierung interessierte Umgangsweise ist bis in die Gegenwart hinein ein hervorstechendes Merkmal vieler Maßnahmen und Programme geblieben, die sich mit dem Alkoholmissbrauch und seinen Folgen beschäftigen; einerlei, ob es dabei um ursachenanalytische, versorgungspraktische oder sozialpolitische Aktivitäten inner- oder überbetrieblicher Reichweite geht. Gehandelt wird oft erst dann, wenn Krankheiten entstanden sind oder sich die Folgen des Missbrauchs in Form von Fehlzeiten, Produktivitätseinbußen, Behandlungskosten usw. niederschlagen und beziffern lassen. Wie Trink- und

Missbrauchsmotive entstehen und was getan werden kann, um durch frühzeitiges Eingreifen auf der individuellen und sozialen Ebene der Ausprägung riskanten Konsumverhaltens vorzubeugen, gerät auch heute noch viel zu wenig in den Blick und wird deshalb auch nur selten – wenngleich gegenwärtig immer häufiger und nicht nur der Drogenproblematik wegen (Badura 2008) – zum Ansatzpunkt für betriebliche und außerbetriebliche Gegenmaßnahmen gemacht.

## Aktuelle Ausmaße des Problems

Die statistischen Angaben über die Verteilung des Substanzmissbrauchsverhaltens und seine Folgen für Deutschland sind alles andere als genau. Sie hängen davon ab, welche Daten aufgrund welcher Interessen gesammelt werden; insbesondere davon, ob Akutversorgungs- oder Vorbeugungsmotive, ob die Registrierung von Krankheiten oder gesundheitliche Risiken im Fokus der Sammlungsbemühungen stehen. Dieser Unwägbarkeiten eingedenk, kann davon ausgegangen werden, dass es gegenwärtig in Deutschland zwischen 4 und 5,5 Mill. süchtige Raucher, zwischen 3 und 4 Mill. Alkoholabhängige (darunter vor allem geschiedene Frauen, ledige Männer, verheiratete Ehepaare ohne Kinder, Vollzeitbeschäftigte), mindestens 2,5 Mill. behandelte resp. behandlungsbedürftige Alkoholkranke, zwischen 1,4 und 1,8 Mill. Medikamentenabhängige und zwischen 250.000 und 300.000 Konsumenten illegaler, sogenannter „harter" Drogen gibt. Jährlich werden im Bundesgebiet nach Angaben der Versicherungsträger zwischen 80.000 und 100.000 Reha-Anträge wegen Folgen von Substanzmissbrauch, darunter etwa zwei Drittel auf stationäre Entwöhnung (Alkoholiker = 70 %), gestellt, die nach einer durchschnittlichen Dauer von 120 Tagen zum Abschluss kommen (Hüllinghorst 1997, Henkel 2001). Einer vom Bundesministerium für Gesundheit einmalig im Jahr 1995 durchgeführten Erhebung zufolge ergeben sich jährlich 8,1 Mill. Euro an direkten Kosten für Behandlung und Rehabilitation und 11,9 Mill. Euro an indirekten Ausgaben für Produktionsausfälle, Überbrückungszeiten, Frühberentung und Mortalität (Henkel 2001); Tendenz – seitdem – eher steigend und von den indirekten sozialen Folgekosten für Familienzerrüttung, Betreuung der psychosozial geschädigten Nachkommen aus Alkoholikerfamilien usw. (Mann 2008) einmal abgesehen.

In jüngster Zeit berichten Arbeitsmediziner immer mehr über junge Arbeitnehmer und Arbeitnehmerinnen, die die am Übergang vom Privat- ins Ausbildungs- und Berufsleben aufstauenden Belastungen ohne Substanzmissbrauch nicht mehr bewältigen können (Simon & Janssen 1997). Genaue Zahlen zur Verbreitung fehlen auch hier, weil sich die Forschung bislang, u.a. zum Nachteil der Ausarbeitung angemessener Interventionsstrategien, mit diesem Thema viel zu wenig beschäftigt hat. In Übereinstimmung mit den Erkenntnissen der neueren Jugendforschung (BZgA 2007) ist aber wohl anzunehmen, dass unter jugendlichen Arbeitnehmern (14 bis 24 Jahre) der Anteil der Alkoholkonsumierenden dank „Alcopops" und „Koma-Saufen" bei über 20 % (davon ein Viertel Frauen, drei Viertel Männer) und der der Alkoholabhängigen inzwischen bei 10 bis 12 % liegen dürfte. Etwa die Hälfte von ihnen kombiniert den Gebrauch legaler und illegale Drogen miteinander und beginnt durchschnittlich im Alter zwischen 14 und 16 Jahren mit dem Erstkonsum.

Je nach Definition haben zwischen 3 und 4 Mill. (d.h. 3 bis 5 %) der Berufstätigen in Deutschland mit Alkoholproblemen zu tun. Der jährliche volkswirtschaftliche Schaden an direkten (Arbeitsunfälle, Versorgung) und indirekten Produktivitätseinbußen, (Arbeitsplatzverlust, chronische Folgeerkrankungen, Verlust an Lebens- und Arbeitsjahren, außerbetriebliche Sozialausgaben) wird auf rd. 5 Mrd. Euro (Schnabel 2001), etwa ein Viertel aller in Deutschland wegen Alkoholmissbrauch jährlich anfallenden Kosten, veranschlagt. 11 % der Berufstätigen trinken regelmäßig am Arbeitsplatz, weitere 23 % halten Alkohol bei Leistungsdruck stets griffbereit (Simon & Janssen 1997). Mindestens 15 % aller Führungs- gegenüber 10 % aller Arbeitskräfte betreiben Alkoholmissbrauch (Schnabel & Hillenkamp 2000). Von ihnen gelten insgesamt 5–10 % als akut behandlungsbedürftig. Alkoholiker fehlen 16-mal häufiger kurzfristig und sind 2,5-mal häufiger krank als andere Arbeitnehmer. In den drei bis sechs Jahren vor einer ambulanten und/oder stationären Therapie fehlen sie 40 bis 60 Tage im Jahr, unmittelbar vor der Intervention sogar die Hälfte der Arbeitszeit. Aufgrund von Ausfällen und Fehlzeiten erarbeiten Sie nur 75 % ihres Entgeltes selber. Bei fast jedem dritten Arbeitswege- oder Arbeitsplatzunfall ist Alkohol zwischen 0,5 und 2,0 Promille im Spiel und jede sechste Kündigung wird wegen Alkoholproblemen ausgesprochen.

## Ursachen und Bedingungen betrieblichen Alkoholmissbrauchs

Trotz der erheblichen wirtschaftlichen Schäden, welche die durch Alkoholverkauf und -steuern erzielten Gewinne schon längst übersteigen (Meise & Günter 1993), wird über Alkoholmissbrauch in der Arbeitswelt häufiger geredet, selten aber das Sachnotwendige getan. Das hat mit folgenden, in der Anwendungspraxis oft übersehenen und in ihrem Einfluss unterschätzen Rahmenbedingungen zu tun: 1. Seit Beginn des 20. Jahrhunderts haben wir in Deutschland sozial-, arbeits- und versicherungsrechtliche Regelungen, die dazu führten, die Aufmerksamkeit von Arbeitgebern, Arbeitnehmern und Öffentlichkeit auf die Therapie und Rehabilitation Abhängigkeitskranker sowie deren berufliche Integration zu richten (Stähler 2001). Denn nur solche Maßnahmen waren und sind der Finanzierung durch die Solidarfonds sicher. 2. In der Folge sind deshalb Dienstleistungen und Professionen entstanden, die sich auf die Akutversorgung und die Rezidivprophylaxe und weit weniger auf den ursächlichen (primär-präventiven) Umgang mit der Alkoholismusproblematik verstehen und das etablierte Versorgungssystem gegenüber konkurrierenden Berufsgruppen abzuschotten versuchen (Pott 1994). 3. Fokusverengend wirkt außerdem der Umstand; dass unsere Gesellschaft den Konsumenten von Alkohol gegenüber ein hohes, die Folgeprobleme weitgehend ignorierendes Maß an Toleranz walten lässt. Grenzziehungen zwischen problematischem und unproblematischem Gebrauch sind deshalb schwierig zu ziehen und Hilfen werden zu spät eingefordert (Feser 1997). 4. Schließlich legt es fast alles, was wir heute über den Verlauf von Suchtkarrieren wissen, nahe, Gegenmaßnahmen zu ergreifen, die nicht nur die Einstellung und das Verhalten einzelner Menschen, sondern auch die Bedingungen ändern, unter denen Menschen leben und arbeiten (Schnabel & Hillenkamp 2000). Das ruft Abwehrhaltungen jener auf den Plan, die immer noch meinen, von der Beibehaltung bestehender, nicht selten pathogener Arbeitsverhältnisse mehr profitieren zu können als von deren gesundheitsfördernder Umgestaltung.

Die Entstehung der Sucht, eines Missbrauchsverhaltens, das sich per definitionem vom Konsumierenden nicht mehr steuern lässt (Rehwald et al 2008), ist auf den Einfluss zweier großer Faktorengruppen zurückzuführen. Zum einen geht es um die Persönlichkeit des Menschen und die Art und Weise, wie dessen lebenslanger Entwicklungsprozess (seine Sozialisation) organisiert ist. Für Menschen, die dazu neigen, auf Über- und Unterforderungsempfindungen im Privatleben und bei der Arbeit durch Alkoholkonsum zu reagieren, sind nicht nur starke Selbstwertdefizite, ein Mangel an Selbstwirksamkeitserwartungen, fehlende soziale Anerkennung und ein hohes Maß an Misserfolgserfahrungen charakteristisch. Sie haben in der Regel auch massive und andauernde Störungen der normalen Beziehungen und Kommunikationsabläufe in ihren Herkunftsfamilien erlebt und infolgedessen Bewältigungsmechanismen entwickelt, die sie dazu veranlassen, sich mit Herausforderungen der Umwelt nicht konstruktiv und problemlösend, sondern durch selbstzerstörerische Kompensationshandlungen wie den Substanzmissbrauch auseinanderzusetzen (Schnabel & Hillenkamp 2000). Eine genauso wichtige Rolle wie die Persönlichkeit spielt die Beschaffenheit der sozialen Umwelt, innerhalb deren sich die Alkoholikerpersönlichkeit entwickelt. Sie ist nicht nur in Gestalt besonders lieblos und identitätsschädigend sozialisierender Familien an der Suchtgenese beteiligt (Schnabel 2001). Die Privat- und Arbeitswelt des Alkoholikers zeichnet sich außerdem durch besonders günstige Zugriffsmöglichkeiten auf die Droge aus. Die gilt besonders für das betriebliche Umfeld, in dem der Alkohol zum Regelbestandteil einer ausgeprägten Feier- und Belohnungskultur gehört und sogenannter Co-Alkoholismus, d.h. falsch verstandene Toleranz gegenüber alkoholbedingten Störungen und Ausfallerscheinungen weit verbreitet ist. Die Arbeitsorganisation als Teil der betrieblichen Umwelt konfrontiert die Menschen immer wieder mit Anpassungs-, Korrektur- und Leistungsanforderungen, die trotz größter Anstrengungen von ihnen entweder gar nicht zu erfüllen sind oder bei denen psychosozial Disponierte aufgrund ihrer Persönlichkeits- und Problemlösungsdefizite meinen, sie nicht anders als mit Hilfe von Alkohol bewältigen zu können.

## Der übliche Umgang mit Alkoholproblemen im Betrieb

Maßnahmen, die augenblicklich gegen den Alkoholkonsum während der Arbeitszeit zum Einsatz gebracht werden, lassen sich in drei methodisch, insbesondere interventionsstrategisch unterschiedliche Typen unterteilen.

Der weitaus größte Anteil entfällt auf Aktivitäten, die auf das Fehlverhalten einzelner Menschen in Krisensituationen zielen. Im Mittelpunkt stehen kurative und rehabilitative Interventionen, die sich auf eine Phase der Alkoholikerkarriere konzentrieren, in der dem Missbrauchsverhalten aufgrund körperlicher und seelischer Folgeprobleme Krankheitswertigkeit zugeschrieben werden kann und in der Ausfallerscheinungen von den Betroffenen selber und von ihrer Umwelt nicht mehr zu verheimlichen sind. Akuter Leidensdruck, die Sorge um den Verlust des Arbeitsplatzes, erfolgreiche Schuldzuweisungen bilden die wichtigsten Voraussetzungen dafür, dass ein meist eilig herbeigeschafftes Notsystem überwiegend physio-, selten psychotherapeutischer Hilfen funktioniert (Rehwald et al 2008). Weniger, zumeist größere mittelständische und Großunternehmen leisten sich aufgrund praktizierter Mitverantwortung für die Alkoholprobleme ihrer Belegschaft und im Blick auf erwartete betriebswirtschaftliche Vorteile eine sogenannte Suchthilfe als ständige Institution. Sie kann nicht nur von Betroffenen, sondern von allen Betriebsangehörigen als Anlaufstelle genutzt werden. In ihr wird auch Fachpersonal vorgehalten, welches in der Lage ist, über Akuthilfe hinaus Interventionskonzepte zu planen und durchzuführen, die sich an den Problemlagen der Mitarbeiter orientieren, in den Betriebsablauf integriert werden können und Vorbeugungselemente, wie z.B. die Beobachtung von Risikopersönlichkeiten, und/oder die Schulung des Personals auf unterschiedlichen Ebenen enthalten.

Im Unterschied zur Intervention bei singulären Problemfällen oder zu der für sich gesehen überwiegend noch akutinterventistisch agierenden institutionalisierten Suchthilfe kommen die von Gesundheitsförderungsexperten zunehmend ins Gespräch gebrachten integrierten (interdisziplinären, multimodalen) Interventionsprogramme in der Praxis noch viel zu selten vor. Ihre Planer und Realisatoren gehen davon aus, dass niemals nur das Arbeitsleben allein, sondern immer auch das Privatleben, die Lebensgeschichte eines Menschen sowie deren Organisatoren (u.a. Familie, Schule, Peers) an der Entstehung des Trinkmotivs (Schnabel & Hillenkamp 2000) und an der Entwicklung von Alkoholikerkarrieren beteiligt sind. Deshalb sind sie der Meinung, dass Alkoholabhängigkeit nicht nur durch die zeitgleiche Beseitigung bzw. Minimierung von Risikofaktoren (Überforderung, Unterforderung, Gratifikationskrisen, Angst vor dem Verlust des Arbeitsplatzes usw.), sondern im Interesse einer nachhaltigen Wirkung vorbeugend, insbesondere durch Stärkung von Gesundheitspotenzialen sowohl auf der personellen wie auf der arbeitsorganisatorischen Ebene und darüber hinaus bereits sehr früh, und zwar schon in der Ausbildungsphase, bekämpft werden sollte (Badura et al 1997).

## Bedingungen für nachhaltig wirkende Alkoholpräventionspolitik in der Arbeitswelt

Betriebliche Maßnahmen, die sich allein auf das individuelle Missbrauchsverhalten konzentrieren, laufen immer wieder Gefahr, an den ihrerseits suchtbedingenden Lebens- und Arbeitsverhältnissen zu scheitern (Fuchs et al 1998). Akteure hingegen, die das Alkoholproblem ursächlich bekämpfen wollen und deshalb Kriseninterventionstische und vorbeugende Maßnahmen und zum Zwecke der Vorbeugung verhaltenspräventive, auf die Eliminierung von Risikofaktoren gerichtete und gesundheitsfördernde Aktivitäten im Betriebsalltag miteinander zu verbinden versuchen, müssen, sofern sie nachhaltige Wirkungen erzielen wollen, nicht nur sach- bzw. problemangemessen vorgehen. Wichtig für den Erfolg ist es außerdem, dass sie sich an den Lebens- und Arbeitsbedingungen der Menschen und ihren konkreten Bedürfnissen orientieren und in der Lage sind, dauerhaft wirkende, sich selbst aktivierende Betreuungs- und Gesundheitsförderungsstrukturen aufzubauen und dabei trotzdem wirtschaftlich, d.h. sowohl für den Betrieb wie für die Belegschaft gewinnbringend, zu operieren (Horch & Bergmann 2001).

Noch vor einem halben Jahrzehnt hätte man sagen können, dass die überwiegende Mehrheit der mit der betrieblichen Alkoholproblematik befassten Maßnahmen und Projekte diesen Erfolgskriterien nicht entspricht. Sie waren überwiegend angebots-, selten bedürfnisorientiert und begnügten sich mit der Korrektur individuellen Fehlverhaltens, ohne sich um Ursachen, insbesondere die suchtgenerierenden Faktoren in der Lebens- und Arbeitsumwelt zu kümmern. Auch zur innerbetrieblichen Strukturbildung kam es selten, obwohl gezeigt werden konnte, dass zumindest größere Unternehmen durch die Unterhaltung interner Suchthilfe- und Beratungseinrichtungen erheblich stärker profitieren als von der Strategie, bis zum Eintritt von Krisen und Schadensfällen so gut wie nichts zu unternehmen (Feser 1997, Henkel 2001).

Seit einiger Zeit sind – allerdings nicht nur für den Umgang mit Alkohol-, sondern auch mit anderen Gesundheitsgefährdungen – sowohl auf europäischer wie auf nationalstaatlicher Ebene Initiativen in Gang gesetzt und Konzepte entwickelt und getestet worden (NAGU 2006), die weit über das hinausreichen, was in der betrieblichen Suchtprävention bisher üblich war. Dazu gehört nicht nur die auf dem Setting-Konzept der WHO hauptsächlich von den Krankenkassen angebotene betriebliche Gesundheitsförderung – und Gesundheitszirkelarbeit, die sich überall dort, wo sie fachgerecht durchgeführt wurde, zu einem Erfolgsmodell entwickeln konnte (Pfaff & Slesina 2001). Unter Überschriften wie „Betriebliches Gesundheitsmanagement" oder „Betriebliche

Gesundheitspolitik" sind weiterführende Konzept entstanden, die nur als interdisziplinäre, multimodale und integrierte zu realisieren sind. Unter der Voraussetzung, dass sie sich nicht nur medizinisch, sondern auch gesundheitswissenschaftlich beraten lassen, eine sachgerechte Mehrzahl von Interventionsinstrumenten zum Einsatz bringen, zur Leitidee einer mitarbeiterfreundlichen und gesundheitsförderlichen Unternehmenskultur und Führungsaufgabe avancieren, können sie andauernde Wirkungen entfalten, psychotherapeutische und medikamentöse Behandlungsstrategien sinnvoll ergänzen, auf weite Sicht sogar entbehrlich werden lassen (Badura et al 1997). Weiter gehen Überlegungen, die gezielte Mehrung von „Sozialkapital" (Badura 2008), verstanden als die Gesamtheit aller betrieblichen Beziehungen und Umgangsformen, zum Angelpunkt der Gesundheitsförderung zu machen, von denen man inzwischen weiß, dass sie Belastungen reduzieren, die Arbeitsmotivation verbessern und infolgedessen die Produktivität erhöhen können. Schließlich bemühen sich neueste Ansätze unter der Bezeichnung „Corporate Social Responsibility", die Unternehmen an die von ihnen gern übersehene Rolle als Mitgestalter der materialen und sozialen Umwelt der Belegschaften zu erinnern und in die Pflicht zu nehmen (Scherer & Picot 2007). Bei ihnen wie auch den anderen oben erwähnten Varianten handelt es sich um nichts weniger als um Hirngespinste einer praxisfernen Wissenschaft. Ihre Bedeutung wird sogar noch wachsen, weil die herkömmlichen Interventionskonzepte nicht mehr ausreichen, um sich mit den veränderten Belastungen innerhalb und außerhalb der Arbeit, mit dem neuerlichen Wandel im Spektrum der Massenkrankheiten (weg von den Psycho-Somatopathien hin zu der Psychopathien), mit der zunehmend interkulturellen Klientel, mit den wachsenden Problemen der auszubildenden Jugendlichen u.a.m. auf konstruktive Weise auseinanderzusetzen. Für die Alkoholprävention würde daraus im wohlverstandenen betrieblichen Eigeninteresse die Verpflichtung abzuleiten sein, bei der Gestaltung einer möglichst repressionsfreien, mitarbeiterfreundlichen, im Notfall gut versorgenden und zu verantwortungsbewusstem Alkoholkonsum inspirierenden Arbeits- und Lebenswelt wesentlich stärker mitzuwirken als bisher.

Viele weltweite und wenige deutsche Erfahrungen (Brandenburg et al 1998, Fuchs et al 1998) in Betrieben und anderen sozialen Settings haben gezeigt, dass Erfolg und nachhaltige Wirkung nicht nur, aber auch suchtbezogener Präventionsprogramme davon abhängig sind, wie gut es den Akteuren gelingt, akut intervenierende und strikt vorbeugende, betriebliche und außerbetriebliche Programmelemente miteinander zu verzahnen. Zwei strukturelle Besonderheiten haben sich dabei als ausgesprochen hilfreich herausgestellt. Auf der innerbetrieblichen Ebene haben sich paritätisch besetzte Arbeits- oder Steuerkreise und von ihnen eingesetzte Gesundheitszirkel als besonders geeignet erwiesen, all jene Belastungsfaktoren zu reduzieren oder bewältigbarer zu machen, die ursächlich mit der Organisation betrieblicher Arbeit und/oder den Umgangsformen der Menschen zusammenhängen. Darüber hinaus hat es sich bewährt, spezielle Maßnahmen, wie die Kontrolle von Trinksitten im Betrieb bis hin zur Einschränkung von Trinkgelegenheit und die Aufklärung über die Folgen des Co-Alkoholismus, mit Betriebsvereinbarungen zum Thema Abstinenz, der speziellen Schulung von Vorgesetzen und Personal, der möglichst belastungsarmen Gestaltung von Arbeitsplätzen sowie einem vorausschauenden Personalmanagement zu kombinieren. Außerdem kann es neben der Nachhaltigkeit auch der Wirtschaftlichkeit eines Unternehmens zugutekommen, wenn sich Betriebe zur Durchführung missbrauchsprävenierender Maßnahmen mit dem medizinischen Einrichtungen (niedergelassene Ärzte, Suchtkliniken), den sozialen Einrichtungen (Schulen, Ausbildungsstätten) einer Region und darüber hinaus auch mit Institutionen (z.B. Läden, Gaststätten, Tankstellen) zusammentun, die Alkohol in Umlauf bringen. Auf diese Weise lassen sich nicht nur Früherkennung und Behandlung des Alkoholismus optimieren. Familien können besser informiert, im Umgang mit Alkoholikern unterstützt und es kann damit begonnen werden, das fast ungehinderte Anwachsen der Zugriffschancen auf die Droge Alkohol endlich in den Griff zu bekommen. Regionale Netzwerke gegen Alkohol und Kooperationen dieser Art werden auch in dem Maße vorbeugungspolitisch wichtig werden, in dem Klein- und Kleinstbetriebe, die gegenwärtig rund die Hälfte der arbeitenden Bevölkerung ausbilden und beschäftigen, damit beginnen werden, sich dem für ihren Arbeitsalltag mindestens ebenso bedeutsamen Suchtproblem Alkohol auf andere als individual- und krisenbinterventionistische Weise zu stellen.

## Literatur

Badura B (2008) Sozialkapital. Grundlagen von Gesundheit und Unternehmenserfolg. Springer, Berlin/Heidelberg

Badura B, Münch E, Ritter W (1997) Partnerschaftliche Unternehmenskultur und Gesundheitspolitik. Fehlzeiten durch Motivationsverlust. Verlag Bertelsmann Stiftung, Gütersloh

Bundeszentrale für Gesundheitliche Aufklärung (BZgA) (2007) Alkoholkonsum der Jugendlichen in Deutschland 2004 bis 2007 – Kurzbericht, BZgA, Köln

Brandenburg U, Kuhn K, Marschall (1998) Verbesserung der Anwesenheit im Betrieb. Instrumente und Konzepte zur Erhöhung der Gesundheitsquote. Dortmund, Berlin

Engler R (2001) Neue Entwicklungen und Modelle in der betrieblichen Suchtarbeit. In: Deutsche Hauptstelle gegen Suchtgefahren (Hrsg) Sucht und Arbeit. Lambertus, Freiburg im Breisgau, S 101–107

Feser H (1997) Umgang mit suchtgefährdeten Mitarbeitern. In: Bienert W, Crisan E (Hrsg) Arbeitshefte Führungspsychologie Bd. 26. Sauer-Verlag, Heidelberg

Fuchs R (1992) Sucht am Arbeitsplatz – ein nicht mehr zu verleugnendes Thema. Sucht 1:48–55

Fuchs R, Rainer L, Rummel M (1998) Betriebliche Suchtprävention. Verlag für Angewandte Psychologie, Göttingen

Henkel D (2001) Zur Geschichte und Zukunft des Zusammenhangs von Sucht und Arbeit. In: Deutsche Hauptstelle gegen Suchtgefahren (Hrsg) Sucht und Arbeit. Lambertus, Freiburg im Breisgau, S 9–30

Horch K, Bergmann E (2001) Sozioökonomische Daten zu gesundheitlichen Folgen des Alkoholkonsums. In: DHS (Hrsg) Jahrbuch Sucht 2001. Neuland, Geesthacht

Hüllinghorst (1997) Zur Versorgung Suchtkranker in Deutschland. In: Deutsche Hauptstelle gegen Suchtgefahren (Hrsg) Jahrbuch Sucht 98. Neuland Verlagsgesellschaft, Geesthacht

Mann K (2008) Neue Forschungsergebnisse zur Alkoholabhängigkeit. Das Parlament, Beiheft Aus Politik und Zeitgeschichte
(http://www.das-parlament.de/2008/Beilage/004/html. Zugriff am 11.11.2008

Meise U, Günter V (1993) Schädigen Alkoholabhängigkeit und Alkoholmissbrauch die Volkswirtschaft? In: Meise U (Hrsg) Die Sucht Nr. 1: Eine Standortbestimmung. Verlag Integrative Psychiatrie, Innsbruck/Wien, S 281–287

NAGU – Modellprojekt nachhaltige Arbeits- und Gesundheitspolitik im Unternehmen. Gesunde Menschen in gesunden Betrieben (2003–2006). http://www.nagu-projekt.de. Zugriff am 19.11.2008

Pfaff H, Slesina W (2001) Effektive betriebliche Gesundheitsförderung. Juventa, Weinheim/München

Pott E (1994) Zur Entwicklung der Sucht und Drogenprävention. In: DHS (Hrsg) Suchtprävention. Lambertus, Freiburg im Breisgau, S 38–48

Rehwald R, Reinekke G, Wienemann E, Zinke E (2008) Betriebliche Suchtprävention und Suchthilfe. Bund Verlag, Frankfurt am Main

Scherer G, Picot A (Hrsg) (2007) Unternehmerethik und corporate social responsibility. Verlagsgruppe Handelsblatt, Düsseldorf

Schnabel PE (2001) Belastungen und Risiken im Sozialisationsprozess Jugendlicher. In: Raithel J (Hrsg) Risikoverhaltensweisen Jugendlicher. Leske + Buderich, Opladen, S 79–96

Schnabel PE, Hillenkamp R (2000) Sozialökonomie als Bewertungs- und Planungsgrundlage betrieblicher Suchtprävention. Sucht 46 (6):439–451

Silbereisen KA, Reese R (2001) Substanzmissbrauch Jugendlicher: Illegale Drogen und Alkohol. In: Raithel J (Hrsg). Risikoverhaltensweisen Jugendlicher. Leske & Buderich, Opladen, S 131–154

Simon R, Janssen HJ (1997) Jahresstatistik der professionellen Suchtkrankenhilfe und der Selbsthilfe. In: DHS (Hrsg) Jahrbuch Sucht '98, Neuland Verlagsgesellschaft, Geesthacht, S 142–155

Stähler TP (2001) Wiederherstellung der Erwerbsfähigkeit als Aufgabe der Rentenversicherung. In: DHS (Hrsg) Sucht und Arbeit. Lambertus, Freiburg im Breisgau, S 31–44

# Absentismus, Präsentismus und Produktivität

Ernst Rudolf Fissler & Regina Krause

HDP Health Development Partners
Postfach 12 26
61452 Königstein

## Überblick

Produktivitätsverluste in Unternehmen entstehen durch Absentismus, aber auch dadurch, dass Menschen anwesend sind, aufgrund von Gesundheitsproblemen aber nicht voll einsatzfähig sind (Präsentismus). Die verlorene Produktivität durch Präsentismus ist etwa doppelt so hoch wie durch Absentismus. Das macht Präsentismus zu einem dringenden Problem. Produktivitätsverluste können inzwischen verlässlich erfasst werden. Es wird ein Interventionsansatz auf drei Ebenen vorgeschlagen.

## Absentismus und Präsentismus

Unternehmen bemühen sich schon lange, Bedingungen zu schaffen, die die Gesundheit der Mitarbeiter fördern oder wenigstens nicht beeinträchtigen. Maßnahmen des Arbeitsschutzes, ergonomische und organisatorische Verbesserungen, Trainings sowie Aktivitäten des Betrieblichen Gesundheitsmanagements zählen dazu. Ziel ist es, Gesundheit zu fördern, die Krankenquote zu senken und Produktivität zu verbessern.

Eine wesentliche Ursache von Produktivitätsverlusten drängt zunehmend in den Fokus der Diskussion um die Gesundheit am Arbeitsplatz: Präsentismus. Badura merkt dazu schon im Fehlzeiten-Report 2006 an, dass Präsentismus sogar größere Bedeutung zukommt als Absentismus, wenn er sagt: „An die Stelle des Absentismus tritt der Präsentismus als Haupt-Problemstellung, die neue Antworten erfordert." (Badura 2007).

Und tatsächlich übersteigen die Produktivitätsverluste durch Präsentismus diejenigen durch Absentismus erheblich.

### Was ist Präsentismus?

Für Präsentismus hat sich nach Hemp in seinem richtungsweisenden Artikel im Harvard Business Review 2005 (Hemp 2005) die folgende Definition eingebürgert: Produktivitätsverluste aufgrund tatsächlicher Gesundheitsprobleme. Der Produktivitätsverlust entsteht, weil Betroffene aufgrund ihrer Gesundheitsprobleme bei der Arbeit mehr Fehler machen, langsamer arbeiten, Produktivitätsstandards nicht erreichen, mehr Unfälle erleiden usw. Die Leistung wird qualitativ und quantitativ beeinträchtigt (Bunn et al 2003, Burton et al 1999).

Ursachen können z.B. Allergien, Rückenschmerzen oder Grippe sein, aber auch psychische Krankheiten wie Depression und Schlafstörungen. Produktivitätsverluste entstehen dann sowohl durch Absentismus als auch durch Präsentismus. Im Folgenden werden wir uns überwiegend mit dem „neuen" Phänomen Präsentismus beschäftigen.

Wie eine Betroffene ihren Präsentismus durch Migräne erlebt, zeigt die Aussage einer 31-jährigen Ingenieurin: „Manchmal ist es so schlimm, dass man gar nichts dagegen hätte, wenn einem der Kopf abfiele. Und letztlich schleppt man sich nur irgendwie durch den Tag." (Hemp 2005). Welche Erleichterung wäre es für die Betroffene, wenn die Migräneanfälle seltener wären, gar nicht aufträten oder wenigstens leichter ausfielen. Lebensqualität, Lebensfreude, Leistungsfähigkeit sowie Produktivität wären besser.

### *Entwicklung der Forschung zum Präsentismus*

In den 1990er Jahren wurden in den USA die ersten Arbeiten zu Produktivitätsverlusten bei Anwesenheit am Arbeitsplatz veröffentlicht. Schon 1999 untersuchten Burton et al (1999) die Auswirkungen von Risikofaktoren und Krankheiten auf die Produktivität im Call Center einer US-amerikanischen Kreditkarten-Gesellschaft. Berücksichtigt wurden Produktivitätsverluste durch Absentismus und dadurch, dass Produktivitätsstandards nicht erreicht werden.

- Mitarbeiter mit hohem Risiko ($\geq 3$ Risikofaktoren) waren 6,5 Tage pro Jahr krank, Mitarbeiter mit geringem Risiko (0–1 Faktor) nur 3,2 Tage. Der Produktivitätsverlust war am höchsten bei Menschen mit Diabetes (11,4 Std./Woche). Bei generellem Stress waren es 5,4, bei Übergewicht oder Fettleibigkeit 5,7 Stunden.
- Der Worker Productivity Index (WPI) zeigte bei Magen-Darm-Erkrankungen 40 % und bei psychischen Erkrankungen 33 % Produktivitätsverlust.

In den Jahren 2001/2002 führten Stewart et al. 2003 das American Productivity Audit durch, eine für die USA repräsentative Telefonstudie mit 28.902 Arbeitnehmern. Darin wurde auch die Wirkung von Gesundheitsproblemen auf Produktivität (Absentismus + reduzierte Leistungsfähigkeit) erfasst. Im Erfassungszeitraum von zwei Wochen vor dem Telefoninterview berichteten 38 % der Mitarbeiter über unproduktive Arbeitszeiten durch Gesundheitsprobleme an mindestens einem Tag. Diese Präsentismuszeiten waren für 71 % des gesamten Produktivitätsverlustes verantwortlich. Die Kosten für alle US-Unternehmen inklusive Krankheitskosten schätzen die Autoren auf $ 225,8 Milliarden pro Jahr, $ 1.685 pro Mitarbeiter.

Bei starken Rauchern (ein Päckchen oder mehr) war die verlorene Arbeitszeit fast doppelt so hoch wie bei Nichtrauchern und Exrauchern. Alkohol: Menschen, die ein bis sechs Drinks pro Woche konsumierten, hatten die geringste verlorene Zeit. Signifikant höher war diese bei starken Trinkern (> 7 Drinks) und Nichttrinkern.

Über eine Untersuchung zu zehn chronischen Erkrankungen berichtet Baase. Die Studie wurde im Jahre 2002 mit 7.797 der 12.397 Beschäftigten an fünf Standorten von Dow Chemical durchgeführt (Baase 2007). Das Unternehmen führt seit 1997 ein umfangreiches integriertes Gesundheitsmanagement durch. Für die Online-Befragung wurde die Stanford Presenteeism Scale (SPS) genutzt. Die Ergebnisse:

- 65 % der Befragten litten an mindestens einer der zehn erfragten Erkrankungen. Die häufigsten Gesundheitsprobleme waren Allergien, Arthritis sowie Gelenk-, Rücken- und Nackenschmerzen.
- Die höchsten Produktivitätseinbußen entstanden jedoch durch Depressionen, Angstzustände, emotionalen Stress sowie Atemwegserkrankungen.
- Je nach Erkrankung sank die Produktivität durch Absentismus und Präsentismus um 18 % bis 35 %. Das sind 0,9 bis 5,9 verlorene Stunden in vier Wochen, gemessen mit dem Work Impairment Score.
- Die Kosten der Produktivitätsverluste lagen bei 10,7 % der gesamten Personalkosten. Der größere Teil, nämlich 6,5 %, kamen durch Präsentismus zustande.

Stewart et al. ermittelten 2003, dass Schmerzen durch Arthritis, Kopfschmerzen und Rückenprobleme die US-Wirtschaft durch verringerte Arbeitsleistungen jährlich 47 Milliarden Dollar kosteten. Depressionen 35 Milliarden. Eine schwedische Telefonbefragung von Aronsson et al (2000) mit 3.801 Beschäftigten stellte 2000 fest, dass 37 % der Beschäftigten im letzten Jahr arbeiteten, als sie eigentlich krank waren. Es konnte kein Unterschied zwischen Managern und anderen Beschäftigten festgestellt werden.

### *Gründe für Präsentismus und Absentismus*

Viele berufliche und private Faktoren können Gesundheitsprobleme verursachen bzw. dazu beitragen. Auf der Arbeitsseite z.B. ungünstiges Führungs- und Kommunikationsverhalten, eine Misstrauenskultur, fehlende Unfallverhütung, viel Verantwortung mit gleichzeitig geringen Entscheidungsspielräumen, wenig/keine Anerkennung, Stress, Gratifikationsprobleme, Arbeitsplatzunsicherheit, Hilflosigkeit usw. Persönliche Ursachen können Krankheitsanfälligkeit, Lebensstil, privater Stress sein, aber auch die Betreuung kranker Kinder oder älterer Menschen.

Badura (2006) weist auf jüngere Entwicklungen in Unternehmen hin, die sich auf Gesundheit auswirken: Verlust an Vertrauen in und Identifikation mit der Organisation, wenig Transparenz, Verschlechterung des Betriebsklimas, soziale Ungleichheit sowie Individualisierung statt Teamarbeit.

Hollmann & Heyer (2008) zitieren aus der INQA-Befragung „Was ist gute Arbeit?", wie die Beschäftigten, die im vergangenen Jahr mindestens einmal arbeiteten, obwohl sie sich richtig krank fühlten (71 %), dies begründen:

- stärkere Ergebnisorientierung in den Unternehmen, höhere Anforderungen an Selbstverantwortung
- „Stellvertreter-Sterben": dünner werdende Personaldecke. Beim Zurückkommen liegt die vielfache Menge an Arbeit auf dem Tisch. Außerdem will man die Kollegen nicht im Stich lassen.
- Gefahr beruflicher Nachteile wie Nicht-Beförderung, Entlassung usw.

*Untersuchungsinstrumente*

Zu den anerkannten Selbsteinschätzungsinstrumenten für Präsentismus und Absentismus zählen (Collins et al 2005):

- WPAI: Work Productivity and Activity Short Inventory (Lynch et al 2001)
- WLQ: Work Limitation Questionnaire (Lerner & Amick 2001)
- WPSI: Work Productivity Short Inventory (Goetzel et al 2001)
- SPS: Stanford Productivity Scale (Koopmann et al 2004)

Die Beschäftigten werden gefragt, ob sie Gesundheitsprobleme hatten und wie stark ihre Produktivität beeinträchtigt wurde. Unterschiedlich ist die Zahl der einbezogenen Gesundheitsprobleme wie auch die erfragte Zeitperspektive, z.B. eine Woche bis ein Monat.

Es stellt sich die Frage, wie zuverlässig Fragebogendaten sind. Dazu wurden Kontrolluntersuchungen durchgeführt. Burton et al. (1999) verglichen die Selbsteinschätzung mit Produktivitätsdaten in einem Call-Center der Bank One, z.B. Dauer und Ergebnis der Anrufe, Qualität der Gespräche (Supervisoren-Rating). Es ergab sich eine sehr hohe Übereinstimmung der objektiven Daten mit den Selbsteinschätzungen.

## Welche Gesundheitsprobleme verursachen Absentismus und Präsentismus?

In der Literatur wurden über 40 Gesundheitsprobleme und Risikofaktoren mit Präsentismus in Verbindung gebracht. Jeder Mitarbeiter ist statistisch nicht nur von einem Gesundheitsproblem betroffen, sondern von zwei bis drei Problemen. Burton et al. (2006) fanden in ihrer Stichprobe von mehr als 7.000 Beschäftigten mit einem mittleren Alter von 40 Jahren pro Person 2,1 Risikofaktoren. Mills et al. (2007) in einer etwas jüngeren Gruppe (34,5 J.) sogar 2,9. Die Wirkungen einzelner Gesundheitsprobleme zeigen die folgenden Untersuchungen:

- Lampl et al. (2003) fanden in Österreich eine 1-Jahres-Prävalenz für Migräne bei Menschen über 15 Jahren von 44,9 % für mindestens einen Anfall pro Monat. Mindestens einmal pro Woche erlebten 20 % einen Migränean-

fall. Verbunden waren die Migräneattacken mit einer um 19,8 % verringerten Arbeitsfähigkeit. Im Mittel verloren die Beschäftigten 23,2 Arbeitstage pro Jahr. Nur 12,8 % der Betroffenen konsultierten einen Arzt (n = 997, Interviews).
- Arthritis wurde als eines der ersten Gesundheitsprobleme im Zusammenhang mit verlorener Produktivität untersucht. 2006 fassten Burton et al. (2006) 38 Studien in einer Meta-Analyse zusammen. Sie fanden, dass 54 % der Menschen mit rheumatischer Arthritis sich in den vergangenen sechs Monaten in ihrer Leistungsfähigkeit eingeschränkt fühlten. Sie verloren im letzten Jahr 39 Arbeitstage (Median).
- In einer repräsentativen französischen Studie (Leger et al 2000) (n = 12.778, > 18 Jahre) berichteten 29 % über Schlafprobleme, die mindestens dreimal pro Woche auftraten und mindestens einen Monat dauerten. Glazer et al. (2006) stellten ebenfalls massive Auswirkungen von Schlafproblemen fest. Die Betroffenen fehlten 15,8 Tage im Jahr, verglichen mit 1,6 Tagen bei Menschen ohne Schlafschwierigkeiten.

Mit der Frage, ob sich die Produktivität ändert, wenn sich das Gesundheitsrisiko ändert, beschäftigten sich Burton et al. (2006). 7.026 Mitarbeiter eines großen Finanzdienstleisters beteiligten sich an der Untersuchung mit dem Work Limitation Questionnaire und einem Health Risk Appraisal.

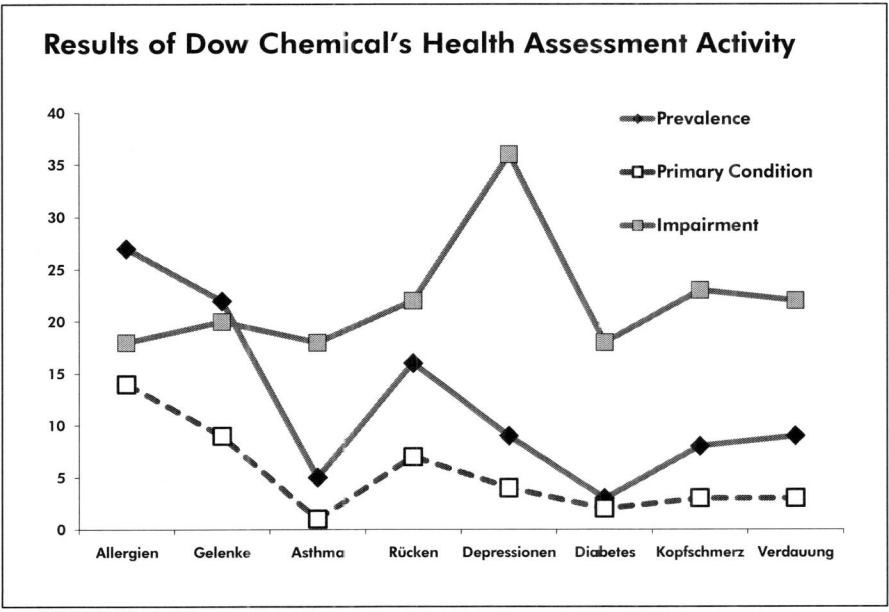

**Abbildung 1** Pävalenz von Gesundheitsproblemen; Auswirkungen auf Produktivität insgesamt (Impairment) sowie durch das Gesundheitsproblem, das die Produktivität am meisten beeinflusst hat (Primary Condition) bei Dow Chemical (nach Collins et al. 2005)

Bei Menschen, die ihre Gesundheitsrisiken wie Bewegungsmangel, Übergewicht, Bluthochdruck, Job-Unzufriedenheit usw. von 2002 bis 2004 verringerten, stieg die Produktivität pro Risikofaktor um 1,9 % und $ 950 im Jahr. Die Produktivität sinkt, wenn die Zahl der Gesundheitsrisiken größer wird – aber auch, wenn sie gleich bleibt.

Die Abbildung 1 zeigt beispielhaft, welche Gesundheitsprobleme in die Studie bei Dow Chemical einbezogen waren. Die Prävalenz der Gesundheitsprobleme variiert in verschiedenen Unternehmen und Branchen. Mit zunehmendem Alter nimmt die Zahl der Gesundheitsprobleme pro Person zu, besonders die Zahl chronischer Krankheiten. Um relevante Zahlen für Deutschland zu erhalten, hat HDP (Health Development Partners), die sich seit Jahren mit Präsentismus beschäftigen, eine Meta-Analyse verlässlicher Studien sowie darauf aufbauend ein Berechnungsmodell in Auftrag gegeben. Die Gesundheitswissenschaftler Prof. Donald C. Iverson und Dr. Wendy Lynch entwickelten das Modell auf der Basis von internationalen Forschungsdaten und bundesdeutschen Beschäftigten- und Prävalenzdaten. Ziel des Modells ist eine vorsichtige Schätzung, die hohe Sicherheitsmargen berücksichtigt. Dazu reduziert das Modell z.B. die Selbsteinschätzung der Befragten zu Präsentismus-Verlusten um 50 %: erstens, weil bestimmte Gesundheitsprobleme gemeinsame Anteile haben, z.B. Stress und Schlafprobleme, zweitens, weil es für die Befragten schwierig ist, die Produktivitätsverluste mehrerer gleichzeitiger Probleme zu trennen. – Das Modell zeigt, dass 13 Gesundheitsprobleme hauptsächlich zu Produktivitätsverlusten führen.

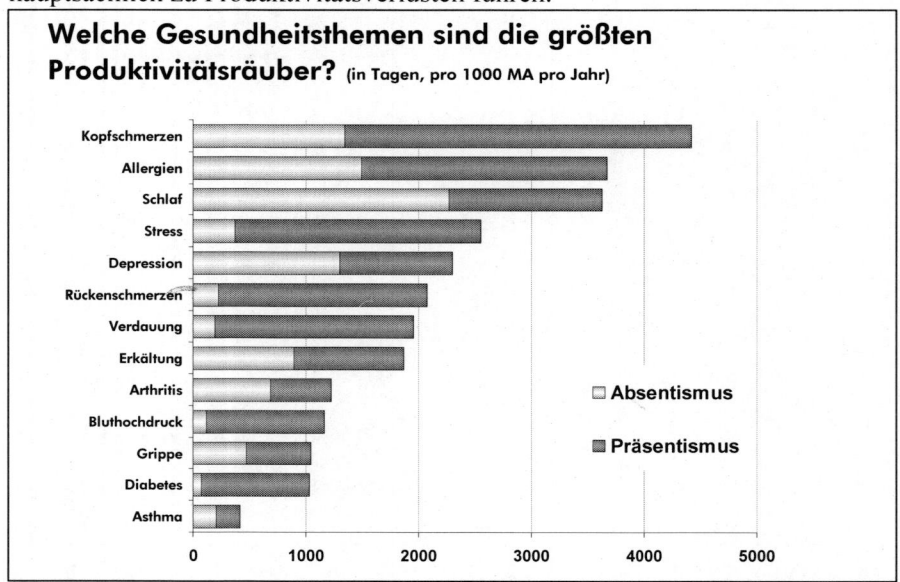

**Abbildung 2** Gesundheitsprobleme, Absentismus und Präsentismus sowie ihre Auswirkungen auf die Produktivität in Tagen pro 1.000 Beschäftigte nach dem Modell von Iverson & Krause (2007)

Gesundheitsprobleme verursachen unterschiedliche Anteile von Präsentismus und Absentismus. Interessant erscheint, dass Schlafprobleme an dritter Stelle stehen. Ihre Auswirkungen auf die Produktivität werden im Allgemeinen stark unterschätzt, auch von den Betroffenen selbst.

Risikofaktoren wie Übergewicht, Rauchen, Bewegungsmangel usw. wurden in dem Modell von Iverson und Lynch aus zwei Gründen nicht als direkte Verursacher berücksichtigt, weil

1. derselbe Risikofaktor bei mehreren Gesundheitsproblemen eine Rolle spielt. Er würde also mehrfach gezählt.
2. Betroffene die Wirkung der Faktoren nicht einzeln abschätzen können. Es stehen keine Daten für die Wirkung einzelner Risikofaktoren zur Verfügung.

Bei Interventionen (s.u.) dagegen werden die Risiko-Faktoren auf jeden Fall berücksichtigt, da sie häufig Ansatzpunkte für eine Verbesserung der Gesundheitsprobleme darstellen. Beispiel Diabetes: Abbau von Übergewicht, Aufnahme von Bewegungsaktivitäten, gesundes Essen; Schlafprobleme: Stressreduktion, regelmäßige Bewegung, Entspannungstechniken usw.

## Wie groß sind die Produktivitätsverluste?

Die Produktivitätsverluste durch Präsentismus und Absentismus zusammen sind in den verschiedenen Untersuchungen sehr unterschiedlich. Sie liegen zwischen 3 % und 31,7 %. Die Daten stammen mehrheitlich aus US-Studien sowie einigen wenigen europäischen Arbeiten. – Inzwischen liegen auch die ersten deutschen Untersuchungen vor.

- Eine Diplomarbeit (Wallat 2007), die bei der Henkel KG a.A. in Zusammenarbeit mit dem Medizinischen Dienst erstellt wurde, ermittelte einen Produktivitätsverlust von 14 %. Davon entfielen auf Präsentismus rund 11 %.
- Der IGA-Report 12 (Bödeker & Hüsing 2008) berichtet, dass die Beschäftigten die Produktivitätsverluste durch Absentismus und Präsentismus auf 20 % schätzen.
- Die Meta-Analyse und das Modell von Iverson & Lynch (Iverson & Krause 2007) kommt zum Ausmaß von Präsentismus und Absentismus in Deutschland – inklusive der eingesetzten Sicherheitsmargen – zu folgenden Ergebnissen:
    a) 12 % der Gesamtproduktivität von Unternehmen gehen aufgrund von Gesundheitsproblemen verloren. Davon entfällt doppelt so viel auf Präsentismus wie auf Absentismus.
    b) Pro Mitarbeiter verlieren Unternehmen 27 Tage im Jahr.

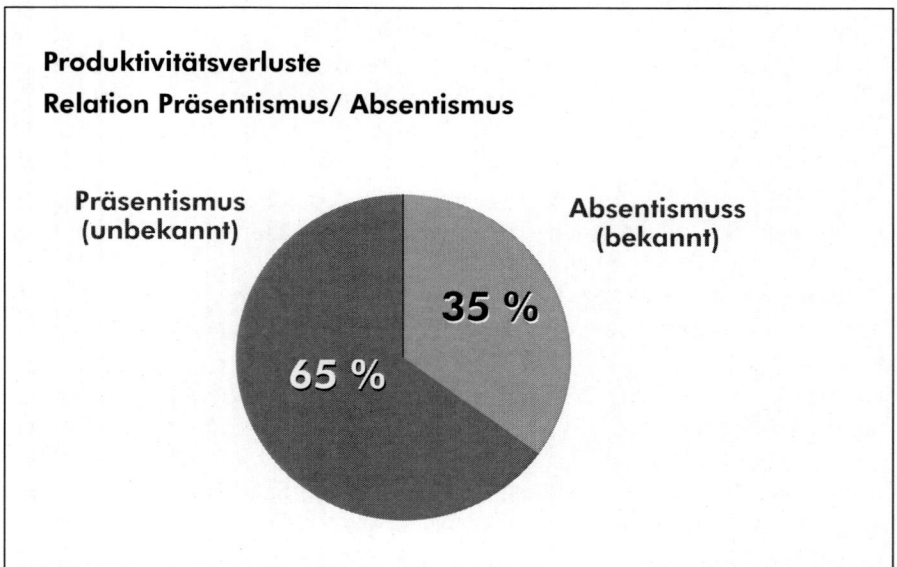

**Abbildung 3** Verhältnis von Präsentismus und Absentismus: Produktivitätsverluste durch Präsentismus sind etwa doppelt so hoch (nach Iverson & Krause 2007)

Schlussfolgerung: Betrachtet man die Produktivitätsverluste der Unternehmen und die Gesundheitseinbußen der Mitarbeiter, so lohnt es sich für alle Beteiligten, etwas zu unternehmen. Mitarbeiter würden von „mehr Gesundheit" und Unternehmen von höherer Produktivität profitieren. Ein besonderer Fokus sollte dabei auf Präsentismus liegen, weil 2/3 der Verluste dadurch verursacht werden und die Interventionen automatisch auch Absentismus senken.

Dass Präsentismus längst nicht mehr nur ein Feld für Forscher ist, zeigt, dass das World Economic Forum 2008 einen Bericht mit dem Titel „Working Towards Wellness: The Business Rationale" (World Economic Forum 2008) in Auftrag gegeben hat. Dieser stellt fest, dass die größten Produktivitätsverluste (Absentismus + Präsentismus) durch Erschöpfung, Depression, Rücken- und Nackenschmerzen, Schlafprobleme sowie chronische Schmerzen verursacht werden. Für diesen Bericht wurden außerdem prominente Experten interviewt. Die Schlussfolgerung: „Businesses will have to invest in wellness. There is no choice. It's not philanthropy. It's enlightened self-interest."

# Was kann man gegen Absentismus und Präsentismus tun und was gewinnen Unternehmen?

Ein Problem zu erkennen ist der wichtige erste Schritt. Er reicht aber nicht aus. Zuerst müssen durch eine Befragung Struktur und Größe des Problems in einem Unternehmen festgestellt werden. Darauf aufbauend werden Interventionsschwerpunkte festgelegt.

### *Ansatzpunkte gegen Absentismus und Präsentismus*

Die Möglichkeiten, Absentismus und Präsentismus in Unternehmen zu verringern, sind vielfältig. Individuelle und organisationsbezogene, verhaltens- und verhältnisorientierte Interventionen sollten ein Gesamtpaket bilden. So greifen die Maßnahmen der verschiedenen Ansätze ineinander, ergänzen und unterstützen sich gegenseitig. Effekte werden maximiert.

Organisationsbezogene und verhältnisorientierte Maßnahmen können sein: eine gesundheitsunterstützende Unternehmenskultur entwickeln und umsetzen, stressreduzierende Organisations- und Kommunikationsstrukturen einrichten, Führungskräfte für teamorientierte Führung trainieren, Gesundheitszirkel implementieren usw. Auch Aktivitäten der Arbeitssicherheit und ergonomische Gestaltung der Arbeitsplätze gehören dazu. Auf der anderen Seite ermöglichen verhaltensorientierte Maßnahmen Mitarbeitern, selbst etwas gegen ihre Gesundheitsprobleme zu unternehmen. Das Unternehmen sollte Betroffene im Rahmen des Betrieblichen Gesundheitsmanagements mit Angeboten unterstützen und Gesunden präventive Möglichkeiten bieten. – Dieser Beitrag konzentriert sich auf den individuellen, verhaltensorientierten Ansatz, Präsentismus und Absentismus zu reduzieren. Zu organisationsbezogenen Maßnahmen siehe den Beitrag von Badura in diesem Buch.

### *Wissenschaftliche Basis*

Bisher gibt es nur wenige Interventionen, die evaluiert wurden. So erweiterte nach Mills et al. (2007) Unilever GB sein umfangreiches Gesundheitsangebot z.B. um Aktivitäten zum Schmerzmanagement, zur Schlafverbesserung und verstärkte die Stressbewältigungsangebote. Jeder Befragungsteilnehmer erhielt eine individuelle Auswertung seiner Angaben sowie Hinweise auf Angebote für seine Gesundheitsprobleme. Im Intranet wurde ein Gesundheitsportal eingerichtet mit Informationen und Online-Selbstmanagement-Programmen. Per E-Mail kamen sowohl individualisierte Unterstützung als auch ein regelmäßiger Newsletter. Es konnte eine außerordentlich hohe Steigerung der Produktivität um 8,5 % erzielt werden. Der return-on-invest (ROI) lag bei 1 : 6,19 Pounds.

Eine schwedische Studie (Aronsson et al 2000) stellte fest, dass 64 % der Teilnehmenden über Kopfschmerzen in den letzten drei Monaten berichteten, verbunden mit einer 25%-igen Leistungsminderung. Bei Migräne waren es sogar 41 %. Da bekannt ist, dass die meisten Betroffenen nicht in ärztlicher Behandlung sind oder keine adäquate Medikation bekommen, erhielten die Betroffenen Informationen über den aktuellen Stand der Kopfschmerz-Medikation. Dadurch konnten die verlorenen Tage um 40 % reduziert werden. Ergänzend stellte auch die niederländische Studie von Pop u.a. (Pop et al 2002) fest, dass nur 10 % der Beschäftigten mit Migräne migränespezifische Medikamente, z.B. Triptan, nahmen. Die anderen behandelten sich selbst mit OTC-Präparaten. Speziell die Belastung von Mitarbeitern und Unternehmen durch Allergien untersuchten Bunn et al (2003) in der Allergie-Saison 2001. Je stärker die Allergie ausgeprägt war, desto geringer war die Gesamteffektivität bei der Arbeit (–29 %). Nutzten die Betroffenen nichtmüdemachende Antihistamine, so reduzierten sich die Verluste auf 15 % in der am stärksten betroffenen Gruppe.

### *Eine Systematik verhaltensorientierter Absentismus-Präsentismus-Interventionen*

Es bietet sich an, Interventionen nach Intensität der Betreuung und damit nach Personaleinsatz und Kosten zu differenzieren. Die Autoren schlagen drei aufeinander aufbauende Interventionsebenen vor.

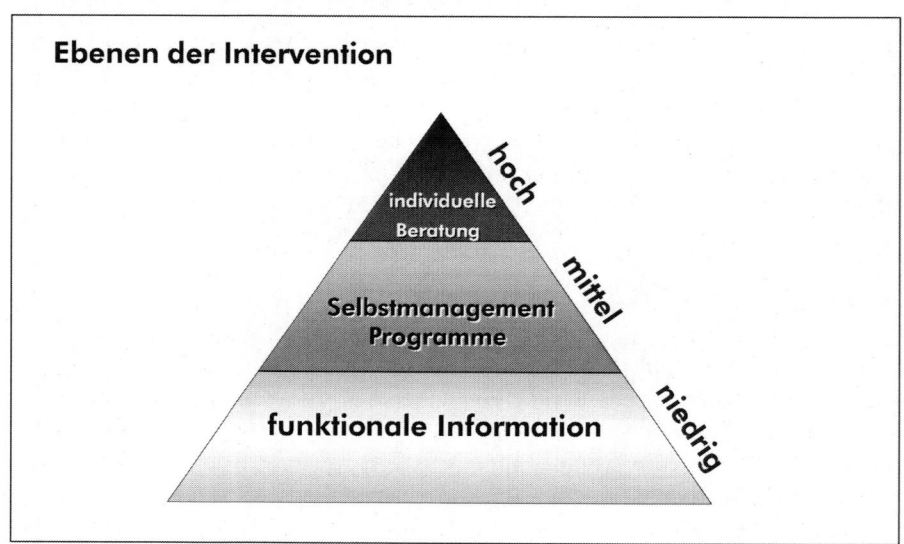

**Abbildung 4** Hierarchisch aufgebaute Interventionsebenen für Präsentismus-Absentismus-Programme

#### Ebene 1: Funktionale Information

Schriftliche Unterlagen zu jedem der ausgewählten Gesundheitsprobleme. Die Papiere enthalten aktionsorientierte Informationen, was der Betroffene selbst gegen seine Beschwerden tun kann, z.B. Lebensstilveränderungen, schulmedizinische Möglichkeiten, wissenschaftlich anerkannte alternative Methoden. Aus diesen wählt der Einzelne aus. Ein Beispiel ist die schwedische Studie, in der Migränebetroffene Informationen über neue wirksamere Medikamente erhielten. – Empfehlenswert ist ein Projektstart auf dieser niedrigsten Interventionsebene, die allen Mitarbeitern angeboten werden sollte.

**Ebene 2: Selbstmanagement-Strategien**

Selbstmanagement-Programme – schriftlich oder online – bieten neben Informationen zusätzlich konkrete Anleitungen für die Umsetzung, die die individuellen Möglichkeiten und Vorlieben berücksichtigen. Beispiel dafür ist das Programm von Lorig et al. (2004) für Menschen mit Arthritis.

**Ebene 3: Persönliche Beratung**

Diese höchste Interventionsstufe kann z.B. Mitarbeitern angeboten werden, die sehr stark von einem Gesundheitsproblem oder durch mehrere Probleme gleichzeitig betroffen sind. Es handelt sich um Angebote mit persönlicher Beratung, in der auf die Arbeits- und Lebenssituation des oder der Betroffenen individuell eingegangen werden kann, z.B. in Kursen oder Einzelberatungen. Beispiele sind die Studien zu Schlafproblemen mit kognitiver Verhaltenstherapie, Entspannungstechniken und Ausdauertraining.

Auf allen Ebenen sollten die Angebote des Betrieblichen Gesundheitsmanagements, des Betriebsärztlichen Dienstes, der Krankenkassen und ggf. von EAP-Programmen einbezogen werden, z.B. durch Hinweise in den Informationsbroschüren, Selbstmanagement-Programmen sowie individuellen Beratungen und Kursen. Auf diese Weise erhalten die bestehenden Angebote des Gesundheitsmanagements zusätzliche Teilnehmer. Es werden außerdem Zielgruppen gewonnen, die bisher nicht zur typischen (schon gesundheitsorientierten) Klientel gehörten. – Darüber hinaus können Gesundheitsangebote gezielt für die Problemschwerpunkte ausgebaut werden.

***Gewinn für Mitarbeiter und Unternehmen***

Die Philosophie von Absentismus-Präsentismus-Programmen zielt auf eine Win-Win-Situation. Die betroffenen Mitarbeiter erreichen mehr Gesundheit und Wohlbefinden, ein Gewinn für das berufliche und das private Leben. Für Unternehmen liegt der Gewinn vor allem in gesteigerter Produktivität. Zusätzlich sind weiterer attraktiver Nutzen auf beiden Seiten zu erwarten.

Derzeit liegen nur wenige Untersuchungen von Präsentismus-Interventionen vor, die erlauben, Effekte abzuschätzen. Deshalb nutzte das Modell von Iverson und Lynch für die Vorhersage von Interventionseffekten die empirisch belegte Wirksamkeit von Behandlungsmethoden für die 13 Gesundheitsprobleme. Beispiele: kognitive Verhaltenstherapie bei Depressionen, Gewichtsreduktion bei Diabetes im Rahmen des Betrieblichen Gesundheitsmanagements und in anderen Settings. Es wurden Methoden einbezogen, die das anerkannte Cochrane-Institut als wissenschaftlich gesichert ansieht.

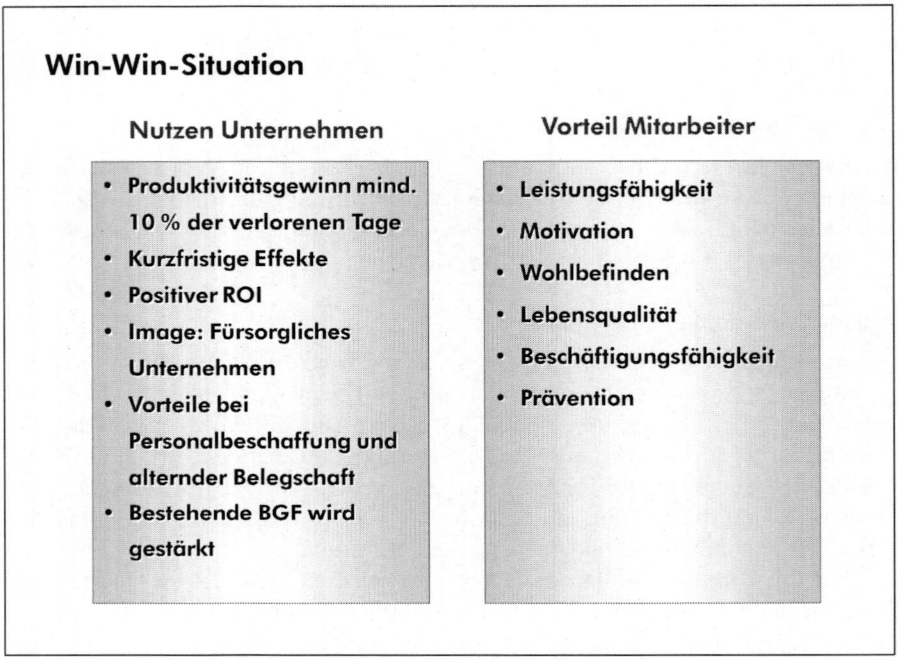

**Win-Win-Situation**

| Nutzen Unternehmen | Vorteil Mitarbeiter |
|---|---|
| • Produktivitätsgewinn mind. 10 % der verlorenen Tage<br>• Kurzfristige Effekte<br>• Positiver ROI<br>• Image: Fürsorgliches Unternehmen<br>• Vorteile bei Personalbeschaffung und alternder Belegschaft<br>• Bestehende BGF wird gestärkt | • Leistungsfähigkeit<br>• Motivation<br>• Wohlbefinden<br>• Lebensqualität<br>• Beschäftigungsfähigkeit<br>• Prävention |

**Abbildung 5** Vorteile für Mitarbeiter und Unternehmen

Auch die Schätzung der Interventionseffekte im Modell erfolgte konservativ. Sie zeigt, dass allein durch die Basisintervention (Ebene 1, funktionale Information) 10 % der Absentismus-Präsentismus-Verluste zurückgewonnen werden können. Der kalkulierte prospektive return-on-invest (ROI) wird zwischen 1 : 2 und 1 : 4 liegen.

## Erkenntnisse aus einem aktuellen Praxisprojekt

In der Analysephase eines Präsentismus-Interventions-Projekts bei einem großen deutschen Markenartikelhersteller (Herbst 2008) ergab sich ein Produktivitätsverlust durch Absentismus und Präsentismus von 21 Tagen pro Jahr und Mitarbeiter. Davon 16 Tage – also mehr als 70 % – durch Präsentismus.

Die größten Produktivitätsräuber waren Stress, Schlafstörungen und Depressionen mit Präsentismus-Verlusten, die 4- bis 10-mal höher ausfielen als die durch Absentismus. Kopfschmerzen, die beim Modell von Iverson und Lynch an erster Stelle stehen, folgen bei diesem Unternehmen erst auf Platz 7.

Um treffgenau Interventionen auszuwählen, ist also zuvor eine unternehmensspezifische Analyse unbedingt erforderlich. In die Vorbereitung wurden alle wichtigen Akteure (Geschäftsführung, Betriebsrat, Datenschutz, Betriebsarzt, Kommunikation) einbezogen. Ein bedeutender Erfolgsfaktor für Gesundheitsprojekte ist eine möglichst hohe Beteiligung. Von den über 1.000 Mitarbeitern füllten 52 % den Fragebogen aus. Das Vertrauen in einen funktionierenden Datenschutz, das diese hohe Beteiligung widerspiegelt, wurde im Vorfeld durch systematische, mehrstufige Kommunikation aufgebaut.

- Im Intranet wurde zuerst allgemein über Präsentismus berichtet. Es folgte die Ankündigung der Befragung, die durch externe Partner durchgeführt wurde. Daten werden nur im aggregierten Zustand an das Unternehmen weitergeleitet. Außerdem sicherte das Unternehmen zu, tatsächlich Gesundheitsmaßnahmen zu installieren, wenn die Ergebnisse das zeigen.
- Damit die Teilnehmenden unmittelbaren Nutzen hatten, konnten sie am Ende der Befragung Informationspapiere zu den jeweils relevanten Gesundheitsproblemen herunterladen (Interventionsebene 1). Es erfolgten ca. 1.400 Downloads. Die gewählten Themen spiegelten die Gesundheitsprobleme wider.

Aufgrund einer detaillierten Auswertung werden nun Interventionen erarbeitet, mit denen das Unternehmen die vorrangigen Gesundheitsprobleme verringern kann.

## Ein Blick in die gesundheitliche Zukunft

Alternde Belegschaften, längere Lebensarbeitszeiten sowie die Zunahme chronischer Erkrankungen machen erfolgreiches Gesundheitsmanagement immer wichtiger. Die Hochrechnung des World Economic Forums (2008) geht davon aus, dass es in zehn Jahren insgesamt 17 % mehr chronische Erkrankungen geben wird. Menschen werden immer früher an chronischen Erkrankungen leiden. Jetzt schon haben Beschäftigte mit Ende 30 bis Anfang 40 zwei oder mehr Risikofaktoren und mindestens eine chronische Krankheit. Beispiel Diabetes: Hier wird in den nächsten Jahren eine enorme Zunahme erwartet. Die jüngsten Menschen mit „Alters-Diabetes" (Typ II) sind heute schon unter 10 Jahren alt.

In der INQUA-Befragung zur Qualität der Arbeit wird nach Hollman & Heyer (2008) festgestellt, dass Beschäftigte über 55 Jahre zwar seltener krank sind, dann aber doppelt so lange ausfallen wie jüngere Beschäftigte. Ohne Gesundheitsinterventionen muss befürchtet werden, dass Absentismus und Präsentismus erheblich zunehmen. Es lohnt sich also auch aufgrund dieser Perspektive, in die Gesundheit von Mitarbeitern zu investieren, damit diese so lange wie möglich so gesund wie möglich bleiben.

Diese Perspektiven unterstreichen die Schlussfolgerung des World Economic Forums zum Betrieblichen Gesundheitsmanagement: "There is no choice. It's not philanthropy. It's enlightened self-interest." (World Economic Forum 2008).

## Literatur

Aronsson G, Gustafsson K, Dallner M (2000) Sick but yet at work. An empirical study of sickness presenteeism. J of Epidemiology & Community Health 54:502–509

Badura B (2006) Vortrag: Die gesunde Organisation und die gesunden Mitarbeiter. 5. BGF-Symposium „Status und Zukunft der betrieblichen Gesundheitsförderung". AOK-Bildungszentrum, Grevenbroich

Baase CM (2007) Auswirkungen chronischer Krankheiten auf Arbeitsproduktivität und Absentismus und daraus resultierende Kosten für die Betriebe. In: Badura B (Hrsg) Fehlzeiten-Report 2006. Springer, Heidelberg, S 45–59

Badura B (2007) Fehlzeiten-Report 2006. Springer, Heidelberg

Bödeker W, Hüsing T (2008) IGA-Report 12 – IGA Barometer 2. Welle: Einschätzungen der Erwerbsbevölkerung zum Stellenwert der Arbeit, zur Verbreitung und betrieblicher Akzeptanz von betrieblicher Prävention und zur krankheitsbedingten Beeinträchtigung der Arbeit – 2007. Essen

Bunn WB, Pikelny DB, Paralkar S et al (2003) The burden of allergies and the capacity of medication to reduce this burden. JOEM 45 (9):941–955

Burton WN, Conti DJ, Chen C et al (1999) The role of health risk factors and disease on worker productivity. JOEM 41:863–877

Burton WN, Chen C, Conti DJ et al (2006) The association between health risk change and presenteeism change. JOEM 48:252–263

Burton M, Morrison A, Ross M et al (2006) Systematic review of studies of productivity loss due to rheumatoid arthritis. Occupational Medicine 56:18–27

Collins JJ, Baase CM, Sharda CE et al (2005) The assessment of chronic health conditions on work performance, absence and total economic impact for employers. JOEM 47:547–557

Glazer W, Erman MK, Becker P (2006) Poor Sleep: The Impact on the Health of our Patients. Medscape. www.medscape.com/viewprogram/3095_pnt.

Goetzel RZ, Hawkins K, Ozminkowski RJ (2001) Health and productivity management – establishing key performance measures, benchmark and best practices. JOEM 43:10–17

Hemp P (2005) Krank am Arbeitsplatz. Harvard Business manager 1:47–60

Hollmann D, Heyer A (2008) Gesund arbeiten – eine Bilanz. Personal 03:14–16

Iverson DC, Krause R (2007) Produktivitätsräuber Präsentismus. Personal 12:46–48

Koopmann C, Pelletier KR, Murray JF et al (2004) Stanford presenteeism scale: health status and employee productivity. JOEM 44:14–20

Lampl C, Buzath A, Baumhackl U et al (2003) One-year prevalence of migraine in Austria: a nation-wide survey. Cephalalgia 23:280–286

Leger D, Guilleminault C, Dreyfus M et al (2000) Prevalence of insomnia in a survey of 12 778 adults in France. Journal of Sleep Research 9:35–42

Lerner D, Amick B (2001) WLQ – Work limitation questionare. In: Lynch W, Mercer WM, Riedel JE (2001) Measuring employee productivity – a guide to self-assessment tools. Institute for Health & Productivity Management

Lorig KR, Ritter PL, Laurent DD et al (2004) Long-term randomized controlled trials of tailored-print and small-group arthritis self-management interventions. Medical Care 42, 4:346–354

Lynch W, Mercer WM, Riedel JE (2001) WPAI – Work productivity and activity short inventory. In: Lynch W, Mercer WM, Riedel JE Measuring employee productivity – a guide to self-assessment tools. Institute for Health & Productivity Management:28–31

Lynch W, Mercer WM, Riedel JE (2001) Measuring employee productivity – a guide to self-assessment tools. Institute for Health & Productivity Management

Mills PR, Kessler RC, Cooper J (2007) Impact of a health risk promotion program on employee health risk and work productivity. American Journal of Health Promotion 22, 1:45–53

Pop PH, Gierveld CM, Karis HA et al (2002) Epidemiological aspects of headache in a workplace setting and the impact on the economic loss. Eur J Neurol 9 (2):171–174

Stewart WF, Ricci JA, Chee E et al (2003) Lost productivity time costs from health conditions in den United States: Results from the american productivity audit. JOEM 45:1234–1246

Turpin RS, Ozminkowski RJ, Sharda CE et al (2004) Reliability and validity of the stanford presenteeism scale. JOEM 46:1123–1133

Wallat FG (2007) Gesundheit und Produktivität im Unternehmen – Eine empirische Analyse am Beispiel der Henkel KGaA. Hochschule Niederrhein

World Economic Forum (2008) Working towards wellness: The business rationale. Ref. 150 108 in Kooperation mit PriceWaterhouseCooper

# 9 Beiträge überbetrieblicher Experten

# Der Beitrag der Krankenkassen

Michael Drupp

AOK-Institut für Gesundheitsconsulting
Hildesheimer Str. 273
30519 Hannover

Ein zentraler Akteur im Bereich überbetrieblicher Experten des betrieblichen Gesundheitsmanagements sind die gesetzlichen Krankenkassen. Mit dem GKV-Wettbewerbsstärkungsgesetz 2007 ist die betriebliche Gesundheitsförderung durch Initiative des Gesetzgebers erstmalig zur Pflichtleistung der gesetzlichen Krankenversicherung geworden (§§ 20a und b SGB V). Die Krankenkassen hatten schon in der Vergangenheit – wenn auch mit unterschiedlicher Ausprägung bei den einzelnen Trägern – Betriebe bei der Umsetzung von Maßnahmen der betrieblichen Gesundheitsförderung unterstützt. Der Gesetzgeber hat nunmehr einen verbindlichen Rahmen geschaffen, der die Rolle der gesetzlichen Krankenversicherungen in Deutschland in der betrieblichen Gesundheitsförderung in Abgrenzung zu anderen Akteuren wie den Unfallversicherungsträgern regelt, Festlegungen zu den finanziellen Aufwendungen der einzelnen Kassen trifft und einen Rahmen mit Ausführungsbestimmungen zur Qualitätssicherung und zum Vorgehen der Kassen absteckt.

## Gesetzliche Regelungen und Leistungen der Krankenkassen

Im Einzelnen sind folgende gesetzliche Regelungen von Bedeutung:
- Sozialpolitische Aufgabe und Qualitätssicherung: Die betriebliche Gesundheitsförderung durch die Krankenkassen unterliegt mit der Primärprävention insgesamt dem Postulat der sozialpolitischen Aufgabe, den allgemeinen Gesundheitszustand zu verbessern und insbesondere einen Beitrag zur Verminderung sozial bedingter Ungleichheit von Gesundheitschancen zu erbringen (§ 20 Abs. 1 SGB V). Dabei beschließt der Spitzenverband Bund der Krankenkassen gemeinsam und einheitlich unter Einbeziehung unabhängigen Sachverstandes prioritäre Handlungsfelder und Kriterien für die Leistungen, insbesondere hinsichtlich Bedarf, Zielgruppen, Zugangswegen, Inhalten und Methodik. Diese sind im „Leitfaden Prävention", zuletzt in der Fassung vom 2. Juni 2008, niedergelegt. Eine Dokumentation der Leistungen erfolgt in der vom MDS jährlich herausgegebenen GKV-Dokumentation.

- Pflichtleistung: Krankenkassen haben Leistungen zur betrieblichen Gesundheitsförderung zu erbringen (§ 20a Abs. 1 SGB V). Dabei sollen sie unter Beteiligung der Versicherten und der betrieblichen Verantwortlichen die gesundheitliche Situation von Unternehmen einschließlich ihrer Risiken und Potenziale analysieren sowie Vorschläge zur Verbesserung der gesundheitlichen Situation und zur Stärkung gesundheitlicher Ressourcen entwickeln. Die Kassen sollen ausdrücklich auch Umsetzungsmaßnahmen in den Betrieben unterstützen.
- Zusammenarbeit: Bei der Wahrnehmung ihrer Aufgaben sollen die Krankenkassen mit dem zuständigen Unfallversicherungsträger zusammenarbeiten (§ 20a Abs. 2 SGB V). Sie können ihre Aufgaben entweder selbst, alternativ auch durch andere Krankenkassen, durch ihre Verbände oder zu diesem Zweck gebildete Arbeitsgemeinschaften wahrnehmen. Dabei sollen die Krankenkassen untereinander zusammenarbeiten. Im Hinblick auf die Zusammenarbeit mit den Unfallversicherungsträgern ist festgelegt, dass die Krankenkassen Letztere bei deren Aufgaben zur Verhütung arbeitsbedingter Gesundheitsgefahren unterstützen, indem sie diese über Erkenntnisse informieren, die sie über Zusammenhänge zwischen Erkrankungen und Arbeitsbedingungen gewonnen haben. Im Falle einer berufsbedingten Gefährdung oder einer Berufskrankheit hat die unverzügliche Mitteilung an die für den Arbeitsschutz zuständigen Stellen und den Unfallversicherungsträger zu erfolgen (§ 20 b Abs. 1 SGB V).
- Finanzierung: Für die Wahrnehmung ihrer Aufgaben in der primären Prävention (§ 20a Abs. 1 SGB V) und der betrieblichen Gesundheitsförderung (§§ 20a und 20b) sollten die Kassen in 2006 für jeden ihrer Versicherten mindestens einen Betrag von 2,74 EUR aufbringen. Dieser Mindestbetrag ist in den Folgejahren entsprechend der monatlichen Bezugsgröße (nach § 18 Abs. 1 SGB IV) anzupassen und lag in 2009 bei 2,82 EUR. Eine Aufteilung der finanziellen Aufwendungen nach den einzelnen Settingfeldern hat der Gesetzgeber (mit Ausnahme der weiteren Bestimmungen für die Selbsthilfe, für die im Jahre 2006 nach § 20c Abs. 3 SGB V ein separater Betrag von 0,55 EUR für jeden Versicherten im Kalenderjahr aufzubringen war) nicht vorgenommen.
- Bonus für betriebliche Gesundheitsförderung: Hierbei handelt es sich um eine Satzungsoption, die künftig unter der Rahmenbedingung des ab dem 01.01.2009 geltenden Gesundheitsfonds und dem bundesweit einheitlich festgelegten Beitragssatz von 15,5 % (für 2009) eine besondere Rolle als eines der verbleibenden Instrumente der Preisdifferenzierung spielen dürfte. Danach kann eine Krankenkasse in ihrer Satzung vorsehen, dass bei Maßnahmen der betrieblichen Gesundheitsförderung durch Arbeitgeber sowohl der Arbeitgeber als auch die teilnehmenden Versicherten einen Bonus erhalten (§ 65a Abs. 2 SGB V). Diese unterliegen dem Wirtschaftlichkeitsprinzip, d.h., sie müssen – analog den Regelungen zum individuellen Ge-

sundheitsbonus (§ 65a Abs. 1 und Abs. 3 SGB V) – mittelfristig aus Einsparungen und Effizienzsteigerungen, die durch die betriebliche Gesundheitsförderung erzielt werden, finanziert werden.

## Qualitätskriterien

Ziel der durch Krankenkassen unterstützten betrieblichen Gesundheitsförderung ist die Verbesserung der gesundheitlichen Situation der berufstätigen Versicherten und die Stärkung ihrer gesundheitlichen Ressourcen. Der Leitfaden Prävention nimmt entsprechend der Festlegung des § 20 Abs. 1 SGB V eine Konkretisierung der Ziele der GKV, eine qualitätsbezogene Formulierung von Anforderungen für Anbieter, Krankenkassen und Betrieben bei der Durchführung der betrieblichen Gesundheitsförderung, vor. Er enthält außerdem eine Beschreibung der vier konkreten Handlungsfelder „Arbeitsbedingte körperliche Belastungen", „Betriebsverpflegung", „Psychosoziale Belastungen bzw. Stress" und „Suchtmittelkonsum". Für Letztere werden jeweils Präventionsprinzipien sowie detaillierte Hinweise zu Bedarf, Wirksamkeit, Zielgruppe, Zielen und Inhalten der Maßnahme und Methodik und Anbieterqualifikation gegeben (siehe Leitfaden Prävention S. 46 ff.).

Als handlungsleitend für die betriebliche Gesundheitsförderung durch Krankenkassen sind im Leitfaden vom 2. Juni 2008 für die folgenden zwei Jahre folgende zwei Schwerpunktziele mit jeweils drei Teilzielen formuliert worden (siehe Leitfaden Prävention S. 15 f.):

**1. Reduktion von psychischen und Verhaltensstörungen mit den Teilzielen**

- Steigerung der Anzahl an betrieblichen Präventionsmaßnahmen mit der inhaltlichen Ausrichtung „gesundheitsgerechte Mitarbeiterführung" um 10 % innerhalb von zwei Jahren
- Steigerung der Anzahl an betrieblichen Präventionsmaßnahmen mit der inhaltlichen Ausrichtung Stressbewältigung/Stressmanagement um 10 % innerhalb von zwei Jahren
- Steigerung der Teilnahme älterer Arbeitnehmer an betrieblichen Präventionsmaßnahmen zur Reduktion psychischer Belastungen um 10 % innerhalb von zwei Jahren

**2. Die salutogenen Potenziale der Arbeitswelt ausschöpfen**

- Steigerung der Anzahl an Betrieben mit betrieblichen Steuerungskreisen um 10 % innerhalb von zwei Jahren
- Steigerung der Anzahl an Betrieben, in denen betriebliche Gesundheitszirkel durchgeführt werden, um 10 % innerhalb von zwei Jahren

- Steigerung der Anzahl an Betrieben mit speziellen Angeboten für die Beschäftigten zur besseren Vereinbarkeit von Familien- und Erwerbsleben um 10 % innerhalb von zwei Jahren

Zur Sicherung eines effektiven Ressourceneinsatzes werden an Anbieter, Krankenkassen und Betriebe bei der Durchführung von Maßnahmen besondere Qualitätsmaßstäbe angelegt. Dabei spielen sowohl die durch Ausbildung und entsprechende Abschlüsse nachzuweisenden Qualifikationen von Fachkräften und Prozessberatern eine Rolle als auch Qualitätsnachweise zu den Angeboten selbst, z.B. zur konkreten Indikation und Qualitätssicherung u.a. nach Zielgruppen, Handlungsinhalten und Methodik, schließlich zur Wirksamkeit, Dokumentation und Evaluation.

Krankenkassen sollen bei ihrer Beratung grundsätzlich bedarfs- und zielorientiert sowie systematisch vorgehen, d.h. sich am Zyklus des betrieblichen Gesundheitsmanagements orientieren. Dabei soll auf bewährte Instrumente im Analysebereich (z.B. AU-Analyse, standardisierte Gefährdungsanalyse, arbeitsmedizinische Untersuchungen, Mitarbeiterbefragungen und betriebliche Gesundheitszirkel) zurückgegriffen werden. Deren Ergebnisse sind Basis für die Interventionen und konkreten Umsetzungsmaßnahmen. Beratungskonzepte sollen dabei ganzheitlich und langfristig angelegt sein und sowohl verhaltens- als auch verhältnisorientierte Maßnahmen umfassen. Die Maßnahmen können durch die Kassen selbst oder im Auftrag durch entsprechend qualifizierte Dritte durchgeführt werden, grundsätzlich gilt auch hier das Zusammenarbeitsgebot mit den Unfallversicherungsträgern und anderen Kassen. Von Bedeutung sind des Weiteren die Dokumentation und Evaluation der durchgeführten Maßnahmen als Grundlage für kontinuierliche Verbesserungsprozesse. Grundsätzlich werden die Aufgaben dann übernommen, wenn beide Sozialpartner eingebunden sind und datenschutzrechtliche Belange ausreichend berücksichtigt werden.

Die Anforderungen an Betriebe werden dahingehend präzisiert, dass notwendige Bedingungen bzw. Kriterien zu berücksichtigen sind, die ihren Niederschlag beispielhaft in der Luxemburger Deklaration zur betrieblichen Gesundheitsförderung in der Europäischen Union gefunden haben, die sich wiederum an das Qualitätsmanagement-Modell der European Foundation of Quality Management (EFQM) anlehnt (siehe Europäisches Netzwerk für betriebliche Gesundheitsförderung 1997, Europäisches Netzwerk für betriebliche Gesundheitsförderung 1999). Der Leitfaden Prävention empfiehlt ausdrücklich, dass kassenseitig Maßnahmen der betrieblichen Gesundheitsförderung nur dann anteilig zu refinanzieren sind, wenn die weitgehende Erfüllung der struktur-, prozess- und ergebnisbezogenen Qualitätskriterien gegeben ist. Damit wird mittelbar die Förderung von Maßnahmen durch Kassen in den umfassenderen Kontext eines betrieblichen Gesundheitsmanagements mit den erforderlichen Qualitätsnachweisen gestellt. Dieser Bezug ist nicht nur für die Gestaltung von betrieblichen Gesundheitsbonusregelungen von Bedeutung, sondern auch für Fragen der steuerlichen Förderung der betrieblichen Gesundheitsförderung, schließt er doch bewusst eine Förderung im Falle einzelner rein verhaltenspräventiver Maßnahmen aus.

## Umsetzungspraxis und Ausblick

Die schrittweise Ausweitung der gesetzlichen Verankerung der betrieblichen Gesundheitsförderung hat auch im Kassenbereich selbst in den letzten Jahren zu einer messbaren Zunahme von Investitionen und Aktivitäten geführt. So weist der jüngste Bericht des MDS eine signifikante Zunahme der Gesamtinvestitionen der GKV in der Prävention auf und damit in 2007 – wenngleich nach Kassenarten unterschiedlich – mit im Durchschnitt aufgewandten 4,25 EUR pro Versicherten im Kalenderjahr eine deutliche Überschreitung der gesetzlich vorgesehenen Aufwendungen von 2,74 EUR. Von den Kasseninvestitionen fielen dabei im GKV-Durchschnitt 0,45 EUR auf Maßnahmen der betrieblichen Gesundheitsförderung.

Zugleich hat die Zahl der durchgeführten Projekte und der erreichten Betriebe und Beschäftigten zugenommen. So hat sich die Zahl der dokumentierten Projekte zwischen 2001 und 2007 fast verdreifacht (von 1.189 auf 3.014), direkt und mittelbar erreicht wurden mit den Maßnahmen dabei in 2007 ca. 627.000 Beschäftigte (siehe Tab. 1).

**Tabelle 1** Rücklauf der Dokumentationsbögen (Präventionsbericht 2008 S. 78)

| Berichtsjahr | Anzahl der Dokumentationsbögen (gemeldete Fälle) |
|---|---|
| 2001 | 1.189 |
| 2002 | 1.895 (+ 463 AU-Profile*) |
| 2003 | 2.164 (+ 628 AU-Profile*) |
| 2004 | 2.563 (+ 2.665 AU-Profile*) |
| 2005 | 2.531 (+ 3.125 AU-Profile*) |
| 2006 | 2.422 (+ 5.454 AU-Profile*) |
| 2007 | 3.014 (+ 5.366 AU-Profile*) |

* Fälle, in denen ausschließlich AU-Analysen durchgeführt wurden

Damit wird allerdings nach wie vor durch die Kassen lediglich der kleinere Teil der Betriebe erreicht. Auch liegt der Schwerpunkt der Aktivitäten überwiegend im Bereich verhaltenspräventiver Maßnahmen. So lag die inhaltliche Ausrichtung der Interventionen bei 77 % der dokumentierten Projekte bei der Reduktion körperlicher Belastungen, während die gesundheitsgerechte Mitarbeiterführung lediglich bei 33 % eine Rolle spielte. Dies steht im offensichtlichen Widerspruch zu den Anliegen des Leitfadens Prävention, organisationsbezogene, ganzheitliche Maßnahmen der betrieblichen Gesundheitsförderung auszubauen. Neben Anforderungen einer verbesserten qualitativen Aufbereitung der GKV-Daten stellen sich somit Fragen der Verbesserung der Umsetzungsverbindlichkeit des Leitfadens sowie seiner bisherigen Compliance bei Kassen und Betrieben selbst.

Die tatsächliche Umsetzung von Maßnahmen durch Krankenkassen ist nicht zuletzt abhängig auch von der Kassengröße, der Ausrichtung und Offenheit ihrer Entscheidungsträger sowie der Bedeutung, die dem Thema vor dem Hintergrund von Rahmenbedingungen und Anforderungen sowie der jeweiligen Position der Kasse im Wettbewerb zukommt. Zum Teil variiert sie auch deshalb nach wie vor beträchtlich sowohl zwischen als auch innerhalb der einzelnen Kassenarten. Das Anliegen des Gesetzgebers, die Kassen zu größerer Kooperation untereinander zu bewegen, scheitert nicht zuletzt auch daran, dass der Gesetzgeber einerseits mit dem Wettbewerbsstärkungsgesetz den Wettbewerb der Krankenkassen untereinander bewusst zum Leitbild erklärt hat, er andererseits zugleich bisherige Wettbewerbsparameter (wie die Beitragsfestlegung) einschränkt und damit wiederum den Wettbewerb in den verbleibenden Profilierungsfeldern der Kassen eher noch fördert.

Dies ist für Betriebe, die bei den Mitgliedschaften ihrer Beschäftigten in der Regel auf eine Vielzahl von Kassen stoßen, oft unbefriedigend. Im konkreten Fall sollten sie deshalb auf die gesetzlichen Regelungen zur Zusammenarbeit verweisen und diese konkret einfordern. Inzwischen gibt es auch viele positive Beispiele, bei denen vor allem die größeren Kassen im Betrieb zusammenarbeiten. Künftig könnte die im Betrieb vertretene größte Kasse dann im Verfahren der Kostenerstattung koordinierend die Maßnahmen der betrieblichen Gesundheitsförderung für andere mit anstoßen und begleiten.

Allein aufgrund ihrer langjährigen Erfahrungen dürften Kassen auch in Zukunft für Betriebe bei der betrieblichen Gesundheitsförderung eine Reihe von wichtigen Aufgaben übernehmen. Sie reichen von der Rolle des Impulsgebers über die Konzeptentwicklung und aktive Prozessbegleitung bis hin zur Dokumentation und Evaluation. Zum Teil sind Kassen mit ihren Fachkräften und in mehreren Fällen bereits auch mit eigenen Instituten inzwischen aktive Begleiter für Betriebe bei der Implementierung eines betrieblichen Gesundheitsmanagements. Im Falle von Großbetrieben, aber auch von klein- und mittelständischen Betrieben kommt ihnen dabei zunehmend auch die Rolle des Netzwerkinitiators und - koordinators zu.

## Literatur

Medizinischer Dienst des Spitzenverbandes Bund der Krankenkassen e.V. (MDS) (2008) Präventionsbericht 2008. Dokumentation von Leistungen der gesetzlichen

Krankenversicherung in der Primärprävention und betrieblichen Gesundheitsförderung – Berichtsjahr 2007. Dezember 2008, Essen, S. 13

Arbeitsgemeinschaft der Spitzenverbände der Krankenkassen unter Beteiligung des GKV-Spitzenverbandes (Hrsg) Leitfaden Prävention – Gemeinsame und einheitliche Handlungsfelder und Kriterien der Spitzenverbände der Krankenkassen zur Umsetzung von §§ 20 und 20a SGB V vom 21. Juni 2000 in der Fassung vom 2. Juni 2008

Europäisches Netzwerk für betriebliche Gesundheitsförderung (1997) Luxemburger Deklaration zur betrieblichen Gesundheitsförderung in der Europäischen Union. Essen

Europäisches Netzwerk für betriebliche Gesundheitsförderung (1999) Qualitätskriterien für die betriebliche Gesundheitsförderung. Essen

# Der Beitrag der Unfallversicherung am Beispiel der Berufsgenossenschaft für Gesundheitsdienst und Wohlfahrtspflege

Sabine Gregersen

Berufsgenossenschaft für Gesundheitsdienst und Wohlfahrtspflege
Abteilung Grundlagen der Prävention und Rehabilitation
Pappelallee 35/37
22089 Hamburg

## Einleitung

Seit den Änderungen des SGB VII und des Arbeitsschutzgesetzes 1996 richtet sich das berufsgenossenschaftliche Präventionshandeln am sogenannten erweiterten Präventionsauftrag aus. Seither sind die menschengerechte Gestaltung der Arbeit sowie die Verhütung arbeitsbedingter Gesundheitsgefahren, zu denen auch die psychischen Belastungen gezählt werden, Bestandteile des gesetzlichen Auftrags der Berufsgenossenschaften. Dadurch wurden eine Reihe neuer „Produktentwicklungen" innerhalb der Berufsgenossenschaften ausgelöst, die sich explizit der Thematik „Betriebliches Gesundheitsmanagement" annehmen.

Auch die Berufsgenossenschaft für Gesundheitsdienst und Wohlfahrtspflege (BGW) hat sich seit 1996 kontinuierlich mit diesem Thema beschäftigt und dabei gezielte Angebote für die Mitgliedsbetriebe entwickelt. Die BGW war im Jahr 2007 für über sechs Millionen Menschen in mehr als 550.000 Unternehmen zuständig. Sie ist damit die zweitgrößte gewerbliche Berufsgenossenschaft in Deutschland. Zu den versicherten Unternehmen gehören unter anderen die von kirchlichen, humanitären oder sozialen Trägern geführten Einrichtungen der freien Wohlfahrtspflege, frei gemeinnützige und private Krankenhäuser sowie Vorsorge- und Rehabilitationseinrichtungen, Arzt- und Zahnarztpraxen, Heilpraktiker, Apotheker, Hebammen etc.

Die Entwicklung in den vergangenen Jahren zeigt, dass gerade die professionelle Pflege eine der Wachstumsbranchen ist. Mit rund einer Million Versicherten in der Pflege stellt dies eine der größten Versichertengruppen der BGW dar.

Das Spektrum der Unternehmen im Pflegebereich ist breit gefächert – von Kliniken und Pflegeheimen bis hin zum Ein-Personen-Unternehmen. Der Großteil der versicherten Pflegekräfte, rund 600.000, ist in größeren Alten- und Pflegeheimen beschäftigt. Die meisten anderen arbeiten dagegen in der ambulanten Kranken- und Altenpflege mit wenigen Mitarbeitern. Neben der klassischen Pflege von alten und kranken Menschen gewinnen auch ergänzende Angebote, etwa Dienstleistungen im Haushalt oder Betreuungsangebote, immer mehr an Bedeutung. Ziel dieser Angebote ist es, Personen, die auf Hilfe angewiesen sind, das Leben in ihrem gewohnten Umfeld zu ermöglichen.

Die Aktivitäten der BGW richten sich am konkreten Bedarf der Versicherten aus. Eine wichtige Informationsquelle hierfür sind die jährlichen Verdachtsfälle von Berufskrankheiten. Die Zahl der gemeldetetn Fälle im Jahr 2007 mit 8.805 Verdachtsanzeigen sank leicht. Während die Zahl der Wirbelsäulen- und Infektionskrankheiten zurückging, wurden sowohl Haut- als auch Atemwegs- und sonstige Erkrankungen im Vergleich zum Vorjahr häufiger gemeldet. An der Spitze der Verdachtsfälle stehen Hauterkrankungen: Sie machen mehr als jede zweite Berufskrankheiten-Anzeige bei der BGW aus. Ein Kernanliegen der BGW ist es daher, Hauterkrankungen im Beruf durch praxisnahe Beratungs- und Informationsangebote für die Pflege- und Friseurbranche zu verhüten.

Ein anderer Schwerpunkt der BGW ist die Prävention „Psychischer Belastungen bzw. Arbeitsbedingter Gesundheitsgefahren". Hintergrund ist, dass die knappen finanziellen Ressourcen eine Ökonomisierung in der Pflege bewirken. Eine Zunahme des Kosten- und Zeitdrucks in der Pflege belegen auch zahlreiche Studien, die einen Anstieg von wahrgenommenem Stress, Zeitdruck und Arbeitsverdichtung aufzeigen.

Einen weiteren Fokus legt die BGW auf den „Demographischen Wandel" und dessen Auswirkungen auf die Beschäftigten in der Altenpflege. Die Problematik ist mehrdimensional: Sie bezieht sich nicht nur auf die unaufhaltsam steigende Zahl älterer, insbesondere auch hochaltriger Menschen und als direkte Folge einen zunehmenden Bedarf an pflegerischer Versorgung und Personal. Sie umfasst ebenso die Tatsache, dass es auch immer mehr ältere Pflegekräfte gibt. Der berufliche Nachwuchs bleibt aus, die Belegschaften altern.

Im Rahmen der Kampagne „Aufbruch Pflege" bietet die BGW Strategien und konkrete Handlungshilfen für die Schwerpunktthemen „Psychische Belastung" und „Demographischer Wandel" branchenorientiert für die Altenpflege an.

## Die Aufgabe der Berufsgenossenschaft

Die Verantwortung für den Arbeits- und Gesundheitsschutz der Beschäftigten liegt in den Händen der Unternehmer. Die Berufsgenossenschaft unterstützt den Arbeitgeber bei der Wahrnehmung dieser Verantwortung. Es ist nicht die Aufgabe der gesetzlichen Unfallversicherung, den Arbeits- und Gesundheitsschutz in den Betrieben umzusetzen, sondern den Unternehmer zu beraten und zu unterstützen, entsprechende Maßnahmen aus eigener Initiative heraus zu implementieren. Im Zuge dessen wurden – auf wissenschaftlicher Basis – geeignete Instrumente und Maßnahmen entwickelt, die die Mitgliedsbetriebe unterstützen, diese Aufgaben im Arbeits- und Gesundheitsschutz wahrzunehmen.

Bei der Implementierung dieser Angebote lautet die Empfehlung der BGW, nicht nur Einzelaktionen wie eine Rückenschule oder einen Gesundheitstag durchzuführen, denn Betriebliches Gesundheitsmanagement ist kein einmaliges, auf eine bestimmte Laufzeit befristetes Projekt, sondern ein langfristig angelegter Lern- und Entwicklungsprozess hin zur „gesunden Organisation". Betriebliches Gesundheitsmanagement ist nur dann erfolgreich, wenn es auf einem klaren Konzept basiert, das fortlaufend überprüft und verbessert wird. Dies beinhaltet auch konkrete, aufeinander aufbauende Prozessschritte von der Analyse der Ausgangssituation über die Maßnahmenplanung und -durchführung bis hin zu Erfolgskontrolle. Für diesen Prozess hat die BGW konkrete Unterstützungsangebote für die Analyse, die Intervention und die Integration in das Qualitätsmanagement entwickelt.

## Die Arbeits- und Gesundheitsschutzphilosophie der BGW

Der Arbeits- und Gesundheitsschutz hat zum Ziel, Arbeitssicherheit und Gesundheit für die Beschäftigten herzustellen. Dieses Ziel soll über verhaltens- und verhältnisorientierte Strategien erreicht werden. Dabei wird die Arbeit einerseits als Risikoraum betrachtet, in dem die Mitarbeiter zahlreichen Belastungen (z.B. schweres Heben und Tragen, Arbeiten unter Zeitdruck) ausgesetzt sind, die die Gesundheit der Mitarbeiter beeinträchtigen können. Andererseits wird Arbeit als Lebensraum mit zahlreichen Ressourcen (z.B. Anerkennung und Wertschätzung, Handlungs- und Entscheidungsspielräume) verstanden, die einen wesentlichen Beitrag zur Förderung der Gesundheit leisten können.

Beim klassischen Arbeitsschutz (Arbeit als Risikoraum) geht es ausschließlich um die Vermeidung von Arbeitsunfällen und Berufskrankheiten. Im Mittelpunkt stehen gesundheitliche Belastungen, die sich aus dem Zusammenspiel von Mensch, Technik und Organisation ergeben. Das sind nach wie vor wichtige Voraussetzungen für die Gesundheit am Arbeitsplatz. Doch die herkömmlichen Arbeitsschutzmethoden reichen als Präventionsstrategie für die arbeitsbedingten Gesundheitsgefahren nicht aus. Betriebliches Gesundheitsmanagement geht darüber hinaus und ist ein ganzheitlicher Ansatz, der den klassischen Arbeitsschutz um neue Elemente der betrieblichen Gesundheitsförderung und des strategischen Managements erweitert.

## Analyseinstrumente

Was in der Medizin gilt, trifft auch auf das Gesundheitsmanagement zu: „Ohne Diagnose keine Therapie". Ein klassisches Instrument der Ist-Analyse – und später der Erfolgskontrolle – ist die Befragung der Mitarbeiterinnen und Mitarbeiter. Die BGW bietet ihren Mitgliedsunternehmen zwei Instrumente zur Auswahl: BGWmiab – Mitarbeiterbefragung „Psychische Belastung und Beanspruchung" (Gregersen & Ostendorf 2003) und das BGWbetriebsbarometer (Küfner & Berger 2003).

### Mitarbeiterbefragung „Psychische Belastung und Beanspruchung"

Dieses Instrument wurde speziell für die Ermittlung der psychischen Belastung und Beanspruchung in der stationären Krankenpflege, stationären Altenpflege sowie der ambulanten Pflege entwickelt. Es bietet eine erste Orientierung über branchenspezifische Hauptbelastungen und liefert schnell und ökonomisch einen Überblick über die Belastung und Beanspruchungsreaktion der Pflegekräfte in der jeweiligen Einrichtung.

Mit dieser Befragung ist es möglich, die Quellen und das Ausmaß der Gefährdung des Pflegepersonals durch psychische Belastungen und Beanspruchungen zu ermitteln, die Dringlichkeit des Handlungsbedarfs abzuschätzen sowie Maßnahmen zur Reduzierung der Belastungen und zur Gesundheitsförderung abzuleiten.

Dafür stehen zwei Fragebögen zur Verfügung. Der Belastungsfragebogen (ca. 20 Fragen) orientiert sich primär an Arbeitsmerkmalen wie Arbeitsinhalt, -organisation, -ablauf sowie sozialem Klima. Der Beanspruchungsfragebogen (ca. 20 Fragen) hingegen erfasst die individuellen Einschätzungen der Befragten zu ihrem körperlichen und psychischen Befinden.

Vom Planungsbeginn bis zur Auswertung der Ergebnisse vergehen zirka drei bis sechs Monate. Das Handbuch „BGW Gefährdungsermittlung und -beurteilung, Psychische Belastung und Beanspruchung" ermöglicht eine eigenständige Anwendung der Befragung vor Ort und ist auch für kleinere Einrichtungen mit weniger als 50 Mitarbeitern geeignet. Das Handbuch enthält eine genaue Anleitung zur Vorbereitung, Durchführung und Auswertung der Befragungen. Darüber hinaus steht ein statistisches Auswertungsprogramm zur Verfügung.

### Das BGW Betriebsbarometer – Betriebsklima und Gesundheit systematisch messen

Dieses Instrument ermöglicht eine umfangreiche und detaillierte Analyse zahlreicher im Betrieb vorherrschender Belastungen und Beanspruchungen, der organisatorischen Abläufe und der verfügbaren Ressourcen – und zwar in allen Bereichen, nicht nur in der Pflege. Kern des BGWbetriebsbarometers ist der 80 Fragen umfassende Basisfragebogen. In Ergänzung dazu ist es möglich, themenspezifische (z.B. Arbeitszeitgestaltung) oder branchenspezifische (z.B. Werkstätten für behinderte Menschen) Zusatzmodule zu nutzen.

Das BGWbetriebsbarometer beinhaltet eine schriftliche Anleitung zur Durchführung und Zusammenstellung des Fragebogens, die Erstellung und Zusendung der Fragebögen und der Rückumschläge in der erforderlichen Stückzahl, die entsprechenden Informationsmaterialien für die Mitarbeiter, die Auswertung der Daten durch ein unabhängiges, externes Institut unter Einhaltung der Datenschutzbestimmungen sowie eine abschließende Ergebnispräsentation. Die Ergebnisse können mit den anonymisierten Daten aus Befragungen in anderen Unternehmen der jeweiligen Branche verglichen werden. Diese Mitarbeiterbefragung bietet sich für Einrichtungen ab einer Anzahl von 50 Beschäftigten an. Einzelne Organisationseinheiten, für die mindestens 15 Fragebögen vorliegen, können gesondert ausgewertet werden.

## Interventionsansätze

In den Interventionsstrategien der BGW kommen sowohl verhältnis- als auch verhaltenspräventive Ansätze zum Einsatz. Im Folgenden werden zwei Inhouse-Präventionsprogramme der BGW exemplarisch vorgestellt.

### BGWal.i.d.a® „Arbeitslogistik in der Altenpflege" (Küfner & Müller 2006)

Dieser Interventionsansatz, der einen stark verhältnispräventiven Charakter hat, setzt an der Arbeitsorganisation an, die nachgewiesenermaßen als erheblicher Belastungsfaktor in der Pflege wirken kann. Ziel des Programms ist es u.a., die Arbeitsabläufe in der Wohnbereichen über eine verbesserte Personaleinsatzplanung zu optimieren und dadurch Belastungen zu reduzieren. Im Mittelpunkt steht der Ansatz, den Personaleinsatz mit der individuellen Pflegeplanung der Bewohner abzugleichen. Dadurch entstehende Ressourcen, beispielsweise durch unterschiedliche Wünsche bei den Aufsteh- und Schlafenszeiten, werden zur Entzerrung von Arbeitsspitzen genutzt. Nach der Durchführung einer Ist-Analyse in den Einrichtungen werden die Betriebe bei der Optimierung ihrer Personaleinsatzplanung unterstützt. Hierzu bietet ein externer BGW-Berater sowohl Workshops als auch Beratungen vor Ort an. Dadurch können beispielsweise Entzerrungen der Arbeitsspitzen ebenso wie Verbesserungen des Informations- und Kommunikationsflusses sowie der Zusammenarbeit in den Einrichtungen erreicht werden. Auch das Ausmaß an Konflikten und Stresserleben kann reduziert werden. Zudem können die Motivation und Arbeitszufriedenheit der Beschäftigten gesteigert und der Krankenstand kann verringert werden.

Diese Ergebnisse können in wissenschaftlichen Evaluationsberichten nachgelesen werden. In dem Projektabschlussbericht „al.i.d.a – Arbeitslogistik in der stationären Altenpflege" sind Erfahrungsberichte von vier beteiligten Einrichtungen dokumentiert (Küfner & Müller 2006).

***BGWgesu.per „Betriebliche Gesundheitsförderung durch Personalentwicklung" (Gregersen et al 2007)***

Ziel dieses eher verhaltenspräventiven Interventionsansatzes ist es, Kompetenzen der Mitarbeiter und Führungskräfte in der Pflege und Behindertenhilfe zu fördern, die über das rein pflegerische Fachwissen hinausgehen. Hierbei geht es um folgende Schlüsselqualifikationen:

- Methodenkompetenz: mit Arbeitsaufgaben selbstständig, strukturiert und vorausschauend umgehen
- soziale Kompetenz: mit Bewohnern, deren Angehörigen sowie mit Kollegen konstruktiv kommunizieren
- personale Kompetenz: mit sich selbst, das heißt mit den beruflichen Anforderungen und Belastungen sowie mit Körper und Psyche, reflektiert umgehen

Die Erfahrung zeigt, dass diese Kompetenzen und die mit dem Programm verbundene Erweiterung der Handlungskompetenzen entscheidend dazu beitragen können, psychische Belastungen abzubauen bzw. zu vermeiden und so Gesundheitsrisiken vorzubeugen. Teilnehmende Einrichtungen erhalten ein speziell auf die Bedarfe ihrer Beschäftigten zugeschnittenes Qualifizierungsprogramm sowie eine komplette Prozessbegleitung inklusive Transfersicherung und Erfolgskontrolle.

Der Nutzen des Programms wurde durch wissenschaftliche Evaluationen überprüft. Die wesentlichen Ergebnisse sind zusammenfassend dargestellt in einer Nutzenargumentation (Gregersen & Zimber 2007). Die Umsetzung des Programms in der Praxis ist anhand zehn „Guter-Praxisbeispiele" dokumentiert (BGW-Internet 2007).

## Integration in ein Qualitätsmanagementsystem

Der Erfolg des Arbeits-und Gesundheitsschutzes steht und fällt mit der Integration in die bestehenden Unternehmensstrategien. Die meisten Betriebe haben ein Qualitätsmanagementsystem. Besonders effektiv für die Einrichtungen ist es, wenn sie die Anforderungen des Arbeits-und Gesundheitsschutzes in Qualitätsmanagementsysteme integrieren können.

***BGWqu.int.as Qualitätsmanagement mit integriertem Arbeitsschutz (Berufsgenossenschaft für Gesundheitsdienst und Wohlfahrtspflege – BGW 2006 Hrsg)***

Mit BGWqu.int.as wird Arbeitssicherheit und Gesundheit zur Managementaufgabe. Durch die gezielte Nutzung der Instrumente des Qualitätsmanagements (QM) wird Arbeitsschutz in betriebliche Strukturen und Abläufe integriert. So werden Arbeitssicherheit und Gesundheitsschutz nicht nur nachhaltig und systematisch organisiert, sondern unterliegen auch einer ständigen Verbesserung. Unternehmen, die qu.int.as anwenden, sehen im Ergebnis verbesserte Arbeitsbedingungen, erhöhte Mitarbeitermotivation, gestiegene Rechtssicherheit und mehr Wirtschaftlichkeit. Die Basis für die Umsetzung von qu.int.as sind die Managementanforderungen der BGW zum Arbeitsschutz – kurz MAAS-BGW. Zahlreiche Unterstützungsangebote wie externe Beratung, Seminare und Praxisbeispiele bieten Hilfe bei der Einführung und Weiterentwicklung. qu.int.as kann von Einrichtungen genutzt werden, deren QM-System auf der DIN EN ISO 9001:2000, auf KTQ (Kooperation für Transparenz und Qualität im Gesundheitswesen), EFQM (European Foundation for Quality Management) oder QEP (Qualität und Entwicklung in Praxen) beruht. Wird die Wirksamkeit des qu.int.as-Systems durch eine Zertifizierung nachgewiesen, erhalten bei der BGW versicherte Einrichtungen eine finanzielle Förderung. Diese kann bei jeder erfolgreichen Zertifizierung erneut in Anspruch genommen werden.

Weitere Informationen zu Umsetzungsbeispielen und welchen Nutzen der Betrieb hat, können unter www.bgw.de >> Kundenzentrum >> qu.int.as in über 40 Erfahrungsberichten aus verschiedenen Branchen nachgelesen werden. Darüber hinaus werden über die Qualifikation und das Leistungsspektrum der externen Anbieter von Beratung und Zertifizierung vertiefende Hinweise gegeben.

Ergänzend zu den bereits vorgestellten Maßnahmen, bietet die BGW weitere Informationen zum Thema Betriebliches Gesundheitsmanagement in Seminaren und Schriften an. Das Seminarangebot umfasst z.B. Gesundheitsschutz durch Stressmanagement, Entwicklung eines Unternehmensleitbildes als Ausgangspunkt für Qualitätsmanagement und modernen Gesundheitsschutz, Moderationsausbildung für Projektgruppen und Gesundheitszirkel (gibt es nur noch als Inhouse-Training). Darüber hinaus liefern diverse Schriften bzw. Ratgeber weitere Informationen zum „Betrieblichen Gesundheitsmanagement". Exemplarisch seien hier genannt: „Betriebliches Gesundheitsmanagement in Einrichtungen der stationären Altenpflege" (Gregersen et al 2006), „Gesundheitsförderung durch Organisationsentwicklung" (Genz 2001) und der „Ratgeber Leitbildentwicklung" (Schambortski et al 2007).

All diese Angebote der BGW sollen den Unternehmer beim Aufbau eines Betrieblichen Gesundheitsmanagements unterstützen. Um die Qualität des betrieblichen Gesundheitsmanagement zu gewährleisten, ist es das Ziel, Maßnahmen zu implementieren, die auf den vier Säulen des Betrieblichen Gesundheitsmanagements, d.h. gesundheitsförderliche Unternehmensstrategie, gesundheitsförderliche Arbeitsgestaltung, Förderung persönlicher Gesundheitspotenziale und außerbetrieblicher Rahmenbedingungen, basieren, die auf der Grundlage wissenschaftlicher Erkenntnisse entwickelt und überprüft sind sowie in der praktischen Umsetzung erprobt sind.

Grundsätzlich betrachtet sich die BGW als neutraler Berater des Unternehmers beim Aufbau eines Betrieblichen Gesundheitsmanagements. Um diesen Beratungsauftrag professionell auszuüben, setzt sich die BGW für die jeweiligen Amtsperioden ein Schwerpunktprogramm. Das aktuelle Schwerpunktprogramm für die 10. Amtsperiode (2006–2011) berücksichtigt die anstehende, tiefgreifende Reform der gesetzlichen Unfallversicherung und den demografischen Wandel mit seinen Auswirkungen auf die Beschäftigten und die künftige Rentnergeneration. Dies sind nur zwei prägnante Stichworte, die die Aktivitäten der BGW in den kommenden Jahren maßgeblich beeinflussen werden.

Neue, komplexe Herausforderungen bedürfen ganzheitlicher Lösungsansätze und neuer Ziele. Der Fokus des Schwerpunktprogramms richtet sich deshalb auch auf die bereichsübergreifende Zusammenarbeit innerhalb der BGW. Dabei geht es u.a. um eine stärkere Verzahnung von Prävention und Rehabilitation und die Modernisierung der Präventionsarbeit. Erfolgreiche Angebote, Produkte und Strategien für den Arbeits- und Gesundheitsschutz werden optimiert und gezielter verbreitet. Auch an einer weiteren Verbesserung der Kundenorientierung arbeitet die BGW. Einen besonderen Stellenwert nehmen weiterhin die Themen ein, für die sich die BGW bereits in den vergangenen Jahren engagiert hat: Konzepte für die Prävention der Hauterkrankungen, die Verbesserung der Arbeitssituation der Pflegekräfte und die Reduktion psychischer Belastungen in der Arbeitswelt. (Gerade hier wird die BGW ihr Engagement in den kommenden Jahren noch verstärken und Lösungen entwickeln.)

## Literatur

Berufsgenossenschaft für Gesundheitsdienst und Wohlfahrtspflege (2006) Managementanforderungen der BGW zum Arbeitsschutz für KTQ-Krankenhaus. http://www.bgw-online.de/internet/generator/Inhalt/OnlineInhalt/Medientypen/bgw_20quintas/TQ-MAAS2__Managementanforderungen__KTQ__Krankenhaus.html. Accessed 01 June 2007

Berufsgenossenschaft für Gesundheitsdienst und Wohlfahrtspflege (2009) Seminare zum Arbeits- u. Gesundheitsschutz Programm 2009 http://www.bgw-online.de/internet/generator/Inhalt/OnlineInhalt/Medientypen/bgw_20info/M070__Seminare__zum__Arbeits-und__Gesundheitsschutz__2009.html. Accessed 15 September 2008

Genz O (2001) Ratgeber Gesundheitsmanagement Gesundheitsförderung durch Organisationsentwicklung. Berufsgenossenschaft für Gesundheitsdienst und Wohlfahrtspflege – BGW (Hrsg) http://www.bgw-online.de/internet/generator/Navi-bgw-online/NavigationLinks/Suche/Suche.html. Accessed 24 March 2009

Gregersen S et al (2006) Betriebliches Gesundheitsmanagement in Einrichtungen der stationären Altenpflege. Berufsgenossenschaft für Gesundheitsdienst und Wohlfahrtspflege – BGW (Hrsg)
http://www.bgw-online.de/internet/generator/Inhalt/OnlineInhalt/Medientypen/ bgw_20themen/TP-GMa-11U__Betr__Gesundheitsmanagement__in__ Einrichtungen__stat__Altenpflege.html. Accessed 30 April 2008

Gregersen S, Ostendorf P (2003) IPR 12 Mitarbeiterbefragung zur psychischen Belastung und Beanspruchung für die ambulante Pflege.
http://www.bgw-online.de/internet/generator/Inhalt/OnlineInhalt/Bilder_20und _20Downloads/downloads/3079/Broschuere__Bel__Ambu.pdf,property=downloa d. Accessed 27 May 2009

Gregersen S, Ostendorf P (2003) IPR 13 Mitarbeiterbefragung zur psychischen Belastung und Beanspruchung für die stationäre Altenpflege. Berufsgenossenschaft für Gesundheitsdienst und Wohlfahrtspflege – BGW (Hrsg)
http://www.bgw-online.de/internet/generator/Inhalt/OnlineInhalt/Medientypen/ Arbeitshilfe/Psychische_20Belastung_20und_20Beanspruchung_20Anleitung _20zur_20Mitarbeiterbefragung_20f_C3_BCr_20die_20station_C3_A4re_20Alte npflege.html. Accessed 27 May 2009

Gregersen S, Ostendorf P (2003) IPR 11 Mitarbeiterbefragung zur psychischen Belastung und Beanspruchung für die stationäre Krankenpflege. Berufsgenossenschaft für Gesundheitsdienst und Wohlfahrtspflege – BGW (Hrsg)
http://www.bgw-online.de/internet/generator/Inhalt/OnlineInhalt/Medientypen /Arbeitshilfe/Psychische_20Belastung_20und_20Beanspruchung_20Anleitung_20 zur_20Mitarbeiterbefragung_20f_C3_BCr_20die_20station_C3_A4re_20Kranken pflege.html. Accessed 27 May 2009

Gregersen S et al (2006) BGWgesu.per Qualifizierungsprogramm Betriebliche Gesundheitsförderung durch Personalentwicklung Dokumentation. Berufsgenossenschaft für Gesundheitsdienst und Wohlfahrtspflege – BGW (Hrsg)
http://www.bgw-online.de/internet/generator/Inhalt/OnlineInhalt/Medientypen/ bgw_20themen/TP-GS-1__Betriebliche__Gesundheitsf_C3_B6rderung__durch__ Personalentwicklung__Dokumentation.html. Accessed 16 May 2006

Gregersen S et al (2007) BGWgesu.per Qualifizierungsprogramm für die Behindertenhilfe. Berufsgenossenschaft für Gesundheitsdienst und Wohlfahrtspflege – BGW (Hrsg)
http://www.bgw-online.de/internet/generator/Inhalt/OnlineInhalt/Medientypen/ bgw_20themen/TP-Gf14__U__Betriebliche__Gesundheitsfoerderung__durch __Personalentwicklung.html. Accessed 28 June 2007

Gregersen S et al (2007) BGWgesu.per Ein Qualifizierungsprogramm für die Pflegenden. Berufsgenossenschaft für Gesundheitsdienst und Wohlfahrtspflege – BGW (Hrsg)
http://www.bgw-online.de/internet/generator/Inhalt/OnlineInhalt/Medientypen/ bgw_20themen/TP-Gf11U__Betriebliche__Gesundheitsferderung__durchc Personalentwicklung__Pflege.html. Accessed 01 June 2007

Gregersen S, Zimber A (2007) Der Nutzen des Qualifizierungsprogramms „Betriebliche Gesundheitsförderung durch Personalentwicklung"
http://www.bgw-online.de/internet/generator/Inhalt/OnlineInhalt/Medientypen /Infomaterial/Nutzen__Programm__Gesundheitsfoe__Personalentwicklung.html. Accessed 17 November 2008

Gute Praxis-Beispiele aus dem Multiplikatorenprogramm „Betriebliche Gesundheitsförderung durch Personalentwicklung"
http://www.bgw-online.de/internet/generator/Inhalt/OnlineInhalt/Statische _20Seiten/Navigation_20links/Kundenzentrum/Grundlagen__Forschung/Psychologie/Gesundheitsf_C3_B6rderung_20durch_20PE/Good__Practice__Beispiele.html. Accessed 01 June 2007

Küfner S, Berger S IGES (2003) Berufsgenossenschaft für Gesundheitsdienst und Wohlfahrtspflege – BGW Hrsg BGWbetriebsbarometer Mitarbeiterbefragung – für die stationäre Altenpflege.
http://www.bgw-online.de/internet/generator/Inhalt/OnlineInhalt/Medientypen /Arbeitshilfe/BGW-Betriebsbarometer_20-_20Mitarbeiterbefragung_20f_C3_BCr _20die_20station_C3_A4re_20Altenpflege.html. Accessed 30 November 2008

Küfner S, Berger S IGES (2003) Berufsgenossenschaft für Gesundheitsdienst und Wohlfahrtspflege – BGW Hrsg BGWbetriebsbarometer Mitarbeiterbefragung – in Werkstätten für behinderte Menschen.
http://www.bgw-online.de/internet/generator/Inhalt/OnlineInhalt/Medientypen/ Arbeitshilfe/BGW-Betriebsbarometer_20-_20Mitarbeiterbefragung_20in_20 Werkst_C3_A4tten_20f_C3_BCr_20behinderte_20Menschen.html. Accessed 30 November 2008

Küfner S, Berger S IGES (2003) Berufsgenossenschaft für Gesundheitsdienst und Wohlfahrtspflege – BGW Hrsg BGWbetriebsbarometer Mitarbeiterbefragung – für die Mitarbeiterbefragung im Krankenhaus.
http://www.bgw-online.de/internet/generator/Inhalt/OnlineInhalt/Medientypen /Arbeitshilfe/BGW-Betriebsbarometer_20-_20Mitarbeiterbefragung_20im_20 Krankenhaus.html. Accessed 30 November 2008

Küfner S, Müller B (2006) Berufsgenossenschaft für Gesundheitsdienst und Wohlfahrtspflege – BGW Hrsg al.i.d.a – Arbeitslogistik in der stationären Altenpflege – Projektabschlussbericht
http://www.bgw-online.de/internet/generator/Inhalt/OnlineInhalt/Medientypen /bgw_20forschung/EP-ABALIDA__Projektabschlussbericht.html. Accessed 31 December 2006

Schambortski H et al (2007) Ratgeber Leitbildentwicklung. Berufsgenossenschaft für Gesundheitsdienst und Wohlfahrtspflege – BGW (Hrsg)
http://www.bgw-online.de/internet/generator/Inhalt/OnlineInhalt/Medientypen /bgw__ratgeber/RGM13__Ratgeber__Leitbildentwicklung.html. Accessed 31 May 2007

# Der Beitrag der gesetzlichen Rentenversicherung

Bettina Hesse

Deutsche Rentenversicherung Westfalen
Abteilung Sozialmedizin
Gartenstr. 194
48147 Münster

## Berührungspunkte und gemeinsame Interessen von Rentenversicherung und Betrieben

Im Jahr 2007 schieden in Deutschland ca. 162.000 Personen mit einer Erwerbsminderungsrente frühzeitig aus dem Arbeitsleben aus. Das durchschnittliche Zugangsalter lag bei 50 Jahren und war damit um 1,9 Jahre geringer als noch vor 10 Jahren. Ausgehend von der unteren Grenze der Regelaltersrente mit 65 Jahren, bedeutet dies einen Verlust von 2,4 Millionen Erwerbsjahren allein durch die Neuzugänge dieses Jahres. Die durchschnittliche Erwerbsminderungsrente lag in den alten Bundesländern bei 616 Euro (Deutsche Rentenversicherung Bund 2008a). Durch Erwerbsminderungsrenten entstehen somit ein beträchtlicher Verlust an Arbeitskraft, an Kaufkraft und an Rentenversicherungsbeiträgen sowie erhebliche Aufwendungen für Rentenzahlungen und unterstützende Sozialleistungen.

Gegenwärtig kommen die geburtenstarken Jahrgänge in die reha- und frühberentungsrelevanten Altersphasen hinein. Gleichzeitig wachsen in den nachfolgenden Altersgruppen weniger Erwerbspersonen nach. In Anbetracht dieses demografischen Wandels ist deshalb nicht nur mit einer Fortsetzung des jetzt schon bestehenden Facharbeitermangels zu rechnen, sondern auch mit einem allgemeinen Arbeitskräftemangel. Durch die vorgesehene Verlängerung der Lebensarbeitszeit bis zum 67. Lebensjahr kann dies nur begrenzt ausgeglichen werden. Das Durchschnittsalter der Arbeitnehmer wird in den nächsten Jahren kontinuierlich steigen und damit auch die Notwendigkeit zunehmen, Leistungseinbußen durch chronische Erkrankungen möglichst gering zu halten bzw. durch geeignete Maßnahmen zu kompensieren. Die Erhaltung der Leistungsfähigkeit der Arbeitnehmer und die Vermeidung von Erwerbsminderungsrenten müssen somit nicht nur im Interesse der Arbeitnehmer selbst, sondern auch im Interesse der Unternehmen in Deutschland und der Deutschen Rentenversicherung liegen. Die Rentenversicherung kann hierzu durch Leistungen der medizinischen Rehabilitation und durch Leistungen zur Teilhabe am Arbeitsleben beitragen. Der Begriff der Rehabilitation (Wiederbefähigung) macht dabei deutlich, dass der Auftrag der Rentenversicherung in der sekundären und tertiären Prävention liegt, d.h., sie kann erst dann tätig werden, wenn ein Gesundheitsproblem vorliegt, das perspektivisch die Erwerbsfähigkeit bedrohen kann (§ 9 SGB VI). Dies unterscheidet ihren Handlungsbereich von dem der gesetzlichen Krankenversicherung, die Primärprävention im Rahmen der betrieblichen Gesundheitsförderung leisten kann. Eine Zusammenarbeit von Unternehmen und Rentenversicherung ist deshalb überwiegend im Bereich des Betrieblichen Eingliederungsmanagements anzusiedeln (§ 84 Abs. 2 SGB IX). Eine Kooperation der Rehabilitationsträger mit betrieblichen Akteuren wird auch von gesetzgeberischer Seite gewünscht und ist im § 13 SGB IX niedergelegt.

Eine frühzeitige und arbeitsplatzorientierte Rehabilitation kann

- Betrieben helfen, den Verlust erfahrener Mitarbeiter zu vermeiden und betriebliche Krankheitskosten zu reduzieren
- den erkrankten Arbeitnehmer vor einem krankheitsbedingten Verlust des Arbeitsplatzes oder einer Frühberentung mit allen damit verbunden gesundheitlichen, finanziellen und sozialen Folgen bewahren.
- die Rentenversicherung vor Einnahmeverlusten und Kosten durch eine vorzeitige Berentung bewahren.

## Leistungsspektrum der Rentenversicherung

Die gesetzliche Rentenversicherung unterhält ein flächendeckendes Netz von Auskunfts- und Beratungsstellen und Rehabilitations-Fachberatern. Hinzu kommen die von allen Rehabilitationsträgern getragenen Gemeinsamen Servicestellen für Rehabilitation. Hier können sich Arbeitnehmer und Arbeitgeber in Fragen der Rehabilitation und ihres Einsatzes im Rahmen des Betrieblichen Eingliederungsmanagements beraten lassen.

Als konkrete Hilfen kommen Leistungen zur Teilhabe am Arbeitsleben und Leistungen zur medizinischen Rehabilitation in Betracht. Sie können im Bedarfsfall durch den rentenversicherten Arbeitnehmer beantragt werden.

Leistungen zur Teilhabe am Arbeitsleben haben das Ziel, dem Arbeitnehmer eine angemessene und gesundheitlich geeignete Erwerbstätigkeit auf dem allgemeinen Arbeitsmarkt zu ermöglichen. Notwendig ist eine Teilhabeleistung in der Regel dann, wenn das Anforderungsprofil des Arbeitsplatzes und das Leistungsvermögen des Arbeitnehmers auf Dauer nicht mehr übereinstimmen. Der Katalog der Leistungen zur Teilhabe am Arbeitsleben ist sehr weitreichend und umfasst:

- Leistungen zur Erhaltung eines vorhandenen Arbeitsplatzes
- Leistungen zur Erlangung eines neuen Arbeitsplatzes
- berufliche Anpassung und Weiterbildung
- berufliche Neuorientierung und Umschulung.

Im betrieblichen Kontext erscheinen besonders die Leistungen zur Erhaltung des Arbeitsplatzes relevant. Hier kommen vor allem folgende Instrumentarien in Betracht:

- technische Hilfsmittel am Arbeitsplatz
- Lohnkostenzuschüsse an den Arbeitgeber für die Zeit der Einarbeitung nach einer innerbetrieblichen Umsetzung
- Qualifizierung des Arbeitnehmers
- Mobilitätshilfen.

Im konkreten Einzelfall werden die Maßnahmen von dem Rehabilitations-Fachberater des zuständigen Rentenversicherungsträgers mit dem Arbeitnehmer und dem Betrieb erarbeitet. Voraussetzung ist ein Reha-Antrag des Arbeitnehmers. 2007 wurden über die gesetzliche Rentenversicherung ca. 110.000 Leistungen zur Teilhabe am Arbeitsleben durchgeführt (Deutsche Rentenversicherung Bund 2008b).

Die medizinische Rehabilitation beinhaltet eine ganztägige stationäre oder ambulante Behandlung. Sie zeichnet sich durch ein multiprofessionelles, ganzheitliches biopsychosoziales Behandlungsangebot aus, das ein gezieltes Funktionstraining, allgemeine Gesundheitsbildung, die Entwicklung von Strategien im Umgang mit Belastungen und gesundheitlichen Einschränkungen sowie im Bedarfsfall arbeitsplatzbezogene Maßnahmen umfasst. Bei einer medizinisch-beruflich orientierten Rehabilitation (MBO) werden die spezifischen Anforderungen des Arbeitsplatzes und die Fähigkeiten und evtl. Einschränkungen des Rehabilitanden erfasst und Trainingsmaßnahmen abgeleitet. Falls Veränderungen am Arbeitsplatz notwendig erscheinen, wird mit Einverständnis des Rehabilitanden der Kontakt zu dem Arbeitgeber bzw. zu dem Betriebsarzt gesucht. Die ambulante Rehabilitation bietet aufgrund ihrer Wohnort- bzw. Arbeitsplatznähe hierfür besonders gute Rahmenbedingungen.

Medizinische Rehabilitation kommt sowohl bei schweren Akuterkrankungen (Anschlussheilbehandlung z.B. nach Herzinfarkt oder Bandscheibenvorfall) als auch bei chronischen Erkrankungen zum Einsatz. Ebenso gehören stationäre und ambulante Entwöhnungsbehandlungen zum Leistungsangebot.

Darüber hinaus sind auch stärker präventiv ausgerichtete medizinische Reha-Leistungen möglich, wenn Arbeitnehmer eine besonders gesundheitsgefährdende, ihre Erwerbsfähigkeit ungünstig beeinflussende Beschäftigung ausüben (§ 3 Abs. 2 SGB VI).

Zur Sicherung der Rehabilitationserfolge und zur Eingliederung der Rehabilitanden in das Erwerbsleben gibt es für viele Indikationsbereiche im Anschluss an die Reha unterstützende ambulante Folgeleistungen (Reha-Nachsorge § 31 Abs. 1 SGB VI) z.B. in Form von Krankengymnastik, Sportgruppen oder psychotherapeutischer Unterstützung. Eine eventuell notwendige stufenweise Wiedereingliederung nach der Rehabilitation erfolgt ebenfalls über die gesetzliche Rentenversicherung.

Die Wirksamkeit der medizinischen Rehabilitation wurde in den letzten Jahrzehnten durch eine Vielzahl empirischer Studien in verschiedenen Indikationsbereichen belegt (Haaf & Schliehe 1999, Haaf 2005). Es konnte gezeigt werden, dass sich kurz- und mittelfristig der funktionale und psychosoziale Gesundheitszustand besserte und sich die Zahl der Arbeitsunfähigkeitstage nach einer Rehabilitation verringerte. Durch die Nachsorgeprogramme werden diese Effekte im Alltag stabilisiert.

2007 wurden über die gesetzliche Rentenversicherung ca. 900.000 medizinische Reha-Leistungen durchgeführt. Der Anteil ambulanter Maßnahmen lag bei 10 %. Die durchschnittliche Behandlungsdauer lag bei 30 Tagen. Sie variierte nach Indikationsbereich zwischen 23 Tagen (z.B. Herzinfarkt) und 94 Tagen (Entwöhnungsbehandlungen bei Drogen- und Medikamentenabhängigkeit). Die führenden Behandlungsdiagnosen lagen im Bereich der Orthopädie, der Neubildungen und der psychischen Erkrankungen (Deutsche Rentenversicherung Bund 2008b).

## Zusammenarbeit im Kontext des Betrieblichen Eingliederungsmanagements

Das Betriebliche Eingliederungsmanagement hat in Bezug auf die Rehabilitation eine wichtige Früherkennungs-, Vermittlungs- und Verstetigungsfunktion.

So ist es zur Erzielung eines optimalen Rehabilitationserfolges wichtig, dass eine Rehabilitation möglichst frühzeitig bei den ersten Anzeichen einer drohenden Leistungsbeeinträchtigung einsetzt. Diese werden in den Betrieben ganz unmittelbar spürbar. Wiederholte und in immer kürzeren Abständen erfolgende Krankschreibungen sind ein mögliches Indiz für einen Rehabilitationsbedarf. Somit können Betriebe ein wichtiger Partner der Rentenversicherung bei der frühzeitigen Erkennung von Rehabilitationsbedarf sein. Sie können Arbeitnehmer auf die Möglichkeit einer medizinischen Rehabilitation hinweisen und sich gemeinsam von der Rentenversicherung beraten lassen, ob Leistungen zur Teilhabe am Arbeitsleben notwendig, möglich und Erfolg versprechend sind.

Für einen anhaltenden Erfolg einer medizinischen Reha-Maßnahme ist in manchen Fällen ein Dialog zwischen Rehabilitationsklinik und Betrieb wichtig. Dies ist immer dann der Fall, wenn die spezifischen Anforderungen und Belastungen des Arbeitsplatzes in der Therapieplanung berücksichtigt werden sollen, und auch dann, wenn eine stufenweise Wiedereingliederung am Ende der medizinischen Rehabilitation erfolgen soll oder Anpassungen des Arbeitsplatzes notwendig erscheinen (MBO). Aussagekräftige Arbeitsplatzbeschreibungen und kompetente betriebliche Ansprechpartner können den Rehabilitationsprozess unterstützen.

Betriebsärzte haben aufgrund ihrer spezifischen Kenntnisse des Arbeitsplatzes und der Arbeitsplatzanforderungen sowohl bei der Erkennung von Rehabilitationsbedarf als auch bei der Abstimmung der Reha-Leistungen auf den Arbeitsplatz und der stufenweisen Wiedereingliederung eine wichtige Schlüsselfunktion. Sie sollten deshalb soweit möglich über den Arbeitgeber und die Rehabilitationskliniken in diese Prozesse eingebunden werden.

Obwohl eine Rehabilitation nur durch den persönlichen Antrag des Arbeitnehmers initiiert werden kann, kann der Arbeitgeber z.B. im Rahmen des Betrieblichen Eingliederungsmanagements zusammen mit dem Arbeitnehmer und im optimalen Fall dem Betriebsarzt abwägen, ob rehabilitative Leistungen zu einer Lösung des Gesundheitsproblems beitragen können, und gegebenenfalls den Arbeitnehmer ermutigen, einen Reha-Antrag zu stellen.

Von Seiten der Arbeitnehmer wurde in mehreren Studien Zurückhaltung in der Inanspruchnahme von Reha-Leistungen trotz subjektiven und objektiven Reha-Bedarfes geäußert. Hintergrund dieser Haltung sind u.a. die Sorge um den Arbeitsplatz, der erlebte Arbeitsdruck und finanzielle Überlegungen (Maier-Riehle & Schliehe 1999). In der KoRB-Studie, die sich mit Kooperationsmöglichkeiten von Rentenversicherung und kleinen und mittleren Unternehmen beschäftigte, wurden jedoch eine prinzipiell positive Haltung der Arbeitgeberseite gegenüber der Rehabilitation und eine gute Wahrnehmung von Rehabilitationserfolgen gefunden. Mehr als 75 % der befragten 700 Arbeitgeber aus kleinen und mittleren Unternehmen in Westfalen bewerteten die Erfolge von medizinischen Reha-Leistungen im Hinblick auf die Wiederherstellung der Leistungsfähigkeit und die Nachhaltigkeit der Erfolge positiv. 85 % der Arbeitgeber würden ihren Mitarbeitern bei Arbeitsunfähigkeitszeiten von mehr als sechs Wochen eine Reha empfehlen, 93 % würden selbst bei Bedarf eine Reha in Anspruch nehmen und 94 % der Arbeitgeber sehen in der Rehabilitation eine Möglichkeit, um langfristig Krankheitskosten zu sparen. Erfahrungen mit Leistungen zur Teilhabe am Arbeitsleben hatte nur ein kleiner Teil der befragten Arbeitgeber. Am häufigsten wurden Arbeitsmittel und Arbeitsplatzumrüstungen genannt. Die Erfolge wurden überwiegend positiv beurteilt (Hesse et al 2008).

## Modellprojekte

Noch ist eine Zusammenarbeit zwischen Unternehmen und Rentenversicherung im Rahmen des Betrieblichen Eingliederungsmanagements nicht der Regelfall. Oft fehlt in den Unternehmen das Wissen um diese Möglichkeit und in kleinen und mittleren Unternehmen mangelt es häufig auch an zeitlichen und personellen Ressourcen. So zeigen aktuelle Befragungen, dass Betriebliches Eingliederungsmanagement in weniger als 25 % der Betriebe unter 50 Mitarbeitern und in weniger als 40 % der Betriebe unter 250 Mitarbeitern durchgeführt wird (Niehaus et al 2008).

Auch die Rentenversicherung verfügt noch nicht über flächendeckende Kooperations- und Vernetzungsstrukturen zu den Unternehmen. Gegenwärtig werden verschiedene Kooperationsmodelle entwickelt. Beispielhaft werden im Folgenden vier Modelle benannt:

- Die Deutsche Rentenversicherung Rheinland hat mit der „WeB-Reha" ein Kooperationsmodell entwickelt, in dem Betriebsärzte als Mittler zwischen Arbeitnehmer, Unternehmen und Rentenversicherung auftreten. Im Rahmen ihrer betrieblichen Präsenz (Arbeitsplatzbegehungen, Vorsorgeuntersuchungen) können Betriebsärzte Reha-Bedarf identifizieren, den Arbeitnehmer beraten und durch einen Befundbericht bei der Antragstellung unterstützen. Der Betriebsarzt begleitet in diesen Fällen auch eine eventuell notwendige stufenweise Wiedereingliederung nach der Rehabilitation. Dieses Angebot wird zurzeit überwiegend in Großbetrieben genutzt, kann aber auch auf kleine und mittlere Unternehmen übertragen werden. In Nordrhein-Westfalen haben sich die Deutsche Rentenversicherung Westfalen und die Deutsche Rentenversicherung Bund diesem Konzept angeschlossen. Informationen hierzu finden sich unter www.web-reha.de.
- Die Deutsche Rentenversicherung Bund entwickelt in mehreren Modellregionen ein aufsuchendes niedrigschwelliges Beratungsangebot für Arbeitgeber zum Betrieblichen Eingliederungsmanagement. Das Pilotprojekt wurde im Bezirk Berlin-Teltow durchgeführt. Neben einer Vielzahl weiterer Aktivitäten wurden 317 Betriebe dieses Bezirkes telefonisch kontaktiert und es wurde ihnen ein Beratungsgespräch zum Betrieblichen Eingliederungsmanagement angeboten. Ungefähr ein Drittel der Betriebe nahm dieses Angebot an. In den Gesprächen konnte das Wissen über Betriebliches Eingliederungsmanagement verbessert und die Bereitschaft dieses durchzuführen gebessert werden. 19 Betriebe benannten im weiteren Verlauf des Projektes Mitarbeiter für ein Betriebliches Eingliederungsmanagement, das dann mit Unterstützung der Deutschen Rentenversicherung durchgeführt wurde (Deutsche Rentenversicherung Bund 2007).
- Im Projekt „GeniAL" (Generationenmanagement im Arbeitsleben) bietet die Deutsche Rentenversicherung Bund zusammen mit weiteren Regionalträgern Arbeitgebern eine Einstiegsberatung zur regionalen demografischen Entwicklung und zum alter(n)sgerechten Arbeiten an. In einem ersten sensibilisierenden Beratungsgespräch stellen die Berater der Rentenversicherung die regionale demografische Entwicklung vor und besprechen mit dem jeweiligen Arbeitgeber die betriebliche Situation. Es werden Methoden vorgestellt, um alter(n)sgerechtes Arbeiten im Betrieb zu etablieren. Thematisiert werden können dabei u.a. die Alters- und Qualifikationsstruktur sowie arbeitsplatzspezifische Belastungsprofile. In einem weiteren Schritt können bei Interesse des Arbeitgebers gemeinsam mit dem Betrieb betriebliche Gestaltungsmaßnahmen konzipiert werden. In diesen Prozess sollen auch andere regional tätige Experten, z.B. Krankenkassen oder Berufgenossenschaften, einbezogen werden. Das Projekt wird über die Auskunfts- und

Beratungsstellen der Deutschen Rentenversicherung koordiniert (Deutsche Rentenversicherung 2009).
- Da die Fragen und der Hilfebedarf im Rahmen des Betrieblichen Gesundheitsmanagements genauso vielfältig sind wie die potenziellen Leistungsträger (Integrationsamt, Krankenkasse, Rentenversicherung, Berufsgenossenschaft etc.), beteiligt sich die Deutsche Rentenversicherung Westfalen mit einer Regionalstelle im Projekt „Gesunde Arbeit" (www.gesundearbeit.net). In diesem Projekt werden speziell für kleine und mittlere Unternehmen regionale Anlaufstellen aufgebaut, die in einer Lotsenfunktion Arbeitgeber bei der Umsetzung des Betrieblichen Gesundheitsmanagements unterstützen. Mögliche Themenfelder liegen im Arbeits- und Gesundheitsschutz, in der Gesundheitsförderung (Prävention) und dem Betrieblichen Eingliederungsmanagement. Die Lotsen klären das konkrete Anliegen und entwickeln Lösungswege, bei denen die Angebote der Träger von Präventions- und Rehabilitationsleistungen und die regionalen Versorgungsstrukturen berücksichtigt werden. Der Lösungsprozess wird begleitet, koordiniert und bzgl. des Erfolgs überprüft.

## Qualitätskriterien

Die Deutsche Rentenversicherung verfügt über ein umfangreiches Instrumentarium der Qualitätssicherung. Wichtige Ziele sind unter anderem eine am Rehabilitanden orientierte Qualitätsverbesserung der medizinischen Rehabilitation, eine Erhöhung der Transparenz des Leistungsgeschehens, die Erschließung von Leistungsreserven und die Förderung des internen Qualitätsmanagements.

Es gibt für die medizinische Rehabilitation einen festen Katalog therapeutischer Leistungen (KTL) und Standards bezüglich der personellen und therapeutischen Ausstattung. Diagnostik und Behandlungsplanung werden in diagnosespezifischen Leitlinien festgelegt. Diese Leitlinien befinden sich in einem kontinuierlichen evidenzbasierten Weiterentwicklungsprozess. Die Reha-Einrichtungen dokumentieren die erbrachten Leistungen in Entlassungsberichten. Zur Überprüfung einer gleichbleibend hohen Qualität:
- werden regelmäßig Erhebungen zur Strukturqualität von Rehabilitationseinrichtungen durchgeführt.
- wird eine Zufallsstichprobe von Rehabilitanden bzw. Patienten regelmäßig zur Zufriedenheit mit der Reha-Maßnahme und Beurteilung des Reha-Erfolges befragt.
- wird im Peer-Review-Verfahren der individuelle Rehabilitationsprozess anhand von zufällig ausgewählten ärztlichen Entlassungsberichten und den individuellen Therapieplänen durch erfahrene Ärztinnen und Ärzte der entsprechenden Fachrichtung (Peers) bewertet. Für die Begutachtung des Ein-

zelfalls wurde eine Checkliste qualitätsrelevanter Prozessmerkmale entwickelt.

Die Ergebnisse werden zur internen Qualitätssicherung an die Rehabilitationseinrichtungen zurückgemeldet. Auch für die Einrichtungen der beruflichen Rehabilitation sind die Arbeiten zur Qualitätssicherung weit fortgeschritten.

## Informationsmöglichkeiten

Sowohl Arbeitnehmer wie auch Arbeitgeber können verschiedene Informationsangebote der Deutschen Rentenversicherung in Anspruch nehmen.

### Internet

- Homepage der Deutschen Rentenversicherung (www.deutsche-rentenversicherung.de) bzw. Homepages der regionalen Rentenversicherungsträger. Hier sind umfassende Informationen zum Thema Rehabilitation hinterlegt.
- Homepage der Bundesarbeitsgemeinschaft für Rehabilitation (www-bar-frankfurt.de). Hier sind trägerübergreifend Informationen zur Rehabilitation zu finden.

### Auskünfte und Beratung

- Telefon: Die Deutsche Rentenversicherung unterhält ein bundesweites kostenloses Servicetelefon (Tel.-Nr. 0800 10004800), darüber hinaus gibt es regionale Servicetelefone.
- Auskunfts- und Beratungsstellen der Deutschen Rentenversicherung: Die Deutsche Rentenversicherung unterhält flächendeckend Auskunfts- und Beratungsstellen, die umfassend zu Rehabilitation und Rente beraten und Anträge aufnehmen. Die Adressen und Sprechzeiten können auf der Homepage der Deutschen Rentenversicherung in der Rubrik Beratung ermittelt werden.
- Gemeinsame Servicestellen für Rehabilitation: Die Gemeinsamen Servicestellen für Rehabilitation sind ein gemeinsames Serviceangebot aller gesetzlichen Rehabilitationsträger in Deutschland, also der gesetzlichen Rentenversicherungen, der gesetzlichen Krankenkassen, der gesetzlichen Unfallversicherung, der Bundesagentur für Arbeit und der Bundesarbeitsgemeinschaft der Integrationsämter und Hauptfürsorgestellen. Sie informieren und beraten umfassend und individuell zu allen Fragen der Rehabilitation und Teilhabe. Sie klären das Anliegen der Ratsuchenden, nehmen Reha-Anträge auf und ermitteln den zuständigen Reha-Träger. Bei Bedarf wird Kontakt zum zuständigen Reha-Träger hergestellt und der Reha-Antrag

weitergeleitet. Die regionalen Adressen können über folgende Internetseite ermittelt werden: http://www.reha-servicestellen.de.

## Literatur

Deutsche Rentenversicherung (2009) Generationenmanagement im Arbeitsleben (GeniAL) http://forschung.deutsche-rentenversicherung.de/ForschPortalWeb/contentAction.do?key=main_ab_gmib&chmenu=ispvwNavEntriesByHierarchy426. Zugriffsdatum 06.07.2009

Deutsche Rentenversicherung Bund (2008a) (Hrsg) Rentenversicherung in Zeitreihen. Band 22. Eigenverlag, Berlin

Deutsche Rentenversicherung Bund (2008b) (Hrsg) Statistik der Deutschen Rentenversicherung. Rehabilitation 2007. Band 169. Eigenverlag, Berlin

Deutsche Rentenversicherung Bund (2007) Regionale Initiative. Betriebliches Eingliederungsmanagement. http://www.deutsche-rentenversicherung-bund.de/nn_7130/SharedDocs/de/Inhalt/Zielgruppen/02__arbeitgeber__steuerberater/dateianh_C3_A4nge/betriebliche__eingliederung/abschlussbericht,templateId=raw,property=publicationFile.pdf/abschlussbericht. Zugriffsdatum 06.07.2009

Haaf HG, Schliehe F (1999) Wie wirksam ist die medizinische Rehabilitation? Rehabilitationswissenschaftliche Ergebnisse zu den häufigsten Krankheitsgruppen. In: Eckert R, Zimmer AC (Hrsg) Rehabilitationspsychologie. Pabst, Lengerich, S 56–91

Haaf HG (2005) Ergebnisse zur Wirksamkeit der Rehabilitation. Rehabilitation 44:259–276

Hesse B, Heuer J, Gebauer E (2008) Rehabilitation aus der Sicht kleiner und mittlerer Unternehmen: Wissen, Wertschätzung und Kooperationsmöglichkeiten. Ergebnisse des KoRB-Projektes. Rehabilitation 47:324–333

Maier-Riehle B, Schliehe F (1999) Rehabilitationsbedarf und Antragsverhalten. Rehabilitation 38:100–115

Niehaus M, Marsfeld B, Vater GE, Magin J, Werkstetter E (2008) Studie zur Umsetzung des Betrieblichen Eingliederungsmanagements nach § 84 Abs. 2 SGB IX. In: Betriebliches Eingliederungsmanagement. Eigenverlag, Köln

# Staatliche Impulse, Konzepte und Fördermaßnahmen

Eleftheria Lehmann & Kai Seiler

Landesinstitut für Gesundheit und Arbeit des Landes Nordrhein-Westfalen
Ulenbergstr. 127–131
40225 Düsseldorf

## Hintergrund: Anpassungsdruck staatlicher Konzepte aufgrund der dynamischen Entwicklung in Wirtschaft und Gesellschaft

Seit vier Jahrzehnten erlebt Nordrhein-Westfalen (NRW) – wie viele andere Länder auch – eine radikale Veränderung im Wirtschaftsgeschehen. Durch Abbauprozesse, Verlagerungen und Fusionen im traditionellen Primärsektor und in der Produktion z.B. in der Landwirtschaft, im Bergbau, in der Eisen- und Stahlproduktion sowie der Textilindustrie hat Erwerbsarbeit spürbar abgenommen. Dieser Beschäftigungsrückgang stellt zusammen mit dem Wachstum in der Dienstleistungsbranche einen bekannten Langzeittrend dar und ist mit einem Wechsel der Anforderungen und Belastungen der Tätigkeiten verbunden (EUROFOUND 2006). Dabei lassen sich bedeutsame regionale Unterschiede und Herausforderungen feststellen, wie z.B. der Blick auf das Ruhrgebiet offenbart.

Zugleich sind die klassischen Großunternehmen im Rückgang begriffen. Kleinen und mittleren Unternehmen fällt auf dem Arbeitsmarkt eine wachsende Bedeutung als Arbeitgeber zu – vor allem im Dienstleistungsbereich. Drei hauptsächliche Treiber lassen sich zusammenfassend ausmachen:

- die wirtschaftlichen Veränderungen (Globalisierung, Internationalisierung des Wettbewerbs und der Märkte)
- der technologische Fortschritt (Verbreitungsprozess von neuen und aufkommenden Technologien)
- die Veränderungen der Bevölkerung (demografischer Wandel, Migration).

Diese Veränderungen gehen mit einer Verschiebung des Belastungsspektrums einher: In der modernen, vom Strukturwandel geprägten Arbeitswelt in Nordrhein-Westfalen haben psychische Belastungen eine wachsende Bedeutung. Für viele Beschäftigte stellen hohe Verantwortung, Zeitdruck und Überforderung keine Ausnahme dar, sondern sie bestimmen den beruflichen Alltag – wie eine in regelmäßigen Abständen vom Arbeitsministerium NRW durchgeführte Befragung zeigt (Stötzel & Figgen 2005). Hinzu tritt häufig die Angst vor dem Verlust des Arbeitsplatzes: Nahezu jede/r fünfte Befragte gab an, sich darüber Sorgen zu machen.

Auf diese Herausforderungen müssen sowohl die Konzepte sowie die rechtlichen Rahmenbedingungen des Gesundheitsschutzes und der Gesundheitsförderung eingehen. War die Betriebliche Gesundheitsförderung (BGF) in der Vergangenheit ein hauptsächliches Interventionsfeld der Krankenkassen, um möglichst breite Bevölkerungsschichten an dem Ort zu erreichen, an dem sie fast die meiste Zeit ihres Tages verbringen, so wird der Nutzen heute von allen Beteiligten weiter gesehen. Arbeitgeber erkennen, dass sie in Zeiten des demografischen Wandels zunehmend auf den Erhalt und die Förderung der Beschäftigungsfähigkeit ihrer Belegschaften achten müssen. Dies wird in erster Linie getan, um mit Blick auf zukünftig weniger nachkommende Facharbeiter die vorhandenen möglichst lange und arbeitsfähig im Unternehmen halten zu können – aber auch, weil immer deutlicher erkannt wird, dass gesunde und motivierte Beschäftigte leistungsfähiger sind. Der klassische betriebliche Arbeitsschutz ist dafür in der Vergangenheit kein geeignetes Instrument gewesen, um derartige Ziele zu verfolgen – durch ihn konnte allenfalls ein Mindestmaß an Arbeitsfähigkeit sichergestellt werden. Innovative Unternehmen verknüpfen daher – wie an verschiedenen Stellen in diesem Buch gezeigt wird – den betrieblichen Arbeitsschutz mit einem integrierten Gesundheitsmanagement zu einem modernen Arbeits- und Gesundheitsschutz.

Seitens der Arbeitnehmer sowie deren Interessenvertretungen wird ebenfalls verstärkt erkannt, dass die individuelle Ressource Gesundheit eine der wichtigsten Grundlagen zur aktiven Beteiligung am wirtschaftlichen und gesellschaftlichen Leben darstellt. Es gilt zunehmend fit zu sein für die Änderungen der Arbeitswelt. Ein anderer Motivator ist die Verbesserung der Lebensqualität durch die Förderung der eigenen Gesundheit; hierbei muss auch Eigenverantwortung übernommen werden. Jedoch wird es sicherlich noch ein langer Weg der Überzeugungsarbeit bei der breiten Masse der Bevölkerung sein, dass nicht nur der Hausarzt für die individuelle Gesundheit zuständig ist.

Der Staat hat ebenfalls das Interesse, im Zuge der weiter oben skizzierten Entwicklungen durch verschiedene Maßnahmen und Aktivitäten das Betriebliche Gesundheitsmanagement zu fördern, die Beschäftigungsfähigkeit aller am wirtschaftlichen und gesellschaftlichen Leben Beteiligten zu verbessern sowie für eine gute Qualität der Arbeit zu sorgen. Die Ergebnisse dieser Anstrengungen kommen letztlich allen Beteiligten zugute: So werden nicht nur die Beschäftigungsfähigkeit und Lebensqualität der Arbeitnehmerinnen und Arbeitnehmer, sondern auch die Leistungs- und Wettbewerbsfähigkeit von Unternehmen dauerhaft gefördert. Um das zu erreichen, braucht es jedoch nicht nur Förderinstrumente, sondern Partner und flankierende Maßnahmen aus anderen Politikfeldern (vgl. die Beispiele weiter unten).

## Welches sind die Grundlagen staatlicher Konzepte?

### Normative Grundlagen

Nach Abs. 1 Satz 1 des Arbeitsschutzgesetzes ist der Arbeitgeber verpflichtet, die erforderlichen Maßnahmen des Arbeitsschutzes zu treffen, um einen umfassenden Schutz der Beschäftigten vor einer Gesundheitsgefährdung durch die Arbeit und bei der Arbeit zu verwirklichen. Diese rechtliche Forderung setzt Art. 5 Abs. 1 der Europäischen Rahmenrichtlinie 89/391/ EWG um. Sie bezieht dabei den Verantwortungsbereich des Arbeitgebers ausdrücklich auf alle Aspekte, die die Arbeit betreffen. Der Begriff der Gesundheit umfasst nach dem Übereinkommen Nr. 155 über den Arbeitsschutz und die Arbeitsumwelt der ILO nicht nur „[...] das Freisein von Krankheit oder Gebrechen, sondern auch die physischen und geistig-seelischen Faktoren, die sich auf die Gesundheit auswirken und die in unmittelbarem Zusammenhang mit der Sicherheit und der Gesundheit bei der Arbeit stehen". Beim modernen Arbeitsschutz sind also die Grenzen fließend zwischen den klassischen, weitgehend normierten Schutzstandards (bei technischen und biomedizinischen Einflüssen) und Anforderungen, die sich aus einem umfassenden Verständnis der Gesundheitsförderung ergeben.

Zur Verbreitung des Ansatzes der Betrieblichen Gesundheitsförderung (BGF) arbeiten die Mitgliedstaaten der EU an einem europäischen Netzwerk zur Betrieblichen Gesundheitsförderung zusammen. Auf der Basis der bereits erwähnten EGW-Rahmenrichtlinie ist die sogenannte Luxemburger Deklaration 1997 verabschiedet worden. Seitdem sind viele Initiativen und Projekte in den einzelnen Mitgliedsstaaten und besonders in Deutschland aufgegriffen worden. Flankiert werden diese Aktivitäten vom rechtlichen Rahmen des SGB V; hier beabsichtigt der § 20a zum einen eine Zusammenarbeit zwischen den gesetzlichen Unfallversicherungsträgern und den Krankenkassen; ferner gibt er Letzteren die Möglichkeit, einen gewissen Betrag pro Versichertem für Maßnahmen der Betrieblichen Gesundheitsförderung auszugeben. Standen dabei früher fast ausschließlich individuenbezogene Leistungen im Vordergrund, so gehen mehr und mehr Krankenkassen zu einer i.d.R. wirksameren Setting-Förderung über. Bei dieser ist der Adressat der Maßnahmen der ganze Betrieb bzw. die jeweilige Abteilung – unabhängig davon, ob die Beschäftigten alle bei der gleichen Krankenkasse versichert sind oder nicht. Inwiefern ein zukünftiges Präventionsgesetz die Potenziale und Gestaltungsmöglichkeiten Betrieblicher Gesundheitsförderung aufgreift und noch weitergehende entsprechende Handlungsrahmen für Unternehmen, Krankenkassen und andere Institutionen schafft, bleibt noch abzuwarten.

Da alle Bereiche unseres Lebens darauf Einfluss nehmen, ob wir kompetent und gesund tätig sein und bleiben können, gilt es zukünftig auch stärker als bisher, Gesundheitspolitik nicht nur als Ressortaufgabe zu verstehen. Einerseits heißt das, die Gesundheitsförderungspotenziale anderer Politikbereiche zu erkennen und aufzugreifen, aber auch andererseits, die Auswirkungen von gesetzlichen Regelungen in allen Politikbereichen auf ihre Folgen für die Gesundheit der Bevölkerung evaluieren zu lassen. Diese Sichtweise wird z.B. im „Health-in-all-policies"-Ansatz vertreten (vgl. Stahl et al 2006).

## Das Verständnis von BGF und Beschäftigungsfähigkeit

In den letzten Jahren ist es ebenfalls zu einer Verzahnung zwischen gesundheitswissenschaftlichen und arbeitswissenschaftlichen Konzepten gekommen, die als Basis für breit angelegte Handlungsansätze dienen. In den folgenden Ausführungen wird das am Beispiel der nordrhein-westfälischen Arbeits- und Gesundheitspolitik verdeutlicht. Hierzu werden die zugrunde gelegten Konzeptionen kurz vorgestellt.

Dem Verständnis des Europäischen Netzwerks zufolge beruht BGF auf einer fach- und berufsübergreifenden Zusammenarbeit und kann nur dann erfolgreich sein, wenn alle relevanten Schlüsselpersonen dazu beitragen. Das Ziel „gesunde Mitarbeiter in gesunden Unternehmen" wird dabei durch folgende Leitlinien erreichbar gemacht:

- Unternehmensgrundsätze und -leitlinien, die in den Beschäftigten einen wichtigen Erfolgsfaktor sehen und nicht nur einen Kostenfaktor
- eine Unternehmenskultur und entsprechende Führungsgrundsätze, in denen Mitarbeiterbeteiligung verankert ist, um so die Beschäftigten zur Übernahme von Verantwortung zu ermutigen
- eine Arbeitsorganisation, die den Beschäftigten ein ausgewogenes Verhältnis bietet zwischen Arbeitsanforderungen einerseits und andererseits eigenen Fähigkeiten, Einflussmöglichkeiten auf die eigene Arbeit und sozialer Unterstützung
- eine Personalpolitik, die aktiv Gesundheitsförderungsziele verfolgt
- ein integrierter Arbeits- und Gesundheitsschutz (Quelle: Luxemburger Deklaration in der Fassung von 2007).

Ein übergeordnetes Ziel der nordrhein-westfälischen Arbeits- und Gesundheitspolitik sind die Förderung und der Erhalt der Beschäftigungsfähigkeit vor allem in Zeiten des demografischen Wandels. Dazu ist BGF ein wichtiges Werkzeug.

Beschäftigungsfähigkeit wird von den Autoren als kompetentes und gesundes Tätigsein-Können in allen Lebenslagen verstanden. Berücksichtigt werden dabei die körperlichen und psychischen Ressourcen, die biografischen Herausforderungen, das soziale Umfeld mit seinen Ressourcen, kulturelle Rahmenbedingungen sowie ethische und wirtschaftliche Zusammenhänge. Es umfasst die ganze Lebenswelt und damit alle Aspekte des Tätigseins – z.B. auch Erwerbslosigkeit, Hausarbeit und ehrenamtliche Aufgaben (Ducki & Greiner 1992, Seiler 2008). Die sehr weit gefasste Definition des nordrhein-westfälischen Arbeitsministeriums (MAGS) beschreibt dies so: „Beschäftigungsfähig sind Frauen und Männer, die dauerhaft am wirtschaftlichen und sozialen Leben aktiv teilhaben können." Ein wesentliches Augenmerk sollte dabei auf die Förderung der individuellen Gesundheitskompetenz gelegt werden (Lehmann 2008).

## Welche Instrumente des Staates wurden und werden genutzt?

NRW hat sich jüngst dazu entschlossen, die Überwachung und Aufsicht der Arbeitsbedingungen in den kritischen Bereichen zu fokussieren und im Rahmen der Gemeinsamen Deutschen Arbeitsschutzstrategie (§ 20 ff ArbSchG) Schwerpunkte auf prioritäre Handlungsfelder und Risikobranchen zu legen. Dies wird unter Berücksichtigung der im Arbeitsschutzkonzept verankerten Grundsätze erfolgen, die in der Ausgabe dieses Herausgeberbandes von 2003 vorgestellt wurden (Eichenhagen & Lehmann 2003). Dort, wo es aber gilt, bei der Betrieblichen Gesundheitsförderung proaktiv, beratend und initiierend tätig zu sein, wird in Zukunft das Ministerium für Arbeit, Gesundheit und Soziales (MAGS) verstärkt mit Partnern den Weg bereiten. Dabei werden weiterhin bewährte Förderinstrumente wie die durch den Europäischen Sozialfonds kofinanzierten innovativen Modellprojekte sowie die Potenzialberatungen für Unternehmen genutzt.

Die Potenzialberatung soll Unternehmen und deren Beschäftigte dabei unterstützen. Aufbauend auf der Analyse der Stärken und Schwächen werden Maßnahmen entwickelt, die zur Modernisierung und damit zur Stärkung der Wettbewerbsfähigkeit der Unternehmen beitragen; Beratungen zur Verbesserung der Arbeitsfähigkeit und zur Bewältigung des demografischen Wandels können hierbei ebenfalls gefördert werden. Durch Modellprojekte können innovative Ansätze der Arbeitsgestaltung sowie des Gesundheitsmanagements im betrieblichen Rahmen entwickelt und erprobt werden. Sie alle sollen – wie der Name des Förderprogramms es impliziert – die Beschäftigungsfähigkeit der arbeitenden Bevölkerung in NRW erhalten und fördern. Dabei werden allerdings Schwerpunkte in jenen Bereichen gelegt, wo besondere Herausforderungen vorherrschen oder strukturelle Benachteiligungen zu überwinden sind. In der Vergangenheit sind aus diesem Grund viele Projekte mit kleineren Unternehmen gefördert worden, die nicht über professionelle Arbeits- und Gesundheitsschutzstrukturen verfügen. Gerade in Branchen und Dienstleistungsbereichen mit vielfältigen Belastungsmustern und ungünstigen Rahmenbedingungen konnten so praktikable und wirtschaftliche Lösungen für einen verbesserten Gesundheitsschutz erarbeitet werden. Beispiele für derartige Modellprojekte sind: „Arbeitsschutz in der Altenpflege (AIDA)", „Unterstützungsnetzwerk für Beschäftigungsfähigkeit in Kleinbetrieben (RegioPrävent)" sowie „Gesundheitsförderung als integrative Führungsaufgabe zur Gestaltung der Arbeit in Betrieben in NRW (GeFüGe)". Mit dem Projekt „Produktivität von Sozialkapital in Betrieben – Kennzahlenentwicklung und Nutzenbewertung im betrieblichen Gesundheitsmanagement (ProSoB)" konnte darüber hinaus in mittelgroßen Betrieben sehr anschaulich der Zusammenhang zwischen gemeinsamen Werten, einer mitarbeiterorientierten Unternehmensführung und wirtschaftlichem Erfolg belegt werden.

Darüber hinaus hat das Land NRW unter Beteiligung vieler Institutionen im Gesundheitswesen ein neues Präventionskonzept mit bedeutsamen Gesundheitszielen formuliert; dabei ist u.a. im Vergleich zu Vorläuferkonzepten auch eine stärkere Integration des Themas Betriebliche Gesundheitsförderung in die Präventionsziele des Landes erfolgt.

Im folgenden Kapitel werden Beispiele der Anwendung staatlicher Instrumente präsentiert – die Ausführungen orientieren sich dabei an den hauptsächlichen Zielsetzungen.

### Beispiele staatlicher Aktivitäten in NRW

#### 1. Unternehmen für BGF/BGM und Prävention gewinnen

In diesem Kontext stehen Sensibilisierungs- und Aufklärungsmaßnahmen im Vordergrund. Als jüngste Beispiele der Vergangenheit können hier die Aktionstage im Rahmen der Hautkampagne 2007 erwähnt werden, aber auch die Veranstaltung von Gesundheitstagen in Unternehmen mit Kooperationspartnern (Krankenkassen) z.B. zum Thema Stress/psychische Fehlbelastungen. Ferner werden sowohl vom Arbeitsministerium als auch vom Landesinstitut für Gesundheit und Arbeit (LIGA.NRW) Kooperationsveranstaltungen und Fachtagungen zu bestimmten Themen wie beispielsweise Gesundheitsprävention bei alternden Belegschaften, Prävention von und Umgang mit Mobbing im Betrieb u.Ä. durchgeführt. Ein anderes Anliegen ist die Verbreitung von Angeboten guter Praxis und die Ermöglichung vom einfachen Zugang zu nützlichen Informationen.

Dies geschieht z.B. durch die vom Land NRW und der ehemaligen Gemeinschaftsinitiative Gesünder Arbeiten e.V. auf den Weg gebrachten Datenbank „www.good-practice.org", in der Praxislösungen mit betrieblichen Ansprechpartnern öffentlich gemacht werden, sowie mit dem seit Jahren bewährten nachfrageorientierten Informationssystem „www.komnet.nrw.de", welches inzwischen über eine beachtliche Anzahl von abrufbaren Antworten zu Problemstellungen aus der Praxis des Arbeits- und Gesundheitsschutzes verfügt.

Eine gezielte Presse- und Öffentlichkeitsarbeit sorgt dabei ebenso für eine Verbreitung von Praxislösungen und innovativen Konzepten wie die Mitarbeit in Netzwerken (vgl. 3. in diesem Kapitel).

#### 2. Qualität und Nachhaltigkeit in der Praxis der BGF verbessern

Viele Anstrengungen der letzten Zeit zielten auf die Verbesserung der Qualität und Nachhaltigkeit bei der Betrieblichen Gesundheitsförderung. Was die entsprechenden Leitlinien betrifft, so weist das Präventionskonzept NRW den Weg: „Interventionen in der Prävention und Gesundheitsförderung werfen heute zu Recht die Frage nach Qualitätssicherung und Qualitätsmanagement auf. Diese Aspekte sind eng verbunden mit Fragen von Evidenzbasierung, Evaluation, Effektivität und Effizienz. [...] So konstatiert zum Beispiel der Sachverständigenrat [für die konzertierte Aktion im Gesundheitswesen, Anm. der Autoren], dass der Stand der Prävention im primärpräventiven Bereich noch verbesserungsbedürftig ist, darüber hinaus werden die methodischen Evaluationsprobleme bei Gesundheitsförderungsprogrammen mit hoher Komplexität nicht übersehen. Evaluation ist eine ‚Methode der Qualitätssicherung' und sollte integraler Bestandteil jeder gesundheitsfördernden Maßnahme sein. Dabei sind folgende Kriterien zu berücksichtigen: Formulierung zu erreichender Ziele, Definition von Zielgruppen, Kontrolle der Zielerreichung, Prozess- und Zielkorrektur, Dokumentation, Publikation. Außerdem gilt es, die Angemessenheit des Ziel-Mittel-Verhältnisses und die Kosten-Nutzen-Analyse zu berücksichtigen." Diese Anforderungen wurden und werden zunehmend bei der Durchführung landesweiter Programme durch die staatliche Arbeitsschutzaufsicht berücksichtigt: so standen beispielsweise bei den Beratungsprogrammen der Arbeitsschutzverwaltung „Gesunder Rücken" sowie „Aktivierende Beratung zum Abbau psychischer Belastungen" die Zielgruppenorientierung und Evaluation der eingesetzten Instrumente im Fokus.

Ein weiterer Ansatz, Qualität im interessierenden Themenfeld zu verbessern, ist die Qualifizierung der relevanten Akteure. Dies wird einerseits über themenspezifische Kooperationsveranstaltungen des Landes z.B. mit Betriebs- und Personalräten sowie Betriebs- und Werksärzten erreicht. Hier konnten in der Vergangenheit immer wieder neue Impulse bei den Partnern gesetzt werden. Ein weiteres Instrument zur Qualifizierung von betrieblichen Akteuren und Beratern ist der Aufbau von Arbeitskreisen – hier sind vom Land NRW jüngst Aktivitäten zur Verbreitung guter Praxislösungen und Standards zum Betrieblichen Eingliederungsmanagement aufgegriffen worden.

Ferner sorgte das NRW-Arbeitsministerium dafür, dass z.B. bei der Universität Bielefeld verschiedene Studiengänge zum Betrieblichen Gesundheitsmanagement entwickelt wurden und sich etablieren konnten. Sie richten sich in erster Linie an (angehende) Führungskräfte sowie Beauftragte in Unternehmen und sollen gewisse Standards in der betrieblichen Praxis gewährleisten.

### 3. Vernetzung, Kooperation und „Capacity Building" für KMU

Ein wichtiges Instrument der Vergangenheit war die Vernetzung von wichtigen Stakeholdern, um das BGM zu verbreiten und den Nutzen bekannt zu machen. Hierzu sind in NRW zahlreiche Aktivitäten unternommen worden. Zum einen kann dabei nach institutioneller Ebene und praxisbezogener Ebene unterschieden werden, zum anderen nach regionaler und landesweiter.

In der institutionellen Ebene wird in erster Linie versucht, einen koordinierten Informationsaustausch zwischen den relevanten Partnern (z.B. staatliche Stellen, Krankenkassen, Unfallversicherungsträger, Kammern, Verbände, Gewerkschaften, Beratungs- und Forschungseinrichtungen) zu organisieren. Ferner werden in einer solchen Zusammenarbeit oft gemeinsame Strategien entwickelt und Projekte durchgeführt, um die Anliegen Betrieblicher Gesundheitsförderung wirksam werden zu lassen und Aktivitäten zu koordinieren bzw. zu bündeln. Ein Beispiel für die institutionelle landesweite Netzwerkebene ist das Netzwerk „Gesünder Arbeiten NRW", das als Fortsetzung der von 2002 bis 2007 wirkenden Gemeinschaftsinitiative Gesünder Arbeiten e.V. (www.gesuender-arbeiten.de) fungiert.

Auf der regionalen Ebene sind hier z.B. der Runde Tisch „Gesundheitsschutz in der Arbeitswelt" in Siegen und die Gesundheitsinitiative Münsterland (INGA) zu nennen. Auf der praxisbezogenen Ebene wird regional hauptsächlich versucht, Unternehmen zusammenzuführen, um Herausforderungen gemeinsam bewältigen und voneinander lernen zu können. Beispiele für diese Aktivitäten sind dabei die Regionalkonferenzen zum demografischen Wandel und sich daraus ergebende Vernetzungen betrieblicher Akteure. Im Rahmen eines innovativen Modellprojektes wird gegenwärtig der Aufbau eines KMU-Verbundes zur gegenseitigen Unterstützung beim Erhalt und bei der Förderung der Beschäftigungsfähigkeit gefördert. Darüber hinaus beteiligen sich staatliche Stellen aktiv an bundesweiten Netzwerken: NRW beteiligt sich z.B. an der Initiative Neue Qualität der Arbeit (INQA). Ferner koordiniert das LIGA.NRW zwei Foren im Deutschen Netzwerk für Betriebliche Gesundheitsförderung und sorgt so für die konzeptionelle Kooperation bei den Themen „Gesundheitsförderung in KMU" und „Arbeitsmarktintegration und Gesundheitsförderung" sowie für die Verbreitung von Forschungsergebnissen und Praxisbeispielen.

## Lessons learned in NRW: Ausblick

Die Berücksichtigung der Gesundheit in gesellschaftlichen und wirtschaftlichen Veränderungsprozessen ist nicht nur eine individuelle oder unternehmensbezogene Angelegenheit: Vielmehr bedarf es eines breiten sozialen und kulturellen Ansatzes, der umfassend ausgerichtete Prioritäten der Gesundheitspolitik formuliert und fokussiert. Ferner sollten hierbei intersektorale und politikfeldübergreifende Aktivitäten umgesetzt werden, die sich sowohl sozialen als auch ökonomischen Gesichtspunkten widmen. Dem Staat kommt hierbei in erster Linie die Rolle eines wichtigen Impulsgebers und Vernetzers sowie eines Regulators für Fairness im Wettbewerb zu.

Nach einigen Jahren der Initiierung und Begleitung der Netzwerke, Verbünde und Kooperationsvorhaben zum modernen Arbeits- und Gesundheitsschutz bzw. zur Betrieblichen Gesundheitsförderung sei eine Zwischenbewertung erlaubt: Sie sind zum Teil sehr vom persönlichen Engagement und den Motiven der Beteiligten abhängig, die Initiierungsphase ist in der Regel sehr intensiv und ressourcenbindend. Erfolgreiche Verbünde verlieren hierbei die Ziele nicht aus den Augen und achten darauf, dass ein Benefit für aller Beteiligten besteht. Üblicherweise ist es dabei von Vorteil, wenn eine neutrale Instanz die Geschäftsführung des Verbundes übernimmt (vgl. auch die Empfehlungen aus Seiler 2004). Wenn in Verbünden etwas auf betrieblicher Ebene erreicht werden soll, hat sich die regionale Ebene bewährt. Sie haben zwar kleinere, dafür aber auch flexiblere Strukturen, die es ihnen ermöglichen, besser den Grund zu bereiten und modellhaft Lösungen zu entwickeln und zu testen – mit einem kooperativen Ansatz. Dieser Weg sollte auch in Zukunft konsequenter verfolgt werden. Dabei gilt es, insbesondere unterstützende regionale Strukturen für die Kooperation von kleinen und mittleren Betrieben zu erreichen.

Es ist auch angezeigt, weiterhin entsprechende Impulse zur BGF zu setzen sowie die Wirksamkeit zu überprüfen. Bei Projekten in und mit Unternehmen heißt das, z.B. eher darauf zu achten, dass Maßnahmen zur Steigerung des Sozialkapitals als wichtiger vermittelnder Faktor der Gesundheit besonders gefördert werden sollten.

Die innovativen Modellprojekte sind eine gute Möglichkeit, neue Ansätze im betrieblichen Umfeld zu erproben. In Zukunft gilt es dabei noch stärker, sie auf ihre Wirksamkeit zu testen und die Eignung eines Transfers für andere Betriebe zu prüfen – oder auch ausschließlich innovative Transferstrategien zu entwickeln und zu erproben. Die wirksame Verbreitung stellt immer noch die größte Herausforderung dar.

Nach wie vor kann aber das Rollenverständnis des Staates aufrechterhalten werden, das von der Expertenkommission „Zukunftsfähige betriebliche Gesundheitspolitik" entwickelt worden ist: „Der Staat allein kann nicht alle Probleme flächendeckend lösen. Er sollte aber durch das Setzen staatlicher Mindeststandards und Rahmenbedingungen für eine moderne betriebliche Gesundheitspolitik die Vielfalt möglicher Einzelansätze in den Betrieben und die damit verbundenen Konsequenzen für die Arbeitgeber und die Beschäftigten akzeptierbar machen. Aus Sicht der Kommission muss der Staat den erforderlichen Politikwandel anstoßen, flankieren und moderieren sowie bei der Umsetzung und Konkretisierung einer solchen Politik Unterstützung und Hilfestellung leisten [...]" (Expertenkommission 2004 S. 24).

Wir haben in diesem Beitrag versucht, hierzu die zugrunde gelegten Konzeptionen zu verdeutlichen und Beispiele staatlichen Handelns auf dem Gebiet aufzuzeigen sowie auf sinnvolle Arbeitsteilungen und Kooperationen hinzuweisen. Gesundheit bei der Arbeit braucht einflussreiche und überzeugte Partner. Gesunde Arbeitsplätze und eine verbesserte Beschäftigungsfähigkeit entstehen nur, wenn alle an der Arbeitswelt Beteiligten wie Arbeitgeber, Beschäftigte, Verbände, Unfallversicherungsträger, Krankenkassen, die staatliche Arbeitsschutzverwaltung sowie der öffentliche Gesundheitsdienst zusammenarbeiten – mit einem konstruktiven Umgang der unterschiedlichen Interessenlagen.

NRW hat das Potenzial, durch die erfolgte Fusion der Landesanstalt für Arbeitsschutz mit dem Landesinstitut für öffentlichen Gesundheitsdienst zum Landesinstitut für Gesundheit und Arbeit ein noch wirksameres und lebensweltorientierteres Vorgehen bei der Prävention und Gesundheitsförderung zu erreichen. Ein Beispiel hierfür sind die Konzepte und Aktivitäten zur vernetzteren Prävention und Gesundheitsförderung bei Erwerbslosen oder von Erwerbslosigkeit Bedrohten (vgl. Hollederer 2006, Seiler 2009) sowie zur Zeitarbeit (Seiler & Splittgerber im Druck).

## Literatur

Ducki A, Greiner B (1992) Gesundheit als Entwicklung von Handlungsfähigkeit – Ein „arbeitspsychologischer Baustein" zu einem allgemeinen Gesundheitsmodell. Zeitschrift für Arbeits- und Organisationspsychologie 4:184–189

EUROFOUND (2006) Erste Ergebnisse der vierten europäischen Erhebung über die Arbeitsbedingungen. Europäische Stiftung zur Verbesserung der Lebens- und Arbeitsbedingungen (Hrsg). Elektronische Publikation, URL
http://efdev.xmlw.ie/press/releases/2006/061107_de.htm. Zugriff am 19.11.2008

Expertenkommission „Zukunftsfähige betriebliche Gesundheitspolitik" (2004) Zukunftsfähige betriebliche Gesundheitspolitik: Vorschläge der Expertenkommission. Bertelsmann Stiftung & Hans-Böckler-Stiftung (Hrsg). Bertelsmann, Gütersloh

Hollederer A (2006) Fallmanagement für Arbeitslose mit vermittlungsrelevanten gesundheitlichen Einschränkungen: Ein Fall für den Öffentlichen Gesundheitsdienst und Ärztlichen Dienst der BA?! In: Hollederer A, Brand H (Hrsg) Arbeitslosigkeit, Gesundheit und Krankheit. Huber, Bern, S 181–197

Lehmann E (2008) Gesundheitskompetenz – Ressource für Beschäftigungsfähigkeit. In: Kowalski H (Hrsg) Stärkung der persönlichen Gesundheitskompetenz im Betrieb – Bis 67 fit im Job. Haarfeld, Essen, S 79–84

Richenhagen G, Lehmann E (2003) Wandel gestalten – gesünder arbeiten. In: Badura B, Hehlmann T (Hrsg) Betriebliche Gesundheitspolitik. Der Weg zur gesunden Organisation. Springer, Berlin

Richenhagen G (2007) Altersgerechte Personalarbeit: Employability fördern und erhalten. In: Personalführung, 7, S 35 - 47

Seiler K (2004) Interorganisationale Kooperationsnetzwerke im Anwendungsfeld „Sicherheit und Gesundheit bei der Arbeit". Schriftenreihe der Bundesanstalt für Arbeitsschutz und Arbeitsmedizin: Forschungsbericht, Fb 1031. Wirtschaftsverlag NW, Bremerhaven

Seiler K (2008) Beschäftigungsfähigkeit als Indikator für unternehmerische Flexibilität. In: Badura B, Schröder H, Vetter C (Hrsg) Fehlzeitenreport 2008. Betriebliches Gesundheitsmanagement: Kosten und Nutzen. Springer, Berlin, S 1–11

Seiler K (2009) Die Bedeutung von Beschäftigungsfähigkeit für die arbeitsmarktintegrative Gesundheitsförderung. In: Hollederer A (Hrsg) Gesundheit von Arbeitslosen fördern! Ein Handbuch für Wissenschaft und Praxis. Fachhochschulverlag, Frankfurt, S 62–82

Seiler K, Splittgerber B (im Druck) Ein strukturelles Problem? Herausforderungen der Gesundheitsförderung für prekär Beschäftigte. In: Faller G (Hrsg) Lehrbuch Betriebliche Gesundheitsförderung. Huber, Bern

Stahl T, Wismar E, Ollila E, Lahtinen E, Leppo K (2006) Health in all policies: prospects and potentials. European Observatory on health systems and policies. Elektronische Publikation, URL: http://www.euro.who.int/document/E89260.pdf. Zugriff am 19.11.2008

Stötzel I, Figgen M (2005) Arbeitswelt 2004. Belastungsfaktoren – Bewältigungsformen – Arbeitszufriedenheit. Schriftenreihe notiert, Landesanstalt für Arbeitsschutz des Landes NRW (Eigenverlag), Düsseldorf